# 景观与园林设计指南

## （原著第二版）


[英]詹姆斯·布莱克　著

张云路　赵　冉　李怡然
陈津晶　王朝霞　译

柴晚锁　校

中国建筑工业出版社

**著作权合同登记图字：01-2017-6042 号**
**图书在版编目（CIP）数据**

景观与园林设计指南(原著第二版)/(英)詹姆斯·布莱克著；张云路等译 .—北京：中国建筑工业出版社，2019.4
书名原文：An Introduction to Landscape and Garden Design
ISBN 978-7-112-24619-9

Ⅰ.①景… Ⅱ.①詹… ②张… Ⅲ.①景观设计—园林设计—指南 Ⅳ.①TU986.2-62

中国版本图书馆CIP数据核字（2020）第022508号

An Introduction to Landscape and Garden Design / James Blake, 9780754674863



责任编辑：张鹏伟　段　宁
责任校对：王　烨

**景观与园林设计指南（原著第二版）**
[英]詹姆斯 · 布莱克　著
张云路　赵　冉　李怡然
陈津晶　王朝霞　译
柴晚锁　校
*
中国建筑工业出版社出版、发行（北京海淀三里河路9号）
各地新华书店、建筑书店经销
北京点击世代文化传媒有限公司制版
北京中科印刷有限公司印刷
*
开本：850×1168 毫米　1/16　印张：22¾　插页：6　字数：556 千字
2020 年 7 月第一版　2020 年 7 月第一次印刷
定价：88.00 元
ISBN 978-7-112-24619-9
（35275）

# 目　录

序 VI
致谢 VII
引　言 VIII
景观与园林设计简史 1
第1章　景观设计者的作用 7
第2章　设计理念与美学原则 15
第3章　设计过程 45
第4章　客户联络，问卷调查和场地评估 55
第5章　土地勘测 69
第6章　景观特征 79
第7章　硬质景观设计 95
第8章　软质景观设计 161
第9章　现场信息评估与利用 181
第10章　儿童游乐场地 189

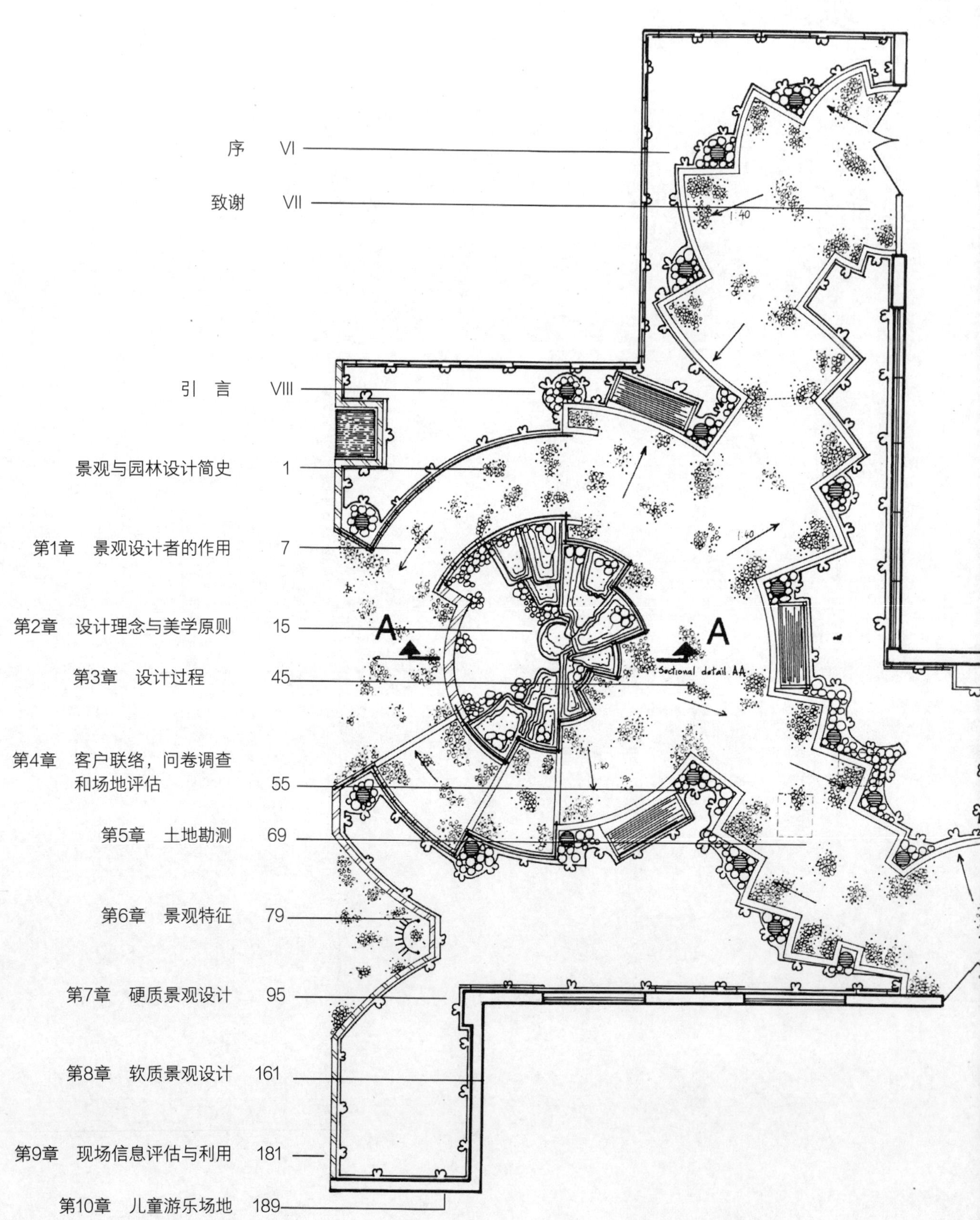

第11章　由概念到最终设计图　197

第12章　成本估算和招标文件　217

第13章　招标合同文件　225

第14章　合同与合同准备　231

第15章　2015年版《建筑（设计与管理）条例》　239

第16章　合同管理　245

第17章　平面图展示、绘图设备及平面规划图印制　259

第18章　绘图原理　265

第19章　图纸版面布局　281

第20章　不同用途的图纸　289

第21章　设计公司管理通用惯例　307

第22章　成本效益优先的总体原则及其他实用参考信息　313

第23章　拓展阅读　317

附录A　施工细节　321

附录B　选择植物工具　323

清单　326

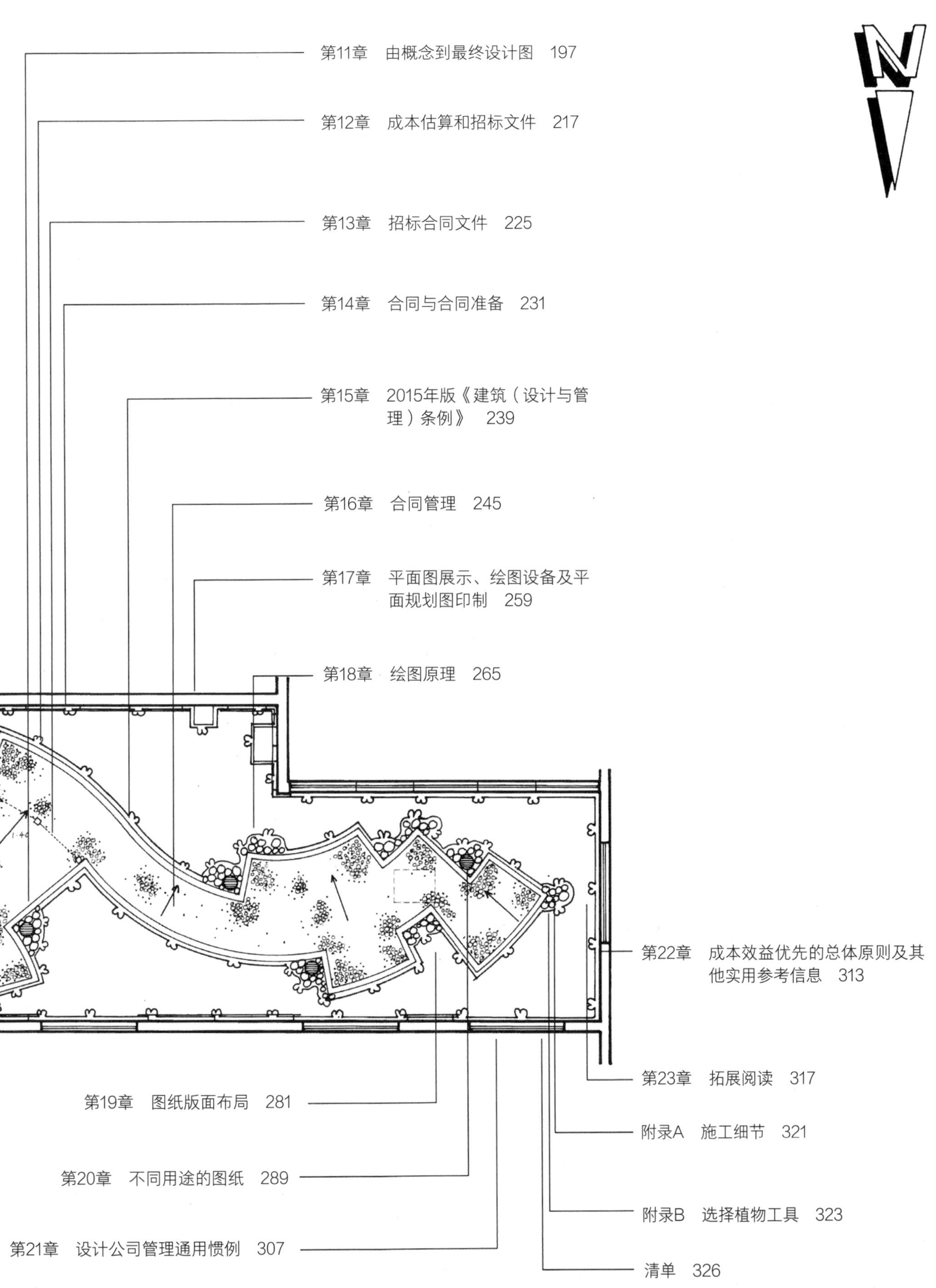

# 序

或许令人感觉意外，有一件重要的事此前一直未引起景观行业业内的关注，写作本书的动因正是为了弥补这一空缺：为景观设计这门貌似庞杂无际、令人怵头的学科提供一份简明、直观、扼要的导读，尤其是适合于本学科莘莘学子及园林设计新手阅读的入门导读。景观设计这门学科浩如烟海，因此，我不敢妄称这是一本完全指南，留给每一个章节的空间版面也非常有限。撰写本书的目的仅仅在于为这门学科做一个提纲挈领的概述，为读者提供一份具有实用价值的参考，特别是为设计、建筑行业从业实践中常见的核心问题提供一套简洁明晰的定义。

作者的核心宗旨在于站在一名从业实践者而不是纯学术研究者的角度着笔，因此，我特别希望本书能够对即将踏上景观设计之旅、有意在这一领域闯出一番天地的行业新手，以及依然在为究竟什么是景观设计理论、什么是实践这一问题而苦苦思索的学生们有所帮助。有些话题书中只是一带而过，但我认为这些同时也是值得作为一个独立议题认真深入探索的内容。市面上涉及这一领域的专业性书籍很多，其中包括景观与园林史、景观规划、环境影响评价、野生动物保护以及土地与景观相关法规等等。

詹姆斯·布莱克

于英国萨福克郡拉文纳姆

# 致　谢

衷心感谢詹姆斯·布莱克联合设计公司（James Blake Associates）的团队，尤其感谢雷切尔·博达姆·CMLI 代替我完成了因写作本书而落下的公司事务，感谢她和莎拉·伯迪斯在我撰写“景观特征”（LVIA）一章期间所提供的巨大帮助；感谢伯里圣埃德蒙兹阳光勘测公司（Sunshine Survey）的杰夫·耶茨亲笔撰写“土地勘测”一节相关内容；感谢苏西·杜克及瓦尔·罗斯的精心编辑；感谢奥特利学院（Otley College）园艺系前任主任史蒂夫·科格希尔（Steve Coghill）启发并殷殷鼓励，让我萌生了撰写本书的最初想法，特别要感谢他最终没能抵抗住我软磨硬泡，亲自操笔撰写了节奏明快、信息量超大的“景观与园林设计简史”一部分；感谢安德鲁·斯蒂芬斯通读审校全书；感谢约翰·布莱斯和阿德里安·克拉克为本书配制精美插图；感谢哈里·沃特金斯、巴里·克莱门茨和埃尔兹比塔·泽布罗斯卡三位慷慨援手，帮助完成“建筑设计规章”（CDM）一部分的撰写；感谢贾斯汀·基布尔精心绘制本书中绝大部分施工细节图；感谢我以前在奥特利学院担任客座导师时带过的学生伊恩·麦克法迪恩允许作者在书中引用他上学期间所作的部分施工图；感谢我的老客户帕特里克和玛格丽特·麦肯纳夫妇，允许我拍摄他们的私家花园用于本书插图。最后我要隆重感谢爱妻路易丝，感谢她大度包容我在“创作”期间时不时发作的小脾气，感谢她以无限的幽默、优雅从容的态度，陪伴我度过了笔记本电脑前漫长的时光。

# 引 言

一本园林设计导论从来都不可能把这个学科所有内容都无一遗漏地囊括进去。要是这么做，那么恐怕写出来的就不再是导论，而是一套艰深晦涩，令人看着就发怵的“大砖块”。这样的导论没有人愿意看，只能摆在书架上占地方。真正的导论应该成为读者的一个好工具，帮助读者快速认识这个领域，了解学科概况，明确学科框架。只有掌握了学科框架，读者才有可能更好地接受、领会以及有效地运用日后学习工作中遇到的任何新知识点。因此，本书就好比一张大比例的地图，一张方位规划图，意在帮助读者既见树木又见森林，既宏观把握园林设计的总体知识框架，又熟练掌握可操作性强、切实有用的基础知识。

园林设计是一个覆盖面很广的领域，涉及众多相关学科，例如：景观管理学、景观学等等。现在市面上有很多深入介绍各相关学科的书籍，但是，对于初涉该领域的从业者或学生而言，假如对园林设计的整体宏观框架不甚了解，这些书中多数对他们来说恐怕并没有多大价值。在园林设计领域浩如烟海的知识里徜徉，要理得清知识的主次。设计人员总会不断接触到或研究大量新的知识和信息，这些知识对从业实践是否有用、有多大用处，对其他信息又可能产生何种影响？快速分析和判断、进而对上述问题作出准确回答至关重要。只有这样，才能避免信息过载，避免在过多无用的信息中迷失方向。

所以说，能把基础知识简洁明了地说清楚的书自然值得一读，因为它告诉你这个学科的基础逻辑思路，进而帮助你轻松自如地分析、理解接下来的相关知识。不论是学生还是初涉园林设计领域的从业者，希望你读完这本书以后都能够更加自信，学会分析评估，更加务实，从而高效地开展实践。扎实地掌握核心学科基础知识会让你信心倍增，干劲十足。在积极地运用这些基础知识的过程中，更多的才华将有望崭露头角，进而催生更多新想法，产生更多创新性设计方案。如何才能让更多的新点子、好想法脱颖而出呢？莫不如赋能于年轻人，让他们炙热的激情、充沛的精力、天马行空的思想自由发挥和驰骋！

# 景观与园林设计简史

史蒂夫・科格希尔

景观与园林史是门令人着迷却也偶尔让人焦头烂额的学科，总是在不经意间吸引研究者走进其殿堂，却又突然间将他 / 她带偏，致使他 / 她抛开原本新颖独到的研究主题，误入各种歧途。世易时移，随着流行趋势变化，随着他们本人或背后金主观念发生改变，景观与园林评论人士对该领域风格、风尚的解读也往往大相径庭。

人们往往想当然地以为，景观与园林设计领域史上的大咖巨擘们在这一舞台上始终都是洒脱自如，每一次风尚流转关头，都能勇立潮头，优雅、驾轻就熟地挥洒其技艺，不会有丝毫“砸锅”或审美败笔。其实不然：不要忘了，即便如布朗、杰里科这样的大师，穿袜子时也只能左右两脚一只一只穿，因此，与你我芸芸大众一样，他们也难免遭遇“马有失蹄”的尴尬。比如，18 世纪英国园艺设计大师威廉・肯特居然曾设想在一座名园内种上枯树来装点景观！诸位读者不妨继续往下读……

## 古代园林

除少数重大特例之外，在大多数古代文明中，园林通常都呈现出规整的形制格式，究其目的，似乎纯粹就为了将杂沓无序的自然以及人世间的种种纷扰阻隔于景观视野或园子之外，甚至阻隔于城邦或国家疆界之外。

埃及古典园林便是一个鲜活的例子。有理由推断，意趣园林、情志景观等的肇始源头至少可以追溯到 5000 年以前。这些“逸趣园”通常都有严格的形制规范，而水景则是其中的主旨，正所谓无水不生命。置身园中，可以看到规整的矩形水池，甚至规模更大的人工湖，周围对称点缀着棕榈、无花果等绿植，形成一派“果实累累、浓荫蔽日”的景象。

规格再高点，坐落于戴尔—埃尔—巴哈利地区的哈齐普苏特王后（公元前 1505—公元前 1483 年）陵庙台地花园堪称一例。陵园依山势而建，形成上下三个宽阔的平台花园，彼此通过硕大的天梯相连。规整的水池、各色树木、精美的花境及各种园林小品点缀其间，站在亭阁、楼台四向瞭望，园区景色一览无余。

波斯园林是当之无愧的“人间天堂”。公元前 500 年纵横驰骋的波斯帝国，曾坐拥世界上无人可以匹敌的众多风景园林。与之前的埃及古典花园一样，水景在其中得到广泛运用，以象征生命和富饶。

水通常由外面引入园址。水景往往或以类似运河的形式呈现，意在营造一种蜿蜒回环的态势，或借助地形落差及水压原理形成瀑布、喷泉，进而构建一种灵动活跃的氛围。几何图案、对称手法再一次在造园中发挥了积极作用，而水景则主要用来分割园内不同区域。

波斯式景观中最负盛名的当属巍峨壮观的古巴比伦空中花园。该花园当地语称作“ziggurat”，建筑在高大的长方形人造平台之上，长宽各超过 1 英里。每层台面均由巨大的石柱支撑，上面覆满各种藤蔓植物及灌木，形成一座草木葱茏、生机勃勃的金字塔。据说，花园的顶部曾经可能矗立着一座绿树掩映的神庙。

就在波斯帝国越过中亚，向埃及、地中海等地不断扩张的同时，古希腊人也正一如既往地忙着“自己的大事”。散布于希腊城邦内部以及郊外的大量景观和花园俨然成了古希腊人的“室外之家”，仿佛遥遥预兆了 20 世纪 60 年代约翰 · 布鲁克斯一书的问世。公共开放空间多以林荫道、灌丛为主打特色，而形制规整的院落则往往以绿植、五彩陶罐、塑像和水景小品为常见元素。

这些景观和园林与古希腊时期的哲学、宗教、科学和艺术理念相互呼应。走出城墙之外，形制规整的园林风格戛然而止，取而代之的是希腊旷野那种自然、野性的魅力。旷野之中，星罗棋布分布着依照希腊古典建筑制式打造的各色神庙、祭坛和神龛，其间古希腊帕提农神庙中供奉着诸多神祇半仙。这一自然主义风格与规整的建筑制式相互交织的景象，既为当时的诗人提供了气势磅礴的创作灵感，也为日后走进这幅画卷中的 18 世纪英国风景园林设计大师及其金主们赋予了无尽的启迪。

随后，继潜移默化吞并古希腊各城邦之后，古罗马人延续了古希腊的建筑风格及神祇体系。于是，经古罗马帝国不断的复制、修改和传播，古希腊的风景园林设计理念也随着帝国疆域的拓展得以发扬光大，推广到世界各地。

罗马别墅花园中包含了很多当今风景园林设计中常见的元素，实际上，这些元素通常被视作是 14 世纪文艺复兴时期意大利各公国园林建筑的前兆。罗马别墅花园不仅注重围墙以内的矩形庭院的设计，同时，在规整的几何图案花境、宽敞的过道、植被修剪、凉亭、水景小品以及喷泉和瀑布规划等方面、表现得也十分考究，着力营造一种规整严谨、宁静肃穆、启迪深思的氛围。

罗马别墅花园的痕迹在英国也随处可见。不过，保存最完好的主要集中在萨塞克斯郡奇切斯特区菲什本小镇附近地区，历史可追溯至公元 75 年前后。

## 中世纪和文艺复兴时期的园林

行文至此，我们或许有必要将视线转向所谓的“黑暗时期”，也就是欧洲中世纪时期。其时，“文艺复兴”的圣火尚未点燃，继古罗马帝国灭亡之后保存于中东地区的古老文明的智慧尚未再度传回欧洲，由此导致的艺术、科学蓬勃复苏的局面尚未出现。欧洲中世纪花园注重功能性和审美性，通过园中园（Hortus Conclusus）的形式营造一种赏心悦目的景观氛围，给居住其间的人带来身心安宁的体验。高耸的围墙、用修葺齐整的低矮树篱修建而成的精美繁复的纽结花坛、其间栽种的各色观赏性植物及地面铺砌的彩色砾石，还有可供人们冥想沉思的幽僻小径，所有这一切，均构成欧洲中世纪园林中的典型元素。

文艺复兴时代见证了药用植物园和意大利式园林的兴起与繁荣。得益于达 · 芬奇、米开朗琪罗、拉斐尔、卡拉瓦乔及伽利略等大师灵巧的技艺和丰富的想象力，也得益于金主们一掷千金的豪气，一座座气势恢宏的意式园林在古罗马帝国的断壁残垣上相继诞生。

集随意与考究于一身的园林景观充分彰显了这一时期的巨大财富。不规则的林地，制式规整的露台、栏杆和雕像（多数是从古罗马废墟上挖出来的雕塑），再加上活泼灵动的水景元素，尽显奢华之风，蒂沃利城埃斯特庄园堪称这类园林的典范。喷泉、活泉以及瀑布景观展现了对未来繁盛景象的向往，迎合了法国人的想象，因此，后者不仅大批聘用和引进意大利设计大师，同时也将本国的设计师送往意大利学习借鉴。菲利贝・德・洛梅便是当时前往意大利学习的代表之一，日后主持设计了杜伊勒里宫（Chateau d' Anet）周边的园林景观，并对 17 世纪法国古典园林的发展产生了深远影响，其中最负盛名的例子当属安德烈・勒・诺特设计的法国巴黎子爵城堡。这个城堡实可谓法国古典风格建筑最杰出的代表，建造手法极为考究，中轴线引出开阔的视野，花坛、雕像和水景等元素相得益彰。设计师勒・诺特运用高超的视角表现手法，让游客拥有最佳视觉体验。

然而，也正是因为这个华美绝伦的城堡，让勒・诺特的赞助人尼古拉斯・富凯落得个锒铛入狱的下场。他本是路易十四的财政大臣，却居然建造了比皇宫还要富丽堂皇的城堡，由此犯下僭越国王的大错，终被其心怀妒意的主子路易十四抛进大牢。不出所料，勒・诺特随后受命成为路易十四的御用设计师，继而创造出了其设计生涯的扛鼎之作，即凡尔赛宫景观园林群。凡尔赛宫集中体现了法国古典园林恢弘壮观的特点，不仅完美诠释了当时纯粹的艺术审美价值，也有力彰显了其王室主人强大的政治和经济“实力”。



## 回归英国

与此同时，法式古典园林的风尚在英国也渐成主流。这一方面得益于德扎利埃・德阿尔让维尔那部堪称法式古典花园设计指南的巨著的问世，另一方面也与伦敦和怀斯这一对设计师的鼎力推广有关。虽然这二位的名字听起来颇有点儿 20 世纪喜剧二人组的意味，但在将法式古典园林引入英伦大地方面，两人做得却相当出色。实际上，设计师乔治・伦敦在伦敦的布朗普顿（Brompton，也就是今阿尔伯特音乐厅所在地附近）开辟了一大片苗圃，专门提供常绿植物及剪枝技艺，为其搭档的园林设计助力。不过，英国如今幸存下来的法式古典园林景观极为罕见，因为随着 18 世纪英法两国关系逐渐恶化，一切与法国有关的东西都变得极为不受待见。此外，18 世纪英国景观界初露头角的另一轮风尚更让情况雪上加霜：随着英国园林运动蓬勃兴起，力推这场运动的兰斯洛特・布朗（人称“能人布朗”）打着不符合品位和时尚的名义，摧毁了很多精美的法式古典园林。目前，英国贝德福德郡的莱斯特公园（Wrest Park）内仍存有一处美轮美奂的法式园林，不久前刚经过整修，由“英国遗产委员会”妥善保护。

排挤法式古典园林的逆流其实真正开始于约瑟夫・爱迪生、亚历山大・蒲柏 [ 人称特威克纳姆的“邪恶黄蜂”（‘wicked Wasp’ of Twickenham）] 等人。他们调侃法国古典园林是一种死板、无厘头的景观呈现方式。这股逆流刚好与崇尚一切自然东西的“奥古斯都运动”时间吻合。随后，欧洲游学之风盛行，豪门巨富纷纷将子女送往欧洲，去观瞻古罗马遗址（及其他风景），由此形成了一股崇尚风景如画的自然、抵制形制僵化的古典风格的潮流。当时，最与众不同的无疑当属伯林顿伯爵及威廉・肯特这对搭档。后者生于约克郡，身兼画家、设计师二职，操着浓重的意大利口音，因此伯林顿伯爵为他起了个意大利名字，亲昵地叫他“肯迪诺”（IL Kentino）。虽然这名字听起来像个 AC 米兰足球俱乐部的后卫，但肯特其实是位非常有才且高产的设计师。他崇尚帕拉第奥新古典主义风格，白金汉郡的斯陀园、牛津郡的罗谢姆宅园均是其杰出的代表作。不过，他也有不走运的时候，比方说，在设计诺福克海岸的霍尔汉姆府邸时，就曾因他那树丛一般的设计结构遭人嘲弄，而嘲弄他的不是别人，正是霍勒斯・沃波尔。

肯特在斯陀园设计中奉行的自然主义风格，无疑激发了随后不久便成为园林设计灵魂人物的兰斯洛特·布朗敏锐的艺术触觉。这位人称“能人布朗”的大咖将自然主义的设计箴言引往乡野田园牧歌式的方向，刚好迎合了渴望逃离形制苑囿的有产乡绅阶层的审美品位。布朗匠心独运，将树带、树丛和蜿蜒的湖面有机结合，巧妙地遮蔽掉了“人类之手”的痕迹，为他们呈现出了一幅幅纯真、浪漫的田园乡村景观。

凭借其永不止步的进取精神，布朗创立了一家大型景观公司。在他的带领下，其设计团队及工人打造出了一套“包打天下的万能”自然主义方案，致使阻挡其“景观跃升计划”的法式古典园林遭遇了惨重破坏。布朗优秀的代表作包括：布莱尼姆宫、克鲁姆公园及哈伍德宫等。

## 雷普顿、劳登及维多利亚时期的折中主义

继布朗之后，出生于圣埃德蒙兹·伯里一个商人家庭的胡弗莱·雷普顿创办了一家卓有名望的园林设计咨询公司。不了解行情的人有时会给他冠以“小兰斯洛特·布朗”的称号。这一称号其实对他并不公平，因为他成功地填补了布朗清教徒式的景观理念与回归花园式景观价值两者之间的空隙。虽然饱受来自布朗派批评家的抨击和诟病，但雷普顿还是为自己闯出了一条成功之路，将两种方法结合运用于广阔的景观设计之中。虽然 1818 年过世时对自己的职业生涯多少有点失意，但他却启迪了约翰·克劳迪斯·劳登等新一代造园大师，后者身兼园林设计师、园林记者二职，是英国园林设计迈进维多利亚时期过渡期的重要角色。至此，工业革命的大潮已然兴起，有产乡绅阶层势力日渐式微，新兴中产阶层开始有机会展示其艺术才艺肌肉。同时，新技术、新材料不断涌现，数以千计的植物新品种被引入，又有如日中天的大英帝国作后盾，维多利亚时期“折中主义设计”理念随之应运而生。高端层面，恢弘壮阔的意式园林再度回归，其中最典型的代表便是查尔斯·巴里不朽的杰作史拉伯兰府邸（Shrublands Hall）及特伦特姆庄园；低端层面，“乡村美学”渐次高涨，“维多利亚哥特风格”及“伊丽莎白风格”则位于中间。

维多利亚时期在社会生态景观方面也略有积极贡献，那就是推动了公园运动发展，为辛勤劳作的工人阶级提供了绿色空间，让他们能够暂时逃离并不怡人的工作场所，忘记随时可能被工厂机器洪流致伤致死的风险，在健康舒适的户外环境中悠闲地度过片刻美妙时光。

随着英国国民的公民自豪感日益提升，随着依法应对其民众从摇篮到坟墓终生福祉负有法定义务的地方政府势力崛起，一大批设计精美、养护良好的高水平公园相继问世，花坛、水景、温室、赏石园、带状林、休憩小径等几乎成了其中的标配。19 世纪后半叶，数千座公园在全英各地雨后春笋般涌现，伦敦的巴特西公园、曼彻斯特的菲利浦公园、伊普斯威奇的基督城公园都是其中的典型代表。

维多利亚公园运动的遗产至今犹存。为妥善保护这笔遗产，英国遗产福彩基金提供了有力的资金保障，以确保这些“绿肺”在 21 世纪里继续长期存在下去。

## 工艺美术运动及爱德华时代

维多利亚时代末期及爱德华时代的英国见证了造园艺术由古典花园向郊野花园、不规则种植等的过渡。威廉·罗宾逊引领风潮，强烈反对维多利亚时代末期盛行的花坛景观潮，无疑堪称“郊野花园之王”。与此同时，威廉·莫里斯倡导的工艺美术运动精神与格特鲁德·杰基尔等人所秉持的造园理念遥相呼应。后者与建筑大师埃德温·鲁特恩斯配合默契、相互启迪，共同创作出了大批优秀作品。工艺美术运动风格的花园在英国园林游客心目中

享有极为特殊的地位，赫斯特库姆花园、巴林顿苑、曼斯特德—伍德花园等都是这一风格的典范性代表。

## 现代主义

随后，第一次、第二次世界大战接踵而至，死亡、破坏、无所不至的悲剧成为那个时代的主题。在设计领域，随着 20 世纪不断推进，新兴事物代替了陈旧理念，现代主义、前卫艺术开始崭露头角。这一趋势在欧洲大陆表现尤为明显，不过，加拿大籍年轻设计师克里斯托弗·滕纳德也将其理念运用到了自己在英国的从业实践过程。其代表作《现代园林景观中的花园》发表于 1938 年二战前夕，他负责设计的本特利—伍德府邸花园普遍被视作这一运动的典范之作。此外，在欧洲大陆，现代主义的杰出代表人物则包括：德裔美籍建筑师密斯·凡·德·罗、沃尔特·格罗皮乌斯，以及法裔瑞士建筑师勒·柯布西耶。后者提出了"至简即至佳"、"形式从属于功能"等设计箴言，认为建筑不过是"人类栖居的机器"，可谓是对极简主义的很好阐释。不过，相比建筑而言，他的这些理念似乎并不容易在景观园林设计中予以兑现。继滕纳德之后，另两位能够很好地通过景观设计语言阐释现代主义的优秀园林设计师脱颖而出，即：英国的杰弗里·杰里科男爵和巴西裔的罗伯托·布雷·马克斯。如欲更多了解，不妨实地打卡沙顿庄园，亲自参观杰里科操刀设计的花园及其中的尼克尔森墙（Nicholson Panel）；或打卡访问布雷·马克斯的任一作品，在这一极富挑战的设计形式领域，他是当之无愧的大咖。

## 20 世纪下半叶，21 世纪……迄今为止，一切可还安好？

约翰·布鲁克所著《户外的居所》一书迎合了英国战后一代人的想象力，随即催生了一套针对私家"后花园"的全新设计美学：四周是混合花境，中间是草坪，边角某处隐藏着一小块菜地，总体呈现出鲜明的乡村风格。这一全新设计美学，再加上特伦斯·考伦爵士打造的"生境"（Habitat）日常家居用品商店，共同标志着景观设计向小规模、精设计的家居空间方向转变的趋势。与此同时，在英国全国名胜古迹托管协会（"国托会"）的大力推动下，仿效杰基尔景观花园而建造的众多名园逐渐进入公众视野，如锡辛赫斯特城堡花园（由维塔·萨克维尔 - 韦斯特及其丈夫哈罗德·尼克尔森设计）、希德蔻特四季花园（由劳伦斯·约翰斯顿设计）等，为有意寻访精美的植物配搭、格致规整的花园布局的游客带来无尽遐思与启迪。

进入 21 世纪，可持续性成为园林设计的主题，设计师强调"以植应境"，反对"为境造植"。美国大草原种植方案、荷兰"海姆帕克斯"方案，以及欧洲矩阵种植方案等景观植物配搭理念相继涌现，与皮耶特·奥多夫（Piet Oudolf）、沃尔夫冈·奥伊默（Wolfgang Oehme）、詹姆斯·凡·斯韦登（James van Sweden）（OvS 奥 - 凡 - 斯景观设计公司）以及设菲尔德大学詹姆斯·希契莫夫（James Hitchmough）、奈杰尔·邓尼特（Nigel Dunnett）等学者倡导的理念多元鼎立、交相辉映，标志着"低保养成本、环境友好型造园运动"的兴起。而在城市景观设计领域，现代主义又有了新的发展，衍生出了以景观设计大师玛莎·施瓦茨、法国景观设计事务所 Groupe Signes 等为代表的诸多新流派。正如某些评论家所说：如今的景观园林设计正向着一种可持续性、新折中主义的方向转变。例如，2011 年夏季，伦敦肯辛顿花园别墅蛇形画廊的"封闭花园"（Hortus Conclusus）经过重新设计，面目一新地呈现在游人面前，可谓这一转变的典型例证。整修工程由彼得·祖索尔负责实施，皮耶特·奥多夫负责设计植物配置，用现代表现手法重新诠释一个历史悠久的主题。至此，历史的车轮转过了整整一圈。就此搁笔，让我们暂别这一话题，或许时间选择上再合适不过。

# 第1章　景观设计者的作用

景观设计不同于其他一般性工作，需要将艺术和科学有机结合。景观设计师需要面面俱到，从整体出发，统御全局。他们的设计需体现出景观设计的两个理念，一是实用性和分析性，另一方面则是艺术性和创新性，景观设计有时可被视作是一种艺术形式（蕴含着许多创新的灵感，能够让思维的火花迸发），有时候不但可与一些崇高的艺术相媲美，还可产生无弗远届的影响。毕竟，景观作为一种艺术，将会直接影响周边居民的生活起居，它好似一件实实在在的雕塑，在无形中发挥着作用，对周围环境产生一定的影响。论及艺术鉴赏，那么人们可通过参观画廊，聆听光碟、iPod，抑或读书来提高艺术修养，感受艺术的魅力。

景观设计师对我们的生活影响非常大，不但能改善周围环境，使之斑斓多姿，更能增添美感，让环境悦目赏心。景观设计对从业人员有着极高的技术要求。他们要保证景观适应多变的天气，无论何时何地都可产生相应的效果和作用（即在长久的使用中，景观依然生机勃勃）。客户（包含某些公共领域的终端用户）期望景观在安全可用的条件下延长使用年限，所用到的"软性"、有生命的元素能够不断演化，日臻成熟，同时也要考虑到这些元素的长期管理及维护。

较之过去，未来一代景观设计师将会有更多机会发挥其灵感火花，产生天马行空的创意。而客户对设计理念也有较高的包容度，倘若设计理念既能为作品加分升值，又能节省预算，那么就会深得客户的认可和赞同。这一说法听起来似乎有些矛盾，因为常识和经验告诉我们，一分价钱一分货，回报与付出往往是等值的，而设计过程中每一阶段的决策都可能产生极高价值。要想在景观设计中作出完美决策，从而构思出一个既能在理论上站得住脚，又能在实际中切实可行的方案，则需要我们博闻广识，掌握丰富的专业知识和相关技能。本书旨在帮助设计人员奠定坚实的基础，进而在此基础上拓展相关技能，填补知识盲区，以便更好地服务实操。有四点设计原则能够指导景观设计师在实操中设计出令人满意的作品。我把这四点概括为"4P"原则，即务实性，可行性和精准性。不错，我知道，我这里只提到了三点原则。好吧，我们不妨先说说这三个原则。务实原则之所以重要，主要是因为，在施展发挥自己的创意之前，设计师们往往不可避免地要面临某些限制因素，他们既要估量这些限制性元素，又要充分考虑客户的建议和意见。可行性原则指的是要能够将专业技能、解决方案切实运用于实践，确保设计理念切实可行。精准性原则则要求设计师在制图、相关支撑信息的处理上要力求精准、详尽。当然，我这么说并不是要让设计师放弃打造美观独特、品位高雅、催人奋进的景观的理想追求，而是希望强调，熟练掌握上述三原则，将有助于设计师更好地实现这一理想追求。

为了充分运用好上述“3P”原则，设计师还得具备另一品质，即激情：也就是说，设计师们需对景园设计这门学科、对设计抱有强烈的激情，善于解决问题，能够与客户有效沟通。只有这种激情，才能驱使设计师更加专注，在景园设计的这片领域中大展拳脚。也只有靠这种激情，才能激发他终身学习的愿望。就这点而言，任何设计师，只要他还在做这一行，就永远都是“学生”。我这里所说的“学生”一词，专指设计人员需要不断更新知识、不断学习提高这一特征。

设计师们拥有越来越多的机会来建造独具特色的景观。人们对环保问题的重视意味着景观问题在政治议程的重要性日益凸显。随着土地资源日渐稀缺，我们必须对土地进行有效地规划和利用。人们日益认识到，外部空间对社区环境、生活质量提升具有极为珍贵的价值。这种认知在重建学校伙伴关系计划（即“建设面向未来的学校计划”，简称 BSF）的过程中体现得尤为明显。精心设计的外部空间被视作是一种改变儿童学习体验的重要贡献，其价值不仅体现在学习方法、场所、空间、理念等方面的变化，还在于学校为儿童课后学习、运动和娱乐提供了便捷可及的场所，从而成为一种与整个社区利益关联的公共资源。外部空间有望被设计成一种灵活的场所，可适用于多种用途，比如用作社交、非正式用餐、举办重大活动的场所，或者用作户外教室、社区聚会地、剧院、集合点、学习及游戏空间等等。政府专门成立了 CABE（建筑与建筑环境委员会），旨在鼓励设计师们更好地进行景观设计实践，打造建筑、景观领域的优秀作品。

景观设计作为一个涵盖面极广的概念，涉及一系列景园设计实践和形形色色的景园从业者；小至业余园艺爱好者有意想在自家花园里新添一处花坛的大致想法，大至涉及多种土地用途、耗资高达数百万英镑的各种软、硬景观改造工程，如城市街道、零售区、住宅区、休闲设施、社区建筑、医疗设施、停车场、加油站、公园、游乐区和古典花园等等，无一不属于景观设计涵盖的范畴。

热衷于园艺的业余爱好者或许并不具备景园设计的正式资质，但却可能拥有足够的经验来建造一个花园。指望业余爱好者有能力主持上述价值数百万英镑的软、硬景观提升工程项目自然不太可能。绝大多数景观从业者介于以下两类之间：

第一类是拥有一系列资质的园林设计师：如拥有一年制国家级证书、国家级课程毕业证书者，以及持有两至三年制国家级高等教育文凭，或取得了园艺或园林设计学科文学、理学学士学位者。这类人中，部分将直接进入园林设计行业，成为自由园林设计师、大型园林设计公司专职员工，或作为独立承包人，为设计及建造商提供外包服务。另一部分人则可能会继续攻读景观设计研究生。

景观建筑师的起步要求是完成为期三年的文学学士或理学学士课程，然后还要完成为期一年的研究生文凭或学位课程，此外，额外的福利还包括一整年的在岗实习。有时，学生在取得诸如地理或艺术等不同科目的第一学位后，将会参加为期一年或两年的衔接课程。许多景观专业的学生毕业后将先积累几年工作经验，然后继续参加专业考试。这段时期通常被称之为“通往注册师之路”，业内简称 P2C。这段时间通常都是一个循序渐进、收获甚丰的过程，学徒不仅可以随时得到资深导师的督促指导和评估，还可以在线学习景观研究所提供的线上课程。导师希望学生掌握学习主动权，能够按照自己的进度进步和发展。考生如认为已掌握了足够的知识，对这一行有了足够的见解，达到了“注册师之路”所要求的水平，便可报名参加景观研究所每年 5 月、11 月举行的面试，主考官由研究所指定。考生通过考试后即可成为景观研究所正式成员，获得特许注册景观设计师资格，获准在名字后加缀“CMU”的标识。整个过程至少需要七年时间，但只需再经过短短几年实践从业经历，学徒便将具备完全资质，可全面主持价值高达数百万英镑的各种软、硬景观提升项目。即便到了那时，许多人也都会选择专攻某一领域：要么从事景观和视觉影响评估，要么从事软件工作或致力于景观总体规划或城市街道，广场和公园的硬质景观设计（通常被称为“公共领域”）。一个景观总体规划可能由具有不同的优势和专长的几个人协作完成。

课程耗时之长（以及由此导致的沉重学业债务负担）或许可以解释为什么近年来景观设计课程入学率有所下降，以及为什么研究生毕业人数出现了严重短缺的状况。当然，也不排除还有其他方面的原因，比如推广力度不够、学校职业生涯中缺乏对这一专业宣称等等。

对于所有景观专业的学生来说，最令人心生振奋的目标便是能够将自己的理念、奇思妙想、感受和观念通过“砖块和植物”等媒介变为现实。这就是这个为期七年的课程的价值所在，也是发挥个人创意、获得成就感（未必是经济方面的成就感）莫大的动力源泉。此外，你还有机会将原本模糊、依稀的梦想付诸实践，进而打造出实实在在的永恒实体景观，供世人观瞻品鉴。然而，景观设计师毕竟是在为他人做嫁衣，用的是别人的土地，花的是别人的资金，因此，对客户负责的责任感是设计师理应尽到的义务，他们必须能够为客户提供超出普通人专业水准的服务，且要以自信、精准、周全的态度和方式践行这一服务。

就思考和解决问题的方式而言，设计师与艺术家、科学家都有所不同。这是因为，设计需要聚合性思维，而大多数学术工作多运用发散性思维：即将事物肢解剖析，在充分分析的基础上将信息分门别类，归总汇集。

聚合性思维者，或者说设计师，虽然也要通过分析获取有用的信息，但所不同的一点在于，他需要将不同的元素整理组合成为一个连贯一致、切实有用，而且最好还要赏心悦目的设计方案。就像美术一样，艺术灵感是整个过程的种子，但却不是主要因素。

景观设计中需要考虑多种因素，例如功能、材料、审美和区域概况。也需考虑到遮蔽性、私密性、安全性甚至愉悦度等功能指标。用于实现这些目标的材料可能包括植物、地砖地板、石墙铁栏杆及水等等。审美要素则涉及构图与美学原理；区域概况则指的是项目场地的环境、氛围和特质等。

## 景观设计师

景观设计的过程中需要交叉运用多种相关学科的知识，如果设计师如孩童一般，有着与生俱来的探索精神，能够在设计过程中不断追问：为什么？这是怎么回事？导致这种情况发生的原因是什么？那么，这种探索精神一定会让设计师大受裨益。那些不仅向他人求教，也善于自我反思，对相关环境和文化抱有强烈兴趣的设计师，将更容易获得灵感，找到解决问题的方案。很明显，虽然这项工作主要任务是要为他人的土地设计出一个吸人眼球的布局方案，同时兼顾其设计所需花费的成本，但必要的社交技巧也是不可或缺的能力，如与客户、主管机构、技术专家、其他顾问等打交道的能力，到最后阶段，还得具备与承包商交涉的能力。

景观设计涉及收集和评估详细数据的过程；同时也要将规划景观的实用性、耐久性和艺术性考虑在内。此外，设计师还需注意整体协调设计元素来构建一个统一的整体：这个整体应与广泛的景观概况相得益彰，或为其锦上添花。与其他许多设计学科不同的是，景观设计师还需考虑第四个维度：即方案要能够随时间的变化或演变而不断调适。因此，还需将新造景观的未来管理和维护纳入考虑范围，以确保其达到令人满意的效果并实现场地设计的最终愿景。

面对不同的设计场境，不同的设计规模，设计师通常需要满足各种不同需求。随着时间推移和知识的不断积累，设计师在如何有效应对这一挑战问题上也将日渐得心应手。对于设计师而言，一个可以让他受益终生的特质就是要永远保持对学习的热情，不断地进行自我质疑。景观设计师会发现，如果在园艺、土木工程、历史、建筑、植物学、地理学、地质学、土壤科学、气象学、美学、图形学、心理学和社会学等方面都有一定的鉴赏和了解，至少要懂一些基本常识，无疑对自身发展益处颇多。更为明显的是，设计师如能对石材、水、木材、混凝土、砖和金属等材料的使用和施工技术有所了解，懂得如何使用和支配它们，无疑也将受益良多。

设计师要尽量把自己的时间安排得有条不紊，进而腾出一点时间来学习；每天 15 分钟，天天不间断，就可以保证每个月至少读完一本书。要把学习作为首要目标，这样你的生活和工作就会变得相对轻松自如。人生最大的认识误区就在于以为工作之始便是学习之终。景观研究所要求其会员要在职业生涯中持续拓展专业能力（CPD），但这件事不应靠任何学院来监督你执行，而应自觉成为你日常活动中的核心基石。日积月累会使任何事情变成“小菜一碟”，所以，只要好好把握 15 分钟定律，学习就不会成为一件苦差。

所有景观从业人员都应责无旁贷地使客户利益最大化，也就是说，他们应尽心尽力，在全面评估客户需求的基础上，充当客户的专业顾问。虽然景观研究所极为严格、极为具体的从业行为规范仅对其会员有约束力，但相关规则对每一位从业者都有其借鉴意义。若某项合同执行期间，设计师还被赋予了作为甲方与景观承包商联络沟通的管理者的角色，那么，他将有义务保持不偏不倚的中立立场，对双方都公平行事。

此外，至关重要的是，设计师要了解关于项目场地、客户需求以及客户预算等方面的所有相关信息。这既可通过与客户直接沟通实现，也可通过全面的现场考察和评估来实现。只有在相互尊重、信任和友好的基础上，才有可能与客户保持良好的联络关系。明确了解各方的义务至关重要，这将决定双方在佣金问题上将达成何种条款。而这些条款将进一步明确薪酬支付方式、额度以及支付时限。此外，还将界定服务范围、代表客户行事的权限以及设计师的责任义务。

不可避免，由于风景园林设计牵涉范围极为广泛，因此必然会涉及需要某些受过专业训练的专家，比如景观管理专家（负责提供维护、管理、实践操作等方面的专业知识）、科学家（负责分析和提供土壤，动、植物群落，生态，环境因素等方面的数据）。最重要的是，优秀的景观设计师知道如何能够快速、准确、高效地找到自己需要的专家资源。对于工作涉及多个学科领域的景观设计师来说，能够与其他人建立并保持有效的联系是一笔巨大的财富。

随和、友善的性格有时也可能构成一个不利条件，因为往往在与铁石心肠、唯利是图的商人打交道时，这类性格的人很可能不善谈判，在涉及经费问题时不能保持坚定的立场。经济衰退时期，商人们占据相对主导的位置，往往会把经费压得很低，而且还常常在设计师之间制造矛盾，让他们相互倾轧。学习如何与人相处（做到立场坚定而不咄咄逼人或低声下气）是一个良好的起步。市面上关于提升自我、人际关系管理方面的书籍有很多，读一读将有助于你树立信心，以从容镇定、开放豁达的态度与人交往。

## 所提供的服务

景观设计师的职责与建筑师非常相似，不过，景观设计师首要关注的不是建筑的四堵墙及内部结构，而是建筑外部的所有区域（室内景观除外）。因此，景观设计服务主要包含：场地设计、建造和管理，改变其质量及 / 或用途。

规划的作品可能涵盖“硬”质景观元素（如墙壁、围栏、铺装路面及街道生活设施），也有“软”质景观元素（包括树木、灌木、草本植物、球茎植物和草）。下文对不同阶段所提供服务的类别进行了简要概述，随后的第 3 ~ 16 章将对其做更详细的介绍。

## 设计师工作阶段总结

1. 与客户或客户代理初步接触。
2. 调查客户需求，方案参数及工程概要。
3. 报价、讨论和协商费用，直至达成协议。
4. 现场评估：拟备详细的设计意向书再次核查收费协议。
5. 委托或进行地形勘测，绘制基础平面图，评估现场制约因素与机会。
6. 用草图呈现设计理念，做标注并用图表呈现相关概念。
7. 拟备大致方案，评估前期各项成本，与客户联系，对草图进行相应修改。
8. 进行平面布局，完成与客户的沟通会商。
9. 按预期标准绘制最终设计图，完成成本估算，与客户确认，征得客户同意。
10. 绘制图纸，如硬景观规划图、种植设计图、放样图等。
11. 拟备更详细的成本估算：与客户比较预算。提交招标申请。
12. 拟备工程量清单，选择合同形式，如小型工程常采用 JCU/JCT 合同文本。
13. 将招标文件与标书一并发送给获批的承建商。
14. 承建商收到标书，就标书内容进行评估并将评估结果反馈给客户。
15. 拟备标准形式的建筑合同（建议以供参考）便于客户与承包商进行沟通交流。如果没有标准的合同形式（如已有现成的合同或是保留了小型简单工程施工时所签订的合同协议），应非常清楚地表示，承包商是根据你方的标书按固定价格进行委托。合同只允许在附加工程、规格变更、撤销或临时增加项目等情况下才予以变更。
16. 根据合同的复杂度，在施工前，安排承包商与客户会商，并根据与客户的约定对合同管理进行。有些客户可能更愿意亲自监督施工、跟进项目，但在此阶段，设计师也并非完全不能有所作为。通过积极参与，要么可以创造额外价值，保质保量完成任务，要么可以为客户缩减开支。
17. 确保工程竣工并将现场移交客户。

# 在维艰的环境中谋生

既然你选择了阅读本书，就说明你很可能有意将这一领域当成自己的职业目标，比方说成为一位景观设计师、景观经理、承包商或苗圃经理等，在景观设计行业谋得一条生路。或许，你的目标仅仅只是想要提高设计技能，成为一个更加称职的景观从业者。但无论如何，你都需首先回答一个关键问题：一位称职的景观从业者需具备什么素质？

不言而喻，想象力、对客户和场地使用者的敏感度、一定的专业技能，再加上对这一领域全面系统的了解，都是必不可少的基本要求。这些知识可以通过大学、学院和其他课程中学到，也可以更多地通过实践经验，也就是通过亲身参与设计过程来获得。空间意识是种基本能力，用以建造出合适而独特的空间，良好的设计理念和想法也必不可少。然而，如果只是因为项目一开始时你发现自己毫无想法、面对一张白纸一筹莫展，就认定自己不能成为一名称职的设计师，那将是大错特错。有人将这种现象称为“白纸休克综合征”，它会影响到每个人，只不过有的人掩饰得相对好些而已。如果你在白纸前坐得足够久，就一定会有想法，从而构思出一份“涂鸦图”，宏伟的项目计划，很可能就将诞生于这张“涂鸦”。通常最初的想法往往是最佳的，考虑了其他各种替代方案之后，设计师再次回归第一个方案的现象并不鲜见。治疗严重白纸休克综合征最好的方法便是发挥你潜意识的作用。有个小诀窍可以帮你做到这一点，那就是让自己充分熟悉设计简章、了解限制因素、机会以及客户在功能性、审美性方面的诉求。然后问自己一个关键问题：如何才能想出一个好的设计方案来满足这些诉求？在脑海中想象自己解决问题的过程，然后大声告诉自己，会找到解决办法的！尝试去做点别的事情：比如洗车、散步、睡觉等等。当你的意识转移到别的事情上时，潜意识就会自动帮你解决问题。这一小诀窍曾帮助人们成功克服了在想象力、创意方面面临的诸多严重障碍，帮助无数学生按时完成重大设计任务。为什么如此管用？因为它会迫使你将注意力集中在寻找答案上。人类大脑是一台神奇的电脑，有一个叫作网状激活选择的系统，能够帮助你在不经意间捕捉到很好的想法和灵感。

正如前面提到的，优秀的景园实践者要掌握四“P”原则，因此这应引起设计师的额外关注。论及实用主义和实用性在设计师处理复杂且经常引起争议的情况下发挥的作用，他们的贡献自然是显而易见的。重要的是要清楚，观察比判断更可靠。设计师必须能够理解和权衡许多观点，并在各方之间公平行事。在事关设计中的是非曲直、具体行事法则的问题上，设计师不能抱有一种“高高在上”或根深蒂固的态度；而要将客户标准至上的理念放在优先位置。你负责打理的土地、金钱和梦想也都是客户的土地、金钱和梦想。然而，与此同时，某些客户对不同的想法可能相对开放，有些则未必如此，因此，设计师也需要略微有点强势的性格，以便在向客户提出可靠的建议、忠告或鼓励时可以表现得从容自信、稳重靠谱。

设计中第三项原则，也就是以字母“P”开头的“精准原则”，对专业设计师的而言是个最核心的理念。无论是在构思一个意向设计方案的过程中，还是在向他人介绍这一方案的过程中，保持精准可以说是景观设计师必须掌握的重要原则：这包括准确地定义和描述事物的能力，使用各种媒体（图纸、模型、时间表、笔记和规范）的能力；一个复杂的设计可能囊括很多元素，因此，如何精准、令人满意地规划好每一个元素就显得尤为重要。无论是将设计师的设计点子“兜售”给客户，还是指导承包商建造出令人满意的作品，这种准确界定的信息的能力都至关重要。承包商则需要精确到最后一个细节，比如栅栏或格架的螺钉固定件的长度、厚度以及金属特性上等等。

追求精确这一品质对专业景观设计师而言究竟有多重要？鉴于这一领域的复杂性和多样性，没有任何一本书能够给出令人完全满意的定义。如果非要给它下个定义的话，不妨定义如下：

> 这个人应具备清晰、准确的思维和表述能力，能够将设计方案所需工艺、材料等的数量和质量准确界定，并有效地表达出来，以达到打造出满足客户需求及设计说明要求的设计方案这一目的。

虽然每个人都难免会犯错，但如果一个设计师想要在业内树立自己的威信和声誉，精确度必须成为他优先关注的内容。当然，实现最佳设计解决方案是我们的核心目标，但如果脱离了精确，原本有望成为优秀设计解决方案的东西很可能就变得毫无价值。成功的景观设计师有许多共同特征。他们对风园设计饶有兴味，抱有激情，也就是‘4P’原则中的第四项。激情和精确紧密相连，但首先要有激情。与充满激情的设计师交谈趣味十足；热情使事物变得趣意盎然。优秀的设计师喜欢谈论设计，但更愿意取悦客户。他们渴望不断自我改善，学会如何才能在不超时、不超预算的前提下交出精细的图纸、准确的测量数据、翔实的成本和细节方案。

在设计领域，威信声誉对于取得持续的成功至关重要。要实现这一目标就要在这一方面投入极大的关注，以追求完美的理念来工作。这听起来很难，但倘若你乐在其中，便会发现它其实并没有想象中的那么难。如果你热爱自己的工作，就一定会确保拿出合适的成果、做出清晰易懂的注解和说明，确保第一次看到你设计方案的人能够明白你的设计意图和思路，并为此而心生快乐。确保所有数字正加起来对得上，确保百分比总和为 100，确保不同文档之间的数字一致，这一点至关重要。但如果你热爱这份工作——把工作当成业余爱好——就不难做到这一点。假如再能将自己的技艺不断磨炼、知识基础不断拓宽，问题就将变得更加容易。最重要的是要相信即便是在以实用为目的的设计问题和解决方案上，也要从根源上寻找创意。为什么？因为创意的乐趣恰恰可以阐释为什么你会那么在意细节，确保设计方案准确无误。

成功设计师的另一个必备特质在于务实、公正，这一特质也与精确性密不可分。我们每人对待事物都有自己的倾向和态度，向客户提供准确、公正、独立的建议，提供完整而准确的事实及全面精确的各种可能选择，并对可能出现的后果做出全面准确的判定，却是设计师不可推卸的责任。此外，设计师还需懂得如何得体地接受客户的决定。

以书面和 / 或口头沟通的方式精确、清晰地传递信息至关重要，景观设计师必须能够为客户提供精确和合乎常规的合同及规范。所提供的图纸、文字必须准确地说明和传达执行设计所需的工艺、材料的质量和数量，以确保承包商能够看懂和理解信息，进而成功地将设计方案付诸实施。材料、工艺数量上的错误可能会给客户造成超出可用预算的额外费用，这可能导致设计方案不能如约完成或延误。作为一名专业的景观设计师，要想成功地立足谋生，就必须关注每一个细节，认真履行自己的责任。致力于终身学习将会帮助设计师快速完成这一过程，让每一单生意都能为自己带来还说得过去的经济回报。完成某一项设计任务，客户给设计师的时间通常都比较紧，而且很可能同时也还找了其他好几位设计师。因此，只有当你能够在有限的时间和预算范围内拿出设计思路新颖、制作精美准确的项目方案时，才能保证你每个小时的劳动都得到合理的报酬。你需要付出时间，而时间是有价的。如何在你每个单位时间的平均价值与你需要投入到工作上的时间数量两者之间找到一个平衡点，确保收入水平足以支付自己的开支，甚至赢得一份相对丰厚的薪酬，则是成功的设计师所需具备的另一关键技能。

然而，只要你愿意付出，尽你所能去掌握这些技能，那么，想要不成功、想要一辈子过得碌碌无为都很难。尽管面临经济衰退的困境，但目前潜在的市场趋势是景观设计师的供应远不能满足需求，这对新入行的景观设计从业者来说是个好兆头，因为在所有可供你选择的各类职业中，这是灵活程度最高、幸福体验感最强的行业之一。

# 第 2 章　设计理念与美学原则

无论设计主题是风景、建筑、产品、布艺还是其他任何东西，都要首先考虑设计作品的主题立意，不仅仅要注重主题的功能，用途和外观表现，更重要的是要赋予主题以深刻内涵，使设计有的放矢。

以这小小橘子为例

1. 圆形
2. 橙色
3. 有橘皮
4. 内有种子

为什么橘子长得如此像橘子？不仅仅因为上面描述的种种性状，还可能是因为它多汁味美，生机盎然！

以景观中的林荫路为例

1. 郊区
2. 软质表面采用较高比例的硬质铺装
3. 建筑物有空间局限性
4. 正式，双排行道树

为什么林荫路如此令人肃然起敬？并不是因为上述的种种特质，而在于它那如教堂般巍然矗立的树干、拱形枝干，以及人默立于此时所感受到的那种宏伟、宁静之感。

## 主题立意

下文意在渲染作品设计的主题立意：这里所指的不是表面上那些显而易见的品质，而是赋予主题本质特征的核心要素。

还可以再举一个例子，那就是仔细分析、琢磨椅子的本质。椅子应当被视为一种能给人舒适体验，供人休憩的工具，是你渴望落座的一隅，抑或是一个可自由移动的物体，它赋予人的意象绝不仅仅是一种由四条腿，一个平稳椅面和一个靠背组装而成的一个老家伙什。以此为起点，就可以通过设计打造出形形色色的座椅，简约如休闲座袋，奢华如皇位宝座，凡此种种，不一而足。

要确定景观设计的本质，景观设计师首先必须明确客户要求，场地用途以及场地的预期功能。为便于界定人们对于一个场所的情绪反应和感受体验，设计师对区域概况的定位也至关重要。景观设计还需对动态的场地范围和空间具备相关的认知，掌握相应的知识，进而确定既定场地使用中要注意的方方面面，赋予景观场所一个充满意境的主题。通过这种方式进行场地调查和分析，将其抽象化和概念化，有助于设计师抛开之前先入为主的设计构想，解决问题，找到全新的设计方案。正如上文所提到的椅子的那个例子所示，设计师能越早摒弃对既有设计构想的束缚，就会愈能接近作品设计的核心和本质，更容易地使创新的灵感迸发，设计出一些独具特色的新作。这里想象力再次发挥了重要作用。设计师无需再设计造价昂贵的金属质公园长椅。何不考虑设计出一个高约 50cm，造型简单，可回收循环的鼓状塑料座椅呢？你可随意涂上你想要的任何颜色。这种椅子造价低廉，里头可以装上砂子。由于它不可能轻易搬动，因此就没有必要对其加基座固定。椅子既可以组团安放供多人聚会，也可以单独摆放供一个人静静独坐，安享阅读时光。虽然与传统公共场合中座椅的设计相距甚远，但是无论何时，却依然可以很好地满足根本功能：让人们有一个落座的地方，同时，如果位置摆放得当，还能点缀和提升周围景观，使其锦上添花。

当然，重复沿用既有设计方案本身也无可厚非。有时，如果场地、环境与你以前曾碰到的场景十分相似，那么将同一设计方案运用到这里完全没什么不可以，而且很可能还会营造出良好的设计效果。然而既有设计方案有时难免过于苛刻，过于落入窠臼。虽然可能非常管用，甚至有时还很可能就是最佳方案，但却绝对不会是你最具创意、最能表现你与众不同的个人风格的最佳选择。

无论灵感来源于何，反复思索作品的主旨将有助于你做出正确的抉择，设计出契合景观概况和背景的作品，达到客户和场地用户的要求。要实现这一目标，设计师可采取的一个好办法就是事先画出 2 ~ 3 套可供客户选择的设计方案，这些候选方案应做到基本能让客户直观地读懂并理解（通常称之为‘概念’或‘草图方案’）。常有这样的情况，虽然第一套方案可能是最佳选择，但客户却很可能更中意相对常规的那套，因为相对熟悉的方案可能比大胆、前卫的设计方案更赏心悦目，让他们感觉相对舒服点儿。这种常规方案对于设计师来说相对简便易行，相对更容易得到更多客户的青睐，但却很少能算得上最具创意性、最具挑战性、最能令人耳目一新的方案。然而，设计过程也跟生活中的很多事情一样，关键决定有哪些战斗值得为之努力一场。此外，审慎选择、确定重点推广哪一套方案，将它作为你自己的旗舰创意项目向人介绍，这点也非常重要。

## 背景 / 情调，场地精神

### 情调的内涵

场地氛围的类型不胜枚举，与之相关的区域概况和场地类型更是多不可数。有些场地并不算复杂（比如城市中一个小型后花园），与之相关的造景氛围也不多。从设计的角度来说，这些相对简单的场地可以很好地阐释“情调”这一术语的内涵。一座都市花园所需要的，或许只是营造一方静谧的冥想空间、一片城市绿洲，让人可以将世间纷扰拒之园外。这类花园的布景需让用户有种“家”一般的亲切感，同时又不乏私密性、安全性，一旦置身其中，让人既有归属感，又身心愉悦，怡然自得。另一些景观背景则可能要求多种与它相呼应的不同氛围，虽然说这些不同的情调氛围未必一定要在同一个地点集中体现，因此需要对场地进行切分。与特定景观相契合的典型情调包括以下种种：活泼、沉思、惊奇和敬畏、威严、悬疑、神秘、喜悦、期待、好奇、亲和小巧、宏伟大气、肃穆庄严、权力和威望（城堡之王）、谦逊等等。

### 现存氛围

如果你曾经参观过内城未经人为修缮的高层住宅区，譬如伦敦的哈姆雷特塔。你可能会觉得这片地区弥漫着一种肃穆、严冷，甚至充满敌意的氛围。问题并不在于这里的居民；实际上，隐藏在这片街区背后的邻里亲情，有时远比单纯从周围景观和环境氛围中所能感受到的浓得多。问题的根源在于以前的成见：虽然斯巴达式的建筑风格、单调无味的环境、无遮无拦的空间给人一种这里不宜居住的印象，但环绕街区周围不见尽头的卵石路、一望无际的草地，却足以滋养出一个个舒适宜人、亲密无间的社区。此外，这些街区丑陋、矮小的建筑外立面自身也是个很大的问题；也难怪乍眼看起来这里充满敌意。仅靠解决原有贫民窟的功能缺陷远远不够，因为环境和氛围的塑造也格外重要。景观元素的恰当运用可以在很大程度上改变这里的氛围，众多外表修缮提升工程方案的实施已使这些地区的面貌发生了显著改观（图 2.1），而还有许多地区仍在等待得到数额原本有限的城市景观提升资金的支持。如果参观一下萨里郡吉尔福德附近的萨顿广场，你就会发现，同一场所究竟可营造出多少种不同的积极向上的情调——本・尼克尔森墙那令人望而生畏、赞叹不已的大气，天堂花园简单怡人的格调，都是很好的例子。以上各处成功改造的案例均出自已故景观设计大师杰里科爵士之手。

## 预期情调 / 氛围

无论是由向日葵点缀的花坛带来的轻松怡人的氛围，还是鬼屋或主题公园骑游过程中刻意体验的“安全 / 危险感”，每一处景观设计都意在营造游客追求的某一种积极、正面的氛围。没有这种积极正面的氛围，作品的设计也就没有了灵魂。在现代，没有灵魂的建筑数不胜数，而景观设计师肩负的责任就是使这些缺乏魂灵主旨的场所越来越少，直至彻底



**图 2.1** 背景 / 情调 萨鲁姆庄园

消失。无论从形状，外观还是到闭合的结构，设计中的每一元素都应为理想氛围的营造发挥作用，添砖加瓦。游乐场应当选用一些俏皮可爱的铺装图案，有趣的栏杆，童趣十足的街头家具饰品以及一些专有的游戏用具。场地的预期用途也应体现出某种特定的情调氛围，与场地和 / 或更广泛的景观环境或相映成趣，或和谐一体。

## 场所精神

短语“genius loci”的含义即“场所精神”，每个场所都有自己独有的特色，这可能包含相对广阔的景观视域，也可能只包括一条街道、一个村庄等局部场景。场地本身都有各自的特点，有的可能会与更广阔的景观相得益彰，也能与之形成强烈对比。一些场所可能具备多个可描述的特点。它们具有一种存在感，能营造出一种氛围，有时甚至可以让你着魔般莫名沉醉其中。这样的地方既可能让你心生敬畏，也可能令你自感谦卑，既可能令你备受激励，也可能让你陡觉恐惧。简单说来，相比其他地方而言，有些场所就是能够令人感觉一见倾心、难以忘怀（图 2.2）。

每位景观和园林设计师需要回答的一个问题是：如何才能创造出既引人注目，又能让人怀着某种特殊情感恒久铭记的作品？首先，确保设计作品能够传达出某种合适的情调是根本出发点；其次，准确甄别场地用户期望的氛围将有助于指导设计师作出正确的抉择，从而最终帮助他营造出一种全新而又独特的场所精神。



**图 2.2** 场所精神 考克斯蒂府邸（Coxtie House）

# 功能

功能是指一个地方的预期用途，以及与场地位置和与邻近土地用途相互作用有关的一系列缓解措施。同一个区域可能需要满足多种不同功能。例如，野餐区需要安置受荫蔽的座位和野餐长椅。它们的设计将是场地实际功能的体现。或许种植不仅仅是为了遮风挡雨，还可能是为了营造一种景观风物，或遮挡住某些不够悦目的景物；这些是与邻近土地用途有关的视觉功能的例子。还需考虑场地内部的私密性，或避免从场地上不经意间就能把邻近情况（例如邻家的花园）一览无余的情形。

## 功能类型

场地主要有三大不同的功能：活动主导功能、实用性主导功能及以解决场地问题为主的缓解性功能。

**活动（或非活动）** 功能活动性功能包括体育活动及非正式球类运动，日光浴、钓鱼、静坐、娱乐和户外用餐、学习、步行和骑自行车或骑马，儿童游乐、园艺、遛鸟或单纯站立远眺等活动。

**实用功能** 实用功能有助于场地安全使用，提高场地使用舒适度。例如，便于行人或车辆通行的通道、集聚点和停车场；垃圾堆放收集点、肥料堆；工具、单车及其他储物棚；围场或空间；车库和车间；排水及其他公用设施服务；干燥区和宠物房，上述都是一些常见的实用功能的体现。

**缓解功能** 为了缓解场地出现的种种问题则需要采取有效的解决方案，以便使场地空间得当，服务于活动功能。这些缓解性措施可能包括：通过种植，筑墙或篱笆来屏蔽碍眼的物体，提供遮蔽物，确保场地的私密性，并采取相关的安全措施。实际上，要使这种功能得到发挥还可构建场地的内外视图（有时称为等视线），减少污染（包括噪声），并提供荫蔽、斑驳阴影或遮阳板等等。

设计过程中，设计师很有必要照顾到场地的情调，因为功能与情调共生。情调是人们对一个地方的情绪反应：包括人们的感受，场地的目的和用途。因此，情调主要与活动性功能息息相关。与场地功能相关的氛围将会影响我们对场地质量的感知。因此，景观设计师应高度重视意境的营造。一个场地之所以吸引人，凭借的恰恰就是它周围的氛围，功能自身应该是潜移默化的，也就是说，功能应该只有在它没有正常发挥作用时才应当被注意到。选定合适的氛围是产生好的设计理念、做出正确的设计决策和选择合适的材料的关键。为了向客户阐释造景氛围，设计师可能要向客户呈现多种多样视图。向客户推销设计风格的过程也亦复如是。否则客户可能不会理解设计方案中所拥有的质量价值，而会仅仅根据功能标准来判断它。虽然我并不建议从业者提前就把设计方案做完以便能赢得机会，因为这样做很可能让你面临付出了时间和精力却得不到回报的风险，但尽管如此，在当今竞争激烈的行业背景下，设计师如果能够拿出一份直观生动的效果图很好地向潜在客户传递场地氛围情调，那么胜出的概率也会大大增加。

## 有氛围无功能

如果你设计了这样一个空间，目的是让游客可以从这里环视周围美丽的乡村全景，可以在这里静坐休息、野餐，或是极目远眺，但地面排水性却做得很不理想，脚底下湿漉漉的，而且还没有座椅、野餐长凳等，那么，这地方或许依然会因为它优美的风景让人觉得是个不错的所在，但却不能有效发挥其预期的功能，因而难免让游客心生不快，甚至彻底破坏了人们到访此地的兴致。

## 有功能无氛围

遗憾的是，太多功能至上的设计都缺乏合适的氛围。20 世纪 60 年代和 70 年代建造的许多高层住宅便是如此。但这样的例子在每一时期的建筑风格中都有所体现，景观设计、产品设计等其他设计中这种现象更是屡见不鲜。曼彻斯特赫尔姆庄园混凝土高层建筑如今已被拆除，重新做了开发。当初刚建起来时，这里曾因其“美丽新世界式”的建筑风格而斩获设计大奖，但没过多久，居高不下的犯罪率、严重的社会问题却渐渐成了人们一提到这里就首先产生的印象。最初落成时，这个小区拥有着“全现代化”的设施，能够提供良好的卫生、供暖、冷热水和服务，凡此种种良好条件都是以前所谓的“贫民窟”所不具备的。之前“贫民窟”里无处不在、但新建高层住宅楼里却难得一见的恰恰是灵魂、人性化与情调。可以这样说，这个地方所呈现的是一幅敌意浓重、荒凉冷漠的氛围，完全不适合“安家”所需要的合适氛围。营造合适的氛围，有助于让原本功能至上的设计解决方案增添一份人文情怀。20 世纪 60 ~ 70 年代典型的住房大都色彩单调，缺乏柔性细腻的装饰和遮蔽性，隐私性和安全性较差，没有属于自己的花园空间，缺乏独具特色的小巧，建筑与周围环境之间也缺乏一种逐渐过渡、逐渐融合的衔接。而所有这些，都是贯穿历史不同阶段传统建筑设计所强调的特征，最典型的代表就包括肯特郡滕登郡的拉文汉姆庄园、科茨沃尔德郡的劳厄尔斯洛特尔庄园，以及柴郡的塔波利庄园等极具烟火和生活气息的村落。

## 区域概况

在景观设计行业，区域概况这一概念专指某个场所或地域所具有的背景特色。这一区域概况是设计师在对场地用途、氛围、周围环境用途和特征、材料、历史、地理和文化背景等因素综合评估的基础上来确定的。这些因素共同作用，形成了对一个地方是什么及其性质的理解。例如，一个居民区、住宅区或一个单独的住宅都可以有相同的区域背景；它们都符合“家”的概念，都重视隐私、安全性、社区、规模、友好、舒适、放松、玩耍、遮风挡雨等因素。所有的这些通常都是与“家”关联的积极词汇，因而共同构成了我们对“家居环境概况”的理解。位置、周围环境等也是构成某一所在区域概况中独有特征的进一步标志性要素。

对于一个城市广场来说，它们各自所处的区域背景注定千差万别。赋予区域背景一种标签，有助于对它进行界定和描述，传达它的象征意义。“城市广场”这一名称或许是个非常恰当的称呼。最能体现这类广场特点的词语包括：忙忙碌碌（熙熙攘攘）、生机盎然、趣意十足、便于交际、宽敞开阔、多姿多彩。广场时有重大活动举行，往往矗立着纪念碑、纪念馆等标志性建筑。这些词既可传达广场的功能，又可共同营造广场的整体氛围，因此成为描述广场特征的重要标签。这些要素通常难以界定、难以准确衡量，但对我们每一个人来说都有着不同寻常的意义，构成我们日常语言中极具感染力的因素。

确定设计主题或场所的区域背景，是制订设计总体说明、明确客户愿景、进而确定景观功能和场地基调的第一步。如果你意在恢复某处的景观，那就必须首先熟悉现有区域概况。然后通过场地分析来详细了解区域概况的背景、周围环境、功能、氛围、材料和审美因素等，从而达到突显和强化现有环境特征的目的。

## 复杂的区域背景

一些场地的区域概况可能复杂多样；换言之，有时一个场地可兼容的区域背景不止一个，大型公园就是一例。场地中可能会呈现 / 凸显出各种各样的功能，特征，氛围，背景和周围环境。设计师可能会接到指令来翻新这样一座公园，为公园安装全新的设施，提升公园的吸引力。运动场周围的环境会与一些古典花园、动植物生境创造、正式游乐场等的建造背景截然不同。有时，这些特征甚至可能是截然对立，而且由于场地空间的限制，有时将它们不和谐地堆叠在一起。比如,有时候不得已需要将“生龙活虎”的运动场安置在教人“潜心静思”的休憩场所边上。截然不同的氛围、功能和规模之间的鲜明对比反而有助于凸显各类不同空间的差异，只要一个空间所需的功能不对其他空间的功能构成干扰，那么设计师就有可能打造出一个情趣盎然、功能各异、舒适宜人的公园景观，满足公众不同层次的需求建造出一座趣味十足，与众不同而又赏心悦目的公园。

## 建筑材料：硬质与软质

很多因素会影响材料的选择，正确的选择会帮助设计师对作品做出完美的诠释，反之，则会使实践功亏一篑。如果你选用普通的“饰面砖”砌墙，那么墙体就会在极寒的天气变得酥脆，甚至倒塌。原因在于这种材料对严寒天气适应较差。如果客户想要建造一个隐秘的围墙花园，由于预算紧张，设计师不得不选用木栅栏和大门，那么就会很难实现理想的设计效果，这是一个材料无法准确传达预期情调的例子。要想实现预期效果，设计师得选用墙和大拱形木门才行。不过，实际上有些材料可相互替代，同时又不会在实际设计过程中造成功能和氛围缺失。成功选用既可为客户节省大量预算又不会造成功能缺失的可替换材料被视作一种“价值工程”。为确保项目支出能够控制在客户的预算范围之内，这是经常需要考虑的做法。



### 材质和氛围

确定适当的造景氛围对决策过程往往至关重要。建筑材料有助于传达合适的氛围；选择正确与否将会决定建造出的作品是会提升还是会降低预期的审美效果。这并不意味着情调是选择建造材料的唯一因素；适当的功能也至关重要。考虑到景观的耐久性，选用合适的规格非常重要。在考虑成本、施工难度和安全性的同时，又要提升景观的预期氛围和功能，能做到这点有一定难度，但也并非不可能完成的任务，只要付出足够的时间和精力，用心去思考和调研在预算范围内选择哪些材料可以取得最佳效果，或者至少可以取得理想的效果，还是完全值得的（图 2.3）。

### 材料的合适性

确保建筑材料能够满足或充分发挥预期功能似乎是不言而喻的道理，但现实中忽视这点的情况却并不罕见。一位考虑不周的园林设计师用刨花板代替井盖，为了美观，又在上面铺了砾石。没过多久刨花板就腐烂了，一名男子路过时掉进洞里摔伤了自己。从这个例子中，我们可以得到重要启示，无论是从大小、强度，还是从耐用性角度考虑，所选材料必须适合预期的功能。

即便选用了合适的材料，材料也必须等级合适，尺寸适中。还有另一个例子恰能说明这一点：花园小径上的藤架上安装了横梁，横梁的高度略微低于客户的身高，结果客户从横梁下走过时不小心碰了头。用砖铺装人行道、台阶或砌墙固然合适，但砖有很多不同种类。很多类的砖吸水性太强，因而不太适合这类用途，只适合在有屋顶、屋檐和水槽荫蔽的室内使用。如果用于室外，无遮无拦的风吹日晒很快就会让这类砖碎裂，特别是在寒冷的天气里，砖里的水分将结冰膨胀。只有材质坚硬又耐寒的砖块才适合铺路。黏土制成的瓦、硬度不强的天然石材也是同样的道理。设计师需了解各种材料在不同天气状况下的性能，受潮后会不会影响其性能。如果是在阴湿的环境下使用，会不会长满青苔、变得非常湿滑？

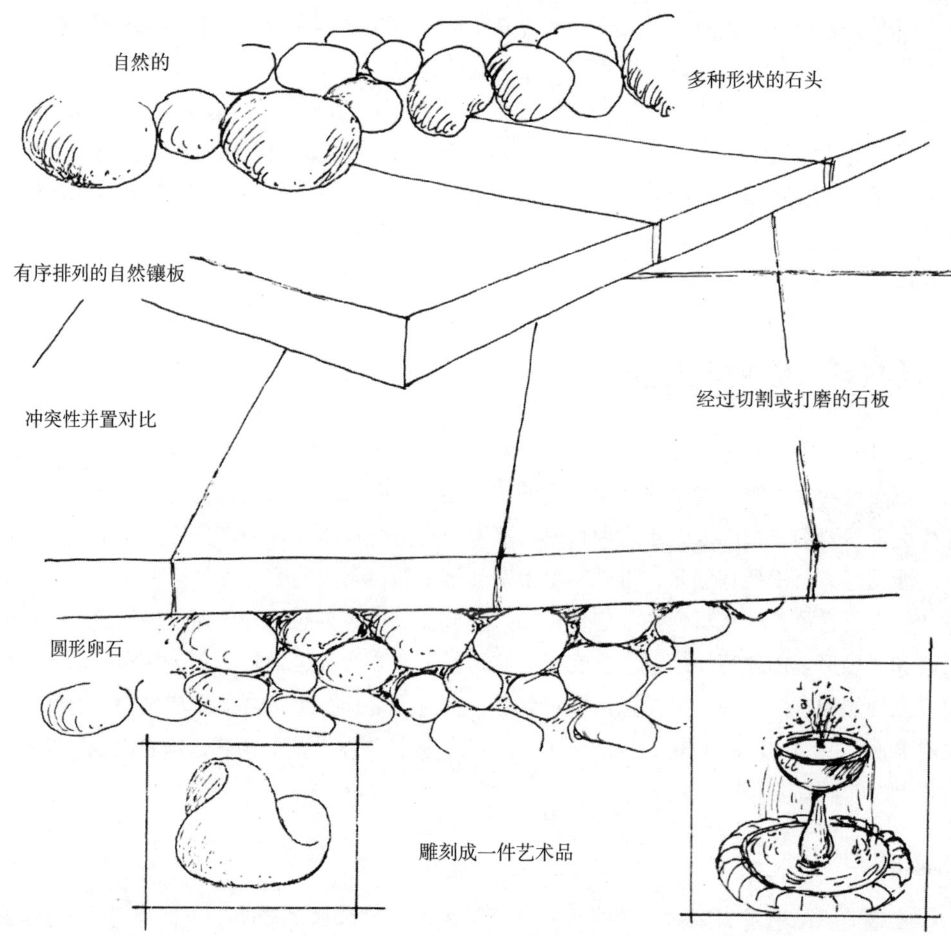


**图 2.3** 石材

比如，某些没有质地的混凝土板就容易长青苔。

## 材料成本

成本在设计中是一个始终都存在的限制性因素。如果设计方案所需要的材料价格过高，超出了客户预算范围，那么这一设计显然没有意义。有时候设计方案可分阶段实施，以此来分摊设计成本。这种分阶段工作方式确实可以帮助设计师将成本控制在既定预算范围内，但也仅限于这一方法行得通的情况下。不过，很多情况下，设计所需的材料往往可以替换，而且不一定会导致设计预期功能打折扣，尽管作品品质或多或少会受些影响。设计伊始，设计师多选几种不会对作品品质造成影响的候选材料是种明智的做法，这将有利于确保设计方案在材料成本的选择上有更大余地。比如，花园的边界可能需要一些材料将花园围起来，石砌或砖砌围墙可能是最佳选择。然而在某些情况下，闭合形的木栅栏或许也可以是个美观又持久耐用的选择。如果再在边缘安置一些软质格架，或者栽种一些攀缘植物，或许还可在一定程度上起到某种缓冲、软化视觉冲击的作用。

这种替代性方案将会极大地削减预算，也能在美学和功能上达到比较满意的效果。这固然不是最理想的方案，但一旦涉及成本和预算等问题时，多数人还是愿意做些妥协。为确保能在预算范围内设计出最佳方案，设计师很有必要再次列出一些替代性的围合材料，并将它们所发挥的功能考虑在内。运用栏杆或格架等材料将花园围合可以有效阻止人们越过花园边界进入园内，但却不能挡住园内、园外人的视线，而砖墙、木栅栏则即可形成有效的物理屏障，又可形成视觉屏障。但显然，砖墙比闭合材料要贵得多。使用海洋级防水胶合板、双面材质或栅栏式围栏，甚至是密集的常绿树篱（假以时日，至少到这些植物长起来之后）也都可实现相同的功能。道路铺装材料也是同样的道理，约克石、花岗石造价高于地砖，地砖造价高于混凝土块或石板，而水结碎石、松散的豆粒砾石、板岩乃至再生玻璃熔核等天然材料则相对更便宜。因此，设计师必须能够很好地平衡成本、功能和耐用性三者之间的关系。

## 审美性

本质上讲，审美学是研究如何使事物更具视觉美感的一个概念。审美学之所以是一个复杂的概念,是因为它包含了构成和排列的广泛准则。这一极具争议性的主题包含多个方面，大至哲学、形而上学等理念，小至支配线、面、比例、焦点等的相对机械的规则和概念等等。之所以存在争议,是因为存在两种截然对立的观点。有些人认为“美”存在于观察者的眼中，完全是个主观的、纯粹个人品位的问题，而另一些人则认为创造美需要遵循某些基本原则和数学法则，因此美是可定义、可衡量的，也是客观的。几个世纪以来，正是这种分歧引发了许多哲学争论。

真相一定是介于两者之间。罗伯特・皮尔西格在他的作品《禅与摩托车维修艺术》（古籍出版社 1989 年出版）一书中通过对美的分析发现，美，乃至广义的质量这一概念，都是下意识的。重大发现、事件，乃至关于它们是主观还是客观的分析，都只有在事件发生之后才开始出现。我们在生活中会时不时遇到像美和质量这样的概念,这是因为我们的感官（也许还有我们的灵魂）能够穿越时间,就像唱片槽上的触控笔,放大了原始的创造力。直到后来，我们才停下来思考这些概念，并试图定义那些无法定义的事物。此时此地，我们苍白无力地试图以某些拙劣笨重的文字来描述一起创意性事件，而事件却早已在此刻成为此刻、此地成为此地之前就已经发生！很可能，早在我们意识到此刻、此地等概念之前，事件便早已经在潜意识里发生了。由此，我们不知不觉间联想起了卡尔・荣格的理论。荣格是探索潜意识的先驱，他认为我们的部分潜意识具有集体性，是全人类共有的。如果这是真的，那么它将有助于解释：为什么我们对美的体验往往具有共性？为什么数世纪以来人们发现、积累了如此丰富、如此经久不息的组景手法和原则？

在一个层面上，美需要集体分享，因此就可以确定一些美学原则，并且将其运用自如。而另一个层面，对美的体悟则要肤浅得多。在这个层面上，美丽事关个人，受文化因素影响，比如社会经济群体、时尚元素、个人哲学和观点、同辈压力、国籍、媒体因素等。

## 美学原理

集体共享美感这一观念对设计师而言意义重大，它在许多“优秀”的构图原则中都有所体现，但这种观念同样适用于景观设计以及其他设计学科。这些构图原则包括透视法、焦点法、平衡法、色彩法、远景法、框架法、背景法、中景法和距离法。最近有关相对复杂性、新颖性和交互性影响的研究也与此相关。美学是一门研究型的学科，它囊括了风景构成的基本要素，而风景构成则是绘画的核心。线条、平面、点、形状、比例、比例、图案、颜色、质地和色调的使用都有详细的准则。美学还包括对景观设计实践具有重要意义的一些复杂概念，包括场地和可防御空间的创造，瞭望庇护理论以及边缘效应。一些概念得到了精准的假设，这是因为它们界定了集体共享对于空间及周围空间的反应。杰里科爵士阐述了这样一种理论：这种集体反应很可能可以追溯到人类心理进化进程中的不同历史阶段，追溯到人类进化的起源（生活在森林中的人、狩猎采集、定居），很可能还可以追溯到命运心理：对美好的追求（冒险家、实业家和技术控等等）。

## 风格

景观风格通常是指某一类型的景观所缘起自的国家或历史时期。因此我们可以以此标准将景观划分为日本风格、英国浪漫主义风格、巴洛克和意大利风格等等。风格也可以指设计形制及正式程度的不同形式，比如宏伟壮观的凡尔赛宫；呈现典型“能人布朗风格”、一望无际、柔和舒缓的英国郊野公园。在规模小巧的层面上，风格也可划分为截然对立的两派，一派是规整的对称庭院，其中点缀着整齐的树篱、精美的花坛；另一派则是浪漫别致、杂沓无序的别墅花园。

因此，风格是一种比上述主要审美表现更为肤浅的一个现象，是文化影响的产物。因此，与其说它是一种群体性的或普世的审美倾向，不如说它更大程度上取决于某一个人或某一民族的审美品位。

## 基于人类起源的理论

卡尔·荣格认为，人类集体潜意识中有些元素是共通的，而且越深入这种潜意识，就会发现这些元素的共通性就越大。如果景观设计师对这一概念感兴趣，并希望它能够影响设计决策，首先必须能够甄别人们在感知景观的过程中存在的共有元素。

杰里科爵士的作品（包括他著名的作品《人类的风景》）近乎满足了这一要求。基于他的著作，下面列出了人类前三个时代的相关信息。然而，这本书既对他的分析作出了全新阐释，也就人类进化后期的状况提出了不同观点。以下介绍有关人类进化阶梯的另一种看法。

### 生活在丛林中的人

这里所使用的“Man”、“he”、“his”均指广义的人类整体，其中也包括女性人类。在已知的人类进化最初阶段，人生活在森林里，家建在林中的空地上，获取食物、遮挡风雨，都完全依赖森林。早在那个时期，人类就对景观产生了一种深刻的集体潜意识，就好比种族记忆一样，现在仍能够在我们的身上找到这一印记，可以说已经内化成我们身体的一部分。时至今日，每当我们站在宽阔的林荫道上时，敬畏、谦卑的感觉便会油然而生，就好比置身于大教堂时内心中的感受，巍峨耸立的教堂石柱相当于树干，石头拱顶相当于头顶遮天蔽日的树冠，教堂尽头拱形的彩色玻璃窗，则好比透过浓密的树林播撒进来的点点光线（图 2.4）。

坐在高大的树荫下，我们会有一种舒适、平静和安全的感觉，托马斯·哈代的诗歌《蕨丛里的童年》就很好地描述了这种感觉。在我看来，人类进化的这个阶段与人处在家庭、精神庇护所等氛围下时内心所产生的那种情感密切相关。这种感觉可能包括安全、舒适、平静、和平、隐私、敬畏、谦逊以及精神愉悦。精神庇护场所、家庭都有着共同的主旨，宁静、安逸、祥和、令人沉思。所不同的只是空间规模。开阔的林荫道（以及教堂、大教堂）宏伟壮观，让人心生谦卑和敬畏，而自家温馨的房间和小巧的花园则往往更多与私密、舒适等感觉紧密相关。

这些情感主导着设计师对规模、功能、材料和家具的选择，但在进行最终决策和选择之前，设计师有必要发挥其抽象思维能力，仔细思考一下预期功能的本质内涵究竟是什么。

### 狩猎 / 采集者

其后的进化过程中，人们渐渐离开或砍掉森林，结成社会群体，开始在如今开阔平坦

**图 2.4** 生活在丛林中的人

的平原上过起了采集和狩猎的生活。平原广袤开阔，从山顶堡垒上放眼望去，周围一切都可以一览无余。既有利于狩猎，也有利于侦探敌对部落的动态。开阔的空间赋予我们宏阔的视野，山顶堡垒使得高地尤为令人心怡，如果这一有利地点足够隐蔽、遮挡足够好，效果则更理想。这些景观在园林设计大师、能人布朗的作品中得到了绝妙的运用，其标志性特征便是一望无际的开阔式公园景观（图 2.5）。

到幽僻的山顶野餐几乎是人们共同的愿望，因此，许多 18 世纪英国风景画都以此为题也就不足为奇了。比如，一名士兵坚定地屹立在原地，凝视着地平线，思索着他即将面临的下一场战斗。这样的画面里通常都会有位美丽的白衣女子，一袭飘逸的长裙，优雅端正地坐在野餐毯上，背景通常都是浓荫蔽日的大树，其位置刚好构成一幅清幽静谧的山顶图景，共同框定为一幅景色绝美、构图均衡的景观。

渴望寻找一处幽僻却又可以俯视辽阔视野的所在，这一愿望构成了艾普尔顿瞭望庇护理论的基础。根据这一理论，人们总是渴望找到一处理想的场地，既能提供开阔有利的视野，

**图 2.5** 生活在热带草原的人

又能提供安全无忧的环境，避开潜在的一切危险。据他假设，这种喜好可以追溯至远古狩猎和采集时代先人们在我们潜意识中留下来的种族记忆。山顶堡垒，例如西萨塞克斯郡南部丘陵的钱克顿伯里环形城堡（Chanctonbury Ring），让当时的先人可以躲在相对安全的位置，观察凶猛的野兽，也观察敌对部落企图来袭的敌人。实际上，孩子们玩的捉迷藏就是这种深层次现象的表现。与这种景观相关的情感反应包括安全感和隐蔽性、权力欲和控制欲、期望或期待，目睹辽阔视野时发自内心的惊叹，或许还有相应的思考。

## 定居者

人类很快就学会了驯养动物，种植最好的植物，以获取食物和衣装。农业的诞生和发展促进了城镇建设，也导致城乡两极分化。组织和秩序成为这个时代的标志，我们想种植室内植物、蔬菜、花园鲜花、整齐的草坪和饲养宠物的想法皆来源于此。从栽种整齐有序的胡萝卜，到凌乱却不失秩序的农舍花园，定居时代让我们体会到了植物、动物世界的秩序和巧妙安排。

## 冒险家及人类命运的主宰

杰弗里·杰里科爵士还描述了人类发展的其他时代，比如航海时代，这也许正是人类

**图 2.6** 探险者

冒险精神的来源。不过，还有另外一种观点或许更为可信，即：这种冒险精神从一开始就存在，正是这种寻求改善的动力，成为驱动人类发展的催化剂。这一理论揭示了为什么说这种情感驱动是人类最深刻、最集体化的情感反应，因而对设计师来说也具有极为重大的意义。

冒险精神不仅仅是人类发展的另一阶段，也是决定人类命运发展的关键所在。正是这种冒险的星星之火，促使人类进军未知世界，去探索、去合作、去发明、去创造、去征服。冒险精神本就是激发创造力的火花。肾上腺素的刺激、挑战和勇气就是这种精神强有力的表现。去发现和挑战危险的欲望也是同样的道理，甚至包括到主题公园感受安全无忧的“历险”，挑战超自然力量，再到看惊悚的 B 级恐怖片、参加恐怖花园历险等等，所有这些毫无危险的冒险活动，都是人类冒险精神的体现。工业革命、电子革命以及所有的发明，都是这一谋求进步的伟大动力中的一部分。它派生了促进世界、政治、创造性以及哲学和精神启蒙发展的动力。

无论景观设计师设计景观的目的仅仅只是为了营造某种神秘的氛围，还是为了给客户 / 用户带来某种特定的智力挑战，对这种集体潜意识现象保持一份清醒的认识，将有助于确保最终设计方案趣味盎然，令人兴奋和流连忘返（图 2.6）。

# 空间与边缘效应

## 营造空间

营造空间是景观设计的基本原则。打个简单的比方，场地就好比一片密集的丛林，你手拿一把斧头，清理出一片片空地，用于各种不同的活动，空地面积的大小则视活动需要来确定。清理之后留存下来的植被将清理出来的空地环绕，同时也决定了这些空地的氛围（图 2.7）。

**封闭空间** 空间意味着它的周围存在某些封闭元素，这些封闭元素可以是硬质或软质材料。封闭材料在宽度、深度和高度上限定了空间。限制性较强的封闭元素包括：墙和栅栏、树木和灌木、路缘石和台阶、地面图形或图案组合。一般来说，垂直元素比水平元素会给人造成更强的视觉冲击。有些封闭性材料比其他材料在营造物理边界方面效果相对较好，但视觉阻隔效果略差，或者恰恰相反。使用材料对空间界面进行分隔，就好比将一个区域细分为多个不同的房间，每个房间有不同的规模、特点和用途，以达到客户的预期功能和活动举办需求。这么说意思并不是此类空间不能整齐划一，视作一个整体来进行设计，就像一栋房屋的各个房间可以共同作用，营造出舒适温馨的整体氛围。不过，设计师需要意识到，静谧安详、供人冥想的空间在大小和性质上与用于球类运动等喧闹的娱乐活动的空间显然有很大的差别，就好比你家的客厅在特征、大小等方面都肯定不同于的卧室、厨房或餐厅。

**场地的大小** 场地的长度、宽度和高度必须足够宽敞，以便能舒适地进行预期活动。

**图 2.7** 创造空间

**图 2.8** 空间创造的六个阶段

场地需要留出一定的“富余空间”，特别是对于户外就餐等动态功能场所，应留出足够的空间余量，以便人群能够自如走动，为上菜、送饮品等提供合理安全的通道。体育场也需留出足够的边缘空间及维护通道，这些都需要额外空间。需要考虑的不仅仅是空间自身的规模，还需要考虑不同空间之间缓冲过渡区域的大小。相邻场地用于不同目的的情况下，充分考虑到这点尤为重要。

**空间的用途** 空间必须要足够荫蔽、足够隐私和足够安全，以保证预期活动能够舒适、顺利地进行，且不对邻近其他场地举办的活动造成干扰。在设计过程中，设计师应思考一个重要的问题：即开辟的空间是否能发挥预期功能？如果不能，就需要对方案进行必要的修改。

**空间的氛围和风格** 空间的氛围和风格可以通过调控空间形状、内含的要素、颜色、材料以及预期功能和所需设施来确定。空间需要传达合适的氛围，例如：俏皮、沉思、宁静、活泼；令人敬畏、鼓舞人心、神秘、新奇、奇怪、令人着迷、愉快、庄重等等，抑或交杂着多种氛围。也可将空间按照一定顺序来排列，依次体现上述各种不同氛围。

**空间切分** 在一个空间之中无论植入任何一种景观小品，都会对空间产生巨大影响。植入小品的大小对这一效果的发挥起重要作用。如果小品较小，那么它便很可能成为整个空间中的焦点。反之，如果植入的小品体量过大，便很可能显得与周围环境格格不入、不合比例，进而显得喧宾夺主，让整个空间显得狭小局促。如果体量再大一点，那么其实际效果便无异于将空间进行了进一步切分，就好比在空间外围额外又添加了一个廊状空间（图 2.8）。在花园的中心位置摆一个大大的种植床便是一种常见的不当做法，其后果往往致使花园整体空间被切割破坏。如果有意想要在空间中增添一处小品，营造景观焦点，那么，其大小务必要与空间比例相称。在小型花园中间放置一个日晷或者小雕塑可以有效改善空间氛围，但若在中间摆放一个体型硕大的纪念碑、高大宽阔的灌木床或高台，则势必破坏空间意境和氛围，效果适得其反。

**闭合程度** 在小草坪周围种植树篱固然可以起到分隔空间的作用，但如果在树篱内侧再栽植一圈低矮植物，便可以有效缓减垂直平面的树篱与水平面的草坪接合处突兀的过渡。事实上，形成闭合效应的植物层次性越多，圈定的范围就更加明确，营造的效果就愈加成功。多层植物（至少三层）有助于场地的圈定，更接近于原生森林生态系统中天然存在的层次分布景象。设计师通常会将地被植物配置在最前面，中间配置中等高度的灌木，高大灌木及乔木则配置在最里边，树冠高度最终决定了整体空间的高度，从而模拟出自然景观层次的效果。

一些围护材料会为空间内部形成有效的屏障，而另一些材料则会形成风涡。风的穿透性是这里的主要原因。树篱和植物比墙的屏蔽性更佳，因为它们减缓了风速。墙会使风在墙外打旋，形成风涡。防雪栅栏恰恰运用了这一原则，允许一部分风穿过栅栏，减缓雪花随风舞动的速度，从而让雪在被吹到路面之前便落地沉积下来。

## 边缘效应

边缘效应一词通常用于描述人们普遍存在的心理，即：当置身于一个大型空间中央时，人往往会感觉不自在;而要是背靠墙（或类似的结构），心里就会相对踏实。从防御角度来讲，背靠墙有助于满足隐蔽观察的需要，有助于看清前方潜在的敌人。这种优势自然构成了人尽皆知的“边缘效应”的来源。假如让你赤身裸体站在板球场中央（并非自愿裸体），你可能会感到羞耻和难为情。但如果你衣冠楚楚，端坐在绿茵场边上一张桌后，感觉就会好很多。人们通常喜欢选择靠近空间边缘的位置，这种现象与艾普尔顿的“瞭望庇护”理论密切相关。同样不难理解，为什么人们在一个面积相对较小、“规模相对更适合人类本性需要”的空间里时会感觉相对自在,因为在这样的空间里,你可以时刻都处在一个靠近边缘的位置上（图 2.9）。

毫无疑问，在群体潜意识里，大家几乎都喜欢边缘的位置。在这个位置上，我们有一种安全感，是自己的焦点、也是自己的参照系。虽然路牙高度不过 100mm，但正是因为有了马路牙子的存在，我们才觉得人行道安全。当然，人们对边缘的喜爱多数情况下仅仅局

**图 2.9** 边缘效应

限于相对平坦空间，尤其是大型空间。如果落差过大，面对的是悬崖或陡峭的堤岸等，效果则截然相反。

我们通常会根据潜意识中一个适合于人的尺度来判断空间的大小和规模。我们可以描述某些空间宏伟壮观或矮小促狭；与此同时，即使某个空间表面上看去狭小局促，我们也可能用小巧适中、僻静独立、温馨舒适等词汇来形容它。孤身站在足球场、莫斯科红场等巨大空间中央时，我们内心涌起的感受往往是招人耳目、脆弱无助、无遮无拦、惶恐不安等。而置身于规模相对较小“适合于人的尺度”的空间里时，或者置身于相对靠近边缘位置时，内心的感受则往往是温馨、私密、安全、亲切等等。

## 组景原则

一旦明确了宏观组景手法，设计师就要将注意力放在一些影响设计构图本身的细节因素上。这些原理关乎线，面，水平变化，焦点等元素的识别和处理。这些原理中有很多都源自美术行业的构图原则，然而在三维景观设计中，设计师如果能对这些组景手法有一个清晰的认识，对获得满意的设计成果来说也有着非常关键的意义。

画图与造景之间的根本区别在于，观察景观的最佳视角总是在不断变化，而且造景相对更具交互性，并且一年四季、从不同方位都要能够产生艺术审美效果。

### 均衡性

均衡性一词指设计时需确保构图美观合理，能够给人带来舒适的视觉体验。这种舒适感即当人们放眼场所中的景物时，主导景物两侧能够营造出相同或相似的视觉效果与重量感，也就是说，左右两侧，直至画面尽头需要和谐一体，构成一个完成的统一体（图 2.10）。

**均衡性**

均衡性是实现良好组景效果中非常重要的一点，完全对称平衡有时会导致二象性，即被分开的两个部分比例并不协调

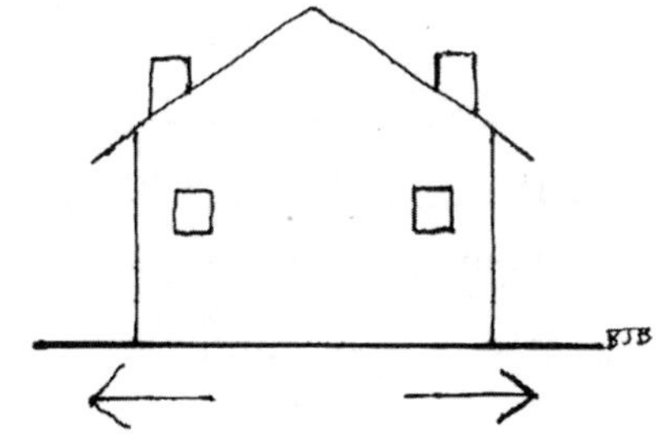


**图 2.10** 均衡性

画面尽头是一个假想的点，在这个点上，场景中的任何平行线将在它们后退到远处时连接成为一体。因此，如果画面尽头两侧的物体整体来看具有完全不同的视觉重力，那么这个场所的布景就谈不上均衡，这种不均衡容易引起视觉上的不适。

## 统一性

统一性是一个有关设计或构图的术语，即多个组成部分能够彼此关联，形成一个统一的整体。设计过程中（或在景观中），如果手法不当，物体很容易呈现出无序分布的散乱状态，因此使得整体看起来不甚和谐。各个物体的分布杂乱无章，与其他物体缺乏关联，与其他物体或边缘存在违和感（图 2.11）。统一性不一定要靠景观中所有元素的彼此相似或协调来实现，即便空间中包含迥然相异元素也无伤大雅。相反，统一性可通过形状组合、空间序列或对结构空间起决定作用的一些元素来实现。

一个垂直物体与另一个垂直物体间的距离对于实现统一性至关重要。这些物体有助于透视、平衡和提升构图效果，也在它们之间产生了一种重要的张力。

重要的是，所有空间都要与场地的边界相关联，能让人们感觉它们是场地的一部分。不妨将场地假想为一个大木块，你可以在上面分割出若干小单元。这样，在第一阶段的草图设计中你就能够将形状、空间及物体与边界的联系起来。这些分割出来的单元就是摆放物体、举办活动的理想位置。这些空间可以被设计成一种蜂窝状的结构，进而将各独立的单元彼此联结。与蜂巢不同的是，每个空间的设计需不尽相同，以保持趣味，同时，改变空间的形状，大小和布景将会使参观之旅趣味十足，游客也会流连忘返。



不统一性

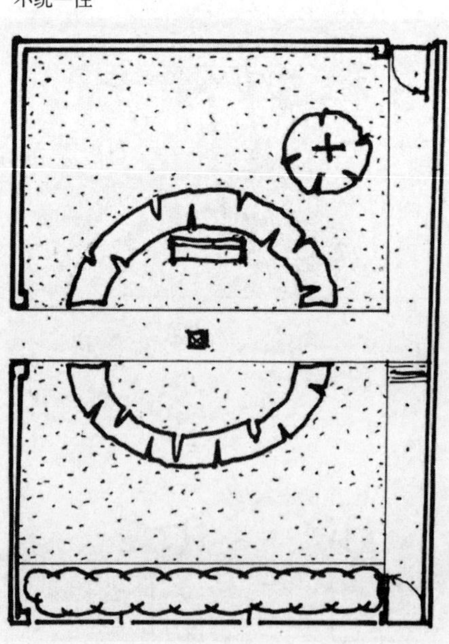

短篱界定了空间但却与场地或边界的相关性不大

统一性

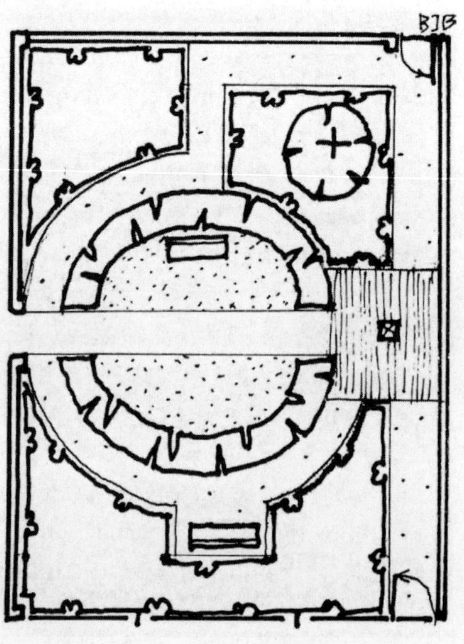


场地与空间实现了统一，场地形状与边界相关联

**图 2.11** 不统一性 / 统一性

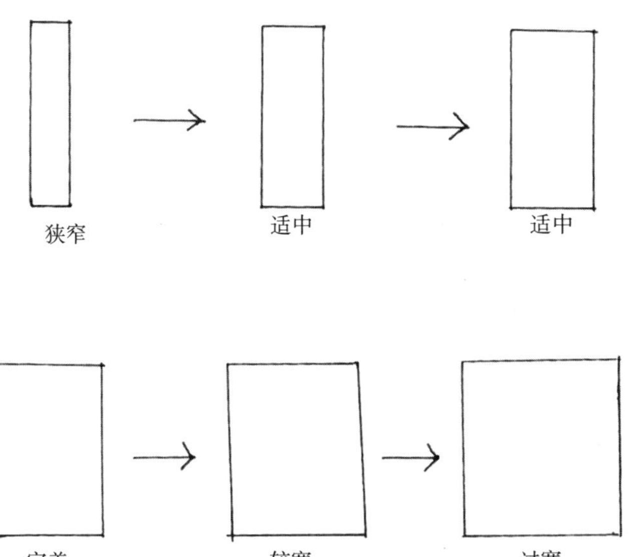


**图 2.12** 比例



## 比例

长、宽、深之间保持适宜的参照关系对于成功塑造景观内的物体至关重要。如果窗户太宽或是太高，就会“不合比例”，造成一种不协调的视觉效果。对于景观中的任一物体，无论其是铺路板还是游泳池，要想达到完美的设计效果，都需将重点放在设计比例上。合适的比例到底是多少，围绕这一问题的争论已经延续了几个世纪。不过，就好比不和谐总是比和谐更扎眼一样，不合比例的东西也总是比合比例的东西更容易吸引人们的视线（图 2.12）。作为一个基本比例公式，达·芬奇发现了黄金分割比并将之广泛应用于古典建筑中。这是一个创造和谐的最佳比例，因为它们与人类形体比例基本相符。我们群体思维中已经界定了某种形式的“常规”，似乎有种与生俱来的标准来判断事物是否合乎比例，这种直觉或许从我们第一次了解到人体结构、世界结构那一刻便已经形成。因此，判断一个物体是否符合比例时，我们总是不自觉地参照正常的人体尺度或人体比例作为标准。黄金分割比作为一种经验法则，会指导我们找到合适的设计比例，以达到良好的视觉效果。

## 线

线条在造景中必不可少，它能把视线从近景延伸至远景。线条可以传达出场地的基调；它们可流动、可感性、可粗犷、可几何，可一目了然、可时隐时现，也可含而不露。线条可将不同景观要素连接起来，实现整体的统一，且与景观的质地和轮廓密不可分（图 2.13）。线条营造出的视觉效果对于交通安全、审美感受均起重要作用，对突出焦点，打造远景、全景也都同样重要。

## 面

水平面、垂直平面均起着至关重要的作用，前者的作用在于界定空间范围，后者的作用在于突显空间特征。平面层阶的变化也有助于界定空间特征。不妨将景观表面及表面材料想象为漂浮的百合花垫，就好比一层一层漂浮在地壳之上的大陆板块。可以模拟地球板块构造，将不同表面可设计成仿佛从其他表面滑出来的样子。这样的技巧可以提高用户对厚度，以及宽度、高度和深度的认识，从而增加设计的趣味性。通过垂直元素的运用将水平面分割成为不同的层阶，可以产生强大的视觉冲击效果。

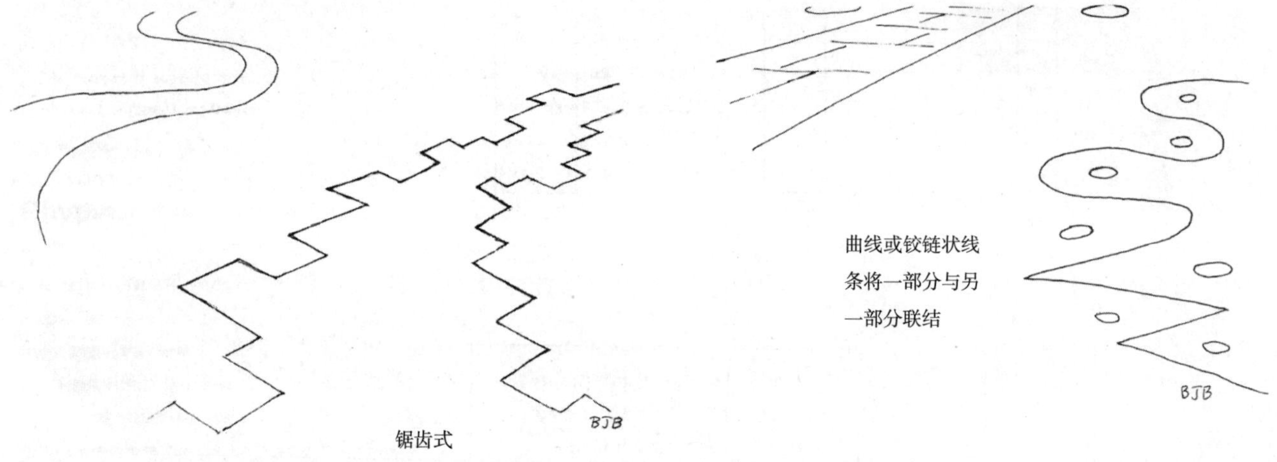


**图 2.13** 曲线 / 铰链状线条与直线

## 点

景观中貌似漫不经意的点可充当切分符号或地标，帮助我们确定方位（图 2.14）。这些仿佛远景尽头的句点，起到了让眼睛休息的作用，我们将这些点称之为焦点。点可将人们的视线引入场景，有助于增强透视效果。艺术家们非常重视景观中关键的点与点之间的距离的安排，以营造一种重要的张力，将视线引入画面，形成很好的构图效果。

垂直点比水平点更有利于营造强烈的视觉效果，就好比文学作品中感叹号的情感效果远比句号更加强烈、饱满。

## 景观小品

当景观中某一个具体的点因其自身内在的美或知识性、趣味性价值而被选中，不再仅仅只是被当作一个让游客视线一扫而过的元素时，这一个点便可以称之为小品（图 2.15）。景观中的每一个点都可能吸引游客的眼光，所不同的是，景观小品不只是让游客的眼光一扫而过，而是会让人们的视线长时间停留。当游客注目仔细观察景观小品时，将景观视作一个整体的意识将暂时中止消失。这样的物体可能是精美绝伦或能够予人启迪的雕塑、自然之谜、古玩珍奇、具有象征意义的石头、超自然的或宗教图腾，甚至是科学仪器。景观的价值就在于营造一种谐和恰当的背景，烘托和强化景观小品在游客心中所触发的兴趣。最后，当新鲜感逐渐消失、这一特色成为游客熟知的对象之后，景观小品也便成为一个普通的景观焦点，游客视线继续向远处移动，直至看到下一个景观小品。

## 渲染

无论是蓊郁的大型植物、少量的小型植物，还是风格迥异的硬质材料，特别是表面铺装材料，都可以通过渲染的手法达到重点提示的作用。渲染手法有助于提高景观整体的视觉效果，营造景观整体中令人耳目一新的亮点。对比是实现完美渲染效果的必要手段，且对比必须鲜明、醒目。比如，在整体忧郁的基调中添加大片色彩明快的花和树叶、在主打平面主题的方案中加入垂直的条纹、在以直线为主的设计中突然融入圆形元素（图 2.16）。通常而言，竖排比横排更有利于达到良好的渲染效果。文物、耸立的巨石、高大挺拔的植物，都可以像感叹号一样打破景观单调的格局，起到很好的渲染作用。

## 对比

对比是能让我们衡量事物之间相对差异的工具。通过对比，我们脑海中将形成关于事

**图 2.14** 焦点

**图 2.15** 景观小品

灌木可用于烘托渲染——“强调”景观

**图 2.16** 渲染

物平均水准（或者普通水准）的一把尺子，进而以这把尺子来衡量某一与众不同的物体。我们可能说某个物体质地粗糙、另一物体质地细腻光滑，原因都是因为我们在将它与某一正常标准进行比较。设计元素之间的鲜明对比会营造出一种强烈的视觉冲击，起到吸人眼球的效果。然而，顾名思义，所谓极端都是与人们潜意识中关于正常标准的理解相对而言的，因此，如果只是简单将两个分处两个极端的物体堆叠在一起，势必在视觉效果方面相互抵消，进而彻底破坏整体效果。

因此，如果希望营造最鲜明的对比效果，也就是说最强烈的情感冲击，只能通过拿某一相对极端的物体与一属于常态特征的物体相对比。比如，拿质地粗糙的物体与质地中等的物体进行对比，效果肯定远胜于拿质地粗糙的物体与质地致密细腻的物体进行对比。分属两个极端的不同物体放在一起也能产生不错的效果，但前提是需要有"常规"物体在那里充当参照。实际设计过程中，对比法的运用主要分为以下两个方面：由一个极端开始，随后逐渐向正常标准过渡，再继续逐步过渡到另一个极端，中间的过渡阶段应是不易察觉的；或者，营造一种颠覆性效果，将处于某种极端的物体与处于标准状态的物体直接拼叠，从而形成强烈的反差（图 2.17）。

对比是景观设计师设计生涯中的不可或缺的必需品，无论是从最抽象的设计构思阶段（或许是几何与自然元素进行对比），还是实际组景环节中具体的设计细节（如色彩、形态和质地，无论是植物还是铺路石），都会用到对比法。

## 节奏

景观中物体、表面、颜色或材质的重复使用有助于让景观呈现统一性和连续性特征。恰似有声律动之于音乐，能够唤起悦耳怡人的音律节奏。这种节奏对于设计师而言不可或缺（图 2.18），是实现设计统一性的一种有力手段。

## 序列

在设计中，相似（或相关）元素的重复使用可以为一系列独立的花园空间营造一个协调的主题，这里所说的相似和相关并不包括全然雷同的物体、表面、颜色及材质。空间本身可以按序列来改变形状和 / 或大小，比如，在一个花园中，中规中矩、形制严谨的亭台楼阁和风格正式的草坪可以渐次过渡，逐步转向更具郊野自然风格的森林、草地（图 2.19）。

## 故事性

在任何空间序列中，都离不开事件或故事来营造一种"事有来龙去脉"的感觉。一般而言，场地空间越大，需要的事件或故事也应越隆重。虽然也有例外，比如，在萨里郡吉尔福德附近莎顿庄园的设计中，杰里科（Geoffrey Jellicoe）受超现实主义画家马格利特启发，便在声势浩大的希腊古瓮大游行尾声部分安排了一个逆高潮式场景。设计的故事性可以是一种纯粹的视觉展示，比如一排璀璨夺目的鲜花、一幅智力拼图游戏，或者是一个迷宫。雕塑则意在提供了一种视觉、智力、甚至是精神上的事件。从石窟、寺庙等到雕像和喷泉，在园林设计的各个时期，事件的呈现方式五花八门（图 2.19）。事件空间不过是故事发生的场所。这些地方可以是林中空地，也可以是正式的露天剧场或大型音乐会场地。树木环绕的空间有助于提供所需的荫蔽和音响效果，有些还可以提供座位。

## 远景和全景

当然，站在高山之巅，无尽景色自然会扑面而来，我们将这种一望无际的辽阔景象称

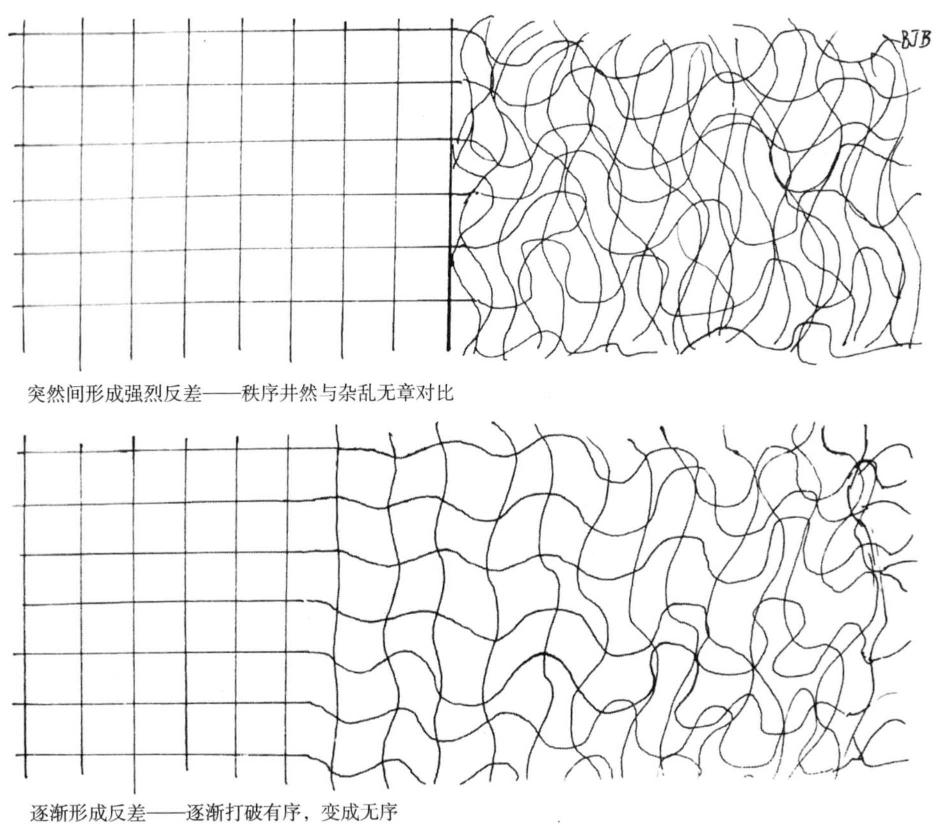


**图 2.17** 对比

**图 2.18** 节奏

图 2.19 序列与故事性

图 2.20 全景

之为全景。相对狭窄、朝某一特定方向延伸的景观称之为远景。纵观历史，景观设计向来非常重视这类远景和景观的营造。借助自然风光，遵循山水画构图规律，设计师就可增强景观的表现力，使景观构图趋近完美。景观设计师必须把观众的目光聚焦在构图的绝佳部分，无论其余部分是树木还是建筑，设计师都可选用一些遮蔽性较强的材料，将它们遮挡。甚至全景也最好要用树木把它框起来。事实上，许多 18 世纪的风景画家都既将树视作一种构筑美景的方法，也将它当作一种深色背景，以衬托画中的人物（图 2.20）。

## 背景

采用紫杉树篱植物等营造一种色调相对黯淡、质地细腻的统一背景，前方点缀上颜色明快的花朵或装饰性灌木花境，这是景观设计师常用的传统造景手法。色调深暗、质地光滑的背景，与前端质地粗糙、色彩明快、流畅的花、叶形成强烈对比（图 2.21）。因此，紫杉树篱是草本花境背景常用的植物品种。

在不适合种植正式树篱的地方，可选用高大的常绿灌木进行结构性种植，不仅可营造一年四季空间的基调，还可为前面的观赏植物布景。

布景也是景观规划中的常用术语，通常指广阔的景观视野、生境类型及与之相关联的各类当地植物，这些当地植物物种能够赋予景观当地或本区域独有的特征。某些场地会选择以当地特色景观布景，所有相关素材选择都必须精心谨慎，确保与背后的布景相谐调。



**图 2.21** 背景

## 质地

当光线照射至物体表面时，每一处空洞、每一处凸起、每一道起伏、每一点小丘都会投下相应的阴影，物体表面越粗糙，投射的阴影也越大。阴影面积越大，明暗对比也就越大，质地因而也愈加粗糙。如前所述，一般说来，我们会通过对世界的感知在脑中形成一个“正常物体”应有的图式。进而以潜意识中这个所谓的“正常”标准来衡量和判断所遇到的物体。因此，当我们说将某一物体的质地是粗糙还是细腻时，都是以所谓的常态或中等标准做参照相对而言的。

就植物而言，叶子越大，投下的阴影就越大，质地就愈加粗糙。无论质地极度粗糙还是十分细腻，它们在视觉上产生的效果远比质地一般的物体产生的效果明显。假如设计师希望将质地粗糙的物体和质地细腻的物体并置，那么就必须要用质地普通或中等的物体来作为参照。这是因为假如没有一种质地相对适中的物体来予以中和，这两种具有强烈视觉冲击的质地（粗糙的和细腻的）便会互相抵消。

艺术家深知一个道理，粗糙的质地看上去离观者比较近，而细腻的质地看上去相对远。设计师可运用这方面的常识，通过质地渐变来控制透视效果。通过选用不同的颜色，这种效果还能进一步增强效果。

## 颜色

色彩是个庞大的主题，不过景观设计师在实操中必须遵循的原则主要包括以下几点：黄色和红色属暖色系，在视觉上趋向于观众。蓝色和绿色中的某些色调则属冷色系，在视觉上远离观众。这就为设计师巧妙运用透视效果提供了另一种方法。通过选用不同色调的颜色，设计人员可以根据需要增加或降低空间的景深。如果再与质地渐变配合使用，效果还可得到进一步加强。

颜色的性质是一门十分复杂的学科，在此我们无法一一展开详述，但需要强调的是：设计师选用颜色时要格外谨慎。每种颜色都有与其相对的颜色，叫作互补色。举个最简单的例子，如果要在设计中选用蓝、红、绿三种主色，那么就黄色而言，它的互补色就是红、蓝这两种颜色的混合色，即紫色。因此，绿色与红色互补，橘色与蓝色互补。两种互补色可以形成鲜明的对比，特别是有中间色存在的情况下，这种对比效果就会更加明显。但视场地规模大小，假如将两种互补色过度糅杂在一起，则同样可能适得其反，彼此抵消其效果。设计师对色彩的使用宜更加大胆。

然而，对于景观设计师来说，色彩运用最重要的体现不是在花色的表现上（虽然从短期效果来看这是一种重要的强调手法），而在于叶和茎的颜色对比。叶、茎存在时间相对更长，因此，假如颜色选择不当，将会造成严重的后果。银色、绿色、紫色、金色是设计中的常见颜色。按如此顺序排列是有特别用意的。中间的两种颜色（绿色和紫色）都是衬色，与金色、银色都很容易搭配，而且彼此之间搭配也很容易。位于两端的银色、金色都能够产生强大的视觉冲击，但必须单独与某种衬色搭配使用。假如没有中间色来中和缓冲，将金、银两种颜色搭配在一起效果将非常糟糕。

## 尺度

尺度用以描述空间或场地的大小（图 2.22）。在景园设计中，大尺度通常与宏伟壮观意象密切相关，能让人联想到凡尔赛宫、汉普郡和威尔特郡等具有典型英国乡村气息的建筑、英国海岸线，或是以多山地形为背景的国家公园等等（都是这种特点在实际中的真实写照）。相比这些特点鲜明的自然背景而言，即使再复杂周详的设计看起来都显得太过雕琢，甚至是弄巧成拙。然而如果换做是另一种背景，相同的设计则很可能取得完美的效果。理解这

**图 2.22** 温馨 / 宏伟尺度

一点有助于帮助设计师做出恰当的选择，即：将景观视作主景？还是视作背景、建筑的陪衬或配景。通常而言，古典建筑的建造需要配景的烘托，比如，在一所乔治王朝时期风格的房屋前种植单一种类的短篱，使前景衬托主景，就体现了这一主配搭配配景原理。

景园设计中，小尺度景观指的是相对私密的空间，如庭院、从住宅内延伸至外部的私密空间。对于此类小型场地而言，周密精心的设计可能会营造出更完美的效果。这一点在日式花园中就体现得非常明显，它们往往会在狭小的空间中创造出大量细节，通过将一切微缩，打造出一件堪称微缩世界的艺术精品。假山或许是一个大家都非常熟悉的比喻。经设计师一番雕琢，假山俨然成了一段微缩型的峭壁或耸然而立的巨石。之所以能够给人这种印象，与设计师对小型高山植物、矮小针叶树等植物的巧妙运用有很大关联。相反，如果这些植物体量过于庞大，这种印象便将遭到破坏，石头也便显得微不足道，人为雕琢痕迹明显。

刻意使尺度失衡是一种非常有力，甚至颇有几分幽默意味的表现手法。超现实主义画家、无政府主义喜剧演员都对此有很好的运用。比如，宽阔的全景海滩上摆放一张办公桌，办公桌后坐一位绅士 [ 巨蟒剧社《飞翔的马戏团》（*Monty Python's Flying Circus*）]；悬崖顶上面向万丈深渊敞开的一扇门 [ 马格利特（Magritte）]。

## 图案

图案事关形状排列、空间形状、拼叠的表面及材质等。无论是何种类型的场地与景观，设计过程免不了要体现图案这一元素。在这一方面，景观设计与时尚设计有许多相似性，景观设计师也经常谈到景观结构、不同地块的拼接等问题。对于设计中的协调性而言，一种形状与另一种形状之间的关系至关重要，不同形状之间相互作用的方式，两者之间的距离，都同样对协调性的表现起着重要的作用。将一种几何形状与另一种几何形状紧密排列在一起所产生的张力，为本·尼科尔森等雕塑家提供了丰富的创作灵感。

图案可对称或不对称，正式或自然，可呈流线状或几何图案状。在景园设计中，仅仅依靠图案一种手法难免过于肤浅，很难保证设计效果，但设计中如果完全不考虑图案问题，同样难免让整体设计显得凌乱、苍白。

图案运用的大胆程度取决于场地范围的大小。在面积狭小的房间里如果选用大花纹的墙纸，势必让房间显得更小，同理，在景园设计中，大型图案最好用于大规模场地上，因为精细的图案在这类大型场地中几乎显示不出来任何效果。在小规模空间中使用质地细腻、设计精细的图案可使整体空间看起来相对更大，图案的细节也相对更容易得到认可和欣赏，仿佛从近距离品赏一般。如果在局促的空间里使用大胆的图案，势必显得粗拙，也会让空间愈发显得狭小逼仄。

## 对称

对称是正式或古典园林设计中一种常用手法。顾名思义，对称设计一定存在一条中轴线，两侧的元素如同镜中的影子一样对称排列分布（图 2.23)。对称手法常见于几何结构图形中，但如果运用得法，对称在其他有机结构中也可达到良好的效果。只要图形比例得当，对称是实现均衡构图的有效手法。

对称结构的建筑比比皆是，其中包括绝大多数的古典建筑，不过不幸的是也包括了 20 世纪 50 年代常见的那种半独立式小别墅。后面这种房子结构很好地阐明了某些对称性设计中极为常见的“二元对立”问题。从视觉角度来看，对称结构中的两半给人一种彼此逆向分开的感觉。如果说两部分形状比例相对谐调，这通常不是什么大问题，但假如两部分的形状比例不够谐调，哪怕只是比所谓的“完美比例”（即黄金分割比例）稍稍宽了那么一点点，那么，两者之间相互离间的张力也会很夸张地表现出来，几乎形成一种冲突对峙的态势，让观者看起来非常不舒服。要想避免二元对立的状态，遵循黄金分割比例乃是最佳准则。

## 非对称性

非对称性是 18 世纪风景画家及花园设计浪漫派运动代表人物们非常钟爱的一种设计工具。这类设计中，构图的平衡性不是通过镜像一般的对称方式来构建，而是通过使用一系列具有相似的视觉“引力”但形状却各不相同的物体而实现。非对称性有助于营造一种自然、非正式的审美视角。设计师通常采用流畅的线条将观众的视线引入图中，因此，整体效果相对多了一份神秘感，而少了一丝秩序感或驯服感（图 2.24）。通过将对称结构与非对称结构堆叠铺置，让一方几乎不可察觉地渗入另一方，或者让两者形成强烈反差的方式，便可以营造出非常强烈的视觉冲击力。纵观历史，刻意让经典对称结构在自然狂野力量的冲击

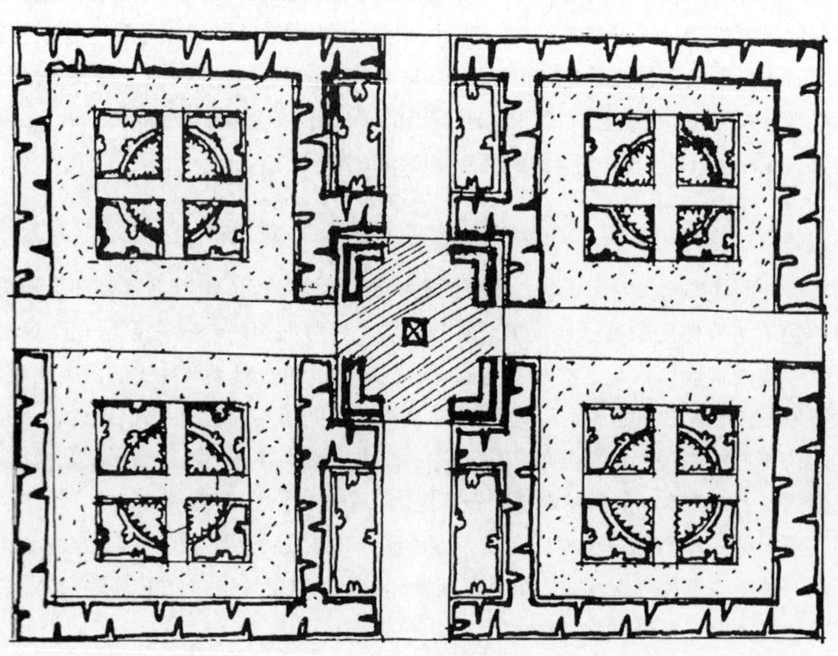

**图 2.23** 对称性

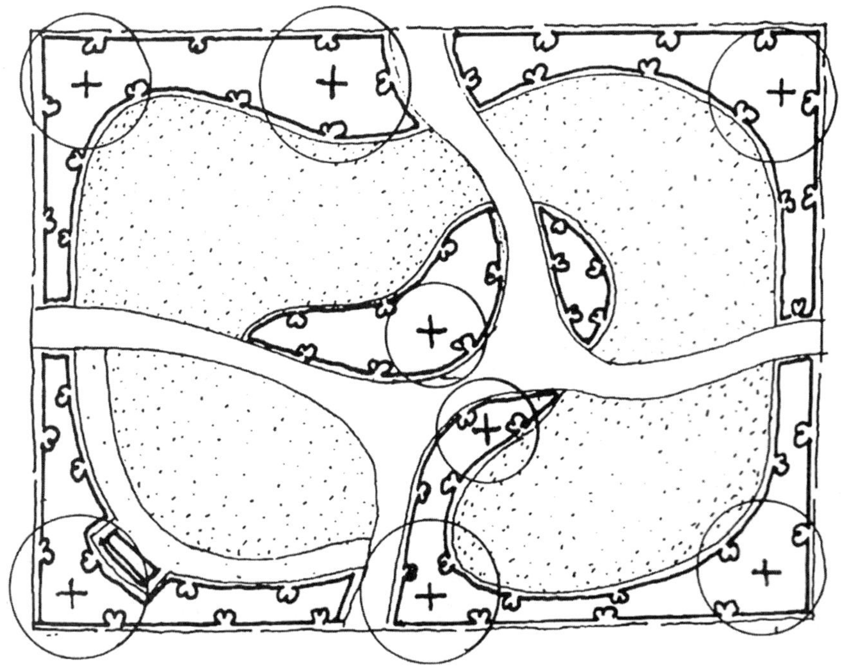

图 2.24　非对称性



之下被打破，往往构成画家们灵感的重要来源之一。

## 几何、形状及其相互之间的关系

### 古典

古典景观空间通常主要基于三种基本形状构成：方形、圆形以及三角形。以这三种基本形状为基础，通过拉伸、切割等手段，进而可以设计出弧形、拱形、长方形、菱形、五角星、椭圆等不同形状。方形、长方形末端可以与拱形相接，后者通常可能略窄于方形或长方形空间，形成一个台阶梯度。不同形状之内可以再添加上其他的形状，比如扭结花园、意式下沉花园等。不同的空间形状还可以像镜像一样映射运用于垂直元素上，如墙、绿篱及树木等上面，以打造出造型独特的绿墙或其他更为繁复多样的景观小品或艺术效果。

如何让这些相对正式的几何形状和图案形成互动？其灵感可以来自多个不同途径：如建筑学、美学、图形设计，乃至工业及纺织设计等等。有一位设计师曾经取法婴儿浴垫上的图案，由此设计出了一套古典花园的基础方案。

### 非正式

非正式形状可以用来模拟自然界的某些元素，其灵感来源往往包括生物学、自然博物学等学科。任何一种生物学形状都绝对不会是苍白无力或漫无目的地形成的。这些形状绝大多数都非常明晰、强烈，通常呈现出优美的曲线，不过偶尔也可能呈现出几何形状，采用圆形设计图案时尤其如此。无论你的灵感是来自美术、某种动物的形体，还是来自某种单细胞生物，再或来自蜿蜒曲折的河流走势，非正式的线条都是非常有力的美学构图元素。如果是最纯粹的形式，通常可以采用的图案包括圆形或椭圆形。无论对于古典还是非正式设计的阵营来说，这些形状运用起来都可谓相得益彰。圆形既是我们生物学起源（卵子）的象征，同时似乎也是我们命运的象征，因此尤为具有的表现力。它代表着一种堪称完美的几何形状，有着纯粹而又非常强烈的对称性。设计过程中，弧线的使用可以起到一种缓冲建筑学形状的效果，无论你选择使用的是规则的无线电波振幅图，还是逶迤盘曲的蛇行路径图，都会产生同样的视觉效果。将这类线条交互使用往往不太容易取得很好的设计效果，不过，无论从审美还是实用角度来看，最理想的交角为90°。顶角如果过窄，看上去往往显得过于生硬或过于张牙舞爪，既不利于保护，也不利于（有时甚至根本无法）栽植或铺设草坪，假如混凝土地基两边超出边缘，则情况更是如此。

## 古典及非正式混合

最令人激动的设计场景之一，就是糅合了古典及非正式美学的情况。这一糅合过程既可以采取循序渐进的方式，由一种形状按照传统层阶分布的风格逐步向另一种形状缓慢过渡。或者，也可以采用“时间差”、断奏式的方式，先是逐步缓慢地过渡，然后突然来一个不算太大但却也十分分明的变化，再然后又是一段逐步缓慢的过渡。如此循环往复，直至形成一种截然相反的形状为止。可以采用强烈的对比反差法，将两种冲击力同样强烈但审美效果迥然相反的风格同时运用。假如没有其中的一种风格看上去显得与周围场域格格不入，或者说，假如其中一种审美视角不能有效抵消另一种风格，那么，也就很难成功地营造出这种理想的反差。但一旦运用成功，这一方法就有可能呈现出最为强有力的景象。或许可以这样说，这种不和谐对比最有说服力的一个例子，就是将居民建筑与荒野就那么硬生生地拼接摆在一起。就家庭居住氛围而言，人们通常不大愿意一出家门口就立马融入进郊野一派蛮荒的景象之中。为充分发挥这种强烈对比的效果，设计师心中必须有一个目的、一个概念，有一个将两种截然不同的风格拼叠在一起的合理理由。不妨采用“地震”法，用一个“之”字形结构将迥然相异的两种风格连接起来，就好比两个大陆板块沿地质断层线相连接。“层阶法”则是另一种可行方案，就好比可以将不同层面次的景观一层一层剥离，从而逐层展露出隐藏在下面的风貌。

设计这一行最令人喜欢的一点就是，设计师可以有机会自由地摆弄各种几何图案、形状，安排它们之间的相互关系，进而找到解决各种功能、空间问题的方案。当然，也仍有许多潜在的心理因素尚未得到充分探究，比如，为什么某些形状可以比其他形状起到更好的效果，为什么某些形状看起来匀称悦目，而另一些形状，只是略微大了点或略微小了点儿结果却显得丑陋猥琐。这与“黄金分割比”中阐释的人类比例和尺度有多大关系？与文化渊源又有多大关联？所有这些，在未来几十年里，或许还将引发持续激烈的争论。

# 什么是好的设计？

“好的设计”是一个几乎用滥了的说法，但它究竟指什么意思，恐怕很难找到两个意见完全一致的人。作为成功设计的先决条件，景观设计师必须要正确甄别景观的功能，要举行的活动，客户期望具备的基调，使各种元素与场地背景相协调。此外，要实现卓越的设计，还需选择合适的建材，符合恰当的审美标准。因此，“优秀设计”所满足的要求可概括如下，不过有一点必须牢记，这些因素虽在设计过程中不可或缺，但要实现优秀的设计，仅仅具备了这些因素却远远不够。

1. 功能和氛围

2. 景观设计师必须解决功能问题，提供实现预期功能所必需的设施，营造与预期功能相协调的情调氛围。

3. 明确所需材料

4. 选择建材时，设计师必须在质量、成本、耐久性和外观之间很好地平衡，同时也必须确保上述各因素搭配合理。

5. 美学原则

6. 作品美观与否取决于设计师是否具备必要的匠心和技艺，能否运用美学原理、创意点子等营构出赏心悦目的景观。

# 第 3 章 设计过程

## 相关各方

景观或园林设计师在工作中通常需要与形形色色的人打交道，每个人在这一过程中都扮演着重要的角色。因此，专业设计人员必须熟悉其他相关各方及其扮演的角色。在大多设计方案（在客户的这一方体现得尤为明显）上，有些人可能经常要与设计师碰头会面，而其他一些人通常只在一些大规模方案的磋商中才会与设计师对接（例如监工员）；在大多数家庭花园设计方案中，园林设计师可能只需与客户、也许还有建筑师联系。下文简要介绍了工程建设中最常见的各方及各方所扮演的角色。

### 客户

景观行业的情形与建筑行业基本类似，主要涉及相关的三方：客户、设计师和承包商。当然，这三方的关系确切来说可分为以下两种形式：一种是传统意义上的各方分工明确，彼此独立；另一种则是要运用现代的“设计加建筑”方法，由客户雇佣承包商承揽整个设计过程。就传统设计程序而言，客户会要求设计师准备一份场地勘察报告，设计方案，而后进行制图和准备相关文件。因此客户就需将设计工作委托给设计师，并与设计师签订一份设计合同。在将工作交接给设计师时，客户需按事先约定的价格支付设计师相应的设计费用。除非承建的工程属自建项目，否则客户可能还会雇佣其他顾问，后期还可能要考虑雇佣一个承包商并根据工程进度支付承包商一定的施工费（通常会征求设计师的意见或建议）。在征得设计师指导这一点上，就我多年的景园设计经验而言，我发现了一个有趣的现象，即客户和承包商之间发生法律纠纷最常见的原因常常是由于客户在雇佣或支付承包商费用之前没有征求或采纳设计师的意见。大多数的纠纷都源于一些可预见的错误，而这些错误又是完全可以规避的。客户在雇佣承包商时，他们的角色就由“客户”转变成了“雇主”。在拿到设计建造方案时，客户的首要任务就是要选出一名承建商，承包商按照工程说明参加竞标，客户就能根据他们所提供的资料遴选出最具竞争力及 / 或最能胜任整个工程的承建商。承包商会雇用一名设计师与客户取得联系，以敲定设计方案。一些前期设计工作可能在提交投标书之前就做了，虽然这样做有一定的风险，也有一些等到选定承包商后才进行。设计方案既要满足客户需求，又达到他们的期望值（严格遵照设计说明的要求），使之切实可行。但重要的是要了解，设计师的合同是与承包商签订，所以设计师将有另一份不成文的要求说明：要尽可能以最低的成本来满足客户的口头指令，这一点与客户的愿望也许相符，也许不相符。这种隐形的要求可能会让设计师的创意大打折扣，设计不出别具一格的作品。设计师要做的事可能相对较少，收到的费用也会比从客户那里收到的费用低。因为所需的生产信息可能会较少，而成本估算和量化可能是一个不需要设计师在施工信息方面投入太多精力的领域。相反，设计师或许需要在设计方案和设计材料上花费更多的时间来与承包商达成一致意见，进而使承包商的利益最大化。这个过程通常称为造价工程。也就是说选用成本最低的方案来实现相同或相似的效果。一个更加贴切的表达就是'价值创新'，即各方要找到一些既能缩减开支，减少资源消耗，又能为设计产品增值的方法。创新理念至上的设计师会更容易满足客户的预期，同时又能适度让利给承包商。专利产品智能座椅（Smart Seat）就是一个很好的例子。智能座椅由回收塑料制成，造型简单，形似鼓状，没有扶手或后背，乍一看酷似一个充气座椅。椅子内部由砂砾和碎石填充，可运至场地上，但由于本身质量太重，人们无法随意移动。这款椅子的造价仅为公园里金属或木头长椅的 10%，无需固定，而且可以灵活地添加任何颜色或标识，既省钱，又极具创新性。客户不一定总是会青睐创新想法，或许他们心中早就对想要的方案有了自己的想法，不过他们的点子有可能既传统，造价又昂贵。

## 设计师

在与客户或承包商就费用和条款达成一致意见后（取决于实际选择了上述安排的哪一种），设计师便开始着手整理客户的设计要求和现场勘查信息，拟定设计方案。此外，设计师还可能会为客户提供一些支持性服务，如提交规划申请书，预估建设和未来进行维护的成本，选择合适的承包商，管理投标过程，拟定承包商与客户之间的合同，对合同中涉及财务的方面进行管理，同时将场地从承包商手上移交到客户手上。

由于设计师要为客户的土地和资金负责，因此有义务运用他们的专业技能和资质为客户尽职尽责地工作。为防止设计师判断或设计上的失误或疏漏给客户带来巨大损失，购买合适全面的专业赔偿险就显得格外重要，因为这些损失可能会使设计师因违反合同和失职而惹上官司，发生错误或疏漏的风险在公共区域和公共机构委托的项目中相对较高。因而设计师就要与时俱进，随时了解最新的设计标准和实践，这一点至关重要。比如，这可能包括涉及社会包容度较高的规章制度，确保倾角大于 1∶25 的坡道有扶手，台阶装有扶手，所有连接点都有泡罩铺路板，并且做到在水平度方面要有起伏变化以提醒视障人士他们所面临的潜在危险。建筑法规经常频繁变更，最重要的是要告知客户或承包商他们在这些法规下应尽的义务，即便这么做有时可能带来客户和承包商不愿接受的成本的增加。

有时候，设计师会被要求签订一份担保书，将设计的义务和责任转嫁给第三方。这种情况大多见于承包商受雇于开发商进行"设计加建设"的项目中，作为开发协议的一部分，而开发商却希望将土地或建筑转让给一个公共机构（如地方当局）作为开发协议的一部分。在转让建筑物或土地时，设计师须签署一份附带保证书，确认所有工程均符合设计标准，且设计方式水平均达到了合理程度，这有助于让公共机构确信转移建筑物或土地的过程合理合规，并且不会给他们带来未知的责任以及因设计失败或缺点而导致的诉讼或成本风险。

最重要的是，设计师既要有乐观主义者的精神又有创新主义者的意识。也就是说，他们要坚信自己能够设计出一个令人满意的方案，同时对事物的运行规律有一个创造性或艺术性的理解：或许，他们所需要的只是一个可行的愿景，来引导他们顺利穿越设计需求和规则的泥沼。归根结底，这个愿景将是检验优秀设计的试金石。

## 承包商

景观承建商其实就是负责建设景观的建筑公司，是由设计师或其客户从认可的承建商名单中选出，获邀参加竞标，将特定的设计方案付诸实施。还会有另一套方案，如果选择的是“设计加建筑模式”，他们则可以与客户直接签订协议。经认可的承建商名单可从设计师的数据库或当地（区、郡或县）委员会获得。有时设计师要受客户委托对投标过程进行管理。一些客户（大型的商业或公共团体）会采用他们的招标程序自行组织招标。如果设计师受邀为客户进行招标，通常会邀请三家或更多的公司（通常不超过六家公司）针对合同文件涉及的工程进行报价，然后审查投标书，由客户遴选出最佳的中标者（通常工程造价最低的公司）。客户通常会接受设计师建议，然后成功与承包商签订合同。有时，这个合同只是对投标的价格认可与接受，但对于较大的项目，它可能是一个较为正式的合同（通常是一种标准的协议）。客户和设计师认为一个成功的承建商应当会使利益最大化。一些承建商可能会试图削减规格，或额外要价，来使利益最大化。并不是所有承包商都会这样做，但设计师和客户要心里有数,知道承包商们做生意的目的是就是要获取利润。一套设计精准、详细周密的生产流程图和文件，再加上设计师经常性的检查，就会使设计师缩减规格和偷工减料的企图无法得以实现，一个标准的建筑合同有助于建立一些规章制度来成功管理落实这些合同。这些规章制度有助于管理和保证，工程竣工后，客户能够给承建商支付相应的款项，同时承建商也要保证工程施工符合规定的标准。客户会分阶段给承包商支付款项，而支付通常是在设计师每月对工程检查和批准之后才兑现。

## 现场代理

现场代理是承包商的现场负责人，负责管理和监督施工过程、订购物资、检查交付情况和组织工人等事宜。现场负责人将与合同管理者定期会面，沟通项目进度，落实质量评估。

## 合同管理者

合同管理人通常是设计师，但也可能是数据测量员，或者是（全部或部分）工程督导。作为客户的代理人，合同管理人要负责检查工程，在现场出现事先无法预知的情况时，要视情况调整原先制定好的工作安排，或下达其他指令（例如，按照特定的顺序对特定的环节采取相应的行动），对工作进度进行评估，看完成了多少，应该支付多少。合同管理员需要向圆满完成工作的承包商签发支付凭证，但也需要签发证书以确认施工过程中所取得的进展，或者更准确地说，证明工程达到了具有合同意义的特定阶段，例如实际完工阶段（当设计基本完成但并未完全完成）时，如果承包商未能如约完成项目建设，则应从款项中扣除部分保留金。合同将继续由合同管理员管理，直至工程全部竣工，该场地交由客户使用。

## 工程督导

客户雇佣的工程督导不仅要每日检查工程施工情况，而且要检查所供应建材的质量和数量，以及工程质量是否符合规格。然后，工程督导会将结果反馈给无法经常亲临现场的合同管理员。督导在一定程度上扮演着合同管理员的角色。于他们而言，掌握些许景观工作方面的经验至关重要，因为他们绝大多数人在建筑方面训练有素，但却对土壤准备、覆盖物类型、植物种类、质量、处理和种植方面的问题知道的相对较少。这一经验对检查土壤准备工作是否有偷工减料问题十分宝贵，因为如果土壤全部被覆盖物覆盖，那么就很难掌握真实的施工情况。这样就很难判断在深耕、轮作、栽培、施肥和堆肥方面究竟做了多少准备工作。然而，工程督导会在现场监督承包商，通过查漏补缺向合同管理员如实反映情况，确保准备工作顺利进行。

## 分包商

分包商指与其他承包商签订合同的每一位承包商，某些承包商直接受雇于雇主（项目转入现场施工阶段后“客户”的叫法相应地转成了“雇主”），因而称为主承包商。因此，与主承包商签订合同的任何承包商，专业供应商（适合他们的产品）甚至是设计师都可被称作分包商。由于主承包商太忙而无法如期完成合同规定的全部或部分工作，或者由于主承包商承包的部分工作如拆除、坡度分级、建筑铁艺、游乐设备或木栅栏等具有专业性和特殊性。此时，项目主承包商就会与另一承包商签订合同。如果主承包商就是建筑承包商，那么景观工作本身可能就需要由景观分包商协同完成。这是一种非常常见的情况，常常会导致指挥链出现问题。设计师无法直接对景观分包商下达指令，只能通过主承包商间接传达。因此觅得一位出类拔萃且团结意识较强的景观分包商总归是件大有裨益的事。有时总承包商会从自己的名单中选出一些景观分包商，而一些标准的建筑承包合同则允许设计师举荐几个分包商，毋庸置疑，这大大增加了设计师的管理负担。还有另一种选择（在管理方面也不那么繁重）：联合合同审裁处的中间合同形式允许设计师列出三名分包商，主承包商可向这些分包商招标。这就保证了设计师对景观分包商的经验水平有一定的控制。经验和工作标准千差万别，一个不尽如人意的承包商会给设计师增加相当大的工作负担，比如设计师要不断纠正控制错误、疏漏和之后产生的争议。

## 自选分包商

自选分包商指直接与主承包商签订合同并由主承包商选择来按要求完成所需的各项服务或工作的公司。此类分包商与雇主（或设计师）之间不存在合同关系。对于自选分包商来说，主承包商有责任确保分包商能够交付出令人满意的工作。而通常主承包商选择此类分包商的原因是它们价格合理，值得信赖并能够出色地完成工作。主承包商须对自选分包商出现的任何疏漏负责。虽然设计师（和雇主）无法直接决定主承包商选择谁来完成这项工作，但工程仍需与客户指定的工艺和材料的质量和数量保持一致。如果主承包商和分包商之间存在某种特定的关系，但分包商的业绩或职业道德却不佳，这有时会成为一个问题。根据大多数建筑合同的规定，雇主和合同管理人有权将长期表现不佳、脾气暴躁或有滥用权力的人员解雇。但是，一般来说，雇佣自选分包商的方式对所有各方都有利，因为角色和责任都作出了极为明确的界定。

## 指定分包商

“指定”一词的意思只是说分包商是由设计人员点名选定，主承包商不可任用其他分包商。指定分包商是与主承包商签订合同来完成某些具体工作的公司。设计师指定特定的分包商，原因在于只有该分包商才能提供所需的专业和独特的服务。没有其他分包商能够按照相应的技术规范或者以合适的价格和规格完成工作（如果预算紧张，这一点可能就很重要）。与其他任何方法类似，指定分包商的做法也有利有弊。既合格可靠又有竞争力的景观承包商少之又少，所以通常大家都希望指定一个公认的优秀承包商，但确保指定分包商能够以令人满意的方式完成任务的责任也就落在了设计师身上，并且主承包商有权对工程中出现的任何延误，损坏或破坏等问题向设计师进行追责。这就存在一个潜在的风险，因为某些利欲熏心的承包商可能找借口，抓住一切机会提出大额索赔，甚至不惜伪造景观分包商造成工程延期的虚假原因。此外，繁重的文案工作也致使设计师通常不敢轻易举荐提名；如果有可能说服主承包商接受你所信赖的分包商，效果则更好。因为这有助于展示主承包商的专业水准和善意。

## 自选供应商

自选供应商是与主要承包商签订合同来供应施工所需物资、确保按要求完成施工的公司。承包商选择此类供应商的目的通常是为了采购用于路径和路基填充的粒状石材，或者是一些更为常见的铺装材料，比如标准混凝土块等，确保所采购原材料性能优越是主承包商的责任。你也许指定了一个混凝土板制造商，但主承包商却可能跟另一个供应商签订了采购协议。只要建材在本质上相同或相似，那么这样做完全没问题。当然，如果替代材料在构造、尺寸或颜色方面均存在重大差异，那么设计师 / 合同管理员有理由在不影响投标报价的前提下拒绝接受这一选择。客户通常要求在品牌名称的选择上有一定的灵活性，以确保竞争力，因此设计师在指定一个产品时，要确保点名指定的产品后面加上一句话“……或其他经过批准具有等同性能的产品”。这意味着，只要质量和性能与指定品牌相同，且经过了设计师的许可，某一特定元素的可以由另一家公司来制造或提供。这确保了质量能够符合标准，但供应商的选择取决于主承包商，之后该供应商就会成为自选供应商。

## 指定供应商

与指定分包商一样，指定供应商也将是由设计师选择、由主承包商签约雇佣，来提供工程圆满完成所必须且为该公司独家拥有的产品的供应商。一些商业客户不喜欢指定供应商，因为这不能给予他们议价的灵活空间。对于公共部门的客户，除非在性能和美观方面别无选择，否则在没有竞争投标的程序下供应材料将违反他们的长期业务流程规范。任何建议的产品后面，同样必须加注一句与前文“自选供应商”一节所述内容类似的备注。指定供应商的做法让设计师承担相对更大的法律责任，因为他明确声明了某种特定材料适合于预期的目的。

## 数量测量员

数据测量员是客户聘请的顾问，协助设计师制订工程预算控制、成本估算及工程量清单，以供投标之用（工程量清单是指以书面方式提供给景观承包商、供后者报价及订购物料、制定生产计划的所有生产资料文件，请参阅第 12 章）。数据测量员还可以协助投标、合同管理和财务监控等事宜。除非还涉及大量的建筑施工，否则数据测量员只会受聘出现于项目遭遇延期的情况下，而不会出现在花园设计过程中。数据测量员还可以参与合同管理，并给承包商签发支付凭证。很多数据测量员对景观工程了解不多，因为他们相对更熟悉建筑工程，因此在工作中可能需要听取景观设计师和园林设计师提出的意见，以准确评估景观工程的性质、顺序和成本，以及相关的地面工程和维修项目。

## 规划主管及顾问

地区或自治区的规划官员将负责审查或批准设计师代表其客户提交的景观或其他方案的规划和详细说明。对于任何改变土地用途的景园工程，或高达两米或以上的建筑物的建造，均须获得正式的规划批准（或对于超过一米，毗邻公路，道路和人行道的建筑物）。这种规划许可只有在正式递交申请后才可获得（通常包括 4 ～ 6 套文件和一笔规划费用），对于经过市议会技术人员及公众咨询、讨论和评估，对所涉元素的性质和规格经过磋商的申请项目可能会也可能并不会被授予许可。通常，在新建筑物的规划申请或土地用途的规划申请上，规划主管官员都会在建筑工程的规划批准上施加的若干景观条件。这些条件需要在主要计划获得规划许可后才会解除。然后，景观或园林设计师可以代表客户申请解除这些条件，并提交规划和详细说明等证明文件，记明所施加的条件。解除施加条件的申请会产生单独的费用，审批图纸的过程可能与审批主要方案的过程一样烦琐。一旦通过了评估，讨论和协商，规划主管官员确认了该计划可行，也就是说一旦他的相关技术（景观）官员对提交的内容感到满意，那么这些条件就可以被解除，并由地方规划部门以书面形式发布并加盖“已批准”的字样通知。无论是在战略层面从地区或市议会的地方发展框架中得到一块土地，还是在更具体的规划大纲或详细的规划应用过程中，通常都会雇佣规划顾问来协商所收到的早期规划申请。

## 其他顾问

在工程项目建设上经常会遇到的其他顾问还有建筑师和/或建筑测量师、土地和地形测量师、土木工程师、结构工程师、环境顾问（处理土壤调查和污染）、噪声顾问、照明顾问、律师和项目经理等等，以下逐一介绍。

建筑师分为很多种，他们可能是英国皇家建筑师学院的注册建筑师，也可能隶属于其他机构，有的有部分资质，有的则是未注册建筑师、测量师（皇家特许测量师学会成员 -RICS），或建筑技术人员（英国特许建筑技师协会会员 - CIAT）。所有机构和人在建筑设计过程中都可能碰到。

土地测量师一般负责土地购买、土地资产的估价和谈判事宜，例如开发商须为本地交通、教育、游戏和休憩用地等方面作出贡献。涉及这类贡献的条款见于一项名为 106 协定的法律文件中，该协定与 1990 年《城乡规划法》中所要求的规划申请相互关联。地形测量师负责土地测量，并就场地状况进行绘图，标出场地的边界、表面、水平变化、服务通道、检修孔以及景观特色，提供地面高度或等高线。这些信息对设计师来说必不可少，一般来说，除了最简单的花园设计之外，聘用一位专业的地形测量师非常值得。如果现有或预期的水平面的变化幅度大于 200mm，那么在平面图上把平面高差标注表现出来就会大有裨益。

土木工程师主要负责道路、自行车道、有应用价值的人行小道（由县议会路政署所有和维修的人行小道）、排水系统、地表水、污水渠及公用设施的设计，此外，所有涉及水道、挡土墙和土壤稳定性等问题的事宜，也由这类工程师负责。结构工程师负责建筑结构和地基的修建，并就挡土墙和非标准独立式墙及其地基修筑事宜提供咨询。通常在大型工程开始前，工程师就会参与其中，进行洪水风险评估，并确定服务路线和基本的排水方略。

环境顾问负责处理土壤污染及后续的处理方法。这会对景观工作产生极大影响。如果受污染的场地需要用一层不透水黏土覆盖，那么就必须为种植地区提供排水设施，采取积极的措施防止内涝。这种黏土层上面底土和表土层最低可接受厚度约为 600mm。

噪声顾问可能会要求减低道路交通噪声，并要求设置相关的景观小品，例如在尽可能靠近声源处设置土丘、隔音屏障，或者能让两者兼顾。这些土丘和屏障往往与周围环境显得格格不入、人为营造痕迹明显，因此，需要通过缓冲种植方案来缓解。种植对声音阻隔作用不大，但它可以屏蔽声源，对人的身心产生积极作用：即眼不见心不烦。利用物理消声方法来消声，物体离声源越近，消声的作用也越明显。

照明工程师常常会受聘来制定大型开发项目的照明方案，但由于基础和服务设施问题通常会限制新树的生长空间，并且适合树木生长的场所通常也适合安装照明柱，因此，照明工程对景观工程通常会有一定的影响。通常，效果非常微妙的情景照明如树木、灯柱照明和 LED 照明等，最好由景观设计师来完成。照明必须与场地用途相适应，并且给定的标准要适用于公共区域、高速公路、停车场和住宅街道等位置。照明水平以勒克斯为单位测量。郊区步行街、广场可能需要至少 1 勒克斯照度，而公共停车场可能需要 10 勒克斯，街道则需要 20 勒克斯。照明标准因情况和地区而异。请务必咨询你所在县或自治区的公路部门了解相关标准。在花园中，照明可能对周围居民造成烦恼和滋扰，因此必须注意灯光的位置、方向和亮度。避免光线过于集中于这一点至关重要。亮斑会让周围相对较暗的区域看起来比勒克斯读数显示的更暗。基于以上原因，一位好的照明工程师对于任何设计团队而言都是一位价值不容小觑的贡献者。

在获得了可行的规划许可，筹备购买新的土地用于开发，或在大纲规划申请下谈判新的开发计划，需要对法律协议进行磋商——如 106 条空地协议和 104 条排水协议；第 78 条有关高速公路的协议，在这些情况下，就需要律师发挥相应的作用。如果涉及就规划事宜进行申诉，通常需用到大律师；如果是涉及边界划分、合同执行纠纷等事宜，更常用到的则是普通律师。如果居民与景观承包商之间发生纠纷，那么律师就可联系景观设计师。花园主人通常会先与承包商取得联系来进行设计，然后再建造花园。特别是在聘用承包商参与设计和建造时，这种现象就非常常见。花园主选择承包商时，可能更多关注的是价格而非对方的实力和资质,因此拿到的设计方案可能不错也可能很糙。大部分的设计都是初步规划，只有到了施工阶段才能在现实中得到落实。在霜冻气候条件下砌墙或铺装，路基准备不良、铺装路面不平、排水不良都是最常见的故障。律师会与园景或园林设计师接洽，拟备证人陈述书，以确定争议工程的责任。在这类纠纷中，律师既可代表原告，也可代表被告。

大规模和 / 或复杂的开发项目往往会安排项目经理，以协调顾问团队。项目经理可负责制定涵盖工程设计、规划、建造及维修阶段的方案，吸收和采纳上述各方及顾问的意见，并对整体预算进行管理。此外，项目经理还可作为客户的代理人，负责处理各顾问的佣金、费用投标和付款等问题。有些开发商会为其所有项目都保留项目经理，从这个意义来说，项目经理充当了客户的角色。

## 景观设计师的作用

景观设计一个最有趣的方面就是这个过程涉及方方面面的工作。小至可能只需要一张图纸的小型花园设计（图中包含涉及硬质和软质材料的所有信息以及相关的规格，这类项目通常由客户自己来完成），大到需要 20 余张不同景观图及庞大工程量清单的大型开发项目。要完成如此庞大的景园设计方案可能需要与上述各方取得联系，同时也要定期与参与设计的各方召开会议，采纳各方意见，调整设计方案。

设计师要对客户的土地和资金负责，来满足客户对设计作品在功能和审美方面预期。因此，设计师应在全方位考虑场地条件、法律、规划和法定因素后，制定相应的设计方案。设计师这一角色挺奇怪，在传统意义上，设计师与承包商之间没有合同关系，只与客户存在合同。然而一旦设计方案如约完成，设计师就必须担负起管理客户与承包商之间签订的建筑合同的责任，在此期间，设计师需要独立发挥作用，全盘考虑各方因素，平等对待双方，仲裁任何分歧。设计师有约定义务为客户提供一些建设性意见，因为无论设计师对合同内容知情与否，都须为工作中出现的任何差错和疏忽承担责任，所以很有必要提醒客户防止此类风险发生（即投专业免责保险），如果设计师未尽到依法应尽的义务，就需要给予客户一定的经济赔偿。在与当地规划主管部门、法定机构、其他专业人士和公众咨询活动的所有联系中，设计师都要扮演客户代理的角色。

有一点极易混淆，在此有必要澄清，自客户和承包商签订合同之日起，所有文件中客户的名称就从“客户”变成了“雇主”。设计师有权对客户和承包人之间的合同进行管理，对工程进行检查验收。这是因为设计师代表的是客户的利益，扮演的是客户的专业顾问或代理。显然，这个角色可能会导致一些误解、困惑或者争议。例如，如果承包商直接听命于雇主（设计师的客户），而随后又从设计师那里（客户的代理）得到相互矛盾的指令，就可能会产生争端和 / 或额外费用。这一点从出现以下情形时承包商作何反映就可以轻松看出来：承包商依照雇主的指示进行施工，之后发现这么做影响地基或者造成一些结构性的问题，于是设计师要求停工重做。承包商会向客户索要报酬，因为这项工作是承包商遵循其雇主的指示尽心尽力完成的。如果没有应急资金或者应急资金业已用完，就会导致合同涉及的总金额超过预算，所以就可能致使工程因预算问题不能如期竣工和交付。这可能会让雇主将成本超支归咎于设计师。这种指示下达的混乱可能是引起争议和项目成本超支的常见原因。

显然，除非设计师能够得到完全授权，成为唯一能给承包商下达指令的人，否则就无法管理合同，也无法进行资金控制。因此，雇主想要传达给承包商的任何指示或意见都要经由/设计师传达，设计师是雇主的唯一指定发言人，这点应在雇主与承包商之间的合同中做出明确的说明。

雇主代理人(设计师)的身份角色如果已在雇主与承包商订立的合同中做出了明确规定，那么假如承包商未经设计师知晓直接听从雇主的指示，也就违反了合同要求，承包商要自行承担风险。这需要在设计师和承包商订立合同前举行的会议上做强调说明。如果客户的指令未得到设计师的许可，那么日后如果产生了额外费用，承包商将无权索赔。承包商直接听取雇主指示的行为不值得提倡，因为这样除了会造成技术失误和资金控制方面的问题，更会弱化设计师的权威。然而，这种现象不在少数，尤其是在家庭园林设计、住宅开发和私人酒店建设等雇主比设计师/合同管理员在现场露面的机会更多的情况下，而且情况还远不止于此。

对于雇主来说，按照传统的方式聘用独立设计师有诸多好处。雇主可以确保得到完全独立的意见，选用最经济最合适的材料（如植物），不会为了维护承包商的利润而作出节省成本的决定。在这方面，设计师可能会面临压力，如重新使用承包商在以前的工作中剩余下来的植物，或者使用不那么美观的材料，仅仅因为承包商可以从中获取最大的利润。传统的招标方式有一套固定的图纸，固定的规格和数量，你可以肯定的是，你是在拿苹果与苹果进行比较，而不是拿梨与苹果进行比较。换句话说，您可以确信，中标方案将是最经济，最划算的一套方案。然而，这个过程非常耗时，也需要做很多工作。因此，与“设计加建筑”模式相比，设计费用成本更高。

## “设计加建筑”模式

在“设计加建筑”模式下，客户直接与承包商而非与设计师联系，要求承包商拟定一套设计方案并付诸实施。为共同协作，持续为客户提供设计和建筑服务，某一专业景观承包商可能会与设计师接触，雇佣后者，甚至与后者组成某种形式的合作关系，以便达成长期合作的目的。基于“设计加建筑”模式，越来越多的自由设计师选择为景观承包商工作，一个项目接一个项目地完成设计任务，许多承包商有着自己的设计框架，聘请其他顾问轮流或专门从事一些特定的工作。

无论是小型花园的设计，还是学校、电站、监狱和其他大型基础设施项目的规模较大的设计，客户都可通过设计框架或投标过程找到承包商，并要求承包商承担设计责任。投标过程可能涵盖设计工作，很显然承包商在此过程中要承担风险，因为他们需要与设计师达成协议，并支付一定的费用来完成这仍处于假想阶段的工作。

由承包商雇佣设计师，也就意味着设计师与客户不存在直接联系，只是按照承包商的指示行事。在大型工程中，与客户的联系是通过精心筹备的定期会议来实现的，确保不向客户过度承诺一些预算经费内无法兑现或没有利润可赚的事项。在花园设计或其他小型工程的设计上，承包商可能会坚持使用成本低廉的或者自家苗圃中现有的植物。这些制约条件有时会限制设计师的奇思妙想，令人倍感沮丧。但对于设计和施工团队来说，要想确保一个在经费紧张的商业项目上有利可赚，这么做却又非常有必要。给设计师的预算是有限的，他必须测算用这些有限的经费能够购到多少的植物。且设计师还要计算给定的预算能够购得的植物数量。因而这种工作关系就给设计过程带来了完全不同的视角。与其与客户合作以实现客户梦想的最大价值，还不如将重点放在降低成本方面，对客户需求予以最基本的解释。如果设计师能够在确保设计方案的创新性与趣味性的同时又能找到有效提高承包商利润的方法,那么就可能会从承包商那里接到更多的设计工作。这就是所谓的价值创新。承包商对价值工程并不陌生（削减设计建材和景观小品以节省成本），但对节省资金的创新却可能持怀疑态度，因为这就意味着要做一些全新且没有经过验证的尝试。创新往往乍一看会让人觉得代价不菲，因为他看上去很吸人眼球，即使事实上很可能因为采用了价格相对低廉的材料和工艺而使成本反而更低。因此，要实现优秀设计和建筑作品的关键是要重视创新，但随时要做好花时间向承包商详细解释用料节约情况以及在将这些想法呈现给客户时，要确认这种想法的可行性。重视创新、向承包商讲清楚节省下来的成本、向客户讲清楚沟通预期设计方案所产生的价值，所有这些都是实现良好的设计和建筑作品的关键。

高端园林设计和建筑公司收取的合同金额费用也相应较高，因此会提供相对更慷慨的设计要求说明，选择费用较高的设计方案的自由度也较高。承包商无需为了得到合同而展开价格战时尤其如此。潜在的好处就是设计师只需绘制出最终的设计图纸，一些基本的施工细节和规格。这种方法确实有效避免了许多烦琐的程序和施工图，以及招标时通常所需的全套工程量清单。这也将有助于节省费用，降低承包商的成本。

# 第 4 章　客户联络，问卷调查和场地评估

## 往来信函

当景观或园林设计师首次被潜在客户联系询问设计服务时，设计师通常会电话回复客户，与客户讨论他们的要求及所要提供的服务，与此同时，设计师也应让客户了解大致收费标准。设计师应告知问询者，除非已经进行了场地评估，或已经浏览过现有的场地规划图，否则无法敲定一个固定不变的费率。通常在一般家庭小型花园的建造中，一般不会有建筑师或测绘人员已经准备好的基础图供你创作设计过程中参考，因此费用还包括场地勘测费，准备基本计划和其他初始图表等的费用，进而探索各种可能的途径，了解拟设计项目的不同用途，功能和设施，或根据客户所提供或从客户那里收集的素材着手准备相关工作。特别是对于新客户而言，这是客户谈判中最微妙的阶段。在小型家庭花园的设计和建造上，很多人不希望斥资几百英镑进行草图布局，他们并不知道自己真正想要的设计是什么。很多人会找你来跟他聊聊，试探听听你的点子，同时也找你的竞争对手做同样的事，如果设计是您唯一的收入来源（区别于设计和建造景观园艺公司）那么这种做法就不值得提倡，因为你浪费了大把宝贵的时间去现场做勘察、跟客户交流设计思路，然后他拿到你的设计理念后却转身离开，自己去设计画图，致使你最后得不到任何报酬。

如果客户真心愿意邀请设计师到现场做个初步的调查咨询，并讨论设计理念，那么一定要跟他收一笔上门费（250 英镑，包括燃油费），因为这有助于你将真心有意的客户同那些瞎耽误你时间的人区分开。如果您需要维修锅炉，即便最终检查发现锅炉工作状况良好，那么您也需要支付一定的上门费。为避免误会，客户与设计师最好就费用以书面形式达成一致，并应立即就已讨论过的内容发出一封确认函。如果客户愿意支付给设计师出现场的费用，那么就应该在电话中约定一个日期，该日期至少应定在电话约定的三天以后，以便有充分时间让信函到达客户手中。信函中列出可提供的服务，上门费用协议上也应该有一个可供署名的地方。信函中应该明确要求对方将签好字的协议传真，扫描，电邮或邮寄返回。这种形式的信函报价也叫作形式报价。这应是一种标准方法，可避免浪费大量时间。是的，或许你会失去一些客户，但这些客户通常也都是那些只会给你增添很多麻烦的客户，他们要么会浪费你的时间，要么不会支付工资。因此对于这样的咨询，你大可不必劳心伤神。这并不是要将这些人区别对待，而是寻求方法去获得一些有用的咨询。如果说是为了竞争，

你同意免费进行场地勘察且不求回报，那么你将面临虚假生意的风险，或者拿到这项工程的概率很小。我强烈建议新入行独立做设计的人珍视自己的时间。这将涵盖耗费时间的机会成本，产生旅行费用和管理费用等一笔不小的开支。你完全可以把更多的时间花在打电话、致电随访其他潜在客户、建立人脉，或者进行网络联系、准备新颖独特的宣传彩页等活动方面。

继在付费的基础上与客户见面之后，你就可以着手跟他讨论设计意向和灵感，对场地进行评估，并根据这些初步获取的信息来计算出一个相对准确的费用（或预计费用）了。认真的客户会要求这样的报价（或预估费用），并会发给你预期方案的详细细节，想法或需求等相关资料。根据潜在客户提供的信息和/或场地评估结果，设计师可以列出更为详细的服务范围（针对具体的场地），也对费用进行具体的细分。一般来说，额度固定的报价对客户来说更合适，不过如果设计说明不确定，您不太愿意把报价说得过死，那么通常模糊的报价就是一种比较可取的方法。通常最好一次性对一、两个工作阶段进行报价，以打消客户的顾虑。您可以为草图方案流程和最终设计图提供初始报价。你还可以告诉客户，如有需要，你可以制定种植计划、组件图纸、规格、招标、合同管理或检查等工作，但你可以以后需要时报价。切记别忘了列明付款条件和工作计划。在收到这一报价（有时其他景观设计师的报价）后，潜在客户将发信函给设计师对收费表示接受或拒绝。如果客户接受报价，那么这些往来信件就成为设计师和新客户之间的合同。更正式的协议可以使用协议备忘录，列出您的条款和条件，所提供的服务，各种排除条件和计划。这对每一份委托工作都是可取的建议，但更常适用于大型或更复杂和昂贵的花园设计或更大的项目中。

## 收费类型

要成为一名专业的景观设计师或园林设计师，了解向客户收取工程费用的不同方式至关重要。

### 百分比收费制

这类费用基于预期合同总额的百分比来计算，实际操作过程中，往往是根据项目预算的百分比计算。一个常见的问题是，在设计工作完成后，客户可能决定只花一半的钱。因此，有必要向客户明确说明，费用是基于预算而不是合同金额计算的。当然，这一条原则是双向的，因为如果预算增加了，除非工作范围发生了重大变化，否则你很难说服客户接受更高的费用。百分比计费制少见于小规模的设计规划中，因为大多数景观设计公司更喜欢先测算一下完成项目所需的工作时长以及需要投入的工作人员的数量，进而依据时间或总包价进行报价。这是因为对于大中规模合同（超过10万英镑）来说，采用百分比计费制相对慷慨，而且此类计划通常是有招标价作为保障的。为了具有竞争力并有机会中标，收费必须通过分析可能发生的时间来微调。在实践中，百分比基础对于公式化系统来说非常准确。但是，如果客户要求使用这种方法的话，仍可以将按时计费制恢复为百分比计费制。然而，在客户可识别合同金额的情况下，仍然使用百分制计费制，不失为一种既快速又可靠的计费方法。

百分比收费的方法以前曾有园景学会制定的强制性收费标准所指导，该标准在以前出版的《聘用条件及专业收费》中有详细描述。或许遗憾的是（至少对于从业者而言），公平贸易局将之视为一种限制性的做法并予以废除。景观研究所现在发布了一份名为《雇佣景观顾问：客户费用计算指南》（2002年9月）的建议性文件，其中提出了一种高度周密的按百分比计费的方法，纵轴为项目金额值，横轴为百分比。就合同价值而言，图表上的曲线确保了工程量越小，收费比值就会越高。例如，预算为 25000 英镑的游乐区将收取 18% 的费用，而对于占地规模较大的场地和价值高达 25 万英镑景观工程预算，却仅收取 7.5% 的费用。图表中总共展示了四条曲线，每条曲线分别对应于复杂程度各不相同的一类工程项目，比如，私家花园建造的复杂度较高，因为这类工作最为棘手，需要抽出大量时间与客户联络。与此同时，还要对设计方案进行多次修改，因而，工程复杂度评分为四级。这意味着无论这类合同价值具体是多少，其计费百分比都相对较高，乡村大篷车公园等工程比起来则相对低些，修路工程由于任务重复度高、规模大，因而工程施工难度为一级。费用的计算方法要参考相关图表，来获得相应的施工难度等级，并用百分比乘以项目预算。并非所有的工作都列在指南中，因此就需要做一些解释。有了一些经验，就你就会大致知道这项工作的复杂性，并可以据此来评定难度等级。通常邀请您提交报价是投标过程的一部分，在此过程中，其他公司将与您竞争该工作，因此明智的做法是选择合适的曲线，以便具有竞争力。事实上，为了增强竞争力，你可以选择比图中报出的百分比再低一些。这样做时务必慎重，因为该图表在预测完成该工作所需要的时间方面做得非常精确。

当然，如果委托景观设计师提供的服务相对有限，那么费用就会相应降低。也就是说，完整的服务涵盖景观研究所 C-L 阶段的工作 [ 这些工作在他们出版的《雇佣景观顾问：为客户在费用方面提供指导》( 2002 年 9 月 ) 中有详细描述，详见下文 ]。如果完成 C-L 工作阶段需要支付 100% 的费用，而你只完成了 C-E 阶段的工作，那么工程竣工所要支付的费用就占总费用的 45%，从某种程度上来讲，完成每一阶段的工程就需要支付总包价 15% 的费用。完成主要工作阶段需支付的费用参见下面的简表。当然，C-L 工作阶段没有将其他服务涵盖在内：如准备管理计划、竣工图和参加定期的团队会议等常规事宜。就像初始和初步的可行性工作一样，这些额外的服务不包含在按百分比计费制的收费中，通常要根据预计的工期来计算需要支付的总包价，因而需要单独报价。

与所有企业一样，景观设计公司受委托接手的生意有大有小，利润程度也各不相同。虽然百分比计费制的收费方式更易于计算，也可产生较为可观的利润，如果你在小工程上出现了疏忽，或者对小型工程收费较低，那么这会影响公司财务状况，并给公司造成一定的不便，但若你在大型工程上也仍犯类似的错误，那么公司的财务将会在长时间内遭受重创。如果采用按时计费制，那么损失的风险相对小，但盈利的机会也会相应减少。

《费用分期支付指南》、相关收费标准及适用于总包价及百分比收费制的收费比例。

| 施工阶段 | 费用比例 | |
|---|---|---|
| | 阶段性付费 | 叠加付费 |
| A 开始阶段 | n/a | n/a |
| B 可行性 | n/a | n/a |
| C 大致方案 | 15% | 15% |
| D 草拟方案 | 15% | 30% |
| E 详细方案 | 15% | 45% |
| F/G 生产信息（相关） | 20% | 65% |
| H/J 招标与合同拟备 | 5% | 70% |
| K 现场施工 | 25% | 95% |
| L 竣工 | 5% | 100% |

## 按时计费

在这种计费标准下，设计师是按小时收费。客户可能会对这种基于时间的开放式收费方式略有担忧，并担心设计师可能会花费额外的时间来赚取酬劳。通常这个时间有个最高限度，即计算出完成某一特定阶段工作或整个工程所需要的时间。这个时间上限（见下文）可使客户稍感安心，不担心所付酬劳会无限制地增加。如果整项工程的施工比最初预估的更加繁杂庞大，工程竣工的时间也比预计时间要长，则需经过确认准许（通常为书面）之后才可增加收费。除非对此有明确合理的解释（比如工作范围的扩大），否则客户可能会对费用的增长感到恼火，这通常是因为他们已经为设计过程预留的预算已有固定的额度。一些客户不得不放下面子，找财务总监再次申请额外的预算。因此，有必要在第一次敲定费用时就多花些时间。

负责人的时间可能比团队其他成员的时间更宝贵，可以制定一个能够反映每个员工级别和经验水平的等级比率。虽然一项工作中使用三种不同的费率可能会使投标过程中的报价工作复杂化，但却可以让客户相信自己得到了更具竞争力的服务。技术含量较少的工作（例如在 CAD 工作上绘制草图）应由技能较为薄弱的员工来完成，但如果团队规模小、工作繁忙，那么这种方案并不总行得通。然而，只要客户所付的费用较低，他们通常会对这种合理的竞争性收费制度感到满意。

各类任务费用分摊的典型方案可以大致如下：会议、同其他有关方面和机构的联络，拟定设计意向和草图设计工作——管理级费率；从设计开发到最终的设计和展示——遵循高级费率（每小时比上一级费率低 10 英镑）；绘图和细节——按照设计师或技术人员标准（每小时比上一级费率低 10 英镑）。

采用这样的阶梯收费标准有助于确保中等规模的公司（在一定程度上也包括大公司）能够提供至少可与小企业竞争的报价，尽管前者的运行管理费相对较高。一般来说，规模较大的公司收取的费用也会更高，客户就必须要权衡一番：为大公司相对丰富的经验和资源支付较高的费用是否值得。客户与客户之间的收费可能略有不同，对于那些施工较为复杂的工程或者那些有可能延迟支付（或拒绝支付）的公司或个人来说，收费可能会增加，以弥补现金流所造成的损失、银行利息造成的损失或透支所产生的额外银行利息。如果方案有可能需要经过多次修改，且又要求收费额度固定，那么显然必须要考虑到这些额外消耗的时间。针对客户反复改变主意的情况，理应额外收费，但客户通常认为这是服务的一部分。对于固定费用或上限费用，通常谨慎的做法是提前告知客户报价中包含了两次免费更改方案的服务，以后再有更改则需另外收费，这样的话，日后遇到这样的情况也就不至于出现争议。

按时计费制费率应足以支付设计师的费用及公司日常管理费用，如养老金、抵押贷款、员工工资、企业物资账单、交通工具产生的费用、运行费用、所得税以及景观学会会员费、执业登记费等所产生的年度费用。当总额超过增值税起征点则要增收相应的增值税。理论上讲，增值税不能视作一种成本或者花费，因为它是一种对增值额征收的流转税，按季度累计，最终交给政府。实际操作中，重要的是要保证对其他元素进行合理的计算，否则增值税就可能会在季度上交之前被花掉，从而导致上交时出现现金流等问题。因此，熟知有关财务计算的知识是开办设计公司的先决条件。就像通常会将休假、疾病、客户联络和营销花费的时间计算在工时之内一样，维护和临时升级设备所消耗的时间也不例外。必须保证充足的盈余来保证公司持续增值，在公司扩张或增加业务类型时，能够拿得出必要的投资。这在经济繁荣时期更容易实现，但在经济衰退时期情况就截然相反，因为在经济衰退时期，竞争会加剧压力，迫使企业不得不通过降低收费来争取拿到本已减少了的工作机会。

实现可持续收入所需的金额也因地区而异，例如，伦敦的标准一般是英格兰东北部的两倍，这反映了两地住宿和生活费用的相对成本。

## 上限数额

“上限数额”是与按时计费制相配套的一个概念，代表的是收费的一个上限，如此一来，客户就不会面临一个潜在的无底洞账单。一方面，这便于客户设定一个费用预算，同时也提供了一些保证，确保工期一般不会超过合理时限。也正是这个原因，客户一般不喜欢不限时间的收费，他们常常担心一份工作这个从业者 8 小时才能做完，而另一个从业者 4 小时就可以完成。他们还担心，对于那些没活干的从业者而言，可能会有一种“拖延”工时的倾向。这种事其实不太可能像许多客户担心的那样，因为所有公司都希望确保拓展业务，留住一个老主顾，因此他们的工作需要（而且需要或可被看作）既高效又有竞争力。而有些工作就是不可能给出一个上限数额，因为这些工作性质本身就是开放性的。相反，这些工作可以给出一个预算，当所用的时间接近预算额度时，客户能够及时被告知，但总体时间基本上是开放的。一般来说，90% 的计时收费制都会设定上限。如果你已经与客户建立了一个长期良好的合作关系，那么客户就会大大增加对你的信任，因为他们知道你会尊重这种相对宽松的安排，不会滥用这一权利，并且有问题会及时告知自己。

## 总包价

总包价是设计师计算出来的足以涵盖项目所需时间的总包价格。对于佣金金额较大的项目，这笔费用可以分阶段支付，但对于工程量较小的项目，通常会在工程竣工时一次性付清。总包价无疑是大多数客户的首选付款方式。这种方法便于客户简单对比不同公司的报价，清晰易懂，而且最重要的是，它可以让客户做到心里有底。

较大的工程很可能涵盖了设计师所提供服务的各个工作阶段，尤其是当这些工作包含合同管理和场地监察时，那么完成这样的工程工期通常会耗费一年多的时间。这类工程将提倡分期付款，款项在服务的各个部分或阶段完成时支付，但也可以商定按月支付。如果一份工作约定的是总包价，那么该工程不同部分的费用分摊将与按百分比分担费用的计费方式类似。

- 阶段 C：大纲—15%
- 阶段 D：草拟方案—15%
- 阶段 E：最终设计—15%
- 阶段 F 和 G：生产信息—20%
- 阶段 H 和 J：投标和合同制定—5%
- 阶段 K：合同管理—25%
- 阶段 L：工程竣工和移交—5%

通常，会按这一分配比例给每一个阶段一个总包价。

## 固定价格

顾名思义，这种方法说的就是对所涉及的整个工作给出一个固定价。固定价格常见于客户要求设计师报出一个固定价格的情况下，除非工程任务发生了变化，否则设计师不得对价格进行更改：比如，如果设计师受到额外委托，那么由此产生的额外设计时间将会产生相应的费用。与此相反，如果实际的工作比预期工作更为复杂，客户会期望设计师信守投标时约定的费用。在存在竞争关系的情形中，固定价格有助于保证设计师是在一个公平平等的基础上进行报价的。

竞争性估价即是，在投标中有定量因素的情况下，公开邀请少数几家不择手段的公司提交较低费用的投标，然后在获得合同后又提高报价。他们可能会辩称，之所以提价，是因为原报价中未包含必要的勘察费，或者又有了额外支出，再或需要额外的服务等等。这时，他们就可以在没有竞争的条件下随意开价，由此弥补利润的不足。

### 支出

根据具体支出的类型不同，支出费用可涵盖在预先报价内，也可另算，再或两种方法并行。由于很难将费用事先量化，因而通常会按比例对这些费用进行报价，并明确声明，除了报价还会收取这些费用。客户往往会对支出的费用格外担心，因为这是除了约定的收费之外，另一笔很难具体量化的费用。所以就十分有必要列出一张费用支出清单，将诸如汽车的燃油费、规划图复印和打印等产生的费用包含在内。支出应逐项逐条列出，反映实际的消费支出情况。事实上，大部分支出是按照最接近于市场行价的标准来计算的。燃油费按汽车协会推荐的实时费率来计算。文件复印费具体视纸张大小而定，大可到 A0 规格的规划图、电话及传真使用、地图、本地城市规划图，全天在场地工作所产生的津贴以及特别邮资或速递费用。当然，有时也会包括其他费用，比如在某些情况下的过夜住宿费和支出（从档案处取得资料的费用、查册费、顾问费和申请费）。客户不介意诸如规划图打印所产生的有形费用，但可能就不太乐于接受汽车燃油费，甚至会对邮费和电话费等此类费用心怀不满。只要列得合情合理，不妨将上述各类支出中的某些算入费用之列，而仅将那些可操作、可报销的花销列入“支出”项中。

### 支付方式

支付方式对于现金流来说至关重要，但除非费用报价和发票清楚地标明了付款期限和条件，否则客户通常不会主动付款，而且即便明确约定了，能够按期到付的也不多，务必坚决要求 30 天内付款，逾期支付将需支付相应的利息。并告知对方，如超过 30 天未支付，收账人就将带上发票去追债，以向客户表明，在对待还款的这件事情上你的态度是审慎认真的。30 天期满时，要给客户寄送告知函。如果款项 45 天未还，就要发出警告提醒对方立即采取措施。在报价条款中务必让客户明白，你的支付流程就是这样，然后确保它能够切实落实，这样大部分客户就会按照你希望的方式来对待你。

## 工作阶段

一旦设计师和客户就费用达成一致，就可以开始着手进行更为具体的工作了。工程可按以下步骤循序进行，为简便起见，可概括如下：

- **阶段 A：开始阶段**　设计要求说明、客户调查、场地评估、制定预算、现有数据核查和方案。
- **阶段 B：可行性**　可行性研究主要涉及规划问题、实现目标的成本、技术性问题；确定限制条件和机会；收集所有现有数据并对额外数据进行研究；编制一份场地核查清单，其中应至少包括以下项目：是否有道路和地役权以及与他们相关的服务路线，任何通行权和路线，是否有列出或拟列入保护名录的建筑物或古代纪念碑，边界澄清所有权，争议和可能的解决办法，安全因素，进入场地的方式（行人和车辆）和所需的任何升级、服务，司法管辖区，是否临近公路，电力线、生态、树木群以及古树名木，指定区域（如保护区、具特别科学价值地点、县级野生动物保护区或国家自然保护区）国家和地方风景名胜区（如风景名胜区—AONB），河道，使用权，地面污染，洪水风险，噪声或其他污染物及其来源，《地方发展框架》规划区和毗邻土地利用。这绝不是一个详尽的列表，如果您的场地上有这些因素，那么它们将会影响您可以做什么和不能做什么。

- **阶段 C：大纲方案** 将场地评估数据转化为平面图形式，利用图解法展示制约因素和机会，然后进行去探索了解邻接功能和设计说明的要求，并以此为基础编制大纲图。将多种评估图叠放在一起，对比分析一下各备选方案的影响及最优搭配方式，在评估各方案时评估潜在的成本因素。尽量确保邻接地区不会增加成本或造成不必要的成本。例如，将停车场建在场地上唯一陡峭的河岸上会大大增加挖掘和填充的成本。您可能需要为每个功能或使用区域所在的位置准备一个彩色区域图，并与客户达成一致。
- **阶段 D：草拟方案** 将大纲提案纳入更大规模的规划中。运用适当的纹理和线条等提供足够的细节，以便客户能够理解不同的土地处理方法并讨论该方案。在与客户协商后视需要进行修改。准备一份更详细的逐项成本估算，以便客户在总体规划超出预算的情况下可以分阶段安排。对于无法预见的因素，应预留至少 10% 的应急资金，对于基础信息不够详细或不确定性较高的设计说明或场地，应至少预留 20% 的应急资金。这可以是最后估算之后报的一个总价，也可以纳入其他元素的报价中。
- **阶段 E：最终设计** 在继续进行下一步之前，需要与客户和涉及的专业人员进行更广泛的联系，以确保各种假设的情况都已做过充分探讨。各种技术问题都已经考虑过，设计说明没有发生改变，各重要的细节没有遗漏。在进行一番调整之后，就可以绘制最终的设计图了，这是一个能提供有关软质和硬质材料具体信息的规划，图纸需清晰明了，包括详细的逐项成本估算，然后呈现给客户。这份规划图仍可被视为一份向客户兜售设计方案的图纸。图中应包括一份重要的图例指出各个元素和部分的预期外观与功能，其中包括所有表面材料和边缘材料的类型、材质和颜色，指示性高度和植物类型，也可以精心挑选一些照片来描述将要使用的植物的特征，在进行下一步规划之前，首先拿到客户的书面批准至关重要。看到这幅规划图有望帮助自己实现梦想，客户应感到高兴，因为这是一个转折点。如有要求，本规划可作为规划审批请求的一部分提交。其中应涵盖充足的信息，但有时也需要技术图纸，特别是种植规划，如果规划主管部门能给你一定程度的反馈，最好是先讨论设计方案，以衡量方案的可行性，然后再花大量的时间去做施工图，绘制施工图纸无疑要耗费大把时间，你和客户都不愿再为完善方案而花费时间再做修改。
- **阶段 F：施工图** 从这一刻开始，你做图的目的将不再是将规划兜售给客户或当地政府的规划人员，而是制定实实在在的工程落实方案。建议参考英国标准的制图法来呈现硬质和软质结构的平面图和剖面图，以确保所使用的符号对承包商来说是熟悉可辨的，备注、图例需用专业性的术语呈现给承包商，包括为了解释清晰而添加到图纸中的任何细节，时间表以及规格数据。制图越清晰，就越有助于定价和建造。不清晰的规划图往往会带来更高的报价，以抵消潜在的风险，或许有时还会导致客户预算超支，工程质量低下。规划需要呈现场地的预期和现有水平，图例中需提供关于如湿式或干式铺装等施工方法以及所需铺装类型等技术性信息。
- **阶段 G：工程量清单或计划** 工程量清单或计划是指一系列按顺序装订的文件，它对工程的质量，工艺以及材料数量等作出了明确的规定。此文件适用于获邀参加竞标的承建商来报价。工程量清单比较烦琐，而且以前是按标准的测量方法（适用于建筑物）制定的，但对于景观施工来说，通常更常见的是相对笼统些的一览表形式。清单中涉及投标过程、准入问题等内容的前言部分。详细技术标准和工艺、材料的质量（称之为规格）的技术细节部分，通常也列出一系列不确定元素（称为临时项目）操作顺序的详细分解以及具体的施工过程（称为工作进度表）。本部分会详列工程中涉及的每个元素的工程量。有时工程图纸上只附带一份施工规格详解，而工程量由承包商自行制定，条款中仅列出与质量有关的部分因素，这就意味着在有风险的投标过程中承包商要做更多的工作，为了承担这一风险，投标的价格可能会更高。当然，投标规格和图纸会大大减少设计师的工作量，从客户的角度来看也可以减少收费时间，节省一些资金，同时降低设计师错误估算以及低估工程量等问题所带来的风险——这在后期会带来问题，也势必会增加更多的成本。

- **阶段 H：招标行为** 准备一份合适的将计划付诸实施的公司名单。向他们发送工程规划和工程量清单，以便在截止日期前完成报价，提交投标书。总之所有的措施都应保证投标过程的公平性。设计师通常会逐个对招标书进行审查和比较，找出标书中的错误、遗漏和不符常理之处，然后将结果反馈给客户，最后再由客户指定其中一个参加竞标的承包商作为主承包商。
- **阶段 J：合同拟备** 拟备标准形式的建筑合同（例如：适用于景观工程的JCLI合同文本）安排客户和承包共同签署合同，一式两份，签署完毕相互交换。如果设计师受到委托帮助管理合同，那么手中也应保留一份副本，并按要求继续提供所需的各项资料和信息。
- **阶段 K：合同管理** 管理合同意味着定期举行现场会，按照约定的时间跟进工程进度并对工作进行评估，并为客户准备付款凭证，以便分阶段按期向承包商支付相应费用，向客户报告工程进度以及成本控制情况。如果有指定监工员或数据测量员，则需定期与上述人员保持联系。如果有必要的话，在工程结束和维护合同开始生效之前需要对合同进行管理。同时也要对这一合同进行管理直至工程结束。
- **阶段 L：竣工** 管理与工程竣工相关的各项合同条款，并在竣工后为客户提供现场管理方面的指导。计算出所有工程竣工时产生的最终费用。准备一份与前面所述类似的实时费用总决算表。

## 其他服务

1. 筹备公众咨询等准备工作，通常包括专业证人陈述、证据证明、亲自参与调查。

2. 景观总体规划，政策和战略。其他所有与规划事宜、景观特征评估、角色绘图、指定区域、杰出自然风景区等有关的工作。对特殊保护区、资金优先顺序、分阶段改进计划等进行的景观测评和评估。

3. 对可能给景观特征带来重大影响的重大开发项目如道路建设等进行环境影响评估（EIA）。其中包括景观评估、景观及视觉影响评估工作。有时后者被要求做成一份独立的文件，有时只需做成广义环评文件中的一个支撑部分，其中还包括一份摘要报告，将所有彼此独立的技术性研究汇集在一起。

工作阶段 C 至 F 涉及图纸制作。图 4.1 将有助于帮助读者概括了解这些图纸的目的，内容和涵盖范围。

| 名称 | 用途 | 阶段 | 比例尺 | 描述 |
| --- | --- | --- | --- | --- |
| 勘测 | 为设计师提供精准的场地规划图 | 设计意向确定后立即进行 | 1：100 ～ 1：500 | 一份精确的现场平面图用以呈现场地现有状况以及要保留或要移走的元素 |
| 带状平面图 1 | 为设计师例证现场分析相关信息 | 设计意向确定初期进行 | 1：500 | 将土壤，小气候等现场因素可视化的示意平面 |
| 带状平面图 2 | 便于设计师 / 客户了解现场基本的概况并解决现场出现的问题 | 设计意向确定初期进行 | 1：500 | 将最初设计理念与所遵循的设计原则可视化的示意平面 |
| 设计草图 | 便于客户将最初想法转化成一个相得益彰（不算违和）的设计方案 | 现场分析 / 概念确定进行到一半开始 | 1：200 | 一个用以呈现空间布局、所有围合元素及交通路线的基本设计布局草图 |
| 最终设计 | 最终确定设计理念，将之付诸实践，并兜售给客户 | 主要设计程序末 | 1：100 | 一个向客户兜售理想设计，也用以呈现最终议定的现场布局的大致布局规划图 |
| 硬质工程平面图 / 布局规划 | 绘制出具体详细的施工图方便承包商确保施工方案的实施 | 绘制施工图开始 | 1：100 | 一份纯粹用英国传统图形呈现所有水平结构或表面并为其他制图提供参考的简略布局规划图 |
| 定位图 | 为承包商提供现场规模或范围以绘制出现场平面图 | 其中最重要的施工图之一 | 1：100 | 一份只清楚注明现场规模、施工范围、半径和偏移量，呈现现场大致轮廓，并对规划进行定位和放样的简略布局规划图 |
| 拆迁及修缮规划 | 向承包商呈现那些需拆除，挖掘抑或保留、修缮的元素 | 另一份施工图；进行到一半 | 1：100 | 一份用以呈现需要拆除 / 移走以及那些需要保留和修缮 / 提升的元素与区域的简略平面布局规划 |
| 公共设施规划 | 向承包商呈现贯穿现场的一些公共基础设施，防止其遭到损毁、避免意外事故发生 | 另一份施工图；进行到一半 | 1：100 | 一份用以呈现贯穿场地的基础服务设施，如煤气、水、电、有线电视以及电话线的简略平面布局规划 |
| 种植规划 | 向承包商呈现植物的质量、种类、间距及配置信息，将订购植物提上日程 | 另一份施工图；最终施工图之一 | 1：100 | 用英国传统种植符号呈现种植床轮廓的一份简略的平面布局规划，将种植床细分为各个区块，每个区块各标注植物的名称，数量和规格 |
| 施工细节（细部结构） | 呈现现场施工的不同元素的组成部分 | 最终施工图 | 1：10 ～ 1：20 | 可视为一份纯粹的平面图，标明人行道、墙、台阶和围栏等具体区域施工的剖面图 / 立面图，来呈现此部分是如何相得益彰地组合在一起 |

**图 4.1** 图纸的内容、绘制时间以及用途



## 形成设计要求说明

在动笔之前，景观设计师必须准备（从客户处收到）一份完整的设计要求说明，这一说明是客户期望设计师所做工作的书面陈述，以确保结果符合客户的要求，陈述内容应尽可能详细，说明需包含有关客户需求和预算的信息，还有场地限制因素的信息。

## 客户调查和现场核查清单

景观设计项目的信息收集过程分为两个完全独立的部分。第一个部分主要针对客户和客户的需求、品味、价值观、愿望和预算。所有这些信息都可以列在一个标准的客户问卷调查表上，这份表可以在设计需求说明确定后，设计师在第一次与客户见面会商时填写。第二部分主要涉及设计师本人对场地的评估，评估既可以以设计师亲眼观察的方式进行，也可按照当地规划部门，法定单位（电话、天然气、电力和供水公司），英国遗产委员会，乡村委员会和其他机构提供的资料来实现。客户、邻居和地方议会官员可能会就所有权、规划立法、使用权、当地动植物、害虫治理等方面提供帮助。所有这些信息都由设计人员按照在标准的场地核查清单来进行。

以下是典型的景观设计师客户调查问卷和场地清单。

## 客户调查信息

对一个新现场进行评估时，下列要素都非常重要，务必逐一了解。如果不适用，可直接忽略；如果适用，则逐一查实。这些信息你可以自己观察获悉，有些需要调查研究，有些则可以通过询问客户来收集。在询问客户之前，务必事先把已经弄清楚的问题填好，以免拿一些显而易见的问题来烦扰客户。有些信息比你先到现场的其他顾问人员那里获取或许更好。

**客户群体**

1. 年龄组：需要将老人或幼儿考虑在内吗？例如限制进入池塘或水道，增设边界安全等。

2. 健康和对健身问题的态度（流动性、通行、自行车存放、设置健身路径的重要性）。

3. 财富类别：预算：花钱很大方或受外部条件局限的证据。

4. 儿童，年龄，规章制度：不同年龄的儿童需要不同的东西：沙坑或自行车路线，树屋或蹦床，绳索秋千或洞穴等等。

5. 宠物用品，规章制度：重要的是明确遛狗的相关要求，安全的围栏，向内打开的自动门，狗窝，围栏，笼子，场地等。

6. 品味 / 价值偏好 / 不喜欢；风格、植物等。这将决定在设计风格方面该选择正式还是非正式、自然还是人工、对称还是不对称、水景、木质平台，铺装颜色和类型、砾石和鹅卵石、假山、植物颜色、花卉颜色等。所有这些通常都会激起客户的强烈喜爱或厌恶感。

**客户与场地**

1. 功能要求：活动 / 非活动：体育和球类运动、健身、玩耍、骑车、户外静坐、日光浴、烧烤、散步、娱乐、划船、游泳、钓鱼、划船、野餐、阅读等。

2. 公用事业：肥料堆、工具棚、料仓、焚烧炉区、干燥区、菜园、仓储区、油罐区、煤棚、原木仓库等。

3. 减轻场地问题：遮阴 / 遮蔽 / 私隐 / 安保 / 隔音等。

4. 场地资源改善和提升措施：在场地内外构建景观，在种植区域或树篱中留出空隙，以开阔视野和空间，清理池塘、沟渠或溪流，管理植被等。

5. 期望线路或要求路线：现存道路是该保留还是该改变：这对空间的使用、对现有或期望方案来说有何影响？现存的工艺品，雕塑或景观焦点该保留，移走还是视需要替换。

6. 现有文物、雕塑或景观焦点：保留，移走还是视需要替换。

**维修**

1. 客户希望尽可能减少维护需求；

2. 现有养护工作的可靠度：是否有园丁 / 地勤人员，相关经验如何；

3. 客户或园丁在保护不同植物类型方面的技能和知识；

4. 维护预算：这或许不足以支持建设所希望的活动场所，如运动场等。

**预算**

1. 预算可用数额及资金运用灵活度；

2. 预算来源：私人 / 公共 / 赠款 / 慈善等；

3. 是否需要或期望分期；

4. 附加条件：应急款项、前期成本、费用、支出、规划费用、增值税是否包括在内、是否可申请免除？

**费用安排（如未事先商定）**

1. 以百分比为基础 / 以时间为基础 / 总包价等。

2. 是否已就付款方式和条件讨论过并达成一致？

## 现场核查清单

**勘察—视觉因素**

1. 气候：当地、全国、小气候；遮蔽 / 暴露程度；日照 / 阴凉程度。

2. 地质与土壤：底层岩石，土壤 pH 值；现有建筑物地基的深度、土壤的易碎性、污水中有机物含量。

3. 水文：现有的排水系统是否可满足当前和将来的需要；洪水风险。

4. 植被：栖息地类型、原生植物类型、现有特色植物；待保留和保护的植物，以及需要移除的植物。

5. 古树名木树木（TPOs）：名称，大小，等级，条件，冠层幅度，保护并改善树木的健康和条件。

6. 土地用途：预期用途、现有用途、历史用途、毗邻用途。

7. 土地所有权：边界—位置 / 类型；使用权、服务地役权、通行权等。

8. 考古与地方史：生物档案室、具有特殊考古意义的遗址、列入名录的古迹、保护区、列入名录的建筑物等。

9. 建筑物的历史时期及其所在环境、现有的特点和风格；要求增加的特征或风格，其中包括：日式、英式、意式、正式的、自然的、浪漫的风格等。

10. 访问 / 通信：行人 / 车辆；限制通行；通行道路；高速公路；《残疾人保障法》的要求，《建筑条例》第 M 部分涉及轮椅出入口的相关条款。

11. 污染：水、空气、噪声、土地、视觉干扰。

**规划事宜**

1. 1971 年《城乡规划法》：是否需要规划申请？列入保护名录的建筑是否需要同意书？待列入的古迹是否需要？

2. 拟建墙壁、篱笆、树篱及其他边界围栏及其现有、预期的高度和状况。

3. 新建及现有车辆和行人通道。

4. 视线：尤指涉及安全问题的视线，但也包括俯瞰、视野、焦点、地标等相关视线。

5. 可视游戏、转弯区和停车场；建设规划、局部规划、开发区等。

6. 保护区、列入名录的名胜古迹建筑物、待列入名录的古物古迹。

7. 杰出自然风景区（AONBs），具有特殊意义的景观（AOSLSs），具有特殊科学价值的场所（SSSIs）。

8. 可由县及区委员会纳入公共基金养护范畴的地区。

**上文未提及的审美因素**

1. 主要景点和远景的构成因素；

2. 具有重要战略意义的建筑，树木群，树篱和树林；

3. 树冠线 / 更广阔风景特征；

4. 日落，轮廓和最佳观景位置。

**场地 / 土地勘测程度**

有时，场地或土地调查（见本章末的图 4.2）资料已经存在，但如果不存在，那么使用专业的顾问通常会更划算。一个优秀的测量师只需要别人一半的时间就可以出色完成工作，客户通常也希望少花钱就把事办好。

**氛围和背景**

1. 城区 / 郊区

2. 正式 / 非正式

**图 4.2** 现场勘测

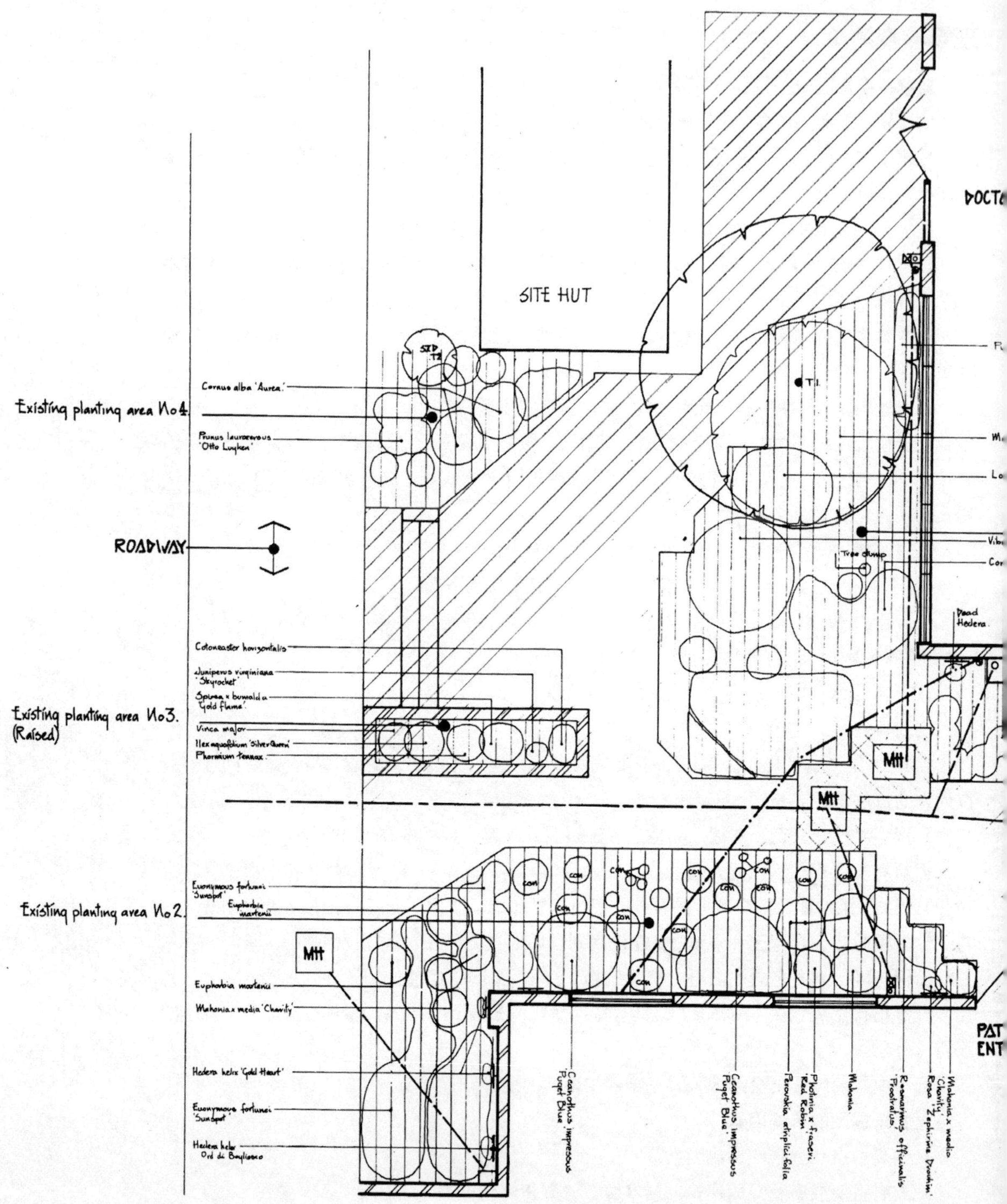
SITE HUT
Cornus alba 'Aurea'
Existing planting area No4.
Prunus laurocerasus 'Otto Luyken'
ROADWAY
Cotoneaster horizontalis
Juniperus virginiana 'Skyrocket'
Spiraea x bumalda 'Gold flame'
Existing planting area No3. (Raised)
Vinca major
Ilex aquifolium 'Silver Queen'
Phormium tenax
Euonymous fortunei 'Sunspot'
Euphorbia martenii
Existing planting area No2.
MH
Euphorbia martenii
Mahonia x media 'Charity'
Hedera helix 'Gold Heart'
Euonymous fortunei 'Sunspot'
Hedera helix Oro di Bogliasco
T1
Tree clump
Dead Hedera
CON
Ceanothus impressus 'Puget Blue'
Ceanothus impressus Puget Blue
Perovskia atriplicifolia
Photinia x fraseri 'Red Robin'
Mahonia
Rosmarinus officinalis 'Prostratus'
Rosa 'Zephirine Drouhin'
Mahonia x media 'Charity'
PAT
ENT
CON - CONIFER

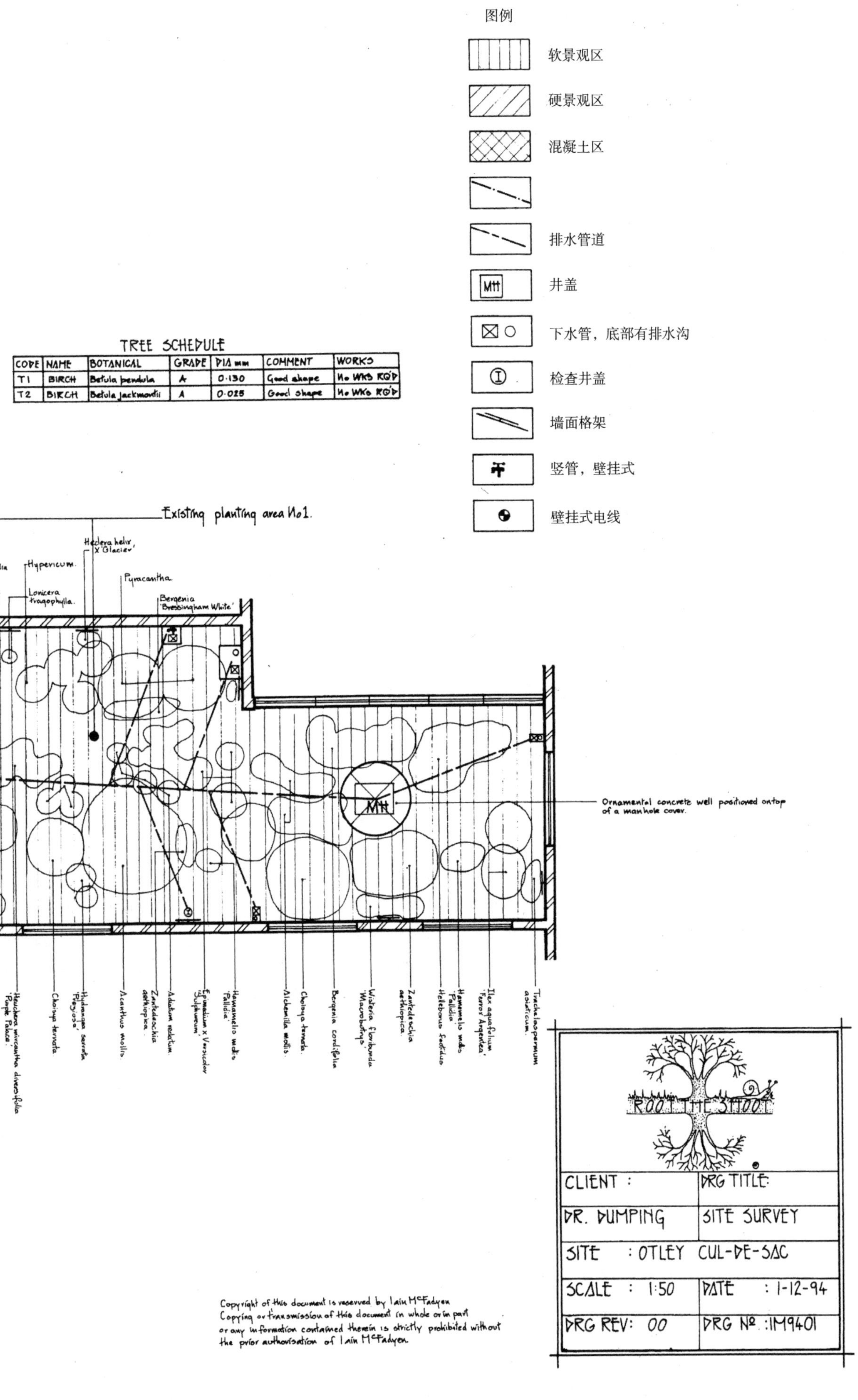


| CODE | NAME | BOTANICAL | GRADE | DIA mm | COMMENT | WORKS |
|---|---|---|---|---|---|---|
| T1 | BIRCH | Betula pendula | A | 0.130 | Good shape | No WKS RQ'D |
| T2 | BIRCH | Betula jackmontii | A | 0.025 | Good shape | No WKS RQ'D |

3. 大规模 / 小规模

4. 现代风格 / 传统风格

5. 沉静的 / 活泼的

为确保不遗漏重要信息，务必使用问卷 / 核查表，但也不要纯粹为了填写这些信息而使自己劳心伤神。对于某个不同的具体场地来说，至关重要的信息也不一样，某一次要的项目或许只需要很少的书面数据。

对不同要素进行优先排序非常重要。气候、小气候和土壤可能与没有软质元素的场地关系不大。要确定对场地和环境而言最重要的景观要素。突出这些主要项目，并将它们纳入您的现场评估报告中。

## 现场评估报告

在完成客户调查问卷和现场核查清单后，设计师也就得到了充分的信息，了解了客户的要求，场地特点和限制条件，于是便可着手形成现场评估报告。现场评估报告是发送给客户的文件，其中显示了迄今为止收集汇总起来的所有信息，并列出了主要的现场资产、问题、所需功能、条件和价值特征，建议保留、修缮或消除并替换的要素。报告中还应包括保留或清理某些元素的各种候选方案所需的费用分析。

## 行业和专业团体

有许多行业和专业组织将可以发挥宝贵作用。无论是景观研究所的专业技术图书馆，体育草坪研究所的专业建议，还是已取代前国家运动场协会（NPFA）的信托领域（FiT）在公共开放空间和游乐场地建设方面的专业指导，都是很好的例子，信托领域 2008 年出版的《户外运动和游乐场规划与设计》取代了《六英亩标准》。它是一个独立的机构，在缺乏一个由中央政府统一制定的全国性战略和指导的背景下，由该机构推出的指导意见被全国多数地方协议作为补充规划文件广泛采纳。2008 年 12 月，随着由“英国儿童、学校和家庭部”（DCSF）编辑出版的首部全国性《游乐场设计指南》的问世，这种情况随即发生了变化。在涉及体育场馆，草坪建设和管护工作的初期信息收集阶段，在针对新开发项目中娱乐、游憩设施的相关要求，以及一般性通用设计指南方面，以上各机构和团体均可以提供极大帮助，帮助设计师得到所需要的各种信息。

# 第 5 章　土地勘测

当然，收集有关场地和客户意愿信息是设计过程中一个至关重要的部分，除非有一个能够准确绘制出所有场地位置特征的平面图，否则这些信息就无法拼凑生成能够准确反映场地信息的图纸。土地测量（有时也称之为地形测量）往往要将一块土地按可辨识的比例绘制到平面图上。

## 土地勘测的主要特点

图 5.1—图 5.6 是对下文提到的几点的图解。

### 边界与围合元素

无论是树篱和沟渠、篱笆、围墙、护柱、排排树木或是其他物体，设计师都必须在平面图上界定合法土地所有权的边界，确定定义边界的主要方式以及进入边界的权利（以维修目的为例）。

### 表面和水平变化

此外，测量工作也须展现所有现有的铺装类型以及软质表面、台阶、路缘、坡道、台阶坡道、挡土墙、护岸、桩材、阳台和屋外平台木板等元素，这一点至关重要。护岸常常用来描述诸如水库和水坝等斜坡堤岸上能够有效防止侵蚀的石面。当上述景观特征发生水平变化时，最重要的是要了解变化的各个方面，进而确定这些变化是否适用于新设计的场地、规划用途和现有的安全和准入标准。因此，在进行场地勘察时，场地中上述所有景观特征都应在图上标注出与之相对应的平面高度。然后，我们就可以以预期水平高度为标准（用方框框出，以便与现有水平高度进行区分），来确定最终的景观规划意见。并且，施工方要根据预期水平高度进行挖方、填方、排水和造坡，使之得到微调，彼此相得益彰又能恰如其分地发挥功能。

### 路缘，边缘，通道，检修孔和格栅

此外，这些构筑物还包括人行道，自行车和大型交通工具分隔线，边缘限制，地表水排水设施，公共服务设施和排水道，沟渠位置，地表面类型和大小以及材料的变化。上述种种特征都需在测量中准确绘制出来。

### 高程与仰拱面高程

在使用硬质材料（尤其是用于建筑物附近的硬质材料）进行设计时，确定场地各个部分的精准海拔高度至关重要。为确保预期或现有坡度适合轮椅通行，高程信息不可或缺，而斜坡的倾斜度也应尽可能不超过 1∶25。要想计算挖土和填土量，就必须对现场高程仔细检查和设计。这会在用料上对成本产生重大影响，因此是一个重要的设计过程。高程决定了对墙壁台阶和栅栏的要求以及坡道和台阶的要求，使之便于通行同时也要符合建筑法规和包容性要求（例如，残疾人保障法）。建筑值得引起特别的关注，特别是在设计建筑物周围的表面时，避免将来铺装表面时影响防潮层，进而防止水进入建筑物内部总是显得至关重要。仰拱面高程即检验井和排水管道的深度决定着在不损坏服务设施的情况下机器能够进行挖掘的最大深度。

### 软质景观特征

这些软质景观特征包括树长，直径，树冠高度和冠幅，茎的数量和树的种类。树木和灌木的位置对于辨别阳处和背阴处，确定是否需要任何管理性工作以及确定场地的限制因素至关重要。为获得规划许可，大多数开发建议都需对现有树木及随后对其采取的培育和保护措施进行准确勘测。为此也需要对树木进行具体的树木评估，但要实现这一点，测量师首先要进行精确的地形勘测。

### 公共服务及通道

“公共服务设施”这一描述通常泛指水管，地表水和污水排水设备、电缆、变压器、接线盒、电话线、煤气总管和有线电视之类的设备：与服务通道有关的设施包括沟渠、铁栅栏、检修孔、检验井、杆状孔、旋塞和格栅，所有这些设施在制图过程中必须同轮廓，线型以及细节展示等一同进行绘制和标记。

## 场地勘测的基本原则［杰夫·耶茨，索福克阳光勘测公司（Sunshine Survey）］

对于那些心怀园艺梦想，充满艺术创作激情和灵感的人来说，恐怕很难会对测量所需要的复杂的三角理论感兴趣，但毋庸置疑，三角理论在实操中又十分重要，否则，你的园艺梦很可能变成一场场诉讼官司的噩梦。

下文将对“勘测”一词在景观设计中的含义做个解释。一般来说，在景观工程中，由于涉及的场地面积较小，因而就没有必要深入研究卫星地面定位系统和着眼于更多先进的大地测量细节。下文所关注的，就是尽可能以最便捷的方式、以适当的规模、用稳定的材料来呈现最准确的平面信息。

### 详细测量调查

在进行景观设计测量时，实际上有两种方法可以确定一块土地（您的场地）的大小和形状，场地大小可能从几英亩到几平方码不等。这两种测量方法分别为框架测量和导线测量，如下所述。

**框架测量**　框架测量当中要使用一个长达 30m 的卷尺。20 世纪末，英国地形测量局选择将各县的地图转换为国家地图时，确立了要在测量中使用米数为单位的惯例。网格以一公里为单位，以一米为标准细分。转换测量值如下：

1. 米转换为英尺要乘以 3.2810

2. 码转换为米要乘以 0.9144

3. 英亩转换为公顷要乘以 0.4047

框架测量的关键是要形成一个三角形的框架，然后在此基础上添加细节。种植红花菜豆时，就有必要把足够坚固，通常也很直的细条插入地里（指向正确的方向），以便让植物顺着您的意愿方向生长。同理，土地测量师也需要构建一系列三角形来形成框架。理想情况下，他们选择合适的三角形框架来靠近边界或横贯主景的重要区域，以便看到两侧相交的部分。这些是"站点"，这些"站点"通常是一个钉在地上的钉子，或者是一个顶部钉有钉子的木桩。测量员首先要选择位置，然后再开始测量。这些边缘部分由测量员实地用卷尺量出，这样就可以在纸上以特定的比例将实际的场地情况呈现出来。（测量员常常将户外作业称之为"实地测量"）。说得更专业点，三边法是指测量三角形的三条边，这就是框架构造方法。图 5.1 呈现了房屋和场地的平面图，以及如何在实操中将这幅图所示的元素构建出来。如图 5.2 所示，在勘测过程中，"构建框架"时首先要量出 AB、BC 和 CA 的长度。在胶片或纸上按比例绘出 AB，然后从这条基线按比例画出两条弧线分别代表 BC 和 CA。

无论需要构建多少三角形，都必须从一个小型基线或三角形开始由外向内依次添加，自下而上添加只会让可能已出现的疏漏继续增加。需要注意的是，图 5.1 中的地块可能会因其自然特征一分为二。调查应涵盖所有待调查的土地，并将所有特征元素都添加到框架中，而不能将他们分开处理然后再连接起来。现在枝条已经准备就绪，可以开始种红花菜豆了……

首先测出站点与站点之间、景观小品偏移直线的距离，然后根据测到的这些数据将现有的树木、围栏、轨道和建筑物都添加到框架中。"偏移量"一词虽然仅仅指的是他们距框架线的距离，但测量时务必保证测量角度恰当，在平面图上绘制的角度也恰当。所有这些都可以呈现在一个专门的记录本上，图 5.3 就是对记录本记录内容的详细展示。在我们的例子中，链条或卷尺是通过位于页面上方中央位置的平行线表示的。测量师会随时记录链测长度（或距离），然后随着测量的进行，在要素的左侧和右侧用偏移量表示出来。站点位于线的起点和终点，最后一个测量值就是两个站点之间的距离。

**导线测量** 对于更为复杂的形状，可能需要开始测量角度并构造导线。导线就是两条线及其之间的夹角（如图 5.4 以及图 5.5 中，图 5.5 中增加了导线上的站点数）。几何学的运用复杂些：如果要完全理解导线测量的概念，就需要参考测量方面的书籍。然而，万变不离其宗，运用的理论类同，并且一旦框架确立了，偏移值的安排就可以按相同的方式进行。

作为一个备忘清单，图 5.6 列举了制定勘测计划时必须考虑到的典型景观细节元素。测量师必须对所有这些项目进行勘测，然后将其绘制到测量图中。

## 委托他人代办

电子测距仪和计算机辅助设计（CAD）的问世意味着通过聘请拥有这类专业装备的土地测量师，可以更经济有效地完成诸多需要完成的细节要求。测量员熟知你的要求并与你建立良好的关系非常重要。借助现代化的设备，测量员通过对放置在被测小品附近的棱镜进行读数，就可迅速直接地测量所有景观小品，并将测量结果连同详尽的描述及必要的备注传输至数据收集器。完整的测量数据将被加载到计算机上，稍加编辑后，就可从计算机传送到绘图仪上，直接绘成图纸。在这种情况下，必须采取切实措施，确保土地测量师能够拿到全面翔实、准确完整的勘测要求说明。

雇佣使用计算机辅助设计方法的专业勘测师颠覆了一个既定的事实，即亲自勘察场地的成本会更低（或许不是那么准确）。少数仍沿用老旧技术的测量师报价可能会很昂贵，但几乎可以肯定的是，相比于你自己手持一个长达 30m 的卷尺和测量书独出外业，然后再手工画规划图的方法，采用计算机辅助设计进行测量的勘测员会更加便宜和准确得多。当然，无论有没有先进的技术，如果是因为要求没说清楚而致使不得不返工、让专业测绘人员再跑一趟的情况，那就另当别论了。

实地视察后，测量师要在胶片上以适当的比例制作测量图，如果委托说明书有要求，还可以用电脑数据绘出多份规划图，如下图所示。

## 测量图的类型和比例

· 位置规划—1 : 1250—与当地地标形成参照的场地；

· 总体规划—1 : 5000—整个场地总体规划；

· 详细规划—1 : 100—局部场地大比例平面图；

· 具体规划—1 : 50—特定区域的超大比例细节详图。

比如，细节详图用于展示庭院及院中某一具体景观元素，此类平面图可以大到 1 : 10。平面图可选择在电脑中进行绘制，这样不同的景观特征就有了自己的“层次”。这就意味着如需绘图，测量员的备注文字、现场现有建筑物以及其他未明确要求的信息都可以统统省略。您可能希望有一个基础平面（也就是整个场地或一部分场地的简化布局），不包括文字说明，但要画出现有建筑物并添加您自己的徽标和图例这一方面有很大的可能性。但请记住，如果您希望最有效地利用时间，使用合适的测量设备，这样的话，即使测量费贵些，客户也会乐意支付，而设计师也会更加欣然地接受一份好的基础平面图。

勘测是一个独立的专业领域，也许不像景观设计过程中经常需要打交道的很多其他专业，它在景观设计过程的基础地位尤为重要。因此，在景观设计委员会成立之初，往往需要聘请土地测量师提供专业的服务。测量师可以由客户直接聘用，也可以由景观建筑师分包并支付相应的费用。这些费用可以开具发票给客户，作为景观设计费的支出。为了补偿风险，分包顾问的费用通常会加价 10%。风险在于，如果在测量工作中出现了错误或疏漏，客户将会对设计师（而非测量师）采取法律行动，因为客户的合同是与设计师而非测量师签订的。因此，对客户来说，保险点儿的做法是直接指定测量师并支付其相应费用。

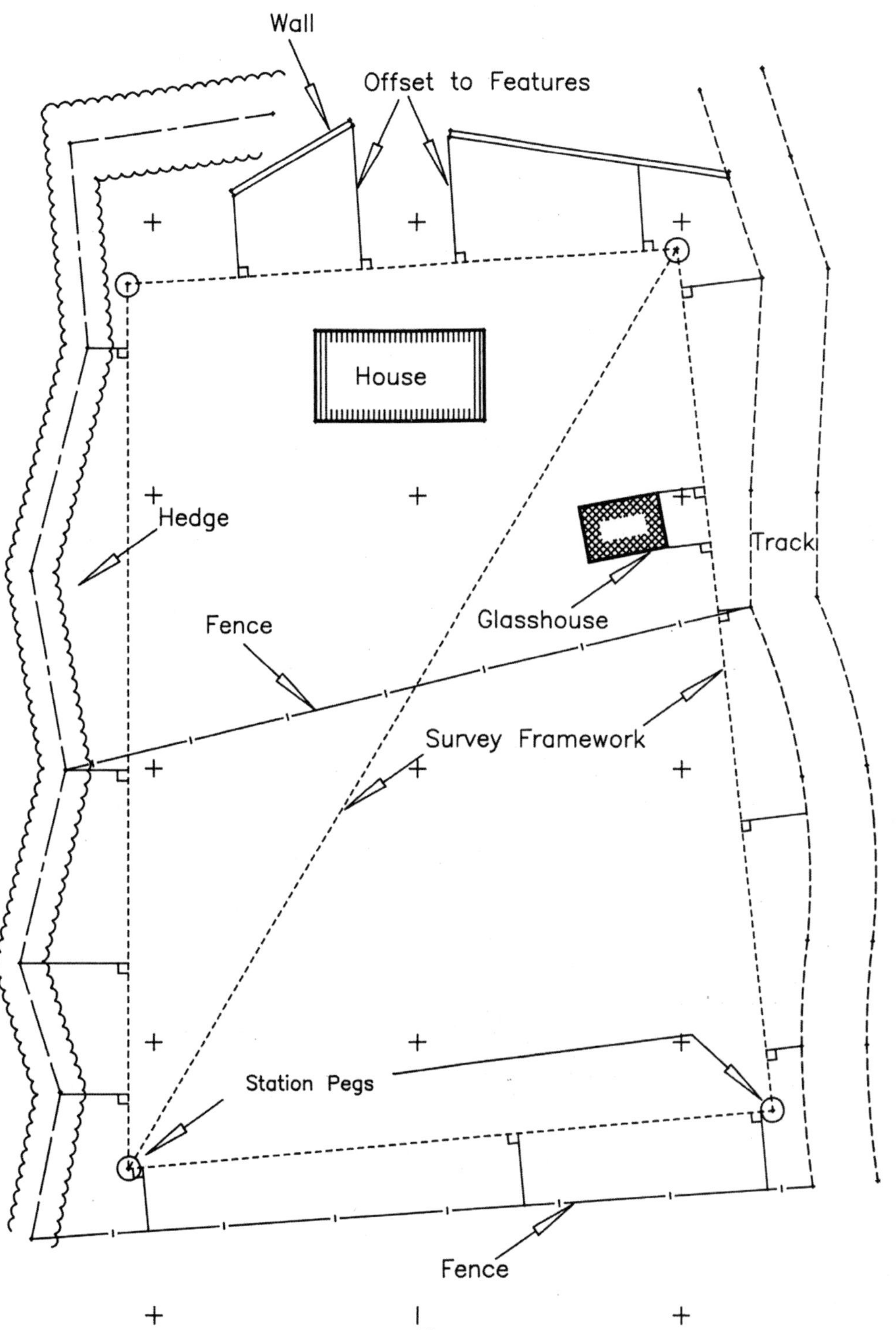


**图 5.1** 框架勘测 房屋和地面平面图

**图 5.2** 三边测量，确定框架

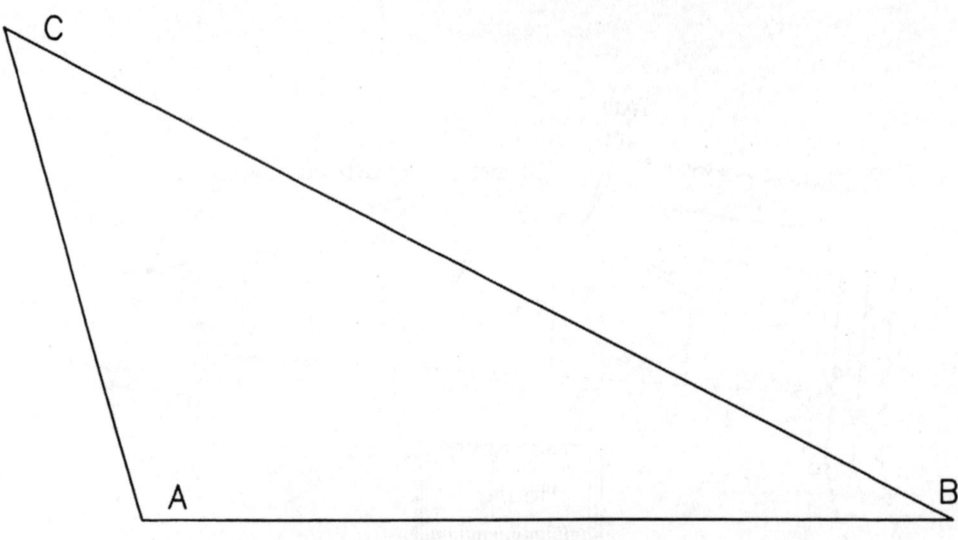


在胶片上绘制出 AB 的长度，以 BC，AC 为基线画弧，确定范围

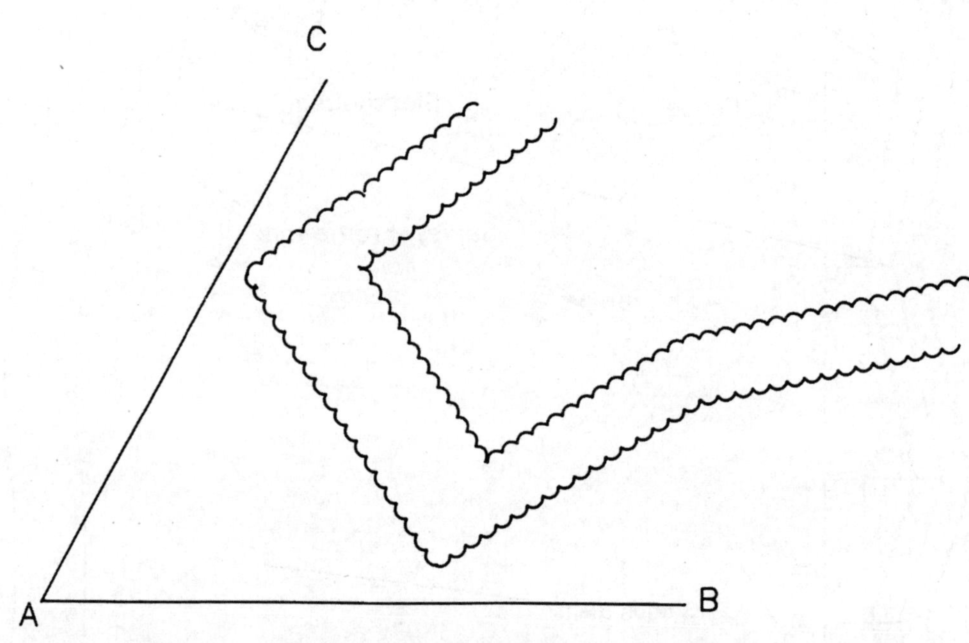


需确定角 B-A-C 的角度及 AB，AC 的长度

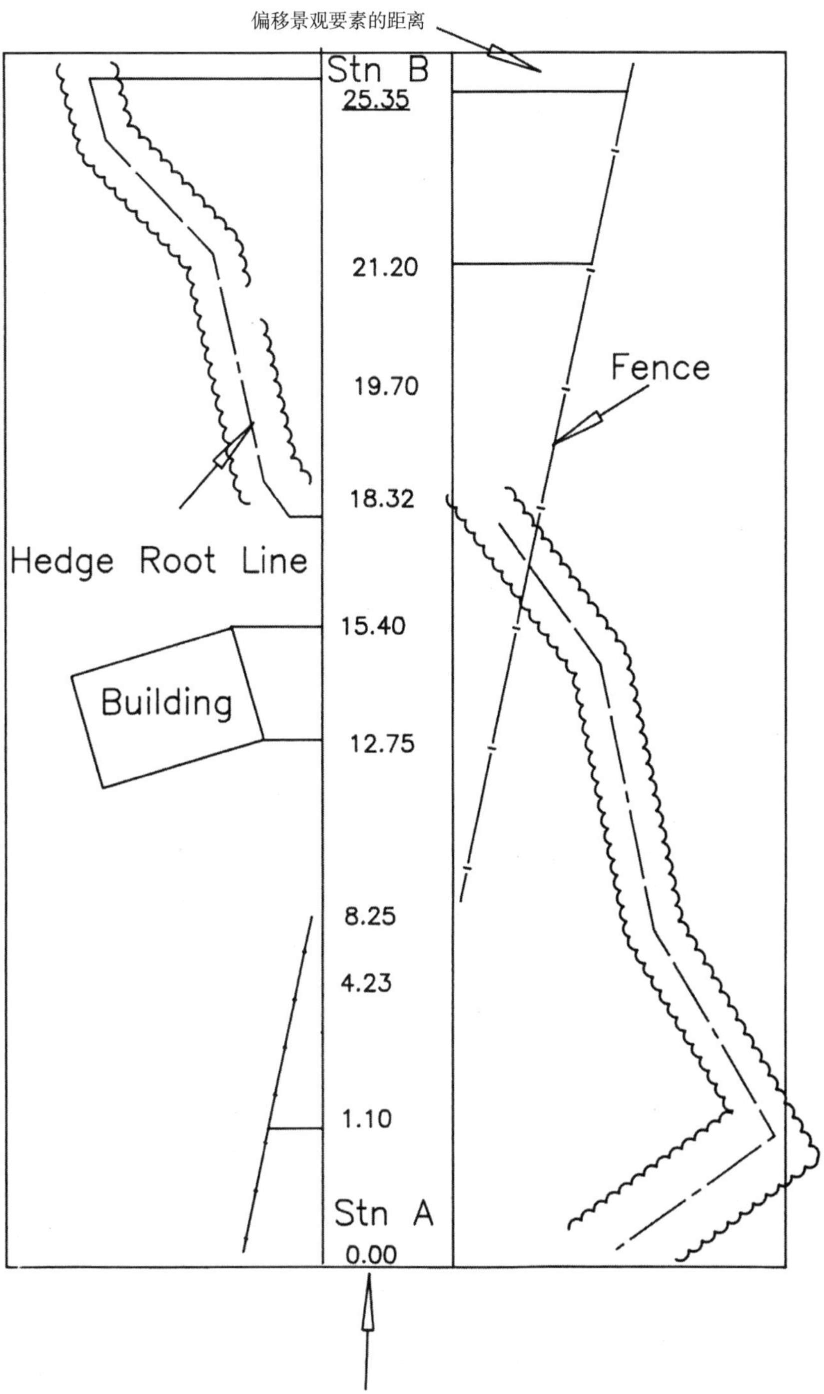


**图 5.3** 常见的测绘记录本中代表性的页面样例

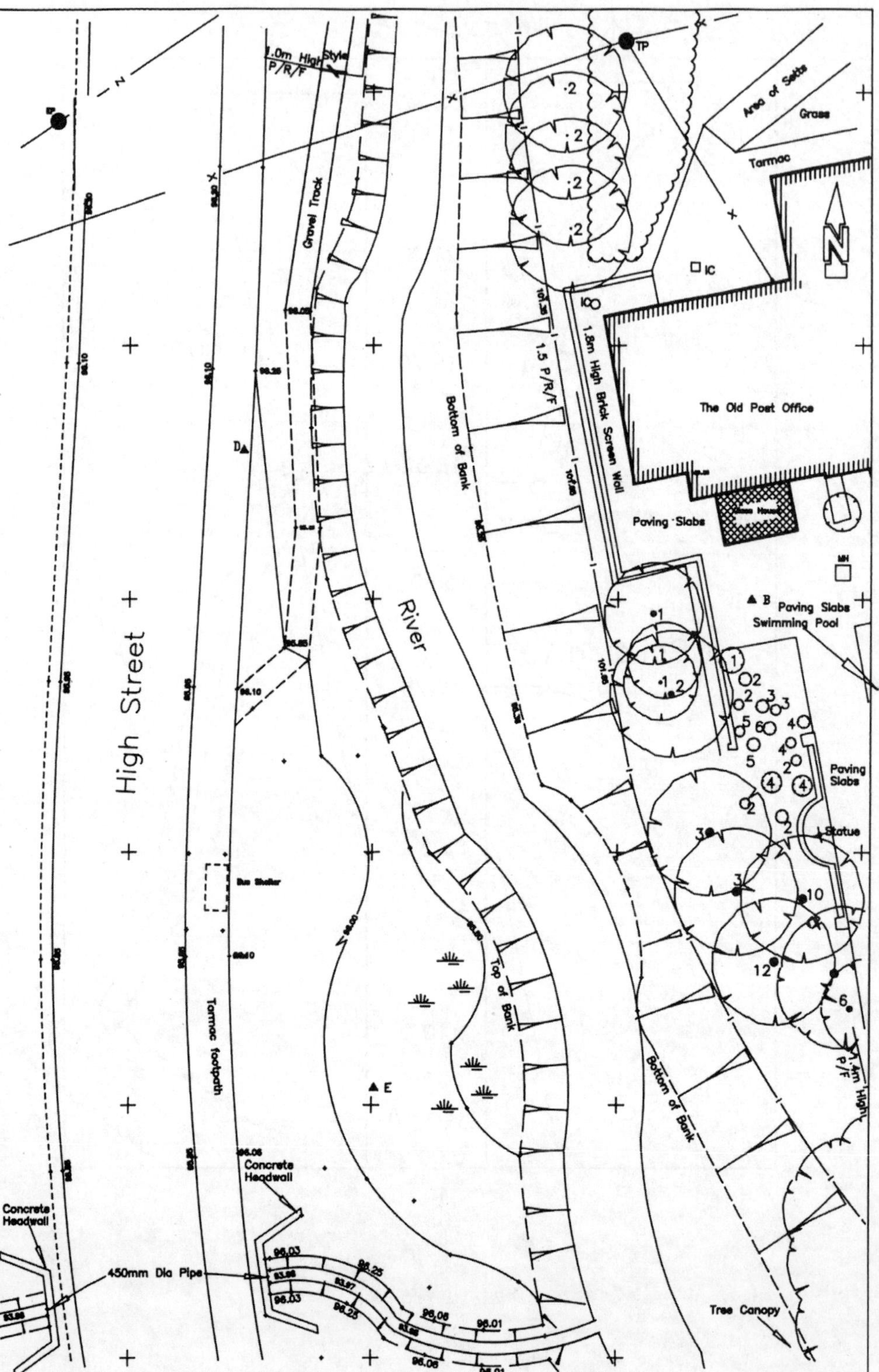
High Street
River
Gravel Track
Tarmac footpath
Bottom of Bank
Top of Bank
Bottom of Bank
1.0m High Style P/R/F
1.5 P/R/F
1.8m High Brick Screen Wall
The Old Post Office
Area of Setts
Grass
Tarmac
IC
TP
Paving Slabs
Glass House
MH
Paving Slabs
Swimming Pool
Paving Slabs
Statue
1.4m High P/F
Bus Shelter
Concrete Headwall
Concrete Headwall
450mm Dia Pipe
Tree Canopy
D
E
B

图 5.4 导线测量尺度

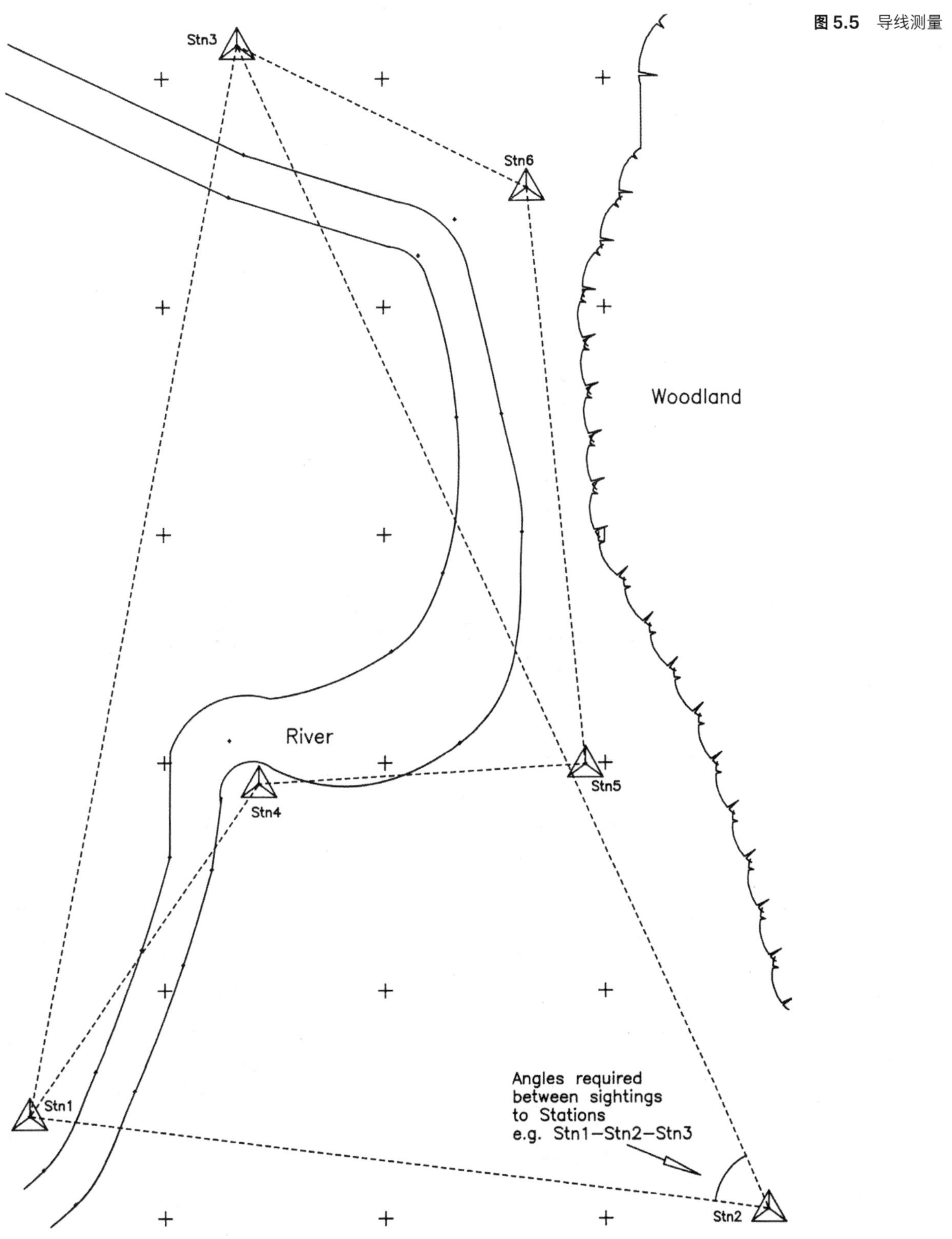
Stn3
Stn6
Woodland
River
Stn5
Stn4
Stn1
Angles required
between sightings
to Stations
e.g. Stn1–Stn2–Stn3
Stn2

**图 5.5** 导线测量

**图 5.6** 勘测平面细节特征

# Legend

## Service Features:

| | | | | | |
|---|---|---|---|---|---|
| AV | Air Valve | ER | Earth Rod | PM | Parking Meter |
| BB | Belishia Beacon | FDP | Feeder Pillar | RE | Rodding Eye |
| BD | Bollard | FH | Fire Hydrant | RP | Reflective Post |
| BM | Bench Mark | FS | Flag Staff | RS | Road Sign |
| BN | Bin | FW | Foul Water | SC | Stop Cock |
| BP | Boundary Peg | GP | Gate Post | SN | Sign Post |
| BS | Bus Stop | GV | Gas Valve | ST | Tree Stump |
| BT | Telecom Cover | GY | Gully | SV | Stop Valve |
| BTP | Telecom Pillar | IC | Inspection Cover | SW | Surface Water |
| CB | Cycle Barrier | IL | Invert Level | TAP | Water Tap |
| CC | Coal Chute | KO | Kerb Outlet | TB | Traffic Bollard |
| CL | Cover Level | LB | Letter Box | TF | Traffic Lights |
| CP | Catch Pit | LP | Lamp Post | TK | Tank |
| CT | Cable TV Cover | MH | Manhole | TP | Telephone Pole |
| CTP | Cable TV Pillar | MP | Marker Peg | TW | Telehone Wire |
| DPC | Damp Proof Course | MS | Mile Stone | U/G | Underground |
| EC | Electric Cover | NB | Notice Board | WC | Water Cover |
| ECB | Electric Control Box | NP | Name Plate | WM | Water Meter |
| EP | Electricity Pole | O/H | Over Head | WO | Wash Out |
| EPL | Electric Power Line | PE | Pipe | ø | Diameter |

## Hatching:

Building ;

Building/Shed

Glass House :

## Building Surveys:

| | |
|---|---|
| BL | Beam Level |
| BIG | Building Inlet Gully |
| CG | Ceiling Level |
| EL | Eaves Level |
| FL | Floor Level |
| HL | Head Level |
| RL | Roof Level |
| RWP | Rain Water Pipe |
| SL | Sill Level |
| VP | Vent Pipe |

## Fence Types:

| | |
|---|---|
| B.W.F | Barbed Wire |
| C.B.F | Close Board |
| C.L.F | Chain Link |
| C.P.F | Chestnut Paling |
| C.I.F | Corrugated Iron |
| M.F | Mesh |
| P.F | Panel |
| P.W.F | Post & Wire |
| P.R.F | Post & Rail |
| P.K.F | Picket |
| W.I.F | Wrought Iron |

## Symbols:

Manhole/Inspection Chamber :

Inlet Pipe

Inlet Pipe

Out Flow Pipe

Control Station : A

Bush/Shrub : Sp:3.0 Ht:5.0

Tree : Sp:8.0 Gr:0.6 Ht:12.0

Tree (Multi-Bole) : Sp:12.0 Gr:1.1 Ht:12.0

Gates : Single

Double

Style

Wet/Marsh Land :

## Line Types:

Embankment : Top of Bank

Bottom of Bank

Telephone Line : O/H U/G

Electricity Power Line : O/H U/G

Drop Kerb :

Contours : 1

0.5

Hedge :

Root Line :

Foliage

Tree Canopy :

Fence :

# 第 6 章　景观特征

## 关于景观的特征

英国乡村署署长理查德·威克福德总结了我们为什么要掌握一些可靠技术和手段来总结某些已有做法的特征，以便我们能汲取经验教训，指导未来发展……

> 景观决定着英国农村的特点，也对我们的日常生活产生影响，但是，景观不会一成不变，而会随着时间流逝而不断改变。我们乐于看到农村越变越好，但不愿看到农村被搞得一团糟……决策者和执行者都需要具备一定的辨别能力，去了解当地的特色，去思索我们要为农村未来的发展创造什么样的条件。

在这片小岛上，我们的生存空间十分有限，而且随着人口的增长，周边的环境状况于我们而言变得愈发地重要。国家、郡县、地区各级公共管理机构，如国家乡村署等，分别从国家、区域及地方层面对英国的景观进行过调研评估，并在相应各级别针对具备独特环境、野生动植物生存或科研价值的景观分别设立了各类保护区，如国家公园、自然风景名胜区、郡县级野生动物保护地以及自然保护区等等。景观特征认证体系凸显各地独具特色的地域景观。本章将就各地资源及范围划分技术展开讨论。

## 何为景观特征？

### 定义

景观特征指的是一个地方所具备的独一无二的要素，包括植被、地形、水文、土地开发及利用程度等等。视评估级别不同，国家级、区域级及地方级等各类型评估在针对这些要素进行评估时，具体精细程度也各不相同。总体而言，英国境内散布着大量绵延起伏的白垩丘陵，只不过有的地方森林相对茂盛，有的森林覆盖面积相对较低；此外，受河流、峡谷分布等因素影响，即使在同一片相对广袤的丘陵地带内，也可能进一步划分出一个个独具景观特色的次级生境。在某一大片区域内之所以能够形成特征鲜明、连续成片的景观特征，既可能是源自大自然的鬼斧神工，也可能是人类长期影响的结果。在评估自然地貌特征时，既要考虑土壤类型、地势地貌等因素，也要充分考虑社区聚落形态、土地利用特征等人为因素。因此可以说，正是由于各区、各地在景观特征方面千差万别的特征，共同构成了英国地貌错综复杂、景观丰富多样的独一无二特色。

## 为什么景观如此重要?

景观于我们而言十分地重要，因为它所代表的不单单是一片风景，或者是对周围环境的一份感知，更代表了自然与文化相互交融的状态，囊括了人、地方和自然三大要素。人们之所以重视景观的价值，原因有多种多样。构成景观的核心要素主要可分为五大类：

1. 经验——人类对景观的感知、意识将影响其意义和重要性。

2. 历史——数十年的人类活动塑造了当前我们所看到的景观，同时也愈发突显了其重要意义。

3. 土地利用——人类需要利用土地来满足各种用途，比如农业用地、能源生产用地、工业用地、居住用地、商业用地或娱乐用地等。

4. 野生动植物——生物多样性通过形成特定的植被、栖息地等方式对景观特征产生影响，景观特征进一步彰显一个地方的地域特色感。

5. 原生地貌——无论是湖区的群峰，还是萨默塞特低地区的水草地，这些自然地貌都对我国景观整体特色具有重大影响作用。

人们之所以重视景观，是因为它可以满足我们的某些固有需求，符合我们的根本利益，有助于塑造我们的民族性格，增进我们对家的认识。除此之外，各种景观要素的存在让我们深深体会到各地不同的地方特色，在我们每一次抵达与离开之时，都能深切感受那份熟悉的氛围。更重要的是，景观给人类带来有诸多好处。景观为各项有益健康的户外活动提供客观条件，有益于人类的身心发展，给我们带来归属感，促进人与人之间的交流。除此之外，景观还为人类提供了水、食物和能量。

### 《欧洲风景公约》/《自然环境白皮书》

《欧洲风景公约》编订于 2000 年 10 月，旨在推动全欧洲范围内的景观保护、治理和规划，承认景观质量及多样性均属公众共有的资源。基于该公约规定，缔约各方均须采取一系列具体措施，列举如下：

1. 增强意识——各缔约国均有责任让全体公民、民间组织及公共管理机构认识到景观的重要性。

2. 加强教育——各缔约国均有义务积极组织景观评估及运营、景观政策制订、保护、规划和管理等方面的专家，为公有、私有行业以及高校等教育机构的从业人员提供培训，增强后者对景观价值的认识，解决他们在景观保护、管理和规划过程中遇到的问题。

3. 开展鉴定评估——各缔约国均有责任明确当地的景观特征以及导致景观特征发生变化的原因，跟踪观察变化趋势，并对相应景观适时评估。在这一过程中，须充分考虑各利益相关方、当地社区等赋予景观的具体价值。

4. 树立目标——各缔约国在对景观进行鉴定评估时，需制订明确的质量管理目标。

5. 抓紧实施——各缔约国需出台一系列具体、翔实的景观政策措施，确保公约所规定的总体目的（景观保护、管理和规划）能够切实兑现。

# 什么是景观特征评估（LCA）？

景观反映了人与地方之间的关系。

自然英格兰组织，《景观：不只是风景》

景观特征评估旨在确定某个地域内共有的景观特色，其基本框架可为关注景观的人士提供一套非常实用的工具。通过评估之后，可以确定某个地区独有的环境和文化特征，判断其环境承载变化的能力及敏感程度，尤其是确定大环境中应对变化能力最弱的元素。

景评（LCA）分为两个阶段。第一个阶段是描述评估阶段，通过识别、绘制、分类、描述等各种手段，以全面翔实地反映当地特征（详见自然英格兰组织的《英格兰及苏格兰景观特征评估指导手册》)。第二步是研判景观敏感度，为制订开发计划提供决策依据的阶段。景评（LCA）既可为国家、地区及当地政府提供决策依据，也可为民营和志愿组织提供重要数据和证据，进而决定相关开发项目究竟是可以继续，还是应该被搁置。

## 判断景观特征的方法

通过二十多年的努力，我们已确立了景评工作中须遵循的四项重要原则：

· 重视景观特征；

· 明确界定景观特征描述过程和评估决策过程；

· 兼顾客观因素与主观因素的作用；

· 关注将评估结果应用于不同景观规模的潜力。

·（《英格兰及苏格兰景观特征评估指导手册》LCAG, 2.4）

以下我们将逐项详细阐述：仔细观察记录某个景观中的所有特征，旨在制订出一份详尽的描述，说明当地独具特色的元素及显而易见的特征，诸如地质、植被、土地利用及人居群落等信息。上述各元素以及它们之间的相互作用共同构成当地的景观特征，赋予当地一种独特的地域感。在这一阶段，我们的目的并不是对景观的价值和质量作出评价，而是突出强调导致该地区明显区别于其他地区的标志性特征有哪些。

景评（LCA）的一个关键原则是要明确将景观描述过程和判断决策过程区分开来。对一个地方的景观特征有了翔实的了解之后，我们就可以将这些信息予以运用，以确定该地区是否适合开发，可以进行什么类型的开发、允许开发的程度有多高，以及开发项目可能带给景观的影响有多大，等等。

虽然经验告诉我们景评（LCA）应当尽量保证客观，因为可量化的研究报告相对不易引发分歧及争议，但是我们必须承认，在某些问题相对透明，或者事先已有明确共识的情况下，主观因素也可有其发挥作用之处。

景评（LCA）可灵活运用于国家、区域、地方各不同层次。理想情况下，这三个层次应该形成一个自上而下的梯度关系，内容逐级细化、细节逐级递增。

基于这四项基本原则，一个完整的景评过程共包括六个步骤（参见《英格兰及苏格兰景观特征评估指导手册》LCAG, 14)，其中前四步属于第一阶段实施，后两步属于第二阶段。

阶段一：景观特征描述

· 界定研究范围；

· 案头研究（从既往研究中获取数据）；

· 实地调查（通过实地考察获取数据）；

· 分类和描述。

有些评估只要求提供所涉景观的特征、场地地图、景观类型等信息，因此，只要能够提供景观特征方面的客观数据，评估工作至此也便结束。而有些评估则还需要进行第二阶段。

第二阶段：判断决策

· 确定决策思路和程序；

· 实际决策。

## 资源需求

在确定好了景评（LCA）的范围之后，接下来成败的关键就在于明确时间、人员、技术以及所需的其他资源。景评（LCA）涉及多个学科，要求执行景评（LCA）的团队具备多个领域的专业知识，包括景观历史、考古学、生态学、农业、林业和规划管理学等。LCA 应由一个核心团队来负责协调工作，将每个领域的专家的研究成果汇总到一起。

要明确所有利益相关方，其中包括当地规划专员，应充分征求他们对评估结果及用途的意见，并要求他们就景观特征的最终判断决策发表看法。如有必要，可邀请规划专员加入核心小组。

## 景观特征的类型和区域

景观特征描述的核心要素就是对景观特征进行分类和描述。在编写研究报告的过程中，研究人员为了使报告行文通顺，含义明确，专门制订了一系列术语。

尤其是以下两个术语的恰当使用：

景观特征类型

景观特征区域

在进行各级景观特征评估时，区分这两个概念十分重要。

**景观特征类型**　在所有级别的景观特征中，如果普遍存在完全相同，或“基本相似的地质、地貌、土壤、植被、人居聚落和农田模式”，则应将其视为同一类型的景观（《英格兰及苏格兰景观特征评估指导手册》LCAG，6.12）。这些景观特征在地图、实地调查记录中均有明确显示。

在国家和区域一级，可以根据“影响景观的潜在文化因素”来确定景观特征类型（《英格兰及苏格兰景观特征评估指导手册》LCAG,6.13）。这些景观特征类型都有自己的鲜明特色，比如说砂石和石灰岩高地等（鉴定和绘制全英格兰地图的工作正在由英国乡村署开展，以编制一个顶级的国家景观特征分类文件）。

随着编制全国景观特征分类文件工作继续，各地方政府也正在生成更详细的景观特征类型。编制这类专门针对某个地域的资料，有助于彰显当地特有的景观类型，进而强化各地独具特色的地域感。

**景观特征区域**　指的是有着特定景观类型的某一地理区域（《英格兰及苏格兰景观特征评估指导手册》LCAG, 6.16）。虽然会有与同样景观类型的其他区域一致的普遍特征，但每一处都有其自身的特点和地方特征。因此，比起景观类型而言，景观特征区域的数量更多。这些景观特征区域经过鉴定、专业判断和详细的地图信息分析后被收入英国景观地图。为英国各个分散的景观特征区域做了整理和描述。

以上这两个景观特征评估术语有着明显的区别，借助这两个术语，我们在撰写报告时就可以有效地避免重复，避免用过于宽泛的类属词来描述景观类型，从而将更多精力放在详细描述某个景观区域独一无二的特征上。

## 比例刻度的重要性

确定评估范围的重要标准就是研究确定比例尺刻度。这个刻度是由研究目的和最终评定所要求的细化程度而定的。

景观特征评估的目的和比例尺刻度之间相互影响，在二者的共同作用下，我们得以确定完成评估所需的资源和成本。在确定评估范围的阶段，我们要仔细浏览现有的不同级别对同一地区所做过的调查评估。

目前来说，国家和区域的评估是按照 1 : 250000 的比例尺进行的，但大部分的评估都比较简略,没有详细信息。如果我们想看细节,那么需要将比例尺扩大到 1 : 10000,但这样一来，评估将耗费大量资源和时间，所以只有在特别需要关注某地时，我们才会采用这一比例尺。

### 边界 / 过渡

为了进行景观分类，有必要在某一景观特征区域或景观特征类型周围设置边界。有时不同类型和区域的边界十分清晰，例如“陡峭的山坡意味着高地高原和邻近山谷之间的分界线”（《英格兰及苏格兰景观特征评估指导手册》LCAG, 6.21），但其实现实中更多的情况是，边界十分模糊，远不像地图上简单明了的一条线那么简单。

在进行评估时，我们要确定边界，并说明景观是如何从某一类型或地区自然地渐变为另一种类型或地区的，否则在后续绘制地图时边界线就会不够清晰。边界线的精确度视评估所需的规模和详细程度而定。

一般来说，我们在评估景观特征时，更加关注某一景观类型或区域的中心地带，因为中心地带的特征更加清晰，边缘地带的特征表现没有那么整齐划一，所以阐述起来难度更大一些。过渡带的特征受多方面的影响，包括地表覆盖状况、土地利用、人类聚落、场地格局等。要想精确地指出这些差别并不容易，但目前我们可以通过添加解释性文字说明来标明界线。例如,《英国景观特点》一书中就没有使用精确的线条来划分界线，而是使用了详细的文字研究报告来标明过渡带（《英格兰及苏格兰景观特征评估指导手册》LCAG, 6.22）。所以我们至少应当在地图和报告中说明所使用的各类分界线的含义。

## 景观特征评估的作用

无论是全国性、还是地方性决策过程中，都会有一些关键节点或重大变革时刻。在这个阶段，确保过程公开透明尤为重要。

因为景观特征评估分为两个阶段，所以在景观相关事宜中发挥了更重要的作用。景评（LCA）的第一阶段是对景观作出相对准确详细的描述，景评（LCA）报告可用于各种目的；第二阶段则涉及我们的判断和开发控制决策。

### 做出判断，管理景观

社会对景观改造的需求和环境发展之间应当始终保持一个平衡。在管理景观时，我们要时刻铭记丰富乡村生活一直都是一个公认的规划目标。在改造景观时，景评（LCA）十分重要，因为只有在确定了景观特征区域或类型，并就景观改造提供专业的判断之后，才能进行下一步。《国家规划政策框架》并未对地方性景观保护工作予以详细规定，例如，它并未明确提出各地景观规划中的战略缺口，也未明确列出具有特殊景观意义的区域都有哪些，而是相对更倾向于根据评估结果作出相应价值评估，所以景评（LCA）在评估当地是否适合开发或是评估开发影响时才尤为重要。下一小节我们将详细解释政策变化及景评（LCA）带来的影响。

## 规划政策：国家指定景观保护地

追溯历史，英国的风景区由国家统一认定，现如今国家发展计划仍持续关注风景区的认定工作。在处理景观相关事宜时，国家会从三个层面考虑：国家公园；国家认证的具有重大景观价值的景区，或特殊景观区域，或具有重大战略性价值的关口；单一性景观特征，如树木等。

通常来说，地方性景观规划认定过程差别相对较大、方法也相对更多，但总体而言，都必须在国家规划政策的指导下制订。只有在当地存在国家认定类型之外的其他景观类型，或者与国家认定的类型有所不同之时，才可以实施地方性认定工作，但在规划提议中必须明确说明具体不同之处在哪里，为什么需要保护等等。《规划政策指导说明 7》（PPG7）中表明，"现在的首要任务是找到既可保证农村整体品质，又可兼顾发展需要的途径，以补充国家层面保护措施的不足。"（《英格兰及苏格兰景观特征评估指导手册》LCAG, 8.5）

实施景评（LCA）对规划政策制订具有重大意义。虽然风景区认定仍然主要由国家主导，但最近的政策与景观特征的联系越来越紧密。LCA 提供了景观特征的细节信息，并阐述了开发对景观的影响，所以已成为规划决策中不可或缺的一部分。LCA 提供了一种有效的工具，用于"对农村景观质量作出规范的评估"，同时也能提供详细信息，以判断现有的国家指定景区是否符合其现在所处的保护级别（《英格兰及苏格兰景观特征评估指导手册》LCAG, 8.4，转引自《规划政策指导说明》，7，PPG7）。苏格兰的一项研究（David Tyldesley Associates, 1999,《景观特征评估在发展规划中的作用》）表明，规划师认为景评（LCA）在开发项目规划和控制过程中产生了直接或间接的影响，有利于我们提升意识、增进理解……（《英格兰及苏格兰景观特征评估指导手册》LCAG，图 8.1）

## 景观策略：发展潜力和能力研究

地方政府有责任制订景观发展策略，同时充分考虑当地的景观特征。许多地方都在借助景评（LCA）来指导其发展战略及规划的制订工作。

相较于之前由国家认定的方法而言，基于景观特征而制订的景观策略相对更为灵活。依据不同级别分别分类的做法，加之针对景观特征类型、区域的体系详情描述，为微观和宏观层面的政策制订奠定了基础。我们可以通过多种途径来制订发展策略，但是所有的政策都须满足一项要求：需附带一张包含景观特征类型、区域等详细信息的地图，同时还应附有相应指导性文件，以说明相关开发项目可能带来的影响。

旨在指导规划决策过程的策略途径有多种，基本要求规定：开发项目须与项目所在地周边景观特征保持一致，以确保其有效性；较高要求规定：开发项目须提供完整翔实的景评（LCA）研究报告，提供事实性细节及判断，以指导项目进展；更高要求规定：开发项目须提供基于地图的规定性政策，将景观质量战略与当地其他战略相结合（例如保育与修复）。无论使用哪一种途径，景评（LCA）都有助于明确当地景观特征类型和区域。

## 发展潜力

绘制具有当地景观特征的地图可以更清楚的展示待开发地区的潜力。将景评（LCA）分析调查结果与其他调查结果相结合，可以提供待开发地区的信息。景评（LCA）关于发展潜力的研究结果可以用于国家、地区和各郡区的工作中。

目前，国家面临建造足量经济适用房这一严峻挑战，更突显了有必要展开系统性研究，进而确定各地适合实施新开发项目的位置。根据本地景评（LCA）的调查结果（景观价值、景观要素和政策空间），对发展潜力做出判断，最终确定合适的开发地址。再其后，景评（LCA）还可以为这些地方的规划申请相关决策提供依据。

不仅仅是地方政府会利用景评（LCA），开发商也会利用景评（LCA）来寻找新的开发区或评估各地的开发潜力。

从当下情况来看，针对围绕城镇边缘绿地和棕色土地（老工业区用地）利用问题的热门争论，也可以通过景评（LCA）来寻找启示。在详细研究城市边缘地区的特征之后，可以客观地反映景观的现状，为充满争议的规划决策提供现实依据。在这个案例中，景评（LCA）所需要做出的判断是分析聚落区周围的开旷地（未开发地）及其与已建区域之间的关系，分析判断其容纳未来发展的能力。

由于其特殊性及历史意义，历史街区的发展潜力往往受限。景评（LCA）目前已经被用于历史街区发展前景评估中，为事关这些街区未来扩张潜力的相关决策提供依据。

## 开发控制：景观视觉影响评估 / 环境影响评估（LVIA/EIA）和开发设计

如上所述，规划新的开发项目应以深思熟虑的政策和指导为基础。有了开发控制性的文件，那么所有参与规划制订过程的人员就都可以对政策透明度和一致性充满信心。如果景观特征也是开发控制政策的一部分，那么在制订景评（LCA）规划纲要过程中，必要时就应该让开发控制相关工作人员也参与其中。

部长、地方政府官员或规划巡视员在规划决策过程中各自负有不同的责任，在履行其在开发控制方面的职责时，都需要在事关待开发新区的决策中充分考虑相关景观特征的重要性。

欧盟规章和英国政府出台的开发项目环境及视觉影响相关规章也可以为开发控制及规划决策过程提供进一步指导。环境影响评估（EIA）和视觉影响评估（VIA）分别由景观研究所和环境评估研究所提供指导。通过景观特征评估，可以预估开发项目对景观这一资源可能造成何种影响，分析所涉景观类型、批准开发项目可能带来的有利或不利影响、可采取的“弥补措施”（即：有望减少开发项目不利影响的提议，例如栽树、设置阻隔屏障等）等等，进而为环境影响评估（EIA）和视觉影响评估（VIA）提供相关资讯。通过精心、周全的设计，这些弥补措施一方面可以改善开发项目的视觉及环境效果，另一方面可以在一定程度上减轻、甚至避免项目对景观质量和特征造成的负面影响。这种情况下，景观特征评估便相当于一种工具，有助于景观设计专业人员选择恰当的弥补措施，对所涉及的景观资源保持高度敏感。

景观特征评估也用于指导交通策略的制订及基础设施新建开发项目，如电信线路铺设、风能电缆铺装等。在建设这类基础设施时，景评（LCA）可以为我们提供详尽的资料，从而帮助确定设施距当地某些景观特征的距离、景观固有的规律、预计特征、待建项目可能给当地地域特色、整体氛围等带来的视觉影响等。

景评（LCA）构成景观保护及管理指南的基础，其中包括林地种植和管理、农业经营方式和发展等，当然，它也是指导规划官员进行环保设计、开发控制评估的重要指南。

将规划重点由指定保护地区向综合考虑景观特征转变，这对保护景观意义特别重大。根据土地类型和区域来绘制地图并进行景观分级，有助于为景观保护和管理政策的制订提供非常有价值的资料。翔实的景评（LCA）可以提供关于景观特征类型和区域的详细情况，为相关决策过程提供参考依据，并影响决策结果。涉及土地利用方式改变问题时，景评（LCA）的作用尤为明显。在明确了解相关风险、收益的基础上，所有利益方都可以充分参与决策过程。

实际上，景评（LCA）已在“非法定乡村战略或景观战略”或“指示性林业战略”等国家战略中得到了积极运用（《英格兰及苏格兰景观特征评估指导手册》LCAG,9.2）。景评（LCA）提供了当地景观特征的详细资料，让市民了解迫使景观发生改变的压力，并作为制订和推行景观保育指引或管理策略的依据。

景评（LCA）也常用于政府扩大林地种植面积的项目。在考虑新林地的位置、设计、类型和范围时，林业委员会和地方政府在作出决定时经常需要考虑景观特征的作用。在各项战略计划和倡议中，例如，在公有林、英格兰国家森林和苏格兰中部森林建设等项目的制订与实施过程中，景评（LCA）充分发挥了其作用。其后，地方主管部门（县、单位、区和自治区当局）在制订景观设计指南的过程中，也经常使用景评（LCA）提供的详细信息来识别和绘制现有种植、新种植或重建森林分布图。景评（LCA）首先确定景观植被的特殊性质或特征、地形、发展变化程度，以及区内各次区域景观差异等，随后重点分析这些景观特征中最容易受开发项目及变化影响的因素。

景评（LCA）中包含对当地主要景观特征的分析，这一环节可以用于设计和制订农业环境保护方案的目标，并对正在实施的方案进行监测。分析完成之后，就可以确定主要的监测标准了，这里所说的监测标准与在环境敏感区（ESA）进行评价和作业时所使用的标准类似。

### 参考文献

《自然英格兰景观特征评估指南》（2012年9月）

《景观：风景之外》，《自然英格兰》（2012年9月）

《欧洲景观公约》（2000）

《自然的选择：保护自然的价值》—英国政府《环境白皮书》（2011）

## 景观及视觉影响评估

### 简介

景观特征会受到开发项目、农业经验管理方式改变等因素的影响。无论具体是开发项目还是使用和管理方式发生了改变，社会需求的改变都是造成景观变化的主要原因。为了保护、维持和改善既有景观，也为了更好地指导打造新景观的工作，在整个规划过程中必须做到以下几个方面：

- 保护环境及景观资产；
- 通过实施弥补措施，改善及保护现有环境；
- 鼓励与当地环境相适应的建筑风格、材料和布局；
- 在新开发项目对景观造成的影响无法避免的情况下，采取有效的弥补措施；
- 改善待开发项目地的景观功能，包括交通和娱乐设施。

坚持以上几条原则，可以保证打造一个悦目怡人、功能齐全且适合当地的空间。《景观和视觉影响评估》文件中对上述要素均有详细讨论。

### 景观对环境影响评估（EIA）的贡献

自1970年以来，环境影响评估（EIA）一直被当作环境管理工具，用于评价各种新开发项目对环境、公共团体和民营组织造成的影响。

环境影响评估（EIA）需要调查多方面的环境因素，包括：

人口

动植物景观

文化遗产

物质资产

对这些因素进行调查，并评估它们之间的关系。这意味着将景观看作一种独立的资源来评估，评估包括景观的整体特征和构成要素，以及人们对景观的视觉感受和整体视角氛围。考虑到这一点，我们认为景观视觉影响评估（LVIA）是一个与环境影响评估（EIA）密切相关的过程。不过，景观视觉影响评估是一份独立文件，旨在确保新开发项目可能带来的每一种影响都涵盖在考虑之内。这些影响既包括对景观自身的影响，也包括视觉及整体视角氛围等因素。

## 什么是景观和视觉评估（LVA）、景观和视觉影响评估（LVIA）？

景观和视觉评估（LVA）是相对于景观和视觉影响评估（LVIA）而言的，它着眼于特定场地的景观和视觉方面的评估，同时也关注新开发项目或景观变化给当地带来的影响。景观和视觉评估（LVA）可以对当地的景观设计提供建议，减少改造景观可能给当地带来的影响。列出景观目标和备选解决方案或策略，以指导设计方法，特别是指导绿色基础设施的设计。绿色基础设施指的是在开发区建造的绿地、植被及绿色长廊等。此时，景观视觉影响评估（LVIA）发挥了重要作用，它可以研究当地的发展布局，评估开发可能给当地带来的影响，研究通过建设景观工程、出台措施来缓减影响的具体方法。因此，我们可以说景观和视觉评估（LVA）是景观视觉影响评估（LVIA）的基础，只有在制订了具体的布局和开发建议之后，才有可能实现景观视觉影响评估（LVIA）。理想情况下，景观和视觉评估（LVA）一般都会先提出开发建议。在景观敏感度相对较高的情况下，景观和视觉评估（LVA）和景观视觉影响评估（LVIA）两者都是必不可少的 [ 包括不需要进行环境影响评估（EIA）的地区 ]。景观视觉影响评估（LVIA）本质上是环境影响评估（EIA）的一个环节，也会关注其他影响，比如污染、噪声、交通、城市设计等。

不过景观视觉影响评估（LVIA）不同于环境影响评估（EIA），因为它涉及高水平的专业判断，比如说，将要做出的改变的性质、影响以及影响程度等问题。因此，可以说环境影响评估（EIA）基本就是一个协调各方面专家的意见、并最终通过执行摘要将这些意见汇总呈现出来的过程。景观视觉影响评估（LVIA）另一点不同之处在于，它可以通过早期的实地评估阶段确定指导性原则，然后综合考虑待议方案中的各个不同方面。

景观和视觉效果的评估有助于整体设计有条不紊地开展。在设计的早期阶段就确认景观和视觉影响，可以帮助制订积极的增强和缓解措施，从而避免或减少拟议开发项目的任何负面影响。

景观视觉影响评估（LVIA）由两个主要组成部分，分别是：与景观效果变化有关的景观评估和与总体视觉氛围变化有关的视觉效果评估。

总的来说，完整的景观视觉影响评估（LVIA）最终报告应包括以下几部分：

· 基本信息；

· 景观感受器（receptor）、敏感度与级别；

· 视觉感受器、敏感度与级别；

· 意义；

· 缓解措施和建议；

· 结语。

**基本信息**　景观视觉影响评估（LVIA）的第一个阶段就是研究当地的基本情况，旨在让大家更好地了解景观及景观所在地的基本情况，体会影响景观变化的各项因素。

基本情况研究包括对拟开发地景观特征的总体描述，包括选址、周边情况、布局、景观各要素的空间容量以及某一具体场地或场景中的相关要素。由此一来，一份关于可能影响景观或视觉氛围的完整报告便可初步成型。

在详细描述完当地基本情况之后，再对该地实行的政策进行调查研究，研究覆盖国家级、区域级和地方级三个级别。对与拟开发地相关的政策进行评估与解读可以完善进行景观视觉影响评估（LVIA）所需的相关信息，比如说休憩用地的开辟、具体景观的认定，以及二者对于政策和保护方面的相对重要性。

以上是对规划政策进行深入研究的第一步，进一步的研究将会在景评（LCA）的过程中进行。在景观视觉影响评估（LVIA））的基本信息研究阶段，我们进行了景观特征、状况或质量等信息的收集，以及开发地选址指南和发展管理指南所需信息的收集。我们可以把这些信息理解为是拟定开发地的详细信息，是景观视觉影响评估（LVIA）的必要组成部分。我们在本章的上一小节已经了解到，景观特征包括景观特征区域与类型。关于景评（LCA）的研究可以帮助我们从较为宏观的角度理解景观，从战略层面解读景观，由此突显景评（LCA）的重要性。

在基本信息的深入研究完成之后，我们就进入下一阶段，即建立一个景观和视觉感受器。

**感受器，敏感度和级别**。感受器的含义其实十分简单，指有潜在敏感性的某个地方或是某些因素。它可以是从公共场所某一个有利视角观察所看到的景色（视觉感受器），也可以是某一种具体特征（景观感受器），比如说，一片从景评（LCA）角度来看属于当地景观特征标识性符号的树林等。因此，感受器可以分为两类：视觉感受器和景观感受器。感受器的属性有三：敏感度，级别与重要性。

**景观感受器**　基本信息收集完成之后，可以将获得的资料与待开发项目的详情进行比较评估，由此确定并描述待开发项目可能给景观带来的影响。第一步就是确定景观中可能会受到开发项目影响的所有元素，即列出所有的景观感受器。

景观感受器包括许多要素，例如：

· 整个大景观的特征；

· 组成景观的每一个要素；

· 任何可能受到影响的美学元素，例如历史上的人类聚落格局。

**景观敏感度**　列出完整的景观感受器清单之后，下一步便是评估它们对变化的敏感度。现有景观资源的整体价值及敏感度是根据从基本信息调查阶段所得到的资料分析得出来的，其基本要素包括：

· 规划政策或相关规章对景观的重视程度；

· 待开发项目与当前土地用途及景观特征间的协调一致性；

· 景观的状态；

· 项目所在地给景观特征带来的益处；

· 待开发区需要采取弥补措施的范围；

· 景观元素或景观特征能够被取代 / 替换 / 加强的程度。

景观感受器敏感性的测定是景观视觉影响评估（LVIA）过程中的重要组成部分。将景观敏感度及其受影响程度结合起来评估，有助于尽可能客观地衡量景观整体所受影响的程度。当然，评估中也会受某些主观因素的影响，但如果可以制订出严谨的操作指南，并且在实际操作过程中认真、严格遵守，还是基本可以保证不同从业人员在实际过程中得出的结论总体相对稳定一致。

景观感受器敏感度的测量标准如图 6.1 所示。这里的评估标准是相对概念，整个评价框架主要使用的是描述性词语。该框架有助于将不同从业人员对景观敏感度的主观评价控制在相对合理一致的程度之内。根据这一框架，如果将一个未被开发的山坡认定为自然美景保护区（AONB），恐怕很难有说服力；同理，对于当地特色景观具有高度代表意义的元素，不把它划入“高度敏感要素”之列恐怕也很难说得过去。至于一个开发程度已经相当成熟、特色标志意义一般、且未列入自然美景保护区、保护区、绿带或其他类型保护地之列的山谷景点，将它划入“敏感度中等”之列应该不算为过。

**景观影响程度**　我们会基于规划申请文件中所附地图来评估待开发项目可能会给景观带来直接或间接影响，重点关注待建项目中布局、建筑物、物料及处理景观的方法，例如

| 景观敏感度 | 详情 |
| --- | --- |
| 极高 | 观赏价值极高的全球级或国家级景观，或保护价值极高的景观，例如国家公园、自然美景区等 |
| 高 | 具有观赏价值的国家或地区级别的景观，或具有保护价值的景观，例如某些特殊景观区等 |
| 中 | 具有观赏价值的地区或地方级别的景观，或具有保护价值的景观，例如某些特殊景观区和地方景区等 |
| 低 | 未认证但于周边社区居民生活具有积极意义的景观，例如公园，游乐区或当地媒体经常宣传报道的景观等 |

**图 6.1** 景观感受器的敏感度

弥补措施和保护措施等。

景观影响程度取决于以下因素：

· 现有景观资源的改造规模及程度；

· 待建开发项目可能会对自然环境造成的改变；

· 待建开发项目的时间周期安排。

景观影响程度高低取决于待建项目的性质、规模及其改造程度，还包括其与景观特征和自然环境的兼容性。景观影响分为积极影响和消极影响，包括三个级别，分别是：高、低和微弱（图 6.2）。如果未能预测该项目的影响，也需要说明。如上文所述，这里的评估是

| 级别 | 景观影响 |
| --- | --- |
| 极差 | 待建开发项目会对景观特征造成毁灭性影响：<br>· 景观特征完全被改变，或引入外来入侵物种，景观特征完全消失；<br>· 与地形、规模、聚落形态完全不一致；<br>· 导致特色完全丢失，且 / 或虚弱或移除其成长环境；<br>· 完全无法缓和 |
| 较差 | 待建开发项目会破坏景观特征：<br>· 导致景观特征发生明显的 / 可识别的变化，但并未完全失去特征；<br>· 与地形、规模、聚落形态不协调；<br>· 导致特色部分丢失，且 / 或削弱或移除其成长环境；<br>· 不能完全缓和影响，且 / 或缓解措施与当地政策冲突 |
| 中差 | 待建开发项目会给景观特征带来微弱但可察觉的影响：<br>· 给景观特征带来可察觉的改变，但当地属性不会完全改变；<br>· 与地形、规模、聚落形态较为不协调；<br>· 导致特色略微丢失，且 / 或削弱其成长环境；<br>· 预定方案中包含了相应的弥补或提升措施 |
| 微弱 | 待建开发项目并不会给景观带来明显影响<br>· 基本不会改变景观特征；<br>· 可对当地地形、规模、聚落形态做出补偿；<br>· 项目中包括缓解措施 |
| 较好 | 待建开发项目与周边地区融为一体，符合当地的指导方针，将会有限地改善景观特色<br>· 与当地地形、规模、聚落形态较保持一致；<br>· 拟定项目中包括有缓解措施，确保该项目与周边地区的和谐相处；<br>· 通过良好的设计和符合当地指导方针的缓解措施，使部分地域感和景观规模得以恢复 |
| 良好 | 拟定开发项目会适度加强景观特征<br>· 适合当地地形、规模、聚落形态；<br>· 通过精巧的设计及缓解措施，可以恢复部分已消失的景观特征；<br>· 通过良好的设计和符合当地指导方针或当地特色的缓解措施可以恢复当地的地域感和景观规模 |
| 优秀 | 拟定开发项目可以给当地景观特征带来巨大发展<br>· 非常适合当地地形、规模、聚落形态；<br>· 通过精巧的设计及缓解措施，可以恢复已消失的景观特征；<br>· 通过良好的设计和符合当地指导方针或当地特色的缓解措施可以完全恢复当地的地域感和景观规模 |

**图 6.2** 景观影响的级别

一个相对概念，整个评价框架主要使用的是描述性词语，可以指导各专业人员发表其意见，并尽可能地保证意见一致。

**视觉感受器** 评估待建开发项目给感受器带来的影响就是对视觉感受器进行评估，也就是指该项目会给人们当前所看到的景观及其整体视觉氛围所带来的影响。如果要想评估这些可能受到影响的景观，那么就必须首先在地图上确定下来。当然，可能涉及的景观有很多——大至项目地的每一幢私人住宅，小至沿路上的每一个小点，所以各位从业人员必须有选择地评估各个感受器，但前提是要保证可能影响到的每一个感受器都要提到，并在地图上明确标识出来。

绘制地图是景观视觉影响评估（LVIA）的准备工作之一，为了便于可能受待建开发项目影响的居民理解该项目，主要有两种方式来绘制地图。

1. 数字化绘制——通过这一手段可以直观地看到拟开发地的样貌，生成的地图中分为“视觉影响区域”（ZVI）或“理论可视区”（ZTV）两种。一般来说，我们更多地可能会选择理论可视区（ZTV），因为它省略了景观中那些瞬态元素，例如植被等很可能随着时间推移而消失的瞬态元素，而是从整体角度对待建项目理论上会影响到的完整区域进行评估。事实上，这两种方法都是有用的，因为一些植被并非瞬态景观，而是景观特征的关键部分，属于大自然的永久结构。

2. 手绘也是一个关键途径，而且这两种手段并不相互排斥，因为影响实际景观视觉效果的元素是多种多样的，例如灌木篱、林地，以及隔离围墙等建筑结构，其中有些结构性特征比其他相对更明显，存在时间也相对更长久。

3. 手绘——这意味着作业人员必须前往现场，确定待建开发项目的边界以及视线四周所及范围（即开发项目场地所覆盖的全部土地），然后再绘制地图。通过手绘这一途径，作业人员可以选定不同观察视角及自然景观，既包括近景视角，也包括远景视角；既包括公共景观，如公共人行步道、公路等，也包括私人景观，如私家住宅、商店、小道、车道及空地等。

4. 观察视角可以分为两类：代表性观察视角和具体观察视角。前者指的是一大批观察点，例如，可以随意选取一栋房子作为观察点，以反映从整个村子或聚落区看去所见到的景象。而后者则是景观中的关键，例如当地的游客景点或观景台、路侧或山坡上的野餐区等。在每一个观察视角都应当拍摄照片，作为现有景观的记录。

总之，视觉感受器是指有可能受待建开发项目所带来的改变影响的人群，包括：

· 当地居民；

· 职场员工；

· 公路使用者；

· 公共步道使用者；

· 使用露天娱乐设施的游人。

**视觉敏感度** 我们要对每一个有代表性的景点的景观敏感度进行评估。敏感度受以下因素影响：

· **景观的位置和环境**——距待建开发项目地较近的景观通常敏感度较高。

· **使用该观景点的游客数量**——有些地方客流量较大，例如观景区和游乐通道等；有些比较难以接近或属于私人的观景点客流量较小。

· **景观本身的特点**——居民对视觉效果的变化非常敏感，因为他们会定期去当地的景观地进行体验或是长期生活在景观之中。人行步道的景观敏感度也很高，因为行人的注意力往往会集中于景观本身，但相比之下，类似户外运动设施、马路或是公共场所的景观的敏感度就不那么高，因为人们的注意力都集中在自己的活动上。

· **观景人运动状态**——高速公路使用者等所见的瞬态景观的视觉敏感度要比住宅居民或者行人所见景观的敏感度低。

· **景观文化内涵**——旅游指南和地图上景观呈现的样子，以及其与文化或历史间的联系紧密度。

视景敏感度分为高、中、低或微弱几个档位（图 6.3）。如前所述，这里的评估也是一个相对概念，整个评价框架主要使用的是描述性词语。该框架有助于管理、整合各作业人员的主观评价，提高景观视觉影响评估（LVIA）的客观性。

**视觉效果级别** 下一步就是对每一处景观的潜在视觉效果级别进行评估。视觉效果的级别由以下几个因素决定：

· 现有景观的面积会随着开发而改变；

· 景观中会被改变的特征的数量以及新开发计划与景观的矛盾 / 和谐程度；

· 在现有景观进行开发的可行度；

· 受影响的观景人数量；

· 观景点的角度、距离以及景观感受器的主要活动。

变化的幅度可以分为高、中、低、微弱四档，性质包括正面和负面两种（图 6.4）。如果并未能预测出任何改变或是影响，也应当说明。这同样也是一个相对概念，整个评价框架主要使用了描述性词语，有助于指导和控制不同作业人员的主观评价。评估的目的是得出最终评估结论，即：相对把握地预计和衡量待建开发项目或待实施改变可能带来的变化以及变化程度的大小。

**影响程度高低评价** 只有对待建开发项目的影响进行评估，才能对其影响程度做出合理判断。在评价景观潜在影响和视觉效果的时候，需要把视觉效果的级别和敏感度结合起来考虑。因为没有设置数值评分系统，所以这个过程不一定是可以量化且客观的过程。这

| 感受器的敏感度 | 详情 |
|---|---|
| 高 | 住宅使用人<br>户外娱乐设施使用人，例如公共道路用地的使用人，他们的注意力集中在景观上。<br>开发项目可能会影响到的景观所在社区或是社区当地有观赏价值的景观 |
| 中 | 乘汽车、火车等交通工具穿过受到影响的景区的游人。这些交通工具的速度快，视野分散且可欣赏景观的时间较短。<br>进行户外娱乐活动的人。对于他们来说，欣赏风景不是最重要的事 |
| 低 | 在工作的人 / 在工地的人 |
| 微弱 | 未受影响 / 影响微乎其微 |

**图 6.3** 视觉感受器的敏感度

| 级别 | 视觉影响 |
|---|---|
| 极差 | 会造成现有景观的严重退化 |
| 较差 | 会造成现有景观的明显退化 |
| 中差 | 会造成现有景观的轻微退化 |
| 微弱 | 会改变现有景观的现状，但变化不明显或不会对景观造成不良影响或改进 |
| 无 | 开发项目中的任何过程都不会造成可察觉的改变 |
| 微弱 | 会改变现有景观的现状，但变化不明显或不会对景观造成不良影响或改进 |
| 较好 | 会给现有景观带来轻微改善 |
| 良好 | 会给现有景观带来可察觉的改善 |
| 优秀 | 会给现有景观带来巨大改善 |

**图 6.4** 视觉效果的级别

| 景观敏感度 | 影响的大小 | | | |
|---|---|---|---|---|
| | 微弱 | 低 | 中 | 高 |
| 低 | 微弱 | 微弱 / 小 | 小 | 小 / 适中 |
| 中 | 微弱 / 小 | 小 | 小 / 适中 | 适中 |
| 高 | 小 | 小 / 适中 | 适中 | 适中 / 大 |
| 极高 | 小 / 适中 | 适中 | 适中 / 大 | 大 |

**图 6.5** 评估景观影响程度高低的原则

| 视觉敏感度 | 影响的大小 | | | |
|---|---|---|---|---|
| | 微弱 | 低 | 中 | 高 |
| 微弱 | 微弱 | 微弱 / 小 | 小 | 小 / 适中 |
| 低 | 微弱 / 小 | 小 | 小 / 适中 | 适中 |
| 中 | 小 | 小 / 适中 | 适中 | 适中 / 大 |
| 高 | 小 / 适中 | 适中 | 适中 / 大 | 大 |

**图 6.6** 评估视觉影响程度高低的原则

两个变量之间互相影响（图 6.5，图 6.6）。因此，对于高敏感度景观 / 景点而言，即使影响水平较低，其实际效果也很可能显得非常重大；而对于低敏感度景观 / 景点而言，如果影响水平较低，实际影响效果便可能微乎其微。

通过仔细思考视觉和景观感受器的敏感度及其潜在影响的大小，从业者可以全面评估这些影响的程度高低。

图 6.7 简要介绍了评价影响程度高低的标准，反映了现有景观及其视觉条件，还有待建开发项目的性质和范围。同样，影响程度高低评价是一个相对的概念，整个评价框架主要使用的是描述性词语，可以指导各专业人员对其作出理性评价。

理解景观视觉影响评估（LVIA）过程中所指的“程度高低”这一术语，对环境影响评估（EIA）和其他非环境影响评估项目都是十分重要的。虽然在执行景观视觉影响评估 [LVIA，既可视为环境影响评估（EIA）的一部分，又可视为一份独立的评估文件 ] 的过程大多相似，例如，在这两种情况下，研究工作的规模和范围均须与拟定计划的性质和复杂程度相称，但是在为非环境影响评估项目进行独立景观视觉影响评估（LVIA）研究的时候，还是可以酌情省略某些要素。

根据《景观和视觉效果评估指南 3》（GLVIA3）中的图 3.1 所示，在执行景观视觉影响评估（LVIA）时必须考虑以下因素：

· 项目描述 / 详情；
· 基础信息研究；
· 效果鉴定与描述；
· 缓解措施。

| 意义 | 定义 |
|---|---|
| 微弱 | 待建开发项目与周围环境保持一致，但很难与周边环境相区分，而且可以影响到的感受器很少或没有 |
| 小 | 待建开发项目几乎不会对景观造成明显影响，影响到的感受器较少 |
| 适中 | 待建开发项目会对景观造成明显影响，并且会影响一些感受器 |
| 大 | 待建开发项目会完全改变景观特征，或景观样貌会保持一段时间甚至成为永久景观，并且影响多个景观感受器 |

**图 6.7** 景观和视觉影响程度高低的评价标准

此外，作为环境影响评估（EIA）的一部分，执行景观视觉影响评估（LVIA）还需要：

· 准备备选方案；

· 筛选；

· 确认范围；

· 评估影响程度的高低；

· 监控和审查。

即便在非环境影响评估（EIA）项目中，也有必要与管理人员和顾问讨论景观视觉影响评估（LVIA）的范围，确保开发工作的规模和范围恰如其分。也要确认其他关键事项，包括研究的范围、资料来源、基本信息的详细程度、打算采用的方法、主要的感受器以及可能带来的影响的性质等。

因此，在撰写独立景观视觉影响评估（LVIA）报告时，主要的差别在于，不需要确定景观变化所产生的影响是否显著。根据景观学会在发布《景观和视觉效果评估指南 3》（GLVIA3）后发出的澄清声明来看，这一差别的主要原因是：从事景观专业的人士在进行独立评估时，应当按照景观视觉影响评估（LVIA）的原则和流程来，然后再判断这些影响是否“程度较高”。鉴于《环境影响评估规例》十分重视“程度高低”这个术语，所以，一旦景观视觉影响评估（LVIA）的结论是“程度较高”，便很可能会导致相关方作出决定，正式启动环境影响评估（EIA）程序。

在撰写独立的景观视觉影响评估（LVIA）报告时，不允许使用“程度高低”一词，但可以用“重要度”一词来替换，前提是需要明确阐释该词所包含的意思，这样就可以避免发生环境影响评估（EIA）被意外触发启动的现象。

**缓解措施及建议**　在确定了基础信息、各种景观及视觉感受器、各种级别和影响程度之后，已经取得的这些信息可以帮助我们制订缓解措施。

要注意，在待建开发项目中制订缓解措施的目的是为了避免、减少和尽可能补偿待建开发项目会对景观或整体视觉氛围造成的任何可察觉的不利影响。

如果我们把缓解措施视作是规划政策的一部分，那么这些措施实施起来会更有效。我们可以在政策附带的计划、图表、表格以及景观视觉影响评估（LVIA）文字报告中明确提出需要达到的景观及视觉目标、实现这些目标的具体路径和方案等等，这些因素对于方案设计以及负责评估项目的专业人员来说都是非常宝贵的。因此，如果能按照计划进行项目开发，项目里应当包含大量缓解措施，有利于减少潜在的不利影响。关键是要注意，在确立目标之初，就应当设计配套解决方案。规划人员在向委员会作出规划决定或建议时，要密切留意这些事项。完整记录，经过谨慎考虑再确定目标、建议和缓解措施往往是规划得以批准的关键。

景观视觉影响评估（LVIA）就缓解措施提出的建议将用于指导设计师合理利用这些措施来减少待建开发项目带来的不利影响。就视觉效果缓解措施所提出的建议一般包括以下：种植植物作为缓冲区、（通过设置视觉过滤器等）保护或软化聚落区边缘。此外，也可以通过合理规划建筑布局、位置等措施，来减少项目对当地特征带来的不利影响。

在某些情况下，负面影响是无法避免的，所以要尽可能地采取缓解措施或是接受建议，以减少这些负面影响，要综合各项缓解措施，使新建开发项目能和谐地融入周围景观。

影响“程度高低”可以用文字或表格形式来表述。在缓解措施实施之后，可以进一步制作新的表格，以反映随着植被生长和成熟，所采取的弥补措施在降低不利影响方面可能产生的短期、中期和长期效用。

**结论**　最终评语是撰写景观视觉影响评估（LVIA）的最后一步。总结性评语的目的在于对项目地、相关政策、项目地特征、待建开发项目以及相应缓解措施等作一简要概述。

关于感受器的所有相关资料，均应以图表形式在附录中呈现。附录还须包括景观感受器地图、其他基础信息等等。此外，也可以图表形式标明项目总体建设目标。所有这一切，最终目标都是让我们能够形成明晰的景观总体构想或战略图景规划，甚至制订出景观规划总纲要求或初步草图，并按照合理顺序放在附录中。

## 参考文献

《景观和视觉效果评估指南》征求意见稿（第三版）

# 第 7 章　硬质景观设计

## 环境与氛围

简单来说，硬质景观指的就是砖石道路铺装、木头围栏、金属结构等一些无生命的外部景观元素。

在完成初步轮廓设计并征得客户同意之后，设计师便可以着手选择和布置硬质景观材料，包括围栏和墙体的类型、道路的铺装、装饰以及城市小品设施等等。因为从草图设计阶段开始，决定围栏类型、墙体设计以及道路铺装就已经是非常重要的一步，所以，硬质景观的初期设计很可能需要在绘制施工图之前便着手准备。与初期的概念设计阶段一样，在选择并细化管理硬质景观元素时，必须从环境与景观所在地本身的实际情况以及意欲营造的氛围出发。

一个地方的景观特征是由多种因素决定的，其中硬质景观（建筑、人车通道和活动区等）与软质景观（草地、草坪、种植区域和树木）的比例对于景观特征有着重要的影响。休闲场所的数量及性质，以及其中小品设施的设计和类型等等，都会影响到当地的景观特征。参考周边环境有助于确定选材，这样可以避免使用不合适、不协调的材料。如果对周边环境考虑不足，人们可能因贪图便利而过度使用某些标准设施，尤其是及膝高的栏杆、护柱、自行车护栏等小型设施。金属装饰在城市里或许看起来很漂亮，但用在乡村、田园氛围中却会显得过于生硬和不协调。以下所列是决定景观环境的一些可以计量的因素，有助于我们在选择硬质景观细节时做出正确决策。在下文列出的几种环境中，各类硬质景观和室外家具设施的选材、制作工艺等均应有截然不同的特征。例如，在乡村住宅区或乡镇集市等地，选用围场等环境下常见的弯顶横栏相对更合适，而在市中心，选用装饰华丽的传统竖栏或各式现代铁艺围栏则更适宜。

### 城市

- 硬质景观及公共领域比例高
- 建筑密度高
- 商店、公共建筑和写字楼数量多
- 室外家具设施数量多

- 公共空间比例高，私人户外空间少
- 农业生产活动少
- 软景观区比例低

## 农村

- 硬质景观及公共领域比例低
- 建筑密度低
- 商店、写字楼和公共建筑数量少
- 室外家具设施数量少
- 软景要素比例高
- 私有土地数量多
- 农业生产活动量大

## 郊区

- 硬质景观及公共领域比例适中
- 建筑密度适中
- 店铺数目适中
- 公共建筑和写字楼数量较少
- 室外家具设施数量中等
- 私有土地数量多
- 中、低度农业活动（有一些围场）
- 软景观比例中等

分析这些常见景观环境有助于指导我们在设计景观布局、选择材料时做出恰当的决策，但是如果要想对周边环境进行更精准的评估，就必须要考虑景观的氛围。这里说的氛围指的是人对景观及其功能以及在景观中进行的活动的情感反馈，所以设计师在设计景观时必须依靠大量的主观评估，但进行这类评估时，设计师也不能一厢情愿地闭门造车，必须和当地规划官员、环境保护官员、建筑师、当地居民、市政委员和专业咨询机构（如英国文化遗产委员会、乡村署等）的成员等达成共识，共同完成评估和分析。

以下一系列术语及相关讨论涉及常见景观特征区域和环境（布局）的典型代表，既适用于现有场地（和/或周围场地），也适用于场地的预期用途。准确甄别景观区域或环境的特征有利于指导设计师在脑海中形成初步概念，并恰当安排软硬景观的设计细节。这表明硬质景观会影响景观特征，所以，制订硬质景观设计战略对制作景观方案简报或概念阐述都有着举足轻重的作用。

## 现代科技（高科技）

说到高科技或现代科技，人们脑海中首先浮现的印象可能包括烟灰色玻璃幕墙覆盖的写字楼群、用于建造地标性大楼的钢筋水泥，还有与之配套的公共空间及服务区域。这一设计理念十分适用于类似于伦敦多克兰的商业园区和金融中心。大胆巧妙的道路铺装与色彩运用是时下流行趋势，时尚的金属结构和室外家具设施、特色雕塑、水景和修剪整齐的植物相互碰撞，形成鲜明对比。

## 历史因素：规整式/乡土式

如果某地的铺装材料和风格能够很好地体现或者是补充当地历史建筑特色，那么我们就可以称其为历史景观。建筑的时期可以分为中世纪、詹姆斯时期、乔治时期、维多利亚时期和爱德华时期等等。狄更斯式风格代表了一些城市的典型特色，主要表现为尖顶栏杆、约克石小道、砖砌墙壁和小径、狭窄的花岗岩小方石块街道、门前车辙依稀可辨的小店等。有时，一个地方可能同时既呈现出中世纪或其他某个时代的建筑特色，又集中反映当地的地域特色。一方面建筑用材大多就地取材，体现了当地的民风及地域特色。另一方面，建筑及其配套的广场、街道及开放空间又表现出规整、古典的时代特色。规整式建筑通常依据某种几何结构或其他数学原理而设计，遵循比例、构图方面的特定规则。景观往往只是建筑的陪衬，设计灵感意在营造一个属于这个尘世的圣所。乡村式建筑很大程度上是当时最方便、最经济的建筑方法的产物。这通常也就意味着，所用的建材、工艺都是当地随手可及的东西，因而不经意间与当地环境形成了一种和谐统一的格局，至今依然让人感觉精美巧妙。

## 城市景观

这里指的就是那些规模较大而且较为规整的景观。城市空间中既包含了历史风格也包含了现代风格，但景观总体来说都十分雄伟宏大，样式相对固定，多为烘托其他建筑而设计。这也就意味着，这类景观设计的动机一般都非常明确，意在貌似不经意间产生强烈的烘托作用。

## 马厩街

马厩街一般指较为小巧温馨的城市空间，例如远离城镇主要街道、与其他道路没有交叉的小道，周围一般都是住宅。如果坐落在村子中心，马厩街周边还会开上几家小卖铺和小餐馆。马厩街的道路铺砌不像主街道那样规整正式，多用碎石、鹅卵石、石板、小方石或砖块铺砌。

## 居民区边缘

在居民区的私人花园里，软质景观的比例比较大，硬质景观仅仅限于公共道路和数量众多的人行道，用材质地通常比较简单，多用沥青、骨料碎石柏油或树脂粘结材料铺装（沥青是用于铺设柏油碎石路面的材料，包括热轧或冷轧碾压式沥青和沥青碎石。）一般来说，住宅区会用树篱围起来，有时也会在树篱前再另加上一道围栏。

## 居民区入口通道

在居民区入口通道的建设中，软质公共景观区域的比例较大。同上，硬质景观仅仅限于公共道路与人行道的铺装，用材质地通常比较简单，多使用石头、混凝土或沥青铺装，车行道会使用沥青和树脂粘结材料。不同之处在于街道的规模样式。相比坐落于居民区边缘的房子而言，这里的房屋庭院面积通常相对狭窄，与外面的交通主干道之间通常会种一片开阔的公共绿地（软质公共景观的一种）作为分隔，一般是高大的行道树。

## 居住区街道

相比居民区入口通道而言，居民区内的街道一般比较狭窄，整体以硬质景观为主。前花园面积狭窄，通常有护栏、围栏或围墙。越靠近市中心位置，前花园面积越小，甚至完全消失，取而代之的是仅是一条由鹅卵石、砖块或者石砌的窄条状私家空间。这些窄条状私家空间对于整条街的特征风格起着至关重要的作用，一般来说，其中包括一些随意播撒、具有野趣的草本观赏花。这些花带中和了周围的硬质景观，形成了我们喜欢并拍照记录下来的街边风景。紧邻这些窄条状私家空间的就是主街，主街道路铺砌大都比较简单，多使用骨料碎石柏油或者其他单一类型材质铺砌。

### 主街道

主街道以硬质景观为主，公共区域与建筑紧密相连，或者，有时仅靠一条私家小道分隔。公私区域之间的分界标记通常仅仅是一条小道或某种界标。所用材质既可是经典风格，也可是现代风格。

视所用铺装材料性质不同，上述提到的以及其他很多我们没有提到的具体情况可能还须酌情调整，但其实反过来看，道路铺装本身的性质也可反映出上述各种情形以及相应空间的特征。

## 硬质景观特征

景观特征顾名思义代表了当地的特色，指的是当地景观的功能以及构成它的各种必备条件。硬质景观应当反映当地的特征以及氛围。接下来，我们继续讨论硬质景观的类型。

### 静态空间

指的是没有明确道路或指向性的空间，例如独立的城市庭院，它本身自成一体，铺装目的并不是为了指示道路或是指引交通流向。铺装的样式可能包括织篮形砖砌、连砌形、圆形等，或者直接用沥青和黏结砾石进行处理。在整体虽是静态空间，却因故需要用界线分隔，或者有机动车道穿越广场而过的情况下，可以用边缘或是装饰性分界来标记这些界线或车道，以区别于整体的静态空间铺装。

### 线性空间

指的是呈线状分布，或者包含一条或多条道路的空间。其道路铺装图案（或栅栏）的设计可以指向某一具体方向或交通流向（图 7.1）。图案样式包括石板路、混凝土板路、小方石路、人字形砖砌路或顺砖砌合形等，以用于为行人或车流指示方向。

### 复杂铺装

复杂的图案设计与装饰通常多用于小型空间，例如庭院、马厩等，但也有例外。在英国，繁复的铺装设计图案通常出现在小型广场或行人行进速度较慢的区域（插图 2）。一般来说，车辆行人的速度越快，铺装图案就越简单。高速行驶和复杂铺装都会搅乱行人的思绪，更何况在这种情况下，人们可能根本不会注意到道路铺装；但如果是在行驶速度较慢的情况，或是在静态空间中（如小憩区），过于简单的铺装会让人顿觉乏味，复杂的铺装才能抓住人的目光。这有点类似广告学中的一个原则：给地铁上乘客看的广告，通常会包含丰富的书面文字信息，而给高速公路上飞驰而过的乘客看的广告，则往往只包括某个单一的图形意象。

### 极简 / 明快

极简 / 前卫风格或主题的铺装通常适用于大型空间，例如公共广场、商业广场或其他人流速度相对较快的场所。在这些地方，行人的行进速度不一，有步行的、骑自行车的，也有开车的。空间越大，节奏就越快，越应该选择简洁明快的铺装风格，繁忙的都市广场就是一个典型的例子（图 7.2）。

**图 7.1** 线性空间铺装

**图 7.2** 极简、明快的铺装风格

## 硬质材料的功能

虽然貌似再显然不过，但我们还是要强调，硬质景观材料的选择须与预期的目标用途相符。因此，所选材质不仅需要符合设计意图，还需要能够体现场地环境的特点，帮助营造所希望得到的理想情调氛围。这点十分重要。所谓“（硬质材料的）功能”，通常指其性能和耐用性，不过，也可以理解为外观特征（即审美功能）。所选择材料均需要上述各方面保持一致。比如说，材料的功能可能仅仅是作为建筑的陪衬，只是背景的一部分，对于标志性建筑、古典建筑来说尤其如此。与此相反，道路铺装有时就好比一张画布，供人们施展其“艺术创作”天赋，在建筑本身不太有鲜明特色，需要借助当地历史、文化和地理特征来展示时，这点尤为有用。在铺路时，可以通过设计复杂的图案来展现其艺术性，但是这样一来，成本就会增加，而且在设计上也会有所限制。这时，采用地面图案（热塑料涂层）就可以达到无穷无尽、灵活变通的目的，而柏油因质地平滑、色泽偏深，无疑是展现地面铺装图案的最佳材料。

### 外观特征

如果从周边环境、氛围等方面考虑，乡村公园内的路面选用乡野特色鲜明的水结碎石等材料比较合适，但如果从耐久性角度考虑，柏油路面相对更合适。现实中，最终的实际解决方案很可能是采取在柏油路上面再铺一层碎石的做法，这样就能很好地融入农村大环境中去，营造出一种轻松恬淡、节奏舒缓的乡村氛围，展示乡村生活的魅力。这一例子很好地阐释了如何在审美与实用两者达到平衡。当然，如果设计的是偏远乡村风景区之类人迹罕至的停车场，路面磨损相对较少，那么，水结碎石路面便足以满足需要，一来既不需要太高的成本，二来又能很好地融入乡村环境。毕竟，如果在明明有低价位材料就可以满足功能需要的情况下还选择价格高的材料，那实在是种浪费。完全可以将这笔差价省下来，用于其他原本没财力满足的需要。最起码，路面至少可以基本满足其功能。如果所选铺装材料价格低于考虑到道路磨损情况所实际需要的价格，那么，这种材料的外观虽然倒也算得上合适，但如果考虑到安全性、功能、美观性和维修保养成本等方面，其实很可能留下隐患，并成为整个设计的败笔。各种不同风格的砖雕、石雕在城市和乡村地区都适用，可以视具体情况选择拙朴的乡村风格或规整的城市风格。砖活之上既可用铁艺装饰，也可用木艺装饰，不过，这类风格的安排主要适用于城区及城郊地区。铁艺往往多见于城市及城郊，而各种水平横栏、木栅等则多见于乡村庄园及公园等处，家畜围栏便是其中一类典型的代表。这类围栏的名字往往都极富地域特色，例如，柴郡围栏就专指柴郡地区历史上广泛使用的那种黑白两色交织的围栏。

### 性能

性能指将一种材料用于某种特定功能目的时的合适程度，或者说将它用于某特定用途、满足某一使用水平时的表现。有时候，只需对材料的大小、厚薄及施工方法稍加改动，便可保证其功能得到正常发挥，但有的时候却需要另选一种完全不同的材料。可供选择的路面铺装材料种类繁多，其价位也有天壤之别，选材合适的话，有时几乎可以削减一半的成本。鉴于在现实生活中，预算紧张、费用削减的情况出现较为频繁，有时，设计师的确会禁不住拿低成本材料代替价格相对昂贵的材料的冲动，为此还有一个专门的叫法，即：价值工程法，不过，这门技艺的核心精髓在于：在不牺牲耐久性、适宜度的前提下，以成本相对较低的材料代替成本较高的材料。设计师本质上也是发明家，有时，他们的奇思妙想的确能带来思维方式方面实实在在的改变，进而创造额外价值，在保证材料耐用度的同时降低成本。

学校操场设计中的图案设计就是一个绝佳案例：拿（成本低、耐用度高的）柏油来铺装操场底层，然后在上面再另铺一层图案精美的其他材料，从而大大提升操场地面的设计质感。

## 耐久度

耐久度指材料在经受时间与风化考验之后的性能表现。比如说，未经处理的栅栏会很快腐烂，尤其是在柱子与地面接触的地方，腐烂速度更快。在柱子底部安装金属密封套可以缓解腐烂情况，如果将套鞋镶嵌进混凝土里，再将木柱插进套鞋露出地表的部分，效果将尤为显著。独立墙的墙砖、铺路用的路砖，都必须采用防冻砖，否则在严寒天气中，砖头吸水后便极易（因变得酥脆）碎裂。铺路砖（黏土砖，区别于混凝土板或小方砖）硬度必须足够坚固。

## 材料的选取

一般来说，建议大家首先选择合适的材料，然后再确定其规格和确切的材料类型。例如，给花园选择栅栏用材时，你可以首先定下来用木栅栏，然后再决定用多大厚度的木材才能有效防止栅栏免遭破坏，最后再选择合适的防护和装饰涂层。这样做有助于确保所选材料的特征符合要求，随后再考虑其性能如何，进而避免从一开始就陷入顾此失彼、退而求其次、勉强为之的尴尬境地。

# 封闭空间的方法

墙、树篱，门、栏杆、短桩柱，还有花架等结构小品都是将硬景观元素围合起来的常见手段。由于景观设计理论的核心是创造空间（在第 2 章中我们已经讲过），上述各硬景观元素无疑是景观设计中最重要的内容。由于垂直元素给人带来的视觉冲击远高于水平元素，情况更是加倍如此。

硬质材料是定义空间的一线方法。不过有些时候，用硬质材料定义的空间会显得过于生硬冷酷，需要适度柔化。比如，在室内设计中，我们会选用各种饰品、点缀、家具等来柔化空间；在花园里，植物则是我们的首选。植物如果运用得当，也可以呈现出硬景观元素所具备的部分特征，比如，密植的紫杉、箱型树篱等便是很好的例子（参见下一章）。

## 墙壁

砌墙的原料有许多，如砖材、石材（含天然及复合石材）；墙还可以分为双层墙和单层墙。根据垒砌工艺不同，也可以分为干砌墙、砂浆粘结墙，有铺层、无铺层或半铺层墙等（插图 9 及图 7.3）。

为了加强结构强度和视觉效果，墙角一般都会进行特别处理。石墙的墙角就需要相对较大的石块，这样的墙角叫作凸角（图 7.3）。放在墙体里的石头叫作隅石。为增强稳固性，修建砖墙时往往需要酌情增加墙垛，每隔大约 12m 还要设置一个伸缩缝。为了保持墙体稳定，半砖墙（105.5mm 宽）需要修建凸起和凹陷结构，不过，这种墙由于墙体偏薄，因此成本也最低。

蛇形墙一般都是砖砌墙，有半砖厚。要设计蛇形效果，也就代表着需要用到更多的材料，所以，蛇形设计在提高墙体稳定性的同时也意味着高成本。带 225mm 方垛、规格为 6 m c/s 的半砖墙可确保每两个墙墩处都有伸缩缝。半砖墙的成本最低，但是由于墙垛细节设计较为复杂，所以其成本也只比一砖厚的实心墙略低。单砖墙体（215mm 宽）更稳定，即使不用墙垛巩固，也可修到 1.8m 的高度。高度超过 1.8m 的墙体需要通过增加墙垛（或回填）来巩固，且每个墙垛间隔不应大于 12m，伸缩缝应当保证 10mm 宽，之间用纤维板和胶泥密封。

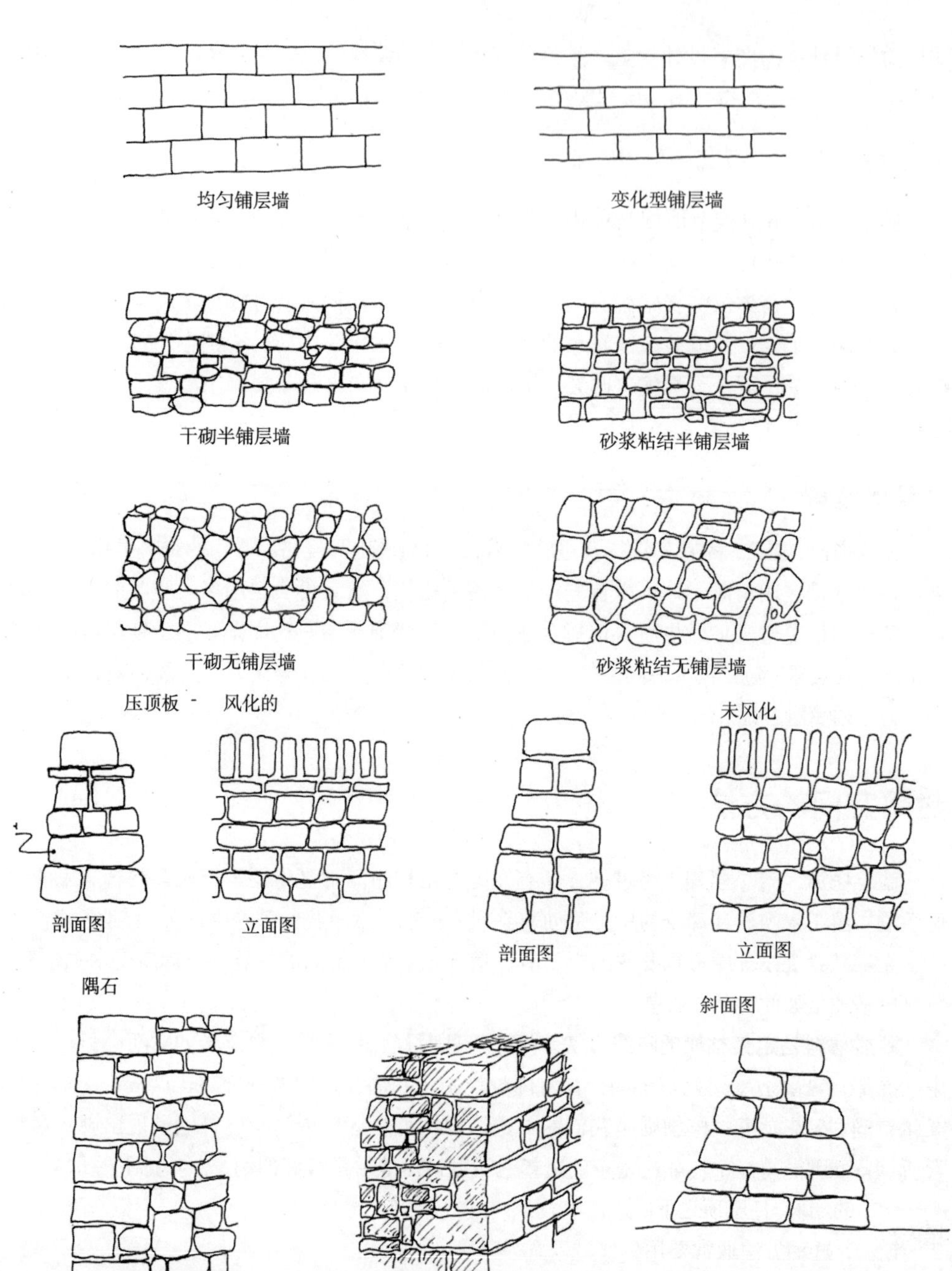


**图 7.3** 石头墙

在修建高度超过 1.8m 的墙时，结构工程师应当根据已定高度计算出风压、砂浆强度、粘结强度、地基深度、静置角度等。然后再按照计算结果造墙，比方说，高度低于 1.2m 以下时，墙体厚度为 1.5 砖（330mm 宽），高度介于 1.2 ~ 2m 时，墙体厚度为 1 砖。当然，还有另外一个选择，即用混凝土板建墙，只在外立面用一层砖，混凝土板可以用钢筋进行加固。如果整面墙都用砖砌，那么，可以通过两端倾斜的特制砖（也就是我们俗称的勒脚、顺面），将下部一砖半厚的墙体与上部一砖厚的墙体完美地连接起来，无丝毫违和感。

总体而言，有三种方法可以抵挡英国恶劣气候条件给建筑带来的影响。首先，选对砖。使用抗冻砖，如 Ibtock 砖材公司生产的 Leybrook Multi Stock。第二，选择合适的压顶板。比如说侧砖，或是特制的压顶砖，包括圆角压顶砖、屋脊压顶砖、斜面压顶砖或半圆形压顶砖等（图 7.4）。第三，使用防潮层。这样可以防止湿气通过冻融作用破坏砖体。防潮层最好由三层 A 类工程砖垒砌，这类砖通常呈现均匀的红色或蓝色（俗称斯塔福德蓝）。

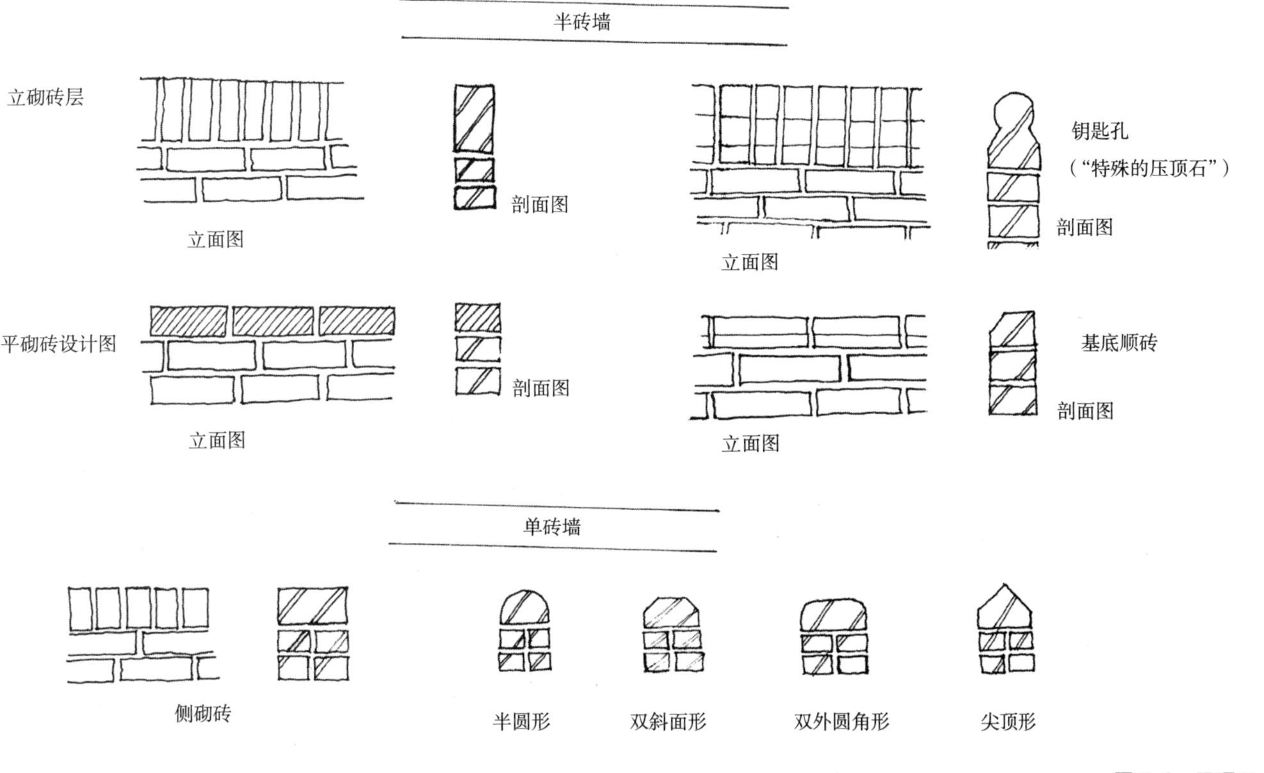


**图 7.4** 压顶石



**砌合方式** 砖墙可以有多种不同的垒砌方式，行话称“砌合方式”，每种不同砌合方式都有自己专门的名称（图 7.5）。

顺砖砌法指的是垒砌时尽量让砖面向外伸出，确保砖身约 30% ~ 50% 的部分与底下一层的砖重叠。这种砌合方式垒起来的墙最牢固，因为砖身向外延伸部分的重量分布相对均匀。不过，这种砌法也最枯燥乏味。

法式砌法，简单来说就是交替使用顺砖和丁砖，仅适用于厚度达到或超过一砖（225mm）的墙。这种砌法大概可以算是第二大常见砌合方式。

英国园墙式砌合法，与前种砌法类似，这种砌法也只适用于厚度达到一砖厚（或者更厚一点）的墙体，且压顶之下的砖砌结构至少应不低于五层（约 485mm），最好不低于七层（约 626mm）。这种方法通常要用到两排或两排以上（大多数情况下是三排）的顺砖，然后再盖一排完整的丁砖。

**勾缝砂浆** 通过改变砂浆的方向，可以影响不同类型砖以及不同砌合方式的效果（图 7.6）。勾缝指的是砌砖工人用刮泥刀对灰浆接缝做的处理。

**提手式砌法** 这是一种最常见的细加工方法，之所以如此命名，是因为它往往使用一种类似于铁桶提手的东西。这也是最唾手可得、成本低廉的方法，但缺点是不够有新意。

齐平勾缝相较之下就更为少见。由于砂浆和砖的表面保持齐平，所以砖缝接合处相对含蓄，不会喧宾夺主。

凹形勾缝是最少见的连接方式，但却十分抓人眼球。凹形勾缝强调了砖的颜色和砌合方式，其接缝的深色阴影给人带来强大的视觉冲击力。但最大的缺点就是部分灰浆接缝被耙成槽状，接缝中易积水受冻，对砂浆或 / 和砖头造成破坏，导致风化。

为了处理这一问题，有一个折中方案，那就是打一个风化缝，使砂浆向内侧倾斜，便于积水外流，在防止积水进入接缝的同时，还可以形成美观的阴影，展现砖的品质。

给砂浆接缝着色时有两种选择，一是与砖的颜色合为一体；二是选择砖的对比色。一

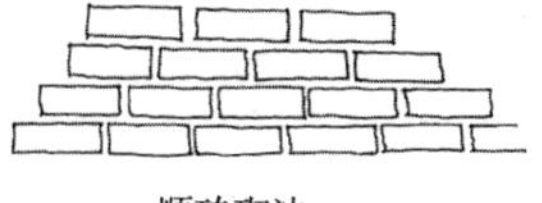

顺砖砌法

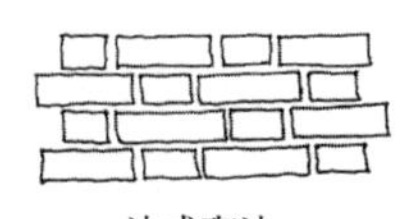

法式砌法

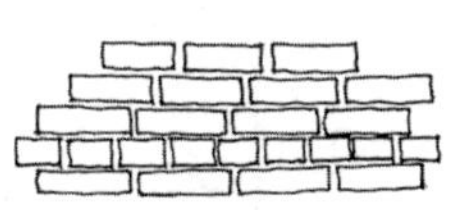

英国园墙式砌法

**图 7.5** 砌砖方式

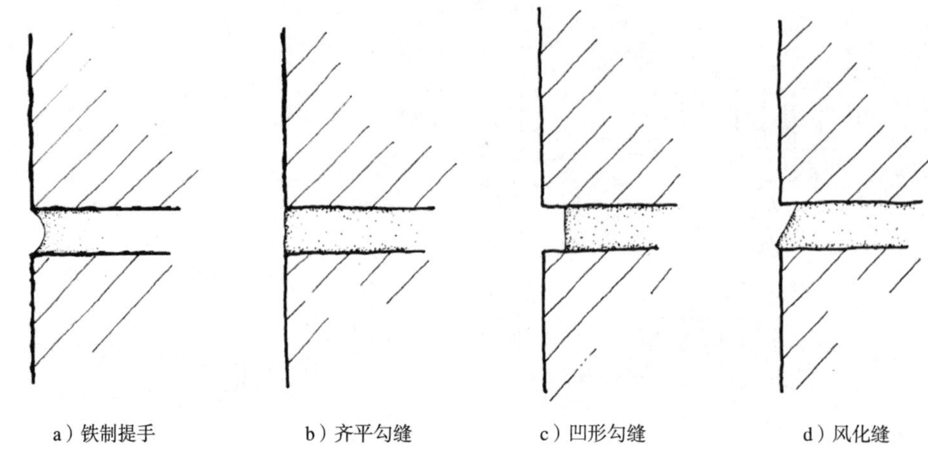

**图 7.6** 砖墙勾缝　a）铁制提手　b）齐平勾缝　c）凹形勾缝　d）风化缝



般来说，即便对比色不够完美无缺，也要比搭配不当的近似色效果更好，当然，精心搭配的对比色无疑才是最佳方案。深色砂浆更有利于突出砖及砌合方式。

在砂浆中加入石灰可以降低砂浆的硬度，这样做可以保护质地较软的砖块。在萨福克郡中世纪的拉文汉姆村，由生石灰制成的古老砖墙的灰泥随处可见，这种方法十分伤手，但却有利于制造出古老城墙上现代砂浆难以匹敌的那种厚重、白色软质砂浆。现在我们购买这些砂浆，一般用于修复项目。由于老墙经常需要重新勾缝，且各个建筑的受损程度不一，所以需要专业的修复公司来完成这项工作。砂浆太弱易碎，太强易加速风化，所以其硬度必须恰到好处。

## 木质围栏和金属铁丝围栏

围栏的种类繁多，其用途也各有不同。大部分的围栏都是木制的，但在现代建筑中，部分金属围栏从功能上看，也堪比家畜围栏，而并非简单的护栏。但为了便于分类，所有的金属围栏都归在“护栏”之下。

**乡村围栏**　乡村围栏不仅仅用于圈养牲畜，还有其他多种用途，如保护新开发的种植园免受野兔破坏，或用于阻止闲人进入郊野公园。此类围栏通常使用加压处理的原型软木柱和铁丝组成（图 7.7）。用 25mm 镀锌钉把 2mm 规格的普通圆铁丝或带刺铁丝（镀锌）等

**图 7.7** 兔栏等家畜围栏

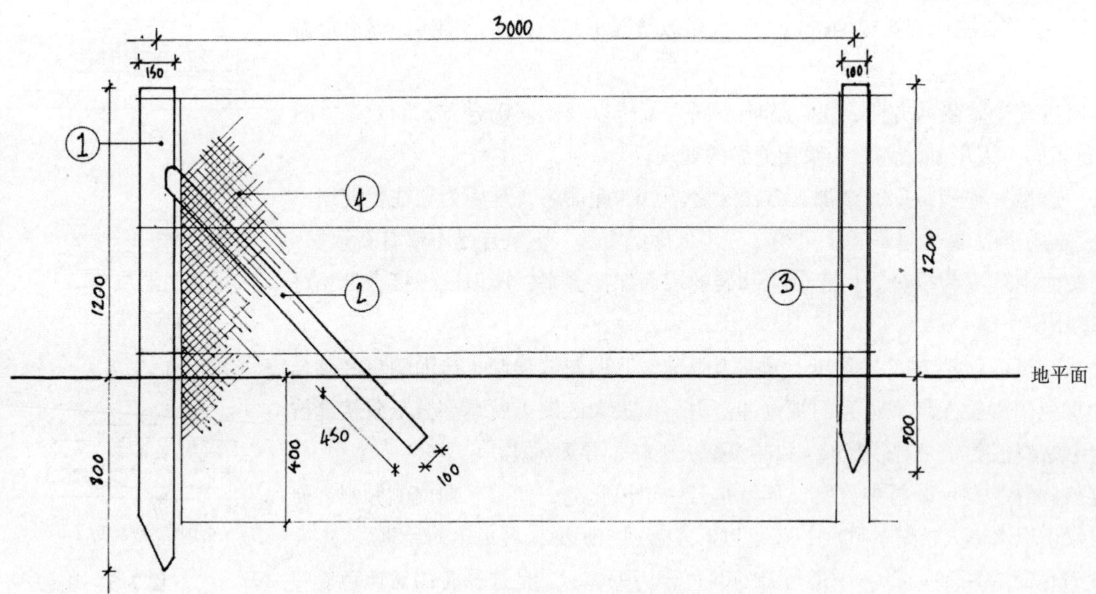

距固定在柱子上。用柱子旁的卷线机或张紧器将线铁丝线拧紧，当三条线以极大张力固定在柱子上时，我们就称其为应变线，两端的柱子（直径 150mm 或更大）称作应变柱。在同一水平线上，每隔 30m 向地下打入一根应变柱（有时固定在混凝土中），并用支撑柱辅助支撑。位于中间的柱子称为间隔柱，其直径应达 100mm。

建筑商可以提供各种尺寸的方孔或圆孔网，用于修建养猪、羊、兔子、鸡等禽畜或一般的林业用围栏。这些不同类型的网可以用 25mm 镀锌钉固定在应变线上。

我们现在说的这类围栏，特别是鸡网围栏或是兔网围栏，可以保护灌木和乔木免受兔子破坏。为了防止兔子在围栏下打洞，在修建时，应把围栏打到地下 400mm 深。围栏的高度取决于其用途，大多数乡村围栏的高度在 1 ~ 1.2m 之间，而有些动物围栏则需要修得更高才能防止有动物跳越围栏，例如拦鹿围栏至少需要 2m 高，羊驼围栏则需要修建到 1.4m。此类动物围栏的成本相对较低，虽然从视觉效果上不够引人注目，但的确起到了心理震慑效果，以一种较为温和的方式有效地阻止公众进入私人土地或野生动物保护区。乡村庄园和公园里的围栏通常采用传统的水平五杆式造型，有的围栏柱子像曲棍球球棍一样呈弯曲状，距地面约 1.2m 高，顶部有一根圆形杆，底部有三或四根扁平的捆绑式杆。过去，这些栏杆固定在地面上，像铁锹一样，后来为了增强稳定性，都用混凝土基座固定。村里的房屋前会修建相对较矮的围栏，一般 1m 高，只有 4 根栏杆。

**装饰性围栏**　装饰性围栏外观呈半透明状，竖状木条参差不齐地用镀锌钉钉在固定在 125mm 方形柱子上的水平栏杆上。

采摘园围栏的外观大体类似，不过栏杆更窄（75mm 宽），带尖顶，采用小块的木料，不够牢固，通常不超过 1m 高。这种围栏通常修建于屋前花园，上着有色或白色防腐涂料。在使用防腐涂料之前，特别是打算在围栏前种植灌木或攀缘植物时，要对涂料进行严格检查，确保其不带毒性，不会对植物造成任何伤害。

封闭式木围栏的视觉透视度最低，其构造包括：一组带凹槽的薄、宽垂直木板（125mm 宽，14mm 厚），嵌入三个末端呈三角形的水平栏杆。围栏最高可达 2.5m，最低可达 600mm，但常见的高度是 1.8m（图 7.8）。如果距声源较近，则这类封闭式木围栏可以起一定的隔音作用。

**图 7.8**　封闭式围栏

通常使用的材料是经过压力处理的木桩和软木锯材，有时候也会使用橡木或预制钢筋混凝土桩。打好基础非常重要，基座可以用规格为 $750 \times 450 \times 450mm^3$ 的 C : 20 : P 混凝土块制成，或者安装金属装置帮助固定。最好的办法就是用金属密封套把柱子固定在离地面 30mm 的地方，并用辐条将其固定在混凝土基地上，但这一方法的成本也最高。

柱子固定之后，最容易腐烂的地方是柱子与地面的接触面。因为在这个位置上，柱子暴露在潮湿的环境与空气中，真菌肆意疯长。通过安装金属密封套把柱子与地面隔开，有利于柱子保持干燥，进而延长柱子的寿命。

预防风化可以大大延长围栏的寿命。在柱子顶端安装柱头可以保护柱子，柱头略大于柱顶，可以像屋顶一样保护柱子免受四季风雨的侵蚀。竖柱和横板都可以安装柱头，进一步保护围栏。另外，还可以通过对木材进行处理来预防风化侵蚀。通过压力处理将柱子浸入单宁化合物中，之后再用两到三层染色防腐剂（如卡普林诺漆或萨多林漆）进行手工染色。

上述各种围栏都可以装门，但由于天气多变，门易因受损而扭曲变形，所以必须安装牢固的镀锌插销，才能既保证门不遭损坏，插销本身也不会被卡住，而且镀锌可以防止生锈。最常用的门锁是萨福克拇指锁，除此之外，手拉环插销也很常见，而汽车车门上多使用带有防松螺栓的门锁。有一些门带有自动关闭的弹

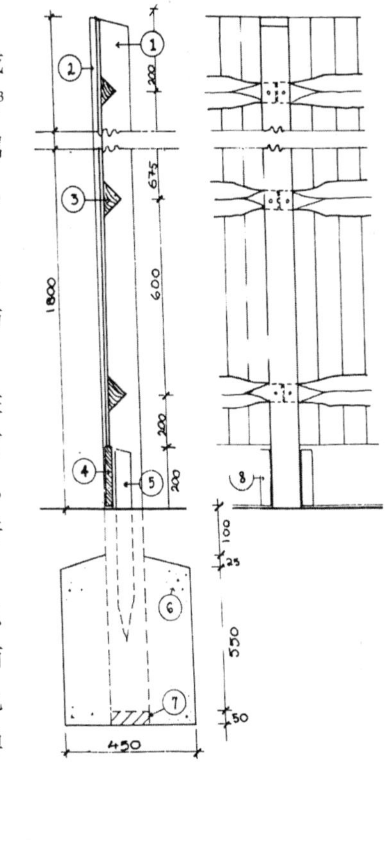

簧或铰链，但这样会带来巨大的关门声，容易扰民，所以可以通过安装橡胶或泡沫缓冲物来缓解这一问题。

可以把格子板固定在 125mm 的方形柱子上，再种上攀缘植物（一般是日本忍冬或常青藤），一个质量上乘的半遮蔽围栏就修好了。以上我们提到的大部分木围栏都可以安装在砖墙上，可利用拿螺栓固定在砖体上的柱子，或是利用固定在或嵌在砖体上的金属托槽来支撑它。当然，如果您不喜欢传统的木围栏，自行设计也是一种非常不错的体验。

## 栏杆与金属围栏

最耐用的围栏无疑是金属围栏，除了最常见的镀锌低碳钢之外，有时也使用不锈钢，某些等级的铝，还有熟铁等。

低碳钢是最便宜的金属，但它必须镀锌以防止生锈。栏杆可以涂成各种不同的颜色，但油漆与新镀锌钢可能会粘连。只有以下两种方法可以让栏杆寿命更长久：

1. 在干燥的条件下（露点温度以上），使用两包酸蚀底漆、内涂层和上光剂给围栏涂上两至三层涂层（颜色可以参考劳尔色卡或英国标准色卡），每层涂层 75μm 厚。使用洗涤剂和清水冲洗干净栏杆后再使用脱垢溶剂。

2. 在干燥的条件下（露点温度以上），使用特制、专用油，比如西卡漆和 Icositt 6630 超厚漆，颜色可以参考劳尔色卡。使用“Turks 头”刷，简单地用洗涤剂和水冲洗干净后，再将其晾干。此时不要用脱垢溶剂，因为有些油漆商的宣传不一定可靠，所以要小心。

金属围栏的高度较为灵活，但大部分都在 4m 以下。过去二十年间，包括克莱登（Claydon）金属建筑制品公司在内的许多公司向我们展现了在金属制品上设计上的可能性，包括“波浪条、倾斜条”等各种创新的设计，甚至还可以设计出视觉上不透光的金属围栏（插图 6，插图 7 和图 7.9）。

金属围栏所需的柱子直径较小，强度堪比木围栏，而且，金属围栏所需的基座面积也较小，地上一块混凝土板即可满足需要。一般建议混凝土基座应当比围栏宽出 150mm，因此，设计简单的金属围栏要比木围栏的成本低。通常，金属围栏是比较典型的城市建筑设计，但也不尽然。

相较于木围栏来说，金属围栏不易风化，因此围栏大门可以配备真正可以锁起来的优质锁和锁闩，保证内、外空间的安全。一般我们会安装通常的门锁或是滑杆门闩，但需要添加一个圆形金属螺柱，防止手指被卡住。两种锁都可以安装挂锁，也可以安装自闭弹簧锁或铰链。门要与围栏的设计相匹配，还可以增加一些创意性设计，无论是柱子还是围栏都可营造出独有的特征（插图 1）。立柱栏杆和大门的顶部通常装饰有金属饰头，形状和尺寸各异，如直径 30mm 的圆球（螺旋形）、枪头饰头、百合花、鱼尾设计等。

链环围栏的造价相对较低，一般在网球场比较常见。围栏高度从 1 ~ 4m 不等，是网球场、庭院、住宅区和停车场的常见围合方式（图 7.10）。通常使用镀锌低碳钢丝制成的 100mm$^2$ 的网格组成，但如果想让围栏看起来更美观，可以对围栏表面进行塑料涂色处理，有黑色、绿色和棕色可选。相较而言，电焊网围栏目前更流行。焊接网是由金属杆焊接而成的刚性网格，它们的尺寸通常比链环小，围栏高度从 1 ~ 4m 不等，通常会用聚酯粉末参照劳尔色卡涂色，其中最便宜的是绿色、棕色和黑色。制作准备过程无需现场进行，备好后可送至现场安装：将网格固定在涂有相似颜色涂层的建筑或网格桩上。焊接网围栏的造价与链环围栏基本接近，甚至更低。

## 护栏

边界可以直接用一排护栏围起来而形成，把繁忙的道路和行人通道明显地分开。护栏

**图 7.9** 安装围栏前后的贝德—撒鲁姆庄园



可以保护行人不受川流的交通影响，防止车辆进入行人通道或停车。护栏的原材料可以是木头、金属或是再生塑料，规格多为 100 ~ 200mm 的方柱，基座为混凝土，地上部分在 600 ~ 800mm 之间，地下部分在 100 ~ 200mm 之间（图 7.11）。一般我们建议混凝土要比金属表面高出 150mm，并且预留出足够的空间进行铺装工作。所有的基座，尤其是护栏的基座需要埋得足够深，才能保证其稳定性，承受可能作用于护栏上的压力。

相比城市，农村地区的木围栏和护栏更常见，而在城市里金属围栏则更为常见（不过，由于与金属围栏十分相像，而且成本较低，因此，再生塑料围栏也越来越受欢迎）。

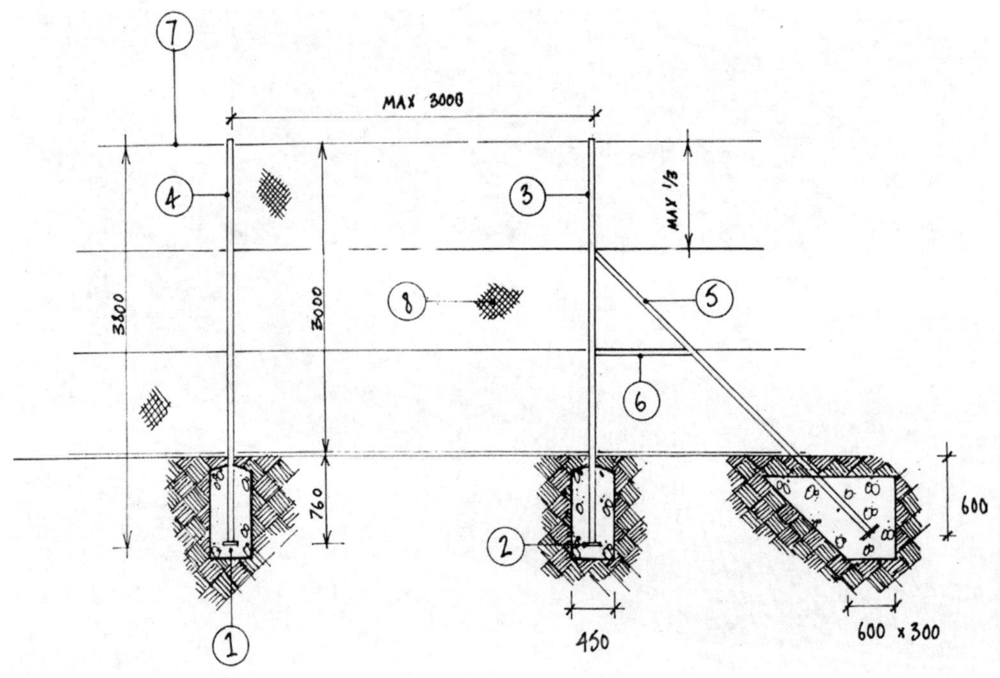


**图 7.10** 链环围栏 / 不锈钢柱围栏

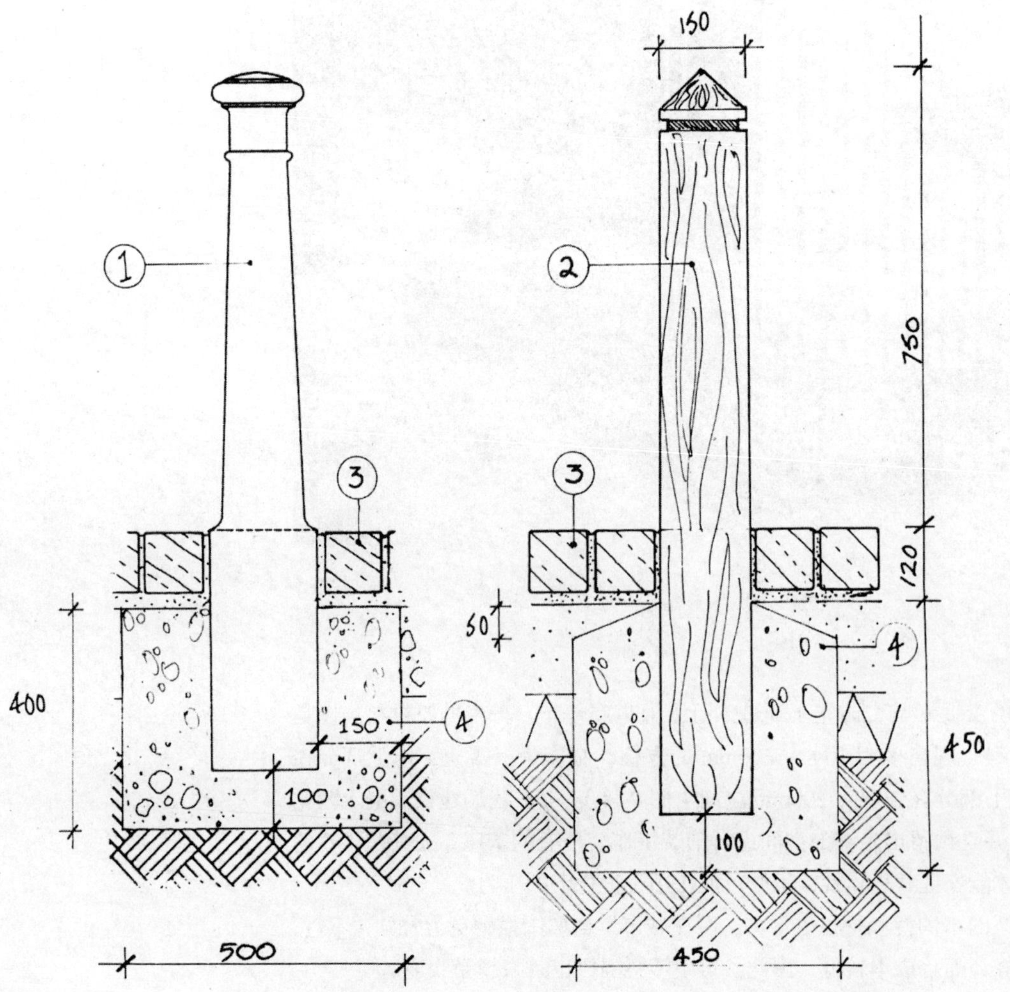


**图 7.11** 金属和木质护栏

## 机动车交通

机动车道设计十分重要且涉猎面非常广。英国各地的郡和自治区一均会雇有公路土木工程师，为公路设计提供建议和制定政策。因此，可以通过与当地公路部门联系，获得入口、十字路口、车道、人行道、步道和停车场设计的相关信息，反正最终的设计方案在正式施工前都要经过当地公路部门批准才行。

### 雷德朋体系（The Radburn System）

直到 20 世纪 70 年代，由克拉伦斯·斯坦与亨利·赖特 1927 年于新泽西雷德朋设计的雷德朋体系一直都是公路设计领域遵守的总体原则。这一体系的核心内容包括：人车分流；车辆交通一般优先于行人交通。雷德朋体系主张应当尽可能少用弯道；道路应尽可能宽阔，保持良好视线；人行道和公路之间应用绿地隔开；在任何情况下，人行道边缘都应设置高于公路的道牙，以明确划分二者各自的范围（图 7.12）。

对于我们来说，用路牙区分人行道和机动车道已经非常熟悉了，所以大多数人会下意识地认为机动车道是汽车的独有领域，而人行道则是行人的专享领域，这个逻辑乍一看挑不出毛病，而且在这一逻辑下，路牙是危险区与安全区最明确的分界线，所以向孩子们讲授道路安全也十分容易。然而在 20 世纪 70 年代，有人提出了一种新方法，他们认为雷德朋体系鼓励的是快速交通，即便是在儿童经常玩耍的住宅区也是如此，所以他们主张在这些地区修建人车混合交通，优先考虑行人，让不熟悉道路的司机提高注意力并放慢行进速度。

**图 7.12** 人车混合的雷德朋体系

## 人车混合交通

过去 40 年间，只有地方政府的高速路政管理部门才开始慢慢接受这一新概念，最初只允许将之用于私人住宅道路。目前，很多相关部门仍在就这一方法进行讨论，而其他更多部门对它的引进仍十分有限。

20 世纪 70 年代初，针对住宅区，尤其是住宅区的通道，设计了一种行人和机动车共享系统，似乎更多地考虑到了行人的需要（图 7.13）。通过控制道路弯道和视线且使用较小

图 7.13（a） 人车混合交通

**图 7.13（b）** 人车混合交通



的铺装材料，可以在不借助减速带这种不讨好的外力设施的情况下，提醒司机集中注意力，放缓速度。

如果在同一区域内不同楼宇间使用相同的材料，那么就可以营造出一种协调感和空间感。这种极简的方式有时也会使整个环境更和谐、更有吸引力。在整个交通区域（包括人行道和机动车道）使用单一材料，可以营造一种庭院感，与路牙、柏油路和石板路相比，少了点城市建筑冷冰冰的感觉，所以这一关注行人和景观本身的方式更适用于行人较多的地方，例如住宅区、康乐区、写字楼和购物区等。

## 当代设计惯例

大多数住宅开发商在规划其开发项目时，都会按照各地路政管理部门的指导方针中的公路设计规范来进行，鲜少有人对其提出质疑，因为他们的核心驱动力就是速度。在修建主干道或接驳道路时，大部分人都会参考雷德朋体系，路宽一般为 5 ~ 6m，死胡同和车道的宽度通常在 3.5 ~ 4.5m 之间。为了降低成本，路边行人道便会被省去不建。人车混合交通系统的入口通常会从雷德朋道路系统内用柏油碎石铺成的转弯处的边缘开始，在进入车道的狭窄地带设有减速带，进入共享道路系统之后，铺装材料也会发生变化，例如混凝土块、小方砖、黏土铺路砖，或者与主干道颜色截然不同的柏油路等。各小区内部道路地面铺装通常采用统一材料，但具体材质可能各不相同；有时也铺设常见的柏油路，或选择乡土气息浓郁的卵石路。

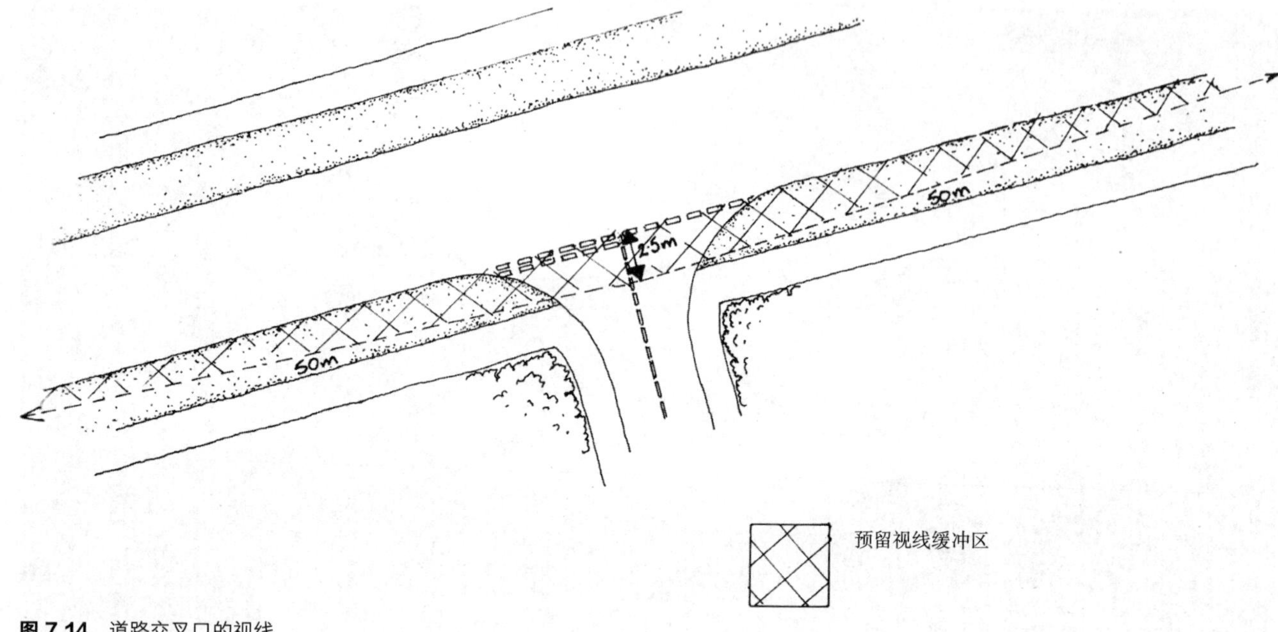


**图 7.14** 道路交叉口的视线

## 视线与接点

新建交叉道口的设计有着严格的规范，以保证新开发项目中道路布局的安全性。一条重要的标准就是保证视线，这样司机就能提前看到对面开过来的其他车辆。驾车驶离新开发住宅区时，要在距白色让行线 2.5m 处时，保证 50m 范围内的视野清晰，这是一条重要的原则。对于比较大的道路交叉口，在距让行线 4.5m 处时，保证 90m 范围内形成一个三角形的视野区。开发商和景观设计师不得在安全视线区域内设置任何超过 600mm 高的建筑或植物（包括房屋、树篱、围栏、乔木或灌木等）（图 7.14）。有些地方的路政部门严禁在这一区域内种植树木、灌木及其他任何植物。不过，部分路政管理部门称，应许多区议会规划部门的强烈要求，允许在视线范围内种植地被灌木，只需保证其生长周期内不会高于 600mm 即可。路政管理部门预计这些灌木不太可能会被修剪，主要负责维护灌木工作的是当地区议会，他们要求开发商为此支付费用（折算金额）。还有部分相关部门持相对开明的观点，允许在视线范围内种植经过修剪枝干的乔木，他们认为去掉侧枝之后，赤裸的主干并不会遮挡视线。

## 人行横道

因为人行横道的目的就是为了保证行人安全过马路，所以确定人行横道的位置之前，首先要思考行人想在哪里过马路。如果人行横道的位置设计不合适，行人可能根本不会去走，而会选择在别的地方过马路（一般行人会选择出发点和目的地间最短的道路）。

如果行人的期望路线不够安全，那么人行道的位置也应尽可能无限地接近于期望路线。安装护栏等安全强化设施可以保证行人安全，阻止行人在危险处通行，当然，护栏必须符合英国国家标准。

人行横道的规模取决于该路口是由行人控制红绿灯，还是有信号灯的普通斑马线。可以向路政署查询相关信息。还有一个关键因素是人行横道和车辆交叉口的距离。一般来说，与行人的期望路线相比，开阔的视野对人行横道的最终位置选择的影响更大。这也就是为什么在拥挤的市区我们通常需要安装护栏保护行人，防止行人在危险的地方穿越马路。

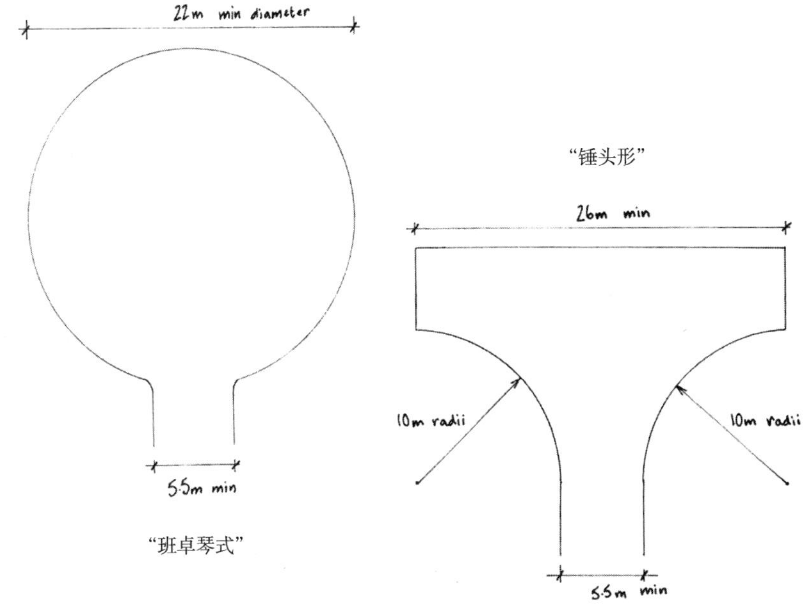


**图 7.15** 道路调头处



## 调头处

在所有“禁止通行”道路尽头，应当预留出供车辆掉头的空间，以确保车辆，包括大型服务车辆，例如垃圾车、消防车、快递及清拆货车等各种车辆可以调头。

调头路口的设计也多种多样（图 7.15）。“平底锅式”又称“班卓琴式”调头处的形状呈圆形。这种设计有利于为服务车辆留出足够的调头空间（垃圾车的最小半径为 8.5m），但也造成了空间浪费，建造了过多的硬质路面，看起来十分死板。“双平底锅式”则是由两个小圆圈结合在一起，状似正在分裂的细胞。一方面，小型车可以一把直接调头，另一方面，大型车可以先从一个圈倒一下到另一个圈，然后再上一次，三步完成调头。

“锤头形”路口左右有两个突出的地方，允许车辆在转弯时向后倒，倒到另一个突起的地方。“锤头形”掉头路口的功能性十分强大，但在造型上却缺少趣味性，而且，有时可能会有人把车停在那里，挡住调头的路。“锤头形”还有一个改进版，形状更像“Y”。另外第三个版本的形状更像“L”。虽然这些变体做了形状上的改变，适用于许多场合，但在实际生活中仍然会碰到同样的问题。

## 交通减速

交通减速是 20 世纪 80 年代以来广泛使用的一个术语，通常与居民区内的街道等既有道路有关。这类道路原先是为了满足快速交通的需要而设计，但却明显不适合于居民区等环境。在行人，尤其是儿童特别容易遭受快速交通伤害的地方，比方说在学校附近，铺设带有凸起斑点的路面、设立分道护栏、增设减速带或减速路障等措施都可以有效地让车流行进速度放慢下来。然而，这类措施往往会让摩托车骑手甚为恼火，而且有时也会让公交车上的乘客非常不舒服，甚至有报道称，这些做法给救护车及车内设备造成了破坏，大大加重了纳税人的负担。假如能从一开始设计时就充分考虑到这一点，通过设计恰当的道路弧度、路面铺装等来控制车速，避免采用上述额外“打补丁式”的办法，效果显然要好得多。

实施交通减速措施有时也会带来副作用：转嫁交通流量，一地的交通问题或许能临时得到缓解，但另一地的交通状况可能会更差。此外，住宅区内的居民又提出了另一个问题：某些不耐烦的司机会在减速道上猛踩引擎，因此，实施交通减速措施之后，汽车尾气排放量也会增加。

不过一般而言，在实施交通减速措施之后，成效还是非常明显的。例如在学校附近等优先区域，交通减速措施减少了死伤率，这比起它带来的副作用来说更值得关注。

## 停车场

停车场的修建容易引起争议，车辆停放不仅有碍观瞻，而且如果街道上停的车大部分都是游客和上班族的，那么对于当地的居民来说也是一件很恼人的事。而且，修建停车场后，地面不像以前那样容易吸收雨水，极易形成积水，因此，人们认为停车场的铺装材料是引发洪水的原因之一。

最节省空间的车位样式要数垂直停车位，由一排 2.4 ~ 2.5m 宽，4.8 ~ 5.2m 长的车位和宽达 6.1m 的转弯车道与入口组成。但是如果只设计车位，看起来会比较单调，所以最好留出一个种植植物的空间。每一个绿植空间边缘都需要修建路牙、横杆、护栏，保护它们不被车辆碰撞。

还有一种是斜形停车位（图 7.16），车位以 30° 或 60° 的角度倾斜排列，60° 的车位的行车道一般在 4.2m 宽（45° 的是 3.6m）。但斜形停车位只适用于单向停车场，仍需要分别设一个入口和一个出口。因此，如果停车场面积本来就狭窄的话，面积利用率就变得更低，不利于节省空间。但比起垂直车位，此方法使用起来更方便。

倘若空间有限，无法修建以上两种样式的停车场，可以沿着街道修建平行式停车位。平行式停车位类似于在街道两旁的无限制停车，但是设置了正式的引导标识，引导出入口，所以相较之下更完善。每隔两个停车位要预留出一个 2.4m 长的空隙，方便车辆出入。

**图 7.16** 港湾式停车位布局图

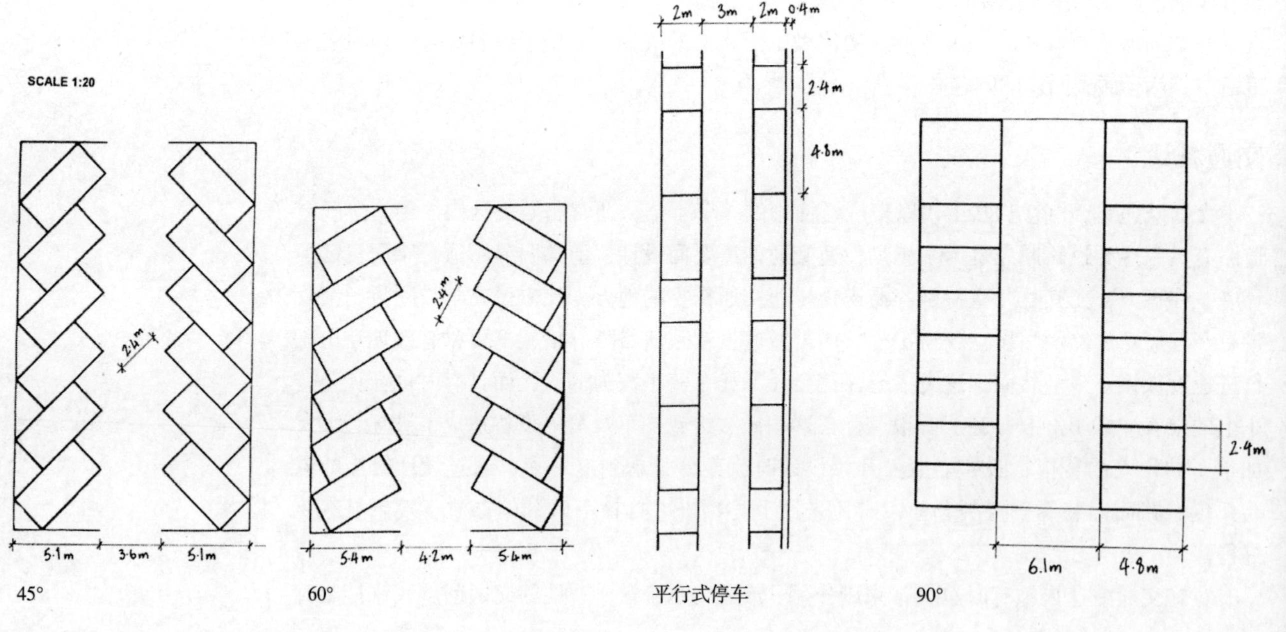

# 行人交通

## 步道和期望路线

在大多数情况下，行人总会选择最短路线。假如在地图上标出两点：A 点（家）、B 点（酒吧），那么，这两点间的直线就是期望路线（至少单纯从路程远近角度看是如此），见图 7.17。但实际路线可能并非直线（不像乌鸦直线飞行），期望路线上会面临许多物体阻挡，例如房子、树、围栏等。设计师面临的问题是如何做到精准调研，尽可能地去迎合期望路线，节省行人时间，减少弯路，同时也要防止行人抄近路给景观带来伤害。

但实际路线可不像期望路线那样直来直去，有时候，实际路线要拐好几个大弯，改好几个方向，结果就是行人抄近路，草坪被践踏，磨成一滩一滩的泥巴，最终形成积水路段。植被经常会被践踏（即使是带刺植物也是如此），围栏也会因为抄近路而遭到破坏。但在花园中，行人一般不会选择 AB 两点间的直线路线，因为绕弯路反而可以营造一种神秘的氛围。这反映了一个简单的原则，就是越想节省时间，那么期望路线就会越直。

那么，弯曲的道路也许就是既可避开障碍物又能保证节省时间的最短路线了。但是，在许多情况下，即使是修建了弯曲的道路，也仍免不了有人抄近路的行为，随之给草地和灌木丛带来破坏。但这不意味着就不能设计曲线路线，也并不意味着所有的路都得设计成直来直去的“罗马式”道路。如果要保证美学和功能性二者双全，需要我们投入大量时间，仔细设计。

**临界曲线** 只要曲线弯得没那么厉害，行人就会沿着这条路走下去，而不会穿过原本没路的地段去抄捷径。不会造成抄近路现象而能实现的最大弯曲弧度曲线就是临界曲线。有一点非常值得注意，那就是：透视图的曲线要比平面图显得夸张的多，这是因为透视效果从行人（眼睛）的角度出发，强调路线的弯曲外观，因此，在绘制透视图时，很有可能会陷入使曲线过于平淡的误区，而弯度较大的曲线视觉效果会更好。想要选择适当的弯度，需要权衡所有的因素，进而确定合适的“临界曲线”（图 7.18），可以在左右两边弯道最顶端处之间画一条直线，以验证由此所生成的曲线是否恰当。只要超出了合适的临界曲线，抄近道的问题就很可能出现，除非你采用了齐膝高的栏杆、围栏、树篱、植物或其他综合强化措施来防止行人抄近道。

**锯齿型路线** 锯齿形路线是打破直线格局、将两地连接起来的另一种路面铺装方式。

期望路线 AB 无法通行，所以需要修建桥梁，路途将会更曲折蜿蜒。

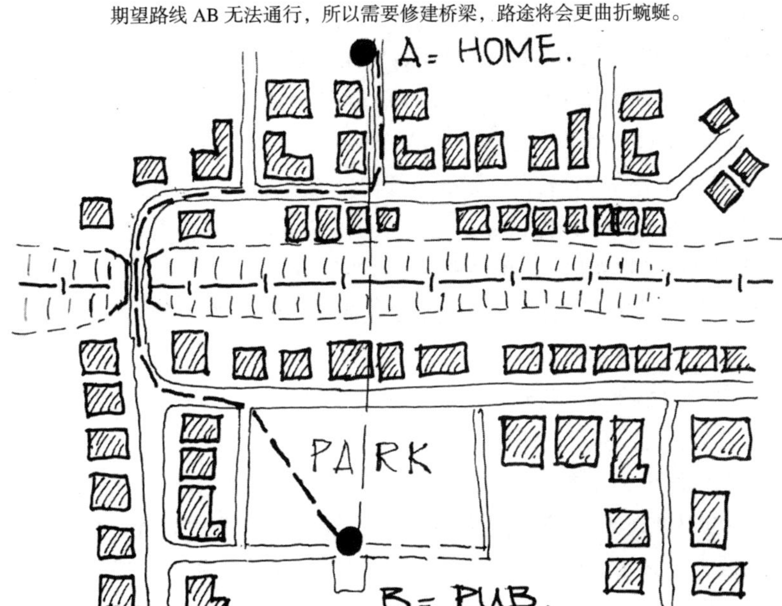


**图 7.17** 期望路线

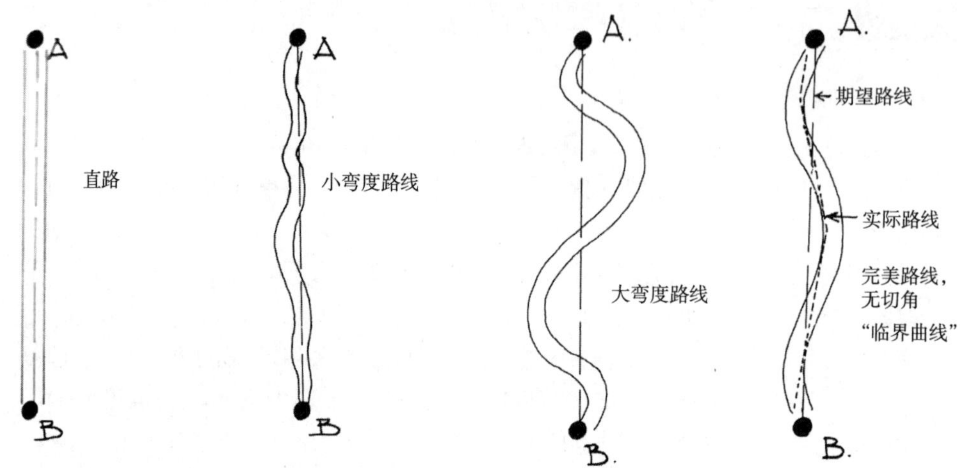


**图 7.18** 临界曲线



这一术语指的是在人行道边缘或其他铺砌区域采取犬牙交错、高低不一的布置格局，最常见的一种方法就是拿石板或混凝土板（图 2.13）做铺砌材质。通过将彼此相邻的两排石板或混凝土板交错铺砌，就可以打造出生动有趣的不规则效果。这种方法适用于拐角、蜿蜒曲折的小路等的处理，有时，为了打破笔直的路径过于单调枯燥的格局，也可使用这一方法。

**阻断期望路线** 有时，有必要采取措施对期望路径进行阻断。这很可能是出于某些必需的原因，比如，为调节交通流量，确保交通只能单向通行。还有些时候，阻断期望路线纯粹只是为了对既有空间予以最大限度的合理化利用，营造一种曲径通幽的神秘效果，或确保游客按照某种特定顺序欣赏一系列的空间或景观小品。不过话说回来，故意阻断期望路线也有风险，在行人快速抵达某个目的地的愿望比较强烈的情况下尤其如此。在这种情况下，如果是在公共场所里，那么阻隔障碍必须力求坚固、不易逾越，避免它不能发挥应有的作用，或者遭人为破坏等风险。单单依靠种些植物远不能奏效，即便用具有高度威慑作用的（带刺）植物也没什么效果。行人还是会选择走期望路线，还没等植物有机会长起来，一条人为的路恐怕就已经给踩了出来。如果确实有必要阻断某条期望路线，则建议用栅栏加固对阻隔植物的保护。不过，如果是在私人花园等受限环境中，这些额外巩固措施也就没那么有必要了，不妨采取一条相对柔性的途径。

无论多高多密，单单依靠栽植一排灌木肯定不能奏效。如果采用多层叠加的方法安排屏障植物，那么，所能产生的心理震慑作用将更强，比方说，可以在最前排栽种地被植物，在植床紧里头的位置栽植高大灌木（图 7.19）。这种种植方式需要足够的空间（至少 2m）才能发挥其效应。不过，如果是在公共领域，丛生的植物往往给人望而生畏的感觉，让人不免担心那里会不会潜藏着抢劫犯、强奸犯等坏分子。因此，尽可能确保清晰明朗的视线非常重要，务必让植丛远离道路两侧，并采取分层布局的方法，离道路相对较近的地方，以配置中、低高度的植物为宜，以确保视野尽可能开阔。

同前文所述，如果是私人花园等外人不易进入的环境，这一点重要的考量因素便不再重要，可充分借助植物的隐匿功能，营造出神秘惊喜的氛围。在这类安全无虞的花园里，我们可以发挥其中树影婆娑、长廊幽暗、视线不畅等特点，与光线敞亮、五彩缤纷的其他空间形成鲜明对应，进而营造一种别样的效果。

在一些公共空间中，就算是使用了十分显眼的标志（例如前后都有植物，高达两米的封闭木栅栏），也很难成功地阻断期望路线。在伦敦鲍区的艾瑞克和特雷贝住宅区里就有这么一条期望路线，一头是学校，一头是居民楼（也就是孩子们的家），以致这里的学生常常抄近道开辟了一条“耗子洞通道”，穿过一层的窗户，在家和学校之间频繁往返（图 7.20）。

狭窄的种植床和树篱可能不足以阻挡人们的期望路线。

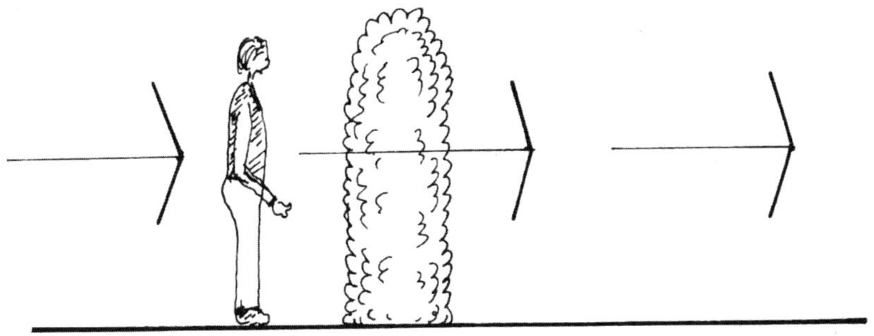

宽的种植床和不同高度的植物层，可以成功地阻挡期望路线。

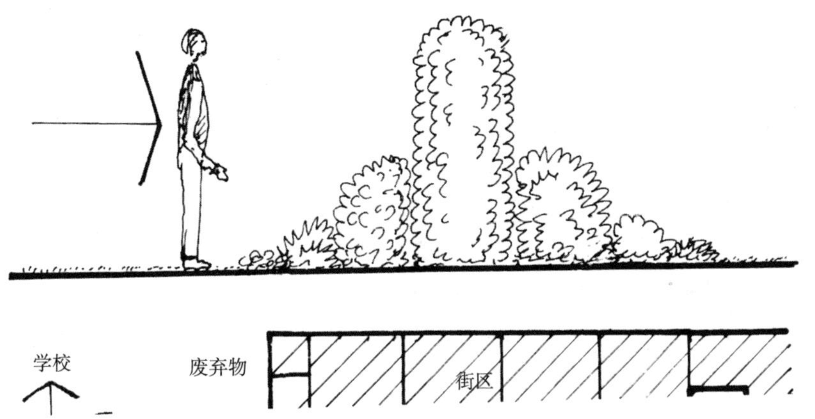


**图 7.19** 宽窄种植床

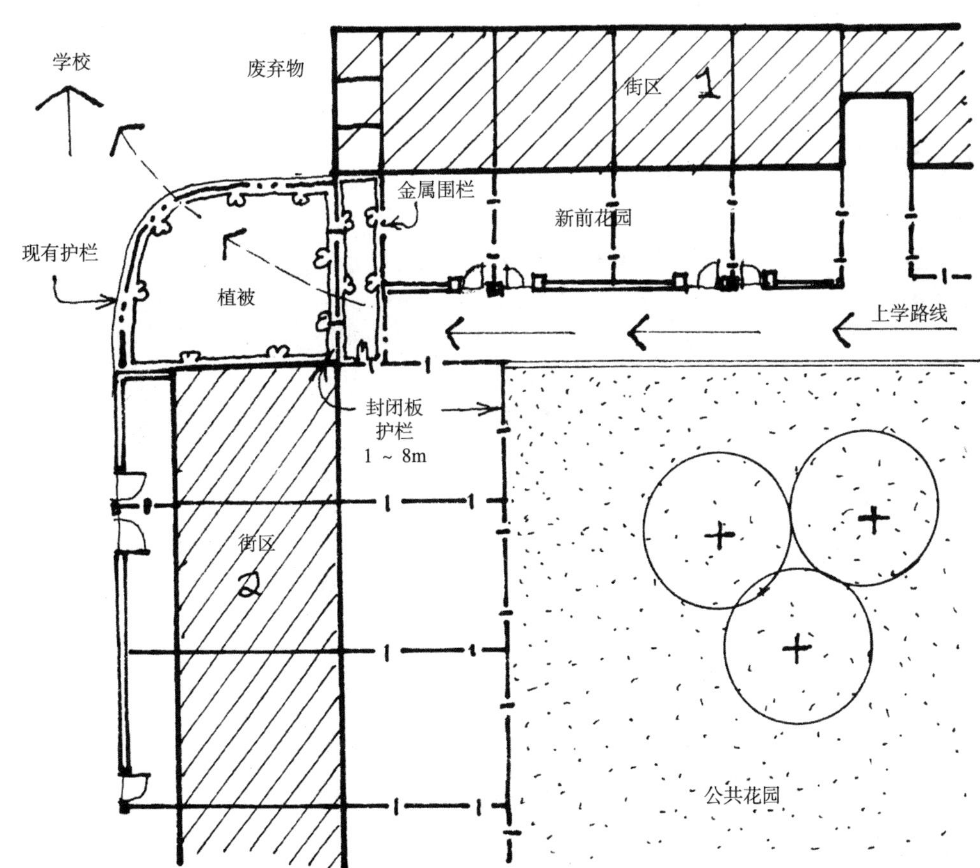


**图 7.20** 期望路线——特雷布（Trebe）庄园

这条“耗子洞通道”不仅产生噪声和烦心事，还常常引发小偷小摸等犯罪行为，严重妨碍了周围居民的生活，所以对于居委会而言，当务之急就是把它封掉。

这一好处不言而喻的社区提升计划执行起来却困难重重。最后，居委会只得决定修建一个高达 3m、无法攀爬的焊接网栅栏，两边都栽种上植物，植物外边还另加上一道低矮栅栏。让问题更加复杂的是，由于栅栏高度超过了 2m，因此必须走一个漫长的申请审批程序，与此同时，用这条“耗子洞通道”的人越来越多，破坏程度日益加剧。好在这项改造计划最终得到了成功实施，让周围居民松了口气。

## 十字路口

如何阻止抄近路现象，最好的例子莫过于十字路口。这里的 A、B、C、D 四个点便构成了最常见的期望路线（图 7.21）。也许，大部分的交通流量都是从 A 到 B，或是从 C 到 D。如果果真是这样，那么抄近路的风险将相对较低。但也极有可能，很多人需要从 A 到 C，或者从 B 到 D。这类行人、交通的流量越大，抄近路的风险也就越高。

假如两条直路交叉处形成 90° 直角，且没有采取必要防护措施，则行人便很有可能抄近路，把拐角处踏成一滩烂泥塘。植物在加强对交叉处的保护方面固然能发挥一定的作用，但保护范围将仅限于距实际路口几米以外的位置，对距离路口非常近的位置处出现的抄近道现象，这种方法恐怕很难奏效。因此，为了进一步加强保护，需要摆放过膝高的栏杆，最好还得是高度 900mm 以上的护栏，护栏后面还要栽上密集的植物（图 7.22）。农村利用率较低的地方，过膝高的栏杆或许基本就可奏效，但在利用率相对较高的城区，金属栏杆则更适合。在乡村地区，或是规整度相对较低的地区，可以考虑将交叉点修成 60°，并形成略微错综的局面，从而避免采取上述大手笔的加固措施。临近交叉口的位置，两条路的走势需妥善安排，形成蜿蜒回环的格局，以确保这一方案切实行之有效，另外，这种方法需要的空间也相对更大（图 7.23）。这一方法适用于郊野公园等不太正式的场合；而在相对正式的场合或城市地区，我们只能采用 90° 交叉路口所需要的那种成本相对较高、保护要求也相对较高的方案。

## 人行横道

关于人行横道的探讨已在机动车交通系统一节有所涉及，但有一点非常清楚，必须保证人行横道的位置要尽量接近行人的期望路线，否则，人行横道将形同虚设，路人根本不会使用它。

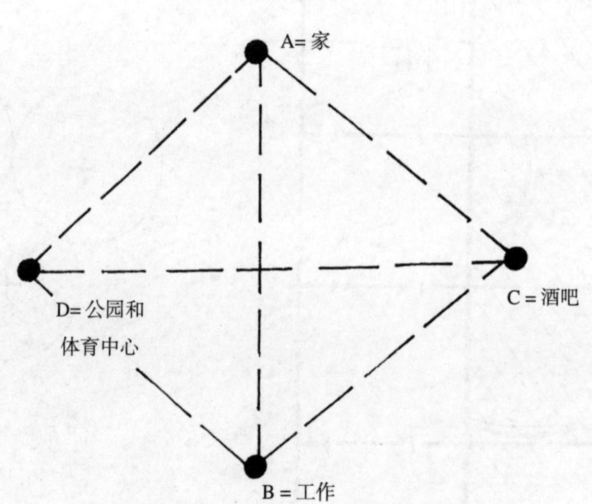


**图 7.21** 十字路口的期望路线

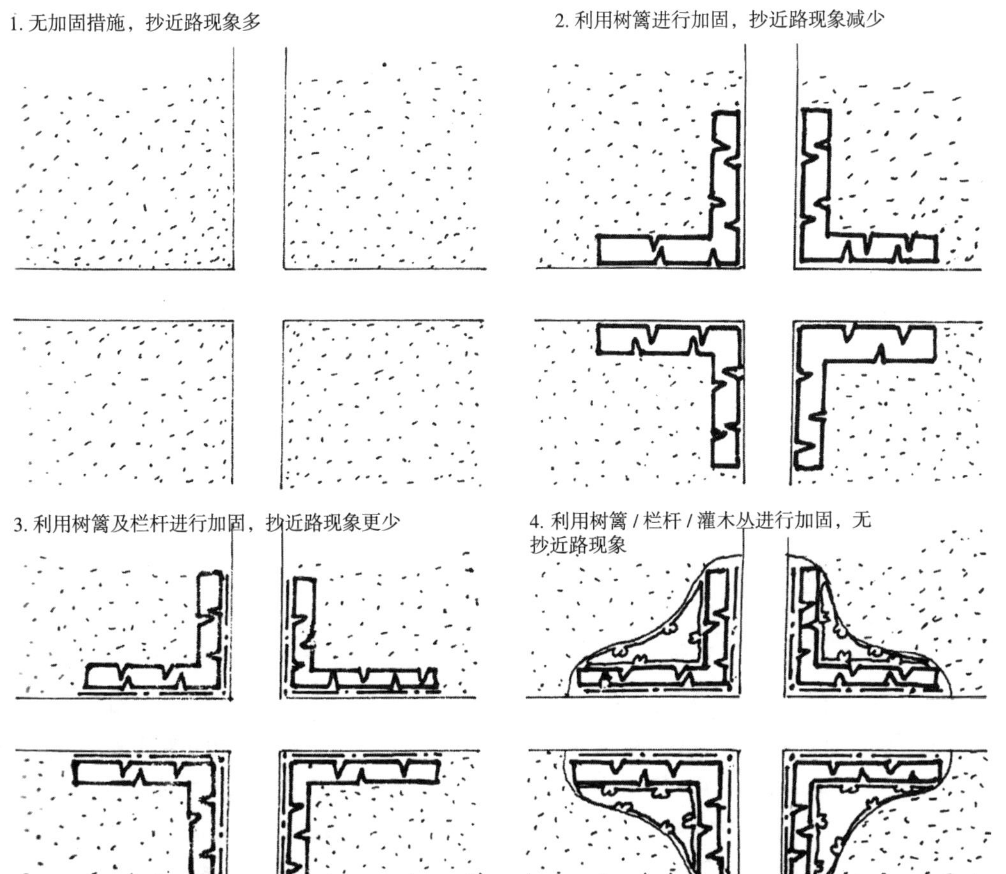


**图 7.22** 规整式十字路口

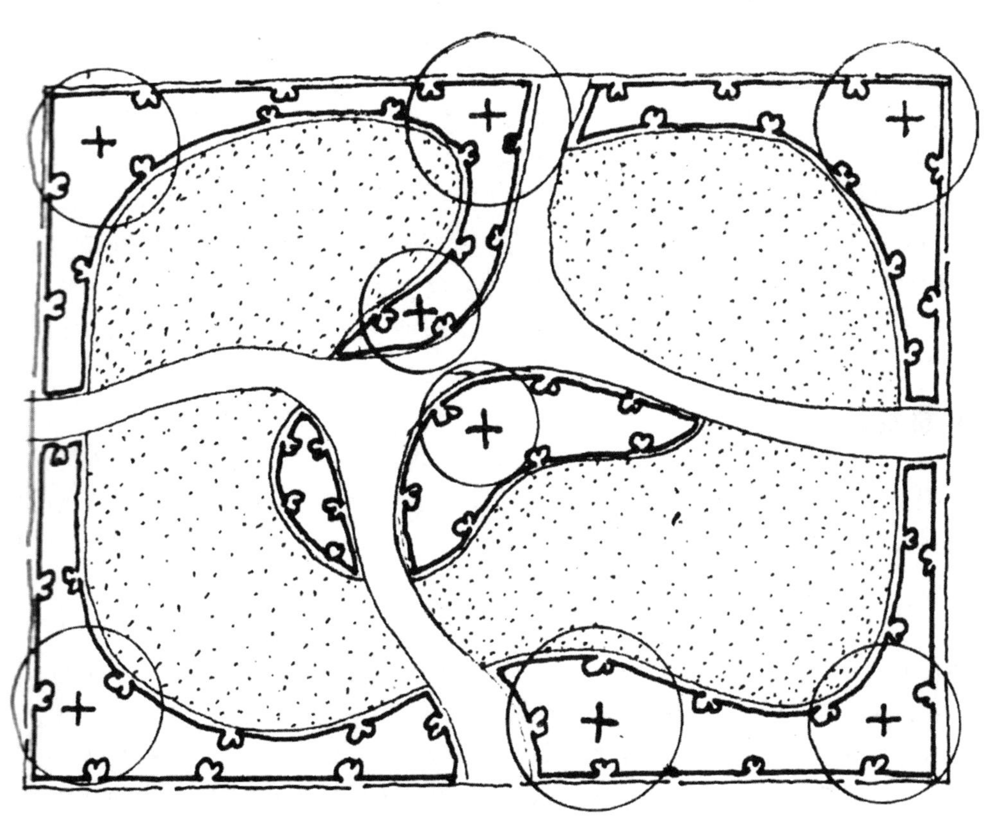

**图 7.23** 不规整式十字路口

## 路宽

在设计步道前，首先要在图纸上勾勒出各种不同路线，从而决定人们的期望路线所在的位置，再根据期望等级对其进行评估，预测各路线的可能使用情况，最后再决定路宽、建筑材质等。不言而喻，道路使用频率越高，需要的路宽也就越宽，这样才能确保行人不必每次与他人迎面相遇时都得侧身避让。如果只是偶尔一用的道路，一般 1m 宽即可；但如果人流较多、使用相对频繁，路宽则需要 2m；如果使用强度极高，路宽则需达到 3m。

确定路宽时面临的主要问题是，道路使用情况因时间不同而不同，波动幅度极大。英国气候多变，每年天清气朗，而且刚巧又赶上公共节假日的时间通常也不过就是 5 ~ 6 天。游客蜂拥而至、挤满郊野公园的日子不过也就是这么短短几天，如果仅仅为了这几天就修上一条 3m 宽的道路，似乎也很难说得过去。但是，如果不修这么宽的路，高峰期时慕名而来的大量游客就会挤爆郊野公园，导致公园设施很快磨损老化，甚至遭到严重破坏。

有一个好办法（虽然不常见有人用）可以解决这一大幅波动的问题，那就是：铺一条宽约 1m，路面坚固耐用、费用也相对高的道（比方说沥青碎石路），供非高峰期正常使用，另外在这条道的两侧各另修一条费用相对低廉、耐用度也相对差点儿的道（比方说用碎石、混合料、布里登砾石等类似材料铺的路），供高峰期使用。在主路两侧安排两条辅助道路，不仅可以预防道边土壤侵蚀的问题，还可以提供足够路宽、满足高峰期时的需要，而且，所需费用将比修一条清一色柏油路面的大宽路节省将近一半，视觉效果也相对更美观。

**边界**　步道边缘可以用多种多样的元素来界定，如草坪、灌木丛、树篱、墙、栅栏、小径和水景等等。道路宽度是否舒适、视觉是否有美感，均取决于这些边界元素运用是否妥当（图 7.24）。灌木丛等闭合性元素会让路面看起来相对狭窄，尤其是如果在路边增设树篱、围墙和栅栏等，这种视觉效果将更加明显。如果在道路两侧都安排了上述元素，则很可能形成一种极为幽闭恐怖的氛围。看上去幽深、狭窄的小径很少有人喜欢，甚至让人心生恐惧。因此，这类相对封闭的小路的最小宽度应不低于 2m。如果两旁是相对低矮的灌木或草地，即使路窄了很多，也可以给人舒服的视觉效果；如果是在规模相对较小花园里，路面甚至可以窄至 450 ~ 600mm。不过，如果设计的是公共开放空间，需要经过当地市政主管部门审批认可，则务必要确保路面宽度、铺装材料均符合当地规定的标准。例如，某些地方的市政委员会可能会规定，路宽至少要在 1.8 ~ 2m 之间，以确保轮椅、幼儿小推车等能正常通过。

**规模**　空间大小对道路最终的视觉感有直接影响。规模较大的开放空间，所需的路也相应较宽，这样看起来才合乎比例。大空间会产生矮化效应，比如，同为 1m 宽的路，如果在开阔的荒野上，会显得很窄；但如果是在小花园里，就会显得像高速公路一样宽敞。

# 平面变化

平面上的变化可以通过斜坡、稳定斜坡、挡土墙等其他类似结构的运用，或者通过增设台阶、坡道、阶梯坡道、路缘、梯田及假山等得以实现。以下就这些景观元素展开详细讨论。

适应现场地面高差最简单的方法就是巧妙运用斜坡造景。但要注意，坡度一定要小于“休止角”（AoR）。所谓休止角，就是在不安装任何固定装置或采取任何加固措施的情况下土壤仍能够保持稳定、不出现滑坡现象的角度（从地平面算起）或坡度。视土壤类型不同，休止角度数也各不相同。举个例子来说，埃塞克斯郡布伦伍德附近有一种特殊的砂质黏土，我们将其命名为“黏土门”（Clay-gate），由于它缺乏结构强度，因此休止角度数非常低。自然，

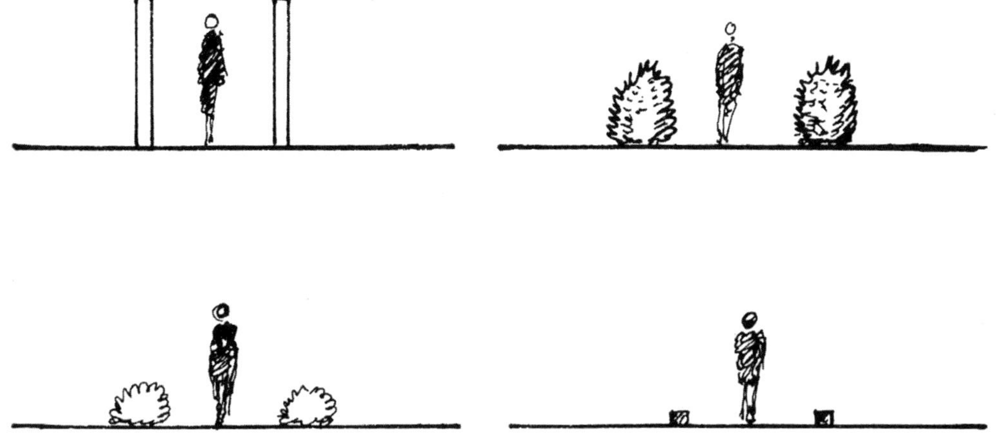

图 7.24 封闭式道路



大多数类型的岩石的休止角度数都比较大。如果土壤含水量过高、达到饱和程度，便很可能滑坡，形成泥石流，不仅非常危险，代价也极为高昂。因此，如果拟采用的设计方案涉及坡度的运用，需要增大坡度，则务必提前进行土壤实验，测量出休止角，并酌情安排合适的挡土墙。如果场地规模较小，尤其是空间十分狭窄的情况下，水土保持相对简单易行。但无论在任何场地上，只要涉及坡度运用，就一定要确保它小于休止角度数。你必须考虑的另外一个关键问题是水的走向。斜坡容易向下泄水，大雨时更是如此。因此，如果建筑物位于斜坡下方，那么，假如出水口容量过小，来不及排出坡上泄下来的水，水就会淹没建筑物的地板。由于场地空间一般都比较紧张，使用天然休止角显然过于奢侈，因此，需要运用以下人工手段来处理场地平面上的变化。

## 挡土墙

由于地面坡度并不总是适合拟定的土地用途，而且在狭小空间下，往往需要尽可能大面积的平地，因此改变地面水平可能会带来许多问题。在这种情况下，需要修筑挡土墙（图 7.25）。所有挡土墙（即使是仅仅 300mm 高的矮墙）都必须足够牢固，才能承受土壤的重量和水压。可以通过排水孔来降低水压，排水孔的直径一定要选择合适，以防堵塞。但如果雨水过大、过于集中，水流可能会喷涌而出，所以低洼处必须具备足够的泄洪能力，否则地势较低的平台很可能被洪水淹没。高度超过 1.2m 的墙壁，应考虑使用土工布，甚至使用带滤网装置的排水口，以保护墙壁内侧。此外，墙体本身应当涂抹两至三层防水沥青混合物，如 Synthapruf 牌防水乳胶。阿克苏诺贝尔公司生产的滤网装置能够将水位迅速降至排水孔处或地面排水孔处位置，从而降低水压。在滤网装置后方，可以用砾石、碎砖垫层或碎石等颗粒填充材料来填补土壤和墙壁之间的空隙，这也有助于将水位降至排水孔水平。

由于部分泥土的重量被转移，墙体有重物支撑，因此，倾斜墙面相较于垂直墙面而言更坚固。

挡土墙的混凝土地基非常重要，因为相比其他类型的独立墙而言，它的地基要比墙体向外伸出很多。

全砖砌挡土墙需要非常厚的地基。随着墙体高度增加，承受的负荷渐渐减小，墙的厚度也可相应变窄。为降低成本，可以在地面以下或其他视线看不见的地方使用普通砖，但无论如何，地基厚度都需要达到 1m 以上。

还有一种方法成本相对较低，那就是用密实砌块（煤渣砌块）修建挡土墙，中央孔用钢筋加固，再用少灰混凝土填充，最后再用饰面砌筑砖装饰墙面（图 7.26）。

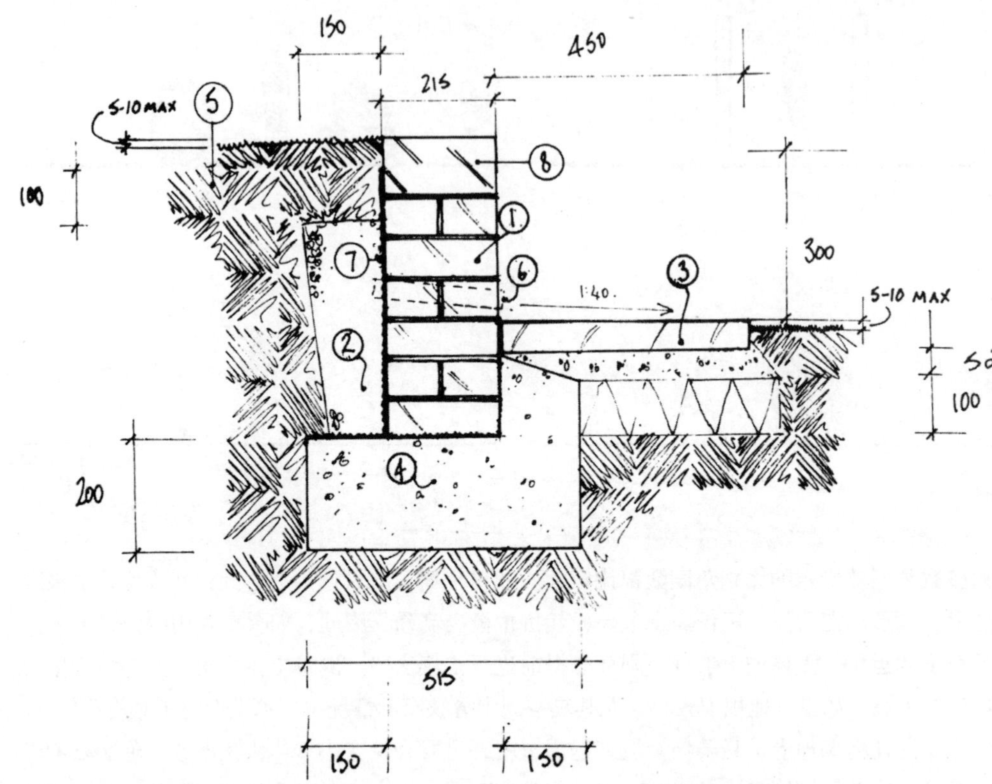


图 7.25 挡土砖墙

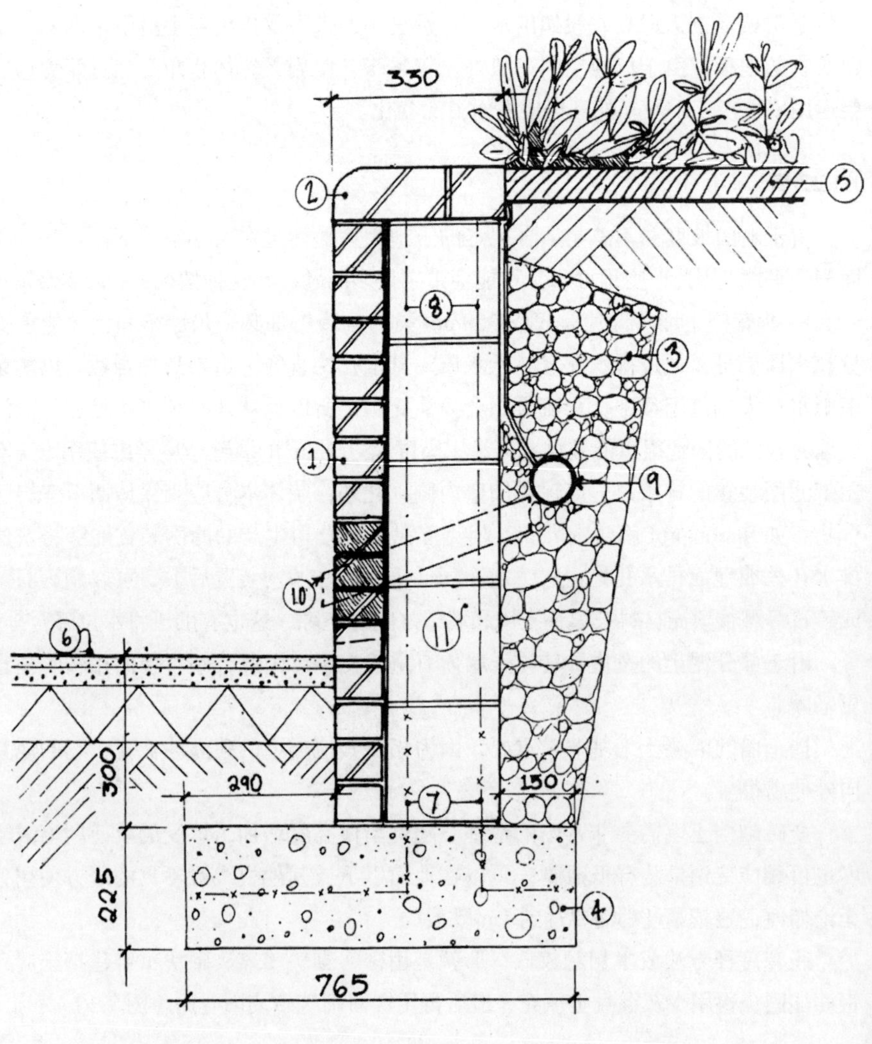


图 7.26 砖面挡土墙

修建高度远超 2m 的挡土墙时，建议聘请有资质的结构工程师进行精确计算；如果墙高低于 2m，借鉴已有施工步骤基本不会有太大问题。地基可能需要比表面看上去显示的更深些，以确保它修建在扎实稳固的基础之上。只有在经过现场试坑实验，确定了土壤性质后，才能确定合适的地基厚度。在施工详图中应当写明，假如地面比较松软，为达到所要求的水平，可能需要额外加固地基，由此可能带来的额外财力、人力、物料支出，承包商在报价时应予以充分。当然，修建独立墙时这点也同样适用。承重地面的质量可通过加州承载比（简称 CBR）试验测量得出。这一数据最好由结构工程师计算得出，因为客户在调研建筑地基时很可能已经聘用了合格的工程师，并且很可能已经完成了土壤测试试验。如果是小花园，我们基本可以借鉴经验和常识。在邻近拟建建筑处挖掘一个探测孔，分析不同深度土壤的属性。如果地面坚硬、牢固且不易压缩，则可以修建承重结构；反之，如果地面像海绵般松软，容易压缩，那么很明显将不适合。倘若不能确定，应充分咨询相关方面的权威人士。

**土工布** 护坡的方法多种多样。涉及或拟修建土质堤坝时，务必首先确定土料的休止角度数。通过运用一系列不同的加固或补救措施和材料，有望使坡度倾角大于休止角角度所允许的程度而保持土层稳定。这些加固措施包括：在夹层中或斜坡表面使用水平土工带；使用 Netlon 等公司生产的专用填土网料，其中还集成播撒了草种，可以直接铺在坡面上。随着草种树根发芽，草根会将填土网料与斜坡牢牢固定在一起，形成一个密实、稳定的护坡草垫。此外，还有各种各样的纤维垫可供选择，有些里头已经预播好了草种和肥料，只需铺在坡地上，就可以起到相同的作用。

土工布特别适合在农村地区使用，因为这些地方空间相对充裕，允许坡度达到相应的要求。对于某些类型的土壤来说，甚至可以达到其天然休止角的程度，只需与草皮或其他植被配合使用，就可以起到预防土壤流失的作用。

**木材和混凝土结构** 对于坡度更陡峭的现场，可以用木材结构来固定倾斜度达到一定程度的土壤。这种方法通常包括一系列直径 50mm 粗、经过高压处理的木桩，木桩后面裱上木板。裂缝和接缝处可以种上植物。基于同样的原理，还有另外一种更加成熟的方案，那就是某些厂家生产的专利产品，由一组相互交织的木质或混凝土质模块构成，这些模块一般并不密实，留有裸露的土壤供蔓生灌木生长。以上两种方法都行之有效，但价格也十分昂贵，而且，在植被扎下根并生长起来之前，外观看上去不够美观。更糟的是，如果坡面朝阳，极端高温往往会导致植物在扎下根以前就已干枯死掉。尽管如此，这一结构仍不失为有效解决因地面高差较大（高差可达几十米）而致使土壤不够稳定问题的不错方案（图 7.27，图 7.28）。

**石笼和堆石笼** 河岸边石头唾手可得，因此石笼（装满石头的金属笼）是保护河岸的一种常见方法。如果岸边没有足够的石头，河务局的工程师就用钢板打桩，特别是在船只冲刷可能给河岸带来影响的地方。但这一方法也容易带来一些问题：农场饲养、家养的牲畜或野生动物如果掉进河或运河中，就很难再爬上来，最终只能溺死。因此，野生动物保护人士要求，每隔一段距离，就要设置一处逃生通道，以便落水的动物能游水上岸，但截至目前，这么做所涉及的成本依然太过高昂，令人望而却步。因为石笼为野生动物提供了避难所，有利于鱼类繁殖，而且通常比板桩更美观，所以深得环境保护人士欢迎。

**沙袋** 特别是装有干稀混合料的沙袋，可用于搭建倾斜式挡土墙（图 7.29）。这些沙袋会慢慢凝固成混凝土，不久上面就会长出绿色的苔藓，尤其是朝北或靠近水的时候，苔藓的生长速度会更快。不利的一点是，刚摆放到位之后，这些沙袋很容易遭到人为破坏，但只要能避免这一点，就会很快形成一种高效、低廉的挡土墙结构。

图 7.27 枕木挡土墙剖面图

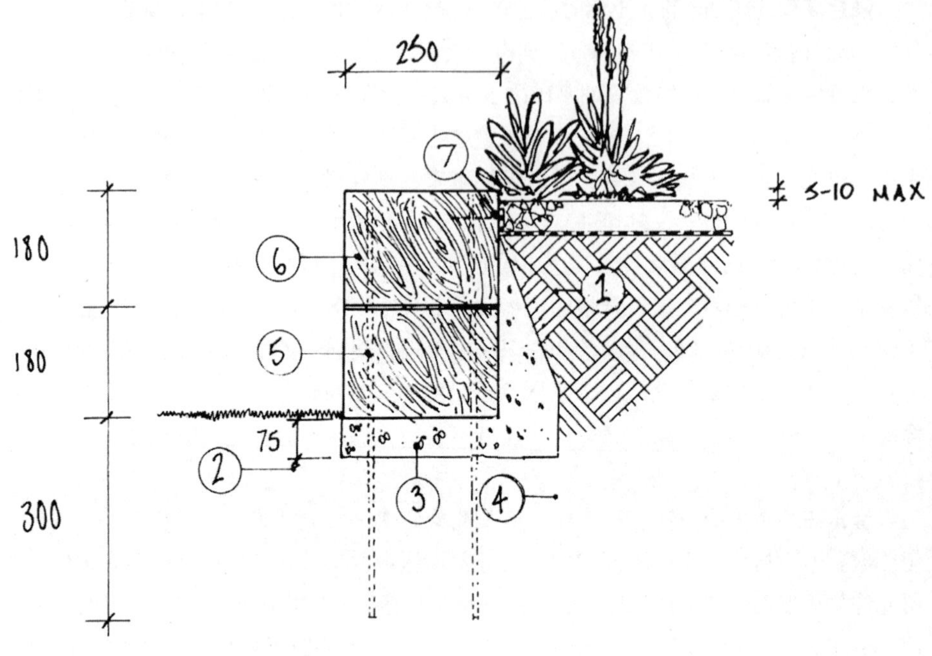


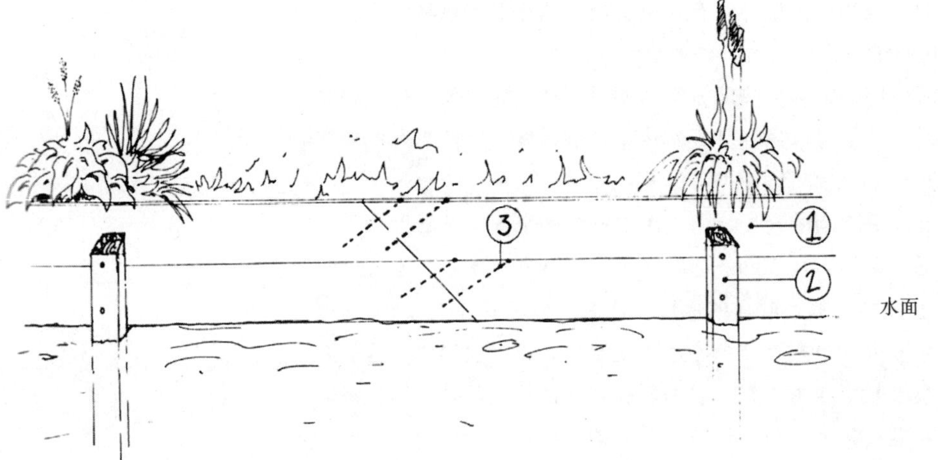


图 7.28 木材围护结构

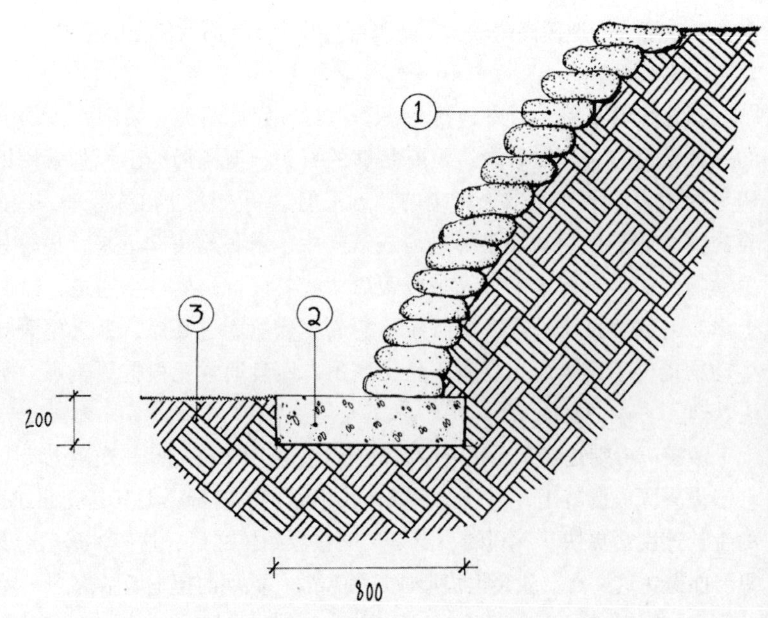


图 7.29 倾斜沙袋挡土墙

## 台阶

如果需要在两个不同的平面之间建立连接通道，可使用坡道、阶梯式坡道，在空间紧张的情况下，台阶尤其适合。台阶是连接处于不同高度的建筑的传统方法，但随着人们关心残疾人福祉的意识不断提升，设计师们也都会尽可能使用坡道，或将坡道与台阶两者相结合。在如今这个文明年代里，使用台阶的首要动机是因其审美价值，比方说营造一种宏伟辉煌的气势和氛围。但随着《反对歧视残疾人法》于1995年颁布实施，以及《建筑条例》"第M章"的出台，无障碍通行的意识已是深入人心。因此，增强包容性、充分考虑所有人的福祉、确保所有公共场所都能无障碍通行，已然成为室外设计过程中的一个核心理念。

台阶以其流畅的线条、宏伟的铺装以及气派的规模，代表了强大的力量与权威，所以台阶经常用于城市大楼、金融机构和政府机构等建筑中。与此形成鲜明对比，在小花园中，尤其是在目的地比较隐蔽的情况下，采用相对狭窄、不规则的台阶反而有助于营造一种神秘的氛围，更有利于诱导游人去深入探索。

在农村地区，台阶可以用粗糙的石块、原木立板来修建，也可以通过在坚实、平整的地基上铺装碎石台阶踏面达到同样的效果，但这样做同时也有负面作用：如果整个踏面不够坚固，表面就可能变得凹凸不平。原木立板由位于步道两侧、约50mm粗的木桩固定，之间需留出足够的空间，以免行人下台阶时不小心踩在木桩上摔倒。原木容易腐烂，不过，如果采用经过高压处理的木材，或采用类似于铁路枕木的材料，其耐久性将比普通木材持久很多。

立板高度应以125 ~ 250mm为宜，踏面大小以250 ~ 450mm为宜。如果超出了这两个规格范围，台阶走起来会非常不舒服。尤其是立板如果过低，很有可能会绊倒行人；如果踏面过宽，超过正常步幅，走起来也很难受。不过，如果踏面足够宽，宽到能够形成一个平台的程度，走起来则又变得相对舒服，这样的微型平台宽度应以800 ~ 1200mm为宜（图7.30）。

一般来说，台阶的地基应采用混凝土修建，台阶轮廓用木质结构界定（图7.31）。混凝土地基上，用于修建立板和踏面的原材料五花八门。以下列举一些常见材料。

1. 边缘立板上的砖使用顺砖砌法，踏面（表面可能是外露骨料饰面）为混凝土制造。踏面至少100mm高，基座由坚硬的石填料或其他颗粒铺设而成，高度超过100mm（图7.32）。

2. 立板用砖，踏面用预制混凝土板或石板（图7.33）。

3. 踏板、立板均用砖（图7.34）。

4. 现浇混凝土立板和底座，外加预制混凝土板踏面（图7.35）。

如果台阶过长（超过50阶），则中间最好有平台间隔，每段台阶以不超过10阶为宜。

## 坡道

坡道设计必须符合最新的规定，即在主要入口处应酌情设置合适的斜坡通道，坡度通常不低于1 : 25，若低于此（比方说1 : 20），则每隔5m应设置一处长1.2m的平坦休息区。进行初步可行性研究时，主要内容就是调研如何实现上述目标。若现场坡度过大，则有必要设置"之"字形路线，且中间部分应设置台阶。

低于这一标准的坡度显然有利于坐轮椅者通行使用，但若坡度过缓，势必意味着由A点至B点的距离将增长，成本也将增高。坡道表面要尽量光滑，以减少摩擦，方便轮椅爬坡。比较理想的铺装材料包括优质致密沥青碎石或冷轧沥青等。台阶和坡道可以组合使用，中间用挡土墙分隔（图7.36）。

## 阶梯式坡道

若坡道过长、过陡，则可采用阶梯式坡道，至少保证轮椅使用者在有他人帮助的情况

225
300
800
平台
175
2
1
65
105
100
4
3
200
100

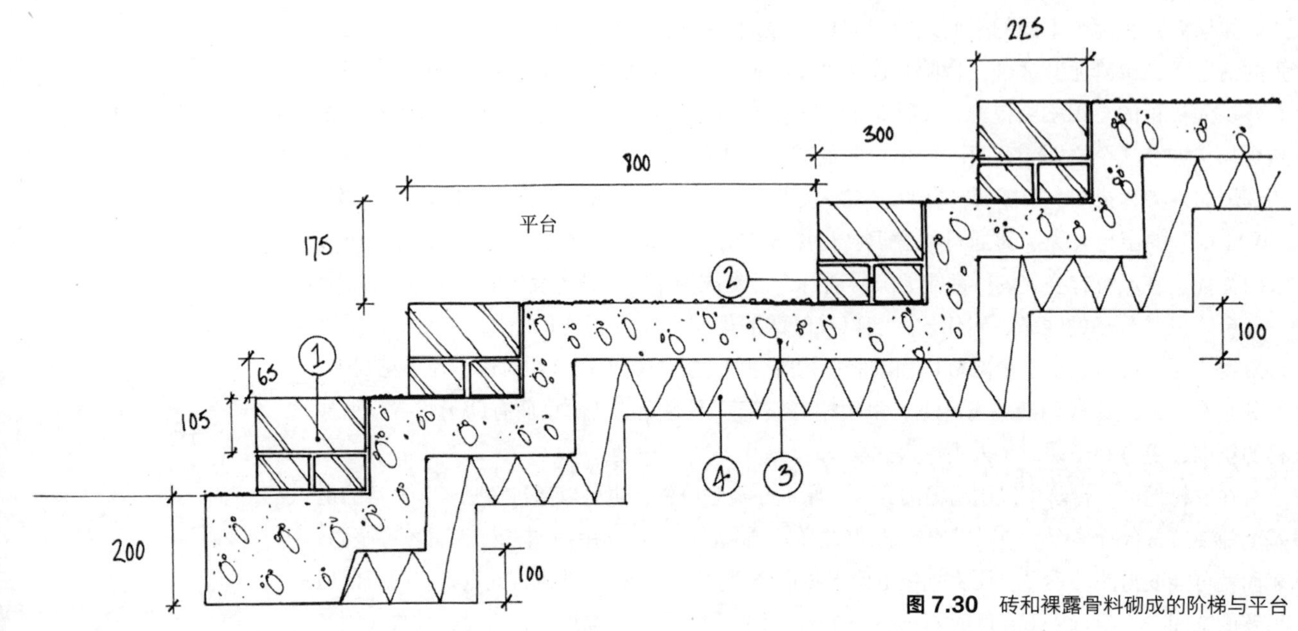

**图 7.30** 砖和裸露骨料砌成的阶梯与平台

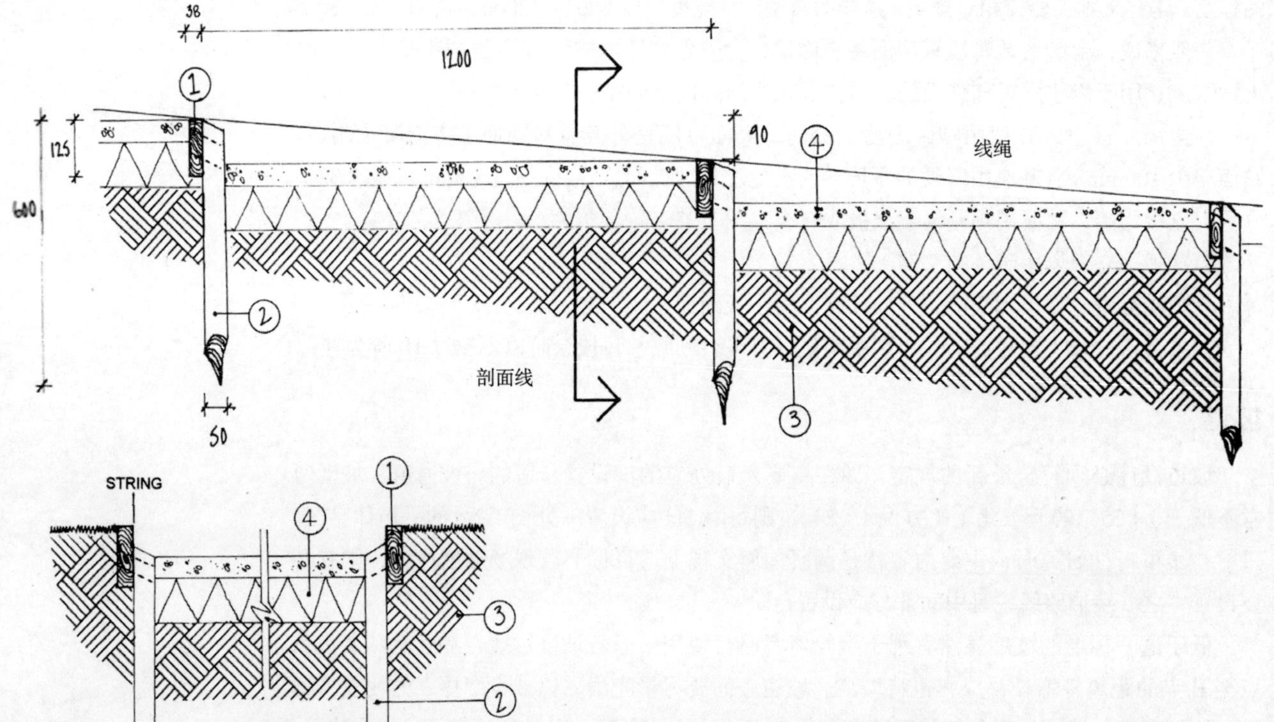

38
1200
1
125
600
90
4
线绳
2
剖面线
3
50
STRING
1
4
3
2
剖面

**图 7.31** 木质边缘台阶

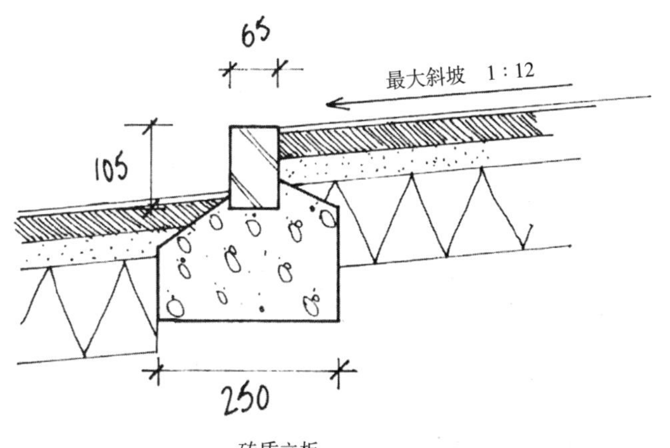


砖质立板

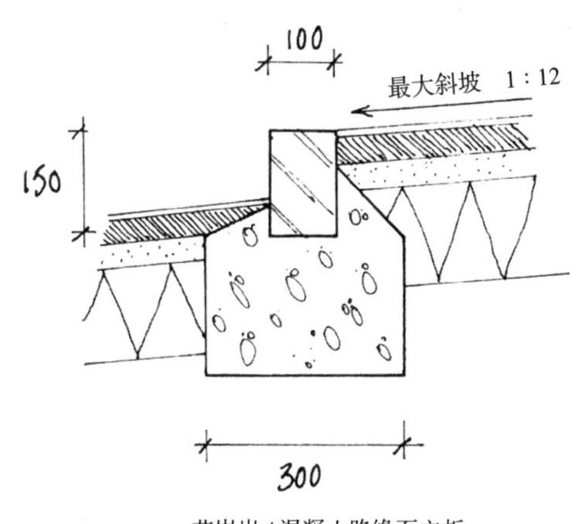


花岗岩 / 混凝土路缘石立板

**图 7.32** 阶梯坡道：立板的细节

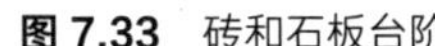

**图 7.33** 砖和石板台阶

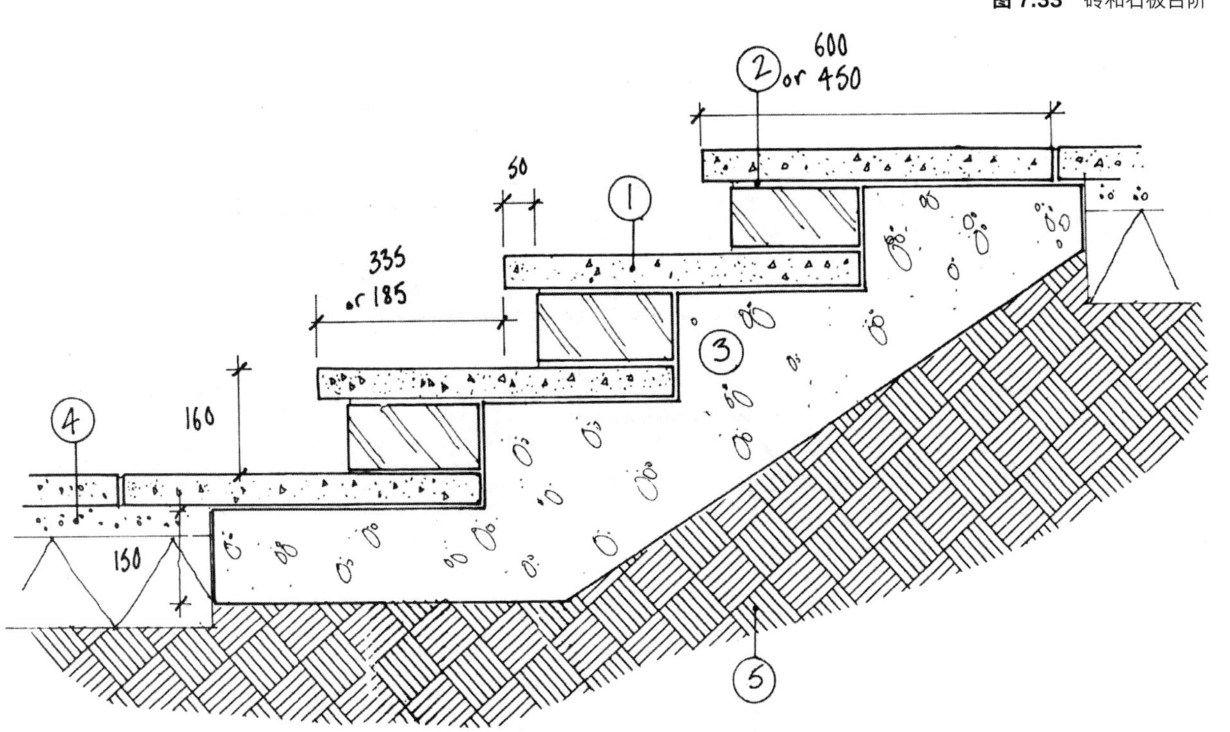

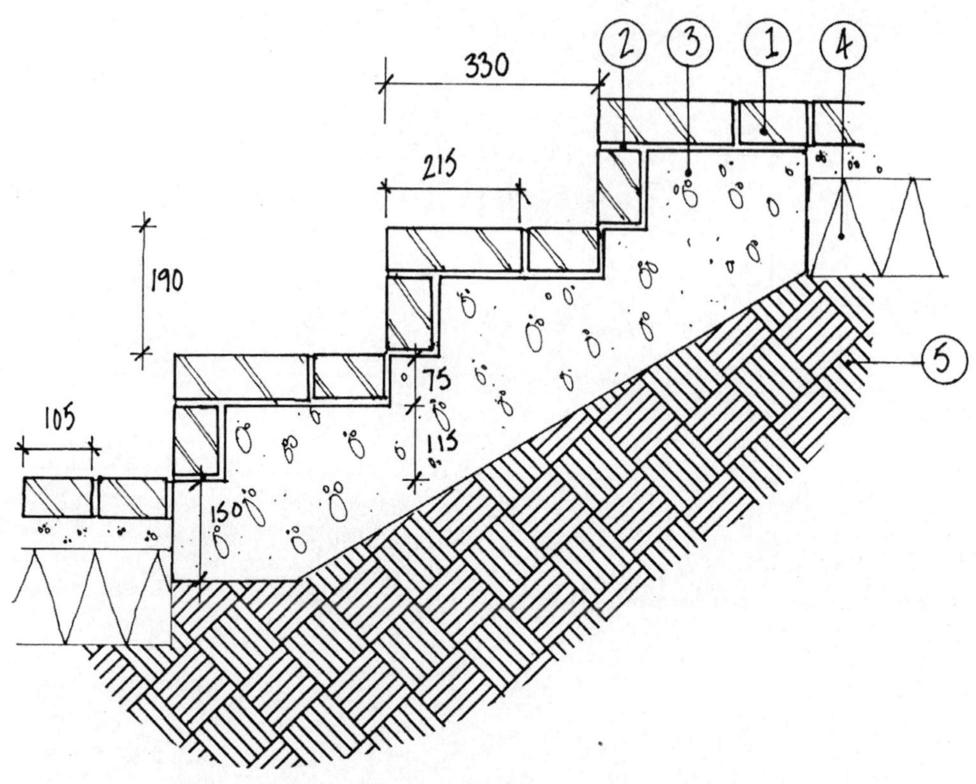


**图 7.34** 砖质踏板和立板

**图 7.35** 现浇混凝土立板和底座及预制混凝土踏板

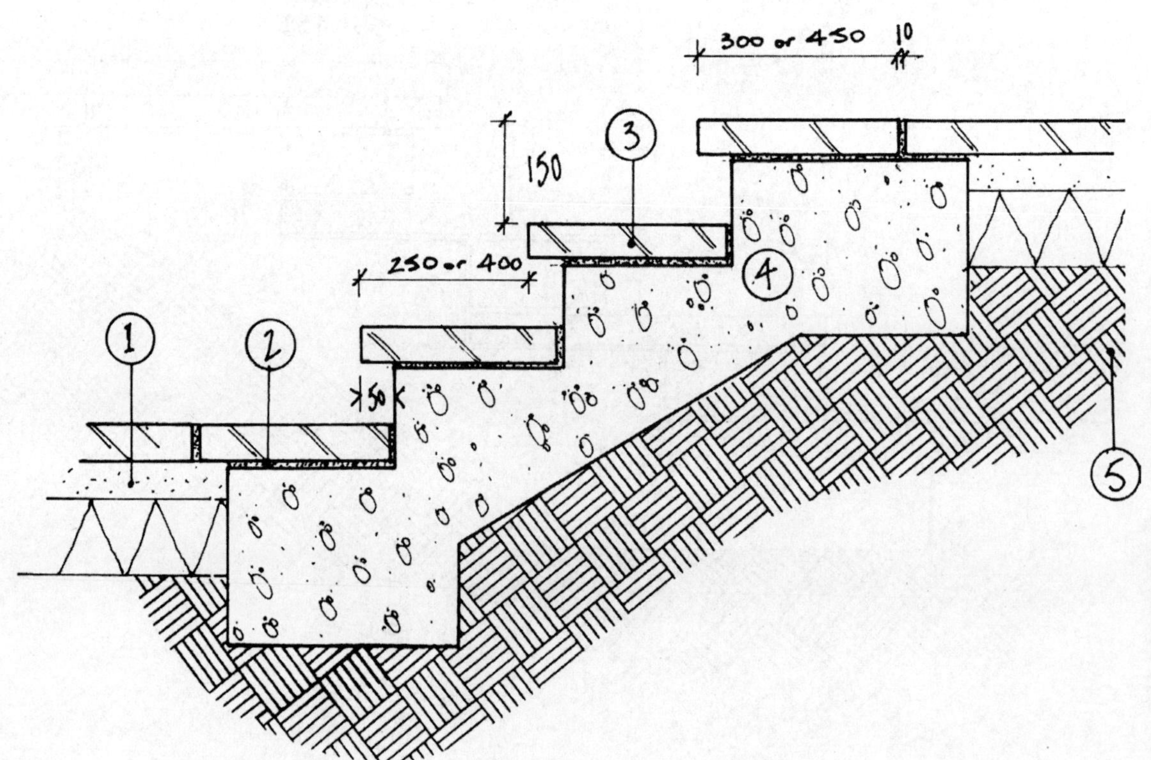

图 7.36 坡道

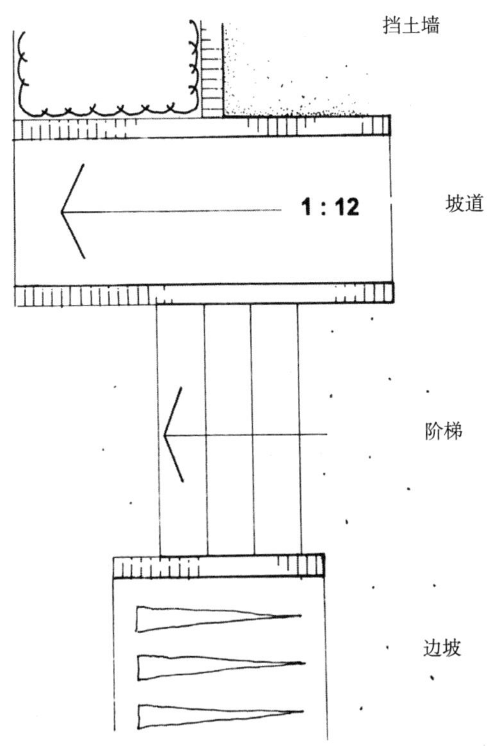


在不分隔通道的情况下，提供了轮椅通道。台阶起到了指引入口的效果。

图 7.37 台阶坡道：带砖、混凝土或花岗岩路缘石立板的沥青碎石面

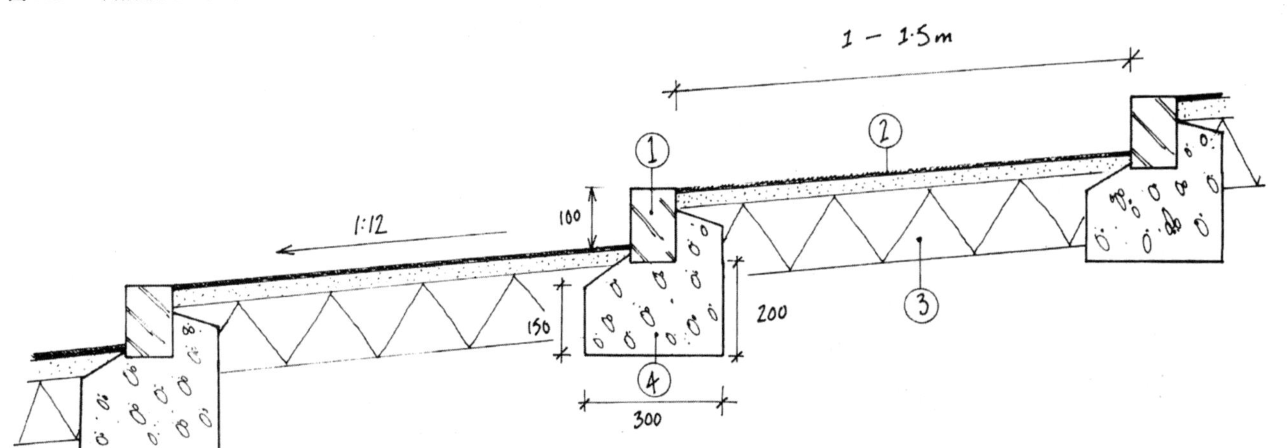

下可以通行（图 7.37），并设置明显的引导标识。一段斜率为 1：12 的坡道，中间可以设置一处垂直低立板，通常最高不超 100mm。立板可以是石质或混凝土质的路缘石，也可以是砌在边缘上的砖结构。不过这是下策，仅限于在除此之外别无他法的情况下使用。这类情况包括空间非常有限的陡峭山坡；周围有其他建筑、古迹或其他受保护文物等情形。

## 路缘石与边界

车行道和人行道边缘均需设置路缘石与边缘石，从建筑特征来看，它们既可以是刚性的，也可以是柔性的。边缘分隔设施对于柔性表面的区域而言尤为重要，因为这类区域最容易遭磨损（图 7.38）。

路缘石的高度可与路面齐平，也可略高于路面，以保持行人通道与车辆通道之间略有高差（图 7.39）。修建路缘石后，便可为行人提供一个“安全区”，阻止车辆停在人行道上。边缘石可以与地面保持齐平，也可略高于路面。如果边缘石与路面保持齐平，将有助于路面积水直接排到路旁的草地或花坛中，而凸起的边缘石则需要安装地表排水系统（图 7.40，图 7.41）。凸起的边缘石一般会修成圆角，而齐平边缘石一般会修成平角。

路缘石可由砖、石头制成，也可以选择其他价格较为低廉的替代品，如预制混凝土块等。混凝土是制作路缘石和边缘石等分隔设施最常见的材料，各种尺寸、等级和规格的预制单元都有，但无论具体规格如何，所有的预制混凝土板都须符合英国国家标准规定的尺寸。一般来说，预制混凝土板多为矩形，有的有倒棱面，有的没有。不过，也有一些价格相对高的仿天然石材单元，形状、尺寸规格等种类都相对更加丰富（图 7.42 ~ 图 7.47）。修建砖或混凝土板边缘分隔设施时，通常用立砌的方式，黏土或混凝土板的规格为 200 × 100 × 65，传统砖块的规格为 215 × 105 × 65，偶尔还需要按照 30° 或 45° 倾角铺砌（图 7.48，图 7.49）。

有一种由砖砌成的路缘石，在一块水平的砖之上放置一块特制的斜面砖，虽然价格不菲，但外观造型独特，也不失为是一个不错的选择（图 7.50）。

价格最低廉的要数木质边缘，大部分都使用经过压力处理的软木锯木底板，宽 25 ~ 38mm、厚 75 ~ 125mm。木板通常与路面齐平，用打入地下的方木桩固定，木桩须经过压力处理，高约 600mm，粗度约 50mm 见方，并用钉子与底板牢靠固定（图 7.51）。转角弧度应浅（3m 或 3m 以上），如果需要将木板折弯，可从底板背面削掉三分之一，但不可削掉更多，同时，为避免木板断裂，还可将木板充分浸泡。如果转角弧度过紧，建议可以采用船用胶合板，不过这种板的缺点是不耐用；还有一个选择是用金属材料。经过压力处理的现代木板很难浸泡透，因此不易弯曲。这类木材的折弯半径幅度不宜超过 3m。

这类板、桩也可运用于阶地斜坡，甚至用于沟渠和小溪上面。用这种方法，可以在上面保留厚达一米的土壤，而且，经过现代压力技术处理的软木使用寿命可长达 10 年，甚至更久。处理方式包括 ACQ 法以及压力注入塔诺丽斯（Tanolith）防腐剂在内等多种方式。在坡地植床上有时也可以使用这种边板来固定植床上的覆盖物。因此，虽然植床上实际并没有土，但看上去却好像盖了一层土。

## 建阶梯状坡地

修建阶梯状坡地指在一个较大的坡地上连续布置一系列平台或水平表面的做法，相邻两个平台之间的高差或倾斜坡度相对较小。安排一系列的小花园或其他功能的空间，可减少对体型庞大、造价高昂的挡土墙的需要。不过，打造形态天然的阶梯状坡地占地面积着实不小，而且势必意味着要把一大片土地切割成诸多小单元，而这么做与预期的场境氛围

**图 7.38** 在游戏区树皮坑四周使用的边缘分隔石

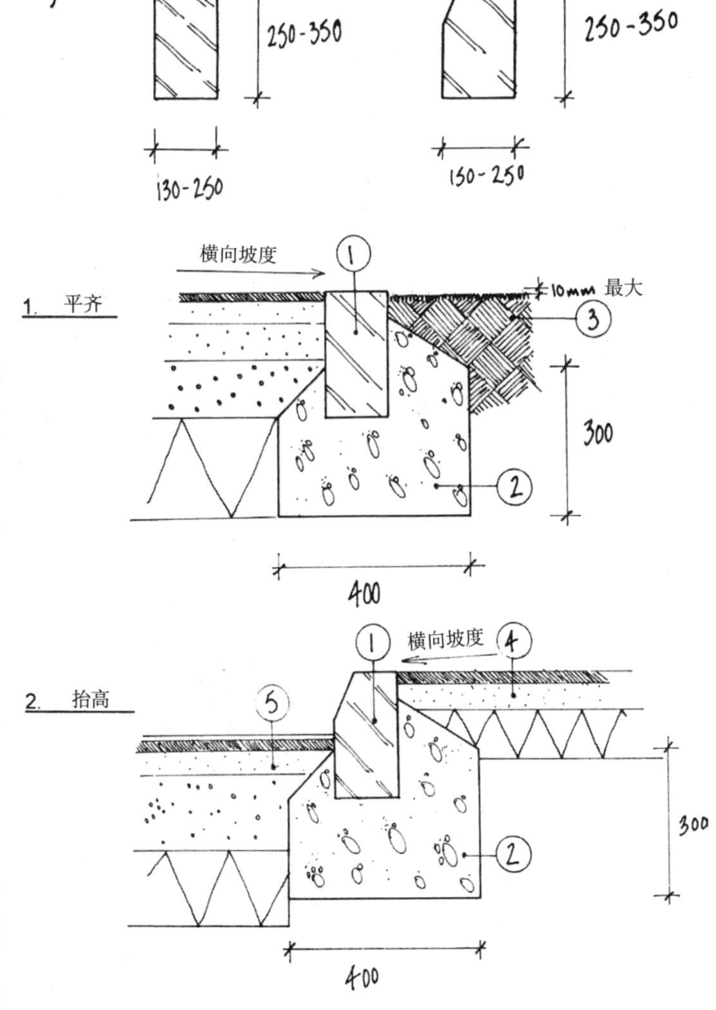


**图 7.39** 预制混凝土路缘石详图（尺寸均以 mm 计）。

1. PCC 路缘石单元
2. C：20：P 混合混凝土基座
3. 路面下方的草最高为 5 ~ 10mm，以接收地表水
4. 人行道沥青路面
5. 车行沥青路面

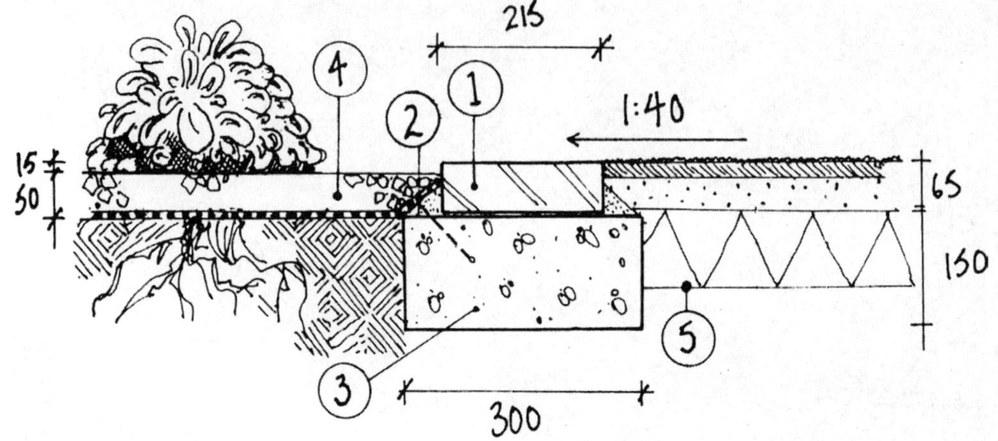


图 7.40　通道与种植区间的砖质边缘分隔设施

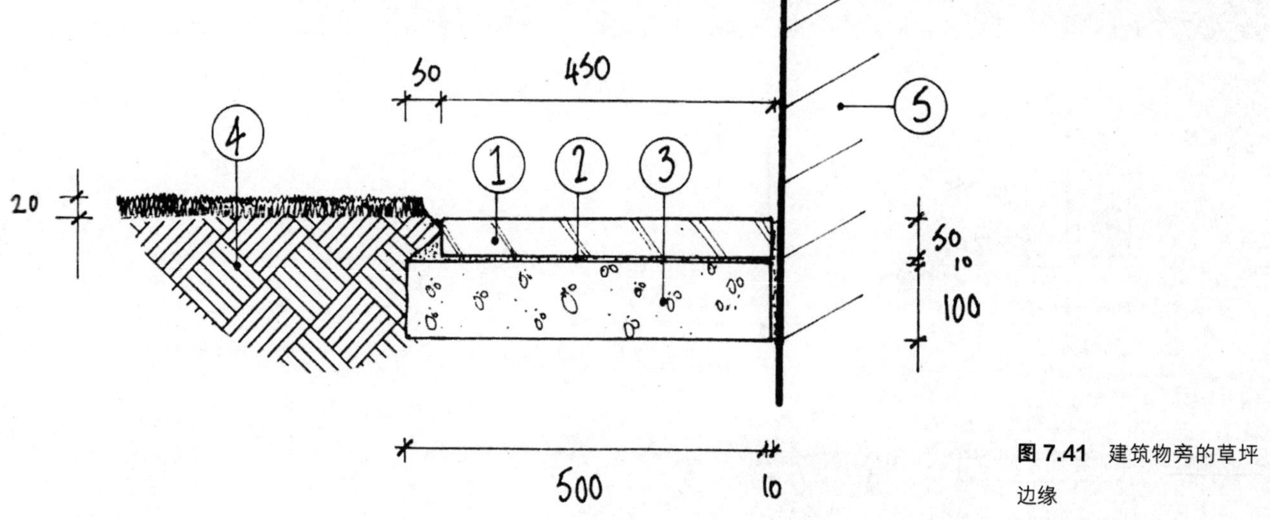


图 7.41　建筑物旁的草坪边缘

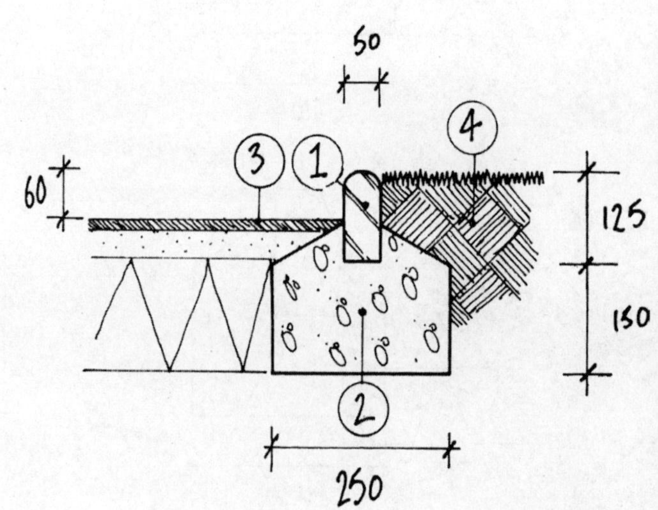


图 7.42　存在高度差的预制混凝土边缘分隔设施，比例为 1：10

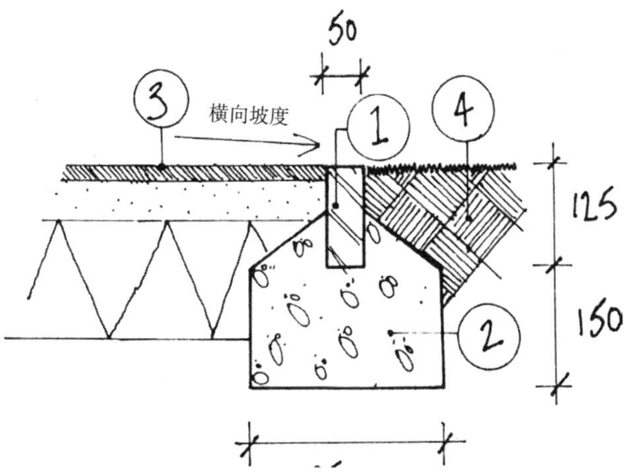


图 7.43 随层级变化的预制混凝土边缘，比例为 1：10

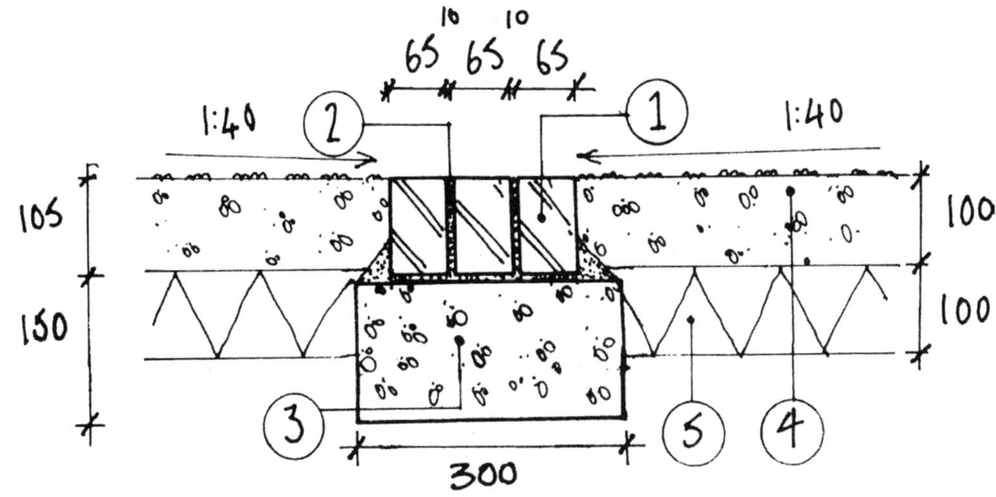


图 7.44 预制混凝土板铺面与鹅卵石路缘的边缘

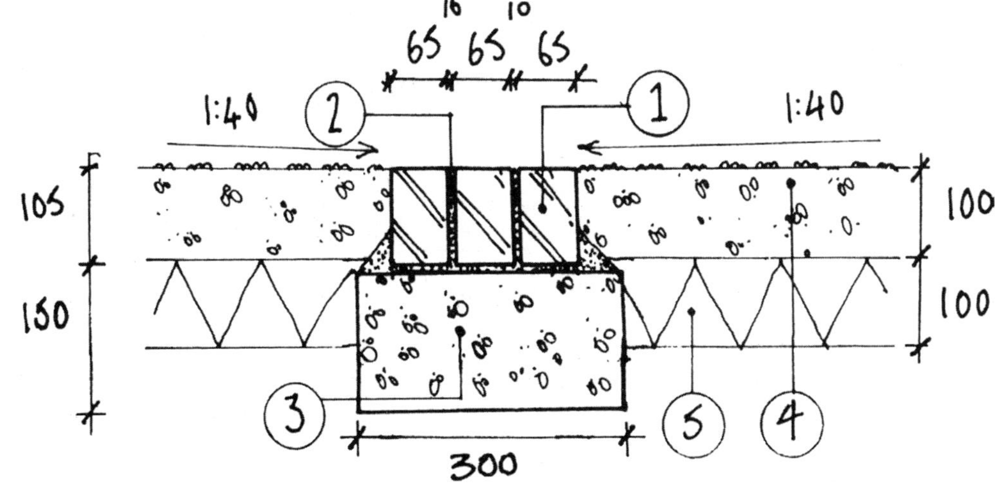


图 7.45 人行道混凝土铺面之间的砖质边缘

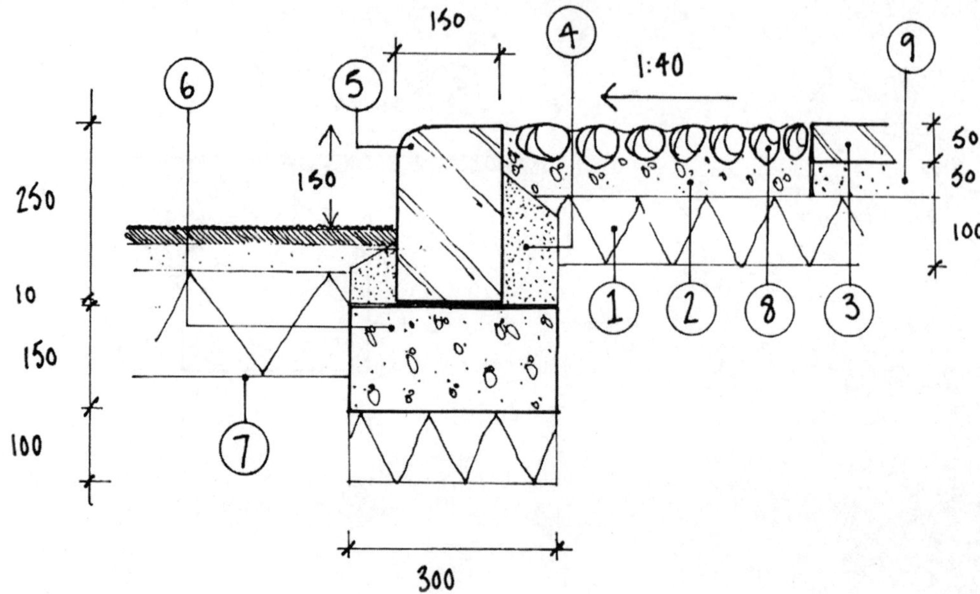


**图 7.46**　预制混凝土铺面与卵石路交界处

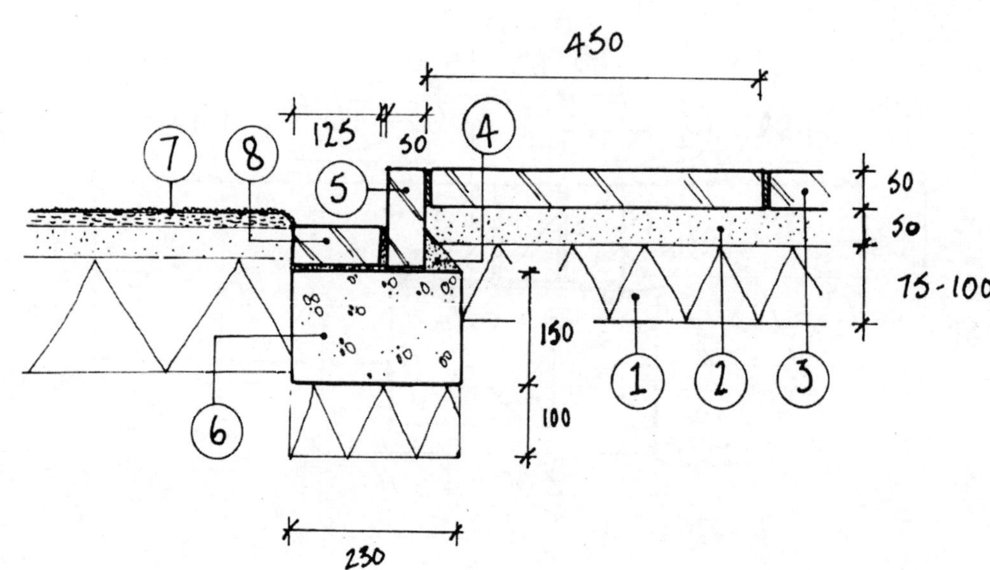


**图 7.47**　预制混凝土铺面与道路交界处

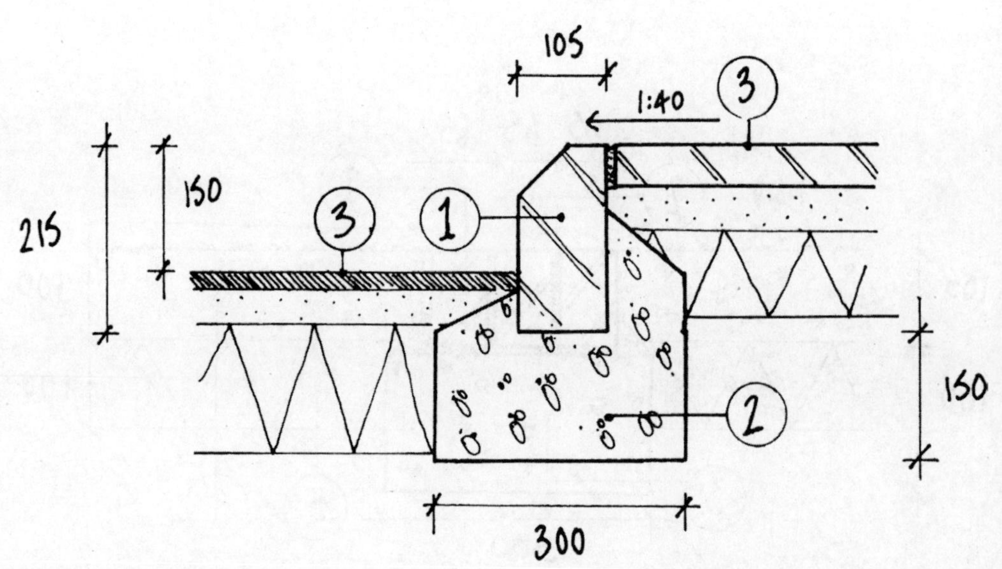


**图 7.48**　立砌式砖质路缘石。比例为 1: 10

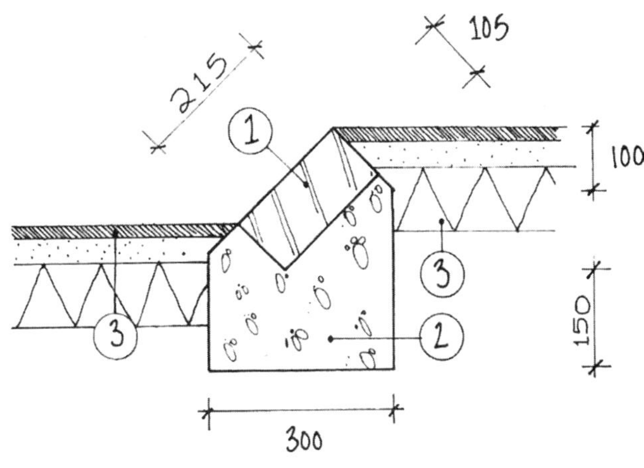


注意事项

1. 边缘石使用砖胚搭砌，与路面呈 45° 角。用比例为 1 : 3 的水泥砂浆抹平并勾缝 10mm。

2. C : 20 : P 的混凝土基座呈 150 × 300mm$^2$ 的条状。

3. 与铺装路面相邻。

**图 7.49** 带倾角的立砌式砖质路缘石，比例为 1 : 16



一般注意事项

· 严禁按此图缩放。

· 所有尺寸单位为 mm。

· 所有表面应铺设成斜面和交叉斜面，如详图所示。

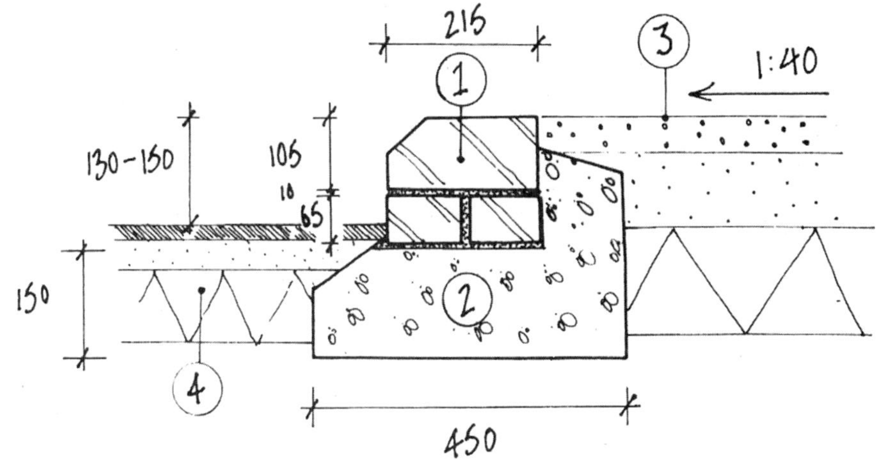


**图 7.50** 砖质路缘石，比例尺为 1: 10

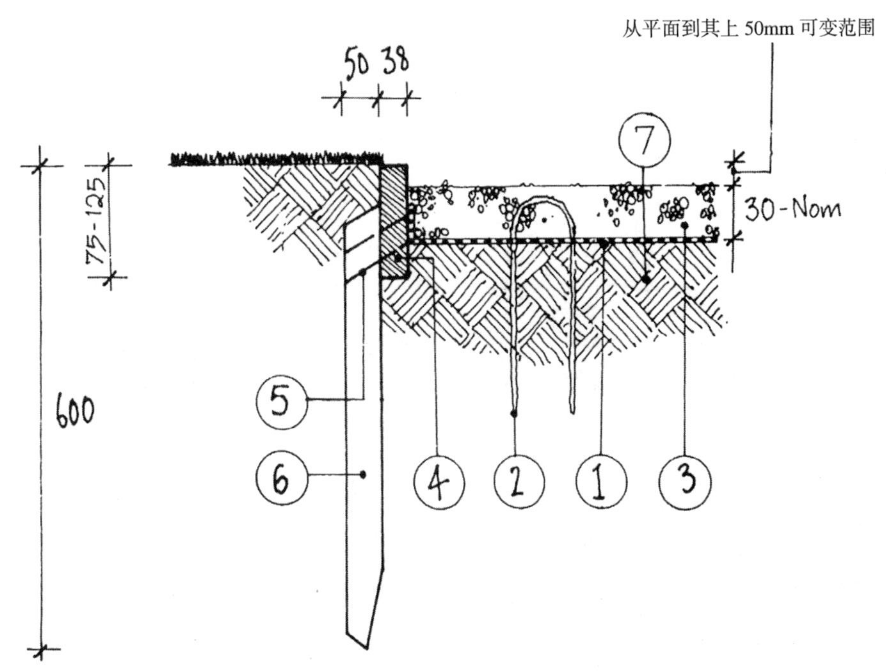


**图 7.51** 砾石路与软木边缘交界处

或用途也许契合，也许未必契合。修建阶梯状空间布局时，可以运用一系列高度相对较小的挡土结构，进而节省宝贵的空间。上文所介绍的各种方法都可以采用，但在花园里，性价比最高且最受欢迎的方法还要数运用新式铁路枕木来修建的办法，你可以将枕木染成想要的任何一种颜色。运用这种方法可以营造出妙趣横生的花园结构空间，而且还有利于种植蔓生植物。

## 假山

假山在水土保持中的作用与梯田类似。石头摆放合适与否，对实际效果如何有着巨大影响。许多花园中摆放的假山，视觉效果并不比漫不经心随意散放的一堆石头好看多少。假山实际上就是天然岩石的微缩模型，所以从视觉效果看，假山就是在一个微缩尺度上模拟天然岩石。有一点非常关键，那就是在放置假山的地方不应设置其他任何规模庞大的景观元素，如大树等等，因为这些元素会与假山形成鲜明参照，暴露假山的实际尺寸，进而无法达到预期的效果。

岩石摆放方向需合理，确保其纹理方向处于水平方向(图7.52)。一定要挑选合适的岩石，否则，呈现出来的视觉效果将很不自然，与周围格格不入。必需倍加小心，反复摆放调试，确保其倾斜度、正面方向与环境协调一致。为营造出与自然界天然岩石高度相似的逼真效果，假山上的岩石要有层次感，最底层石头最大，最高层石头最小。假山正面越靠近底部位置，坡度越陡峭；越往上，倾斜度越低，直至最终趋于平坦，形成便于高山攀缘植物生长的页岩碎石或砾石。岩石正面应一层压一层叠置，但不宜过于规整，以免显得像列队接受检阅的士兵一般。岩石与岩石之间应用豆粒砾石填充，建议最好用阿克苏诺贝尔公司生产的Terram1000土工布或英国黑泰克斯公司生产的Covertex土工布将假山整体罩上，以防假山被蔓生的杂草遮盖。

**图 7.52**　剖面图：装饰假山。比例为 1：10

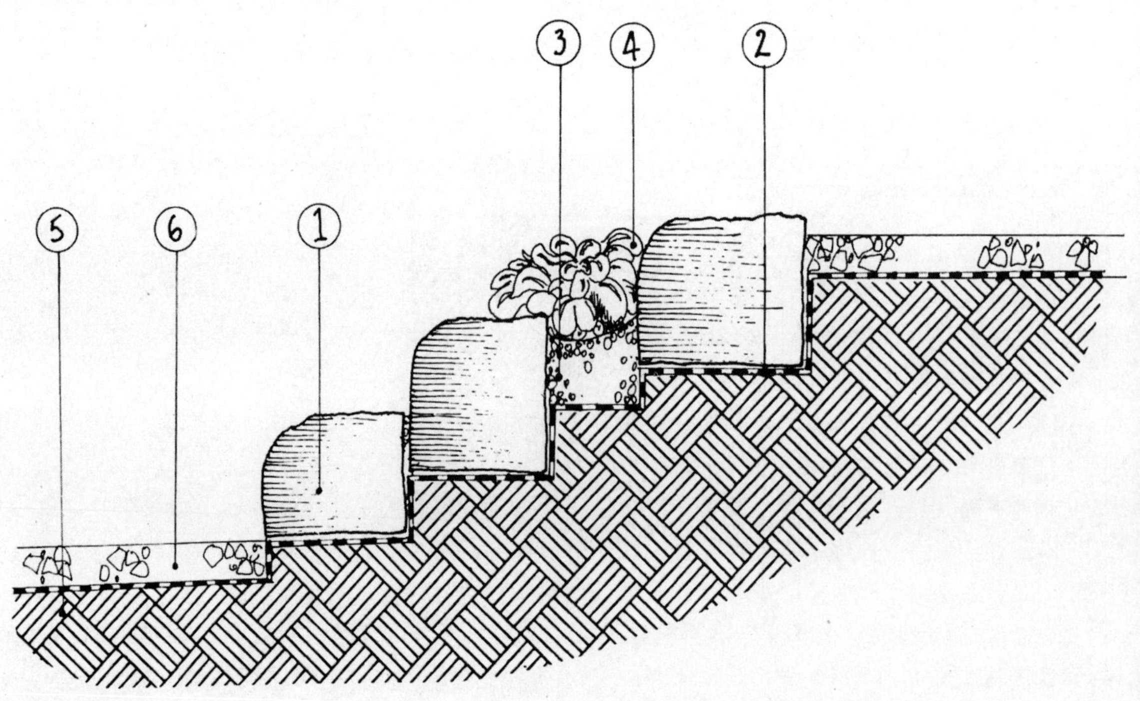

# 铺装

铺装是最能体现景观功能性的要素之一，因此，这一环节的设计对于景观设计整体项目的成败来说至关重要，设计过程务必力求尽善尽美。一份理想的铺装设计，必须全盘综合考虑环境、耐久性、美观度和成本等各方面和谐统一。

因地制宜的设计原则，再加上精湛、行之有效的施工技术，才有望创作出最理想的铺装设计方案。首先，要保证候选材料的特性适合预期的用途及环境，其次，还要考虑场地规模等其他设计要素。从空间规模角度看，一般来说，空间越大，设计就应该越大胆。从这一根本原理出发，就可以开始进行具体材质的选择了，过程中需充分考虑审美（铺装材料的尺寸、颜色和工艺精细程度等）、耐用度、成本等各方面因素。很多情况下，这三者之间往往存在冲突，这就要求我们在三者之间寻找一个合适的平衡点。有些大众化的砖料不适合用于人流密集的商业街，因为它经不起细高跟鞋反复踩踏，极易破损。

## 环境

在设计铺装时，首先要考虑周边环境，因为如果单单根据其他因素（预算、样式和耐久度）考虑的话，结果很可能做出来一套虽然功能完备但与当地环境却完全格格不入的方案来。例如，按照成本适中、耐久度高、风格简约这一思路设计的话，压实预制混凝土纹理板便是一种不错的选择，但这一选择却并不适合历史悠久的乡村或自然保护区，相反，采用当地特有的岩石，或者用树脂粘结的集料作为铺装材料，反而可能与环境更谐调。

同理，虽然同处开阔的城市环境中，但繁华的商业街与安静的公园对铺装材料的需求显然存在截然区别。对于繁华的商业街来说，由于行人、车辆往来频繁，因此需要设计简约、风格大胆，耐磨度高的铺装材料，对指向性道路标识的要求也相对高；而对于公园或庭院环境来说，则可以选择风格相对繁杂、精细的设计，因为这里的游客节奏相对较慢，有充裕的时间来仔细赏鉴繁复的图案，设计风格款式更多关注的也不再是指向性，而偏向于相对静态，呈现出明显的构图感和层次感。

## 耐用度

选择能够承受一定磨损量的铺装材料是完成景观设计的前提。景观设计过程中，硬质材料的区别主要在于：适合行人、还是适合车辆？属于天然防水材料、还是人造材料？前者例子包括布里登砾石、含沙碎石等；后者包括砖、方石、石板、柏油等等。

毫无疑问，用于行车道的铺装材料必须比用于人行道的更结实耐磨，以抵御往来车辆的磨损。不知您是否曾多次遇到过以下经历：商店门口的地砖被压得破碎不堪，因为送货车辆经常要开到人行道上，而用于人行道的地砖无法承载车辆的重负。标准的人行道地砖厚度为 50mm，对偶尔有车辆来往的区域，也有厚度达 70mm 的可供选择。普通砖块的厚度一般为 65mm，但也可加厚到 80mm，用于有车辆通行的区域或道路边缘。至于车流密集的道路，则需要厚度相对较高的柏油碎石（柏油路）路面和路基，而且，往往还需要额外加一层 300mm 厚的少灰混凝土路基。

水结砾石和含沙碎石路面一般适用于人行道，或供轻型车使用。这些都是天然材料：是直接从地下挖出来的，也正因此，质量差别往往也很大。

相对干燥的材料中石质成分含量较高，适用于轻型车辆交通或硬质停车坪，但过度使用可能导致材料磨损，留下深深的车辙，特别是如果该材料黏土含量高时尤甚。黏土或粗砂含量较高的砾石材料不适合用于铺设车道，不过，偶有维修保养车辆碾压或许倒也无妨。来自英国园林美术协会一位承包商曾向他的一名建筑师客户（这位客户想在建筑合同中省些钱）推荐，可以用粗砂来铺设去往一个 10 车位停车场的通道。遗憾的是，由于其黏土含量高达 50%，通道很快就被磨出了深深的车辙，积水严重。磨损程度如此高的一条狭窄通道，用粗砂这种材料完全行不通。

## 铺装图案

铺装图案取决于景观规模和周边环境。主路上需要设计指向性较强的图案，比如说，铺砖样式不能采用篮状编织铺砌法，而需采用 45° 人字形铺砌法（图 7.53）。大型场地的铺装图案需要相对简约大胆，才能引起人们注意；与此相反，在相对私密的私人庭院里，由于主要观赏者是固定的，可以采用图案相对复杂、容易引发观者无限遐想的设计方案。

重复图案有助于产生一种连续性和节奏感。如果想充分展示各式铺装设计的魅力，则需要选择对比鲜明的材料，比如：色彩、色泽的对比；材质类型、款式、规模的对比（如砖和石板的对比）；视具体风格不同，图案既可规整有序，也可漫无章法，既可对称，也可不对称。这里举一个反例，在曼彻斯特的圣安妮广场，虽然使用了两种砖，但由于这两种砖过于相似，因此并未达到预期的效果。设计师可以参考当地历史、文化和地理特征，使用鲜亮的颜色设计地面图案，一般我们会使用沥青等表面光滑的涂料。复杂图案应当能够反映当地景观特征、规模、周边环境和交通情况，但有时候复杂图案也可能会被滥用。

## 成本

水合天然材料是成本最低的材料，成本第二低的便是现浇混凝土以及耐用度相对较低的沥青路面材料（尤其是大面积）。视所用材料数量不同，同一种铺装材质的价格会相差甚大。假如用量较小，向制造商直接订购、送货的成本往往远高于从当地建材批发商处购买；用量大则相反。地域差价也同样显著。伦敦的材料价格比周边郡县高出 25%。通过精心设计的地面图案，可以让柏油碎石等廉价材料面貌一新，让原本普普通通的材质变得别具一格。

现场交通便利度也会影响价格。若交通不便，则能够大幅降低人工的大型机械设备就无法使用。以行人通道、过门都非常狭窄的联排屋为例，如果要将材料运到屋后的施工现场，就只能用轮式推车，这将极大地增加人力成本和耗时。给各类铺装材料报价时，若人力因

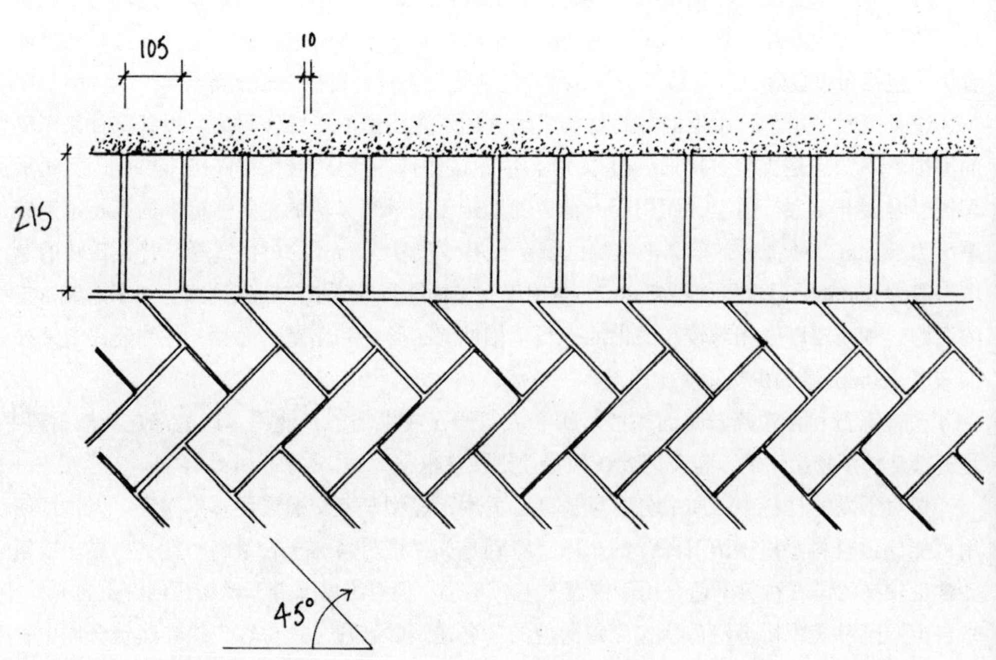


**图 7.53** 人字形砖图案（不按比例）

素在单价总数中的占比接近 50%，则所需工时方面的任何一点变化都将可能带来价格方面的显著波动（根据经验法则）。而且，这些因素相互叠加，在成本方面往往会让采用同一种铺装材料的两项不同工程出现巨大差异。以简单的沥青碎石路面为例，如果一个项目地是萨福克郡的一个大型公共停车场，另一个项目所在地是伦敦的一家庭院，则每平方米铺装费用差 12 英镑并不罕见。天然材料通常比人造材料贵，所以天然石材通常比混凝土贵。不过近年来，随着中国和印度廉价进口石材的出现，价格差幅有所减小。然而，进口石材的碳足迹（二氧化碳排放量）较大。花岗岩等所有经过加工的天然材料价格则更高，而且铺装成本也相对高，因为无论是所需的时间、还是对技术的要求也都相应更高。

## 铺装类别

铺装分为刚性铺装、柔性铺装和整体铺装三大类。刚性铺装（如现浇混凝土）简单地说就是指铺装材料形成一个完整的固态物体，无论出现膨胀、收缩，还是沉降或“升沉”等现象，都保持一个整体。柔性铺装指的是自身没有抗拉强度的材料。这类材料通常不止一层，除亚基材料外，还要分别有一个基材和耐磨层。整体铺装指由生产厂家直接生产成型的天然石材、陶土，或预制混凝土结构，一旦摆放入位，便形成一个硬质表面，而且通常都不透水。

## 刚性铺装

刚性铺装的材料包括现浇混凝土、混凝土卵石、尖头砖和小方砖等。在发生沉降或膨胀作用时，材料仍能保持刚性稳定，但当到达临界点、超出承受范围时，材料可能就会开裂。所以，需要修建活动接缝，以防止材料破裂。接合处一般为 10mm 左右的接缝，里头填充纤维板，并用乳胶漆密封，可以让材料根据温度变化膨胀或收缩。

**夯实饰面及其着色**　现浇混凝土因其造价低廉、施工方便、经久耐用等特点而颇受欢迎。用于铺路的混凝土强度通常为 C∶20∶P 混合料。为了确保在潮湿的天气下路面也能保持抓地力，通常会用木板“夯实”路面，使其表面呈棱纹或带状纹理。这类材料可以压模、着色，模拟出小方砖、方石、砖等各种材料的效果，这些压模图案通常由特许经营的专业公司生产。虽然未经加工的灰色夯实材料粗糙且不够美观，但对它进行压模、着色处理所涉及的巨大成本仍是一个问题。在铺装大于 5m 的大面积路面时，均需按上述要求修建活动接缝，否则混凝土表面会出现裂缝，影响美观。

由于该材料主要用于机动车道或硬路面，因此必须确保混凝土层厚度足够，地基深度足够，并进行了适度的加固处理。根据机动车道和坚硬路面的交通流量不同，路面厚度需达到 200 ~ 300mm，此外，在经过充分夯实处理的基座上，还要另加一层厚度大体相同、致密分布的碎石硬层。如果是人行道，则混凝土的厚度一般为 100 ~ 150mm，具体视交通流量而定；地基厚度通常与此相近，用碎石或其他颗粒填充（图 7.54）。

**水刷石饰面**　现浇混凝土可以用水刷石饰面而变得更美观。但这项工作实操不易，时间安排必须恰到好处，技术要求也很高。必须使用间断级配骨料，即粒径均匀的骨料，通常规格在 10mm 或 20mm 之间。最常用的骨料是水洗海洋集料，这是由于这类集料颜色丰富。在集料上浇混凝土，静置 30 分钟，然后用软管冲洗表面，用硬毛刷刷干净，将混凝土从表面剥离，间断级配骨料便均匀细密地显现出来，金黄色的质地给人以砾石般的视觉效果。但间断级配骨料也有缺点：如果孩子摔倒了，裸露的皮肤会便会磕破；而且目前缺乏熟练的工人来正确地完成整个操作。至于接缝、厚度及垫层等方面的相关要求，与上文所述完全相同。如欲更多了解详情，可到混凝土学会下属的混凝土咨询服务部咨询。

**卵石混凝土**　卵石具有一定的装饰效果，可广泛用于对路缘、草坪边缘进行装饰、阻

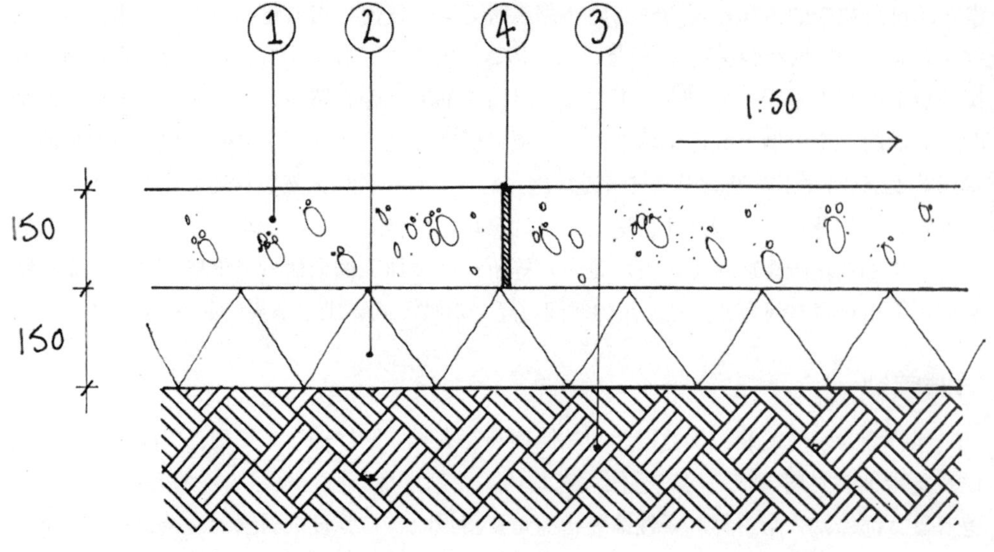


**图 7.54**　现浇混凝土路面，比例为 1∶10

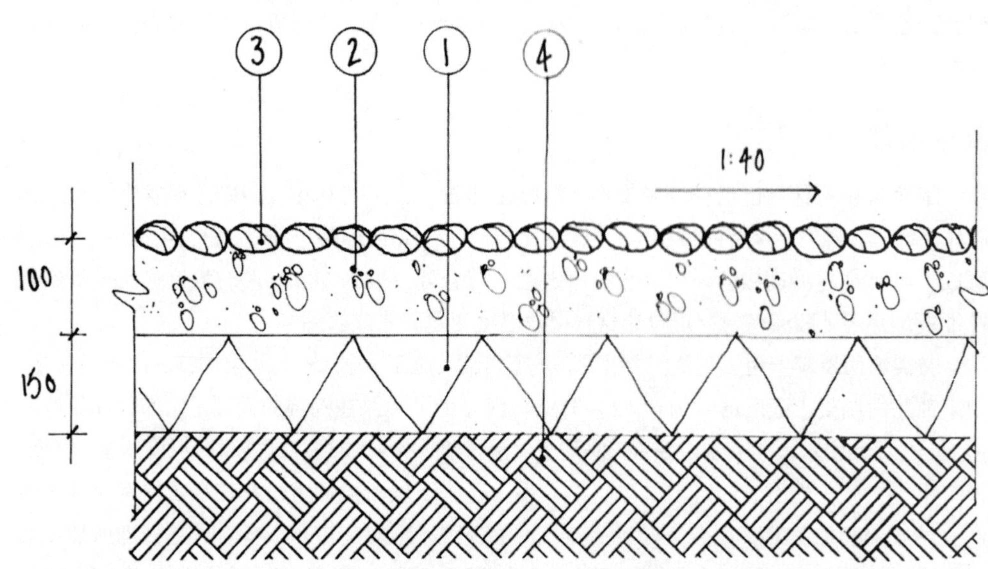


**图 7.55**　从鹅卵石到混凝土，比例为 1∶10

隔等场合，在成本低廉的现浇混凝土中注入几缕天然石材的气息（图 7.55）。海洋、河床都可以构成各种卵石的丰富源头，而且各种规格尺寸都有，其中最常见直径约 100mm。至于颜色，从产自苏格兰河谷的灰色、粉色卵石，到产自海洋的五彩斑斓的各色卵石，形形色色，不一而足。为防止时间长了卵石松动脱落，建议将鹅卵石 50% ~ 70% 的部分埋入地中。除此之外，如果卵石摆放无序，看起来就会很不美观，因此卵石大小和摆放方向要保持一致，且卵石间的缝隙要小。人行道上的卵石应当埋得更深，反之，如果铺装目的是为了阻止行人，则更适合浅埋。实际上，浅埋的方法对阻止行人进入会有很好的效果，因为这种方法铺出来的路面非常硬，人走在上面会非常不舒服。

## 柔性铺装

柔性铺装指的是能够随温度变化而伸缩，且能随各种沉降作用发生垂直伸缩的路面。一般情况下，柔性铺装除了底基层以外，还有一个基层和耐磨层。路面有可能是松散的填料或是涂有黏合剂，其中黏合剂既可以是天然的，也可以是人工合成的，前者的例子包括级配砾石、布里登砾石等等，后者例子包括焦油、沥青（即柏油路原料）等。最常见的柔性铺装材料当数沥青碎石，其中还包括彩色沥青和冷轧沥青。关于铺装分类的情况有一点奇怪，因为柔性铺砖与整体铺装有所重叠，整体铺装材料中有些同时也归属柔性铺装材料，而尖砖则归属刚性铺装之列。所有干铺方石路面和干铺黏土路面都归属柔性路面材料，因为它们可以在没有伸缩缝的情况下发生移动。因此，单纯从技术角度来看，整体铺装其实只是柔性铺装和刚性铺装之下的一个子类，不过，为清晰起见，本书统一采用将所有铺装材料分为三大类这一划分法。

**柏油路路面和地面图案** 冷沥青是沥青与 6mm 标准规范骨料的混合物，是沥青路面的一个类型。这类材料通常用于耐磨层，厚度约 20mm，一般铺设于由 20mm 规范骨料组成、厚度为 40mm 的沥青碎石基层之上。所有上述材料均以 1∶40 的坡度铺设在 150mm 厚的固结石填料或碎石层上，再下方则是加固路底基层。与热沥青不同，冷沥青可用于小面积空间，且必须用 500kg 规格的辊轧碾压瓷实。可以在冷沥青表面添加五颜六色的装饰骨料，多用白色、粉色或金色。虽然冷沥青比沥青碎石的成本高，但其使用时间长，至少可以使用 10 年，所以冷沥青路面相较于其他耐用的路面来说成本是最低，不足之处在于它风格偏于单调、冰冷。然而，随着“面向未来的建筑学派”项目不断开展，随着热塑性涂料等在地面图形设计中的广泛运用，冷沥青路面的设计也衍生出了种种无限的可能。实际上，柏油路已经成为抽象艺术、诗歌、历史、地理特征等的载体，看上去仿佛河流、大片色彩缤纷的组合空间、精心构建的线条等等。热塑性涂料的成本高于其他路面油漆，所以一旦使用了热塑性涂料，沥青路面的成本也会翻倍，但其耐久度高，如果没有车辆通行，可以永久使用。普通路面油漆虽然成本只是热塑性涂料的三分之一，但视实际磨损强度不同，使用期限可能只有几年。

**沥青盖层碎石** 碎石是用沥青或焦油粘合剂粘合在一起的石料，一般采用热铺方法，如用于人行道，则其构成成分通常包括如下：一个 12mm 厚、由 6mm 规格骨料铺成的沥青碎石耐磨层；一个 40mm 厚、由 20mm 规格骨料铺成的沥青碎石基层；再往下是一个 150mm 厚的压实碎石层，以 1∶40 的坡度覆盖在加固路底基之上（图 7.56）。如用于车行

**图 7.56** 沥青碎石路面，比例为 1∶10

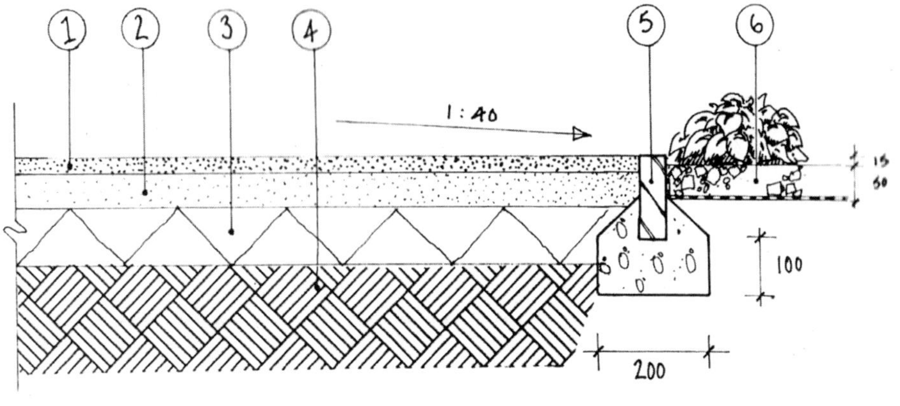

**总注释**

· 所以尺度以毫米（mm）为单位

· 不要越过这幅图

**注意事项**

1. 铺设粗集料热轧沥青耐磨层。
2. 铺设沥青碎石基层，并将其压实至 60mm 的固结厚度。
3. 将 II 类颗粒填料压实深度 16mm。
4. 在斜坡和横坡上铺设压实良好的路基，如详图所示。
5. 包括 C∶20∶P 混合混凝土的条状基座及镶边的预制混凝土板路缘石。
6. 在周围种植灌木，并用树皮木片等覆盖物对土地进行处理。

道，上述各层的厚度需分别增加至 25mm、60mm 或 250mm（交通量小），如果交通流通特别大，则还需要另外增加一个 150 ~ 300mm 厚的混凝土基层、一个 150 ~ 300mm 厚的石料加固底基层（视交通情况而定）。人行道需用 500kg 规格的压路机碾压瓷实，而车行道则需用 8000 ~ 10000kg 规格的压路机碾压夯实。

**带砾石装饰的柏油路面**　上述各种材料既可保持其"清一色"的原始风格，也可以在表面再添加一层砾石饰面（图 7.57）如果想把砾石牢牢地固定在沥青上，就需要趁沥青尚未冷却时及时碾压，否则，砾石就会只粘在沥青表面，很容易被行人踢起，落入邻近的草坪或植物带中。另外，松动的砾石也很可能导致行人滑倒。为确保沥青温度不会降低，分段铺设道路非常重要，且施工最好在夏天 6 ~ 8 月阳光充足的时候进行。装饰层最好使用 6mm 规格的金色角砾石，并用 500kg 规格的压路机充分碾压平整，多余的砾石须及时扫除清理。热轧沥青路面使用的骨料规格更大，一般是 10mm 的集料（但私人车道等交通量较小的道路一般会用 6mm 规格的），可以用普通的灰色花岗岩，或者，为了让路面看起来相对温暖、色彩相对丰富，也可以金色砾石、红色花岗岩为佳。

**彩色柏油碎石**　多个品牌旗下都生产彩色碎石，主流颜色为红、绿两色。使用彩色碎石之后，在拐角处进行铺装时，为避免不必要的切割，或者，在需要让路面显得色彩明亮欢快的情况下（如游乐区中的硬铺装区域等），选用彩色碎石路面尤为有利。彩色柏油碎石路面上也可以绘制地面图案。

**含沙碎石、布里登砾石和水结碎石**　这些材料通常采自于当地矿山，因此性质、颜色往往差别很大。某些砾石含量相对较高，另外一些则很可能黏土或沙含量相对较高。重要的一点是，所选材料须适合于预期用途。尽管这些材料用于修建车行道的坚硬路面和交通流量极小的路面都可以，但为防止路面留下车辙变成烂泥塘，应尽量确保所选材料沙石含量相对较低。修建用石填料或碎石垒成的加固底基层是非常重要的一步，此外，在上面加盖土工布膜也有很大好处（图 7.58，请注意，本图为未加盖土工布的情况）。

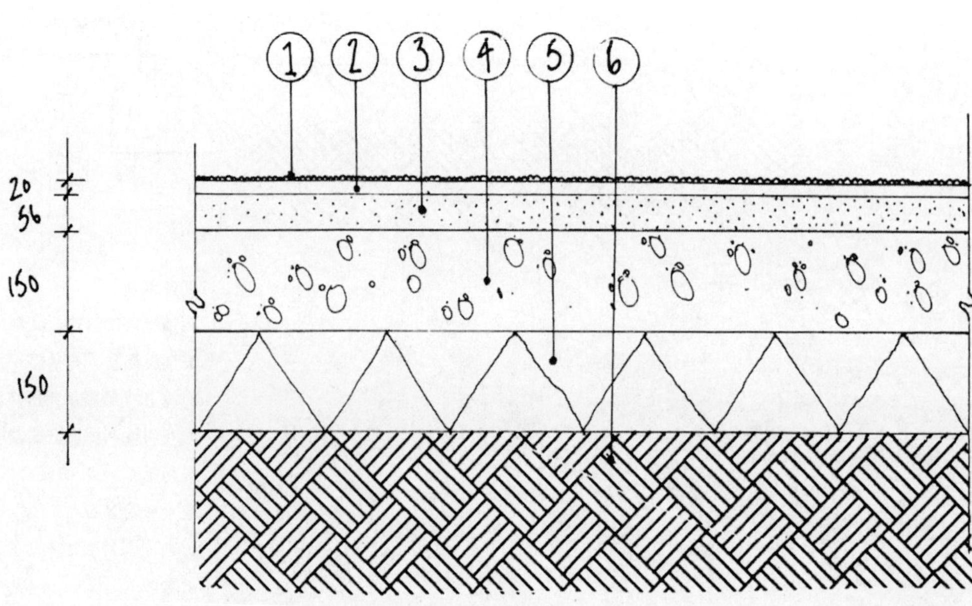


**图 7.57**　沥青碎石路面，比例为 1∶10

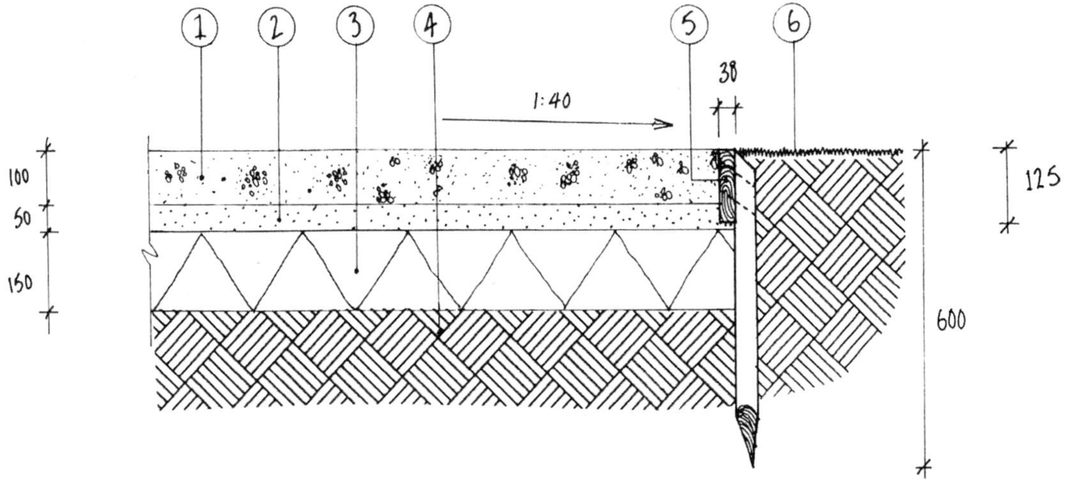


**一般注意事项**

- 不要按此图缩放
- 所有尺寸单位为 mm
- 所有表面应铺设成斜面和交叉斜面，如详图所示。
- 所有木材应按照英标（BS）4072 第 1 部分（1987 年）进行 CCA 处理，并进行防腐及其他类似符合标准的处理。

**注意事项**

1. 布里登砾石磨耗层，厚 100mm。
2. 使用 MOT1 类颗粒填料或类似碎石，并将其牢牢固定至 50mm 的深度。
3. 使用 MOT 2 类颗粒填料或类似且经批准的干净硬石料，将其加固至 150mm 深，用石灰石粉填塞，以防坠落和横向坠落，详情如下。
4. 路基加固良好。
5. 38mm × 50mm 的软锯木砾石。用镀锌钉将木板固定在直径为 50mm × 600mm 长的软木桩上，中心距为 1.5 m，在连接处或曲线处的中心距需更小。
6. 与附近草坪相邻。

**图 7.58** 布里登砾石路面—仅限交通量非常小的道路，比例为 1∶10



上述材料都是自粘材料，因为加水后细沙碎石便会自动粘结形成表面。典型的行人道铺设规格通常如下：20mm 厚的砾石磨耗层，所用材料应能通过 20mm 规格的筛网；25mm 厚的细砾石层，砾石含沙量应刚好满足作为黏合剂的需要；50mm 厚、经过充分碾压的砾石层，所选材料应能通过 50mm 规格的筛网；150mm 厚的硬质加固层或其他经过认证的松散颗粒填充层。如果是机动车道，则需将路底基厚度增加到 200mm，并确保含沙量要较低。人行道需用 500kg 规格的压路机碾压；机动车道需用 8000kg 规格的压路机碾压。

**碎石和稳定砂砾** 在结实的路基上铺一层土工布，然后在上面铺一层 200 ~ 250mm 厚的碎石层，一条结实耐用的便道或临时车道便建好了（图 7.59）。这一碎石层所用碎石大小应在 75 ~ 150mm。为提升稳固性，碎石层上面可另加一层冷沥青，然后再加一层厚度 20mm、由 10mm 规格的石灰石、花岗岩或其他碎石组成的耐磨层。铺好后须立即进行碾压，24 小时后再次进行碾压。两周后路面可以通车时，应对路面进行清扫（如有必要，可用沥青乳液密封），并铺上一层 10mm 厚、6 ~ 10mm 规格大小的水洗豆砾石层。

乡村、保护区以及花园中的便道也可采用类似材料铺面。配置基本同上，首先铺设一个 150mm 厚的路基，然后再铺上 40mm 厚、20mm 大小的碎石，用水浇透，进行加固之后立即涂上沥青乳液，最后再铺上 12mm 厚、6mm 大小的金色角砾石层。两天之后，待黏合剂凝固后，进行第二次修整工作，最后一步便是再铺一层 6mm 大小的净砾石。

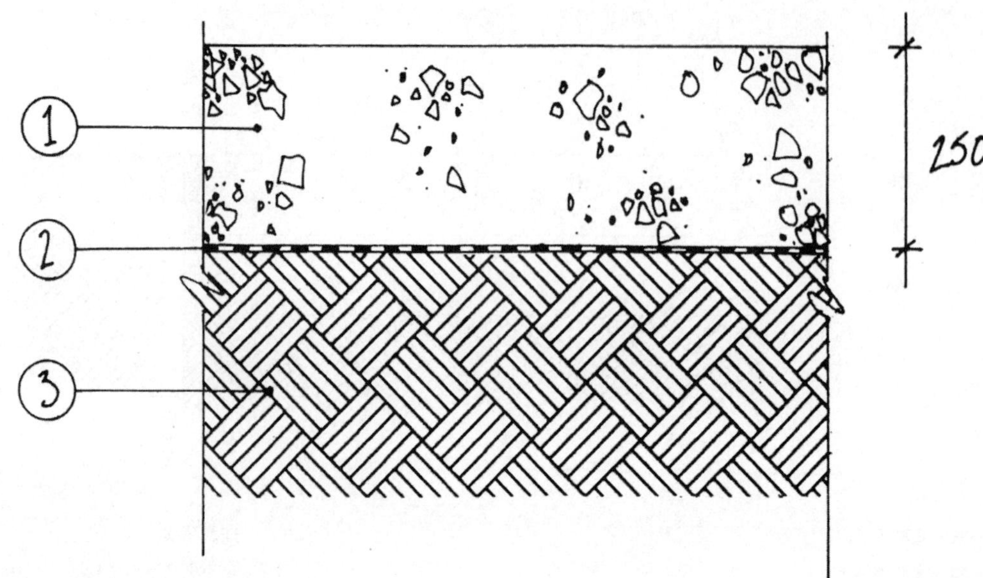


**图 7.59** 碎石路面，比例为 1 : 10

**碎砖 / 煤渣砖和其他当地材料** 采用当地就手可及的其他材料，也可以修建出与上文所述类似的便道和临时车道，选用粘结或非粘结材料都可以。先铺设一个 100 ~ 200mm 厚的底基层，然后盖上一层土工布，一来可以防止杂草疯长，二来可以填充下面的底基层（所谓“填充”，就是将基层骨料之间的缝隙塞满）。再其后，另铺一层 100 ~ 200mm 厚的路面，并充分加固。

## 整体铺装

整体铺装有九种主要类型，每一类型都必须铺设在用合适的材料铺就的路基之上，具体厚度及材料类型取决于拟建道路主要供行人还是车辆通行使用。

1. 砖块铺装
2. 混凝土砌块和黏土砌块或砌块铺装
3. 混凝土段铺装
4. 预制混凝土板铺装
5. 混凝土防火通道铺装
6. 约克石袋铺装
7. 石头小方砖铺装
8. 瓷砖铺装
9. 木板铺装

**砖块铺装** 砖由黏土制成，规格与盖房用的砖基本相同，也是 $215 \times 105.5 \times 65mm^3$，唯一不同之处在于这种砖硬度更高，以抵御霜冻伤害。由于黏土砖不像干砌铺路砖那样有一个斜边，所以必须使用水泥砂浆作勾缝。这一过程费时费力，一个不小心便有可能把水泥污渍溅到砖面上。黏土砖价格昂贵，表面经过特殊处理的砖尤甚，所以用这类铺装实属奢侈。不过话说回来，无论是在传统铺装还是现代铺装中，有良好勾缝的砖结构更加美观，也是最受欢迎的铺装材料之一（图 7.60）。如果是用于人行道，砖应当铺在净沙（50mm 厚）之上，下边再铺上 100mm 厚的石填料；如果是用于交通流量较小的车行道，那么只需在下面铺一层 250mm 厚、用沙和水泥以 1 : 5 的比例混合而成的垫层即可。

如果交通量较大，则需要在石填料之上铺设 150mm 甚至更厚的混凝土路基。如果所用砖质地较软，冬天水便会渗透进去，并导致砖块冻结破裂。

**图 7.60** 勾缝砖铺装

**混凝土砌块铺面和黏土砌块铺面** 砌块也是一个铺装单位，通常规格为 200×100×65mm³。最常见的是压制混凝土砌块，不过价格贵很多的黏土砌块看起来更美观。无论哪种砌块，与砖均有多点不同。除了它是用混凝土而不是黏土制成的这一点明显区别之外，混凝土砌块的体积通常也略小于砖。黏土砌块有时候也称“黏土夯块”，但基本材质没什么区别。

混凝土砌块可以人工着色，可供选择的自然色有灰色、红色、浅黄色、黑色、绿色、棕色，还有一种“花棕色”，最后一种结合红、黑两种颜色的特点，意在模拟烧砖的效果（但效果并不好）。这些颜色褪色很快，磨损度较高的地方尤其容易掉色。黏土砌块本身带有黏土烧制的特点，所以永远不会褪色。有些颜色组合很有意思，比如红、蓝两种颜色的结合，与某些烧制出来砖颜色非常相似，但相比之下更结实耐磨。不过，相比于砂浆勾缝的普通砖，干砌砌块更加坚硬，外观也更现代，更适合都市使用。

所有的砌块都有两个斜边和两个隆起，所以需要用干砌，无需勾缝。只需将沙子摇进接缝，就可以让砌块彼此接合，因此铺设起来十分方便。与砖相比，混凝土砌块成本比较低，堪称结实耐用、性价比高的一种选择，对人行步道及车行道均可适用（图 7.62）。但是，如果从审美角度来看，没有任何一种材料可以取代黏土砌块及砖，尽管这两种材料价格较高。如果是用于人行道，须先铺一层 100 ~ 150mm 厚的石填料，再铺一层 50mm 厚的净沙，再摆好砌块即可；如果是用于交通流量较小的车行道，则须首先铺一层 250mm 厚的填料层，再加上一层 50mm 厚、由沙与水泥按 1 : 5 的比例混合物而成的垫层。如果交通流量较大，则需在石填料之上铺一层 150mm 厚的混凝土路基。对于交通流量更大的路段，路基厚度则更高。砌块硬度很强，即便是黏土砌块也很少吸收水分，因此不会有冻裂或被细高跟鞋踩碎的风险，而相对柔软的砖就很容易受这方面的影响。

由于砌块有两个突起的部分，所以砌块之间有缝隙，利于排水。因此，随着可持续城市排水系统战略（SUDS）的推进，越来越多的街区开始使用砌块铺装。地表水渗入地下的奶箱式排水垫网，由于被地下的排水结构阻挡，水会流向蓄水池，并在降雨高峰期结束后慢慢流出。此类排水方式正慢慢取代正向排水。

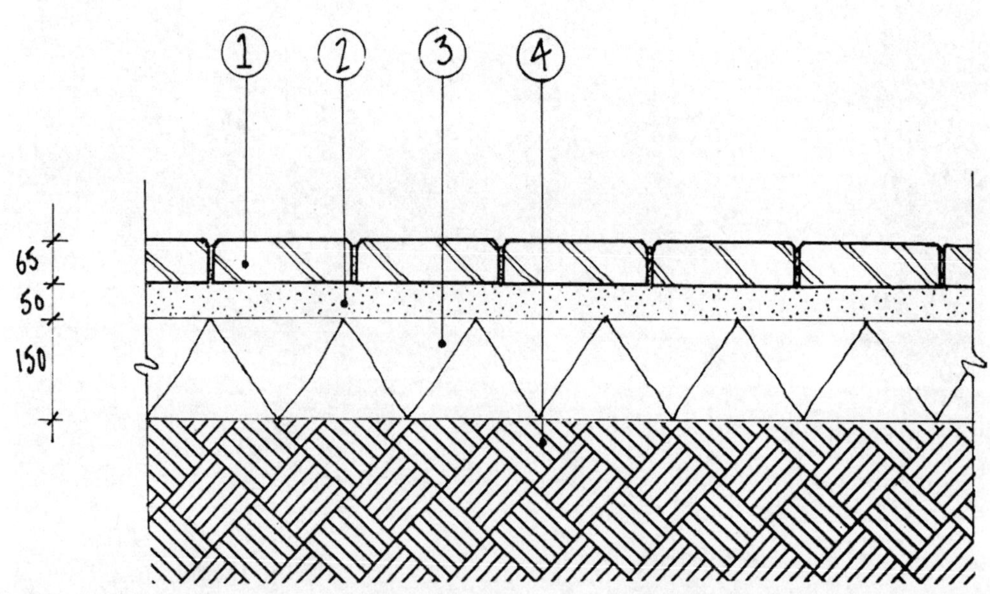


**图 7.61** 干砌黏土路面，比例为 1 : 10

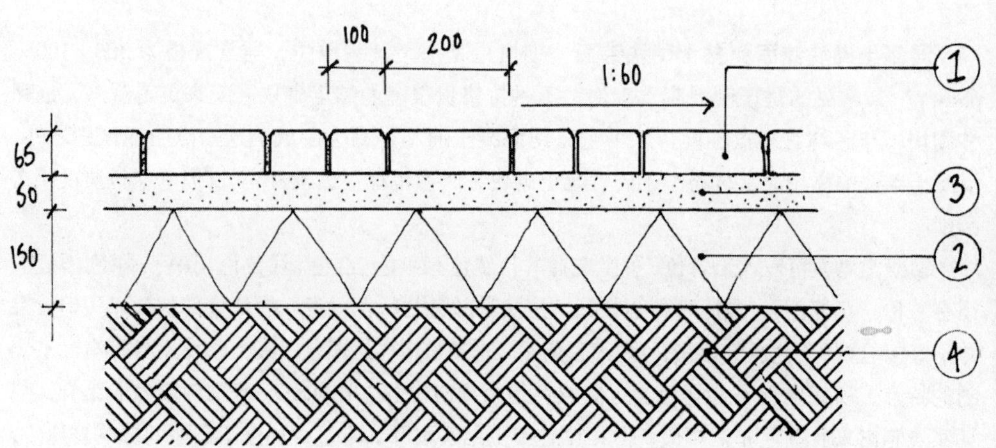


**图 7.62** 干砌预制混凝土砌块路面，比例为 1 : 10

**混凝土块铺装**　混凝土块的规格多种多样，最普遍的规格为 100×100×50mm³，形状包括曲线形或扇形等等。其造价介于混凝土砌块与黏土砖和普通工程砖之间。我们可以选择用人造染料上色，颜色包括接近自然的灰色、粉色、浅黄色、黑色、棕色和绿色。但和混凝土砌块一样，染料有褪色的可能，高磨损的地方尤甚。

采用混凝土块进行铺装的用意本是为营造一种浑然天成的氛围，但由于其外形过于统一（流水线），所以仍不够"天然"。但其实，混凝土块也有自己的魅力，尤其适用于修建预算充足的城市人行道。令人出乎意料的是，相比传统风格，混凝土铺装似乎更适合现代风格。混凝土块一般用干砌，再用沙子固定。混凝土块放置于 50mm 厚的净沙层之上，下边是 100mm 厚的石填料或是混凝土层（人行道及交通量小的道路需要 150mm 厚；交通量大的道路则需要 250mm 厚并辅以 250mm 厚的石填料底基层）。

**预制混凝土板铺装**　预制混凝土板的形状大小规格有很多，无论是乡村风格还是现代高科技风格，应有尽有任君挑选。最常见的规格是 600×900×50mm³ 或 600×600×50mm³ 的灰色板，价格便宜，易于铺设。预制混凝土板可以干砌，接缝处可用沙或水泥填充，首选用水泥砂浆勾缝，解封宽度以 10mm 为宜。

如果是修建人行道，可以在 100mm 厚的石填料之上铺一层 50mm 厚的净沙、沙子或水泥混合料，再铺上一层混凝土板。预制混凝土板可以用人造染料着色，上文我们提到的所有适用于混凝土块的颜色同样适用于预制混凝土板。由于车辆偶尔也会碾过混凝土板，所以无论是否有专门要求，土板的厚度均需达到 70mm 厚，而且底基层需要加深到 250mm 之下。如果交通流量较大，还应当再加上一层混凝土层。

除了上述我们提到的土板规格，还有其他各种规格的厚板可供选择。修建步道和天井时，使用的最常见的土板大小在 450×450×100mm³，但也有一些大小是 300×300×50mm³（或 70mm 厚）。马歇尔公司用约克石骨料（称为"Perfecta"）制造了一种比经过压力处理的灰色土板更美观的土板，适用于大多数环境，颜色包括灰色，浅黄色，红色和绿色。除此之外，马歇尔还制造了一种防滑性能极佳，质地粗糙，表面经过加工的土板，名字为 Saxon 土板。还有其他类型的土板，装饰性较强，例如添加了石骨料模仿天然石材的土板，效果显著——土板表面呈"撕裂"的不规则纹理，与天然石材如出一辙。

**混凝土消防通道铺装**　用于消防通道表面铺装的材料呈长方形，整体是刚性结构，50% 的面积为中空结构，可以放土种草（图 7.63），一般多适用于乡间停车场。也可用于供消防车及维修车辆通行。盖好路底基之后，铺上一层 150mm 厚的碎石作为加固层，最后再铺这一层。为防止磨损过于严重导致植被死亡，我们一般会使用专用橡胶稳定材料代替混凝土，其中草和土壤占的比例高达 90%（不同于原来的 50%），因此草坪不易枯死。除此之外，纤维沙等材料也十分实用。在含沙量较大的地区，可以将纤维沙与人造纤维混合，这样，草坪便能承受住消防车的重量了。

**约克石和其他铺砌石板**　石板可从采石场开采获得，由于石板是一种天然材料，因此大小不一。石板的厚度从 35mm 到 65mm 不等。约克石的铺装方式与预制混凝土板类似（图 7.64）。

回收石板的大小就更不一致了。但尽管如此，石板仍旧是传统街道、规整广场、池塘小道的最佳铺装材料，尤其适用于历史悠久的小镇、村庄和大部分花园，不过在现代化的都市中，石板看起来就格格不入了。伦敦狗岛的一个公交车站就是一个反面教材：由于采用大面积的石板铺装，不仅看上去与周围环境十分不协调，还增加了不必要的成本。近些年，许多城市都翻新了路面，其中部分城市使用的是从中国进口的廉价花岗岩。虽然花岗岩物美价廉，但由于牵涉到过高的碳足迹及工人工作环境等问题，也招致了广泛的批评。

**小方石块铺装**　这种铺装方式在除不列颠群岛以外的欧洲其他地区更为常见，不列颠群岛道路铺装更复杂，使用的材料也更小些。

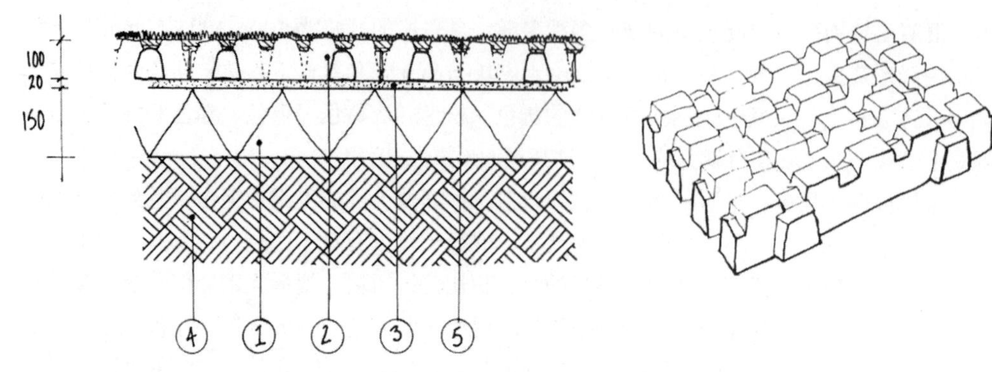

**图 7.63** 消防通道铺装，比例为 1∶10

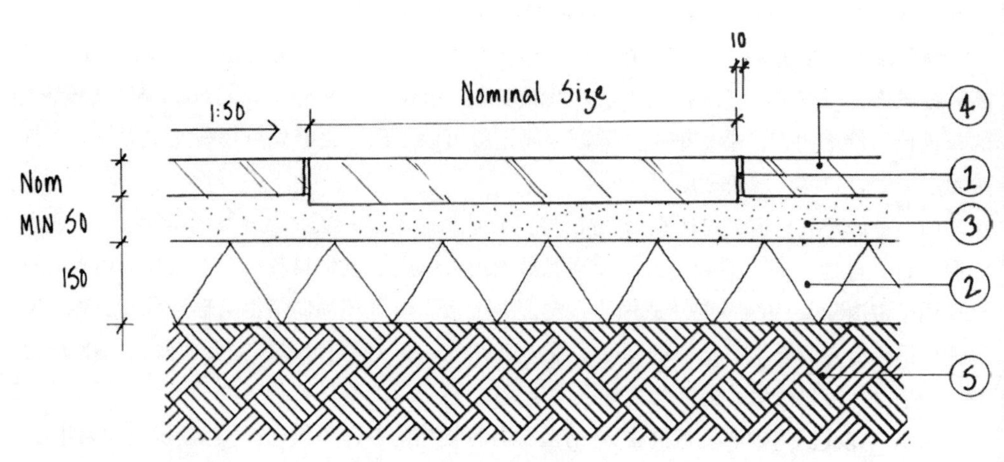

**图 7.64** 约克石板铺装



德国的广场常见铺装成扇形图案的各色方形小花岗石，大小约 100mm，甚至更小。小方石、鹅卵石和石块在哈利法克斯等英国北部城镇最为常用，这是因为当地盛产包括磨石、砂砾和花岗岩等在内的天然原材料。小方石块通常是长宽高各 100mm 的立方体。无论是新开采的还是回收后的小方石都可以使用。一般常见于树、照明柱和井盖的周围，以合适的半径铺设展开。小方石路面略显不平，但可以防滑，看起来十分美观，适合传统的城市环境，如历史悠久的城镇、村庄和花园。

虽然小方石可以干砌并用净沙固定，但是我们更多情况下会用 1∶3 的水泥砂浆对它进行勾缝处理，再继续等待其完全干燥（图 7.65）。小方石常用于城区的树坑周围，铺在 6mm 厚的豆砾石之上，可以让水渗透到树坑中。如果用砂浆进行勾缝处理后，路面就更结实，不易被破坏，但容易导致“牵一发而动全身”的现象，假如一块小方石被移走，整个路面都会松动，可能会被人偷走或当成攻击他人的“利器”。

在使用柏油碎石之前，规格为 $200 \times 100 \times 100\text{mm}^3$ 的小方石（通常是花岗岩或磨石砂砾）一直都是城市街道的主要铺装材料。小方石路面布满棱纹，凹凸不平，本就不易行走，更别说细高跟踩上去了。而且在当时，小方石路面经常被马车及马蹄印下车辙。现在如果您想要购买小方石，可以咨询回收公司购买二手小方石，也可以购买新品。小方石适用于修复和保护历史悠久的乡镇和城市。

**瓷砖** 室外地砖的材质为黏土，颜色大小各异，抗冻性差，在挑选时要注意瓷砖是否适合当地铺装。部分瓷砖，尤其是装饰性彩色瓷砖，受潮后会变得很滑，但采石场的瓷砖表面较为粗糙，所以并没有这类问题。瓷砖的颜色有白色、蓝色、红色和绿色可供选择，可以和其他常见铺装材料（如土板和砌块）相结合起来使用，为普通的铺装增光添彩，使其更加美观（图 7.66）。瓷砖应该用专用水泥基瓷砖粘合剂固定在均匀的混凝土平面上。

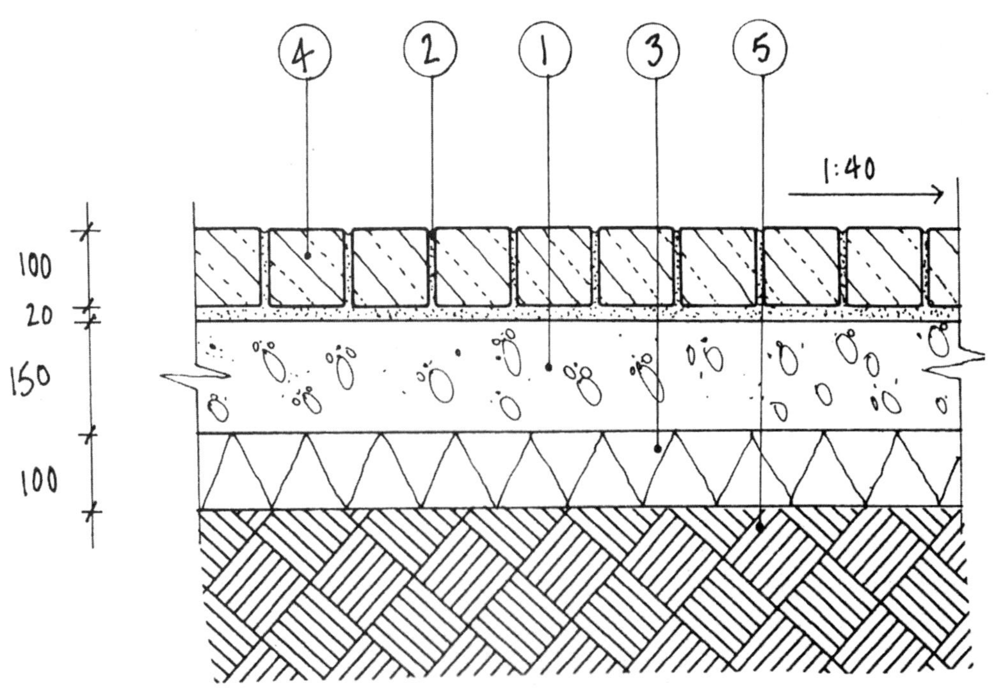


**图 7.65** 勾缝处理过的小方石铺装，比例为 1：10



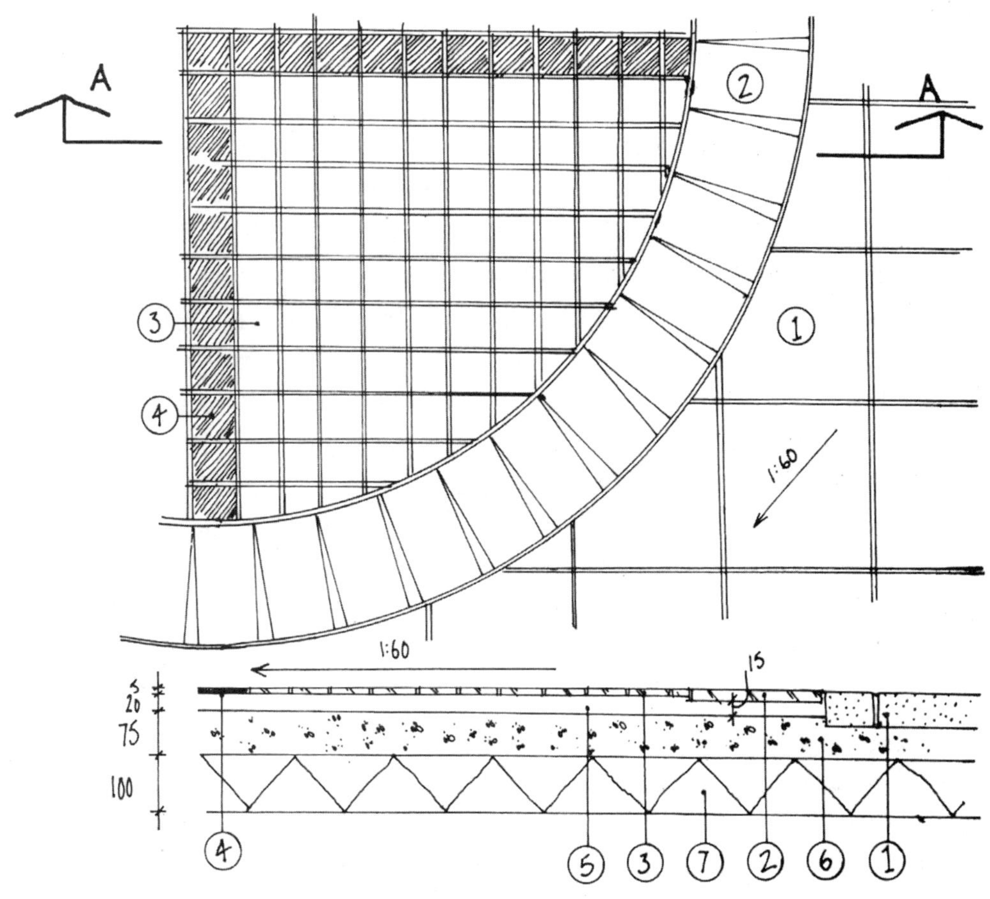


**图 7.66** 装饰性防滑防冻瓷砖

瓷砖间的接缝应保持在大约 6mm 宽，并选择适合瓷砖的颜色进行灌浆，然后再以专用密封胶密封，以防变色。这一过程也意味着高额的成本，但对于现代高科技的都市环境而言，瓷砖是个非常不错的选择，目前使用得仍不够广泛。

**小方木块铺装** 由于木头易腐烂，且受潮后会变得很滑，所以很少被用来铺路。不过，木头经过处理之后，可以制成小方木块，其抓地力会变大。如果想进一步加大抓地力，也可以在表面另外再加一层拦鸡网，就好比修木甲板和木桥那样。小木块主要用于花园中。

木材应铺设于净沙与压实的路基之上，并在路基上铺一层土工布膜（阿克苏诺贝尔公司生产的 Terram 1000 或英国 Hytex 公司生产的 Covertex 为首选）。事实上，基本所有类型的铺装方式都应当考虑使用土工布替代有毒的除草剂来防杂草生长。

## 排水系统

单单就排水系统这一个主题，便可以写成一本书。因此，由于篇幅限制，我们本小节仅精选部分内容，以期为园林设计提供一些有用信息。在这一小节相关的各处，我们会反复提到设计可持续城市排水系统的相关内容。不过，迄今为止，实际已经完成的可持续城市排水系统计划并没有我们预期的那么多，这很有可能是因为这一计划有一定的风险性。当地规划部门和建筑承包商也默不作声，可能是因为惧怕尝试新事物，也有可能是因为成本过高。虽然有寥寥无几的设计顾问和产品制造商支持可持续城市排水系统的建立，但是他们也担心计划实施后可能带来的后果。虽然进展缓慢，但随着规划及政策制订方面的压力不断加大，可持续城市排水系统的建设也在不断推进。可持续城市排水系统主要有两大原则：排水，减少高峰降雨期时的洪水风险；灰水处理，包括自然处理及植物处理污水。

### 路面排水

在设计景观时，如何安排路面排水系统一直都是一大难题。很多情况下，设计师对此并未给予足够的重视。因此，下雨时地上会出现水坑，暂时性的也好，永久性的也罢，泥泞水坑都给出行带来了不便。路面排水不畅，铺路砖下方便会出现空隙，导致路基被冲刷，铺路砖松动。行人越多，路基冲刷得越厉害，砖下的积水就越多。如此一来，便形成了一个恶性循环。我相信大家都有过雨天一踏一脚水的经历，但最可怕的后果还不止于此，行人还有可能会因为踩到松动的砖而扭伤脚踝。

**坡与弧面** 为帮助小路、人行道或公路排水，需要修一个斜坡亦称“滴水坡面”。坡面的类型有两种：纵向坡面和横向坡面（图 7.67）。

纵向坡面沿着整条人行道延伸，坡度不是很大，最陡的地方（靠近建筑物和小面积铺装区域）坡度在 1 : 50，最缓的地方（排水管道、排水沟和管道处）的坡度在 1 : 250。整个纵向坡面最常见的坡度在 1 : 100 ~ 1 : 150 之间。

横向坡面其实就是倒下来的纵向坡面。大多数步道、自行车道和公路的横向坡面的坡度在 1 : 40，路面较为粗糙的坡度为 1 : 30，但如果路面包含大面积的压制混凝土板，其坡度最小可达 1 : 60 ~ 1 : 70。含有水砾石、粗砂、原料砖和沥青碎石的粗糙路面，其坡度会更大，砾石路面的坡度为 1 : 30，沥青碎石路及砖路的坡度为 1 : 40。由铺路砖或其他混凝土质及现浇混凝土铺装的路面，其最小坡度最好在 1 : 60，而对于大面积的土板铺装及沥青路面，其坡度可以减小到 1 : 70。在宽阔的道路上，只修建一个横向坡很不现实，所以我们可以在道路中心修建一个拱面，这样一来，便可以从最高处向两侧排水。对于其他铺装面积比较大的区域，设计师也应当考虑如何安排高点和低点，确保水能通过横向坡流向主排水管道，这就好比雨水打在倾斜的屋顶上，顺着坡度流向排水沟。从可持续城市排水系统

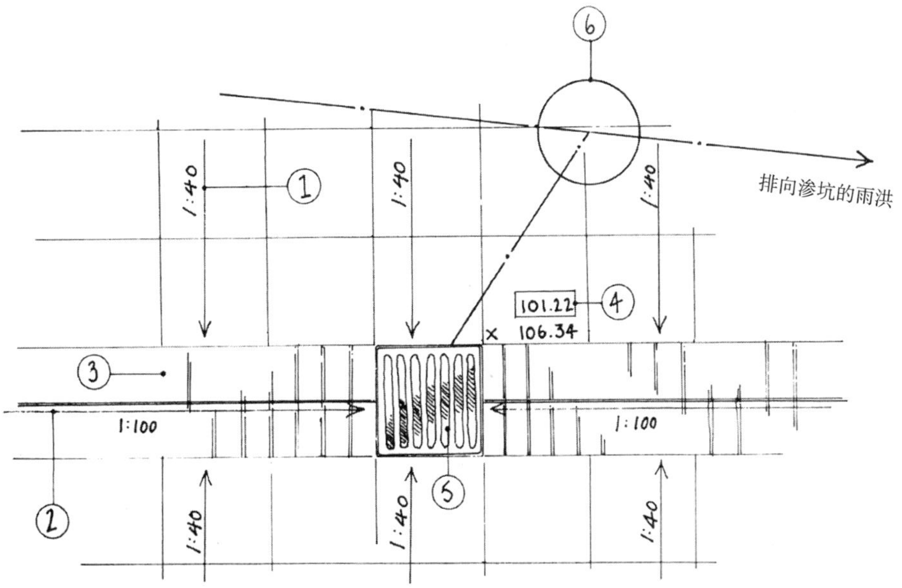

**图 7.67** 纵向坡面和横向坡面排水，比例为 1：20



的角度看，坡面与透水路面有着相似之处，比方说，我们所提到的坡度就相当于透水路面中路面的粗糙程度。

**水沟、渠和排水沟** 在设计好合适的坡面之后，下一步我们便应当考虑水渗下去后应当如何处理。后者的重要性丝毫不亚于前者。关键是要处理好铺装面积和边缘部分。像特拉法加广场或莫斯科红场这样宽阔的铺装地面，下雨时肯定会积攒大量的地表水，因此，人们提出硬性要求，使排水设施即使在面对百年一遇的大雨时，也能做到应对自如。除此之外，其他大面积的铺装区（如大露台、宽阔的街道、游戏区和广场等），积水也会很多，远超出了草坪或绿地的承载量，可能导致绿地被淹。有两种主要排水方法：一是所谓的“正向排水”，指的是，修建通向格栅、排水沟、管道和污水处理系统的排水管；二是将水储存起来，在气候干燥时，通过渗水坑缓慢地释放到水体或土壤中。正向排水法已经在多地实施，我们也十分熟悉，但是却可能有引发洪水的危险，给人民的生命财产造成巨大损失。可持续城市排水系统提供了另外一个替代方案，但该方案的效果难以预估，并且也未经实践检测。因此，某些事务缠身的开发商、建筑商以及怕担责任的规划主管有时候索性放弃了这一美好初衷。但是，重新利用积水浇灌土地，防止土地淹死植被毫无疑问是个非常重要的议题，焉能一推了之？

沟渠和排水沟在收集地表水方面担任着不可替代的角色。二者通常由砖、花岗岩路缘石或小方石嵌入现浇混凝土地基中修建而成（图 7.68）。沟渠呈纵向向下，坡度通常在 1：150 左右，或与具体地形相符的其他度数。每隔一段距离（通常是 45m），流水便可以从水渠内的水沟流到地表水排水管中。有些情况下，地表水可以排入污水排放系统，但有时，污水排放系统承受不住巨大的排水量，为了防止未经处理的污水倒流淹没街道，两者通常保留彼此独立。

当然，所有大面积的铺装（例如大于 $5\times5m^2$）都需要制定排水策略，包括使用格栅和水沟的正向排水系统，或者可持续城市排水系统提倡的透水路面等排水系统。修建了路肩的路面同样也需要考虑排水问题。与路面不完全齐平的石质、砖、木质或混凝土质的路肩都会阻碍积水流入附近的松软地表，因此需要每隔一段就在路边设置格栅和沟槽，辅助积水流出。还有一种方法，即使用透水性材料，例如混凝土砌块（$200\times100\times80mm^3$）等，砌块的边缘有凸起，所以用砌块铺路时，块与块之间是有缝隙的，水便可以从缝隙垂直渗入沙层、渗水土工布直到储水层。储水层状似塑料牛奶箱，足以承受所有铺装及交通的重量。

图 7.68 花岗岩小方石铺成的人行道地表水径流通道

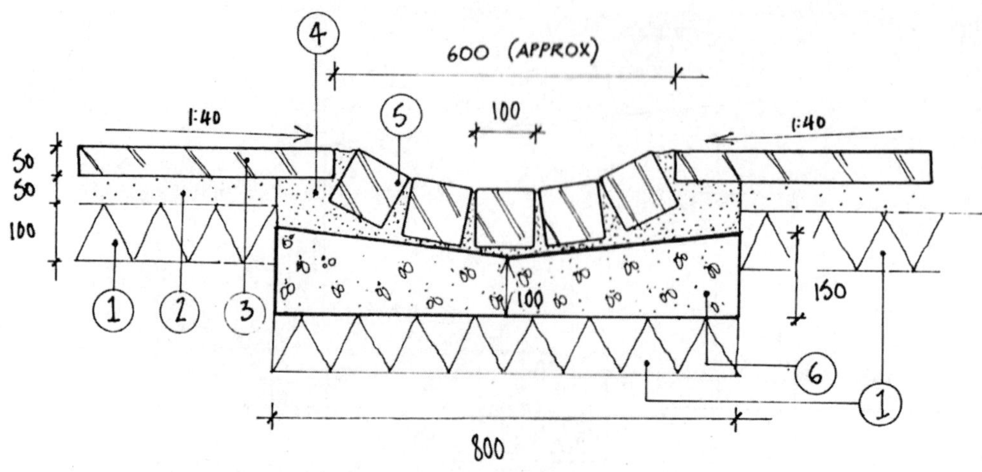


储水层中空区面积大于实心区面积，所以储水量也更大。储水层本身位于一个塑料质地的防渗衬垫上，本质上类似一个地下池塘，可以储水，这样便可控制水流速度，使其从一个排水管中缓缓流出，从而减轻极端降水带来的洪水风险。理想情况下，出水管应当通向一个渗水处，以补充地下水。想达到这种效果还是要取决于地质条件：白垩、砂岩、砾石往往容易吸水，黏土地区反之。总的来说，防渗垫层可防止储存在“牛奶箱”中的水渗入底基，相反，这些水会被收集起来，然后水再缓慢地流入河道，防止洪水突然爆发。

“水沟”一词，指的是带有容许水流通过的金属格栅的水坑。水沟中有一条管道延伸出来，将水引向既有的排水系统、河道等渗水区域（图 7.69）。在出水口有一个“S”弯，类似厕所里的虹吸结构，可以防止气味从水沟里扩散出来。应在水沟内至少 300mm 高的地方安装管道，沉积物才会沉降到沟底而不会堵塞管道。为了便于清理，有些水沟的底部会安装一个桶来收集垃圾、砂砾和淤泥。如果没有这个桶，就必须用真空吸尘车把垃圾吸出来。格栅可以是金属质地，也可以是工程砖或混凝土质地。可持续城市排水系统的渗水路面无需设置水沟，但由于路面渗水速度差异及存水能力有限，市政部门不得不设置一些排水设施来帮助应对百年一遇的洪水。金属格栅（在专用金属沟槽的情况下）用水泥砂浆（1 : 3 混合）固定在砖或混凝土结构上。出于美观，同时为了避免与格栅或水沟盖板附近的路面相互交叉影响，方形、矩形格栅，乃至所有检修孔的井盖轮廓安装的方向均应与路面方向保持一致。

**检修孔井盖** 一般而言，检修孔井盖应当与路面保持平行，并且能够承载足够的重压，才能承受一定的交通流量。如果资金允许，可以将检修井盖缩进去一点，再为它配上一个专用的金属框架，为了不违和，这一框架的材质应与铺装主要用料保持一致。当然，通过精心设计检修孔井盖和格栅周围的单元铺装，也可以使其成为景观特色的一部分。自然，格栅需要略微凹陷进去 5 ~ 25mm，这样水才可以沿沟壑或边缘流下去。

**管道大小、接口和水平高差** 水流从小水沟流入地表水排水管，管道直径一般为

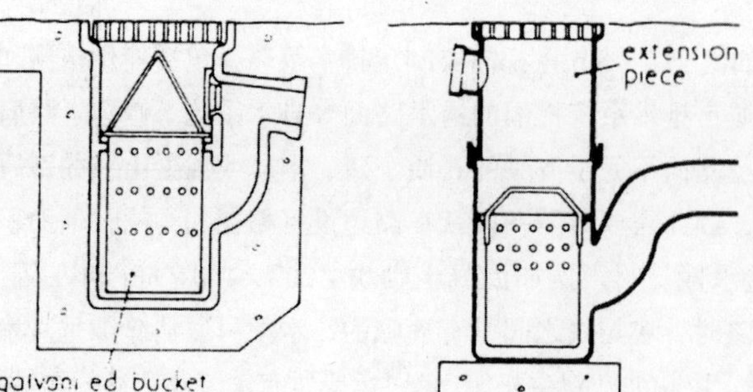


图 7.69 迪恩斯水沟

100mm，如果需要与另外一个或两个管道连接时，直径需要增加到150mm。当两个直径为150mm的大管道连起来时，直径需要增加到200mm，以此类推。但管道的设计还是要和现场具体条件保持一致。管道接口以及管道方向改变处都需要修建检修孔，以便清除堵塞物。管道最常见的坡度在1∶150 ~ 1∶250之间，埋在地下600mm的地方，防止寒冷的冬天冻坏管道。不过，长期干旱之后的大量降雨仍会导致黏土发生隆起，这一现象相对来说很难避免。

**防潮** 无论设计师选择哪种排水方式，都一定要注意防潮。关键是尽量避免把地表水排水系统的坡道修在建筑物附近。建筑物附近的坡度最少为1∶50，路面应比建筑物的防潮层低150mm，防止潮气破坏建筑物。

**审批** 所有关于地表水排水管道和沟渠的铺装计划，都需要符合当地建筑法规，获得当地市政委员会批准，获得规划许可及公路管理部门的批准。如果规划涉及既有河道，则还需要获得环境部门批准。这一流程适用于可持续城市排水系统，所有涉及污水处理的项目都需要经过特别严格的审查。

**成本** 排水管和排水沟还有一个小问题，就是它们的成本极高，几乎能使铺装费翻一番。显然，在铺装面积较小、预算比较紧张的情况下，通常修建一条通往软景观区域带有坡度的道路（坡度通常在1∶40）也可接受，甚至可能也是唯一的办法。乍一看，建立可持续城市排水系统可能更经济实惠，但实际上，我们需要付出更多的精力，除此之外，还得安装自动防故障装置，这都有可能会提高成本。

**通向软质景观区的坡道** 如果想让地表水流向绿地，那么在设计细节之前要做许多准备工作。关键在于，路边的铺装要与路面铺装保持一致，而且，种植区的土壤要比路面低65mm，这是为了在把水引入种植区的同时，保证在种植区覆盖上50mm厚的树皮等覆盖物之后还能有15mm左右的空隙，确保覆盖物不会被冲到道路上，给养护工作带来麻烦。

草坪的高度应比路面低5mm（不超过这个数），一来可以吸收地表水，二来也不会给割草机带来不便。这与传统惯例（存在缺陷）完全不同，按照惯例，土壤的高度要比路面高出25mm，这样割草机在路上工作时可以将草坪边缘修建整齐，但只有在设计了地表水排水沟的地方，这样方案才能彰显其实用性，否则凸起的土地就如同大坝一样，拦截地表水，形成“水塘”。

草坪的高度必须低于路面高度，水才能排到草坪中，但如果低得太多（超过10mm），就会出现两个问题：一是割草机在工作时会破坏路边铺装；二是草坪修剪不够平整美观，草坪边缘的草割不干净。

但现实中，大部分的景观预算都未包括排水沟和排水管的费用。因此，我们需要更加小心地调整地面高度，并遵循一定规范，才能避免水洼、水坑、淤泥以及路面污渍和打滑等现象的产生。要保证软质景观的面积，才足够吸收倾盆大雨带来的巨大水量。

在引导地表水流入绿地并对土壤高度做了相应地调整之后，我们仍然面临一个严重的问题待解决，即土壤质地的选择。设计师必须做足功课，下功夫了解当地土壤的质地，比如说，黏土质重而黏，不适合吸收大量的地表水，所以在漫长的冬天里（少说几个月），种植区和草坪会被淹没，植物将腐烂死亡，草地最终会变得青苔丛生，草苗稀少。随后，即便只是轻微碾压，土地也会板结，而在又硬又湿的土壤上，植被很快就会枯萎。

即使是黏土含量不高的土壤，也有可能因为建筑作业而产生结块。常有这样的情况，工人会直接在结块的土层上撒一层表土，这就导致绿地就像一个装满水的大水桶，潮湿不堪。至于黏土以外的土壤，我们只要保证土壤不被压实造成结块（或者只要主承包商在覆盖表土之前把板结的土壤打碎），地表水就可以通过种植区排出。值得注意的一点是，就目前状况来看，让景观分包商负责供应表土是上策：一来可以保证底土能够得到彻底检查，避免污染或施工导致的土壤板结；二来可以防止主承包商把建筑垃圾埋到植床之下。

**地表水排水系统及树木** 在新铺好的道路上修建地表水排水系统将给项目场地中的树木带来重大影响。由于可以吸收降水的面积减少，地下水位便会下降，树木生长将遭遇困难，直到其根系适应了新环境，扎根更深，能吸收到深处的水分为止。年头较久的树，一般来说观赏性也最佳，给景观带来的影响也最大，它们反而难适应水位的这一变化，甚至有可能枯萎死去。因此，目前普遍采取将排水沟引至渗水坑或暗沟处的方法，以便补充地下水，保证地下水的水位。这也是可持续城市排水系统的另外一个目标，即补充地下水，保证树木健康成长。通过调节降雨量高峰期和少雨期的水流，可以进一步实现这一目标。

**渗水坑与暗沟** 渗水坑是一个内部填充清洁圆形集料的大坑，大小取决于排水区域的面积（图 7.70）。坑底由可自由排水的材料制成，四面、底部和顶部最好用土工布覆盖包裹，以防土壤阻塞集料之间的空隙。一般情况下，渗水坑的大小在 1 ~ 3m$^3$ 之间；当然，也有尺寸较大的渗水坑。

在面积较大的铺装区域，特别是在农村地区、停车场附近以及堤基处等，修建暗沟不失为一个排水的好方法。通常情况下，暗沟是 300 ~ 450mm 宽的沟槽，两边是斜坡，内部填充清洁的圆形集料（图 7.71）。沟底、两侧和沟顶用编织土工织物包裹覆盖，表面用 75mm 的豆砾石装饰。

在暗沟的底部，可以安装一个直径为 80 ~ 110mm、上面有孔的塑料排水管，以便水流沿暗沟排出，或将多余的水引入河道。暗沟中的水在大多数情况下会沿着排水沟流出，所以实际上排水沟就相当于一个加长了的渗水坑。土壤的休止角决定了排水沟的坡度；土工布覆盖在坡面上可以帮助加固排水沟；有时也会将土工布垫在排水沟底部，并覆盖上豆砾石作为



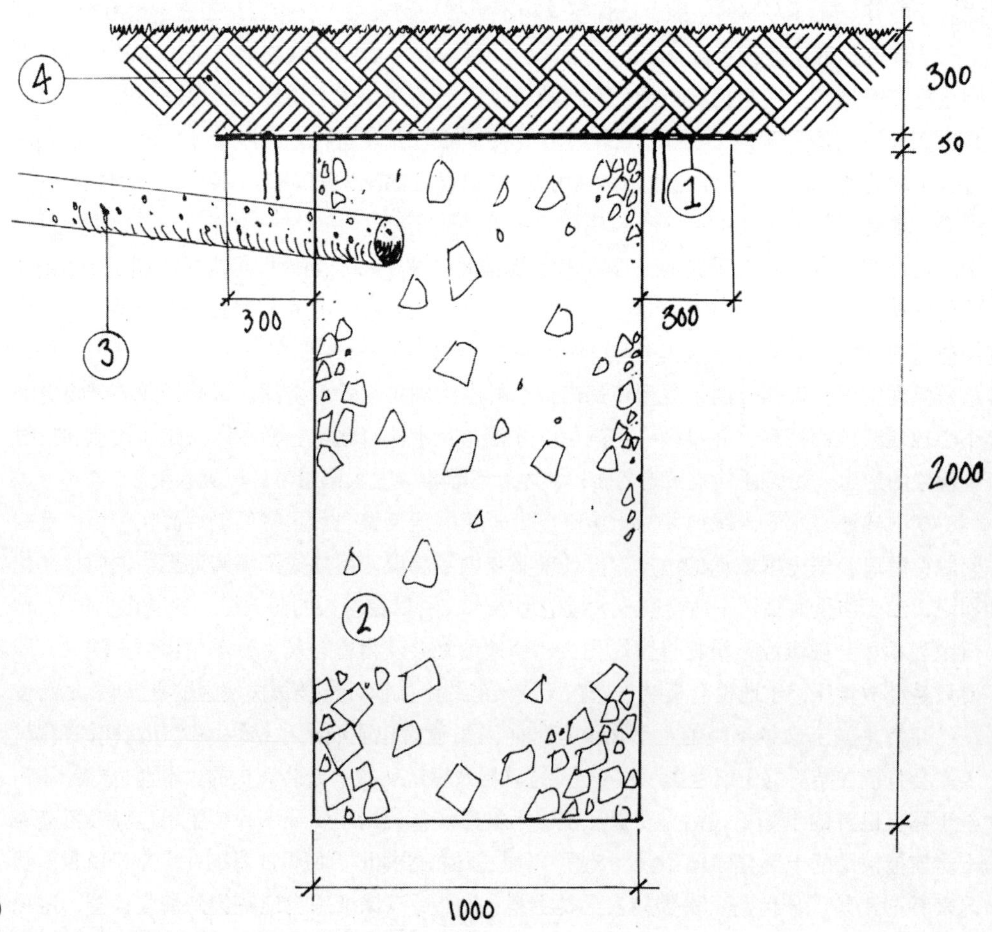


**图 7.70** 渗水坑，比例为 1：20

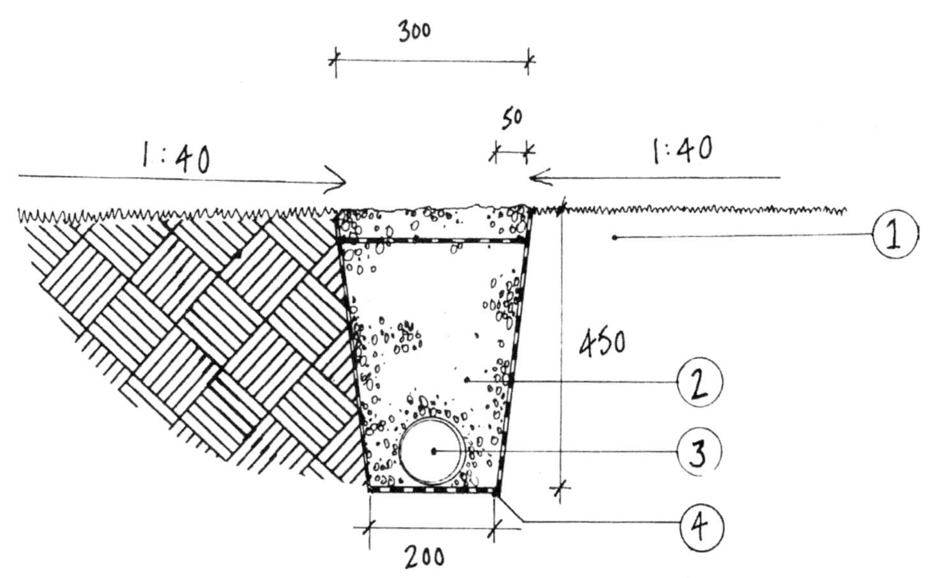

**图 7.71** 暗沟，比例为 1：10



装饰。在土壤透水性良好的地区修建可持续城市排水系统时，渗水坑和暗沟都是核心设施。

## 污水渠

污水渠将建筑中排放的污水运输到主排水系统，然后输送到污水处理厂；在没有主排水系统的地方，可将污水运输到化粪池、污水坑或消化池。化粪池可接收未经处理的污水：沉淀的固体被厌氧菌分解，而液体则可以沿管道流入渠中，再渗入地下或流入其他的沟渠中。污水有毒，且需要时间进行氧化和好氧消化，而完成这一过程的最佳场地则是种有芦苇的砾石层。有时候，我们会利用焦炭过滤层过滤污水，好氧菌栖息在焦炭过滤层的孔洞和高比表面积焦炭中，可以帮助分解污水。在整个过程中，必须及时清除固体污物，防止污水池积满。最好在通往河道的排水沟中种植芦苇，铺上砾石，这样可以起到一定的清洁作用。

污水坑其实就是存放污水的大罐子。理论上，污水坑在灌满之前必须清空，但实际上，一般只有在污水倒灌或者溢出时，我们才会清空污水坑。大部分的非主排水系统都有一个出水口，排出的污水需经过一定的处理。目前处理污水的最佳方法就是通过管道把污水运输到富含好氧菌并配备曝气设备的消化池中。首先要确保待处理的污水是含氧的，细菌才能够进行工作。最终从消化池中排出的污水比未经处理的污水危害减少了许多，但在进入水道之前最好再对污水进行进一步处理。一些制造消化池的公司宣称处理过后的污水可以直接排到河道中，但其中的磷酸盐和硝酸盐含量可能较高，可能导致水体富营养化。因此，最好先将污水通过管道运输到水沟中，沟中铺设 300mm 厚、10mm 规格的水洗豆砾石，并种植芦苇，芦苇的纤维根中的细菌可以净化污水。

这些植物是可持续城市排水系统中处理灰水的重要武器。芦苇能有效去除水中包括碳氢化合物等在内的各类污染物。如果水体污染较为严重，或者水量较大，便需要修建一系列大型浅水池来进行净化处理，但这一方法目前仍未获主流认可。现在，我们举一个污水处理的正面例子：来自贝里圣埃德蒙兹的 Bloor Homes 建筑公司开展的 Tayfen Meadows 项目。来自工厂的黑水，来自 A14 公路的地表径流（因为流经当地一家染坊，有时会呈橙色或蓝色），在进入该处理系统之前就已经被芦苇净化成了清水。目前，这些经过处理后的废水已可满足鱼和鸭子的生存条件。

当地市政建筑主管部门和水务局出台的相应建筑法规，确定了管道尺寸、检修室、沟渠以及与污水排水系统的接口规范，景观设计师一般不参与这一部分的工作。

## 土地排水

土地排水可分为三类：农业排水、景观及便利设施排水、运动草坪排水。

**农业排水**　农业排水的成本最低，主要使用悬挂在拖拉机上的鼠道排水工具，其状似火箭，金属质地，附着在拖拉机刀片的底部，可在土地 400 ~ 600mm 深处挖一个圆洞。圆洞的深度取决于土壤湿度、坡度以及可用资金的充裕程度，一般在 1 ~ 3m 之间。水沿着鼠道终将流入沟渠或排水沟。鼠道的寿命在 3 ~ 5 年之间，到时，洞可能已经填满，必须重新开挖。

**景观及便利设施排水**　在景观区、便利设施区、较湿润的农耕区以及预算较宽裕的区域，均采用塑胶多孔地面排水管道，直径 80mm，与主排水管相连，一般呈人字形排列。

用挖沟机挖出约 125mm 宽的沟，再在其中铺设管道，两项工序一气呵成。管道铺好之后，再用碎石骨料回填沟，并覆盖上一层沙层。在沟中铺上一层土工布可以延长其寿命。每隔 3 ~ 10m 便需要安排这样的排水系统，具体视土壤湿度及预算而定。一般情况下，排水管铺设在 450 ~ 600mm 的地下，坡度在 1∶250，或具体视当地地形条件而定。所有排水管都与直径为 110 ~ 225mm 的主排水管相连（直径较大的排水管要放在末端，才能承受逐渐增加的水量），水流最后会汇入河道、水渠及地表水排水系统。土地排水系统的使用周期在 10 ~ 20 年之间，铺上土工布可以防止土块或植物根系阻塞排水管及集料，进而延长排水系统的寿命。

**运动场草坪**　运动场草坪一般多采用格栅排水沟，以便主排水设施可以放置于运动场外围位置（图 7.72）。如果想要保证表面整年都保持良好状态，且预算充足，那么可以添置一个沙缝排水系统。沙缝深 250mm，宽 50mm，其中填充 175mm 厚的水洗圆形骨料和 75mm 厚的净沙。各个沙缝的间距为 1m，并与深处的排水沟呈 90° 角。水可以从沙缝中的石料缝隙间流入主排水系统。沙带的原理也基本类似，不过细节略有不同。沙带宽 20mm，相邻沙带的中心间隔 500mm。也可以在土壤之间修建排水层，高等级的运动场就是一个很好的例子。运动场的设计和建造的专业性较高，所以最好先咨询运动草坪研究所的专业意见。草坪的排水性越佳，能够承受的磨损就越大，但与此同时也需要更加高频度的养护。比如说，灌溉系统在给草坪带来水分的同时，也加速了养分流失，所以我们需要定期施肥，定期施肥加快草的生长，进而又增加了割草的次数。排水较差的运动场，虽然需要的养护工作也相应较少，但在隆冬或是长期阴雨天气之后却常常不能适应举办比赛的需求。

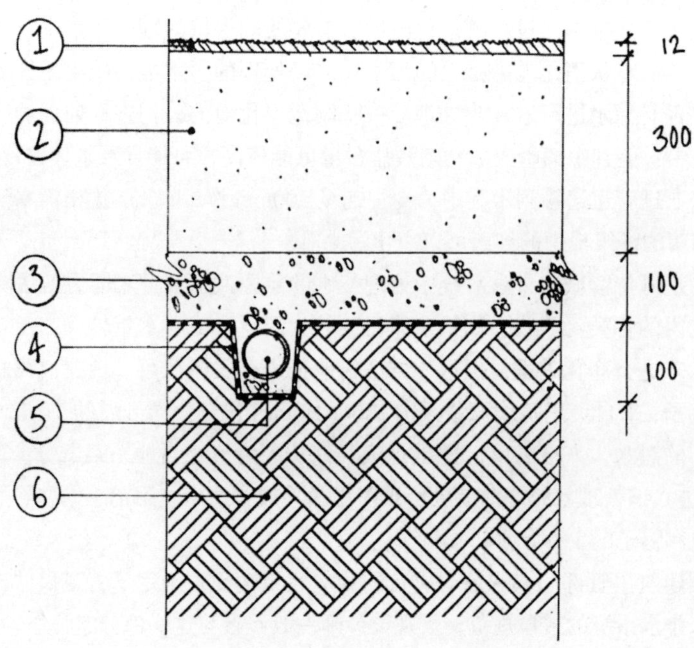


**图 7.72**　USGA 运动场土壤剖面图，比例为 1∶10

# 其他要素

硬景观设计还有许多其他要素，如照明，某一些特殊建筑，包括观景亭，凉棚，花架，池塘等，但在像本书这样的入门书籍中，作者无法对所有这些建筑进行详细介绍。以上提及的这些要素，我们有两种获取方法：一是买现成的；二是进行单独设计。

## 照明灯饰

照明灯饰是一个庞杂且专业性极强的领域。虽然照明设计往往需要设计师付出极大精力关注，但在这一领域已经有许多专业出版物可供参考。一些专业照明公司也会提供非常实用的帮助，但可能会对植物种植位置产生一定影响，因此，你可能需要和他们做些协商。

通常只有在私人开发项目和私人花园中，设计师才能在照明方面充分发挥。这是因为，所有的公路都归当地政府管辖，由于维护成本高、更换成本高、潜在的寿命问题等，政府对照明设施有严格的政策规章。所以，公共照明往往带有市政建筑的色彩。雅邦斯（Urbis）或埃伯克斯（Abacus）公司生产的5m高的钢质灯柱，库霍斯科（Cu Phosco）公司生产的P107/24灯罩,再加上一个70瓦SOX或者SON灯泡,这便是典型的可以在市政委员会上“保过”的路灯设计方案。不过，每个地方的市政还是有自己偏爱的灯饰，在设计之前务必向各区、郡公路管理局的照明主管部门咨询相关信息。在住宅区街道，每个路灯之间的光照度最小要达到1lux，并且要防止形成“光池”，造成视觉上明暗效果对比过于明显，让行人感到恐惧。这些灯具除了成本低、灯罩美之外，还符合“黑暗天空”环保政策的要求。其他场合对于光照度有不同的要求，比如，停车场的最低光照度为5lux；主要街道以及有监控的街道的最低光照度为10lux。不过，本书提及的信息仍然比较粗略，如若想获得具体信息，还应当联系当地公路管理局（通常隶属于当地市政委员会）。显而易见，在私人领域中，设计师可以发挥的余地更大，他们可以选择更加精致昂贵的照明方案，比如说采用泛光灯，在建筑物或树木的表面营造迷幻的光影效果。

护柱灯如同盘旋在人行道边的萤火虫一样，打破道路单调格局。镶嵌在路面、墙壁、座椅旁或矗立在河道旁的白色或蓝色LED灯柱，在绿松石再生玻璃后流光溢彩，不禁令人啧啧称叹。但这类装饰性极强的照明方案带来的后续影响也比较大。所有权问题事关重大，因为不管是谁接手了这些照明设施所在空间，就得同时接手维护费和电费等。

## 观景亭与避暑小屋

观景亭与凉亭都可以向专门的制造公司[如奥勒顿（Ollerton）]购买，也可根据环境专门量身定制。二者的原材料可以是金属或木头，制造工序相当复杂，需要考虑电力、水体和排水系统的安排。观景亭多见于大型花园中，担任着供游人休憩观景的重要角色，亭柱上通常有着精致的装饰。观景亭的海拔高于花园其他区域，通往观景亭的阶梯口可有一个或多个。从观景亭向外看，花园甚至更远处的景色可一览无余，因此，观景亭也就成了整个景观的焦点建筑。封闭式花园一般会在角落中修建观景亭，这样便可以从亭中眺望围墙之外的景色；其他空间里还可以布置体积相对较小的各色亭阁。

避暑小屋的规模大于观景亭，通常是位于某一个空间中间位置的焦点建筑。典型的避暑小屋装有法式门窗，多为单坡屋顶，屋檐宽大。为了方便攀缘植物攀爬，可以在柱子上缠上可供攀爬的线。木质地板及金属质地板的隔热性良好，如能配上照明与供暖设施，避暑小屋便能成为绝佳的、可常年居住的工作室和兴趣屋。

## 花架与凉棚

花架是供攀缘植物攀爬的木制建筑（图 7.73）。一般情况下，花架有 2.5m 高，最低的横撑也有 2.2m 高。虽说极简即至佳，但专业公司设计的花架也相当繁复精致。当木材完全暴露于大自然时，总会有一定程度的折损，所以建筑结构越简单，其性能也越佳。我们只需在 125mm 宽的方柱两侧用镀锌芯螺栓固定两个 50 × 175mm 的横杆，一个坚固好用的花架就成型啦（图 7.74）。花架的柱子和横杆横跨小路或天井两侧，再用与横杆规格相同的支架作为花架的固定，与竖柱相交支撑。有些花架的横杆会固定在柱子的插槽上，但由于这些细节会成为整个花架的薄弱点，所以我们要尽量避免这些细木工，以减轻风化给木材带来的影响。

横杆和支架在与柱子相交后，要保证二者超出柱子的部分至少有 600mm。设计师可对其边缘进行倒角处理，安装柱帽等，使花架更加美观。木材大多使用经过压力处理的软木，后续可使用无毒深色防腐剂（如 Sadolin 经典漆）进行着色。固定方法有二：一是在柱底安装与地下混凝土块之上的防滑钉相连的金属垫；二是用环氧树脂胶水将直径为 25mm 的金属棒固定于柱底，底部须嵌入到混凝土基座，地面之下及地面之上应分别留出 400mm、300mm 的余量，柱子底座和地面之间至少应有 30mm 或 50mm 的气隙。

如果想让攀缘植物顺利爬上花架，则必须在每根柱子上钉上有眼螺丝，并在螺丝上绑上重型园艺用铁丝，花架顶部的两根横杆也要交叉缠上铁丝。

凉棚即带有圆顶的铁艺结构，好比一条通道，可供人通行休憩，工艺有简单复杂之分。凉棚由圆环结构和竖栅栏相交构成，藤蔓沿着攀爬线徐徐爬上棚顶。如果有需要，可以向 Agriframe 农用框架公司等制造商直接购买，价格较优惠。不过，最精美的凉棚无疑应当是因地制宜精心打造的那种，但价格相应也较高。

**图 7.73** 花架

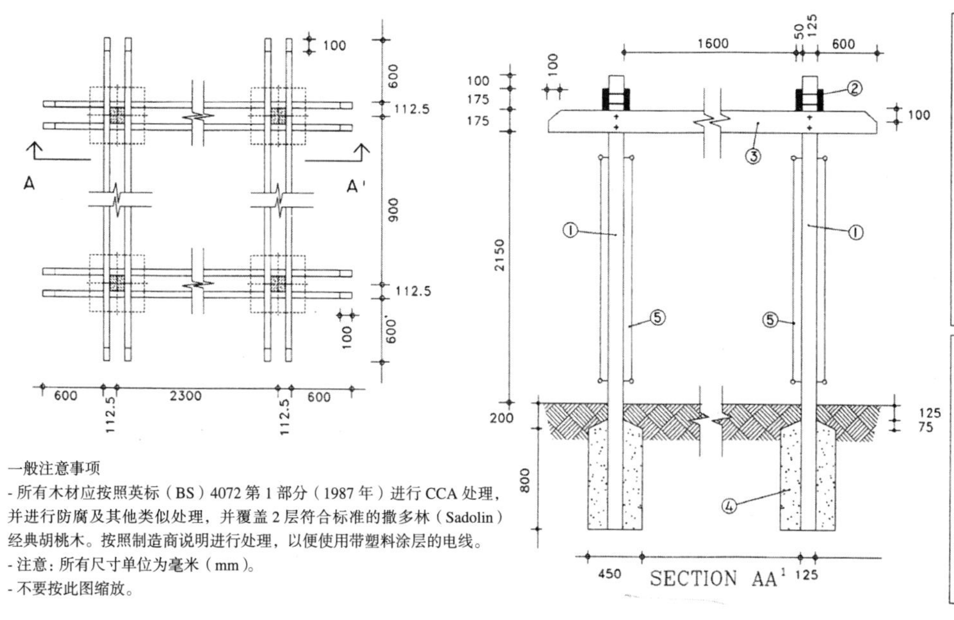


注意事项：
1. 125×125mm 锯制软木桩，长 3550mm。
2. 用两个直径 13mm 的镀锌埋头螺栓将 50×150mm 软木垫片固定到立柱上。
3. 用两个直径 13mm 的镀锌螺栓将 175×63mm 锯制软木梁固定到立柱上。
4. 混凝土基座采用 C：20：P 混合混凝土。
5. 塑料涂层电线紧紧地绑在无锈螺丝和柱子底部，每个柱子 4 根电线（8 个螺丝）。
6. 用 2 个直径 13mm 的螺栓将符合标准的金属密封套固定在 1 号立柱上，并用两个螺栓加固。

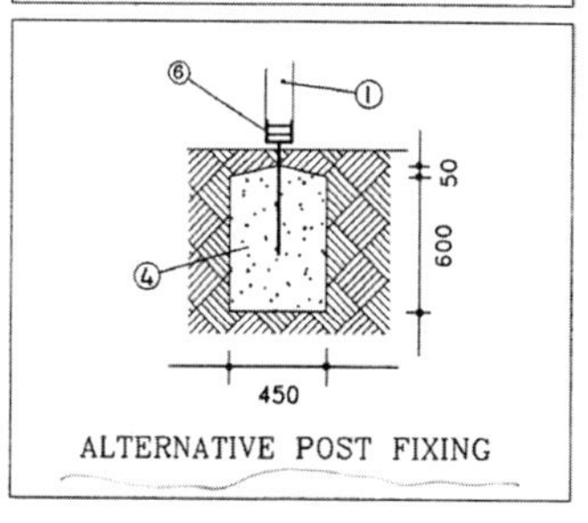


**图 7.74** 花架细节图



## 池塘

天然池塘就是一片低洼地，因为海拔高度低于地下水水位，因此自然会填满水。虽然天然池塘需要时不时地清理其中的淤泥，但不用担心，淤泥穿不透池塘衬垫。地下水位有可能随季节变化而波动，因此，水面高度也会有所不同。所以，为了改变这一状况，保证水面高度不受影响，可以安装一个池塘衬垫和夏季调汛系统，水可以通过管道在排水沟与池塘之间流动。人工池塘可以采用人造衬垫或黏土胶泥作为保护层，但水面高度的变化会使衬垫在部分时间暴露于强光之下，由此给衬垫造成损坏，黏土胶泥也会干燥开裂，最终导致塘水渗漏。不过，采取保护措施总归是错不了，而且衬垫和黏土胶泥的成本也不高。尤其是对于可通过规律供水（这里的水指的是硝酸盐 / 磷酸盐浓度较高的水）调节水面高度的池塘来说，衬垫或黏土胶泥是性价比最高的选择。当然，采用多重准备措施总是更稳妥一些，一个失败了，另一个便可以顶上来，比如说，可以同时修建黏土胶泥层和衬垫，或衬垫和混凝土层等。要注意，衬垫需要一层夹层，防止被淤泥破坏；还要注意，选取合适的黏土胶泥，并且保证它们始终处于胶着状态，但要保证这一点实在说不上容易。因此，对于人工池塘来说，修建人工衬垫最为简便。以下是建造人工池塘的五种方式：

1. 使用预先制成的玻璃纤维衬垫，用约克石板或假山石压住衬垫边缘。这种方式较为简单，但由于衬垫形状大小有限，所以池塘的面积也会受到影响。

2. 建造一个混凝土砌成的水池，水池边缘用石头或厚板装饰。混凝土容易开裂，需要修建活动接缝，并用橡胶杆密封接缝。必须在混凝土上添加防水化合物，并在表面涂上密封剂。通常来说，最好要安排垂直遮挡墙，否则池塘边缘用混凝土砌起来的塘壁将会过于显眼，尤其是在刚修好后的一年里，人为雕琢的痕迹将显得过于浓重。

3. 利用池塘衬垫修建一个天然池塘（图 7.75）。如果池塘的坡度较小，且在水面下有一个隆起，我们便可以铺上一层惰性砾石，再盖上一层保护用的银沙（可避免土壤渗漏），这样一个类似天然海滩的池塘边缘就建成了。可以在土壤中挖洞或放置土盆，以种植水生植物。为防止被刺破，衬垫应使用足量的丁基合成橡胶作为固定。衬垫上下都应当铺设土工布保护层，可以避免衬垫被池塘床上锋利的石头刺穿。除了石头以外，苍鹭也爱破坏衬垫，

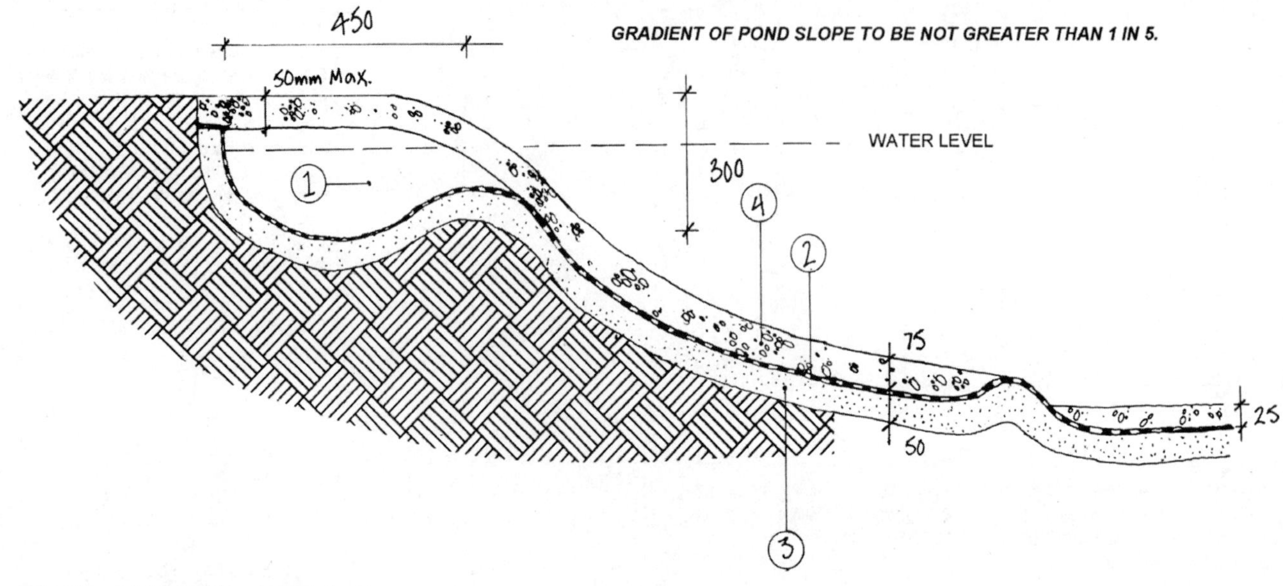


**图 7.75** 天然池塘建筑，比例为 1∶10



所以我们可以在衬垫上铺上一层土工布，再盖上沙子、豆砾石、鹅卵石或其他石头，可以在最大限度地保护池塘的同时保护野生动物。

4. 利用池塘衬垫可以修建一个规整的池塘。地基用混凝土修建，池塘侧墙用经济实惠且质地细密的混凝土砌块修砌而成。墙体上固定有 PVC 材料或木条，衬垫用 PVC 材料或木条固定到墙上的木条上，连接处用铺路板装饰覆盖，路面可高出池壁 75 ~ 100mm。如果墙上的木条位置接近墙的顶部，那么最终水位也会越接近铺路板，水面的镜面效果也相应得到加强。

5. 将衬垫和混凝土相结合使用。首先，按照预期设计的轮廓开挖池塘；然后再依次铺设底层、衬垫和顶层。这次，我们不再使用岩石沙砾层，而是铺设 100mm 厚的 C∶20∶P 混合混凝土，再涂上一层防水剂。如果面积超过 5m$^2$，那么便需要修建一个伸缩接缝，用橡胶接头密封。在混凝土表面可以铺上一层鹅卵石，以便营造出天然的感觉。虽然这种组合式修建法的成本更高，但其耐久度也更强。衬垫完全被封闭保护起来，一旦混凝土层发生损毁，衬垫便可接替混凝土，继续保护池塘。

在修建水塘前，要注意下列事项已得到妥善解决：

1. 无危及他人财产（如地下室等）的风险。设计师及其客户将承担相应损失的责任（参考赖兰兹诉弗莱彻案中提出的“严格责任”原则）。

2. 池塘要保持水平。

3. 有办法为池塘补水，不用富含硝酸盐和氯的自来水。可在屋檐下放置水桶接取屋顶积水，或直接将屋顶排水沟中的水接入池塘。不过这两种方法需要您修建一个出水口（见第 5 条）。

4. 有便捷的办法排空池水，如安装活动塞，可连接到排水渠。

5. 在有定期径流汇入的地方，必须有溢水口，且溢水口须具备良好的排水能力，即能承受 50 年一遇的大风暴带来的降水。可以修建穿过衬垫的管道，与预先密封好的管道套管或现场冷粘合管道套管相连。当水面上升到超出预定高度时，水流就会沿管道向下排出。我们需要额外修建一个水道或正向排水系统容纳排出的水，不过一般情况下，水排出的地方都会有排水沟。

6. 防止儿童误入池塘溺水。可以安装带有自动锁闭功能的防护栅栏防止儿童误入。诚然，开放池塘对野生动物有利，但无论何时，儿童的安全永远是第一位的。当然，谁又能说这世上绝对没有“鱼和熊掌兼得”的两全方案呢？

**1** 卡维尔街花园的栏杆和大门，斯泰波尼

**2** 复杂的、有图案的铺装区

**3** 卡维尔街花园，斯泰波尼

**4** 阿伦德尔酒店停车场，剑桥

**5** 环状路线

**6** 修建基座和栏杆之前的布伦瑞克路 6 号

**7** 修建基座和栏杆之后的布伦瑞克路 6 号

**8** 树篱、墙壁和栏杆详图

**9** 半围墙，巴瑞圣爱德蒙公司（Bury St Edmund’s）制造

**10** 玛丽女王学院西广场

**11** 西广场喷泉水景

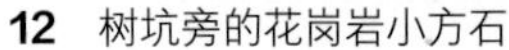

**12** 树坑旁的花岗岩小方石

**13** 在景观设计中引入色彩

**14** 规整抽象种植

**15** 装饰性抽象种植

**16** 改造成花园之前的院子，考克斯提小屋（Coxtie House），布伦特伍德

**17** 庭院改造成花园后，柯克斯蒂之家，布伦特伍德

**18** 环境改善计划，奥利里广场
白色小教堂（Whitechapel）

**19** 色彩、形式与材质的对比

**20** 草本花境

# 第 8 章　软质景观设计

软质景观指一些具有生命特征的景观元素，如草、草本植物、木本植物和高大乔木。软质景观工程要求使用一些具有生命特征的元素蓬勃生长，生生不息，焕发出持久的生命力。

在此不可能面面俱到地将本学科涉及的所有点都作详尽论述，事实上，这方面的论述已有很多，可参阅的文献也是浩如烟海。相反，本章将提出一个种植设计的基本原理，帮助读者了解该学科，并对相关的信息进行分门别类。这一基本原理有望赋予读者一把打开那博大又让人心怀敬畏的植物宝库的钥匙，从而更快地成为一名称职的植物设计师。

## 战略性景观种植

首先，战略或总体规划种植与单一区域的种植设计有所区别。地方政府的规划师将确定具有重要战略意义的树木，树木群，树林和灌木丛，这些树木不仅影响某一特定的场所或地点，而且实际上也有助于改善更为广泛地域的环境质量和特征（图 8.1），因此这些植物被视为具有战略意义的植物。他们可能受特定的强制性保护令保护，也称树木保护令。该树木保护令既适用于单一树木种植区域，也适用于小片树林和成片林地。这些树木形态各异，大小不一，甚至树苗也涵盖在内。生长在保护区内的树木同样受到法律保护，不得随意砍伐，损毁，否则要承担相应的法律责任。树木保护令对于保护区也适用，因为它可以为特定的树（小片树林或林地）提供更加强有力的针对性保护。

在提出一项开发提案时，规划师会在获批的大纲规划许可上施加相应的景观限制条件，并且会就更具体的规划图施加更为详细的条件，无论这些树木是否已受到树木保护令的保护，或就树篱而言，无论其是否受 1997 年颁布的树篱法的保护。之所以设定这些条件，意在保护具有战略重要性的树木、成片树木和树篱，规划人员可能会寻求保护措施，而他们所制订的规划条件也会要求在整个施工过程中对树木进行实质性的保护，并且还需要通过额外植树来改善树木或树木群。这种对重要树木进行改善的工作构成了战略性种植的主要内容，并将保护邻近地区更广泛的环境特征和植物，建筑物轮廓，永久留存并改善当地的著名景观地标。

确定具有战略意义的树木，树木群，林地和树篱，保护和改善这些景观特征构成了景

**图 8.1** 战略性种植 具有战略意义的树木群位于林冠线上，而单棵树处于中间位置上

观种植的一个完整方面。同时这涉及了景观评估和景观规划两门学科。本介绍不能对该学科的精深奥妙，复杂之处一一详述和列出，其目的仅在于指出有这么一个学科领域还有待进一步研究。选用的物种需要反映该地的地域特征，在农村地区，最好选用当地独有的一些植物。而对于其他地区而言，每个特定的地区可能都会有各自特有的地方特色，彼此间存在迥然不同的特征。比方说，在萨福克郡的伊普斯维奇小镇，克雷斯特彻奇公园周围的维多利亚地区以及相邻的区域就呈现出了与该镇其他地区截然不同的景观特色。这里主要生长着深色系的常绿植物，如松树（各不同品种）、冬青、橡树、紫杉、常春藤、黄杨树和草莓树等。

## 缓冲植物带

缓冲植物带是指为了分隔不同的土地用途、减轻开发带来的影响、遮挡、过滤或控制景观，并提供遮蔽功能而种植的不同植被带。通常这种缓冲种植都是围绕新的开发项目而建，并将这些开发项目融入更广泛的景观环境里。因此，种植过程中使用的植物大多为当地物种。究竟什么构成乡土植物？关于这一点仍存在很多争论，有些人甚至达到极为苛刻的程度。对于“极端乡土派”人士而言，所谓乡土也就意味着这种植物在上一个冰河时代末期之前就已经存在于英国；温和派把西班牙无敌舰队时代作为分界点（因此包括七叶树 Horse Chestnut），而实用主义者则认为，维多利亚女王统治之前出现在英国的植物就全部都应该算作乡土植物。当然，植物的种子可能会随鸟类的粪便进行传播，落地生根。或由于种子本身有尖刺而依附在鸟类的翅膀上。对于大多数人来说，这个争论纯属学术性争议，他们很难理解，既然几个世纪以来景观在人们的干预下始终都在不断发生改变，为什么还会有人把它看得如此重要？这个争论很难激起我们的认同感，从纯粹景观术语角度来看，"乡土"所指的内容，不过是某一特定地域内的一个或两个以上地方都有发现的同一种植物。

例如，松树可能算不上某个地区真正的"乡土"的植物，但它可能非常常见，并影响了农村广大地区的景观特征。它们应该被排除在缓冲混合带植物之外吗？许多人的回答是否定的，然而有些人的回答却是肯定的。无论是乔木还是草本植物，适当引入一些非本地物种可以对景观的质量做出积极的贡献。谢菲尔德大学景观系的詹姆斯・希区莫夫博士通过该系对城市野花草地的设计理念来推广这一实践。赫克诺博士的主张很有说服力："仅仅因为其中有一种非本地开花物种，并不意味着所有的爬行动物和田鼠都会离开自己的栖息地。"大多数人不会注意到，相反，他们会欣赏加州罂粟花（或其他任何非本地物种）鲜艳的颜色，所以只有极少数学者和实践者才会反对这一做法。越来越多的景观实践主张，本地缓冲种植所使用的形形色色的植物均应在当地采购，植物的种子也应是当地土生土长的品种。这样可避免其他基因混进当地几千年来形成的基因库，进而适应特定地域的具体环境条件。这种做法倒是不无道理，但如果从当地种子或植物种群的可用性来看，这一观点却未必总是那么行得通。

并非所有的缓冲带植物都须是真正意义上的原生种植（无论你如何定义这个术语）。在郊区和市区内的一些缓冲种植区内种植的，很可能很多都是半乡土的，甚至是观赏性的。通常，半乡土混合植物也包括那些花朵或果实会吸引昆虫的植物，这样做有利于保持生物多样性丰富。一些非本地物种比大多数真正的原生植物排列更加紧凑，对相邻建筑物的地基影响反而更少，或者不会遮挡太多光线，养护成本也相对较低。防护带可能主要由树木和亚冠层灌木构成，而主干道路两边的缓冲带可能仅栽上一排排的树木，主导景观则是由常绿、落叶灌木组成的混合灌木层，其中有些属于乡土树种，有些则不是。

## 结构性和观赏性种植

结构性种植带指用于为特定场地确定宏观轮廓的植物。结构性种植并没有什么精致漂亮的细节（令人悦目赏心的通常是观赏性种植）；如果说把结构性植物比作是一个地区的骨架，那么，观赏性种植就是附着在这副骨架上的肌肉。或许用音乐做类比更有利于说清两者之间的关系，观赏性种植相当于旋律，而结构性种植就相当于和音。只有在充分考虑了具有战略重要性的现有景观特征和战略性种植后，才可以开始考虑结构性种植和观赏性种植。景观设计师将他的想法从大的框架和区域背景转移到场地内的各个区域，利用景观设计过程中常用的一些总体设计原则来指导自己的设计过程，这些总体原则包括使用模式、空间邻接、空间创建和围合、循环流程图表等等。在应用这些原则时，所种植的植物要么属于结构性植物，要么属于观赏性植物。

结构性种植是景观设计师实现空间围合，制造浓荫并为空间创造框架或结构的一种有效手段。在前文硬质景观章节的介绍中可以找到实现空间围合的其他手段。观赏性植物提供了具体细节，通过颜色、花朵、质地等元素的运用来增加设计的个性和独特性。这些术语会在下文中详细解释。

**图 8.2** 植物群体

## 空间围合：群体和形态

### 植物群体

在进行软质景观设计时，空间定义是最重要的原则之一。植物的形态是决定它是否契合空间定义这一目的的关键因素。作为空间定义的一种素材，大多数植物所起到的作用只是辅助性的，而非决定性的。植物有一个可定义的群体（图 8.2）。通过将一系列的植物群体拼凑在一起，不同的植物群体就会圈定一定的空间，或将不同的区块整合起来，形成一个更大、能够圈定一定空间的植物群体。更为复杂的叶子或开花植物的组合都遵循结构性种植这一原则。这有助于营造整体空间特征，但它们的主要目的是在“房间”内提供装饰性的“家具”，而不是定义房间本身的“墙壁、窗户和门”。

如本书前几章所述，所有空间必须足够大，且足够舒适，以满足客户期望提供的功能和活动（或不活动）。此外，还应该留出一定的空间来种植观赏性植物，即体现空间特色的“空间陈设”。在决定空间将最终呈现出什么样的特征这一方面，观赏性植物栽多宽？用多少数量？这些问题与选择哪种“装饰性植物”起着同样重要的作用。

每一个结构性种植带的规模大小将反映每组植物的数量，以及它在对比度、颜色运用等方面是否符合预期的用途和特征。户外用餐空间周围可能只需要少量点缀一些结构性的植物，一些有趣的铺装和适当的氛围照明，再加上些户外音响设备来营造氛围。这种空间通常会种植少量的植物，留有狭窄的边缘，其目的是为使空间显得更加温馨、私密。而天堂花园则需要相对更复杂的空间定义，从树篱到色彩斑斓的树木，再到宽阔的边缘，周边的草地、林间空地、凉亭、百合花池、水景喷泉和各种固定或移动的文物花床，其间蜿蜒曲折的小径等等，都是营造愉悦的感官体验不可缺少的要素。所选择的植物种类将决定进行空间围合的每一植物群落的最终高度和宽度，除树篱之外，所选植物应尽可能接近植物的自然尺寸特征，以方便维护（修剪），不造成额外的麻烦。

## 种植形态

每种植物都有它清晰可辨的形态。当一个植物群落只包含一类植物时，那么这一类植物的独特形态就会得到强化和放大。种植形式决定了某一植物群落的特征（图 8.3）。

## 形态类别

有些植物品种呈“平伏”形态，有些呈直立状或圆束状，有些呈球状，而另一些却呈下垂状或矩形形状。多数植物只有一枝主干，向上分出许多侧枝，形成羽毛球形状。其他某些植物则通常从底部开始生长，或沿地面匍匐，或呈拱状生长，有些会长出长矛状的叶子，形成玫瑰花一般的图案形态。然而，形态只是植物整体特征的一个组成部分。有些植物本身的亮点聚焦在枝干上而不是形状上（有些植物的枝干比形状更加吸睛），其他某些植物则可能以悦目的叶型（质地）取胜。但一般来说，在植物性状中发挥主要作用的大多只有两到三个因素。在植物的生长习性、形状、质地、颜色和色调之间的差异方面耗费过多的精力可能会让事情变得更加复杂。事实上，这种以过于学术化的态度区分植物分类的方法可能会让那些没有经验或新入行的人感到望而生畏。那么现在松了口气了么？好！——接下来就让我们一起来看看这些特征是如何帮助你，而不是让你感到茫然的吧！

## 群落，形态及特征的运用

在你考虑植物个体品种之前，重要的是要改变您对植物的看法。不妨把植物视作另一

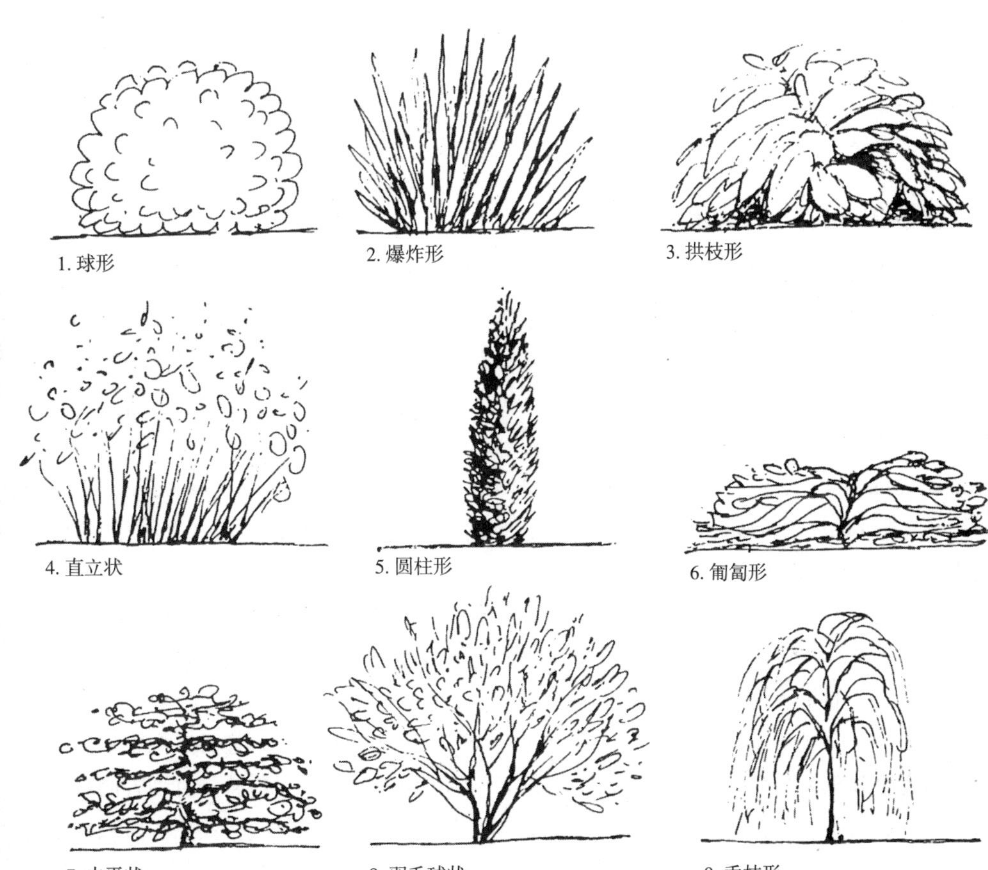


**图 8.3** 种植形态

种用来营造空间、进而装点空间，产生愉悦氛围的建筑材料。试着将之看作为一种具有质量和形式的多样性、可塑性的材料。把植物想象成积木、金字塔、圆柱体、羽毛球和地球仪。然后再设想一下它们的其他特征，如松散度或密度，亮度或暗度，颜色，叶子的不同尺寸，以及他们自我繁衍的方式。有些植物呈水平分布，有些则呈现或高挑笔直、或俯首下坠，或圆球、或辐射蔓延的种种特征。形态将由植物的习性、形状和质地来定义。就像你每天会遇到形形色色的人一样，所有这些要素融合在一起构成其完整的特征。那么，如何使他们发挥相应的功能，让它为你的计划增光添彩，而不仅仅是听起来像硬质景观那样生硬冰冷？首先让我们弄清楚其中一些术语的含义。

习性指植物分支结构的方向和相对密度。质地是指叶子的相对大小。这在明（叶子表面）暗（叶子之间的间隙）之间形成对比，光影之间鲜明的对比形成强烈的反差，因此质地看上去相对粗糙。小型叶子的对比则不太明显，因而质地显得相对细腻。事实就是这么简单。中等或普通质地是判断植物质地相对粗糙或细腻的试金石。在结构性种植中，颜色只与叶子有关，与花无关，因为叶子寿命较长，而花朵花期短暂。色调也是个重要因素，它指的是整个植物的相对明暗程度。银色和金色的植物色调较浅，绿色和红色的叶子植物色调较暗。对比和意趣即是由明暗对比而来。

现在我们对一些术语的定义有了一定程度的了解，那么接下来就需要进一步了解一些关键的内容。关键是要记住，植物在这些特征方面的组合是有限的，因此，一旦决定了你想要的特征，便有可能找到三至四种能够满足需要的植物。通常，只有两个（或最多三个）标准占主导地位，决定植物性状的 80%。如果植物对这些特征的形成只有少数几种有限组合方式，那么，无需耗费太长时间或精力就可以掌握，你会突然发现打开了一扇通往植物王国的大门。这真的很简单，就好比行驶一段时间后你就能驾轻就熟地操纵开车一样，只需要用几秒钟，你就可轻轻松松的把植物运用到你的设计方案中。或许一开始时你会手忙脚乱，总想要找到某些诀窍，但用不了多久，你就能熟练自如、得心应手。

把植物视作一种建筑材料，我们就可以绘制一幅只显示植物的平面图或效果图：通过植物形态或群落来定义空间范围和特征。再之后，就可以选择实际的植物来实现预期特征。通常有多种植物可实现同一种预期的形态和特征。

## 结构性植物的共同特征

株型高大，质地细腻的植物可以构成一面效果十分精美的“后墙”，来定义出一个“室内空间”。这种材料既可以沿着整面“墙”连续栽植〔实际操作中具体可选的植物可能包括紫杉（Taxus bacata）或布克荚蒾（Osrnanthus x burkwoodii）等〕，也可以只栽一簇质地中等的植物，旁边再配上一些质地粗糙、颜色较深的常绿植物。再或，前面的一种你可以选择卵形叶的金叶女贞（*Ligustrum ovalifolium*‘Aureum’）来代替，后面的一种可选择金银花（*Fatsia japonica*）来代替。另外，大叶黄杨（Euonymus japonica‘*Aureo-marginata*’）和月桂李（*Prunus laurocersaus*）也可以轻松地达到同样的效果。现在你明白基本道理了吧：先有想法，然后选择植物来实现这一想法。

关键的一点在于，一开始选择的时候，就要把待选对象纯粹看成是某种特定的材料，而不是某种具体的植物，按照这种思路，树种选择也就简单明了，结构性植物主要以常绿植物为主，一般是从根部向上生长茂盛的植物。大多数植物会自然而然长成浓密的一大簇，能够将他们区分开来的不过是质地、颜色和色调。有了颜色和色调，你可以把它们简单划分为高亮色和填充色两大类，也即是浅色和深色两大类植物。如果你希望将别人的视线吸引过来，那么就可选择将亮色和暗色交替使用。或者，你可以通过改变颜色和质地来创造一些变化和亮点，但色彩的明暗色调需保持基本一致。至于观赏性植物，其特征变化程度相对要丰富些：从匍匐式、深色调、质地粗糙的金色细密质地的常绿植物，到质地细腻、金光耀眼的尖顶植物，甚至是色彩鲜红夺目、质地粗糙的“爆炸”式尖顶植物，可供选择的植物种类繁多、不一而足。当然，也有一些生命周期较短的花朵和草本植物，它们谱就了自己独特的季节旋律，在整个生长季节里，一波又一波地更迭，就好像上演了一场又一场的园艺主秀。

## 植物的功能

通过选择合适的位置和恰当的组合，植物可在景观中实现多种功能。植物不仅可以起到遮蔽（图 8.4）、遮挡、消音的作用，还可以提供安全、干净和凉爽的空间，更可以起到引导视线和疏散交通等作用。植物可以用来创造一个悦目宜人的组景（前景，中景，背景）。

功能可以分为以屏蔽和庇护功能为主的实用功能和以缓冲、界定空间、提供焦点及观赏群体为主的审美功能。在景观设计中利用植物发挥审美功能时，其主要用途可笼统地概括为以下三大类，如图 8.5 所示。

## 结构功能

结构性种植在上文的“结构和观赏性种植”部分已有所阐述。树篱，绿化带或矩阵结构性种植虽然粗略、简单，但却可以起到限定空间的作用。这类植物通常包括一些高大、常绿（但也有一些落叶）的乔、灌木品种。这些植物共同构成设计的框架。如上文所述，就好比房间内的家居陈设，该框架构成了观赏性植物细节布置赖以存在的背景。

现在我们可以开始做更具体的介绍了。紫杉树篱是传统园林设计中常用的一种背景材料。虽然紫杉生长速度很慢，有时也不易成活，但它的结构相对稳定一致，也易于养护，因此是花园中结构性背景材料的首选。然而，有时很难说服客户耐心等候紫杉树篱长到所需要的密集度，而且价格也要贵得多。

此外，在这个充满诉讼气息的时代里，我们必须将一些法律因素考虑在内。紫杉种子毒性极强，种植在小孩玩耍的场所可能会给他们带来一定的危险。当然，反驳的声音也同样存在，即植物中毒致死的记录少之又少，但是如果在那里玩的是你自己家的孩子，可能你就不会这样想了。仔细考虑这些选择，并将思考过程记录下来总归是明智的。虽然经过精心修剪的树篱可以将这种风险降至最低，但可能没有负责任的场地管理员或园丁来完成这项工作。当然还有一些可用来做树篱的可替代性材料，如葡萄牙月桂（Portuguese laurel），南美鼠刺（Escallonia），栒子（铺地蜈蚣）（Cotoneasters），荚蒾花（Viburnum tinus），大叶黄杨（Euonymus japonica）（它们的浆果有毒或携带轻微毒性）或者桂花（Osmanthus），山毛榉（Beech）和鹅耳枥（Hornbeam）（无毒）以及其他许多植物。尽管上面提到的一些灌木也很适合作养护成本较低、不太正式的灌木丛或背景灌木，但他们当中却很少有哪种植物能像紫杉一样具备良好的塑造性。

## 观赏功能

在结构种植带增加观赏性植物或植物组合有助于提供每个空间的个性，软化和点缀结构种植带。这些植物会有不同的高度，通常从后面的较高植物到前面的地面覆盖层大致成条状排列。会有一些更突出的植物或植物群，也会有平淡的“陪衬植物”，后者的功能在于衬托更引人注目的突出品种。这种种植方法的功能主要体现在视觉上，加强空间感，加强物理边界，创造焦点、节奏和重点，通过色彩和质地、过渡区域等提供四季不同的色彩和透视效果。

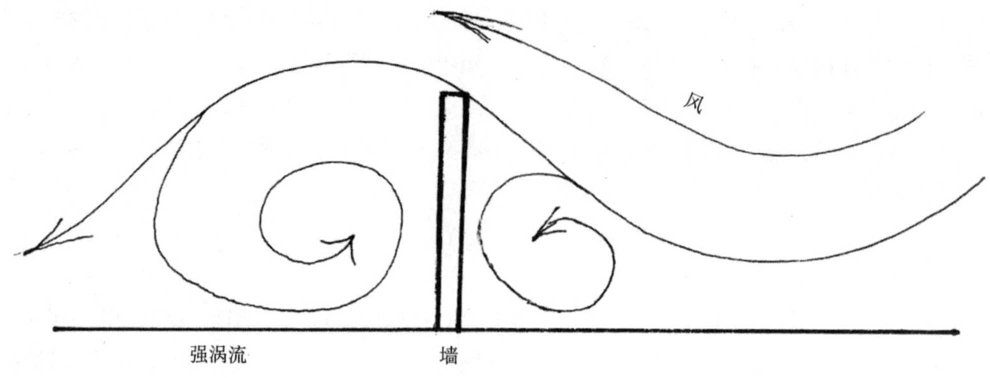


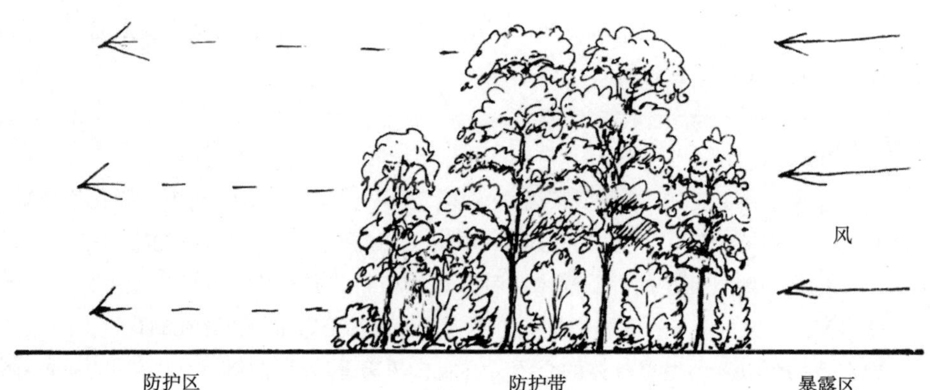


**图 8.4** 防护带

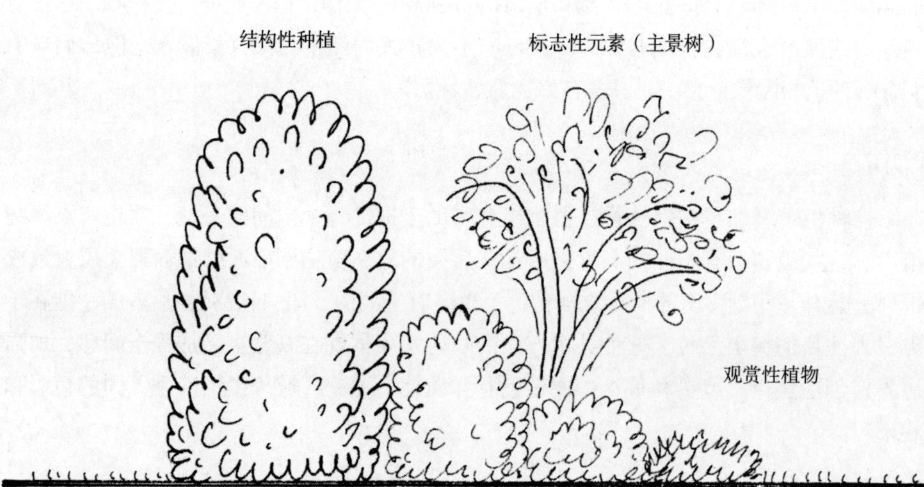


**图 8.5** 种植类型

## 标志性元素

这些标志性元素包括那些构成视角焦点，与众不同或引人注目的植物（有时称为“建筑植物”），它们是平淡景观之中的亮点。他们常用于改善视觉构图，例如让视线在远景上暂作停留，在开阔的空间吸引视线，或者将视线从一个点引导到另一个点上。这种植物通常具有大胆的结构性形态，并且色彩明丽，质地粗糙，尺寸较大，实际上，这种植物几乎集合了能够与背景中的观赏性植物和结构性植物形成鲜明对比的所有特征。由于垂直平面比水平平面更具吸引力，因此它们通常呈笔直或尖刺状（例如新西兰麻 Phormium tenax 及其不同变种）。标志性植物通常是松散、辐射状植物，一般向上或向外辐射延伸，恰似一个朝上运动的羽毛球，例如溲疏（Deutsia x elegantissima Rosea Plena）或蝟实（Kolkwitzia amabilis），“晨曦”博德南特荚蒾（Viburnum bodnantense 'Dawn'），辽东楤木（Arailia elata）或“金丝雀”月季（Rosa 'Canary Bird'）。所有这些都提供了季节性的色彩亮点，当他们集体发挥作用时，就会产生震撼人心的效果。在这些时节之外，它们更像是一种陪衬植物，不过，如果将这些植物种植在周围低矮的陪衬植物旁，那么，它们羽毛球状的形态将可以产生些许建筑性的意趣。

# 栽植总体原则

## 背景氛围和情调

植物氛围是一个术语，指的是决定植物选择的景观韵味或特征，或者实际上指由特定的植物选择营造出的实际环境，或者两者兼而有之。这些环境可能是正式的、观赏性的、自然的、原生的或某一独特的生境类型，如酸性荒原、林地空地、滨水景观、草地、洼地等等。种植设计也融合了许多不同的文化背景，如日式、摩尔式、英国浪漫主义、英国乡村小屋、意大利等。种植设计中的背景可以指环境营造的意境，以及这种环境如何影响植物的选择，它可以宏大，也可以私密，抑或呈现出鲜明的城市，郊区，乡村，历史，现代，古典，浪漫，村舍，富丽堂皇等各种风格。

## 种植层

在对植物进行设计时，为达到令人悦目赏心的视觉效果，常规做法是对自然进行模拟。在自然界中，植物通常都有其独特的生境，生长范围一般都局限于这一生境之内；也就是说，植物与特定的栖息地相关联，在特定适宜的微气候及其他环境状况下长势最好。

有些植物喜欢林地生长环境，而另一些则偏好林地边缘或开阔的草地。因此，可以在对特定地点和生境有共同偏好的群体中确定植物。植物的高度是进行识别的有利因素。如果你画一个树林和空地的横截面图，就会发现其中包括了树冠，亚冠层乔木和攀缘植物，灌木层植物和底层植物及草本植物。

景观设计时，我们经常模仿这些自然形成的层次，以便在种植的过程中产生更好的效果，不过，抽象的具体程度取决于场地实际背景。如果以抽象的方式模拟自然进行种植，那么所产生的效果一般会显得相对正式；而如果模拟自然本身，大量使用当地物种，则会给人一种相对自然的感觉（图 8.6）。

## 抽象种植

统一性和秩序性可能是设计方案中要涉及的要素，而设计方案要求更加规范、抽象和立体地对植物层次进行运用。修剪整齐的顶层部分可能代表树冠层，而矩形树篱的清晰轮

**图 8.6** 乡土和半乡土植物的天然层次

廓则代表亚冠层，前排的花境将是灌木和地面层，草本层则用嫩绿色修剪整齐的草坪来表示。观赏物种将取代乡土植物，分别代表天然林地中的各个不同层次。其中，一些观赏性植物将以一种非常抢眼的方式并列布局，比如以南方龙凤草为代表的形态奇异、建筑结构一般的形式，呈现出一种乡土植物身上不太常见的焦点特征和强烈对比（图 14，图 15）。

## 接近自然生命形式的种植方式

当地物种会自然地与当地的林地植物融合在一起，尤其当这些物种按某一地区自然中特有的一定比例规模种植时便是如此。于是就可以塑造一种柔软、自然、毫无设计痕迹的景象，而这恰恰正是此类种植方式希望达到的目标。

按照合适的方法和步骤整地，就可以从无到有打造出类似天然的栖息地景观，确保土壤具有适当的类型、营养状况和 pH 值（pH 值是酸碱度的测量标度）。为不同层次引入正确的物种组合，确保适当的植物组合，以保证生物多样性。

## 处于中间的不同层次

大多数种植类型既不完全正式也不完全自然，而是介于两者之间。虽然根据地理位置和部门（国家公园和杰出自然风景区会促成更多的自然种植计划）不同，设计重点、经费使用比例安排等方面会存在一些差异，但在大多数委托种植计划设计项目中，大部分的资源还是会主要着眼于提供视觉舒适性和娱乐功能，减轻工业、商业、休闲和住宅开发项目带来的影响。

在公园、公众开放区域以及花园等一般美化种植方面，由于要突出审美和活动功能，选用较高比例的观赏品种可能会比较恰当（但并非唯一合适的品种）。设计的风格可能不太正式，但总体来说通常表现出一种相对刻意、人为操控的风格类型。

## 模拟自然

通过模仿不同植物形成的天然植物层打造复制出其原生栖息地，设计师就可以使原生种植方案看起来更自然，并且使观赏性方案看起来更具吸引力。在制订种植方案的过程中，有五种自然形成的植物层次可供我们模仿借鉴。

### 草地和地面草本层

在视觉上，该层提供了用于衡量其他自然层的试金石。它可被视作是一种空无一物的空间，由其他层定义的空间。它是客户或最终用户实现其预期功能的空间，也是用于创建野花草甸和林间空地的场所。

### 地表覆盖（草本和植物）层

这一层通常坐落在高大、浓荫的乔木之下，主要由挺拔高挑、羽毛球状的植物品种构成，在植床前形成一层地毯状的覆盖层，有利于抑制杂草生长。它常用于草本植物的花境中，比如野生草本林地边缘或林间物种边缘。

### 灌木层

灌木层主要以体积较大、高度较低的结构性植物为主。它为背景植物提供了景观小品和陪衬植物，有助于柔化结构植物，锚固高挑植物。在本地种植方案中，这类植物可能包括黄花金雀（Cytisus praecox）、欧洲荚蒾（Viburnum opulus）、重瓣刺金雀（Ulex europaeus）和欧洲红瑞木（Cornus sanguinea）等。

### 亚冠层

亚冠层是用于定义空间高度结构的层，其功能在于营造特色景观元素和重点，例如丁香。它提供空间尺度，在需要时投射斑驳的阴影，起遮蔽和屏风的作用。在林地中，这些物种主要生长在较大的森林乔木下，如山楂和榛树。

### 冠层

这层包括最高的植物（通常是树木）。它主要通过高度来定义空间，同时营造浓荫蔽日的氛围，并与其他植物层结合，沟通构成防护林带中的屏障植物。它对塑造景观整体的影响极为巨大，同时又能创造出一种尺度感，为景观特征和轮廓奠定宏观基调。

### 影响植物选择的因素

可供选择的植物不胜枚举，很多因素对设计师的选择都有影响。除了经验丰富的景观或园林设计师之外，这点对所有人来说都是一项艰巨的任务。为对信息分门别类，选出一个最佳植物搭配方案，有必要有一个基本原理作为指导，将一些难以理解的信息拆分为便于理解和使用的小块信息。

## 缩小选择范围

需要牢记的一点是，植物只是一种用以完成一项工作的工具或材料，它们的作用是由一组特定性状决定的，这些性状主要包括与邻近植物有关的，或能够与之形成对比的形状、质地、颜色、色调、高度和习性。这也就意味着，你可以从多种可满足预期用途的植物中选择一种。因此，如果植株大小达不到预期的要求，或者为了不超预算，您希望使用一种价格相对低廉的品种，那么，或许你可以找到一种合适的替代品来替代。比方说，“希德寇特”金丝梅（Hyperricum patulum 'Hidcote'）这种灌木的价格比卢肯桂樱（Prunus laurocerasus 'Otto Luyken'）和墨西哥桔（Choisya ternate）便宜得多，而后面这两种植物比起红叶黄栌（*Cotinus coggygria* 'Royal Purple'）或银穗树（*Garrya elliptica*）来，价格分别又要便宜一些。此外，有些植物可能是在植物形态方面符合要求，但在土壤亲和度、直射耐受度等微气候问题方面，却未必适应特定的场地条件（图 8.7）。

## 植物清单

为确定实际要使用的植物，必须归纳总结出一个植物表或清单，将植物按照之前总结的那样分门别类：

1. 结构性植物（树木及灌木）。
2. 缓冲种植带不同高层的植物组合（乡土和半乡土）。
3. 观赏性植物（焦点或陪衬），可根据场地状况量身定制。
4. 标志性景观元素或主景植物，可根据场地状况量身定制。

按照以上类别来分析你或他人的设计方案，看看各方案在植物选择方面的特点，想想他们各自的作用，看看他们彼此之间的关联。这是一个非常有益的学习过程。

对于不同特征类别，你可以考虑通过加上副标题来扩大这些分组（种群、形态、功能、颜色、质地、高度和习惯）。有些植物可能挺拔直立（就其分枝结构而言），但最显著的特征却是圆形的形态和密集而又质地粗糙的叶子，因此必须谨慎对待这些划分方法。植物的某些特性可能会被其他特征所掩盖，以至于在选择植物中把关注点放到了一些无关紧要的方面。事实上，这甚至可能会妨碍做出正确的选择。因此，在准备植物列表时，有必要将植物的突出特征列出来。

你经手设计的每个场地都可能与之前的场地略有不同，但是也有许多共通之处，正是这些共通之处使植物清单成为节省时间一个必不可少的工具。可将不同土壤类型，微气候的恶劣程度等等因素归纳整理，在此基础上整理出一个基本的植物清单，为我们提供必要的功能性种植原理。我们也可选择将新型植物加入到总的清单内，必要的话，可以分析考虑其他植物，或将某种植物从总表中移除。将那些对场地有特殊要求的植物也列在总表之内，这反过来也可以增加设计师的知识储备，提升自己在设计种植方案方面的意识。尤为重要的是，你可以在不违背基本种植设计原则的前提下，使自己的种植方案更加多样微妙，意趣盎然。如果这听起来颇为复杂或困难，请继续读下去，因为事实并非如此。为了正确地培养自身的植物和种植设计技能，亲手列一份上面推荐的清单非常重要，但为了尽可能为读者提供帮助，本书也列出了一些非常实用的入门性清单，其中包含了一些经验证明确实行之有效、非常管用的植物。

## 地面及场地因素

在拟备适合场地种植的主要植物时，设计师需将以下地面及场地因素考虑在内，这可能会帮助你将一些不适合某一具体场地种植的植物排除在外，排除的理由可能是因为植物

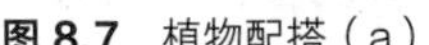
**图 8.7** 植物配搭（a）

**图 8.7** 植物配搭（b）

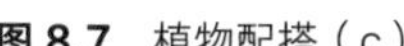
**图 8.7** 植物配搭（c）

生长需酸性土壤，不耐寒，不耐旱，需要阳光充足，生长态势强劲，而场地恰恰又无法提供植物生长所需的这些条件，因而要将不适宜的植物排除在外。

· 微气候 - 耐寒度、耐光度；
· 土壤类型 / pH- 耐受程度；
· 荫蔽 / 阳光的耐受性；
· 损坏 / 耐磨 / 恢复程度 / 磨损耐受性；
· 气候耐寒性，海拔耐寒性；
· 生长态势 - 对周围植物的影响；
· 水分要求以及耐受性。

## 外部因素

以下外部因素与基本园艺问题关系不大，但仍然是设计师需要考虑的因素。

**成本** 每种植物的成本在某种程度上取决于这种植物繁殖的难易度。昂贵的灌木通常有石楠（Photinia），十大功劳（Mahonia），胡颓子（Elaeagnus），丝穗木（Garrya）等。相对容易繁殖的灌木成本则要低得多，这种价格相对较低的植物有迷迭香（Rosmarinus），栒子（Cotoneaster），金丝桃（Hypericum），长春花（Vinca）等。用一种价格相对低廉的树种代替另一种树种而不影响预期的效果是完全有可能的。乳白花栒子（Cotoneaster lacteus）的功能特征与埃比胡颓子（Elaeagnus ebbingei）相似（质地中等，生长高大，呈灰绿色，常绿灌木，生长旺盛，场地适应性强），但价格只有后者的一半。

**供应充足度** 供应充足度是影响价格的另一因素，但更重要的是，供应不充足的植物可能会耽误履行合同，容易被其他植物取代，或者不容易找到大小正合适的树种。

**盗窃和故意破坏** 植物失窃，特别是一些具有观赏价值的植物的失窃是一种常见现象，在一些植物失窃现象高发的地区，这也可能是影响灌木选择的一个因素。盗窃远没有破坏行为那么容易预测。但在某种程度上，植物故意破坏频发的地区可能相对好预见。在种植时，选择一些质地粗糙而又平实的灌木可能会减少盗窃和故意破坏问题的出现，但是相应的种植效果或许就会打些折扣。

**猫狗的尿液** 许多植物对狗和猫的尿液非常敏感，这些植物在某些环境中可能原本长得很好，但如果将它种在习惯于进行气味标记的动物经常出没的路径上，就可能会莫名其妙地死掉。通常认为容易受影响的植物有长阶花（hebes），“绚秋”（'Autumn Glory'）这个品种尤其易受影响。

## 设计标准

这一环节主要可以分为两部分：即首要和次要设计因素。下文列出的主要设计因素是那些无论设计师掌握了多少有关植物的知识，在设计时都仍然需要首先考虑的因素。次要设计因素可以看成是关于植物的背景及特征的知识。随着经验的积累，这些知识就会成为你的第二本能。于是设计师就可以将更多精力放在主要设计因素方面，重点考虑如何来配置和布局植物。修剪草坪就是一个可借鉴的类比。如果说主要设计因素指的是能够保持直线并创造出悦目的草坪图案的能力，那么次要设计因素就可视作是实际操作控制割草机的能力。起初，操作员将努力学习割草机的使用技巧，控制修剪高度，速度等因素，但一旦掌握了这些技巧，他或她就可以专注于草坪的修剪效果。但关键在于你的清单（或改编本书中为你提供的清单）。这些将帮助您为场地选择合适的植物——在你完善知识体系的同时，也能将精力放在主要设计因素上。

## 首要设计因素

如图 8.8 所示，首要设计因素主要有以下几点：

- 高度 - 低 / 中 / 高：花境定位（高大植物种植在后方，低矮的植物种植在前面，从后到前，高度依次递减）；
- 颜色 - 金色 / 绿色 / 红紫色 / 银色（这里说的只是叶子的颜色，切记不要将银色配置在金色旁边）；
- 质地 - 叶片大小：粗糙 / 中等 / 细腻；
- 性状特征 - 叶 / 茎的生长方向：直立、水平簇状或低垂（以叶或茎为主要特点，赋予每种植物独有的特征和性状）。

最好首先在各个高度带内考虑如何选择植物。设计师在配置植物类型时只需要兼顾三个因：即质地、颜色和特征。种植设计中的一个关键词是对比（图 8.9）。

必须同时对比植物的质地、特征和颜色，以确保植物种植在相应高度带中合适的位置。如果你中等高度带选种的是金边红瑞木（Cornus alba 'Spaethil'），其主要性状表现为笔直的茎，金色的叶子和粗糙的质地，那么红瑞木前面低高度带的植物就应当用平枝栒子，因为平枝栒子有匍匐生长的习性（在不靠墙壁栽植的情况下），质地细致，叶呈绿色。而在红瑞木旁边则可以选栽墨西哥橘，因为它叶呈绿色，质地中等，形似圆形，叶子轻垂，能与茎部笔直，花色金黄的红瑞木形成鲜明的对比。一旦有了合适的植物列表，只需选出与场地现有植物能构成强烈对比的植物，就不难依次将每一种植物配搭在一起，但是要确保它们处在合适的高度带上。

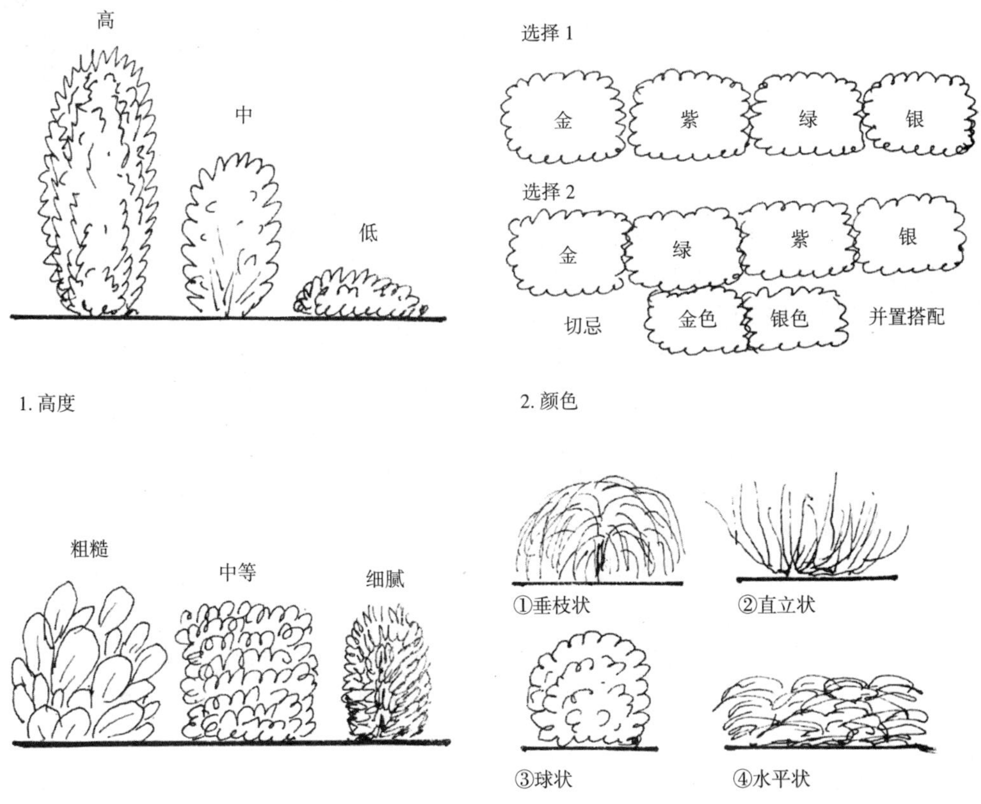


**图 8.8**　首要设计标准

**图 8.9** 对比

## 次要设计因素

下面列出的次要因素可以通过经验的积累而不断习得，对帮助你制订植物清单、合理安排植物位置具有非常重要的作用。

· 生长率 / 最终高度；

· 花朵 / 果实 / 种子——季节性变化；

· 落叶 / 常绿；

· 风格自然 / 装饰性 / 正式的植物景观类型；

· 地面覆盖植被 / 长茎的植被；

· 主景植物 / 填充式植物。

逐步地，你将加深对这些要素的了解，让它成为您的第二本能，无需思考就能做出自然而然的反应。

重要的是，常绿和落叶植物恰当配搭，这样才能一年四季呈现出不同的亮点，使观赏植物的过程更加有趣。此外，尽量避免将生长缓慢的植物种植在生长旺盛的植物旁边，否则生长旺盛的植物会在生长缓慢的植物有机会长起来之前就把它给遮挡住。园林设计师（或专业为休闲或住宅设计的景观设计师）选择种植的花卉必须能够满足一年不同时期的观赏需求，花朵能够交相盛开，色彩赏心悦目，花香沁人心脾。选择合适的植物是很重要的，例如在家门外，应选择整齐有序的植物，如厚叶岩白菜（Bergenia cordifolia）、长阶花（Hebe rakiensis）和蕨麻（Potentilla 'Abbots Wood'）等。而远离小路和民居的地方，或在乡村地区，应种植看起来更松散、更自然的植物，如花灌木雪果（Symphoricarpuschenaultii 'Hancock'）、大西洋常春藤（Hedera hibernica）、'多裂叶'小米空木（Stephanandra incise 'Crispa'）、绿玉铁线莲（Ulexeuropeus 'Flore Plena'）、偃伏梾木（Cornus stolonifera）、金叶接骨木（Sambucus nigra 'Aurea'）、三色莓（Rubus tricolor）等可能较为合适。这些都不是本地生长的植物，但看起来像是天然或野生的，可为半本地缓冲带种植方案增色不少。

有些植物天生就适于做景观中起点睛作用的元素，形状像毽子。而另外一些植物从根部开始生长，天生适合充当点睛性元素赖以立足的基础元素，遮挡住生长在根部附近的骨架茎植物。

## 编制植物目录

面对如此多可供选择的植物，很容易陷入选择困境，从而做出糟糕的选择。有一种很好的方法可以避免这种窘况，那就是创建一个植物清单，列出已知和常用的植物，然后根据已经过实践检验的植物组合方式，与首要设计因素形成对比——植物高度、颜色、纹理和特征。通过不断积累经验，反复试验，这一清单可以不断拓展，也可以根据微气候和位置情况进行调整。在遮风挡雨、精心打理的小规模花园中，您可以运用相对娇嫩、相对多样化的植物组合。对于规模较大的花园，由于往往暴露在自然风雨之下，并且维护保养频率较低，您需要种植一些生命力更强的植物，花园效果才能令人满意。

有很多植物组合较为成功。例如，前排种植"奥托卢肯"桂樱（Prunus laurocerasus 'OttoLuyken'），后排种植花叶蔓长春（Vinca major 'Variegata'）和滨海山茱萸（Griselinia littoralis），后排种植扁桃叶大戟（Euphorbia robbiae）。这类植物配搭方案观赏性较好，水平与垂直、中等与细腻的纹理、绿色与金色，分别形成了鲜明的对比。挺拔高挑的"杰索普斯小姐"型普通迷迭香（Rosmarinus officinalis 'Miss Jessops Upright'）与"波维斯城堡"式的树蒿（Artemesia arborescens 'Powis Castle'）的前后搭配起来十分引人注目，而如果将常绿小灌木迷迭香（Rosmarinusis）种植在平枝栒子（Cotoneaster horizontalis）后面，再并排密集种植常春菊（Brachyglottis compacta 'Sunshine'）品种，那么，直立、水平和"簇状"等三种不同形状便构成强烈的对比和反差。秋天，栒子（Cotoneaster）树叶变红，与银色的常春菊（Brachyglottis）形成对比。但是，在遮挡相对较少的环境下，例如在比较繁忙的道路附近，或者风寒霜冻的地方，最好不要种植墨西哥橙（Choisya）、迷迭香（Rosmarinus）和夷茱萸（Griselinia）。在气温比较温和、有遮蔽的庭院里，或者在有南向或西向的墙保护的情况下，可种植常春菊（Brachyglottis）来代替岩蔷薇（Cistus creticus）或橙花糙苏（Phlomis fruiticosus）。

您瞧，一旦制定出了合适的植物种植清单，缩小了选择范围，那么，能够创造出令人惊艳的效果或鲜明对照的植物搭配方案其实数量相对有限。但最大的好处是，一旦制定出了一个适合特定环境的清单，您就可以多次反复利用这个清单。当然，您也可以针对某个特定的地点对清单内容进行优化，或者通过体验反馈，剔除其中部分，或增加一些新宠植物，但清单的核心内容保持基本不变。通过这个系统，您可以快速地进行植物组合，足以胜任在竞争激烈的商业环境下赢得一席之地，取得令相关利益各方都引以为豪的成就。

# 滨水及湿地种植

## 种植层

正如设计师可以模仿林地中的天然植物层，将其运用在观赏性种植设计中一样，滨水

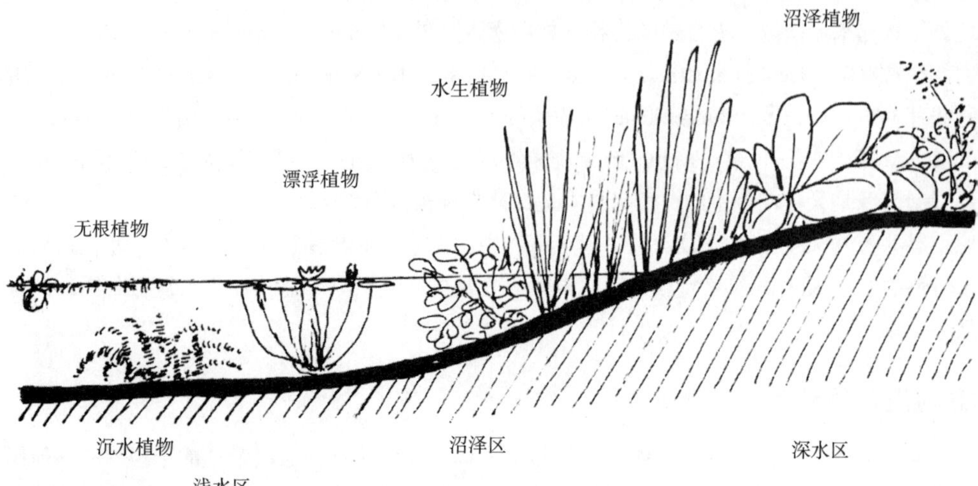


**图 8.10** 滨水种植

环境下也有天然的植物层（图 8.10）。这些植物层实际上是由地面的相对饱和度决定的特殊生态小区。一些植物适合于常年在河水中生长，而另一些植物根长在水下，但叶子在水面上。有些植物喜欢水塘或沼泽地，而另一些植物则更喜欢邻近水边潮湿但不饱和的土壤。这些植物可分成以下四组：

· 沉水植物：积水草；

· 水生植物：长在水中但需要呼吸的植物（有根或漂浮植物）；

· 露出水面的植物：根部在水下，叶子在水面上；

· 滨水植物：泥沼和沼泽植物。

当然，有一些物种几乎能够在这个范围内任何一种环境下都生长得很好，这类植物对于在大规模的水域和湿地中大片种植非常有用。然而，对于大多数小规模或装饰性场合，最好使用入侵性相对较小、主要适合在上述各生态小区中某一种或两种环境下生长的品种。

## 滨水栖息地的影响

水生植物的价值不可估量，不仅因为它们为水生和水边昆虫、两栖动物和哺乳动物提供了栖身之所，还因为它们能够稳定河岸周围的生态环境，为动物提供遮阴和抵御天敌的避难所。许多物种的生命周期完全依赖于自然植物层：龙蝇幼虫藏在水草中等待猎物，两到三年之后爬上新生的叶子，化蛹并孵化成昆虫。然而，水和水生植物最令人惊叹不已的价值在于，水体、睡莲（lily）的水平面与新生鸢尾（emergent iris ）、芦苇（reed mace）的垂直叶片形成了令人惊艳的对比。

在河岸因波浪冲刷作用、船只冲撞或洪水而发生侵蚀时，黄花鸢尾（Iris pseudacorus）等一些植物便可对河岸起到良好的保护作用。一层层被冲刷下来的泥沙会积聚在流经这些植物的缓慢水流中，慢慢堆积形成堤岸。事实上，若芦苇（reed）、灯心草（rush）和鸢尾（iris）能够密集生长在湖泊和池塘的支流口，还可以产生一些有益的效果。顺流而下的泥沙最终会填满湖泊，以上湖泊最终变成一片沼泽。通过将这些泥沙截留在浓密的植物中，泥沙在进入湖泊之前就会沉积下来，让湖泊不至于那么快就被填满。假如支流受到了污染，大片灯心草（rush）和芦苇（reed）可以充当巨大的滤水床，阻截有害污染物，净化进入湖泊的水质。

这些污染物包括来自洗涤剂污水中的硝酸盐和磷酸盐，还有从农业用地中渗透浸入到河道中有害成分。这些硝酸盐和磷酸盐大量进入水中时，水体会因藻类疯长而变成绿色。

而这些藻类死亡时会吸收水中的氧气，使鱼类和其他水生生物因缺氧而死亡。死去的藻类会覆盖在湖底，导致含氧水草大批的死亡。这个过程被称为富营养化。阻截污染物和淤泥的芦苇（reed）和鸢尾（iris）有时被称为“植物屏障”。由于藻类在阳光照射下会大量繁殖，因此可以通过种植百合花等遮阴植物来遮蔽阳光，减少藻类生长。归根结底，最好尽可能确保进入池塘的水不受硝酸盐和磷酸盐污染。这意味着，用雨水来灌充观赏性池塘，或许可以考虑将建筑物的雨洪排水系统引入池塘。而且，即使只是为了补充水位，也绝不可以使用自来水，因为自来水中可能含有大量硝酸盐和磷酸盐，而且还含有氯元素。

## 生长条件

在什么位置布置何种植物，首要的影响因素是植物根的深度。当然，一些侵略性物种可以从 1m 深处生长到旱地，例如最常见的芦苇（reed，Phragmites australis）。然而，很多情况下，植物是在水位较低的时候扩散到这些区域的，很多其实在深处很难扎根。事实上，许多物种，甚至是沉水植物，在深水中生长都十分困难，因为深水区的温度对它们来说过于寒冷，并且光线昏暗。如果能在温暖的浅水中扎根存活下来，就会迅速扩散到深水中。

一些沉水植物似乎能在水位存在年度周期性变动的地方茁壮成长——在水位下降之前，植物生长、开花和结种，然后种子在干枯地方待下来，直到第二年春天水位再次上升。而生长在沼泽地区的植物，如沼泽金盏花（驴蹄草 Caltha palustris），更喜欢涝渍环境，可在几英寸深的水中短时间生存。有些植物则完全不受深度的影响，因为它们浮在水面上，没有根，例如马尿花（frogbit）（冠果草 Hydrocharis morsus-ranae）和金鱼藻（rigid hornwort-Ceratophyllum demersum）。

水流对植物扎根存活也很重要。汹涌泛滥的河流和溪流，尤其是那些河床经常变化、流速较快的河流，也许只适合生长苔藓（mosses），而流速较慢的河流可以支持多种多样的植物生长。然而，这世界上没有不流动的河流，尽管小花园或池塘或许比较接近这一状态，但是太阳和风的作用会在湖泊和池塘中形成速度惊人的水流。很多情况下，水的表面层会被推向一个方向，而下层会形成相反方向的反作用力水流。这种现象还会使温度分层非常不均匀，特别是在较大的池塘和湖泊中，温度相对高的水会被推入背风岸的深处。在这些地方（通常在北岸），沉水水草能够比在河岸的另一边（通常在南岸）扎根扎得更深。

影响植物选择的另一个因素是待栽植水域水质的清洁度、透明度和酸碱度等。例如金鱼藻（rigid hornwort）通常生长在碱性水中，而球茎灯心草（bulbous rush）（灯心草，juncus bulbosus）的则适合生长在酸性水中。

由于水下光照减少，很少有沉水植物能够在含有大量沉积物的水中存活。植物对污染的耐受性显然取决于污染物的性质，也就是污染物对植物的毒性大小。叶子浮在水面上的水生植物比沉水植物更容易适应有污染的环境。滨水植物和露在水面之外的植物受影响则更小，正如上文中提到的，可以产生有益的影响。污水中真菌可以覆盖污染水域的底部，这会使水生生物窒息缺氧，最终死亡。影响植物生长的另一个因素池塘或湖上的水禽。一些水禽（特别是黑水鸡，moorhens）喜欢在新种植的水生植物和露在水面之外的植物周围筑巢，并把这些水生植物连根拔起。这使得植物扎根存活变得非常困难，此外，有必要使用灌木管和锚桩进行保护，直到露在水面之外的植物能够扎根牢固，存活下来。水生植物的保护则更不容易。

## 设计因素

适宜陆地种植的设计标准同样适用于滨水或水中种植。植物生长方向、叶子颜色、叶子质地和植物高度等方面的对比方法都是设计过程中重要的方法。唯一需要另外考虑的因素就是与水域的距离。像鸢尾花（Iris laevigata）这样的垂直型滨水植物，其放射状的花瓣与绝对水平的水面形成了很好的对比。这类植物可与枝型相对浑圆的伞状植物并排或前后栽种，如盾叶天竺葵（Pelatiphyllum peltarum）或蜂斗菜（Petasites）。

同样，与陆地种植还有另一点相同之处，观赏性种植的人工效果和野生效果之间也有区别，应根据具体环境来选择与其相适应的植物风格。由正式的观赏性种植逐渐向非正式、浑然天成的种植风格过渡不应存在任何障碍。

## 种植方法

每年五月份，也就是苗圃中幼苗大量上市之后的第一个月，是水生和滨水植物栽种的最佳时期，植物在整个夏季生长立足。当然，在必要的情况下，整个夏季都可以进行种植，但夏末种植的植物可能扎根不够充分牢靠，到了寒冷的冬天容易枯萎。

除浮游植物外，迅速形成稳固的根系，对其他各类植物的生长至关重要，尤其是在水流较快的水域。对于浅生和滨水植物来说，凹口种植或坑内种植和加固是稳固根系最好的方法，但是对于所有生长在深水中的其他植物，植物必须附着在石头上，所以应种植在装满饱和土壤和砾石的网状容器中，或者包裹在装有石头的麻袋中。像大多数植物材料一样，植物在从苗圃起苗以后种植得越快，扎根和存活的概率也越高。喜水植物显然比大多数植物更容易干枯，更容易处理不当。

## 植物选择

植物的选择取决于场地的环境，例如，究竟该选本地植物，还是该选观赏性植物，甚至是两者兼而有之？本书提供了一些基本的植物清单，以帮助初学者理解，但真正合适的清单需经个人多年经验积累形成。市面上有大量关于种植设计的专业书籍，不妨广泛阅读研究，以帮助读者朋友形成自己的主清单，并在此基础上进一步形成适合某一具体场境的子清单。

# 第 9 章　现场信息评估与利用

## 解读与启示

基于现场评估报告及土地勘测结果，设计师就可以借助备注、图表等形式对相关信息和数据作出自己的解读，进而分析这些信息对接下来的设计有什么样的启示和影响。例如，对于积水区域，既可以采取抽水的方法让土壤变干，也可以直接用来栽植适于在沼泽地带生长的植物，再或者两种办法兼用，在不同地段采用不同处理。气候恶劣且没有遮蔽物的区域，按理应该种植可以起到遮挡作用的植物，但是这样做却又可能弱化某些重要的景观。设计师需要将这些矛盾重点指出来，以便客户可以根据自己的喜好优先顺序做出相应选择。假如客户对现场目前相对开旷的现状不太满意，希望增加私密性及安全性，那么或许就有必要在设计中考虑建一个高大围栏。假如拿不到规划许可，或许就只能考虑对围栏做些改动，比方说调整为树篱，但这样做的后果是设计方案在满足客户首要功能需求方面的效果有所减弱，至少短期内情况如此。对所收集到的数据分析整理、充分考虑它们对设计方案的影响与启示，这些都是设计过程中的重要步骤。

假如设计师未能充分意识到上述启示和影响，比方说忽略了客户希望花园的空间必需能够同时容纳三辆汽车、并有足够空间轻松调头这一要求，就很可能白白浪费掉大量的设计时间，甚至导致更糟糕的后果。很多情况下，客户不愿意为这些浪费掉的时间买单，并且很可能会对设计师的疏忽感到非常失望。如果客户未能及时发现这一错误（因为客户往往不太懂图纸中的信息），而且设计师匆忙中也未能发现，那么可能的后果就是花园都已经建好了，客户才发现跟自己原先提出的要求不符，停不下三辆车，也没有足够的空间调头。最终的结果很可能就是客户一纸诉状将设计师告上法庭，指控他因业务疏忽致自己利益受损。即使疏漏在施工之前就被发现了，修改设计也一样会造成费用增加，但预算早已根据原先的设计方案做好了。假如预留的应急金额不够，客户也会就额外增加的费用向设计师索赔。

## 由数据到设计方案

由数据到设计方案是一个自然而然的过程：在现场评估报告的基础上形成自己的解读；由自己的解读进一步构思出设计理念；由理念过渡到设计框架；由框架细化出设计草图；最

后由草图加工润色生成最终定稿的图纸。最终设计图纸一经定稿，设计师的工作重心也就由以客户为中心的阶段过渡到了以承包商为中心的阶段，因为从这一刻起设计任务也就变成了建设任务。弄清这一观点非常重要，因为它将有助于指导设计师作出合理的选择，知道在什么样的图纸上该呈现什么样的对应信息，又该以什么样的文本方式呈现。

设计过程是一个综合的过程——将建筑材料和审美原则融合在一起，以满足客户对功能性和实用性的需求。从一开始的设计理念构思阶段开始，就应该充分考虑材料的选择，包括其外观、耐用性、成本和供应充足程度。设计师应首先从基本要素考虑起，如所面临的局限和机会、功能与用途、交通往来便利程度、结构与空间等，所有这些要素结合起来也就形成了基本设计理念。获得设计灵感的关键就在于：准确把握设计方案所需要满足的功能、特征及意境氛围，材料的选择，以及美学原理的应用。准确把握客户的诉求及项目现场是形成妥当设计理念的基石，而妥当的理念又是优秀设计方案的灵感源泉。设计的本质在于解决功能问题，但其精髓同时也在于营造恰当的空间氛围，以便客户所期望的功能、用途和活动能够在这一怡人的氛围下得以开展。了解景观现场的既有状况、评估拟打造的景观特征，是构思优秀的设计方案，打造高品质、高吸睛度景观空间的关键所在。因此，在起草设计理念文件之前，最重要的是重点关注项目场地的特征、环境和氛围，这样才能有望抓住设计的精髓，即：打造一个有灵魂、有存在感、有意义、有价值、有品位的空间。上述方方面面都做到固然更好，但退而求其次，即使只能做到其中一两点，也总胜于一无所事吧？因此，你该如何行事，才能打造出具备上述优点的景观，而不至于不顾资源现状，不分场合、不加甄别地盲目照搬前人已有的设计方案呢？

## 评估功能、氛围和场境

设计师需要一种清晰、快速的方法来评估项目现场周围环境的特征和场境氛围，以及希望新建景观具备的特征和氛围。找到一种合适的方法，营造一种与预期用途相吻合的特征和氛围，将有助于确保设计能够兼顾美感与实用功能。以下介绍一种简单易行的方法，希望能够帮助您成功越过这一充满疑虑、困难重重的雷区，步入驾轻就熟、游刃有余地解决现实设计问题的康庄大道。除非您对现场的性质和特征以及拟打造的景观特征和氛围已经了然于胸，否则，材料选择、步骤安排、空间布局等相对更实际的问题恐怕都将只能是空中楼阁。在这里，或许有必要对“场境”(context)一词稍加解释。所谓“场境”，也就是指项目现场与其所处的地理方位、周围的宏观景观视野、社区以及社会辖域之间的关系。周围自然景观或城市景观的特点对项目方案制订具有重大影响，哪怕说您的方案目的纯粹就是为了标新立异，甚至就是为了与周围的特征形成截然对立，也依然不可避免地会受到后者的影响。假如您的方案需要规划许可，那么规划主管官员（而且不止这部分人）通常都更希望您的设计方案与既有场境及环境彼此协调、相互契合。您在《设计和交通声明》(申请规划审批文件时需提供）中须充分证明您的计划方案的确符合这一要求。在拟建空间的预期功能和用途方面，也需要呈现出某种特定的特征和氛围。客户在制订其设计要求说明时，心中对自己所期待的空间特征和氛围很可能已经有一个自己的想法。因此，这里涉及两个关键问题：现有空间所处位置以及周围环境的特征、拟建空间预期将具有的特征，以及这两者之间的吻合度。您需要弄清楚这一点，因为这可以帮助您头脑保持清醒，做出审慎合理的决定。以下介绍的方法或许可以帮助您解锁技能，保持这份清醒的头脑。

尽可能多地列出一些“关键”词，以概括总结项目现场必须具备的功能、氛围及其理想中期望的特征。例如，私密性、安全性、融洽性、小巧性、友善性、舒适性、休闲性等等，这些都是我们提到理想的“家”时脑子中通常会想到的积极词汇。而提到“城市广场”这个概念时，我们更容易想到的词汇则包括生机勃勃、川流不息、乐趣无穷、气势恢宏、多姿多彩等等。确定关键词是为项目现场制订合适的设计要求说明的第一步。请注意，您的首要目标是充分调动所能想象到的最好的例子，思考与之最适合的场境和氛围特征，从而唤起人们最积极的反应。

设计师在筛选出了合适的关键词之后，不妨在每个关键词（词与词之间最好留出 50mm 左右的间隙）旁边写下这个词的“反向积极词”。所谓“反向积极词”，就是指与上述积极词汇词意恰恰相反、但却具有积极含义的词汇。以“安全”（security）一词为例，您所想到的反义词可能是“不安全”（insecurity），对吧？其实不是这样，它的反向积极词是“冒险”（adventure）。您发现没有，压根不存在您刻意想要用来体验不安全感的这么一种环境（或许幽灵火车除外——但说实话，即便在这种情况下，您也不会真心愿意体验不安全感）。无论是在幽灵火车上，还是在其他任何鬼怪故事或主题公园游乐过程中，您所希望体验的只是刺激和冒险的感觉。因此，在家里，您希望得到的是高度安全感，只在主题公园里，您希望得到的是高度冒险的惊险与刺激。同样，城镇中心的广场需要宽大的空间，但“宽大”不属于能够营造氛围的词。您需要的是“开阔宏大”的空间。为了讨巧客户，如果您做的是一个规模比较小的庭院，不妨用一个氛围词，如：“小巧私密”的空间。

开阔宏大————————————————————小巧私密

不妨想象一下，在一张纸上列出这些关键词及其反义词，两词之间用一条线（填补空白）连起来，并从 1 ~ 10 把线平均等分。比如：

幽居　—1—2—3—4—5—6—7—8—9—10—　公开
安全　—1—2—3—4—5—6—7—8—9—10—　冒险
悠闲　—1—2—3—4—5—6—7—8—9—10—　生机勃勃
沉静　—1—2—3—4—5—6—7—8—9—10—　趣味盎然
高科技　—1—2—3—4—5—6—7—8—9—10—　传统
正式　—1—2—3—4—5—6—7—8—9—10—　自然
经典　—1—2—3—4—5—6—7—8—9—10—　浪漫
私密　—1—2—3—4—5—6—7—8—9—10—　神秘
肃穆　—1—2—3—4—5—6—7—8—9—10—　机巧灵动

以上只是一些例子，适合某个特定现场的关键词还有很多，但万变不离其宗，总体原则是一样的。现在设计师可以开始对项目场地及预期用途的氛围进行评估了。假想从 1 ~ 10 这个刻度尺上有一个可以移动的游标，首先把它移到您认为与现场最适合、最恰当的位置，然后再把它移到您认为与预期用途最适合、最恰当的位置，或许您可以分别做（不过并非总是如此）。当然，同一个现场上也可能包括了多个不同的特征区域，您需要对每一个特征区域分别重复以上过程，以确保自己的设计思路保持清晰。例如，在设计野生动物中心的停车场时，就需要保证现场的既有场境与拟建的停车场场境尽可能相似，即越自然越好。当然，汽车不可能完全具有野生的特征，因此在“正式与自然”这一刻度尺上不可能把它放在 10 分这个位置上（与该地区场境完全一致）。6 分或许就是一个比较恰当的选择，用来遮挡车辆的树篱尽可能使用本地植物品种。地面铺装材料必须尽可能接近天然，所以也许可以选择经过优化的耐磨损草，车位间要么用木材分隔，要么完全不进行分隔。形状也应尽可能天然，边缘也应天然（切忌布置道牙石或笔直的柏油路边缘）。护柱和标志同样需要尽可能天然（如使用木材制作护柱、标志框架及支腿）。

一旦借助关键词刻度示意图确定了项目现场的场境特征，设计师就可以用分析得到的结果做出一份图示或指南之类的东西来，以帮助找到功能、需求等问题的解决方案。关键是必须善于利用分析所得，以之作为衡量每一个决策的依据。假如您的游标在“沉静 vs 趣味盎然”这一刻度尺上的位置是 9 分，那么，选择沉稳冷静、色彩偏灰暗的地面铺装材料显然无法达到理想效果，相反，您需要选择色彩相对明艳，风格相对散漫、快节奏的图案，甚至采用荒唐搞笑的风格，就好比马格里特或者蒙蒂作品中那种将尺度刻意扭曲异变的风格。

到现在，决定哪种形状、材料和结构相对合适妥当也就变得相对容易了。简单来说，恰当的选择也就是找到最有利于表达每个氛围关键词刻度尺上相对位置的那种元素。换句话说，借助这种方法，事关空间规模、形状、风格和特征等的所有艰难抉择都将变得不再艰难。如果您的游标稳稳地停留在了“自然、浪漫”一端，那么就根本不必纠结设计风格，因为很明显，正式、经典的几何设计方案完全不合适。如何处理道路交叉处以及道路的方向（究竟该用曲线还是错综交织的线）也将变得相对容易。这种方法还有另外一个好处，那就是从设计工作的早期阶段就可以以一种相对直观、可视的方式进行设计，这将有助于设计师进一步加快决策速度，对所做决策更有把握。

## 草图

开始考虑一个新项目的设计方案时，作为“破冰”之举，有必要立刻做大量备注笔记，并以规划、透视图的形式先把想法和点子草绘出来。这事儿拖延的时间越长，出现“白纸休克综合征”的概率也就越大，即便是经验丰富的设计师，在这种综合征影响下也会苦于无从下手。备注笔记和草图的核心作用在于解决问题。固然，事后将这些点子与设计要求说明对照之后，您也许会将最初的这些点子全部推翻，但至少它标志着您迈出了第一步。

一旦点子构思好了，紧接着下一个需要逾越的障碍就只是几近苛刻地选择出其中那些最适合设计要求说明的，并将它们协调成统一的设计方案。为了实现这种统一，不妨选择一个空间框架来装载您的想法。一个能够兼容并蓄、协调统一您的点子和景观要素的框架，将有利于确保其中的要素相互依存，就好比门与门框相互依赖一般。

## 区域平面图

那么下一步是什么？客户的要求和现场评估数据还可以通过一个小比例尺的平面图纸（大型现场一般采用 1 : 1250，相对更常见的比例是 1 : 500 ~ 1 : 200），也就是区域平面图直观地呈现出来。如果可能，图中还需显示出诸如微气候变化、阳光、阴影以及土壤类型 / 含水量等因素。所需的活动功能也可以在这些图表上标出，并为其分配大小适当的空间来呈现。

区域平面图是现场的粗略轮廓平面图，每张图旨在说明场地中的一个重要层面，或简要说明对设计具有至关重要意义的某些信息（图 9.1）。其中一份平面图可能显示现场的既有因素，如微气候特征、场地内外的景观等。另一种平面图则可以意在体现在既有要素基础之上拟增设的元素。如果说其中有一张区域平面规划图意在反映根据微气候、方位、与建筑的距离等既有因素拟增加的功能，则可以同时另做一份平面规划图，以说明拟添加的功能和活动所需的空间大小。再比如，如果说其中有一张区域平面规划图意在反映项目拟采用的植物配置策略，则可以配套另做一份叠加空间平面图，来反映整个现场需要具备的预期特征，再另加一张反映行人和车辆流通（现有及预期）状况的叠加图。这些区域平面规划图可以反复修改，从而对相应的空间形状不断重塑，并整合成为一个完整统一的整体设计方案。初期阶段所有这些想法、理念、草图、概念图和叠加，在行内统统被戏称为“苦工包”草图，有时也有人将它称为“信封皮”平面规划图，是对项目初期所有设计点子和思路的大体勾勒。在此基础上，设计师将可以着手开始绘制比例妥当、内容精准的平面图，对平面空间、形状和交叉点处等各方面要素反复润色完善，在此过程中的每个决策都需要参照既有的环境 / 特征评估。

通过叠加所有区域平面，并将平面扩大到一个适当的比例，您设计草案的第一个主体框架便初现雏形。然后可以进一步细化，逐步加上路径宽度、表面材料、景观焦点、小品特征等详细信息。空间的大小、形状、风格、材料和特征可以继续不断完善，确保它们能够发挥预期的功能，营造合适的场境氛围。上述所有的随笔札记、笔记和草图都应保存起来，一来备日后参考，二来可备制作项目流程文件时之需，其中一些在您编制《设计和交通声明》申请文件时可能需要用得到。

设计师将在地形测量基础上草拟一份基础平面图，将既有要素中不需要保留的部分统统抹掉。所有（显示概要方案）的区域平面图必须结合起来，形成一份精确、比例恰当的基础平面图。这些信息可以逐层添加，内容包括：绘制出所需功能的空间；确定空间特征的结构和植被配备策略；行人和车辆流通的理想路线、路径；审美因素及施工材料等等。确保所有决策均与场境氛围评估要求相一致。时刻扪心自问：这个决定是有助于突显、还是淡化我期待的特征？如果有助于突显，则是正确的选择。这才能创造高品质、高美感设计方案的必由之路。这样做的目的不是为了赢得设计大奖，而是为了创造一个让人感觉很好、有地域特色、与众不同但又和周围环境氛围和谐统一的景观。

（1）区域图——微气候

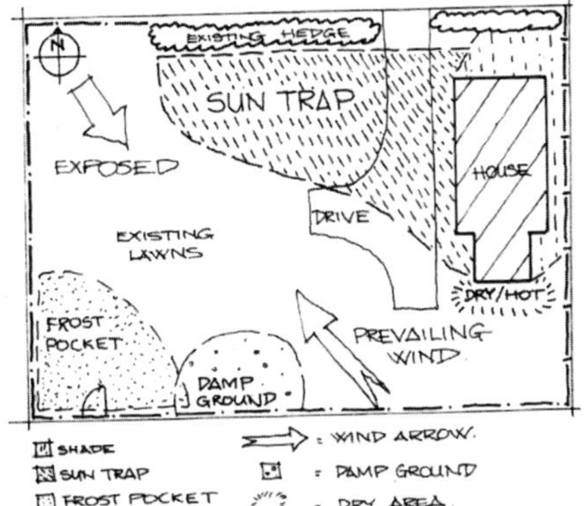


（2）区域图——空间和质量

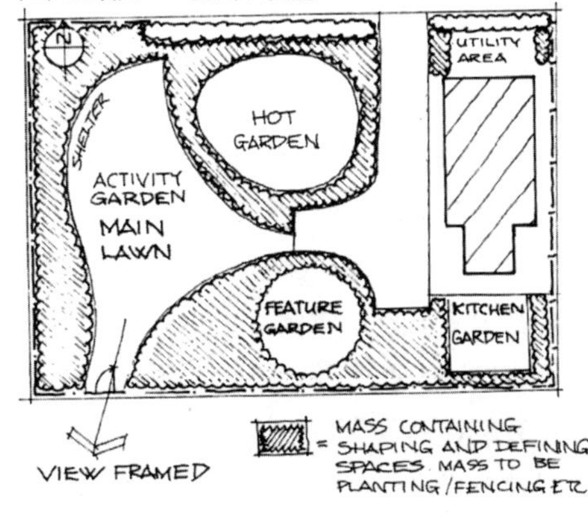


（3）区域图——循环

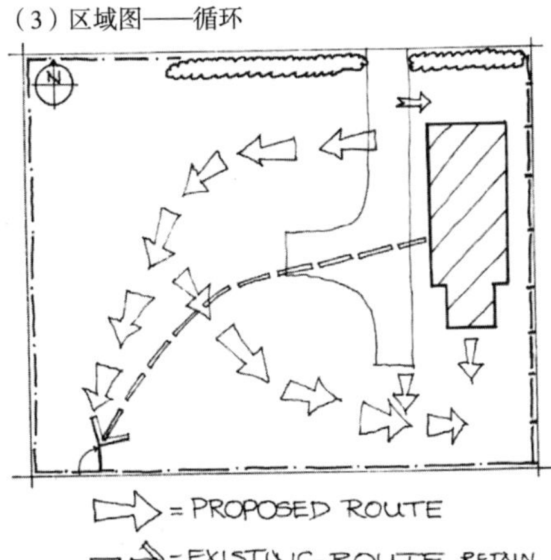


（4）区域图——覆盖物

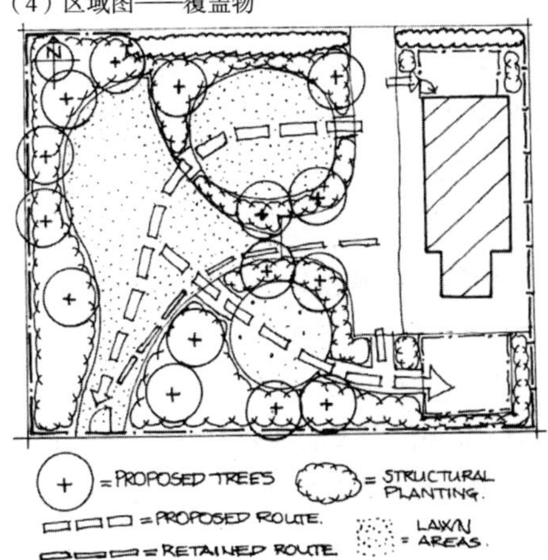


**图 9.1** 区域平面图

## 孕育结晶的过程

构思草图、做笔记和设计空间框架的过程，同时也是一个孕育结晶的过程。在这一过程中，关于设计的所有突发奇想都会转化为真实的形状和图案，并最终制作成一个现实可行的设计方案。到了这一刻，您所有的抽象草图、区域平面图示，都已经凝结汇集成为一份比例精确、内容丰富的基准图，虽然空间的形状或许仍有待细化和调整，交通路线仍有待修改完善，但基本的设计已初具雏形。现实生活中，纯粹的美学原则或多或少会受成本、规划、设计要求制约、服务需求、当地规划主管部门规章、现场既有特征，以及客户或设计团队其他成员保守意识等诸多因素的影响而难免有所妥协。但价值创新始终是抵御上述种种不利条件的有效途径。通过为每一项预期的场地用途设置一个价值标签，列出所有期望的或相关的要求、功能和需求，然后按照每一方面的重要性从 1 ~ 10 分给它打分，就完全有可能摸索找到全新的解决方案。尽量消除或减少可能导致成本增加但却并非实现预期功能必要条件的因素，尤其常规惯例认为必不可少但事实未必如此的因素。下一步，重点考虑那些的的确确很重要，但却可以通过改进完善而创造出更大价值的因素。尽力去开发对支持或提升主要功能有积极意义的新点子、新功能，让设计别有新意或性能更上一层楼。通过这一过程，将可创造出巨大的价值提升，而且，通过消除或减少某些不必要元素的运用，还可以节约不菲的成本。

记住，想要帮助设计师在形状、图案、颜色和材料等方面做出正确的选择，不断地交叉参考景观氛围评估必不可少。

## 场境方法概述

以下工作流程对帮助设计师理解本章所述设计早期阶段各项事务或许能够有所帮助：

1. 列出关键词图表，根据您认为与既有场境要素及预期用途吻合度最高的标准确定合适的选择和定位。然后将客户、现场评估数据中列出的所有信息在区域平面图中予以体现。

2. 为每个活动 / 功能所需的空间绘制区域平面图，并根据相应关键字图表选择最恰当的特征要素。展示空间，细化其形状和比例，以适应其功能要求，并叠加封闭元素和结构种植。以图表形式展示行人、车辆的流通路线及其结构层次。

3. 准备铅笔草图和笔记（三维图、平面图都要准备），叠加区域平面图，细化空间的形状以及它们之间的结合点和连接处。建立一份档案，备日后参考和重复使用。千万别扔掉这些文件，您会惊讶地发现，反复回头参考这些资料的频率是何等的高。

4. 将您的最初想法具体化为一个连贯系统的设计理念，将根据关键字图表判定与核心理念无关或不适应的点子剔除。再从空间创造及空间层次角度予以考虑。用实实在在的形式考虑和规划行人、车辆的通行路线，并充分考虑路径层阶、宽度、路面类型、水平变化及路口的处理方式等因素。在结构种植中划分种植区域，并展示更多的细节内容。确保这些结构元素要么一侧与边界相连接，要么两侧都面朝外，并与相邻空间相呼应，进而确定好空间的边界及形状。粗略草图、透视图、书面笔记，尤其是区域平面图都要实实在在做出来，以帮助你不断探索并记录设计过程中的心路历程。

5. 对最佳点子充分展开探索，搞清楚其中每一个环节，并开始着手考虑合适的材料、边缘 / 装饰件以及表面和水平变化等因素。

6. 考虑可行的施工方法，以及这些方法会对道路交叉口、表面、结构以及项目成本等方面造成哪些影响。

7. 将草图绘制为较大比例的平面图（比例为 1∶100），并更准确地将设计内容与现场进行匹配，必要时予以适当调整。

8. 确定维修和排水路线、地面排水落差和交叉落差的可行解决方案，从而在设计中解决潜在的积水问题。以大致轮廓标记出墙壁、台阶、挡水池、假山、凉棚等特殊景观要素。

9. 制定初步成本计划及工作量清单。如果提案的费用在预计的预算范围内，则可进一步细化和润色设计方案，达到可以向客户报送并核准的标准。

## 设计理念文件

继对测量数据分析解读之后，便可以着手准备设计理念文件，既用于以清晰的思路向客户说明总体设计原则，也用于日后撰写《设计和交通声明》。具体格式视项目方案规模和复杂程度可能各不相同。如果项目相对简单，则只需提供一系列的草图、示意图，另加一幅比例合适的主平面规划图即可（通常为 1∶1000、1∶500，如果项目规模很小，则可用 1∶200 的比例）。相关资料须提供以下详细信息：如果项目规模较大，则须制作相对复杂的 A4（人像布局）或 A3（景观布局）图纸，并附带相应文字描述，简要介绍项目思路、示意图等，说明项目与当地宏观环境之间的关系。随后几页的内容应包括场境氛围简介，说明项目区拟打造的预期特征，很可能也需要说明它与周围宏观环境之间的关系文件中同时还需列出既有限制因素、机遇等基础数据，以及拟建交通路线的位置及方案。此外，还有介绍空间结构的定义方式，重点突显植物配备方案、核心景观视野和视域等。再其后可以是更加详细的内容，如关键区域的设计方案，可能使用的材质色板示意图，包括硬元素和软元素。在制作此类文件的过程中，可能会利用到上文提到过渡区域图和草图布局图，既可以是手绘图，也可以是使用 Google Sketch Up 软件图，为便于说明项目方案的空间特征，可能还会加上部分剖面图、渲染效果图等等。

设计理念文件需突显下列要素：

- 每个区域的预期场境、氛围和特征，以及解决现场功能、需求问题和大体解决方案。所有这些内容，都需要借助大纲、示意平面图、辅助照片、细节摘录以及影像资料等媒介予以说明，以有效传递项目场地地域感，即：场境特色。
- 达到预期功能和活动目标所需要的规模、形状和边界处理方法，辅以展示上述各特征或氛围的工具和手段。具体呈现方式可以包括草图、同等规模的照片或其他方案中经过特殊处理的空间照片：可以是您自己照的，也可以是从杂志、互联网或朋友那里收集的照片（只要事先得到了使用授权即可）。
- 结构性、战略性种植方案的大致轮廓，以及增强场地既有特征 / 资源审美效果的方法。植被通常是这一过程中的一个关键组成部分，或者说至少理应如此。不妨假想：你用来开展某项特定活动的地方是林中的一片空地。如果将结构性植物安排在空地与空地、空间与空间之间连接部位的空隙上，将可以达到最佳效果。
- 主要交通路线，包括行人、车辆及其层级结构、宽度、交叉路口（正规或非正规）、潜在危险、矛盾和解决方案。这些可以使用虚线和箭头表示，或者为了更准确，可以使用双线，双线之间的距离表示宽度。交叉点需要更详细的探讨。
- 现场自外而内、自内而外或现场内部的视野和视域。是否有必要添加遮阴、视觉屏障等，如果需要，其性质、密度或厚度如何安排等等。
- 预期的建筑主材，包括硬元素和软元素。需要以照片形式辅助展示，说明其纹理、颜色或实际材料（如果已知）。这些最好按区域分区直观展示，比如一张图纸对应一个区域。示意图以能够体现现场所在宏观环境背景为宜，比方说它在另一项目中的位置，不过可以是实际材料的特写镜头。建议使用箭头线为核心区域定位，将面积较小的规划图放在页面中央位置。切记，目前我们所做的这一切，目的都只是为了说明和示意，旨在调动客户的兴趣，为进一步讨论和选择奠定基础。

# 第 10 章　儿童游乐场地

## 政策背景

### 国家规划政策

国家规划政策以编号文件的形式下发，又称规划政策指引（PPG）。规划政策指引第 17 号文件（以下称 PPG17）《公共空间、体育运动及娱乐规划（2002）》[1] 中指出了儿童游乐的基本原则，并陈述了政府在公共空间、体育设施和娱乐设施方面政策。文件指出：“公共空间、体育运动和娱乐活动事关人民生活质量。” 因此，在公共空间、体育运动和娱乐活动方面的规划政策需精心设计并付诸实施，这对实现广泛意义上的政府目标非常重要。这些目标包括：

· 支持城市复兴；

· 支持乡镇改造；

· 促进社会包容度和社区凝聚力提高；

· 卫生和福利事业；

· 进一步推进可持续发展。

PPG17 旨在实现：

· 建立与目标相符、无障碍、高品质的公共空间、运动和娱乐设施系统网，并使其实现经济和环境上的可持续发展，满足居民和游客需求；

· 在新供应和增强现有供应之间保持适当平衡；

· 让开发商清晰、明确地了解当地规划主管部门在相关设施供应层面的要求和期望。

PPG17 明确了地方政府在规划和提供绿地方面的义务。要求地方政府对当地需求与机会进行扎实可信的评估，并完成区一级的定量、定性审计工作。基于评估结果，制订清晰的发展战略，并根据各地不同情况辅以切实有效的规划政策。PPG17 明确提出绿地标准应根据当地情况指定，包括人口概况和现有设施情况。

在规划和安置新的公共空间和配套设施（包括新的发展建设）时，地方主管机构应推进其无障碍化发展（通过步行、骑行或公共交通的方式），包容化发展，通过良好的设计提高公共空间质量，扩大现有设施范围，增加数量，将治安、人身安全尤其是儿童安全纳入考虑范围。规划义务可以从定量角度和定性角度弥补供应上的不足，或者满足因社会发展而引起的地方性需求增长。而地方性需求评估和适当标准的制定可以证明义务的合理性。

实施上述评估、指导地方标准制订的方法和最佳方式可参见《指导手册》[2]。

《规划政策声明 3：住房》[3] 明确规定了政府在住房问题方面的战略目标。为实现提供高质量、可持续性住房这一首要目标，需要提供创建地点、街道和空间以满足当地需求，做到美观悦目、安全无碍、功能齐全、包容性高、特色鲜明，同时有利于保持并加强当地特色。高质量设计包括：能够提供进入公共或私人户外空间的便利设施和游憩空间，并确保可用。如涉及家庭住宅，应充分考虑儿童需求，确保选址应“提供足够的游憩区，运动空间和非正式游乐空间”。这些区域和空间应设计良好，安全可靠，能够充分调动参与积极性，并配备安全的人行通道。

## 户外运动及游乐规划设计

全国运动场协会（NPFA，现名场地托管慈善局）作为一家独立机构，提出了首个被广泛接受的公共空间供应的最小数值。该建议又称为《六英亩标准》[4]，至今仍被广泛引用，很多地方规划主管机构在其地方规划或补充规划文件中均将此标准纳入其中，作为规划文件中的一部分。

《六英亩标准》随后被 2008 年出版的《关于室外活动和游戏的规划设计》[5] 所取代。该文件反映了自 2001 年《六英亩标准》最后一次发行以来规划系统发生的一系列变化，并提出了一系列指导方针。这些指导方针展示了对当代问题意识的提高，例如健康福利，儿童游乐在个人发展阶段的角色等。同时，该文件还承认所有的空间都应是多功能的，并能助力于不同的使用方式和使用功能。例如，虽然游乐可能是首要目的，但该区域也可以提供园林景观、环境氛围、多样性生物、社区、经济及可持续性优势。

该标准规定每 1000 人对公共空间面积的最小需求为 6 英亩，分为户外运动空间和游乐空间（正式的和非正式的）两类。目前儿童游乐场地的数量基准是每千人 0.8$hm^2$。这里包括了每 1000 人 0.25$hm^2$ 的指定（包括设施完善的）游乐空间。

全国运动场协会（场地托管慈善局）关于指定游乐场地等级划分的标准至今仍被多数地方政府广泛采纳。主要类别如下：

· 本地游乐区（LAP）——一块面积小、通常不配备游乐器械的当地游乐区（约 100$m^2$），位于步行离家不到 1 分钟的范围内，供 6 岁以下的儿童在监督下玩耍；
· 本地有器械游乐区（LEAP）——一块设施完善的游乐区域（大约 400$m^2$），位于步行离家 5 分钟的范围内，用于进行更多的独立性游乐；以及
· 街区有器械游乐区（NEAP）——一块面积更大、设施完备的游乐区域（大约 1000$m^2$），距家步行不超过 15 分钟，主要供独立性相对较高、年龄稍大的少年玩耍，同时也应为年龄相对较小的孩子提供一定的游乐机会。

每一类游乐场地都有一系列明确的设计特征（包括：最小尺寸、缓冲地带、围栏、标志牌、游乐装备和游乐价值）。这些设计特征可以独立思考设计，也可同当地委员会的特殊要求结合进行设计。一般来说，所有的儿童游乐区均应：

· 迎合社区需求；
· 所有儿童可达，步行抵达时间合理；
· 无需过主干路即可抵达；
· 选址地点开放，受人欢迎；
· 远离交通主干区，通过人行道可直达；
· 依照自然地形而建或者为某种游乐体验而建造在能够进行景观美化的地方；
· 设计符合《残疾人保障法（1995）》相关要求；
· 设计尽量减少任何意义上的潜在视觉干扰；

· 尽可能与其他公共空间和绿化区相结合，与邻近居住区相离；
· 从附近居住区可以看到，或者应充分利用人行道；
· 通过人行道可达；
· 铺设时在某种意义上应满足其使用强度；
· 为孩子的陪同人、护理人员或者其兄弟姐妹提供座椅；
· 其设计应给予用户新鲜有趣，有挑战性的游乐体验，这可能涉及能提供不同游乐机会的器械和其他特征。

人们认为，最初全国运动场协会的标准只强调了数量上的问题。但游乐设施使用和游乐参与取决于一系列的因素，所以新提出的建议旨在将焦点重新定位在数量、质量和无障碍化上。场地托管慈善局认为，与其为墨守其标准“一掷千金”，不如积极推进将这一基准当成各地制定自己的标准的起点。同样重要的还有对于公共空间的长期维护。

修订后的指导意见指出，对《六英亩标准》持批评态度的人们认为游乐场地的分级体系“会导致场地千篇一律、乏味刻板，过于强调硬性指标，过于强调设施，不利于进行设计，不利于景观规划”。文件同时还强调，游乐区域应“以设计为主导”。最新指导意见（包括在2.2.5中提及的《关于室外活动和游戏的规划设计》）更加强调了设计的适宜性与周围指定游乐空间内园林绿化的价值性，包括在边界处理和缓冲区尤其是在高密度开发区等的灵活性。更多信息参见该指南的第3节。

## 地方市政委员会政策背景

每个地区或者自治市政厅都有自己的《地方规划》或者《地方发展框架（LEF）》。《开发规划》（2004年《规划和强制采购法》）中仅保留了部分根据规定应由国务大臣裁定的政策条款。这些保留下来的政策条款涉及公共空间、娱乐休憩设施等，比如儿童游戏场地便是其中之一。

通常情况下，开发商要应当地规划政策要求，提供儿童游乐空间作为新住宅开发的一部分。只有在按照市政局标准提供儿童游戏场地，并保证对其进行长期维护的前提下，新家庭住宅（包括一定数目的民居寓所）开发项目方案才能获批。

迄今为止，儿童游乐空间的要求仍以全国运动场协会提出的《六英亩标准》为基础，同时需要根据PPG17规定进行本地需求的评估，为不同年龄段孩子提供一系列不同类型的游乐空间。总体而言，周围环境的标准是每千人不少于0.8hm$^2$。典型的新建场地均需满足以下要求：

· 含有一定数量（例如15户）或更多居所的住宅开发建设项目，需提供本地游乐区（LAP），且游乐区距各户距离应不超过100m；以及
· 含有一定数量（例如50户）或更多居所的住宅开发建设项目，需提供本地有器械游乐区（LEAP），且游乐区在各户400m步行可达范围内。如果不能满足最大步行范围要求，则需提供两个以上的LAP和（或）两个以上的LEAP。

对于不同类型游乐空间的各种要求，包括步行距离等，都是根据全国运动场协会的指导意见提出的（图10.1）。游乐空间的选址应是总体设计过程中的一环，还应是开发布局中不可分割的一部分。需要考虑的因素还包括：

· 游乐空间应该建在从附近房屋或主要人行道可以看到的地方；
· 选址应在开放，人流量大的地点；
· 儿童不需要横过主马路等高危险地区到达游乐区域；
· 选址应远离交通主干区，通过人行道可直达；
· 在住宅区内儿童需要穿过次要道路进入游乐空间的地方，采取交通稳静化措施，比

**表 10.1** 新住宅开发中的儿童游乐空间(当地区或区议会对游乐空间的典型要求)

| 本地游乐区(LAP) | 本地有器械游乐区(LEAP) |
| --- | --- |
| 规模和选址 | |
| 每户步行距离 100m(直线距离 60m)范围内。游乐区域 $100m^2$,与任何建筑底层窗户的最近距离保持在 5m 范围。 | 每户步行距离(直线距离 240m)范围内。游乐区域 $400m^2$,与任何住宅区内建筑边界的最近距离保持在 10m 范围内。 |
| 目标用户 | |
| 从学步阶段—8 岁的儿童。确保有残障的儿童(如行动或感知有问题的孩子)和其看护人可无障碍使用,并确保适合使用。 | 4—8 岁的儿童。确保有残障的儿童(如行动或感知有问题的孩子)和其看护人可无障碍使用,并确保适合使用。 |
| 选址 | |
| 平坦适宜,排水良好,有草地 / 硬质地面。 | 平坦适宜,排水良好,有草地 / 硬质地面。 |
| 场地内涵要素 | |
| 场地要适合玩一些小游戏,例如捉人、跳房子、法国板球或者适合玩一些小玩具。游乐特点的设计应该能在目标年龄组中得到运用。要为看护者提供座椅。当游乐场地边界不安全时,要在场地周围设置适当的护栏(高度为 600mm),并配有胶印的出入口标识,指示出与交通区连接的区域。放置"犬类禁止入内"标识牌及目标年龄用户能够理解的标语。 | 至少提供 5 种游乐设施。表面处理和设施装置要符合国家相关标准。要为陪护者提供座椅。当游乐场地边界不安全时,要在场地周围设置适当的护栏(高度为 600mm),并配有胶印的出入口标识,指示出与交通区连接的区域。放置"犬类禁止入内"标识牌及目标年龄用户能够理解的标语。 |
| 便利设施 | |
| 用景观小品提升开发项目品质,包括种植树木,护栏后的低矮植物。通过密集种植防止球类游戏破坏三角墙或其他裸露的墙体。 | 用景观小品提升开发项目品质。包括种植树木,护栏后的低矮植物。 |

如更换路面材料;

· 坡度过大、不适合盖房的陡坡地可以提供一种独特的游乐体验,不过并不适合于大多数的游乐设施;

· 应努力避免游乐空间位置临近高压电缆;

· 尽管本地游乐区和本地有器械游乐区都是住宅开发项目的一部分,但它们之间应该有清晰的功能分区;

· 空间选址应与邻近居民保持最远距离,尽可能与其他公共空间、人行道路体系和绿化区相结合。

任何一个新游乐场地都要求开发商安排长期维护。如果某游乐区是由市政负责维护的,则需缴付折算费。

必要情况下,开发商可以向市政局缴纳折算费,用于改进邻近的儿童游乐空间,而不必另行新建。折算费金额与本应提供的游戏空间的建设费用一致。

## 地区或自治市政厅地方开发框架纲要

大多数地区或者自治市政厅都已经拥有或正在筹划制订地方开发框架纲要(LDF)。这一工作通常涉及就当地开放空间展开充分调查研究,并在此基础上制订地方性供应标准。这一地方性供应标准将成为开发投资《规划补充文件(SPD)》中的一部分。开发投资《规划补充纲要》通常会规定,在事关开放空间开发利用的问题上,首要考虑因素应是"实现高质量开发项目,配备充足的公共空间和游乐设施"。每一开发项目都应该在具体分析的基础上进行评估，确保所提供的实物或实物折抵款及折算费足以支付维护所需费用，改善和加强整个地区的设施供应。

对游乐设施的供应一般会有相关的整体策略，而对新开发项目的要求则会根据特定地区内目前是否存在供应赤字、新开发项目是否可能导致供应短缺等标准进行评估。在某一地区或者自治市区内，游乐场地的一般性目标主要集中在以下几个方面：

- 建设地区游乐论坛，以“共建”方式促进伙伴关系；
- 促进建设全民共享、包容性游乐场地；
- 通过美观安全、趣味盎然、精心设计的环境，以及专属孩子们的游乐空间，促进和提供高质量的游乐场地；
- 提升游乐、教育意识，调动家庭、父母参与其中；
- 设立中心联络站（人），确保信息沟通渠道流畅，及时分享信息及最佳作法；
- 鼓励开发能够满足所有儿童、青年需求的优质游乐场地及创新型游乐场地开发思路；
- 在已有或新开发区内推动交通稳静化，扩展居民区内儿童玩耍专用道路的范围；
- 征询警方建筑联络官的意见，将社区安全、预防犯罪等问题纳入新设施开发设计方案考虑范畴。

街区有器械游乐区是每个社区游乐设施的核心聚集点，应完全符合全国运动场协会（NEAP）的相关要求。本地有器械游乐区旨在提供更多供当地人使用的游乐区域，具体规模及配备游乐设施的数量视当地人口中 12 岁以下人口所占比例不同而有所差异。游乐场地布局的总体目标是：大多数用户都可以在步行 10 分钟的距离（约 420m）范围内找到游乐场地。



## 关于儿童游乐设施的初步指导意见

### 游乐设施、自然游戏场地总体原则

人们早已认识到，儿童的幸福、安全、学习能力和社交发展能力均受所能接触到的游戏机会数量和质量的影响。目前，大部分游戏空间都主要依靠在铺设有橡胶安全地面的区域内设计、安装预制好的游乐设备来实现。这一做法固然可以提供较高游戏价值，但它所能提供的游戏机会却相对有限，一旦超过了原始设计的范围，机会便大幅减少。

场地托管慈善局当前正致力推行的一系列议程突显了户外空间的重要性，包括可持续性、健康与体育活动、社区、教育、宜居性、运动与儿童游戏。2008 年 12 月，英国儿童、学校和家庭部发起了首个“全英国家游戏战略”[6]。该战略由政府提供资金，由慈善公司“玩转英格兰”负责落实，以在全国范围内改善、增设游乐设施。这笔资金将支持创立安全有趣，受人欢迎，免费开放的游戏场所，并鼓励儿童和青少年积极参与到场所规划过程中来。

继“全英国家游戏战略”出台之后，近年来又出现了一批非法定性质的全国性指导意见，如《游乐设计》[7]，对公共游戏场地的固有刻板印象提出了质疑。这部分民众主张，同其他公共区域一样，游乐区域的开发建设也应建立在广泛、深入研究的基础之上，探索良好的游戏环境应该具备哪些特征，形成系统一致的理念和设计，将各个公共空间广泛地整合在一起[8]。虽然不能放弃传统游乐设施，但它只应是整体设计的一部分，而不能是唯一部分。将景观、绿化和艺术相结合，将有望能够创造更强的场地氛围意识，提升儿童游戏体验，不仅有益儿童，更能造福整个社区。其游戏价值不亚于传统游乐场地所能提供的价值。

研究表明，儿童自身兴趣和能力不同，其游戏方式也各有差异，而且在不同的时间和不同的地点，喜欢的游戏形式也千差万别。游戏宜动宜静，可独立完成也可群策群力，既可以安全可控为前提，也可充满挑战。通过游戏，孩子们探索世界，接受挑战，承担风险，培养技能并学会对自身选择负责[9]。游戏区域的设计应当使儿童和青少年能够享受时光，充分锻炼身体，与自然环境互动，在安全的环境中进行探险，以各种各样的形式独自或结伴游戏。同时，新兴的指导意见还强调孩子们的游戏场所不仅是他们重要的社交场所，还是父母、看护人和整个社区的社交场所。

自然环境对儿童有着独特的吸引力和满足感。如果有机会，孩子将更倾向于选择在自然和（或）有自然元素的环境中游戏，并自得其乐[10]。自然环境的主要特征包括：复杂性、动态性和灵活性，为儿童提供层出不穷的机会和不同的体验。例如，躲藏、挖掘、喷水、攀爬、搭建和平衡。在接触自然环境条件受限的情况下，则可以通过在游戏空间内融入地形、植被和诸如原木、石头和泥沙等自然景观元素的做法，轻松设计和打造相应环境，为孩子提供自然游戏的机会。通过自然游戏场地，可为所有孩子提供一个丰富的游戏环境。在此环境中，孩子们能有各式各样游戏经历，还可以了解自然。游戏空间应保证和促进体育运动和社交互动，刺激五感，提升对天然材料和组合材料的使用，提供挑战以测试儿童能力的极限。《游乐设计》提出了十大关键目标。优秀的游戏空间：

- 是"量需定制的"；
- 位置选择合理；
- 启用自然元素；
- 提供丰富的游戏体验；
- 所有孩子都能享受到；
- 迎合社区需求；
- 保证不同年龄段的孩子共同游戏；
- 有迎接冒险和接受挑战的机会；
- 具有可持续性、易于维护；
- 允许改造和更新。

创造自然型，创新性游戏环境需要以设计为主导：

- 设计旨在改善所在地的环境；
- 最佳地点——孩子们自由自在玩耍的地方；
- 紧靠自然——多功能型；
- 孩子们游戏方式各有不同——想象力，创造力，社交能力；
- 残障儿童与健全儿童一起游戏——各种能力阶段，包容性，灵活性；
- 深受社区喜爱——迷人有趣；
- 所有年龄段可以一起游戏——能力和交错使用；
- 延展性和挑战性——冒险与令人兴奋的事物；
- 得到精良维护，具有环境可持续性，有利于游戏价值实现——价值；
- 随着儿童的成长而不断改变——改变与更新。

在设计游戏空间时，需要仔细考虑如何平衡挑战与风险。对此，《游乐供应中的风险管理》[11]给出了非常有实用价值的总结。"孩子们需要且想要在玩的时候冒险。游戏供应通过提供一个充满刺激性、挑战性的环境，来探索和培养孩子们的能力，并以此回应孩子们的需求和愿望。在这个过程中，游戏场地提供方的首要目标应该放在风险管控方面，让孩子最大程度避开致死、致重伤等风险。"

## 关于室外活动和游戏的规划设计

正如在《关于室外活动和游戏的规划设计》第 2 节所述，场地托管慈善局对本地游乐区、本地有器械游乐区和街区有器械游乐区提出了最新指导意见，着力强调了设计的适宜性，同时充分考虑游戏区域内及周围景观的价值。最新点包括：

· 明确的适宜年龄范围标识，充分认识到不同年龄的孩子会寻求不同的玩耍方式；
· 缓冲区应有更大的灵活性（设计良好，例如设施安放位置选择，以尽量减少潜在冲突）；
· 通过种植适当植物，将缓冲区作为学习和游戏体验的一部分；
· 虽然游乐设施对于游乐区，特别是对于本地有器械游乐区和街区有器械游乐区来说仍然很重要，但仍然鼓励使用一些充满刺激性和挑战性的替代性游戏。包括使用自然材料例如水或沙子进行游戏，或进行其他活动如社交游戏等等。虽然我们推荐所提供的设施应能够满足六种基本游戏体验（包括平衡、摇摆、攀爬、滑行、游泳和跳高等），但至于器材的具体数量、性能，以及相应的结构特征，则可与当地协商讨论。
· 应该有充足的空间让孩子们活跃起来，四处跑跳，玩自己发明的追逐类游戏；以及
· 减少依赖栅栏分隔游戏区域的做法。可以使用诸如种植植物等方式确保边界清晰明了，但不一定非要通过设置障碍来分隔。

场地托管慈善局列出的设计考虑因素如下：

· 用户的潜在体验和享受应该在设计时优先考虑；
· 游乐设施应该是设计过程中的一个同等重要且不可分割的部分；
· 应尽可能让整个社区（包括儿童和青年）参与其中；
· 设施应向尽可能多的潜在用户开放；
· 设施应便于行人和骑自行车的人进入，并与主要车流分开；
· 设施应具有吸引力、受欢迎，安放于开阔便利的位置，以便没在使用器械的用户也能清楚观察到，并根据预防犯罪原则进行设计；
· 设施应根据其预期用途设计在适当的区域（依据位置和地势）；
· 设施的设计应考虑到其主要目的，同时也着眼于尽可能地提供多种功能；
· 游乐设施应在确保用户没有致伤危险的前提下提供尽可能多的探险和挑战机会；
· 应采取相关措施，例如提供适当的缓冲区，以尽量减少用户和邻近居民之间的潜在冲突；
· 设计应参考行业标准，如既有标准不适用于当前项目，或明显存在失当之处，则需在充分了解所有相关信息的基础上实施必要的风险评估和管理措施；
· 设计应包含最优方法和适当创新的可能性；
· 应考虑维修和质量管理的便利程度，例如预期寿命、环境和运营的可持续性、修理和更换；
· 如果提供游乐设施，则应按照欧洲标准（EN 1176 和 EN 1177）进行设计、制造、安装和维护；
· 所有配备了设施的游戏区域都应在安装后接受独立检查验收；
· 游戏区域内所有器械下方及周围均应酌情铺设能够缓减冲击力的（柔性）地面；
· 游乐场地应设有清晰可辨的物理标识，确保用户可以轻松识别其作为游乐场地的用途。

人们认识到，在所有新居周围提供在五分钟内步行可达的配备完善的本地有器械游乐区（LEAPs）是非常困难的，可以说是不切实际的。在已经有一个本地有器械游乐区的情况下，可以考虑以“地方游戏用景观区”代替第二个本地有器械游乐区。地方游戏用景观区的选址和步程同本地有器械游乐区一样，使用的是自然游戏区的相关概念。其主要特征是：

· 供儿童和青少年使用；
· 景观设计需既有创新性，又适于游乐之需；
· 建议最小面积不低于 900m$^2$；
· 不需或仅需少量器械，但规划设计应充满想象力、轮廓流畅，尽可能采用原木、岩石等自然材料，以创造一个有吸引力的游戏环境；

· 植物多样，气味、颜色和质地有层次感；
· 设计旨在为运动区、相对平静的放松区和社交区提供一个混合型区域；
· 有清晰可辨的界限标志；
· 一体化座椅；
· 可明确辨别是适于儿童使用的区域，虽然它同时也是一个公共开放空间，可供社区不同层次居民共同享用。

## 适游戏空间

《游乐构思》强调，所有的儿童和青少年都应该能够在居住地周围玩耍。除了指定的游戏空间，一般所有的公共空间和共享空间也都应该能够提供游戏机会。因此，一个适游戏空间的定义应该是一个儿童合法使用进行积极游戏的空间。然而重要的是要注意可供游戏的空间通常而言是共享的空间，其设计应该满足各类用户的需求。适合的公共和共享空间包括街道、公共广场和休闲草地。

自《街道手册》[12]出版以来，《室外活动和游戏的规划设计》和《游乐设计》突出了住宅区街道设计理念方面的变化。行人和骑行者优先的设计为创造一个更加积极、健康和充满活动的街道环境提供了有利的契机。特别是对儿童和青少年而言，这种设计理念让他们能够更加便捷地从家到达指定游戏空间。只要设计妥当，"家园地带"就一定能够为儿童提供合适的游戏空间。

# 注释


[1] *Planning Policy Guidance 17: Planning for Open Space, Sports and Recreation*, Department of Communities and Local Government（2002）.

[2] *Assessing Needs and Opportunities: A Companion Guide to PPG17*, Department of Communities and Local Government（2001）.

[3] *Planning Policy Statement 3: Housing*, Department of Communities and Local Government（2006）.

[4] *The Six Acre Standard*, National Playing Fields Association（2001）.

[5] *Planning and Design for Outdoor Sport and Play*, Fields inTrust（2008）.

[6] *The Play Strategy*, Department for Children, Schools and Families; Department for Communities and Local Government; Play 4 Life（December 2008）.

[7] *Design for Play: A Guide to Creating Successful Play Space*, Department for Children, Schools and Families and Department for Culture, Media and Sport（2008）.

[8] *Design and Planning for Play*, CABE Space（2008）.

[9] *Best Play*, National Playing Fields Association, PLAYLINK and the Children's Council（2000）.

[10] *Fact sheet 10: Children's Play in Natural Environments*, Children Play Information Service/National Children's Bureau（2007）.

[11] *Managing Risk m Play Provision, Play Safety Forum Statement*, National Children's Bureau（2002）.

[12] *Manual for Streets*, Department for Transport（March 2007）.

# 第 11 章　由概念到最终设计图

## 草图细化

正如在第 9 章中所讨论的，草图设计是设计过程中的第一个阶段，在此过程中，你的设计构思开始凝结成一篇图纸实稿。这幅图纸将不同的区域规划草图和注释绘集在一起，形成更加连贯详细的架构（图 11.1）。要特别留意现有景观特征中待保存的部分，以便采取措施对可能造成的破坏或失误进行弥补，而这些标注也应该加入图纸中（务必将这些信息放在平面规划图之外，并用箭头指针帮助给他们定位——箭头连线务必使用细线，以免在规划图中过于抢眼。连线可以水平、垂直，必要时也可使用斜线，但如果使用斜线，务必保证整个图纸中所有斜线保持平行并列）。

这些保留的景观特征可以是硬质元素或者软质元素。这些东西有些无疑可以锦上添花，有些则需要有所改进（比如用劣质普通砖砌成的轻质砖墙），当然还有些景观特征因其重要意义和战略意义而被立法保护 [ 比如一堵残墙可能是记录在册的历史建筑，需要当作未来的历史遗迹或者视作规划中需特殊处理之处。再比如，受"古树名木树木保护条例"（TPO）保护的一棵树等等 ]。其余部分重要性次之。设计人员要确定哪些项目会受到开发建议书的影响，哪些项目会影响开发布局，并以此来尽可能多地保留那些具有重要意义和战略意义的特征。某些重要性次之的特征可以舍弃，不过在规划建议书对它不构成什么影响的情况下，也可予以保留。假如根据你的设计方案需牺牲掉一株受 TPO 保护的树，但还是拿到了规划许可，这就表明规划不再受该 TPO 保护条例限制，不必再专门申请 TPO 许可。那些记录在册的历史建筑和即将成为历史遗迹的建筑则不同，它们需要单独专门申请批复。

对于确定为"需加强管护类"的软性景观元素，如树木、树篱等等，需采取措施改善其状况（例如树冠修理、砍伐树木、清除枯木、树木去梢和树木修剪等），或者采取防虫防病等措施。在规划条件下得到保护的砖墙和石墙通常需要采取措施确保其结构完整，这可能涉及墙基加固或者墙体重嵌。

这些工作可能需要在图纸的前部或后部附上说明。需要以此种方式保留或修缮的典型软质特征和硬质特征可能包括：墙体，栅栏，栏杆，大门，花架，凉亭，树篱，树木，漂亮的灌木花境等。这些事物要么是因为非常美观，要么是由于具有某种功能实用，要么就

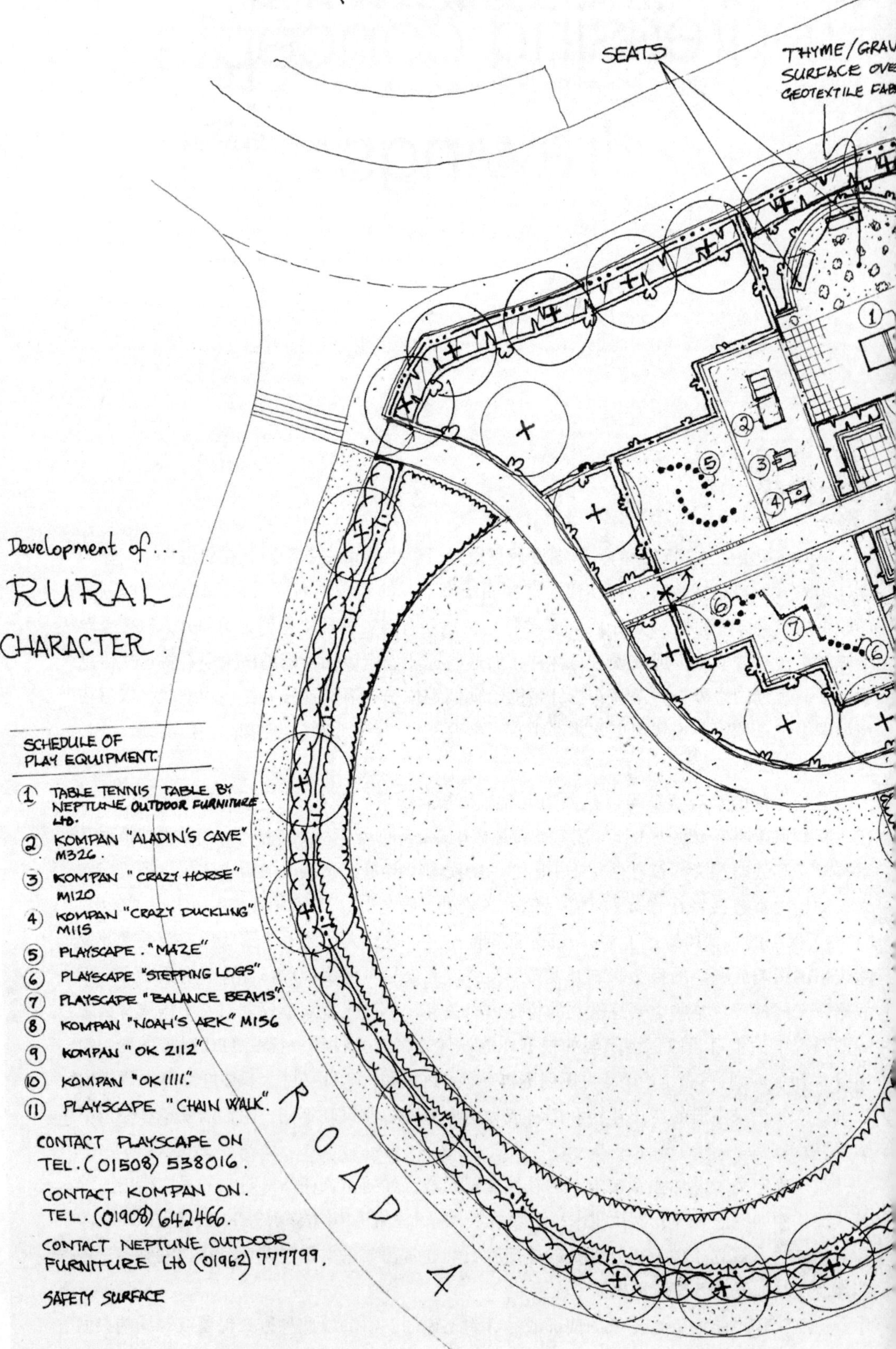
Development of... URBAN CHARACTER
SEATS
THYME/GRAV
SURFACE OVE
GEOTEXTILE FAB
Development of...
RURAL
CHARACTER.
SCHEDULE OF
PLAY EQUIPMENT.
1 TABLE TENNIS TABLE BY NEPTUNE OUTDOOR FURNITURE LTD.
2 KOMPAN "ALADIN'S CAVE" M326.
3 KOMPAN "CRAZY HORSE" M120
4 KOMPAN "CRAZY DUCKLING" M115
5 PLAYSCAPE. "MAZE"
6 PLAYSCAPE "STEPPING LOGS"
7 PLAYSCAPE "BALANCE BEAMS".
8 KOMPAN "NOAH'S ARK" M156
9 KOMPAN "OK 2112"
10 KOMPAN "OK 1111".
11 PLAYSCAPE "CHAIN WALK".
CONTACT PLAYSCAPE ON
TEL. (01508) 538016.
CONTACT KOMPAN ON.
TEL. (01908) 642466.
CONTACT NEPTUNE OUTDOOR
FURNITURE Ltd (01962) 777799.
SAFETY SURFACE
ROAD A

图 11.1 草图

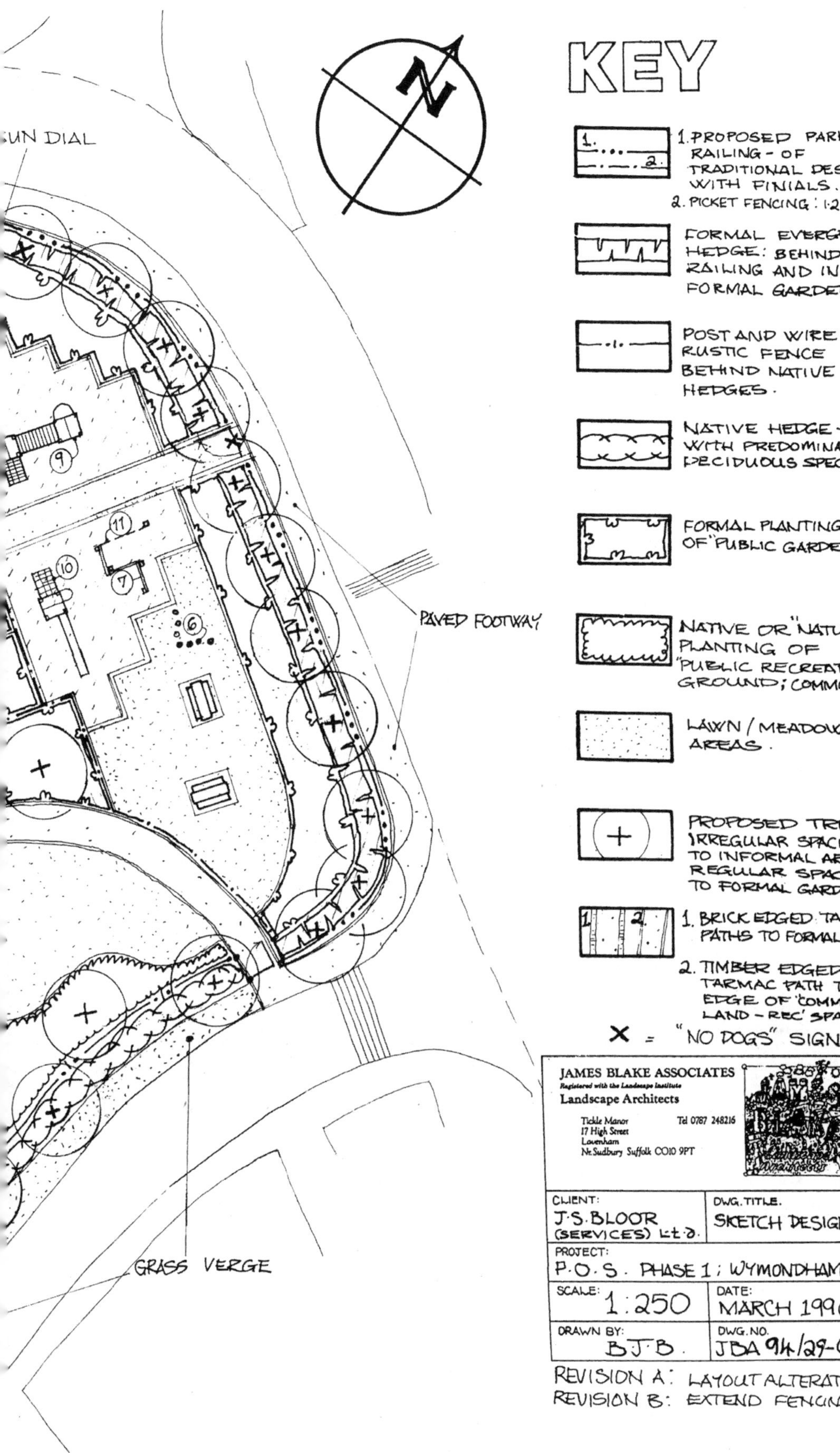
SUN DIAL
PAVED FOOTWAY
GRASS VERGE
KEY
1. PROPOSED PARK RAILING - OF TRADITIONAL DESIGN WITH FINIALS.
2. PICKET FENCING: 1.2M H.
FORMAL EVERGREEN HEDGE: BEHIND RAILING AND IN FORMAL GARDENS.
POST AND WIRE RUSTIC FENCE BEHIND NATIVE HEDGES.
NATIVE HEDGE - WITH PREDOMINANTLY DECIDUOUS SPECIES.
FORMAL PLANTING OF "PUBLIC GARDENS"
NATIVE OR "NATURAL" PLANTING OF "PUBLIC RECREATION GROUND; COMMON."
LAWN / MEADOW AREAS.
PROPOSED TREES IRREGULAR SPACING TO INFORMAL AREA; REGULAR SPACING TO FORMAL GARDENS.
1. BRICK EDGED TARMAC PATHS TO FORMAL AREA
2. TIMBER EDGED TARMAC PATH TO EDGE OF "COMMON LAND - REC' SPACE"
X = "NO DOGS" SIGN.
JAMES BLAKE ASSOCIATES
Registered with the Landscape Institute
Landscape Architects
Tickle Manor
17 High Street
Lavenham
Nr. Sudbury Suffolk CO10 9PT
Tel 0787 248216
CLIENT: J.S. BLOOR (SERVICES) Ltd.
DWG. TITLE. SKETCH DESIGN
PROJECT: P.O.S. PHASE 1; WYMONDHAM.
SCALE: 1:250
DATE: MARCH 1996
DRAWN BY: B.J.B.
DWG. NO. JBA 94/29-03 B
REVISION A: LAYOUT ALTERATION.
REVISION B: EXTEND FENCING

是（整体）拆除的花费过大，所以如果能够将其融合进新的设计中，既能使设计方案显得更加成熟，也能体现出设计者融旧添新的能力。不需保留的项目就可以从基本规划图中删除。这些元素可能涵盖陈腐的木屋、腐烂的树、混凝土板、毫无美感或摇摇欲坠的孤墙等等。后期绘制施工图纸时，可以将这些元素在另外一张图上单独表示出来。

空间的形状、框架以及统一的整体设计需进一步调整和修改，以准确反映场地实际情况。要检查车道、停车位、步道等的最小宽度，还要检查转弯半径和其他能够对空间产生影响的所有特征元素。外部规模与内部规模有很大不同。在小于 3m × 3m 的空间内，很多功能都很难实现，人感觉也不舒适。即便是相对小巧私密的空间，也直径（或边长）也需要在 3 ～ 6m 之间。会议或教学空间所需直径 7 ～ 12m，这样才能确保人群聚集时空间充足，不至于显得太空旷或者无遮无拦。集会空间的直径则应大于 20m。理想情况下，这类空间的人均拥有面积至少不低于 $1m^2$。路径、焦点地区也应适应上述情况进行调整和移动。开始规划空间之间的连接点，以及层级变化，路沿、篱笆以及树篱的调整。道路装有指示性材料并做边缘处理。应通过不同纹理、符号的合理选用来表示所需材料。

至此，设计师需要开始考虑更加细致的元素，因此常常需要参考到早期现场勘察的数据和分析等资料。需要考虑的事项还包括：需屏蔽的项目、需建立保护设施的项目、既存保护树木、基于隐私和安全因素考虑需选择的边篱类型等等。对现场可能产生影响的规划、公路管理条例或其他情况也需纳入考虑范围中。拟规划的边篱，如临近公路在 1m 及以上或者在其地方 2m 及以上，则需要规划许可。改善对外交通通道，增加新的可视八字形出入口，以便往外开的车辆能够在合理距离内看到对面车辆。该视野应覆盖距离主路 4.5m 以内的范围，甚至可能需要覆盖距离公路 90m 以内的范围。该区域内不准出现高度超过 600mm 以上的树木、灌丛、篱笆或其他障碍物。

还需要考虑其他的规划问题和法律问题，例如现有树篱和篱笆的所有权问题等。还可能涉及准入权、通行权和地役权等问题，需征得某些个人或法定公共事业公司授权。这些公司都有相应的政策，规定了你在距其相应服务设施多远范围之外可以进行种植，还规定了在一定距离内可以哪些品种可以种植，种植高度是多少等等。一般来说，如果项目为开旷空间，最好与上述用地保持一定距离，以确保不得不通过时尽量减少打扰，如果是封闭元素，应尽可能设于其外。这就意味着布局要进行微调，将影响及上述服务公司可能提出异议的可能性降到最低。多数情况下，这些机构都不允许在它的范围内修建墙体、栅栏等建筑，而且对于植物也有严格的限制。某些地方允许在上面栽植本地灌木或其他植物，如废弃水管，但另一些地方则只允许地被植物，比方说铺设电缆的地方。铺设燃气管道的地方，则完全不允许有任何植物存在。不同地区对于这些情况控制的严格程度不同，有时他们的阐释也各有侧重。诸如此类的规划和法律因素或多或少都会影响到最终的布局。

## 客户联络

设计草图需要进一步改进，将所有选址和规划性问题纳入考虑范围中。在全部完成后，设计师需要将规划方案向客户（可能是第一次）展示。只有到了这时候，设计师才能感觉将自己的设计思路完整地传达给了客户或公众，达到了让后者理解其理念的目的。为了绘制这幅大致轮廓图，他肯定付出了大量努力，也经受了身心方面的无数痛苦。如果客户不喜欢，设计师肯定会感觉备受打击。但在这一草图阶段就让客户参与其中是必不可少的环节，只有这样才可以保证你能真正了解客户的愿望，并做出令他满意的阐释。关于规划，设计师需要对照着规划草图，与客户逐一梳理清楚设计说明书中涉及的每一个细节。

在这个阶段，客户很可能又改变了主意。当然，在最终方案确定下来并核准之前，他们完全有理由改变主意（虽然你可以额外收费，因为更改设计说明书意味着你需要额外花费时间）。客户会仔细检查图纸，提出很多针对性问题。如果你的客户是当地政府主管部门，那么你的设计将会受到来自两方面的严格审查，一方面是市政委员会的官员，另一方面是公众，因为他们往往是设计的最终用户。出于政治责任和财政责任，在用公款进行规划设计时，公共协商是至关重要的环节。公共协商的方式多种多样。公众可以在开放日参观某中心时，根据自身的喜好和对功能的要求，在意见箱填写意见或在选项表中打勾等。在设计方案进行到一定程度，基本达到能够读得懂的水平后，公开展示设计理念是个极为有用的方式。可以以传单的形式让临近的居民了解情况，并进行公众意见展示。反馈表是必不可少的一部分，后续追踪评估也同样重要。

## 修正和修订

一旦收到反馈意见，提出的问题得到充分讨论并得到一致同意后，就可以对规划进行修正，并将其标注为“A 修订”（标注日期，并附上一小句话，简要概括此次修订的具体内容，不可仅用“布局修正”等模糊表达）。设计师有责任就更改后可能给设计和现场带来的影响向客户提出建议，但客户是否采纳则另当别论。然后，将修正规划图展示给客户，可能会进一步提出其他问题。应鼓励客户尽可能严格审查（虽然人本性都希望自己的设计不受丝毫改动），这是因为，假如在设计工作都已完成并达成共识、施工图纸及文件都已准备好、招标公告已经发出，甚至合同都已经签订了的情况下再去修改设计方案的话，一定会带来天大的麻烦。

## 最终设计图纸

### 推销梦想

最终设计稿是最后一次向客户展示，也是你花费了最大心血才弄出来的图纸（图 11.2，图 11.3）。设计师推销的是梦想和创作理念。如果不能赢得客户喜欢，那么设计师所有的时间和付出也便付诸东流了。所以园林设计师有责任向客户准确传达设计理念和解决方案。

为此目的，最重要的一点便是以尽可能清晰易晓的方式将所有相关信息呈现出来，在图纸中尽可能使用约定俗成的规范和惯例，用栩栩如生的画面实现沟通交流。然而，因为设计的目的是要在指定空间内传达某种情怀和感受，所以设计师在最终设计图纸时有充分发挥空间，以呈现其独特的画风及用笔风格。对于设计师而言，多花些时间，施展自己的技艺，作出一张令人耳目一新的规划设计图来完全值得。

本质上说，最终设计稿是集先前设计草图、现场勘查材料及客户意见反馈等全部成果而形成的结晶之作，旨在赢得客户最终认可。图纸应该清晰明了，能够准确解释提出的所有相关事项，以便尽可能让客户确信这就是他希望的方案。自此以后其他所有图纸的目的则完全不同。从现在开始，设计师的精力将转向绘制另一类图纸，以便建筑商能够将设计理念变成现实。这些后续图纸称为“施工图”。与设计图不同，施工图的目的只在于传达一件事——即如何将建筑材料组合和布置在一起。在这类图纸中，设计师没有余地去关注华美堂皇的气势或风格。这类图非常枯燥，要谨遵严格的绘图规范。只有这样，才能保证任何参与该方案建设的承包商能轻松理解、准确执行。

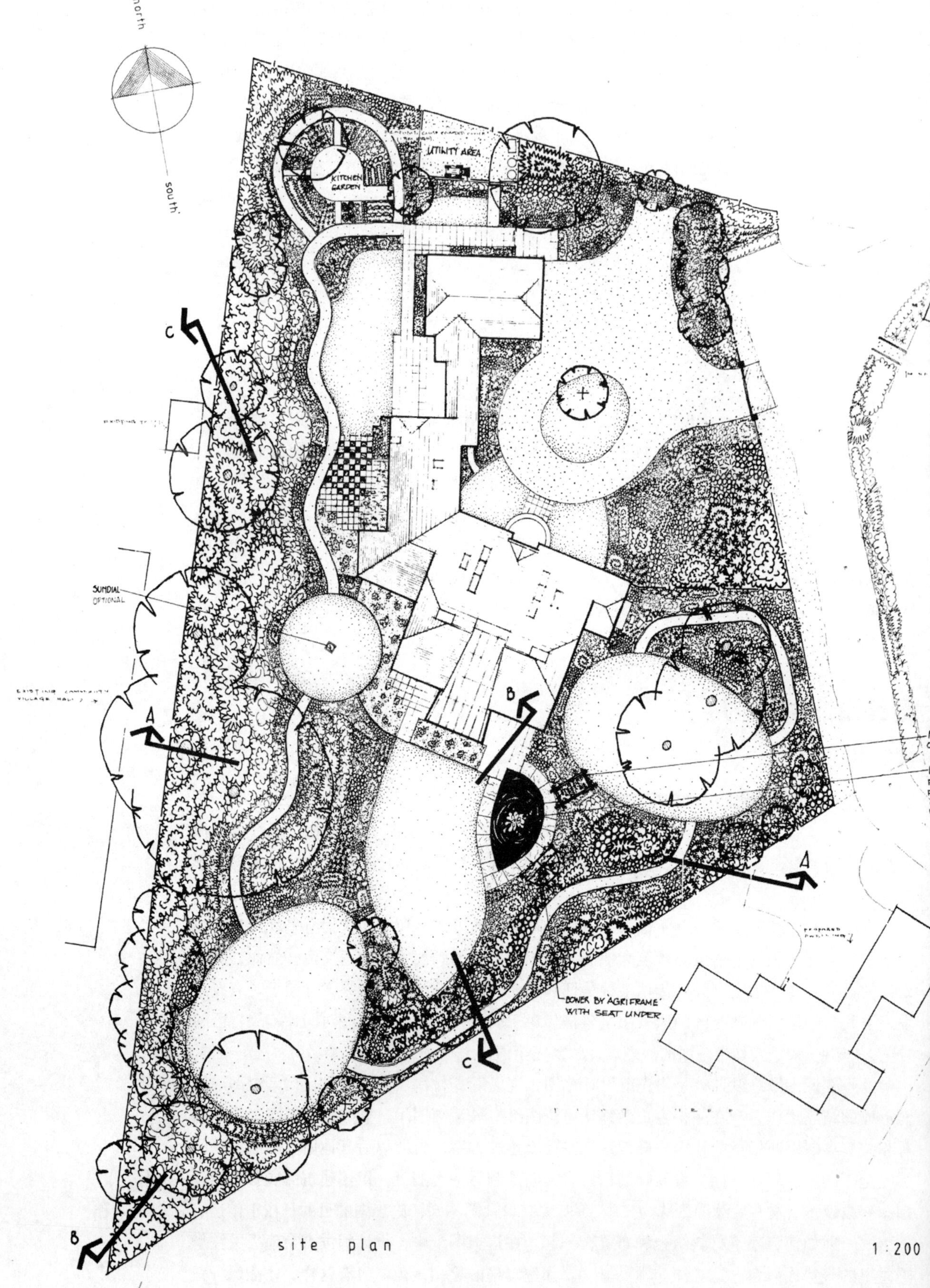
north
south
KITCHEN GARDEN
UTILITY AREA
SUNDIAL
OPTIONAL
C
A
B
BOWER BY 'AGRIFRAME'
WITH SEAT UNDER
site plan
1:200

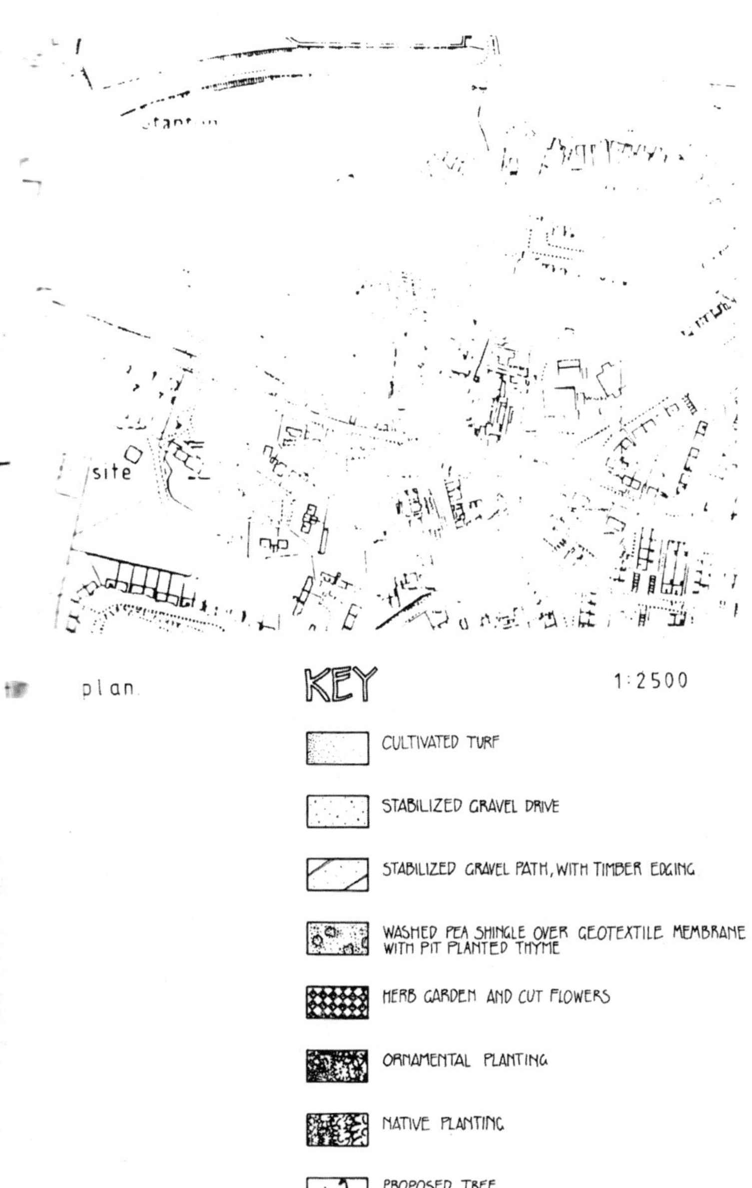

**图 11.2** 最终设计图纸（展示方案）

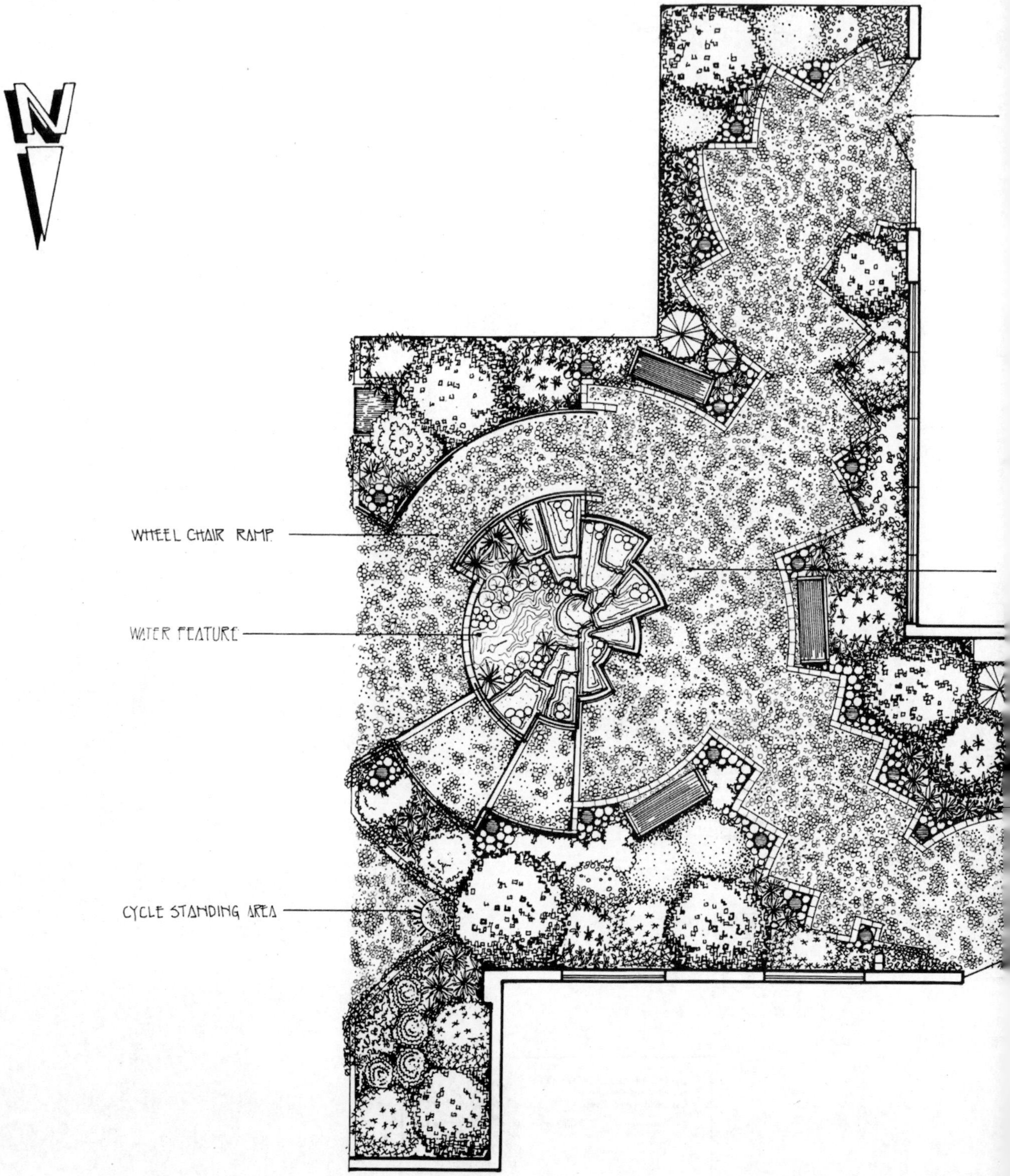

WHEEL CHAIR RAMP

WATER FEATURE

CYCLE STANDING AREA

图 11.3 展示方案

# KEY

EXPOSED AGGREGATE CONCRETE PAVING

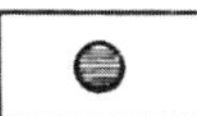

LIGHTING BOLLARDS

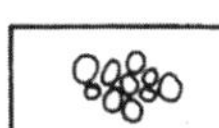

COBBLES

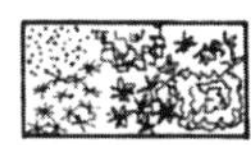

SHRUB PLANTING

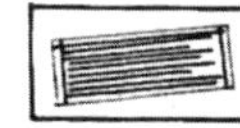

SPECIALIST SEATING

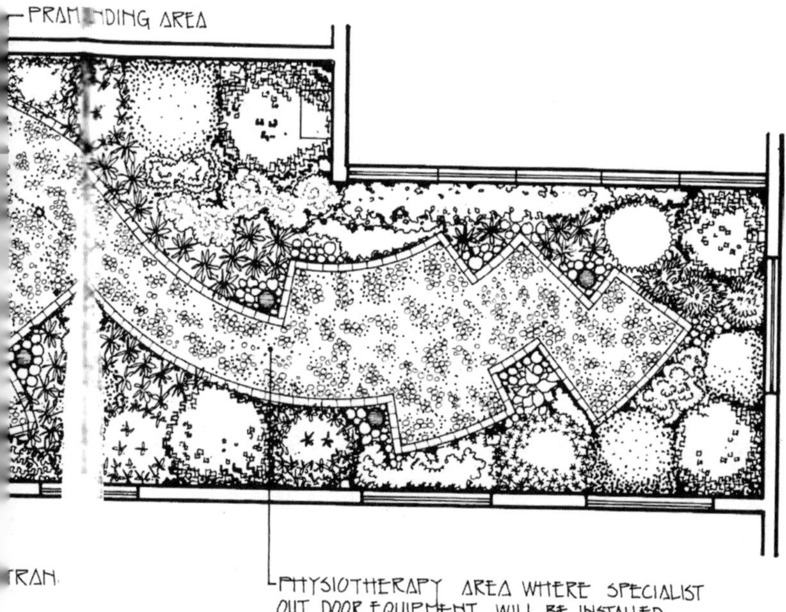


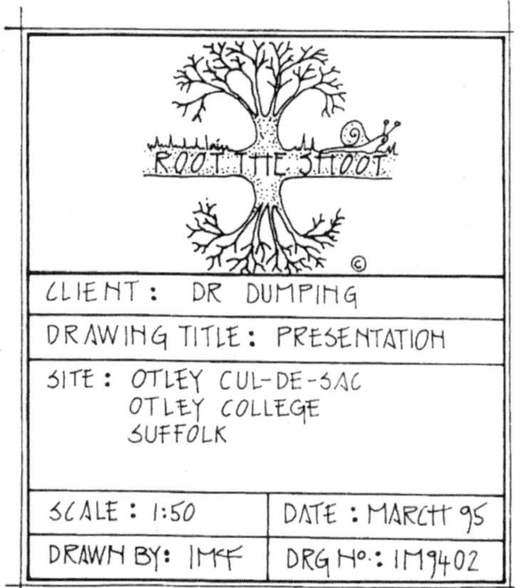

# 施工图

施工图是为承包商准备的，目的是让设计师的方案能够得以实施。这些图纸几乎没有什么装饰，是精确清晰，简单明了的轮廓图。其目的在于用最简单的术语向承包商解释如何将设计付诸实施。施工图要么是说明建材总体布置的图，要么是“放大了的”细节图，说明如何将各构成部件组装成一体。这些细节在总布置图时都会有涉及，以便承包商能够找到建造方案所需的任意一条信息。例如，若承包商想要安装某处木栅栏的栏杆，他应该先在总规划图中找到该木栅栏的相应位置，然后找出关于数量以及如何建造的细节。从该细节中，就可以轻易确定所需木材的尺寸、安装形式（是用螺丝还是钉子，相应规格如何），以及对木材着色处理所需要的颜色和类型。

包括总布局图和建筑细节图在内的所有这些施工图（不含设计图）都将收录于支撑文档之中，用于向承包商寻求有竞争力的价格（招投标）。因此，这些图纸和文件也称为招标文件。一旦某承包商拿到了合同，这些文件也便成为合同文件中的一部分。

## 硬质景观元素平面规划图

这个规划图是为了显示规划所涉及的所有元素的总体布局、位置和相关安排，甚至还包括软性景观元素的位置。对于后者，它将使用英国标准大纲符号表示绿化，用圆点填充的形式代表草地，用英国标准符号代指拟种植树木。硬质景观规划图是所有专业信息的参考依据（图 11.4）。具体细节包括道路铺设、路边类型、路沿设计、边缘修饰、排水设计、照明符号、标记符号、室外家具符号和参考编号，这些以圆圈的形式展示细节和平面高度信息（包括现有高度、拟定高度、墙体和检修孔高度等等）。图例或图标（有时称之为“图标”）旨在对项目所涉及全部材料、物品的构造、类型、尺寸、安装或布置，还有合同细则等信息予以准确说明。图纸应按标准比例尺绘制，不给承包商读图造成困难，例如，1∶100 或 1∶200。

## 软质景观元素平面规划图（种植规划）

种植规划图（图 11.5）包含三个基本元素。第一，表格图纸中心是种植池的植床平面图。植床种植池中拟种植植物的绘制会应遵循英国标准线性相关规定（英标 1192：1984 第 4 部分），用 0.4 磅专业绘图笔，以直线绘制拟种植植物。磅这个词在这里是一个很奇怪的术语的使用有些特别，因为它的含义与你根据通常逻辑预期预想的完全不符：它并不是指你的笔有多重，而是指它的笔尖有多宽，进而所画出的线条能有多宽。当然，现在这些多由计算机辅助设计（CAD）完成，要么用的是单独运行的程序包，要么用的是 AutoCAD 等某品牌专业建筑 CAD 系统中的一个功能。我们公司，也就是詹姆斯・布莱克协会（James Blake Associates），为此开发了自己的程序包 LandmARC。这款程序包可为你提供粗细不同的各种线，用于绘制规划图中各种不同元素（详见第 18 章）。画出来的规划图看起来清晰明了，与手工图纸别无二致。LandmARC 原先只是一个专供公司内部使用的“粗糙拙朴”的程序，2009 年开发成为一个达到上市水平的产品，用户数量增长很快。

植栽设计中最常用的方式就是分区种植。用比植床轮廓相对细一点的线条（相当于 0.2 的笔）将植床分割成为不同区块或片区，标明各区块或片区需栽植的具体植物品种（或混合品种）。标记箭头线需要用细线笔（相当于 0.8 的笔）来画，自相应的区块引出来，引到延伸到图纸侧边一边（或图纸中其他空白处）。箭头线的一端（某区相应区块中心位置处）需用醒目的大句点，以清楚地显示线条的端点（即箭头所指向的位置）。箭头线的另一端和标签间留约 2mm 的空隙（标签内容应包含植物的数量和名字）。重复上述过程，直至植床内所有区块、区片都已标记出来（所用植物数量在前，名字在后）。

将某一分区区块种满植物所需的各类植物的数量，是由该区块的面积决定的，以面积乘以每平方米所需的植物数得出总数量。而至于每平方米所需植物的数量，则取决于也因相应植物品种生长速度快慢、种植时的大小、客户要求的即时效果期待多久见到预期的景观效果，以及所选植物品种费用的不同而有所不同的成本等等（有时，客户可能会更喜欢宁愿等 1—2 年，也不愿为了即时效果去花双倍的价钱）。“分区种植”的另一种方式就是将种植池植床分成流状楔形区，以达到更加自然的效果。个人经验表明，分区种植的效果妙不可言足以产生很好的效果，恰到好处栽植方案执行起来也相对容易。理论上讲，流状方式能与本土植物更加契合，但有一点也必须注意到：按片区栽植的灌木很快便会成丛连片，原先刻意规划及人工雕琢的痕迹很快便会消失不见。事实上，即使是刚刚种植完毕的种植区，也很难看出区块区片分割的痕迹。回到分区种植这一点，种植区的面积与周围环境有关：是本土化为主还是强调修饰，是较为私密还是开阔宽敞，还有人流与车流通过该区的速度的快慢。与自然植床相比，观赏植床所需种植区较小，与整齐规划的灌木花床相比，石景假山与草本花坛所需种植区较小。

同样，沿路边种植需要更简洁，风格更大胆，因此区块面积也相对更大。与之相比，如果是某郊区死胡同中一户房屋的前门花池，情况就不一样了，因为这里栽植的目的通常都是为了近距离、悠闲从容地观赏，因而，区块面积通常也比较狭小。

第二，种植规划还应包括一份以一览表形式呈现的独立清单，将所需的全部植物品种以字母顺序列出，清单内所有信息、文本安排均应遵循以下格式。第一列通常是数量，包括所有植床、所有区块内所需各类植物的总和。紧随数字之后的第二列通常是植物名称（有时还会加一栏植物代码，也就是当计划表空间有限，无法写出植物学名全称时，设计者可能采用某种形式的缩写来代替植物名称。缩写代码通常不应少于三个字母，最好保留四个或四个以上字母，以便构成相对完整的音节，便于识别，便于记住）。植物名称后就是育苗类型（容器苗、露地裸根苗、容器化育苗、土球苗等），空间（每平方米植物数量），培育容器大小（大小以公升为单位，还要留出植株高度、宽度的允许公差值）。

种植一览表一般写在图纸上刻意留出来的空白区域，用于记一些有用的相关信息，如说明、标注、图例、指北针和标题框等等。这些都应该标记在植床规划图的周围，这样才能方便承包商现场查阅信息，不必临时到处翻找查阅各种各样的便条、文件等等。通常来讲，图例、文本框和指北针都应该在规划图的右侧。计划一览表、说明、标注、图解和截面图等应该在图的左侧、上方或下方，具体视情况酌情确定，但需尽可能确保版面布局清晰、不杂乱。种植一览表的首要功能就是帮助承包商订购和准备项目所需苗木。

第三，上文提及的种植说明旨在提供重要规格说明，特别是图例所涉及植物品种的规格细节、位置，还有事关攀缘植物、篱形植物维持培养和保护等内容的相关细节。如有需要，此说明还应包括土壤改良计划，对既有树木和灌丛的保护措施，树木支架和树木绑带等。有一些标注说明是任何规划图都可能需要用到的标准说明，如：“除非经园林设计师认可，不得任意替换其他类型的植物”；或“承包商只能依据既有图纸进行测量，除此之外由按比例缩放行为引发的任何风险，均由承包商承担”。每张规划图也都有自己针对性的特殊标注说明，如：“银杏树样本须种植在地下有埋管的专用树坑内，详如说明 1 所示”等等。

**种植一览表准备** 编制种植一览表时须格外注意，最好用计算机上按照标准格式编制。如果编制一览表用的是 MS Word 文档，不是 LandmARC 等计算机辅助设计（CAD）软件，那么，有时旧的一览表只需修改一下就能用于新的项目。不需要调整种植间距，不需要重新计算数量，只需简单调整一下树木大小就可以，这样做岂不是相当容易？种植一览表十分重要，有助于园林公司为工程定价。他们需要将一览表送至苗圃，获得相关报价。如果

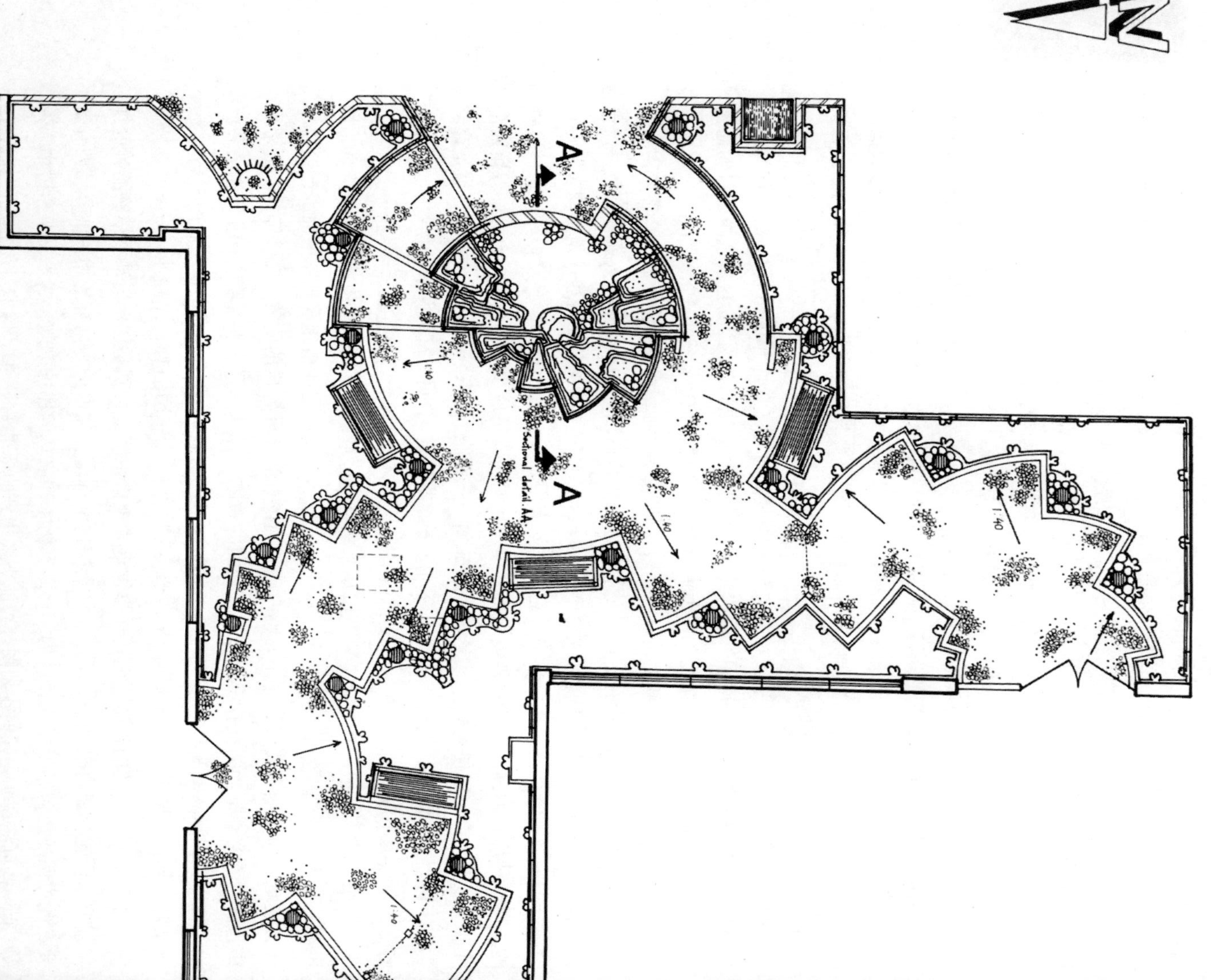
N
A
A
Sectional detail AA
1:40
1:40
1:40
1:40
1:40

**图 11.4** 硬质景观规划图

# KEY

- Min falls and cross falls of 1:40
- Supply and erect H.D. galv M.S. posts 40 x 40 x 1600mm (extending 1m above ground) with chain, all as per detail Dwg IM 9411.
- Supply and erect 'Abacus' municipal lighting bollards in accordance with manufacturers instructions.
- Supply and arrange assorted cobbles from C.E.D. Ltd. Telephone 01457 252. Lay over 'Mypex' membrane and also within water feature, in the supervision of the landscape designer.
- Supply and fix granite blocks rough cut to fit shape as drawn, laying flat to align grain and mimic rock strata. Blocks to be laid in the supervision of the landscape designer.
- Supply and fix cycle stand manufactured by Benselys Iron Work Ltd. to be set in insitu concrete foundations of C 20 P mix as per detail Dwg. IM9410.
- Supply and fix H.D. galv M.S. litter bin constructed by Benselys Iron Work, to be set in insitu concrete foundations of C 20 P as per detail Dwg. IM 9413
- Supply and fix H.D. galv M.S. seat constructed by Benselys Iron Work to be set in to insitu concrete pad of C 20 P mix as per detail Dwg. IM 9419.
- Supply and fix manhole cover by Caradon Jones Ltd.ref (TK 26), in accordance with the manufacturers instructions.
- Supply and construct brick walls using boral horizon 2000 'Burnished copper bricks as per detail Dwg IM 9407
- Proposed shrub planting as per planting plan Dwg. IM 9403 and schedule Sch. IM 9403.
- Supply and construct Marshalls 'Kings down' multi-buff brick paver edging to paths with C20P concrete as per detail Dwg. IM 9415.
- Supply and fix Steel ballustrading constructed by Benselys Iron Work Ltd. as per detail Dwg. IM 9408, H.D. dip galv set into insitu C 20 P mix concrete foundations as per detail Dwg IM 94
- Supply and fix H.D. galv M.S. trellis by Benselys Iron Work, 4 x bolted to existing walls as per detail IM9414
- Supply and construct 100 mm exposed aggregate insitu path of C 20 P mix concrete using 20mm gap graded marine aggregate, washed and brushed 30mins following the levelling to min falls and cross falls of 1:40, all over a well consolidated H.C. or well compacted subgrade as per detail IM 9412.

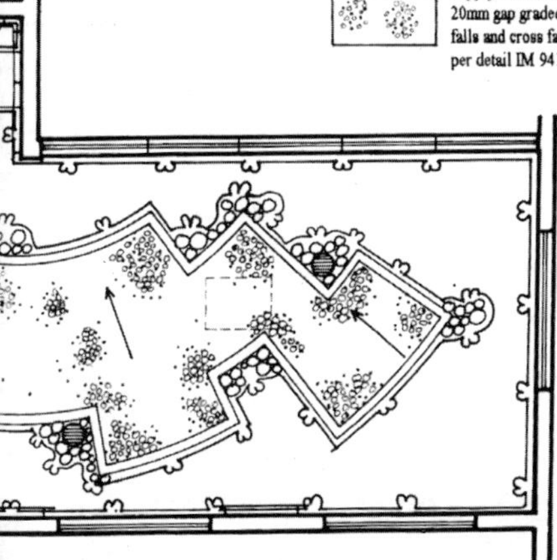

Notes

1. All metal work to be painted with Sika Inertol Icositt high build 5530 to val 1000 (Black)
2. See setting out and radius Dwgs for all dimensions and running measurements.
3. Refer to construction details before commencing any work on site
4. Water feature to be constructed as per details IM 9416, 17, 18.



ROOT THE SHOOT ©

CLIENT: DR DUMPING

DRAWING TITLE: HARD WORKS

SITE: OTLEY CUL-DE-SAC<br>OTLEY COLLEGE<br>SUFFOLK

| SCALE: 1:50 | DATE: MARCH 95 |
|---|---|
| DRAWN BY: IMcF | DRG No: IM9403. |

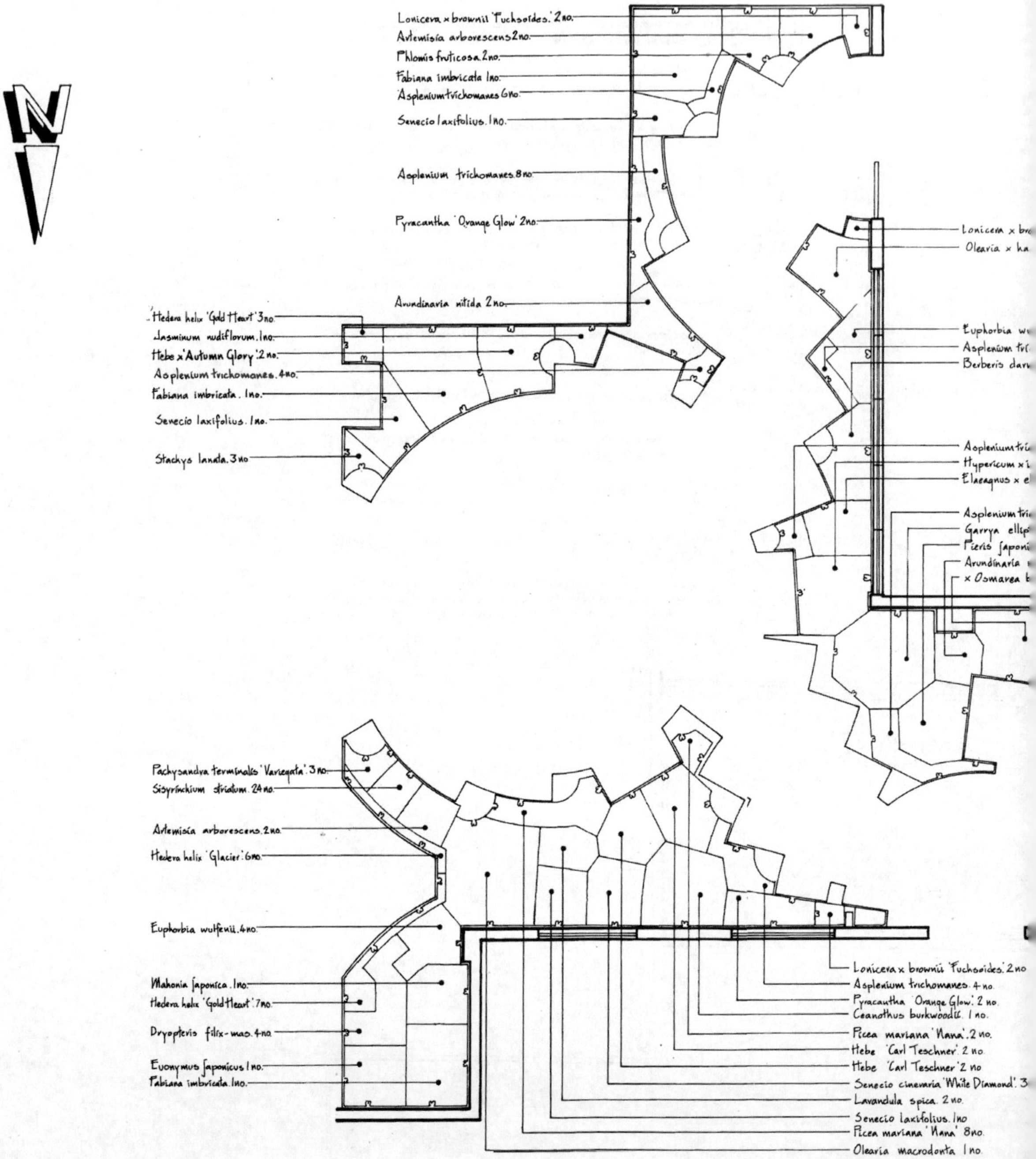

Lonicera x brownii 'Fuchsoides.' 2 no.
Artemisia arborescens 2 no.
Phlomis fruticosa 2 no.
Fabiana imbricata 1 no.
Asplenium trichomanes 6 no.
Senecio laxifolius. 1 no.
Asplenium trichomanes 8 no.
Pyracantha 'Orange Glow' 2 no.
Arundinaria nitida 2 no.

Hedera helix 'Gold Heart' 3 no.
Jasminum nudiflorum. 1 no.
Hebe x 'Autumn Glory' 2 no.
Asplenium trichomanes. 4 no.
Fabiana imbricata. 1 no.
Senecio laxifolius. 1 no.
Stachys lanata. 3 no

Lonicera x bro
Olearia x ha
Euphorbia w
Asplenium tri
Berberis darv
Asplenium tri
Hypericum x i
Elaeagnus x e
Asplenium tri
Garrya ellip
Pieris japoni
Arundinaria
x Osmarea b

Pachysandra terminalis 'Variegata' 3 no.
Sisyrinchium striatum. 24 no.
Artemisia arborescens. 2 no.
Hedera helix 'Glacier' 6 no.
Euphorbia wulfenii. 4 no.
Mahonia japonica. 1 no.
Hedera helix 'Gold Heart' 7 no.
Dryopteris filix-mas. 4 no.
Euonymus japonicus 1 no.
Fabiana imbricata. 1 no.

Lonicera x brownii 'Fuchsoides.' 2 no
Asplenium trichomanes. 4 no.
Pyracantha 'Orange Glow.' 2 no.
Ceanothus burkwoodii. 1 no.
Picea mariana 'Nana'. 2 no.
Hebe 'Carl Teschner'. 2 no
Hebe 'Carl Teschner' 2 no
Senecio cinevaria 'White Diamond'. 3
Lavandula spica. 2 no.
Senecio laxifolius. 1 no
Picea mariana 'Nana' 8 no.
Olearia macrodonta 1 no.

**图 11.5** 软质景观规划图



OTE

l impo[illegible] shall be to B.S. 3882 ; Free from rocks, concrete roots wire
rick, [illegible] 20% clay and shall be suitable for healthy plant growth
he soil [illegible] be fertilised with 'Supagrow NB' slow release fertiliser to the
anufac[illegible] nstructions
ll plan[illegible] be planted through 'Mypex' sheet mulch. This sheet mulch
to be [illegible] over the entire planting area and pegged down with metal
egs at [illegible] centres. Each planting position will be cut with scissors
rder to [illegible] shaped flaps. The plants shall be planted through the
heet m[illegible] to soil and there shall be no gaps left around the plant
tems
fter pl[illegible] planting areas shall be evenly covered with a 50mm
ayer of [illegible] 'bark nuggets
See p[illegible] schedule Sch. IM9403

PLANTING SCHEDULE

Plant schedule for planting plan Dwg. IM 9403.

| Quantity | Name | Stock | Spacing Per sqm | Pot Size Litres |
|---|---|---|---|---|
| 1 No. | Jasminum nudiflorum | C.G. | 2 | 1.2 L |
| 2 No. | Hebe x 'Autumn Glory' | C.G. | 2 | 4.0 L |
| 65 No. | Asplenium trichomanes | C.G. | 6 | 1.0 L |
| 3 No. | Fabiana imbricata | C.G. | 1 | 4.0 L |
| 3 No. | Senecio laxifolius | C.G. | 1 | 4.0 L |
| 3 No. | Stachys lanata | C.G. | 5 | 1.2 L |
| 3 No. | Pachysandra terminalis 'Variegata' | C.G. | 5 | 1.2 L |
| 24 No. | Sysrinchium striatum | C.G. | 36 | 1.2 L |
| 4 No. | Artemisia arborescens | C.G. | 2 | 2.0 L |
| 6 No. | Hedera helix 'Glacier' | C.G. | 5 | 1.2 L |
| 8 No. | Euphorbia wulfenii | C.G. | 3 | 2.0 L |
| 5 No. | Mahonia japonica | C.G. | 1 | 4.0 L |
| 9 No. | Hedera helix 'Gold Heart' | C.G. | 5 | 1.2 L |
| 4 No. | Dryopteris filix-mas | C.G. | 2 | 2.0 L |
| 1 No. | Euonymus japonicus | C.G. | 1 | 4.0 L |
| 6 No. | Lonicera x brownii 'Fuchsoides' | C.G. | 1 | 2.0 L |
| 2 No. | Phlomis fruticosa | C.G. | 2 | 2.0 L |
| 8 No. | Pyracantha 'Orange Glow' | C.G. | 2 | 2.0 L |
| 4 No. | Arundinaria nitida | C.G. | 2 | 4.0 L |
| 1 No. | Olearia x haastii | C.G. | 1 | 4.0 L |
| 1 No. | Berberis darwinii | C.G. | 1 | 4.0 L |
| 3 No. | Hypericum x inodorum 'Elstead' | C.G. | 3 | 2.0 L |
| 1 No. | Elaeagnus ebbingei | C.G. | 1 | 4.0 L |
| 2 No. | Garrya elliptica | C.G. | 1 | 4.0 L |
| 4 No. | Pieris japonica | C.G. | 1 | 4.0 L |
| 1 No. | x Osmarea burkwoodii | C.G. | 1 | 4.0 L |
| 1 No. | Ceanothus burkwoodii | C.G. | 1 | 4.0 L |
| 14 No. | Picea mariana 'Nana' | C.G. | 3 | 2.0 L |
| 4 No. | Hebe 'Carl Teschner' | C.G. | 2 | 2.0 L |
| 3 No. | Senecio Cineraria 'White Diamond' | C.G. | 4 | 2.0 L |
| 2 No. | Lavandula spica | C.G. | 2 | 2.0 L |
| 1 No. | Olearia Macrodonta | C.G. | 1 | 4.0 L |
| 1 No. | Gaultheria shallon | C.G. | 1 | 4.0 L |
| 3 No. | Polystichum setiferum | C.G. | 2 | 2.0 L |
| 14 No. | Helleborus lividus corsicus | C.G. | 3 | 2.0 L |
| 12 No. | Euphorbia robbiae | C.G. | 3 | 2.0 L |
| 2 No. | Iris foetidissima | C.G. | 5 | 1.2 L |
| 2 No. | Euonymus fortunei 'Silver queen' | C.G. | 2 | 2.0 L |
| 2 No. | Helleborus niger | C.G. | 3 | 2.0 L |
| 2 No. | Pieris floribunda | C.G. | 1 | 4.0 L |
| 2 No. | Skimmia japonica | C.G. | 1 | 4.0 L |
| 2 No. | Mahonia aquifolium | C.G. | 1 | 4.0 L |
| 12 No. | x Heucherella 'Bridget Bloom' | C.G. | 5 | 1.2 L |
| 1 No. | Pittosporum tenuifolium | C.G. | 1 | 4.0 L |
| 3 No. | Sarcococca humilis | C.G. | 3 | 2.0 L |

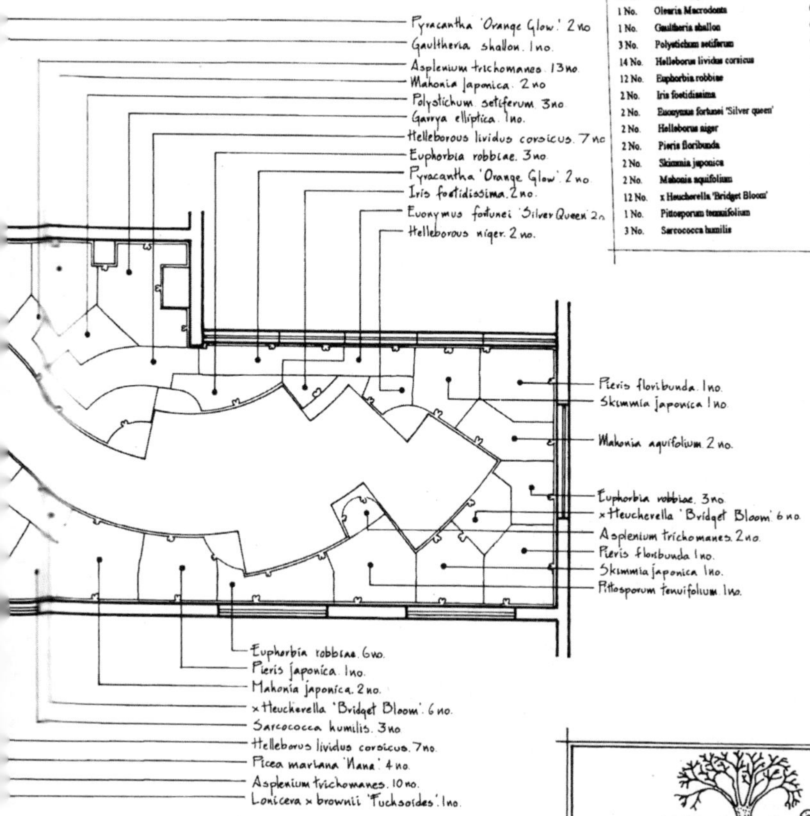

Pyracantha 'Orange Glow' 2 no
Gaultheria shallon. 1 no.
Asplenium trichomanes. 13 no.
Mahonia japonica. 2 no
Polystichum setiferum 3 no
Garrya elliptica 1 no.
Helleborous lividus corsicus. 7 no
Euphorbia robbiae. 3 no.
Pyracantha 'Orange Glow' 2 no
Iris foetidissima. 2 no.
Euonymus fortunei 'Silver Queen' 2 n
Helleborous niger. 2 no.

Pieris floribunda. 1 no.
Skimmia japonica 1 no.
Mahonia aquifolium 2 no.
Euphorbia robbiae. 3 no.
x Heucherella 'Bridget Bloom' 6 no.
Asplenium trichomanes. 2 no.
Pieris floribunda 1 no.
Skimmia japonica 1 no.
Pittosporum tenuifolium 1 no.

Euphorbia robbiae. 6 no.
Pieris japonica. 1 no.
Mahonia japonica. 2 no.
x Heucherella 'Bridget Bloom'. 6 no.
Sarcococca humilis. 3 no.
Helleborus lividus corsicus. 7 no.
Picea mariana 'Nana'. 4 no.
Asplenium trichomanes. 10 no.
Lonicera x brownii 'Fuchsoides'. 1 no.

ROOT THE SHOOT ©

CLIENT: DR DUMPING
DRAWING TITLE: PLANTING PLAN
SITE: OTLEY CUL-DE-SAC
OTLEY COLLEGE
SUFFOLK
SCALE: 1:50 | DATE: JUNE 95
DRAWN BY: IMF | DRG No: IM9403

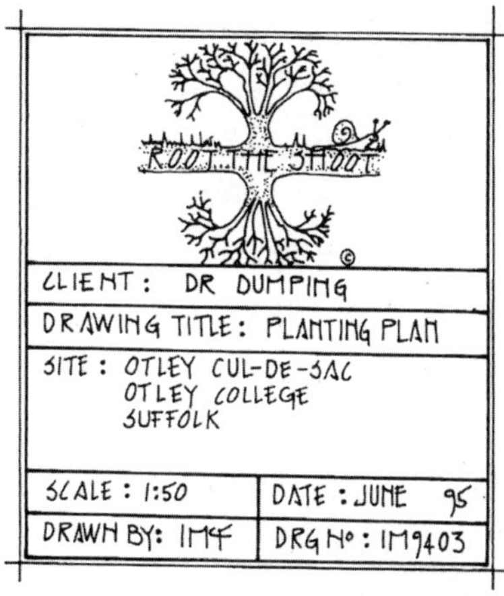

一览表信息有误，那么所提供的植物就可能出现偏差。如果使用 CAD，就需要将之前的旧表删除，重新编制新表。LandmARC 软件使得这一任务分分钟可以得到解决，相比过去整体操作少了很多麻烦，同时也很精确。当然，偶尔有误是难免的，所以有必要进行错误检查，甄别 CAD 未能检查出来的植物名称拼写错误、选用的新品种等等。谨慎选择合适的树木大小非常重要。虽然许多方案可以轻轻松松使用常见苗木，即用 2L 或 3L 的植物种植钵培育出来的苗木（高度介于 300—600mm 之间，幅宽视品种不同而不同），但在某些情况下，客户可能希望景观效果能够即时见效。这时，就需要采用 10—15L 的种植钵培育出来的苗木（高度在 600—1200mm 之间，幅宽同上）。需要即时见效的情形包括为商品房楼盘设计的售楼处样板房，路旁家庭食肆及酒店等等。

苗木类型的选择要十分精心，常用苗木类型包括：

1. 露地裸根苗（在田地中成排种植——仅适用于 11 月至次年 3 月栽植）：适合本地落叶植物培育。不适合常绿植物或者非本地品种。有些品种至今仍以此种方式培育，成本低廉，但成活率低，因此替换成本也会高。总体来说，该方法成本低，但比较耗时，因为成活率低，达到预期景观效果所需要的时间也相应会延长。

2. 容器苗（终生都在种植钵或者衬布中培育生长）。这种方式适用于任何树种，但价格极为昂贵，对本地阔叶植物来说，没有必要。

3. 容器化育苗（在露地培育，然后以盆栽形式出售——通常避免使用）。此方式仅适用于特殊种植情况，例如，现场部分区域的种植因故推迟，需要储存一些露地培育的苗木，以便即使过了正常栽植季（比方说到了 3—5 月）也还能栽植。再有一种情况，因开发项目有可能损伤某些有较高价值的树苗或者野花，因此需要将它移植到新址。这种做法比买进非本土树种要好，但成活率很可能也较低。

4. 土球苗及麻布打包（在旷地上培育，但从苗圃把它起出来时带着根土，并用麻布袋将根土包扎捆绑起来，以防止根部干枯——仅适用于 11 月到次年 3 月的种植）。此种方式适用于较大的灌木类苗木，特别适合于高大乔木，成活率比在露地的育苗要高得多，当然价格也昂贵许多（但比容器苗的价格低）。

苗木类型可以根据预算、种植季节和实用性进行选择。尽管露地育苗比容器苗便宜得多，但移栽必须在休眠季进行，这并不是任何时候都适宜的。容器苗具有持续性，但也更加昂贵，会使预算增加。不过只要天气允许，全年任何时间都可种植。

对于本土树木和亚冠层灌木来说，育苗选好苗木类型（如上所述）还要考虑苗木的处理方式和苗木大小，包括：播种苗、嫁接苗、鞭状枝（whip）、打枝苗（feather）、半标准、一般标准、精选标准、重量标准、超重标准或半成熟标准。

种植一览表的最后一列是容器大小，通常以升为单位表示，或者，如果涉及本土植物或灌木时，也可以高度为单位或者以高度和树冠冠幅为单位表示。哪怕容器的尺寸已经给出，也最好把高度和冠幅列出。最近总能发现有承包商拿 2L 的灌木装到 3L 的培育容器中送到种植点，如果接受了这些苗木，那么这对于那些实实在在采用 3L 灌木的其他承包商而言就不公平，因为在价格上对那些真正培养了 3L 灌木的承包商不公平，前者在从苗圃订购苗木时占了价格优势。有些苗木只有固定的规格。英国园艺贸易协会（HTA）对育苗大小、断苗数量、苗木外观和质量都有相应规定，该规定是评价所供应苗木质量的指导性文件。如果苗木没有达到 HTA 标准，相关方就可拒绝使用。很少有承包商拒绝接受不合格的苗木，但在遭到设计师拒绝时，往往感到很委屈，因为他们必须承担这些费用，还要提供新的合适的苗木。在这方面，设计师要有勇气顶住来自承包商的压力。

有些树木带的植物间隔可能是每 3 米 1 株，而小型草本植物可能是每平方米 9 株。大多数景观灌木和草本植物体的间距通常为每平方米 1—6 个植株。

## 界址图

界址图只展示设计的大体轮廓。这些关键轮廓的定位是经测量、半径测量、直线测量，支距或简单的尺寸测量来完成的。不过，测量的基点却基本都是固定的，比如现存建筑，保留下的墙壁或篱等。所有拟添加的景观元素，不论硬质的还是软质的，都需要列出相应界址数值。对于承包商来讲，界址图十分重要，可以确保其建筑正确，比例与形状与设计意图相符。对给出的信息理解不充分，不仅会导致对设计的解读不到位，而且很可能也意味着材料数量不准确。设计师给承包商提供的尺寸信息都是正式数据，要准确，还要经过详细的检查。如今多数承包商可能都会要求提供计算机辅助设计（CAD）相关文件，以便他们能够用计算机辅助设计（CAD）中工具更准确地评估区域，这样也就降低了对详细的界址图的需要。但界址图在制定规划战略以及确定着手点时依旧发挥着重要作用，而且在现场进行实际操作时，它有助于制定切实可行的计划。就这一点而言，尽管一手拿 GPS 定位一手拿 CAD 仪器可能已经实现了，但 CAD 系统并没有完全取消人们对纸质图纸的需求。

## 拆除规划图、破损说明表和一览表

拆除规划图会展示现有区域，区域内需要拆除、挖掘和运走的部分，需要标注其特征、结构和外观（不过，拆除下来的某些材料可能可以用于做拟修建路面底基层的硬底层）。该计划需设计成图解式的，展示现存结构及其外观的大体轮廓，这需要用平行线或者交叉平行线画出，并用图例（或图解）明确标记出来。这些特征要么需要保留,要么需要拆除运走,均需明确说明。

破损说明表用于标明既存元素中需要保留但状况不久、需经修缮之后才能留用的部分。破损情况一览图可以绘制在规划图中，包括一系列要保留的名目，其破损等级，状况和为修缮而需要进行的工作等等。这类规划（包括树木调查和树木外科手术）需要一份一览表，列明项目编号，然后列出项目名称、规模、状况，最后给出妥善修补所需采取的补救措施。破损情况可以分为两大部分,一部分是硬质景观,另一部分是软质景观。硬质景观名目包括：需要重新垒砌的墙壁，已经下沉或裂缝的路面、破损的篱笆等等。图 11.6 给出了一些典型的硬质景观的破损情况。

软质景观元素也经常需要改善，其实施方法与硬质景观基本相同。要做的工作可能包括树木外科手术（树木保护）、修剪灌木、更换枯死灌木、长势不佳或病弱灌木以及因尺寸过大不再适合现场条件的灌木。低矮针叶树木如果放任生长，势必破坏假山的微缩景观特征，因此，这类树木需要定期更换。

## 树木保护和树木外科手术规划

应提供树木外科手术规划，就是展示要标明待移除的现有树木和植被中，哪些是需保留在场地中的树木和植被、哪些待清除、哪些需经过整修养护后保留，或经外科手术后保留下的树木和植被。树木和其他植被需进行评估和分级。然后列出名目，写成一览表的形式，这样方便树木外科医生定价。一份典型的树木外科手术调查已在如图 11.7 中列出所示。

| 项目编号 | 项目 | 受损情况 | 修复建议 |
| --- | --- | --- | --- |
| H1 | 砖墙 | 1.8m × 10m 面积的砖块剥落 | 将损毁的砖块拆除，然后重新砌墙 |
| H2 | 混凝土铺设路段 | 其中 8m 长的路段路面不平，又得已经开裂 | 将该路段移至距前门 1.5m 处；某些路段受野草影响；重整路基，铺设路面 |
| H3 | 栅栏 | 许多木质围栏的木板破损 | 将 1.8m × 32m 范围内的所有 14 号嵌板小心拆除，并选择匹配的嵌板重新安装 |

**图 11.6** 破损情况一览表

**图 11.7** 典型的树木外科手术调查

| 树木编号 | 品种 | BS5387分类 | 胸径（毫米） | 树龄 | 高（米） | PSULE分类 | 冠幅（米） | 最小间距（米） | 视觉舒适性价值 | 问题 | 所需工作 |
|---|---|---|---|---|---|---|---|---|---|---|---|
| T1 | 白蜡树 / 普通白蜡树 | C | 150 | SM | 10 | 2 | 4（S）<br>2（N） | 4 | 树冠稀疏，不牢固 | 被邻近树木遮蔽——枯树 | 为避免竞争、将其低至地面标高 |
| T2 | 夏栎 / 英国橡树 | A | 650 | M | 18 | 1 | 18 | 10 | 树木轮廓突出 | 有枯死的常青藤 | 不需额外工作 |
| T3 标签 No. 845 | 欧亚槭 / 美国梧桐 | D | 300 | M | 10 | 4 | 4（E）<br>4（N）<br>8（S） | 5 | 筛分值较小 | 30° 倾斜至地面——枯木——2m 处枝杈变得脆弱 | 鉴于其脆枝软茎，将其低至地面标高 |
| T4 标签 No. 846 | 夏栎 / 英国橡树 | B | 350 | SM | 10 | 1 | 12 | 12 | 树木轮廓显著突出 | 枯木—早期树木外科手术 | 移除枯木——修建树冠，为增加临近植物增加光照 |
| T5 标签 No. 867 | 夏栎 / 英国橡树 | C | 300 | SM | 8 | 3 | 14 | 9 | 圆形树冠——共显性 | 创口有弧状菌——光肩星天牛——早期树木外科手术——痕迹 | 由于真菌或腐烂痕迹，将其降低至地面标高 |
| T5 A | 夏栎 / 英国橡树 | C | 250 | SM | 7 | 2 | 8 | 9 | 具有群落视觉舒适性价值 | 枯木——腐烂痕迹 | 由于有腐烂痕迹，为了给邻近树木提供更好的光照，将其降低至地面标高——为了发展 |
| T6 标签 No. 847 | 樟子松 / 欧洲赤松 | B | 158 | SM | 8 | 1 | 6 | 5 | 有一定价值——从邻近田地或居所可见 | 枯木 | 将其降低至地面标高——为了光源 |
| T7 | 西洋梨 / 梨树 | D | 120 | OM | 5 | 4 | 6 | N/A | 零舒适性价值 | 大范围腐烂——枯木 | 由于大范围腐烂而将其降低至地面标高 |
| T8 标签 No. 848 | 白蜡树 / 普通白蜡树 | B | 160 | SM | 10 | 1 | 8 | 8 | 显著树木轮廓 | 常春藤 | 修剪树冠，为邻近树植增加光源 |
| T9 | 夏栎 / 英国橡树 | C | 450 | M | 12 | 2 | 8（W）<br>4（SE） | 10 | 共显性高舒适性价值 | 枯木——常春藤——早期树木外科手术——向西倾斜 10° | 移除枯木 |
| T10 | 西洋梨 / 梨树 | C | 150 | M | 7 | 3 | 5（S） | 6 | 低舒适性价值 | 常春藤——早期树木外科手术——被邻近树木遮挡——水曲柳再生—叠架于藤上 | 将其低至地面标高——为邻近树木增加光源—移除水曲柳 |

其等级根据由检查员根据对该树木的健康情况和视觉舒适性等价值的评估而确定。评估是根据 BS5837 中的严格标准而制定的。简而言之，A 级就意味着该树木十分健康，生机勃勃，极具视觉舒适性价值。这样优质的树木对景观也会有突出的贡献。B 级指树视觉舒适性价值略次，但健康及整体状态较好，只因由于数量或位置原因无法划归 A 级。C 级指树木健康情况和活力都令人满意，但观赏价值低，还可能包括一小部分价值相对较低的树木。R 级包括枯死、危险、患病和即将枯死，因而必须清除的树木。还有其他的评估方式，比如说有一棵美观、优质的成熟大树，感染了最终可能导致它枯死的慢性蜜环菌，不过枯死危险可能很多年之后才会发生。假如这棵树长在风险较低的区域，那么就完全可以将它保留，不过需要每年进行专门评估。PSULE（合理的安全使用寿命）树木评估体系根据树木的预期安全使用寿命将其分为五个等级：等级 1—超过 40 年；等级 2—15 到 40 年；等级 3—5 到 15 年；等级 4—仅 5 年；等级 5—未成熟苗木。虽然“英国等级标准”现已不再流行，但在判断一株树对于大范围景观环境的战略意义，进而从景观规划的视角评估其重要性方面仍具有重要参考价值。

同样的评估方式也适用于灌木及树篱的评估。简单来说，树木保护计划的目的就在于明确告知施工过程中如何，以及在什么位置安放临时性的树木保护围栏。同时，它还就树木根系保护的具体方法、特别施工工艺等予以明确说明。这些措施可能包括树立“严禁挖掘路段”指示牌，或用某种简单标识表示出根膜所在的禁止挖掘区域。无论任何规划，裸露地育苗都必须采用中铲隙栽植方法。这一部分需要在规划图中单独说明，并且在任何一份数量表中，都需要有具体的规格说明和测量工程条款。如果涉及路面改造工程，就必须保护根膜，保留足量根土，必要时可能还需要用枕木支撑。

## 场地现状平面图

有时，将测绘结果图加上注释，做成一幅像样的场地现状平面图以方便承包人投标，这点非常重要。这对客户公关宣传也同样有利，因为从图中可以明显看出项目实施前后效果方面的差异。

## 施工细节

图纸还可用来详细展示台阶、藤架、栅栏、墙壁等元素的实际建设流程。通过平面图、截面图、正面图和注释等形式，可以按照相对较大的比例（如 1∶10 和 1∶20）对各元素予以更详细的解释。所有组成元素都应以带圈数字编上参照序号，并附上详细解释说明。对应这些参照序号列出相关详细信息，如：施工过程、材料、合同编号和具体规格参数，还包括砂浆混合料、外加剂、固结类型、长度、风化防护等等。

## 剖面图

剖面图是平面规划图的细节（尽管有时会单独放在另一个图纸上），以解释相应截面在整个现场中所处的位置以及具体布局情况。如果某截面图中涉及多个不同要素，则称为全剖面图。这种截面图很重要，可以展示各要素与相邻要素之间的关系。截面图在阐释施工细节方面十分必要，它可以展示出每个元素的组成细节以及各材料是如何构成一个完整统一体的（图 11.8）。

## 立面图

立面图广泛用于展示施工细节，以突出表示某一包含多个侧面的景观元素的形状。比如说，在设计阶段，它可以反映景观在建筑外立面映衬下所呈现出来的效果。相比之下，截视立面图则更为常见，因为它能同时反映地面以上和地面以下的情况。

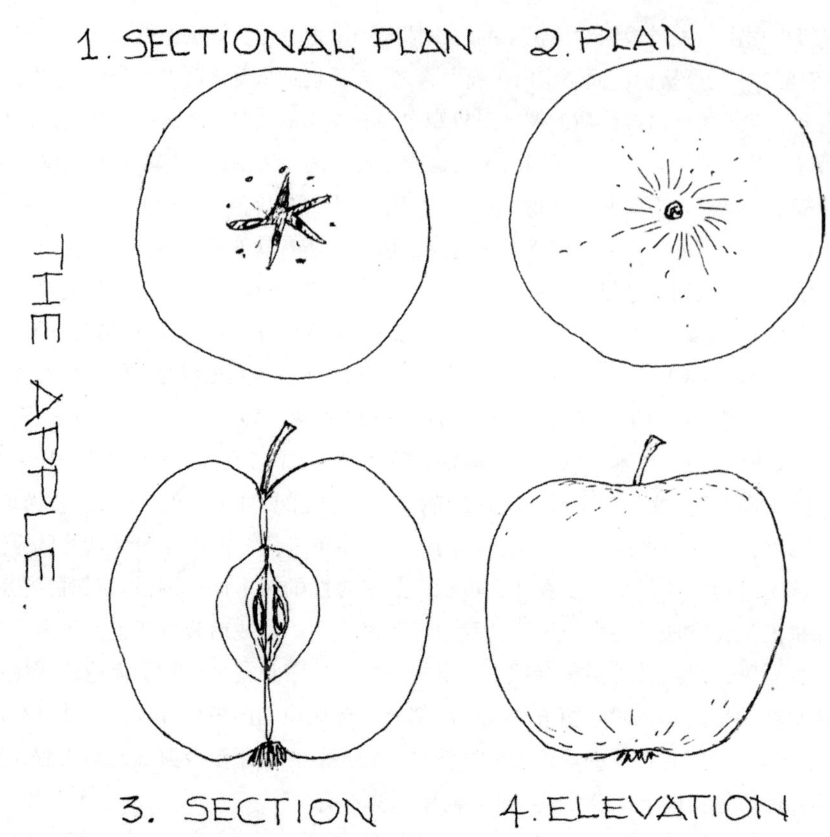


**图 11.8** 剖图和立面图

# 第 12 章　成本估算和招标文件

## 成本估算

成本估算就是将设计中的每一部分分解成可量化的组成元素（例如栽植灌木丛，草皮，铺砂石路，修建边篱以及栽树等等）。根据这些测算结果，就可以计算出每个单元的单价，再用单价乘以总单元数，就可以算出项目总成本。以此类推，算出所有各项目总成本，也就可以得到成本估算的总体骨架。做这样的成本估算有利于确保设计师的方案不会过于昂贵，也不会超出客户的预算。如果设计不能在既定预算内完成，则很可能需要修改、分阶段规划，甚至彻底被放弃。

准确的估算有助于确保设计师选择合适的材料。或许根据设计，的确需要某种特殊材料才能保证整个计划（视觉上的或者功能上的）完美实现。不过，只要存在与实际情况相契合，而且也能基本满足需要的第二或第三种备选材料，那么，以成本为由做些妥协也没有关系。只有在功能的确差强人意，或者实在不符合审美需要时，设计师才会对其设计方案彻底大改。

成本估算非常有用，它能让设计师时刻都对设计过程中所涉及的诸多部分都心中有数，有利于后期准备工程量清单。成本估算可以逼着设计师（逐项详细）检查整个规划方案，充分认识到相关工作的复杂性和实施顺序，从而为列出最清晰的说明文件和工程量一览表提供依据。这样做的另一个好处在于，它可以让承包商（投标人）一拿到方案就迅速搞清楚工程规划所涉及的工作量及任务，并在招投标所允许的很短时间内作出合适的报价。

### 如何进行成本估算

成本估算要清晰准确。同时，它必须条理清晰，精确完整。通常以表格的形式列于横格纸上，每一列都有格式标准，即都有标题。该格式理想上非常适合在电脑上操作完成，比如用 LandamARC 之类比较好的计算机辅助设计（CAD）软件都可以自动生成。当然，您需要调整成本数据，但是大框架基本以及为你准备好了。为了展示效果更好，您可以将信息导出到 MS Excel 或类似的电子表格中。相比从零开始做成本估算，这个过程显然要简单很多。当然，您可以在电子表格程序上预先设一个成本估算模板。首先，按照正确的顺序列出各个项目。第二，将数量从规划中“扒出”，注意一定要准确。如果有不确定的，务必谨慎，数字要四舍五入到整数。第三，研究价率。查阅旧标书的副本，询问其他专业人士，向有经验的承包商咨询，参阅合适的书籍（例如斯旁编著的《室外工程与景观作价手册》)。利用规定的人工工资标准——每小时 20 英镑，试着自己算出相关过程并计算出所需工时量。然后加上制造商报出的材料成本(加上运费以及 25% 的管理费用和利润)。在此基础上，再另加上 20%，作为启动经费用应急经费，用于弥补出现事先未料到的其他情形时所需的费用。您会发现成本估算是一个很好的参考或依据，有助于帮助您作出一个完整的数量计划，既节省时间，又可避免遗漏某些重要内容。表 12.1 为你列出了一个非常典型的成本估算表的格式。

## 成本估算的组成部分

项目——项目是指方案中的每一个组成部分，如砖路铺设、种植、草坪种植等等。在成本估算中只会给出每一项的大标题，而不会给出每小点详细复杂地说明。不过，将复杂的项目划分成小项目是可取的，这样有助于确保成本估算的准确度，不会遗漏任何隐藏的内容。项目的实施顺序要正确，首先是清理和拆除费用，清理掉场地上需要拆除清理的建筑或其他物品，再基本清理掉植被、遗撒物、随意堆放的垃圾和存放垃圾的区域。然后是残损修复费用（即把现有残缺不全的东西补好)，包括修补墙壁、篱笆、台阶等，但也可能包括树木复健、绿篱修剪等软工程。接下来是挖掘和土方工程费用，再然后是其他硬工程(包括围护元素，建筑建造，外观建造和街道用具）及软工程（包括栽培树木、灌木，草本种植，草坪种植和播种作业)。最后是维护和保养上述各项所需的费用。



**表 12.1** 成本估算表样表

| 项目 | 数量 | 价率（英镑） | 价格（英镑） |
|---|---|---|---|
| 1. 挖掘树木种植所需树坑—$1m^3$ | 26 棵 | 25 | 650 |
| 2. 将合适的表层土添加到树坑中—$1m^3$ | 26 棵 | 20 | 520 |
| 3. 培养表层土壤，施肥并为种植准备植床 | $575m^2$ | 1 | 575 |
| 4. 将树种在树坑内——包括做好树木支架和绑带，浇水 | 26 棵 | 55 | 1430 |
| 5. 种植灌木植床，包括放入片状的树皮护根物 | $575m^2$ | 16 | 9200 |
| 6. 种植攀缘灌木——包括格架支撑 | 14 棵 | 35 | 490 |
| 7. 种植攀缘灌木——包括设置铁爬藤架 | 26 棵 | 15 | 390 |
| 8. 提供草种，并在草坪区播撒 | $909m^2$ | 0.97 | 882 |
| 9. 对所有植物和种子进行 12 个月的维护 | | | 1800 |
| 工程的总价格估算 | | | £15,937.00 |
| 应急预算总额 | | | £1,000.00 |
| 建议预算总额 | | | £16,937.00 |
| 按标准税率征收的增值税 | | | £2,963.97 |
| 景观工程预计费用总额，包括增值税 | | | £19,900.97 |

数量——数量指的也就是场地面积，各个项目的长度或体积（具体单位视项目不同而不同）。例如，种植区域以平方米（$m^2$）为单位；边砖以米（m）为单位；表土以立方米（$m^3$）为单位。然树木单位则为“株”。在“数量”一栏填入相应数字，并加上相应的度量单位。

单价——单价指的就是每一计量单位的价格。从成本估算的角度来看，也就是预计需要实施的每个施工单元的价格。也就是说，这个单价代表的是设计师的预期价格，但工程是由承包商定价，包括运输成本、修理成本、人工成本、管理费用和利润。例如，若某区域铺设混凝土路面，购买材料的价格是 £30/$m^2$，预期中承包商收取人工费 £20/$m^2$，基层建设费用包括挖掘和运输垃圾是 £20/$m^2$，然后管理费用和利润是 £15/$m^2$。这样，单价加起来就是 £85/$m^2$，另外还要加上 20%启动资金和应急金（可直接算在单价中，也可在成本估算中单独列出），具体也就是 £17/$m^2$。所以，最后总的实际单价应该是 £102/$m^2$。这一数字估计会让很多设计师感到意外，而且这也往往是造成失误、与客户产生摩擦最常见的原因。因此，设计师在把成本估算交给客户之前一定要再三检查，谨慎绝对没错。将启动经费和应急经费合并就算有助于让成本估算表看起来简洁。承包商在完成招标文件，也就是工程量一览表（通常包括外部工程）时，通常会有他们自己的、计算启动经费和应急经费的方法。在成本估算中，如果客户给设计师的任务只是准备一份可行性研究报告，那么，也可以将日后的设计费算在成本估算中，另外在加上增值税。这部分费用客户有可能有权追索，也有可能无权追索。

价格——价格也就是数量乘以单价得出的数字。在成本估算中，它指的是预计承包商将收取的每项费用的总额（按给定的数量）。所有成本估算应包括承包商预计需要收取的管理费和利润，但不包括增值税。这部分可以作为一个独立条目放在最后。

### 工程量一览表草案

工程量一览表草案实际上相当于一个详尽版的成本估算表。两者格式基本相同，所不同的只是前者对工程中所涉及的每个项目有更详细的描述，而且各个项目有可能还会被分解为更具体的组成部分。换句话说，成本估算表是简化版的工程量一览表。当然，估算表只是你预估承包商可能会报的价。设计师通常只提供一张空白的《工程量一览表》，具体内容交由承包商填写。承包商将根据情况填写自己希望收取的，计算出各个项目的总价，每页底部、每一节末尾都有相应的汇总数。最后的汇总表上会列出总金额，不过这个总额不包括增值税。

## 招标文件

### 工程量一览表和工程量清单

工程量一览表、工程量清单共同组成一个整体，全方位对项目进行整体概述；具体来说，这些文件会就拟完成的工程整体、相关各方的义务以及其他所有可能影响工程实施的内容作出详细规定和说明。这些文件通常有约定俗成的样式、顺序，便于承包商公平、准确地作出报价。上述文件与图纸共同构成招标文件，因为它们的作用就是吸引承包商给出工程报价。一览表、清单的具体内容包括如下：《工程量总清单》，它其实是一个总文件，其中包括按照规定顺序排列的四份不同量化清单，即初步准备清单、规格说明清单、临时款清单和工程量化清单。如果遵循的是英国皇家特许测量员委员会（RICS）测量标准，那么，这四份独立的清单总称为工程量清单。景观工程中很少按照这一标准做。事实上，这方面的工作相当繁杂，不仅无助于节省成本，反而可能导致成本增加。这点与建筑行业不同，因为建筑工程中重复性的内容很多。工程量一览表内容另外还包括：

1. 招标邀请书
2. 封面
3. 目录页
4. 投标人须知
5. 招标流程
6. 合同条款
7. 初步准备清单
8. 规格说明清单（或前言）
9. 临时款项清单及其他主要开销明细表
10. 工程量化清单
11. 汇总页
12. 招标概述总表

关于工程量清单，RICS（英国皇家特许测量员委员会）测量标准法（S.M.M.）已经修订至第七版，因此人们通常将它简称为 S.M.M.7。对于景观合同来说，S.M.M.7 中所规定的元素详细分解方法（比方说“将水泥、沙子分开单独处理”这一要求）并无必要，因为景观工程往往相对简单，项目规模也相对较小，因此，比如说，砂浆就简单列入砖活的范畴。根据这种不那么严苛的标准编制的文件称为工程量“一览表”。只有在涉及新建学校、桥梁、办公大楼等大型建筑工程项目时，景观设计师才会碰到工程量清单。在这些大型项目里，景观工程只是整体工程中的一小部分。有时，即便在这些大型项目中也不会碰到，因为景观设计很可能是被当成一份独立项目单独包出去的。

## 工程量一览表的组成部分

招标邀请书——所谓招标邀请书，就是寄发给承包商的一封函件，同时附有相应设计图纸及工程量一览表（或清单），以邀请承包商投标承揽项目。招标书会明确说明返回期限、项目场地所在详细位置等信息。

封面——这页纸上标有“（项目场地名称）工程量一览表”。页面下方还会标注日期、设计师姓名和联系地址。如果有勘查估料师，还需标注上勘查估料师的姓名和联系地址。

目录页——列出工程量一览表所包含的所有部分，标明相应页码。涉及的部分见下文。

投标人须知——这才是工程量一览表中真正意义上的第一部分，包括项目简介和招标程序说明。说明中还应特别指出，所有投标文件必须在指定时间，指定日期内寄回指定地点，否则作无效处理；所有投标文件应进行无记名密封处理；如有任何失误或遗漏，都将依据英国全国建筑咨询业联合会（NJCC）制定的《单步骤选择性招标程序指南》中的错误修正程序予以处理。项目全部图纸也应包括在其中。

投标单——本单通常仅一页，由投标方填写。它相当于一份声明，承诺将以一定的价格、按照合同约定的条款条件完成工程。投标单相应位置处须有投标方负责人签名及日期。

合同条款——以表格形式列出所有可能影响合同履行情况的项目。视具体合同不同，项目内容可能也有所不同，其中包括：开工和竣工日期、预付款比率、质量保证期、维护保修期、已清偿和已确定损失的总额、投标书有效期及其他事项。对标准建筑合同中任何表述所做的修订、修改也均在本节列出。

初步准备清单——这是四份清单中的第一份清单。该表包括现场执行合同时涉及的内容，例如承包商进入现场的方式、入口位置等等。该表同时也涵盖工地住宿、电力及供水、电话、临时工地通道、标示牌及临时围墙等相关条款，还包括工地主管、工作人员出勤、工作时长限制以及现场焚烧等行为。

规格说明（或者是“前言”）——本部分关注的焦点仅限于项目实施过程中的工艺质量、材质等方面。它包括一系列条款，对所使用材料、工时最低标准均有明确要求。这部分内容撰写过程经常采用英国标准，对每一组成元素均有详细说明。各元素规定顺序相对固定，基本与现场施工操作顺序一致，从草种播撒到路面铺设，每一个环节的材质选择、施工工艺都有相应参照标准。强烈建议你建立自己的标准条款数据库，然后就可以在条款数据库的基础上制订你自己的详细规格说明，删除不需要的部分，确保需要的部分没有遗漏。如果由于时间紧张，你更倾向于重复使用以前的规格标准，则上述建议将不再适用。表 12.2 便是关于表土规格说明的一个样例。

**表 12.2** 规格条款——表土样表

| a）表土质量 |
| --- |
| 现存表土应翻耕到规定的深度，达到英国标准（BS）第 2882：1965（78）号的规定：数量可观的中等土壤，土壤肥力好，没有直径超过 35mm 的石头和其他外来材料，没有多年生杂草、根茎和其他植物。（根据英国标准分类）中性反应中没有轻微石质或酸碱反应。 |
| b）贫瘠表土移除 |
| 承包商应对现存表土进行状况评估。任何土壤如果欠压、受到污染、石质化或其他不利于植物健康生长的情况，则应向视察的景观设计师寻求指导。承包商应将废土更换为进口表土，并应在投标前对现场进行检查，评估土壤状况，然后在投标价格内加上所有此类更换表土的花销。更换还包括从施工现场清除不适宜植物生长的土壤。进口表土应符合英国标准（BS）第 38821965（78）号的规定，其样土应交给视察的景观设计师，并在运抵现场前得到相关书面批准。随后运抵的土壤应与样土质量一致，未经景观设计师批准，拒绝任何表土进入场地。除非另有书面说明，否则将由承包商承担运出现场的费用。 |
| c）表土深度 |
| 表土应被均匀彻底地翻耕到以下深度标准： |
| 拟建草地区—150mm |
| 拟种植灌木区—350mm |
| 树坑：标准树木—1000mm × 1000mm × 750mm. |
| 有侧枝的树木—550mm × 550mm × 50mm. |
| d）表土翻耕与最终整形 |
| 表土翻耕要在适宜的气候条件下进行。所使用机器对地面的压力不应超过 0.26kg/cm$^2$。任何被压实的轮胎痕迹都应该用叉型工具减轻压实程度。为确保其指定的水平面与等级与真实效果一致，还需进行最终的地面整形，避免存在凹陷处致使水流淤积。不允许使用重型滚轮清除土块，任何超压区域应用叉型工具叉松。 |
| e）施肥 |
| 施用菲森・菲克特（Fisons Ficote）公司 16-10-10 规格 140 天缓释化肥，每平方米 100 克。严格按照生产厂家的说明书向土壤施肥。 |

临时款项清单及其他主要开销明细表——该笔经费适用于准备相关文档时未能预计，或未能准确预计所需数量，或有其他特殊情况出现的情形。

“临时款项总额”包括所有临时项目开支、意外开支和因此产生的日常工作开销。临时项目开支预留出来用于支付准备文件及投标方案时（因种种原因）未能量化的项目所发生的支出。意外开支是预留出来用于支付不可预见的项目和事件所发生的支出，这些意外情况时有发生，并常常导致费用额外增加（例如，施工过程中遇到了埋在地下的混凝土地基、战争时期遗留下来的未引爆的炸弹——没错，这种情况的确遇到过，而且，这种情况对预算经费的影响堪比施工过程中突然遇上天然气总管道而不得不重新规划路线这样的情形）。日常工作开销是预留出来用于支付与苗木、劳工、材料等相关、原先未能预见，且无法归入清单中的任何一项的支出。

其他主要开销明细指预留出来用于支付由指定分包商或供应商实施或提供的专门服务的费用。

工程测量一览表——工程测量一览表依次列出该工程所需所有修建项目，并对可能影响价格的部分加以详细说明。这一部分构成投标人报价文件的主体。每一页都列有标题栏，如表 12.3 所示。

**表 12.3** 工程测量清单样表

| 项目 | 数量 | 单位 | 价率 | 价格 |
|---|---|---|---|---|
| 种植树木灌丛<br>灌木和草本植物<br>以小组或个别样本的方式在指定位置种植灌木，包括（按照规划）铺设“Mypex”牌覆膜和 50mm 的梅尔考特（Melcourts）手工生物覆膜，用细的喷淋软管进行浇灌，每平方米用水 20L。 | | | | |
| JMA 00/00-00 规划 | | | | |
| 大约数量 | 502 | $m^2$ | | |
| 树木 | | | | |
| 树木供应及种植：包括 1.2m 长的树木支架（距地面 0.6m）直径 50mm，在距地面 550mm 的高度完成树木绑带和间距调节；包括在树底 50mm 深处铺设半径为 300mm 梅尔考特（Melcourts）手工生物覆膜，根据草地水平面凹进 15mm 的深度，方便割草。种植时每棵树用水 25L。全部图纸编号为 JBA 00/00-00。 | | | | |
| | | | | |
| 标准树木；大约数量 | 17 棵 | | | |
| 打过侧枝的树木；大约数量 | 4 棵 | | | |
| 容器苗：35L 的器皿 | 1 棵 | | | |

成本估算和工程测量一览表主体框架基本相同，就好比车库中的汽车，尽管各自外观不尽相同，但底盘相近。成本估算表不及完整的工程测量清单详尽，不会事无巨细一一罗列拟建工程所涉及的全部细节。这是因为成本估算表只是粗略概括规划项目，给出工程的大致价格。工程测量清单是最翔实、最大的文件，因为它需要说清楚每一个元素的建造过程，然后由投标的建筑公司作出报价（投标）。因此工程测量清单的内容须详尽、全面。成本估算表中会列出单价与价格，而工程测量清单中的这些栏目则是空白的，留待投标人填写。

准备工程测量清单（可以说是工程量清单中最重要的部分），设计人员首先必须按照正确顺序列出所有项目，然后根据所有组成元素写出执行每个项目所需的全部工作。对于各项内容，设计师须逐项明确撰写，语气为命令式语气。以路面铺设为例，相应条款须撰写如下：“提供并铺装 400 × 400 × 50mm$^3$ 夏尔康（Charcon）‘阿巴拉契亚’式银灰色铺地砖，对缝铺装，依次下垫 50mm 厚的加固角砂、100mm 厚的加固碎砖垫层、夯实良好，纵向落差 1 : 200，交叉落差 1 : 60 的路基。次级加固路基上铺设一层含 ICI 纤维的‘泰拉姆（Terram）1000’”。与成本估算表一样，工程测量清单中涉及的所有数字也须从规划中准确地一一摘出来，务必小心谨慎，数据四舍五入到整数。如果测算少了，并且让承包商发现了这点，那么他可能就有空可钻，因为他很可能趁机把你少算的部分单价提高，而把其他部分的单价降低，因为他心里非常清楚，到了现场之后，设计师肯定只好额外增加合同上的数量，从而大大提升自己的利润水平。

在工程测量清单中，单价一栏将保留空白，由承包商在投标过程中填写。在每一页页脚，本页所含所有项目的价格（不是单价）将被汇总，得出一个小计数字。所有各页的小计数字将转记入“汇总页”。

汇总页——汇总页只有一张，是对前面各页小计数字的加总（各页上的数字称“本页小计”），由此得出的数字就是成本估算总额或者工程测量清单总额。工程测量一览表（或清单）是四份一览表（或清单）中的一份，与其余三份共同组成工程量总一览表（清单）。每一份一览表（或清单）最后均须附有一张汇总页。再将所有各汇总页加总，便可得出最终的“招标概述总表”。

“招标概述总表”——该表为所有一览表（或清单）中最后一页，内容为基于前面四页“汇总表”数字加总起来得出的总成本数。

# 第 13 章　招标合同文件

## 招标流程

图纸和施工细则，或者说图纸和工程量清单，共同构成投标文件。投标单位应遵循公平公正的原则参与投标，通过公平招标，才能够确保招到最佳投标商。如果各投标单位对同等品质和规模的工艺和用料竞价，那么对招标方来说出价最低的性价比最高。当然，大多数情况下是这样的，个别情况除外，例如某投标公司在报价方面出现了失误，或者招标文件对工期的要求不够明确，致使承包商施工过程缓慢、干干停停，尽挑其他活的空档来履行合同，从而报出的价格相对低。再或者，某竞标单位的资质或资历存在疑问，因此原本不该出现在竞标者之列，等等。给予设计师一定程度的独立性将有助于他在项目实施过程中发挥“警察”的监控职能，确保项目严格按照相应的施工细则规定圆满完成。只要项目方案明确，招标过程公平公正，施工环节监管严格，那么，基本就可以保持能够通过招标程序找到报价最低、竞争优势最明显、性价比最佳的承包商，如果所有受邀参与竞标的公司经过严格的资质审核，完全符合竞标资质，情况将尤其如此。

所有列入参与竞标名录的公司都必须不仅具备广义的资质，而且还要符合某些特殊的资历，能够胜任待建工程项目的具体要求。不然，在以后的施工过程中，设计师就得花很多时间去现场检查指导督导，甚至不得不亲自向承包方示范活儿该怎么干。这样的话对设计方和顾客来说都是一笔昂贵的代价。有些施工公司虽然能力不错，但是只能做小项目的软景观。如果出现了这样的情况，客户可能就会责问设计方为什么把一个能力不足的公司列入了竞标名单。这不仅将让双方都很难堪，而且很可能导致客户与设计师关系破裂，要是客户如果收到了额度着实不菲的现场督导费账单，问题将尤为严重。

通过充分借鉴当地政府主管部门或景观行业协会认可的信得过企业名录，就可以对竞标企业的背景进行彻底调查了解，确保它们能够胜任工程需要。在招标阶段多花些时间精心挑选可以列入竞标企业名录的承包商完全值得，因为承包商如果选择得当，后期现场施工阶段省下来的时间将远远超过这些。招标流程包括以下几个步骤：

1. 文件汇编
2. 确定招标方式

3. 确定竞标公司名录
4. 投标前咨询
5. 发出招标邀请函
6. 开标
7. 评标
8. 向客户汇报招标情况
9. 通知中标的承包商
10. 准备和签署合同

## 文件汇编

准备足量的图纸、工程量清单以及其他附录文件副本，保证每个承包商都能拿到两份。还要给承包商准备一个费用已经预付、回信地址已经写好的信封。为了公平起见，信封上除了“紧急投标”字样之外不应有其他任何标记，以免承包商自己准备的信封上做其他识别性标记。大多数情况下，需要有五到六家公司参与竞标，但如果项目规模较小，也可以只选三四个公司参与，以节省印刷成本和时间。在下文所述各步骤全面完成之前，切勿将招标文件资料袋密封。

## 确定招标方式

招标方式有多种：公开招标、单阶段选择性招标（也叫作“邀请招标”或“有限竞争性招标”）、双阶段选择性招标等。最常用的一种方式是单阶段选择性招标，全国建筑咨询业联合会（NJCC）对这一方式的实施过程有明确的规范，全称为“NJCC单阶段选择性招标程序规范”。

其他招标方式存在这样那样的弊端，因此很少有人使用。公开招标是指公开发布招标公告，任何感兴趣的公司都可以参与竞标。公开招标无法保证所有参与竞标的公司都具备相关资质，而且，参与竞标的公司水平很可能良莠不齐，有的全然没资质没资历，有的则经验相等丰富，但报价也着实不菲。如果工程项目相对简单，规模较小，聘用后面这样的大公司难免有“大材小用”之嫌。如果只是一个小型花园建设项目，采用公开招标的形式选用一家大型承包商无异于“大锤碎坚果”，但如果工程项目相对复杂，涉及硬质、软质景观等多方面要求，选用一家全部家当不过一把铁锹、一辆手推车、一名工人的个体户小公司则注定要“翻车”。

双阶段选择性招标是一种通过广告邀请公司公开招标的方法，招标公告里通常会说明投标标准，并要求投标公司提交初选方案包。首轮初选之后会确定五、六家入围公司，进一步提交更为详细的竞标方案包。这种招标方式有利于确保在引入竞争性因素之前有一个资质筛选过程。通常大型项目都会采用这种形式。对于大多数普通园林建设工程来说，选择单阶段选择性招标方式相对更常见。你只需要预先选择三到六家公司，邀请他们参加招标发布会即可。以下详细介绍这一流程。

## 确定竞标公司名录

慎重选择竞标公司十分重要，这关乎招标的结果是否能达到预期。所选的竞标公司需要有良好的业绩，能够有能力完成标的任务量，财务状况良好，有久经考验的良好口碑和资质。所选公司要有按期完成标的任务的优良传统。如果你自己没有一份现成的清单，不妨参考当地官方或者其他同行的清单。对于那些你从来没有合作过的公司，务必要求它们提供信得过的推荐人，最好亲自去考察一下它们以往完成过的项目。即便是做了这么多准备工作，也不一定就能完全保证所选的公司具备相应资质，完全可以信赖，尤其是到了履行合同义务后期，在清理“遗留收尾问题”时，这点非常非常重要。

有些公司这一年运行良好，但很可能下一年会因为管理层变动而变得相当糟糕，这一点要牢牢记住。要时时留意各公司的风声，对手上的投标公司清单不断地进行定期评估审核。比如说，你可以经常与县 / 郡议会的景观官员沟通，了解他们认可的公司名录，听听他们和这些公司合作时的轶事、经历。对于大型景观设计公司，你也可以通过同样的方式来增加了解，不过，有些人可能不愿意跟你说太多，有些人则非常乐意把自己了解的跟你分享，所以，你要做好用于软磨硬泡打探消息的心理准备。

## 投标前咨询

事先致电或致信给你选中的承包商，确认他们是否对投标感兴趣，这点非常必要。这样做不仅会给你节省大量的时间和不必要花费，而且还有助于确保参与竞标的商家数量足够多，进而选出最有竞争力的报价。如果承包商给了你书面答复，那么他日后反悔、让你失望的概率就相应低些。有些承包商即便给了你答复也仍然可能反悔，不过这也证明了，这些公司不会是什么值得信赖的好公司。

## 发出招标邀请函

这类信函通常发给你希望邀请参与竞标的公司。邀请函应明确告知对方信封内所附的文件、标的项目总体概况，以及竞标人可以咨询的第三方。同时，信中须明确告知接收投标书的最晚日期、时间和地点，声明逾期提交的标书将无效。邀请函还需明确表示，标书中任何附带条件均不可接受，如有任何疏忽和遗漏，将根据“NJCC 单阶段选择性招标程序规范”相关规定予以修正，具体可参照备选方案 1 或 2。函件还需告知竞标公司项目所在地地址。将邀请函加入到招标文件包之中后，便可向各竞标公司寄出，务必确保后者有不低于 28 天的时间准备标书。时间如果过短，很可能导致部分、甚至所有竞标人来不及完成报价就不得不将标书返回，相关各方都将因此蒙受时间、经济方面的损失。

## 开标

不带任何标记的标书封函须在指定的时间和地点（邀请函中应对此予以明确规定）交回。逾期交回的标书须单独收藏，并加盖“逾期作废”字样。标书应由设计师（有时还需客户在场）启封审阅。

## 评标

将所有竞标方的报价制成一个汇总表，分别在各公司名称后面列出他们对应的报价，并附上简要概述，如：与预估价相比，该报价大概处于什么样的位置，等等。随后便是更详细的审核评标过程。逐一审核标书，看其中是否存在附带条件，计算错误和疏漏等问题。再下一步，起草一份简要报告，将各公司报价做一对比分析，如有不吻合之处，予以注明。如标书中设有附带条件（比如，本报价仅限于合同工期可延后两周，或仅植物规格允许调整等前提下方可生效），须予以注明，若该公司报价最低，则可以与其取得联系，咨询对方是否愿意撤回这些附带条件，或撤回标书。若该公司撤回标书，则可以接洽报价次低的公司。若该公司标书未设任何附带条件，也没有计算错误或疏漏，则公司将被指定为承包商，双方将签约。然而，若报价中存在计算差错或疏漏，则可依据“NJCC 单阶段选择性招标程序规范”进行处理。备选方案 1 规定了两种解决途径：继续执行报价或撤回报价。不论误报的价格偏高还是偏低，都同样适用。但备选方案 2 允许投标公司进一步确认其报价，或更正真正因过失而误报的价格。如果公司选择更正报价，但更正后的报价不再是最低报价，那么，就应接洽这时报价最低的一家，经审查核实，如果标书中无疏误之处，则该公司将赢得承包合同，成为签约承包商。

## 向客户汇报招标情况

所有标书的审查报告以及比对分析要做成一份简洁的报告呈递给客户。只要某一公司标书中未设任何附带条件或没有报价疏忽及遗漏情况（或者已按上述流程予以了修正），且所报价格与其他公司相比基本合理，就应向客户推荐接受这家公司。若某公司报价显著不同于和其他多数公司的报价，则基本可以判断，要么是计算出现了差错，要么是这家公司遭遇了财务困难，急于低价承揽工程以维持其资金流。假如报价中只有其中一、两项偏低，则很可能某处出现了差错（可能公司只计算了原材料价格），这种情况下，就需要根据“NJCC 单阶段选择性招标程序规范”进行处理。但如果所有项目报价都显著偏低，那么很可能这家公司运行出现了状况，应考虑向客户推荐报价次低的一家竞标商。有一点尤其需要注意，那就是，除了出现这种情况的唯一例外之外，设计师都必须推荐报价最低的公司，否则，之前把这些公司列在投标清单里意义何在呢？此外，对承包商而言，他们很可能花费了大量时间和精力来报价和准备标书，如果结果直接遭拒，那岂不是纯粹是浪费时间？不管如何，归根结底，评标结果报告的目的是向客户提供一份推荐意见，最终决定还是要由客户来作出。



## 通知中标的承包商

通知未中标的公司，并酌情向他们提供必要的反馈信息，以帮助他们日后报价时有所参考，这么做不仅符合惯例和礼节，同时也是“NJCC 招标程序规范”中要求的环节。所有受邀参与竞标的公司以字母顺序排列，其下方单独列一个按照报价高低顺序排列的清单，这些信息需要传达给未中标的公司。只有在招标所有程序已经结束，中标人收到客户意向书后，才可以进行这一步。

意向书意在通知中标人已被选中成为项目的承包商。随后，设计师将安排一次签约前见面会，协助客户（从此改称“雇主”）和最报价最低一方（从此改称“承包商”）共同签署合同（景观产业联合委员会格式或其他格式）。招标文件从这一刻起也相应改称为合同契约文件。

## 准备和签署合同

承包商和雇主共同签署标准格式的建筑合同（通常采用景观产业联合委员会合同格式），一式两份，双方各持一份。这些安排通常都在签约前那次见面会上落实（雇主、承包商和设计师之间的一次重要初次会议）。设计师和估算师（如果有的话）也应以雇主代理人的身份在合同封面上列出。他们有义务在执行和管理双方签订的合同过程中保持公平公正。不过，继萨特克利夫诉查克拉案（1974 年）以来，设计师不再充当准仲裁员的角色，公平起见，他在向承包商出具付款凭证时应本着严谨慎重的态度，尽量避免客户承受风险。正式签约之前，有几项内容需要由设计师填写完成，以便双方充分做好签约准备。这些准备工作包括方案所涉及的各项细节、相关各方，以及各种责任追究方法，比如，主体工程完工之后假如出现植物枯死事件如何处理，如何确定尾款比例等等。如果你在处理这些问题的过程中陷入僵局，或许可以向相处得不错的估算师寻求帮助；与同行建立良好的战略联盟关系，相互支持、相互推荐，无疑绝对有百利而无一弊。

## 强制性竞争招标

需要参加竞标的不仅仅是景观工程承包商，对于某些委托项目或规模较大的项目，如由当地政府委托的整体景观服务项目，景观设计师也会被要求参与竞标，从中选出最具竞争力的设计费报价。有的时候，这类竞价机制所关心的纯粹只是价格，但有的时候也会考虑其他一些定性的因素，竞标人不光需要提交概念性规划方案、成本估算，还需要提交支撑文件及其他相关资料。强制性竞争招标（简称 CCT）是法律中新近引入的一个术语，要求地方政府在采购所有技术服务（包括景观设计）时都要通过招标的形式，以找到合适的私营公司，同时也邀请他们现有的景观设计团队（通常会经过重组成为他们自己的独立设计公司）参与竞标。

所提供服务的质量与所收取的费用同等重要，甚至更为重要，因为相比项目投入的终身建设成本而言，设计服务费所占比例其实只是很小一部分。在建设成本、运作和维护过程中，优秀的设计和施工方案所能节省下来的成本将远远超过最初的设计费。因此，必须谨慎考虑，在降低设计服务费所带来的短期利益与项目长期性价比所带来的收益两者间权衡取舍，进而作出理性的选择。

为确保兼顾客观、主观价值评估，有必要在遴选工作一开始就公布客户所期望的关键评估标准，否则，很可能导致各公司把大量时间浪费在无关紧要的信息方面，甲方也可能被误导，以致最终做出未必恰当的选择。

价值评估是一个高度程式化的方法，旨在在质量与价格之间作出妥善平衡，从而选出性价比最优的方案。价值评估过程可以全程接受审计监督，确保公平、公开、公正，符合公共利益。它可以防止过高或过低的招标成本，避免出现片面追求低价而牺牲质量的情况。该过程分两个阶段进行：第一阶段，将招标项目广而告之，从应招公司中初选入围名单；第二阶段，对所收到的报价标书进行评估。

在准备招标文件的过程中，客户和专业顾问应首先确定委托项目中质量与价格的相对权重。景观设计投标将根据第一阶段对准投标者的评估以及由此编制出来的入围名单进行评判。编制入围名单时，须深入分析潜在竞标公司是否适合标的项目，并参照以下具体标准：

1. 资格——具备提供跨学科服务所需要的专业知识与技能。具备相应的专业损失补偿能力。如果以合资合作方式参与竞标，则须提供相应的合资合作方式证明、无犯罪记录声明。
2. 财务状况——过去三年经审计或核证的财务记录。
3. 技术能力——与标的工程相关的名称、资历和专业经验。设计和项目管理的方法和程序（CAD 和草图绘制、规划、估算、成本控制管理和高级顾问、施工合同管理及具体质量管理体系）。过去三年间所完成的相关项目经历，由推荐人出具的支撑证明资料。员工培训、公司环境政策方面的详细资料。现有客户群及相关工作量方面的详细资料。如成功获得委托，拟投入的员工人数及预计工作量。对客户要求作出快速反应的能力。与客户兼容的数据及信息管理体系，满足归档、共享、调取和管理各方面的需要。

在考虑邀请一家参与竞标时，评审小组也许希望与拟邀公司直接面谈，或要求受邀公司当面介绍公司相关情况。

受邀递交标书的顾问人数一般不少于五人、不多于十人，最常见的是六人。

评标书中应明确列出相应的质量评价标准，详细说明各项所占权重及价格因素所占权重。每份完整的标书都须由评标小组中的每名成员单独评判。评标小组既可共同讨论各自的打分并在此基础上形成共识，也可取各自所打分数的算术平均值作为最后得分。

建议在质性评价标准评估完成之后再就价格进行评分；在质性评估环节，最好不让评标小组成员看到相应的报价。

如成功入选，当选公司将受邀签署合作协议，其中包含设计要求说明、服务计划表、相关费用标准，以及合同条款条件等。应以书面形式将招标结果通知参与竞标的所有各方。

# 第 14 章　合同与合同准备

## 客户与设计师

### 备忘录

备忘录是一份标准文书，用于列明各方名称、地址、联系电话、工程说明与施工位置，以及已达成共识的服务内容与信息等其他信息（图 14.1）。

很显然，备忘录越严谨越好，不过在实际生活中使用频率却不是那么高，甚至低到很多人难以置信的程度。这在一定程度上是因为许多客户都是老主顾，彼此间已经建立了信任和相互谅解。在这种情况下，尤其是在双方经协商达成标准费用方案的情况下，客户在把工作交给设计公司时甚至都不需要对方明确的报价单。只需简单两封信，合同协议便可达成：一封来自客户，告诉你他的要求有哪些（费用按照正常标准计算）；另一封来自你，确认你已明确知晓对方的要求。

### 工程订单

有时，一些大公司会给你发一份工程订单，很可能还另附一张额度已经填好的发票。这份文件功能与备忘录类似，也会将协议相关条款都列出来，不过，起草人不是设计师，而是客户。同前面一样，这种情况通常建立在双方已有长期稳定合作的基础上。

## 客户与承包商

签订合同、明确客户与承包商关系，这些做法的核心意义在于，相比承包商与其雇主（也就是设计师的客户）之间一对一的单一关系而言，当协议涉及多方时，有几个方面可能存在较大潜在风险或法律纠纷隐患。如果对客户大笔资金或土地的掌控权长时间掌握在承包商手中，则显然难免引发这样那样的摩擦。如果承包商、雇主或者设计师中任何一方未能履行其合同义务，或是出现了失误和纰漏，那么对各方来说后果都将非常严重。此外，在如何解读合同中规定的各方权利、义务问题上，围绕项目背景产生纠纷的可能性也很高。

**备忘录样本** 附录II

由客户与景观规划顾问共同签署，供委托景观规划顾问时使用。

本协议于______年___月___日由________________的__________(填入客户姓名)（以下简称“客户”）与______________的__________（填入景观咨询师的名字或其所在公司的名字）（以下简称“景观咨询师”）共同签署。

经双方协商，兹达成以下协议：

除非后附的《服务和费用明细表》（以下简称《明细表》）中另有豁免或另有其他特别说明，否则，本协议所有条款均遵循《景观规划委托书》（第__版）相关规定（附后）。

1．景观顾问将依据相关规划，对位于______________________处的（填入工程位置）______________工程（填入对工程的概括描述）向客户提供《明细表》中所列出的相应服务。

2．客户应依据景观顾问所提供服务支付费用，并负担《明细表》中所列出的相应开支。

3．依据《明细表》相关规定指定驻场施工人员。

4．依据《明细表》相关规定委任其他景观顾问。

5．本协议执行过程中如产生任何分歧与争议，均将提交仲裁解决。

以此为证，各方代表及签署日期见上。

签名

客户：________________ 景观咨询师：________________

见证人

姓名：________________ 姓名：________________

地址：________________ 地址：________________

说明：________________ 说明：________________

**图 14.1** 备忘录

签订合同条款时，采用约定俗成的条款文本、格式有助于确保客户及参与项目的其他相关专业人士能够轻松理解、读懂合同，同时有利于避免表述模棱两可的情况。

如果合同涉及的只是一个简单的小花园工程，那么，设计人员很有可能不推荐耗时费力地去签订正式合同，而是主张通过详细的图纸、技术规范文件，以及客户和承包商之间的往来函件来明确各自权利和义务。然而，如果工程规模相对大、相对复杂，那么，为了应对各种不确定因素和潜在危机，承包商和雇主之间就有必要签订清晰准确、版式熟悉且内容全面的正式合同。显然，一份标准格式的合同非常有必要，其基本形式通常称之为“建筑标准合同”。建筑行业千差万别，因此，在这一标准合同的基础上还有很多衍生格式。很多书籍都对这些衍生格式已有大量介绍，因此本文不做赘述，但以下样例有助于读者熟悉了解最常见的几种格式。

## 常见的标准格式合同

### JCT 1998 版建筑合同标准格式

设计师未必需要完全了解 JCT1998（英国合同审定联合会 1998 年版）建筑业标准合同等各类大型合同的全部细节，因为设计师通常很少遇到需要签订这类正式合同的情况。这类正式合同仅适用于大型建筑项目，且有多种衍生版本，如某些地方政府、私人企业等广泛采用的版本，有些包含明确的工程量清单数，有些不包括，还有些只包括大约数量，如此等等。

有时，地方政府会在标准合同的基础上添加某些新条款，或对其他某些条款略作修订，以便更好适用于各自地区的通行办法及规章制度。不过，这类改动需尽可能控制在最小程度，因为之所以使用标准格式的协议，就是因为它是整个建筑行业内大家最熟悉、使用也最广泛的版本。

IFC1998 版（简明施工合同 1998 版）( http：//www.jctltd.co.uk/stylesheet.asp?file=07052003122610 )

简明施工合同 1998 版（IFC1998）相比之下篇幅较短，适用于中等规模的建筑项目。本合同中有一特殊条款，允许建筑师列出三家资格经过总承包人审核认证的公司，来分包、承揽某些专业性要求较高的工程。假如某建筑工程中包含了景观工程任务，则协议中通常会列出三家公司的名字，最终中标的一家将被指定成为相应景观工程的分包商。这一制度有助于确保总承包人有责任协调和管理所有分包商，但其中也存在问题，例如，拖欠或拒付分包商钱款，而且，假如中标人担心这种情况会发生，施工过程中便很有可能会敷衍塞责、将就应付。

与1980版JCT合同不同，1984版IFC合同中没有出现此类问题时介入干预的条款。此外，举例来说，根据景观规划方案惯例，如果树木在 2—3 年内出现瑕疵，景观承建商一般有责任负责予以更换，但建筑行业的责任追溯期一般仅仅 6 个月，因此，两者之间往往出现分歧。根据这版合同规定，除非合同规定的所有义务均以履行完毕，否则无法进行最终结算，但这很可能导致建筑商的大笔尾款被占用，质保期期满之前无法要回。因此，有的时候，双方不得不缩短质保期，结果，工程实际结束期 6 个月之后如果再有植物枯死，雇主就只能自己花钱替换。

MW 1998 版（小型工程施工合同 1998 版）

若是小型建筑工程、扩建工程或独栋住宅的项目，则需要更加简短、便利的合同文本。对于此类工程来说，通常采用 JCT 小型工程施工合同。

WCD 1998 版（承包商带设计合同 1998 版）

这类合同适用于设计和建筑工程。根据这一安排，承包商须负责制订规划方案、雇佣设计师（可以是其公司员工，也可以是专门外聘来负责本项目的顾问）准备设计方案、与客户协调并对设计（从工程造价角度考虑）进行微调，以确保方案的成本不超出最初投标时预算的范围。

## JCLI（英国景观行业联合理事会）2008 版园林工程合同

与建筑类工程相比，景观设计工程一般规模较小且相对简单，因此，所需要的合同也相对简单。为此（也为了让从业者更熟悉使用）英国园林行业联合理事会（JCLI）在 JCT 小型工程合同的基础上制订了 JCLI 标准合同。这两个版本的合同差别不大，只不过 JCLI 格式是专为园林设计工程量身定制的，增加了几条附加条款，比如，针对各种形式的植物损伤责任的条款、部分权属归雇主的条款、植物在工程实际完工之前遭恶意破坏或盗窃的追责条款等等。景观设计师需充分熟悉、了解 JCLI 合同的具体规定，深入研究，以便提高效率、从容自信地打理好合同签订、整理、归档等各项工作。

由休·克莱姆普（Hugh Clamp）撰写，斯庞出版公司 1995 年出版的《斯庞景观合同手册》( Spon’s Landscape Contract Manual ) 对上述各类合同作了清晰、完整的解释。这本书虽然已经略显过时，但它基本完整地涵盖了合同选择、合同管理工作中最重要的各个问题和最根本的各个方面。

## 分包合同

与主合同一样，分包合同也需要清晰准确，版式熟悉，内容全面，而且必须与主合同相吻合。因此，分包合同也应采用标准合同格式，并结合相应的主合同来制订。

如果景观工程安排在建筑合同的最后阶段进行，那么最简单、也最理想的做法就是由雇主直接指派景观承建商，等建筑承建商离场之后再开始。这样就可以避免两个分属不同行业的承包商同时在场施工，因为同时安排往往会问题重重。但在有些情况下，为了更好地帮助营销（例如：新楼盘或快餐店等），或出于安全原因保证场地完整、完善，不受破坏、偷窃等问题侵扰，雇主可能会要求景观工程同期完成。在这种情况下，最常见的做法就是由主建筑承包商直接雇佣一家景观公司担任景观工程分包商。为确保能够得到一家能够胜任的景观分包商，最好的办法就是从你信任的景观公司中选择三四家推荐给主承包商（如果你没经验，也可以借用其他有经验的公司的推荐名单），这样无论主承包商选择了哪家，你都能确保他们能够出色地完成任务。这不是 98 版 JCT 合同中自动包含的内容，因此，假如你不明确作出限制，那么，主承包商就很可能会把他们偏好的承包商拉进来，而这家公司未必能够胜任。1998 版 IFC 合同则增加了分包商名录的相应条款，因此能够有效避免此类问题出现。

如果成心不想给分包商付钱，他们也不愁找不到投标人。事实上，的确有这样的主承包商，在分包商已经完成了大部分工作之后，会成心找茬、甚至伪造证据，并以此为借口炒掉后者，另找一家公司继续完成剩余任务。因为，他们自信许多小分包商跟自己打不起官司，而起也不愁找不到分包商接盘。这种情况在经济衰退期更容易发生。景观设计师往往有可能被卷入其中，双方都希望他支持自己、批驳对方，还经常要承受来自建筑师的压力，因为建筑师往往会站在主承包商一边。如果他对景观行业不太了解，则情况往往更是如此。当然，这么说绝不意味所有承包商都是这副德行，但年轻的设计师仍然要清楚，这种无赖行径的确普遍存在。同样，某些小规模的设计和建筑承包商偶尔也会这么干，致使设计师蒙受类似遭遇。

用自有分包的安排其实对设计师反而有利，因为主承包商要对实现预期效果负责。在建筑师负责主合同、景观设计师仅受雇负责所分包的景观工程和进行有限几次勘察工作这种实际操作模式下，景观设计师对合同管理的掌控程度远低于他直接负责独立的景观合同时的情形。这是因为，所有的沟通都是通过建筑师（通常也是合同管理员身份）与主承包商进行的。这其实很容易引发诸多问题，而且其中很多都与沟通及合同关系问题有关。比如，在临近合同期满之时，主建筑承包商很可能施加压力，要求工程按计划如期完成。他很可能要求景观分包商加快进度，不管天气状况是否适合施工，或者要求后者接受正常情况下肯定会遭拒的苗木，致使质量控制方面出现问题。比如，以绿地草种播撒工作为例，根据计划，这往往是最后一道工序，而且由于受季节因素影响，往往会遭遇拖延，因此常常被视作影响工程进度的“障碍”。实际完工的功劳归功于主承包商，这样他就可以拿到一半尾款，而把剩余没拿到那部分转嫁给景观工程分包商。如果景观工程承包商进驻现场进度缓慢，那么很可能就要在其他地方忙起来，再或者，假如播种不成功，将很难让景观承包商再回到工地上来，因为承包商大部分款项已经到手，也就没有了足够的经济动力。主承包商也不会像那么着急，因为主合同已经完工，他们的大部分资金也已拿到。

正因如此，待建筑商撤出现场之后签订单独的景观工程合同相对更有利。如果这种方法行不通，不妨考虑另一种方式，即：指定分包协议。1980 版 JCT 合同中有此条款，但 1984 版 IFC 合同中则没有。

## 指定分包协议

在指定分包协议中，你有相对更大的控制权，对分包商的工作完成状况负有责任，但主承包商同样有义务与分包商合作（并为其提供必要补给）。因此，这样也存在风险，主承包商可能会因为指定分包商的延误向客户提出索赔（因为，毕竟是客户的代理方，也就是设计师，明确点名要求用这家分包商的）。此外，总包商还可以因分包人工程质量不佳引起的（或声称因此引起）的延误为借口拒绝支付延误违约金。所谓延误违约金或确定损害赔偿金，指承包商因未能在约定的竣工日期前完成工程而应向客户支付的款项。这一损害赔偿算不上罚金，计算它只是为了反映客户因此遭受的损失。与自有分包商协议不同，在指定分包商协议下，主承包商当然没责任对指定分包商的错误和疏漏所产生的问题负责，但很显然，也正是因为这个原因，每位设计师在选择分包商时必须谨慎，只选择声誉好且值得信任的公司。除投标阶段已经缴纳的出场费外，总承建商如果在 30 天内完成支付，将有权得到指定分包商价格 2.5% 的折扣。

指定分包协议最大的缺点就在于它通常要涉及大量冗繁的案头工作。投标书、协议和指定分包合同包括在 NSC/T 合同的第一、二、三部分、NSC/A、NSC/C、NSC/W 和 NSC/N 等各类表格中。如果景观工程合同是一份单独签订的主合同，那么推荐使用 JCLI 格式，因为它是为景观行业量身制定的格式。通常，总景观承包商会将大部分土方工作、清理拆除或铁艺加工工作分包出去。在此情况下，需要有与主 JCLI 合同相匹配的标准合同格式。

总之，虽然小型园艺设计合同可以通过函件往来、图纸及植物配备一览表（如果有的话）等方式达成，但规模大点儿的合同还是需要通过更加正式的程序来达成。毕竟在达成协议的过程中有那么多事情都可能出错，而且一旦出现了问题，就很容易引起客户（雇主）和承包商之间的纠纷，进而导致代价高昂的诉讼。

JCLI 标准合同是专为景观设计行业量身打造的，因此，它也是景观设计师首选的一种。

## 设计加建筑联合合同

传统的招标方案中，设计师需独立起草招标文件，供经审核符合条件的承包商投标使用。但近年来这一传统方法已经日益不受欢迎。取而代之的是，客户群体开始积极思考如何建构良好的“设计加建筑关系”。这一方面是“大势所趋”，另一方面也是综合考虑这类合同的优缺点而得出的理性结论，而且某些强烈主张“设计加建筑”方法的论据也的确言之有理。比方说，它可以节省设计时间，因为至少对于小型项目而言，设计师大可不必那么机械僵化、事无巨细地去做一份无懈可击、价格固定的招标文件。在传统价格固定的招标体系下，设计师必须花费巨大精力，具体的每一个小细节，以预防某些承包商不择手段，为了追求比选用合适材质的“良心”企业更有优势的报价而无视功能要求，选择廉价、耐用性差的材质。如果采用“设计加建筑”联合的方法，人们将不再特别强调价格竞争优势，转而更多关注整体性能，进而促使承包商在报价时选择性能和耐用性都适宜的材料。对于客户来说，因设计不当或缺陷引发的风险也相对降低，因为对这类缺陷所引发的经济或法律纠纷风险需要由客户来承担。但如果设计让承包商来负责，那么由此引发的任何错误与纰漏就要由他们来承担。

这种情况就像是硬币的两面。固然，由设计师“定夺”的问题倒是解决了，但由承包商进行某种形式的“定夺”的情况还是很有可能发生，比方说，为了保护其作为“荣誉建筑商”的声誉而这样做。而且很可能出现下述情形：承包商选择了不合适的材质，虽然责任归承包商，但客户却需要因设备不能正常工作，或因不得不安排人来解决问题而蒙受损失。至少，在传统招标方法中，每一处细节都可以予以严格规定，因此，客户在这一方面所要面临的风险或许要低些，尽管因设计出现问题而不得不承担责任的风险有所增加，虽然这一风险是通过设计师间接承担的。当然，设计师应该给自己充分的职业免责保障。

## 设计师—客户—承包商关系

正如第 3 章所述，对于设计和建筑工程来说，常规做法是由客户直接与建筑公司接触，然后由该建筑公司外聘与其有长期密切合作关系的设计师，或从自己的设计体系中选择一位设计师，再或安排公司内部自有设计师。客户选择该公司的理由可以是以下任意一条：

1. 客户只是个门外汉，不懂得聘请独立设计师和进行投标工作的重要性，于是就随手从黄页上选择了个承包商。
2. 客户因久仰某设计和建筑公司内某著名设计师的名声，或只因看过他们的代表作品就选择该公司。
3. 客户是一家大型公司或组织，出于对建筑工程质量、竞争力和声誉等因素的考虑选择了某公司，坚信后者会雇佣著名设计师来满足其需求。这很可能分两个阶段进行选择的结果——第二阶段就是投标过程。这类客户可能只出一份工程说明，大致介绍一下他在项目功能、活动和审美方面的总体原则，而将设计细节留给承包商方的设计人员。

图 14.2 以图例形式列出了传统（与独立设计师）合同关系与“设计加建筑”方案两者之间的异同。通过该图可以看到，传统方式保证了设计人员的独立性，因为他们受客户委托并与客户签订合同。他们与承包商之间没有合同约束，承包商也不会为其结款。但在“设计加建筑”方案下，设计师与客户之间没有合同关系，反而与承包商构成合同关系，并由承包商向其支付钱款。在这两个例子中，签订合同的双方是客户与承包商，客户与设计师之间不存在合同关系。但如果承包商与设计师之间存在合同关系，且设计师是公司员工，那么双方之间的协议就是雇佣合同。

客户可以像与独立设计师沟通一样与承包商所雇的设计师联系，但你不能指望与承包商有关联的设计师会为你提供真正独立、专业的建议。很可能，他所推荐的材料材质、工艺技术都是承包商最擅长，或者都是能够为承包商带来最大利润边际的，但却未必是最佳的。

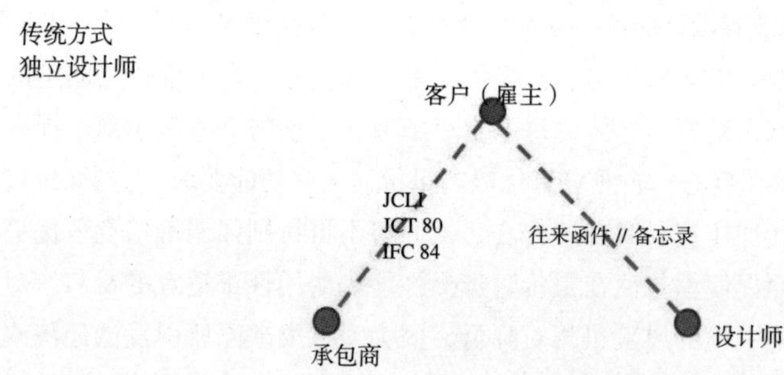


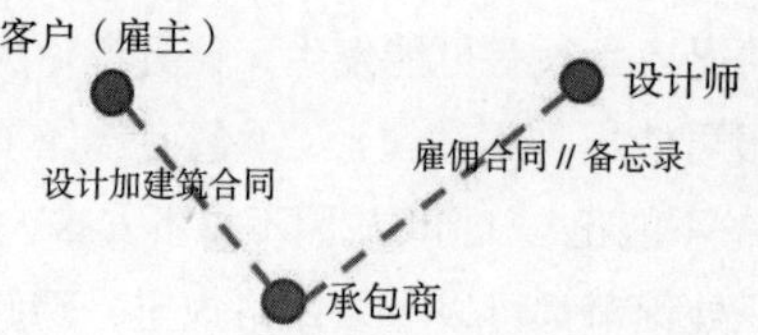


**图 14.2** 合同

这种问题倒不是说一定存在，但其中的风险你必须知道。这就好比理财，如果你找的是一位与某家银行有关系的理财顾问，那么，你会听到他跟你介绍该银行出售的理财产品或养老金的业绩表现，但他不会告诉你这些产品与其他产品相比业绩如何。事实上，这些顾问往往会向你介绍他们的基金产品中在排行榜上表现最好的，但不会让你知道这些产品的业绩其实并不比排名相对靠后的其他产品更好。独立的理财顾问（现在受到监管）会向你推荐业绩最好的公司、最好的基金。正因如此，寻求独立的专业建议始终都才是上策。

设计师为“设计加建筑”工程进行设计的费用（通常）不会由客户支付，因为双方之间没有合同协议。这些费用应由承包商支付，承包商在工程款中会算上这笔费用。然而，设计师在准备设计的过程中往往要直接听命于客户，尽管根据合同条款，他有义务与承包商逐一核查设计的每一细节，从技术、财务角度分析所需的种植、劳动力和材料等各方面对客户意味着什么。

对于小型设计建筑公司来说，始终可能面临一种风险，即客户会接受免费的设计建议，然后决定不执行原有方案。设计师在完成设计之后 30 天内理应得到酬劳，如果是公司内部员工，也得支付他相应薪金。由此产生的支出只能由其他切实得到了兑现的合同来弥补。总有一些客户喜欢占便宜，让你免费给他设计建议，随后却去寻找更加有竞争力的竞标方。景观设计公司对此必须有所准备，即通过合法手段保护自身利益和设计版权。许多公司都有条款明确规定，对于已与设计人员达成一致但未必最终采纳的设计方案，需按时间支付费用。在开始工作之前，要确保所有费用安排已经达成一致，并与相关公司或个人签署了正式报价单或备忘录。

在设计加建筑工程合同中，承包商向设计师支付费用的方式多种多样，如：工资、工资与佣金结合、按设计完成百分比支付费用（通常是在完工作时支付一半），或按事先商定的最高限额按时计费，等等。

### 设计加建筑工程的分包商

负责设计加建筑工程的分包商很可能是由总承包商雇佣，通常设计人员也是分包商之一。不过，在设计加建造建筑工程中，分包商一定是由主承包商自主选择和聘用的分包商。只有在客户对工程有某些比较特殊、专业性较强的要求时，例如加装雕塑这类比较独特、也比较少见的特殊服务时，客户和承包商之间才会就指定分包商做出相关规定。在这种情况下，需向主承包商额外支付一定费用，以补偿他在这一过程中的付出，具体比例可按专业工程中所产生费用的一定比例计算。另外还可增加一条特别条款，规定假如主承包商拒不付款,客户可向指定分包商直接支付。因指定分包商过失或疏漏导致的损失,需由客户（雇主）负责。

## CDM 规章和 JCLI 合同样本

CDM 全称为“建筑、设计与管理”,CDM 规章包含了最新的《欧盟健康与安全倡议书》,适用于一切建筑、建设工程，但某些小型或纯软质景观工程例外。设计师必须了解现行法律条例，以下简要概括了这些规章制度对景观设计师产生的影响。

为与 CDM 规章保持一致，JCLI 景观工程标准合同同样进行了相应修订。该标准合同主要有两个版本：

### A 版

这一格式主要用于项目不符合相关规章关于“建设工程”的描述、因而不适用于 CDM

规章的情形。不属于建设工程的情况包括:表土培育、坡度设计、优化、种植、草坪铺设及播种、农业围栏、防野兔围栏、软质景观维护，以及挖掘、清理等各类林业与苗木工程，等等。

整段改为:这一格式主要用于那些，因工程内不存在与规章描述相符的“建筑工程”从而不适用于CDM规章的项目。不属于建筑工程的情况有:表土培育、坡度设计、优化、种植、草坪铺设及播种、农业围栏、防野兔围栏、软质景观维护，以及挖掘、清理等各类林业与苗木工程，等等。

即使是在土木、建筑工程之后开始的软质景观工程，只要签订了独立的合同，并且是在前者实际完工之后开展的，就不再适用于CDM规章。但在实际操作中，土方工程（包含在“建筑工程”之列）和表土培育（不包含在“建设工程”之列），两者之间很难划出明确的界限。

如果当地政府同时承担了卫生安全执法权力，那么CDM规章同样不适用。如果是室外工程，这类情况就不会出现，但如果是内部景观工程（即涉及硬质工程的情况），就很可能出现这样的问题。

## B版

这一格式主要用于那些，工程内存在与规章描述相符的“建筑工程”从而适用于CDM规章的项目。通常认为，建筑工程包括以下几类:

- 土方作业;
- 硬质景观工程;
- 排水系统工程;
- 拆迁破拆工程;
- 临时性工程;
- 一切与清理、挖掘工程相关的工作。

B版共包括3个子部分，每部分对应于一种不同的合同。但，无论是这三个子部分中的任何一个，都适用于CDM规章第13节（关于设计师的要求）相关规定。

1. B版（1）——所有CDM规章均适用，因为所有工程都符合“建筑工程”的定义。但B（2）、B（3）不完全适用。
2. B版（2）——规章中的第4、6、8—12以及14—19节不适用。这部分主要适用于私家花园，但符合规章第5节（即:业主与开发商之间另有协议）的情况例外。这类私人花园不要求有规划主管、总承包商、健康与安全计划书及安全与卫生文件，但如果项目“建设工程”工期超过30天或大于500人·天，则承包商需向健康与安全委员会（HSE）报备。
3. B版（3）——不适用于规章中第4—12以及14—19节。这部分主要适用于工期不足30天，或小于500人·天，且不涉及破拆或拆除性工程，因而不需向健康与安全委员会报备的项目。此外，如果现场参与“建筑工程”的人数任何时候都不超过5人，也适用于本部分。这类工程不要求提供规划主管、总承包商、健康与安全计划书以及安全文件等。

假如景观工程是整体建筑合同中的一部分，而且景观工程承包商是主承包商自有的分包商，则规章所有条款适用于一切工程。

# 第 15 章　2015 年版《建筑（设计与管理）条例》

2015 年版《建筑（设计与管理）条例》于 2015 年 4 月 6 日起开始实施。该条例（出版物系列编号 L153）由健康与安全执行局（HSE）制定，规定了各类建设项目的各参与方均必须遵循的程序和秉持的观念，其中的参与方包括除客户、设计师和承包商。根据条例要求，参与建设项目的各方人员须具备足够能力，能够胜任各自的工作、履行各自的责任义务，规避不必要的风险及隐患。条例同时也规定了各方必须达到的专业标准。这里所说的建设项目所指的不仅仅包括建筑本身，还包括与之相关的规划、设计、管理以及建设工程全面完成之前所涉及的其他一切相关工作。

2015 版《建筑（设计与管理）条例》取代了之前的 2007 版《建筑（设计与管理）条例》（以下简称《条例》)。制订新《条例》旨在达到包括以下三重目的：提高《条例》对小型企业建设项目的适用度；使《条例》更好地与欧洲联盟指令 92/57/EEC 规章（92/57/EEC）接轨；修正已识别发现的几处不足（其中包括：繁文缛节的合规认证程序和资质认证程序，普遍存在的“建筑设计与管理协调员”延后指定问题，这些问题的存在使得《条例》不能适用于小型企业的需求，因而限制了其价值。）设计师必须充分了解自己根据《条例》应该承担的责任。在此强烈建议设计师深入领会条例指南（L153）相关规定。欲了解更多有关此条例的相关信息，可访问健康与安全执行局网站。

条例共分为五个部分。

- 第一部为术语与条例。
- 第二部分规定了客户的相关职责。本部分规定适用于包括家居建设项目在内的所有建设项目。自指定之日起，相应的职责和义务转由承包商接管。
- 第三部分详细规定了设计师、承包商在健康与安全问题方面所担负的职责和应发挥的角色。
- 第四部分详细规定了实际操作过程中的具体要求，适用于所有施工现场。
- 第五部分详细规定了项目终止、转让等方面的要求。

## 应报备项目

涉及众多工人或复杂专家组专业技术团队、超过一定规模或复杂程度超过一定标准的建筑项目必须向健安局（HSE）报告报备。应报备项目是指施工阶段工期超过 30 天、现场同时在场施工人数达到或超过 20 名或更多工人在任何地点同时工作，或总工时数达 500 人·天（以短者为准）的所有建筑项目，或者每天 500 名工人的项目，以较短者为准。任何涉及较少工作人员，凡用工人数少于上述规定的建筑建设项目均不必报备。向健安局报备的项目呈报的这一标准（即 30 天、同时在场施工人数达 20、500 人·天，以长者为准）有助于确保任何工期相对较短但工作密集强度较高的项目也得到报备。目前，所有建设项目（无论规模大小、持续时间或复杂程度）均受《条例》要求制约，项目报备门槛对指定总设计师、总承包商的要求不产生任何影响。

如项目只涉及一个承包商，则不要求指定总设计师或总承包商。如客户为英国国内客户，则向健安局报备的责任由客户承担，如为非英籍客户，则该责任由承包商承担。

如项目涉及多个承包商，则客户必须指定总设计师、总承包商各一名。如非英籍客户未指定上述人选，则客户有义务履行相应职责，亲自向健安局报备。如客户为英籍客户，则总设计师、总承包商的相应职责分别由主设计师和总承包商承担。在这种情况下，总承包商也有义务承担甲方的职责，负责向健安局报备，除非事先已约定将这一职责转交主设计师负责。

以下情况例外。如项目不需报备，则《条例》第三部分不适用。某些软质景观工程不需启动《条例》第三部分，因为它不属于《条例》所规定的建筑工程。

非建筑工程包括布施表土、调整坡度、优化改良、植栽、植草、播种、农用网格围栏、软景观维护及所有涉及挖掘、清理等相关作业的林业工程。但第二、三部分仍然适用。

简要而言，建筑工程指涉及改造或新建一个建筑结构的所有工程（其中包括改建、装修、翻新、维修、保养、重装、养护、清洁、停用、拆除以及拆毁等等）。场地清理、勘探和调查等准备工作也包括在此之列。此外，生产制造、预制板生产、组装和拆卸等作业也属建筑工程。对水、电、气、制冷、电信、计算机网络等所有与建筑结构相关的任何服务设施进行安装、拆除、维护保养，这些也都属于建筑工程。建筑工程不包括矿产资源勘探及开采，但自 2015 年 4 月起，其覆盖范围已有所扩展，涵盖了休闲、娱乐、制造、设施管理和离岸工作等作业。

明确哪些东西属于“建筑结构”的范畴同样重要，因为它是“建筑”作业赖以发生的主体对象。房屋、木材、砖石、金属或钢筋混凝土结构；铁路主、辅线、电车轨道线；码头、港口、内陆国家、隧道、竖井、桥梁、高架桥；自来水厂、水库、管道管线、电缆、渡槽、下水道、污水工程；煤气罐；道路、机场、海防工程、河流工程、排水工程、土方工程、泻湖、大坝、墙壁、沉箱、桅杆、塔、塔架、地下储罐、护土结构或者用于维护或改变自然特征的结构；固定厂房设备及与上述类似的结构，或者其他用于为建设工程施工期间提供支撑或通道的模架、工作架和建筑架等，以上这些均属建筑结构。

《条例》未提及任何软质景观工程，不过，非农业用围栏、挡土墙和栏杆等都被划在了“建筑结构”之列。尽管除了“道路”一词外，条例中其他地方均未提及地面铺装作业，但将地面铺装作业视作建筑工程相对更为稳妥；与此相反，按照普遍意义上的理解，多数软质景观工程（虽然未明确排除在外）则不在此之列。

即使继土木工程、建筑工程之后紧接着开始软质景观工程项目，但只要这类软工程是在建筑或土木工程实际竣工后作为一份独立合同单独开展的，那么《条例》便不适用。然而，土方作业（视作建筑工程）和表土布施作业（不视作建筑工程）之间的界线通常很难明确划定。

如果当地政府同时兼具健康和安全执行机构的执法权，则《条例》同样不适用。

如果景观设计师拟开展的作业不属于建筑工程之列，则本条例不适用。如果景观工程属于整体建筑合同的一部分，且景观承包商是主承包商自己的分包商，则条例全文适用于合同涉及工程的所有各个环节。如果景观工程属于建筑工程，但不属于应当向健安局报备的项目，则《条例》第二、四部分仍适用。对于私人花园，条例适用于客户，同时也仍适用于其他各方，但如果指定了承包商，则相应责任也转由后者承担。对于此类私人花园，只有当项目涉及多个承包商时，才需要指定总承包商、制定健康与安全计划和健康与安全文件，但如果项目"建筑作业"工期超过 30 天或 500 人·天，承包商须向健安局报备。对于所有应报备的项目，《条例》第 1—4 部分所有条款均适用（第 5 部分仅适用于涉及项目终止、转让事宜的情形）。

# 相关各方

## 客户

根据《条例》(2015)，客户有向健安局报备的义务，但仅限于项目属于应报备项目的情况下。不过在所有项目中，客户都有必要亲自采取合理步骤，确保所指定的人（无论是设计师还是承包商）具备必要的技能、知识和经验，如果是个组织机构，还要具备必要的组织管理能力，进而保证委托给他们的各项任务能够得以圆满、顺利开展，具体包括：

所指定的设计师、承包商和其他团队成员具备足够的资质、能力及资源，指定时间应尽可能早，以保证后者有充分时间去筹划和安排他们根据合同应完成的工作，确保信息沟通渠道畅通，以便各方都能顺利履行各自职责。

- 为项目各阶段安排充足的时间。
- 与参与项目的其他各方密切配合，确保各方都能顺利履行《条例》(2015）规定的责任与义务。
- 与参与项目的其他各方密切配合，协调各自工作安排，确保施工人员、可能受影响的其他人员（包括最终用户和施工后留场维护的人员）的安全。
- 项目执行整个过程中制订合适的管理和信息沟通机制，确保项目安全开展，不留可能危及健康的任何隐患。
- 确保承包商从施工伊始便提供了合适的福利设施，并贯穿整个施工阶段。

在进行这些安排的过程中，客户（或其代理，如设计师或项目经理）需重点关注当前正在进行的特定工作的具体需求。所有这些应对安排应与工作中可能发生的风险相称。上述要求主要由项目经理 / 设计师（如果无总承包商，其角色相当于总设计师，如果有，则相当于主设计师）及 / 或总承包商负责。工作开始前，客户可用来确认这一切的一个好办法是，让相关项目团队成员来介绍一下他们的安排，或者要求他们举例说明在项目周期内遇到这些问题时将如何处理。讨论相对简单的项目中各方的角色和责任时，需要做的可能只是列一张简单的列表，安排好谁做什么、什么时间做、怎么做。有的时候可能会有两个客户，一个是开发商，另一个是土地所有者，不过根据《条例》(2015)，您可以选择其中一方作为主要联系人并主要对他负责，但除非同时满足以下两个条件，否则甲方不能将其责任委托给代理人：只有一个承包商，且客户为私人家庭客户，在这种情况下，指定承包商可以承担客户的责任。

# 总设计师，主设计师及其他设计师

要想成为一名设计师，您必须首先加入到一个愿意让你参与设计准备的组织机构中。根据《条例》(2015),“设计师”一词指的不是一种职业或头衔,而是具体发挥的职能或角色。因此,对于一个建筑项目来说,可能会包括多位“传统意义上的”设计师,比如景观设计师、建筑师、结构工程师或土木工程师等，但只有当你同时负责准备图纸、技术规格、工程量清单等工作时，才符合“设计师”的标准。因此，这一定义适用于某设计和建筑公司的设计经理一职。

根据《条例》，设计师的主要职责包括：

- 提供有关设计、建造或维护方面的相关信息（与设计有关),以协助客户、其他设计师、承包商履行《条例》规定的相应职责和义务。多数情况下可能采取风险评估的方式，详细列出设计中的残余风险。这一角色取代了以前 2007 版《条例》中的协调员一职。
- 确保从事设计工作的人员能够胜任工作，与参与项目的每个人密切合作，提供相关信息，以保证信息流通顺畅，各方都能顺利履行各自的职责。
- 在项目启动前，确保客户对其根据《条例》应尽的职责有充分了解。
- 确保所有设计人员在设计过程中预计到了所有潜在风险，通过选择合理的设计方案，将仍然存在的隐患风险降至最低并予以明确标记，从而达到最终消除危险隐患的目的。
- 如果项目（因规模或复杂程度）属于应向健安局报备的项目，设计师不应立即着手工作（可做的工作仅限于初步草图设计、可行性研究等)。
- 在施工阶段开始前准备健康与安全文件，并继续负责这方面的工作，除非项目竣工之前另有其他安排;如另外做了安排,相关文件准备工作将交由总承包商或主承包商负责。

总设计师负责应报备项目、家庭项目的健康与安全事务（如事先约定)，也可能承担客户应尽的责任（前提是这部分责任仍未由总承包商承担)。主设计师（如果不同时担当总设计师的角色）需向总承包商（或主承包商）提供设计相关信息，做到了这一点，他们也就将不再受《条例》(2015）所规定的职责和义务约束。所提供的信息包括制订健康与安全文件可能需要的一切信息（主要是确认并指出施工过程中可能仍然存在的风险，但不限于此)。

在客户未明确指定总设计师的情况下，主设计师指负责协调应报备项目相关工作的设计师。在这种情况下，总设计师的责任将由主设计师承担。

## 总承包商、主承包商及其他承包商

总承包商是承包商中非常关键的一个角色，这也就意味着他们要负责与所有应报备项目施工阶段相关的健康与安全事务（如果是家庭项目，则还需要承担客户的职责)。在客户未明确指定总承包商的情况下，主承包商便也成为一个关键角色，其作用相当于总承包商，对应报备项目的各项相关事务负责。总承包商可能会另外雇佣多个分包商，分别负责特定领域或行业的专业工程。比方说，主承包商往往可能是一个建筑承包商，他可能再雇一个景观工程分包商。总承包商的主要职责是负责整个施工阶段的规划、管理和监控工作，确保施工过程不存在健康或安全风险，具体包括：

- 视需要制订并实施现场管理规章制度，如行人、车辆分设各自的通道。
- 确保现场施工人员密切合作，合理协调，避免危险发生。

· 确保现场周围设置必要的围栏，防止未经授权的人员进入。
· 制订并实施施工阶段的健康与安全计划。
· 酌情提供必要的现场培训，确保现场施工人员接受过安全开展工作所需的培训，避免健康及安全风险。

然而，如果项目不属于应报备项目，则不会有总承包商。但现场所有承包商均有义务做到以下各项：

· 为员工提供信息、培训以及必要的现场培训。
· 确保现场设置合适的围栏，防止未经授权人员进入。
· 确保现场施工人员有足够的福利设施。
· 如不是家庭项目，则告知客户其依据《条例》（2015）应尽的职责；如是家庭项目，则承担客户应尽的相应责任。
· 计划、管理并监控施工工程，确保将施工过程中的健康与安全风险最小化。

如欲了解更多详细信息，请访问健康与安全执行局网站。为方便读者，现将网址附列如下：http：//www.hse.gov.uk/construction/cdm/2015/index.htm

此外，专门负责建筑设计与管理培训的 Safe Scope Ltd 公司制订了一份非常实用的流程总图，有兴趣也可咨询该公司。

# 第 16 章　合同管理

一旦选定承包商，就要开始合同管理了。合同管理从签订合同之前的初次会面就已经开始，直至合同各方全部履行、完成各自义务时方终止。步骤如下：

1. 合同签订前的会面
2. 反复修改及相关要求说明
3. 估价和付款凭证
4. 进度及其他证明
5. 扫尾工作
6. 缺陷改正
7. 最终完工证明、移交给雇主

## 合同签订前的会面

参加这次重要会议的双方包括客户和承包商（通常是在签署正式合同前，但在承包商被告知其投标已被接受之后）。这是整个项目过程中最重要的一场会议，因为其中要把项目的宏观实施情况基本确定下来，让双方有机会就项目实施、进度安排或具体技术规范等问题中仍存在的疑问和难点展开进一步磋商。此外还可重点商讨客户方面的一些要求，诸如就工作时间限制、噪音及扰民、物料堆放区、现场需要保护的树或其他需要事先商定的事项和问题达成一致意见。

在这次会上，设计师可大致介绍施工区域中较为复杂或较难操作的地方（例如在植根保护区铺设路面时，靠近现存植根的禁挖区），这些地方的处理需要设计师格外的谨慎。你可以指出，有哪些工程你希望届时亲自到场监督实施，即某些关键步骤，或者是操作过程中容易出错，或者往往可能做得不够理想的工作，比如，在回填表土之前务必要将地下土层打松。你还可以要求承包人务必向你送交材料样本，经你批准认可之后才可正式使用，还可以具体讨论制定工作守则和工作安排的方式。此外，事先明确清楚施工人员住宿的位置、入口位置、物料区和堆填区，还有确保工地安全等问题也非常重要。进驻现场日期、竣工期都要确定下来。总体进度规划也是需要讨论商定的问题，承包商肯定会不失时机地提出些“肯定需要改动之处”(比如工程某方面估测得偏低、工程量清单上某个数量需要增加，由此可能导致成本增加，不得不动用预留的应急款等等问题)。此外，承包商可能还会指出在技术规范和工程量清单中的前后不一致或明显前后矛盾的地方。召开现场会议的日期，如需调整改动计划，该如何沟通、又该如何估价等等，所有这些事项都需要在这次会上确定下来，以便提前准备并记在你的记事本上。以下是签订合同前的会议的通常议程：

### 签订合同前会议的通常议程

1. 各方联系人姓名、地址、电话号码
2. 进驻现场日期和竣工期
3. 合同文件(多份)
4. 保险凭证、保证书和其他承包商文件
5. 健康与安全计划书；建筑设计与管理(CDM)规章
6. 签发指令、变更确定以及签发证明的相关程序
7. 场地入口、服务、标识牌(板)、安全问题
8. 工作时间及噪声限制
9. 工地人员、住宿和福利要求
10. 关于定期开展进度会议、场地视察和估价的日期
11. 现场待保护元素：范围、方式和完工核查验收日期
12. 需特别注意(监管)的事项
13. 样品和质量控制检验
14. 疑点或难点
15. 分歧或修订
16. 承包商进度规划
17. 其他事项

## 修改及相关要求说明

在签订合同前举行的会上，设计师和承包商均须指出第一批需要修改之处(方案中须增加或删除的内容)。或许，设计师意识到错误时离招投标期结束已经太近，已来不及向所有投标方发出通知，或者，现场刚刚才又发生了某些新情况，比如，原拟保留的一条既存小路最近遭到了破坏，再或者，原拟栽植的一株树需要放弃，因为原拟新修的排水渠方向发生了改变，或因故必须增加照明柱。

承包商在投标过程中一定早就详详细细地检查过合同文件，并很可能发现了数量不符或错误的情况。这次会对承包商来说是一次很好的机会，可以重点把估测不足(或估测过量)但又不可缺少的项目提出来。眼睛鹰隼一般犀利的承包商对这些“肯定需要改动之处”一定会一一提出，并利用这些大作文章。也就是说，承包商会故意抬高那些估测不足的项目的单价，而将估测过量或很可能会被舍弃的事项项目(即非关键事项)的单价拉低，从而保证投标报价保持平衡。这样，到了设计师不得不授权同意他做出必要改动时，就可能大捞一笔。这就是为什么做招标文件时各种估测数值一定要尽可能的准确。

计算机辅助设计(CAD)在这方面是个很得力的工具，但也可能导致所谓的“袖珍计算器效应”——即误以为其计算结果绝对万无一失，以至于降低了检查力度。如果你能充分运用你自己的“错数探测雷达”，那么，那些明显不正确的数字就很有可能被揪出来并予以改正。这就好比你用计算器把10个个位数加起来，得到的结果却是255。你知道这不可能会对。

随着事情的一步步推进，很可能还需要再作些必要的增加或舍弃。比如，承包商可能在待种植区地下发现了一个以前不知道的混凝土地基，需要将它爆破打碎。承包商当然会为这些工作要求额外费用，这时，修改就不可避免，费用就得增加。

由于突发情况而导致设计上任何微小的变动，都会影响到各个工程项目的工程量，这时就需要变动更改,酌情对项目予以增加或删减。这些变动在常规施工现场会议中进行商定，然后记入景观设计师指示记录中，如果涉及当地主管部门（通常称为“A.I.s”，是英文“建筑师指令”两词的缩写），那么就记入监管员指示记录之中。这些记录都有标准的格式，相关机构（英国皇家建筑师协会或英国景观协会）均有事先印好的便签贴供购买选用，但多数情况下，个人电脑和笔记本电脑上也都有通用模板，可以直接在电脑上填写。图 16.1 就是这一模板文本，图 16.2 是填写好相应指令之后的表格样本。

景观建筑师:
地址:

项目名称:
项目地址:

THE LANDSCAPE INSTITUTE

景观工程
项目指令

指令编号:

至承包商　　　　日期:

兹依据合同条款签发如下指令。如有需要，合同总金额将需依据合同中相关条款要求作出相应调整。

| | 指令 | 减少金额（英镑） | 增加金额（英镑） |
|---|---|---|---|
| 公司参考号 | 签字________ | | |

注:

合同总金额:________英镑
前期指令涉及金额约:（+/-）________英镑
________英镑
本次指令涉及金额约:（+/-）________英镑
总调整金额约:________英镑

一式多份: 客户□　承包商□　估料师□　工程监督员□　存档□

**图 16.1**　指令记录表

| | | |
|---|---|---|
| 签署方: 同上 | 序列号: | 02. |
| 雇主: xxxxxxxxxxxxx | | |
| 地址: xxxxxxxxxxxxx 酒店 | | |
| | 工作参考: | JBA 92/47 |
| 合同: XXX 园林景观建设 | 签发日期: | 08/04/98 |
| 地址: 巴利巴恩斯 XXXXXXXX | | |
| 工程: 酒店停车场和球场 | 合同日期: | 23/09/97 |
| 位置: 剑桥 XXXX 街 | | |
| 根据上述合同条款，现下达如下指令 | | |
| 办公使用: 大约成本 | | |

| | | 删减（£） | 增加（£） |
|---|---|---|---|
| 增加如下内容:<br>所有带 * 的数量和价格均为临时性的，需最终核对并与主管人员达成一致 | | | |
| 1. 挖掘和清除受污染的土壤 | 4.5m$^2$ | | £3,647.70 |
| 2. 管道沟槽——额外收费项目 | 194m | | £886.58 |

**图 16.2**　填写完成的指令表（1）

| | | | |
|---|---|---|---|
| 3. 支路分隔带——额外收费 | 1 个 | | £2,683.10 |
| 4. 调整现有检修孔——额外收费 | 2 个 | | £103.50 |
| 5. 供应并安装博库通道 | 7.5m | | £947.20* |
| 6. 开关箱 | 4 个 | | £474.32* |
| 7. 嵌入检修孔——临时项目 | a）16 个 | | £602.08 |
| | b）1 个 | | £86.93 |
| 8. 中密度聚乙烯水管 | 109m* | | £377.14* |
| 9. 照明管道 | 114m* | | £573.12* |
| 10. 直径为 100mm 的闭路电视管道 | 71m | | £610.60* |
| 11. 提供块状路缘石（需要额外 BDC） | 67m | | £1,223.42 |
| 12. 路面铺设一直到员工宿舍，包括举吊和转接现存水泥板、石块等，进行切割镶嵌等 | 11m | | £416.59 |
| 13. 额外收费项目——用 80mmBDC 块替代指定（供应）的 60mm 材料。 | $216m^2$ | | £414.20 |
| 14. 额外收费项目——用精混合料对 BDC 区域进行路面铺砌 | $660m^2$ | | £7,068.60 |
| 15. 额外收费项目——用精混合料对街区进行路面铺砌 | $590\ m^2$ | | £4,926.50 |
| 16. 额外收费项目——用精混合料对石头铺就的路面进行铺砌 | $246m^2$ | | £307.50 |
| 17. 额外收费项目——在指定灰色区域外提供粉色铺路用石以进行区域填充 | $228.5m^2$ | | £2,968.22 |
| 18. 临时项目——根据客户要求提供黄色料砖 | 3500 块 | | £1,600.00 |
| 19. 带缆桩——额外收费项目 | 5 个 | | £1,227.25 |
| 20. 灯柱——70W 灯泡及配件 | 8 个 | | £832.00 |
| 21. 额外收费项目——提供红色工程砖抬高路床 | 29.5m | | £386.75 |
| 22. 额外收费项目——为抬高路床建造砖墙 | 29.5m | | £1,443.73 |
| 23. 删减 20% 的铺路用石供应　1）在边缘处 | 242 | £1,018.34 | |
| 　　2）在通道处 | 138m | £569.11 | |
| 24. 增加 1.0m 沟渠，参见账单 2.3B，第 4 和第 5 页 | 12m | | £179.88 |
| 25. 移除 0.5m 沟槽，参见账单 2.3A，第 4 和第 5 页 | 3m | £35.79 | |
| 26. 在第 4 和 5 页标明，移除 1.5m 沟槽，参见账单 2.3A | 31m* | £849.40 | |
| 27. 移除挖掘沟渠。 | 3 条 | £57.90 | |
| 28. 移除挖掘检查井 | 1 个 | £52.33 | |
| 29. 移除挖掘沟渠，参见账单 | 3 条 | £678.36 | |
| 30. 移除检查井，参考账单 3.2 | 1 个 | £389.87 | |
| 31. 增加直径为 150mm 的水管，参考账单 3.4A | 88m | | £2,946.24 |
| 32. 移除直径为 225mm 的水管。参考账单 3.4B | 110m | £4,235.00 | |
| 33. 为现有沟渠增加顶盖。参考账单 3.6 的 4-8 页 | 2 组 | | £184.00 |
| 34. 为现有检修孔增加相应工程。参考账单 3.6 的 4-8 页 | 2 组 | | £103.50 |
| 35. 为照明设备增加卸料坑 | 1 组 | | £120.00* |
| 36. 移除提供及铺设的花岗石。参考账单 4.3 | 67m* | £2,537.39* | |
| 37. 增加花岗石和 BDC 边缘用石的供给和铺设。参考账单 4.3 | 78m* | | £2,447.64 |
| 增加与删减小计 | | £10,423.49 | £39,743.29 |

签字：________________________

| | |
|---|---|
| 合同金额总额： | £193,341.88 |
| 前版指令表金额（约）+/- | £144,417.68 |
| | -£48,924.00 |
| 本版指令表金额（约）+/- | £29,319.80 |
| 调整总额约 | £173,737.48 |

一式多份：客户，承包商，存档

**图 16.2**　填写完成的指令表（2）

有时，可能需要在现场下达指令，要求按指令进行某项施工，但并不涉及项目变更事宜。比方说，由于维修服务通道走向发生了改变，需要将图纸中原本已有规划的一株树进行挪动。假如承包商方面尚未开始挖掘树坑，那么就不会产生额外费用。这类指令也需要记入 A.I.s. 中，但对价格不会产生任何影响，因此应在指令右侧的备注栏内标注 NCE 三个字母（英文“不影响成本”三词的缩写）。

设计师在现场做出的任何口头指令均须在两天内以书面形式予以确认。自承包商收到相关指令起 7 天内，应按要求提交书面证据，证明指令已收抵并遵照执行，否则，设计师有权雇用他人来完成相应指令，相应费用从欠承包商款项中扣除。

## 估价与付款凭证

估价由设计师来进行（不过，现在通常将设计人员称之为“合同管理员”）。在大型项目中，这项工作可能需要有一位估料师来协助完成，或由后者单独承担。承包商将全程参与，并尽力确保自己所承担的工程尽可能都要在估价过程中得到体现，而设计师的任务则是尽力确保雇主不为有质量瑕疵的工程买单。所谓估价，就是评估和核验承包商已圆满地完成的各项工作量在总工作量中所占的百分比。比方说，拆除工作已完成 100%，种植工作仅完成 50%，边砖铺砌工作完成 80%，等等。所有这些百分比在合同文件规定中所占的比例都会被记录下来，并将由此计算出来的总数填入支付凭证（与前文所述类似，这些凭证也都有预先打印好的表格或者电子模板，见图 16.3），凭证一式四份（雇主两份，承包商一份，

景观工程估价/财务报表

编号
景观建筑师
估价表

THE LANDSCAPE INSTITUTE

雇主：
地址：
承包商：
地址：

合同

公司参考号

授权支出
合同金额 ________英镑
额外授权支出 ________英镑

预计最终支出
合同金额 ________英镑
应急经费减少额 ________英镑
________英镑
至签署日止预估变动值+ ________英镑
________英镑
待签署的预估变动值 + ________英镑
________英镑

支出预计增加额（如允许）________英镑

支出预计增加额（如允许）+ ________英镑

授权支出总额 ________英镑

预计总支出 ________英镑

签名________________景观建筑师　　日期__________

一式多份：客户□　估料师□　存档□　□　□

景观工程中期/最终证书

编号
景观建筑师
中期/最终
证书

THE LANDSCAPE INSTITUTE

景观建筑师：
地址：

雇主：
地址：

承包商：
地址：

合同：

参考号：

证书编号 ________
估价日期 ________
证书出具日期 ________
已执行工程估价 ________英镑
现场材料价值 ________英镑
________英镑
减除尾款 ________英镑

已发生总额 ________英镑

减除前期已支付额 ________英镑

总额 ________英镑
（不含附加税）

依据合同条款，兹证明雇主应于__________

（日期）支付承包商__________（金额），大写

________.

签名________________景观建筑师　　日期__________

一式多份：客户□　承包商□　估料师□　存档□　□

**图 16.3** 估价表

设计师一份)。总款项将扣除5%(或投标前商定的其他比例)的尾款，再扣除以前已核证并支付过的所有款项。("尾款"指总的应付款中提留出来的部分款项，用作日后扫尾阶段【见下文】的应急款项。这样做的目的是确保在合同结束时雇主手头仍握有一定数量的费用，以督促承包商全面、圆满完成一切善后工作)。随后，承包商须向雇主寄送增值税发票，而雇主则须在14天内向承包商支付凭证上显示的金额及增值税金额。

## 进度和其他证明

合同管理员还对合同中的关键阶段进行认证。第一份证明与实际完工有关，于工程主体部分已完成、基本满足各项设计要求时签发(图16.4)。施工场地不需一切工作俱已竣工，允许存在部分待完成或待改进的轻微、无关紧要事项，这些未完工事项称为"扫尾工作"。合同管理员制订一份扫尾工作清单，将这些未完工事项逐一列出。拿到了这份证明，承包商就可以拿到一半的尾款。比方说，如果合同约定的尾款提留比例是5%，那么，在实际竣工时，就应出具一份支付证明(从竣工并拿到实际完工证明日起14天内签发)，授权向承包商支付合同金额的97.5%，其中可以另外扣除部分用于日常维护的费用。实际支付金额为本证明显示的金额数量减去前期已经支付过的金额数。

实际竣工期开始也就意味着"品质保证责任期"(即承包商对缺陷负责的时间段)的开始，同时也意味着维护合同开始执行。这方面JCLI* 制订有专门的(维护)合同，其中对不同维护等级作了详细、具体的描述。这类合同期限一般为12—60个月。为确保相关协议能够成功达成并顺利签订，有些维护保养任务规定的限期相对有限，但在有些体系中，客户在维护保养协议期满之后会继续聘用承包人负责长期维护保养事宜。

工程实际竣工也就意味着承包商不再有责任对项目现场的安全、防盗或防破坏、投保等事宜负责。这些因素通常(但并不总是)不包含在维护合同之列。

景观建筑师:
地址:

雇主:
地址:

THE LANDSCAPE INSTITUTE

**景观工程主体完工证明**

工程现场位置:

项目参考号:

承包商:
地址:

序列号:

合同日期:

证书出具日期:

兹证明，上述合同所涉景观工程已主体完工，并于__________(日期)交付。除植物之外，其它部分品质保证责任期至____________(日期)终止；灌木、普通苗圃苗木及其他植物品质保证责任期至____________(日期)终止；半成熟以及高等苗木品质保证责任期至____________(日期)终止。

注：自本景观工程主体完工证明签署之日起，雇主对工程安全付完全责任。

签名____________________(由上述签署人签署)

日期__________

一式多份：客户□　承包商□　估料师□　工程监督员□　存档□

**图16.4** 工程主体完工证明

* 译者注：JCLI即Joint Council for Landscape Industries，英国景观产业联合理事会。

景观建筑师：
地址：

雇主：
地址：

**景观工程未完工证明**

工程现场位置：

项目参考号：

承包商：
地址：

序列号：

合同日期：

证书出具日期：

兹证明，承包商未在合同约定竣工日或补充条款约定的可延期内完成工程。

签名＿＿＿＿＿＿＿＿＿＿（由上述签署人签署）

日期＿＿＿＿＿＿

一式多份：客户□　承包商□　估料师□　工程监督员□　存档□

**图 16.5**　景观工程未完工证明

如果承包商在约定的实际竣工日期前未完成工程任务，则设计师须出具未竣工证明（图 16.5）。在这种情况下（如合同未就因极端天气、频繁大幅度变更导致工程量显著增长等情况下如何延期事宜作出明确规定），应须按照具体计算公式、按周计算损失，以补偿雇主资本所遭受的理论损失。这一计算公式的确定非常重要，须经得起法庭审核检验，因为如果索赔的损失被法庭认定属于罚金性质，而不属于补偿金性质，那么它就是不合法的，到了法庭上很可能被驳回。考虑每周应付的总赔偿金额额度时，须考虑以下各因素：

1. 理论上的资本损失
2. 由此引发的不便及各种实际经济损失
3. 由此额外付出的专项费用

计算景观工程实际损失时，约定俗成的公式如下：

{ 合同金额 ×（银行利率 +2%）}/52 周 = 英镑 / 周

比如：假如合同金额预计为 75000 英镑
银行利率（7%）+2%=9%
那么，利息 =（£75000 × 9%）/52=129.80 英镑 / 周

在此基础上，还应加上任何相应损失和任何可能额外承担的专项费用。比如，对于一家汽车快餐店而言，因施工进度延误导致开业延期，那么每天的损失可能高达 4000 英镑。除此之外，景观工程项目中这种损失并不常见。额外专项费用反映的是因工程延误导致合同管理期、驻场地监管期相应延长并由此额外产生的费用。这笔费用须按实际时间、并按照你所在行业相应级别的员工通行的收费标准计算。计算时切忌狮子大张口，因为一旦对

方认为不合理闹到法庭上，法庭很可能判定它属于罚金性质而不予认可。成本核算须合理、真实，有理有据，经得起检验。这笔费用如解决不好，很可能导致与承包商关系破裂，致使扫尾工作无限期拖延。为避免这一问题久拖不决，建议在合同中增加一条，规定你有权在向承包商进行必要告知的基础上终止合同，另雇他人完成工程剩余的任务，由此产生的费用从留置的尾款中扣除。

## 扫尾工作

合同管理员在签发实际竣工证明之时，需同时出具综合清单，列出所有待完成事项，亦即“扫尾工作清单”。合同管理员应与承包商商定合理的时间，妥善解决所有遗留事务。该清单还须包括枯死植物清查数量（包括病株、过小株以及受损株），尽管这些植物很可能会在种植后的生长季节结束时替换掉。有的时候，承包商不把这段时间称为“扫尾期”，而把它称为“絮叨期”。有些承包商比较自觉，会很好地做好这些善后事务，但也总有一些承包商不太配合，需要合同管理员一次又一次絮絮叨叨地催促，故此有这种说法。作为合同管理员，或许你往往都是到了这个阶段才感觉后悔，当初为什么没有从一开始时就把留置尾款的比例定高些，或者为什么没有晚些签发实际竣工证明，等这些遗留问题中多数都做了妥善安排之后再给承包商。

### 缺陷改正

“品质保证责任期”期满，所有瑕疵、缺陷问题得到妥善处理之后，设计师需签发“缺陷修复证明”。至此，雇主即可放款，将尾款中留置的部分款项支付给承包商。若瑕疵、缺陷问题仍未得到妥善处理，则出具“缺陷未修复证明”，尾款中留置的部分将继续留置，直至问题得到圆满善后。

小型景观工程中，务必确保留置的尾款额度足以敦促承包商返回现场妥善处理遗留问题。否则，有些承包商可能干脆放弃这部分留置的尾款，让你和客户“干瞪眼没办法”。如果真出现了这种情况，你可以向涉事承包商发出警告，除非他做好善后，否则你会将他从可信任名单中拉黑，而且同业内有人做招标计划候选承包商名录时，也将不会推荐他。如果这一招还不管用，合同管理人可发出第一封书面指令，敦促对方完成任务，如 7 天之后仍未履行其义务，那么合同管理员就可以另聘其他公司完成，并向承包商追索由此产生的费用，或从尚未支付的应付款项中扣除。

## 最终完工证明、移交给雇主

拿到实际竣工证明表之后三个月内（或其他规定的期限内），承包商需向合同管理员提交进行最终估价所需的全部文件。所有相关信息收集齐备，“品质保证责任期”（包括植物更换期）期满，所有缺陷都得到修复之后，合同管理员需在 28 天内开具《最终完工证明》，将尾款中剩余部分支付给承包商（如果尾款留置比例为 5%，则本次支付额为 2.5%，因为另一半已在拿到实际竣工证时支付完毕）。合同至此全部履行完毕，有时会举行正式的交接庆典仪式。雇主支付尾款，并对以后发生的任何缺陷及未包括在后续维护合同中的项目承担相应维护负责，建筑合同即告完成。如另有已然生效的维护合同，则维护承包商（可能与建筑合同同一承包商，也可能是其他承包商）将继续留驻现场，按计划对景观元素进行维护，直至维护期结束并最终移交给客户自行维护。维护合同和建筑合同的合同管理程序相同。

## 现场视察及管理

合同管理不是一项简单容易的任务。其间的权衡就像走钢丝一样，一边可能被人腹诽吹毛求疵，婆婆妈妈，对承包商原本出于善意的建议视而不见；另一边还要防备耳根子过软，被承包商巧言蒙蔽，以致选用了廉价材料和粗糙工艺，到最后成全了承包商利益，却致使客户利益及最终工程质量蒙受损失。很显然，在两方中间不偏不倚才是最佳选择。经验不足的合同管理员往往容易陷入其中一个极端，但随着经验的累积，就能够很快区别哪些是好建议，哪些纯粹是为了节省成本或偷工减料而出的馊主意，进而知道什么时候该强硬、什么时候可灵活。

如果你希望自己最初构思草图时内心怀揣的种种理想，而且假定你在规划和清单中列出来的所有技术规范都切实可行，那么就必须切实保证承包商确确实实逐字遵照执行了你的要求。而这一点离不开频繁周密的现场勘查、规范严谨的程序管理。假使设计非常优秀，技术规范得到了严格监督遵循，那么，你理想中的或者最终设计出的景观就一定能够落地成真。只要勤于视察，严守技术指标，就一定可以保证每位承包商之间展开平等公正的竞争，以最低、最有竞争力的竞标方案达到同样的结果。

显然，必须确保所有承包商都严格地遵循了相关技术规范要求，否则他们就很可能会降低投标价，因为他们心里清楚，劣质、廉价的材料也可以糊弄过关。但这样的行为不仅对那些尽职尽责的承包商不公平，而且还对你的客户不公平，更严重的是，还会白白浪费掉白花花的银子却收获不到物有所值的回报。

视察不严格，花出去的钱就得不到合理的价值回报，原因有二：一是承包商很可能不断通过偷工减料或让品质缩水的作风压低竞标价格。结果，通过欺骗手段拿到合同的承包商得到的利润边际却远高于其他严谨守信、诚实无欺的承包商，因为后者严格遵守技术指标，因而报价或许可能略高（但却因此而失去合同）。二来，相比整体景观工程的成本而言，客户通过容忍质量略次的工程、接受低投标价所节省下来的钱只占很小一部分，但最终带来的结果却极有可能具有天壤之别，甚至成败攸关。

某些承包商可能通过种种方式、寻找各种借口来为自己不达标的工程开脱责任，但这些借口很少（如果有的话）能够经得起仔细推敲。以下列举一系列承包商常用的借口，并介绍如何通过细化相关技术指标及操作规范来预防：

1. 买不到指定品种或尺寸的植物，因此需用体积较小的植物来代替。针对这类常见借口，可在招标书中加上一条："如市面上没有指定品种或尺寸的植物，则务必在递交标书前告知设计师，以便后者核实情况，并视需要确定合适的替代方案，同时通过公告形式通知所有投标方。"
2. 植物遭客户、客户的客户或者客户的宠物偷盗或破坏。针对这一借口，可选择合适的 JCLI 合同版本，并（或）添加如下备注："景观工程合同整个执行期间，导致植物死亡的一切风险均由承包商负责。投标人在报价时需充分考虑到可能出现植物因故死亡或受损而不得不予以替换的情形；无论导致损害的原因是以下任何一种，损失均需由承包商承担：植株受损、种植深度不恰当、给水不足、整地不合格；盗窃、蓄意破坏、家养宠物尿液或其他类似原因而造成的损害，或因雇主的客户、员工或分包商造成的直接损害，等等。"
3. 攀缘植物不需要任何支撑结构，或居民拒不同意在其边篱或独立墙体上装饰或安装攀缘植物和 / 或攀缘支架。针对此类借口，可预先增加如下规定："攀缘植物的种植应符合规定，包括 2mm 规格的带有塑料涂层的攀缘线，且攀缘线应固定在有眼的螺母上，便于植物自着（必须将茎秆固定在墙上，防止风影响植物附着）；如放置格子板，则板隔应为 50mm，以便攀缘植物能够缠绕在格子板上。若个别居民明确反对种植攀缘植物的，承包商需结合规划具体要求予以必要解释说明，告知拟安装的支架、所选植物品种均不会对其墙壁造成损害。如解释后仍有异议，则须将相应位置记录下来，并反馈给客户。"

4. 植物栽好后无法浇水，因为使用消防栓违法。为避免此类借口，可添加："承包商需按照规定为植物浇水，有责任与现场总管（如有主承包商）取得联系，并就确定合适的供水点达成共识，或与当地供水部门取得联系，获得合同执行期内相应的用水许可。"

当然也难免有一些情况，承包商提出的理由确实存在，或者提出的建议确实合理有用。施工过程中难免遇到各种各样的问题，好的承包商往往能够提出一些非常实用、非常有帮助的解决建议。毕竟客户雇佣的是专业的景观承包商，其技能和意见都是专业的。对于一个优秀的设计师来讲，真正的考验是决定何时该采纳他人建议，何时该礼貌地拒绝，何时该退一步接受替换方案，何时又该守住底线、为自己的方案据理力争。只有这样，设计师才能始终取得理想的成绩。

## 维护因素

设计师似乎面临着越来越多的压力，要求他设计出维护成本相对低的方案，植物要用修剪需求最少的，尺寸规格最小的，地膜和树皮保护还要尽可能减少除草和灌溉的要求。但一个非常现实的问题是，许多景观设计可谓成也维护期，败也维护期。维护工作的目标与目的必须明确，这样规划愿景才有望实现。树篱高度和修剪频率要有明确的规定，确保其轮廓整洁。还要对修剪树木——无论是修建树冠还是其他，做出规定。灌木修剪的性质和程度将会决定未来几年的植物特征。割草方案将决定草地的形态，有些需要频繁、细致割草打理，有些天然野趣的草坪则一年只需打理一次（两者之间还有其他多种不同方案）。设计愿景、设计目的与目标都会影响草坪护理方案的制订。

第一年是植物扎牢根基、开始生长的一个非常关键阶段，需要在既定维护方案的基础上酌情增加养护频度及精细度。有些植物能很快扎根并繁茂生长，另一些却看上去总是不死不活的样子，这当然有可能是植物选择不当的结果，但更多的情况下往往都只是场地或植株一种很难解释的怪现象而已，因为常见这样的情形：完全相同的树种，旁边的都枝繁叶茂，可就有那么一两株却总是病病歪歪、奄奄一息的样子。正常情况下长势强劲的灌木，可能会莫名地就失去了活力，变得生长缓慢。在这种情况下，前排原本矮小的灌木很可能快速长起来，盖过后排本应高大的植株。这类情况可能因局部涝渍，地上或地下的虫害，植株本身贫弱，局部干旱，微气候影响，意外损害或故意破坏等其他原因引起。

"品质保证责任期"至关重要，可确保承包商在施工、工艺等方面存在的缺陷能够及时发现并弥补，如整地准备不合格等。然而，除非让承包商负责最开始一（二）年内的维护工作，否则在种植过程中出现的任何缺陷植株，或因栽植不当导致的受损情况，都很可能被承包商以客户后期养护不到位为由推诿责任，而且很难举证。因此最好的办法是让承包商负责维护工作，至少维护到"品质保证责任期"期满时，如果涉及灌木和树木等的维护，则上述两个期限最少应在 12 个月左右。但有一点要清楚，维护期是单独成立的一份合同，有它自己的 JCLI 标准格式及合同期限。这与本书第一次出版时的情况有所不同，这一变化背后的原因非常重要。承包商的维护合同将有助于缓解现场条件发生的各种变化，有利于植物扎根立足。为确保全面覆盖施工现场所有待完善的问题，需制定清晰明确的条款，不仅对各系善后工作的性质明确界定，还要尽可能制订具体量化标准，对现场视察的频次，工艺标准和方法等作出明确规定。

虽然聘用负责建设过程的同一家承包商来负责维护保养过程有其好处，即便于落实责任，确保质量瑕疵得到妥善处理，但也有截然不同的观点。由于后面这种观点的存在，致使人们对现行合同本质的认识发生了显著转变。事实依然是，因建筑过程中的明显失误导致的缺陷，与由于后期护理不到位而引发的问题，两者之间存在诸多灰色地带，且往往与软质工程有关。无论怎样，如何对实际竣工后发生的植物枯死事件进行责任追究，是 JCLI 规章中的一个选项，因此完全有可能将问题的责任追责到主承包商身上。当然，这并不能完全阻止建筑承包商推卸责任，将问题归咎于维护承包商或客户，认为是踩踏、喷雾偏差、干旱等原因导致了问题出现。通常情况下，这些原因都是有迹可循的，只是需要认真勘查、分析，而这些过程可能增加客户的成本。

然而，许多建筑承包商并不具备从事维护保养工作的实力。他们往往既无专业人员，也无专业设备，通常都是临时短期租用建设工程所需要的设备。而专业的维护承包商则不同。他们长期备有自己的专业设施设备，这笔投资他们负担得起，因为虽然利润边际不大，但业务相对稳定。这也就意味着他们的维护保养业务报价一般都比较低，有时甚至低到让人心中窃喜的程度。此外，他们拥有大批专业维护保养人力，还可坐享规模经济效应。因此不难看出，相比于交给建筑承包商而言，雇佣专业维护承包商还可省下一笔可观的费用。这笔节省下来的费用远比明确划分缺陷软质工程的责任所带来的好处大得多。

通常来讲，更好的做法是让客户在实际竣工后负责植物枯死事件的责任。这样的安排有利于敦促合同管理员在签署实际竣工证明前进行全面检查，尽量减少与植物相关的事故责任界定不清的情况。因此，遗留的缺陷很可能就会降至最低，而且，除非明显是因为除草剂喷雾偏差等维护不当原因导致的问题，否则，所有问题均由客户承担更换费用，由此，明确界定责任这一目的也便达到了。

## 维护成本

合同文件中对于每项活动所需维护次数规定得越清晰，每次视察中实际工程的信息越详细，承包商在投标阶段抬高相应项目报价以额外承担的风险也就越小。风险会增加成本。维护条款开放度越高，承包商在定价时所要承担的风险就越高。通常而言，这也就意味着他们报出的保养维护竞标价将相对更高。维护合同在方案总费用中占比可能会很大，因此分别签订两份独立合同，也有助于保证建筑专业人士在建筑工程方面的竞争力不会因其相对薄弱的维护保养能力低而受到不利影响。在这部分工程中，专业的维护形式会更具竞争力，因此值得将其交给更多或不同的公司进行竞标，而不是交给建筑工程方。

以 12 个月为周期预估维护需求比以 24 个月为周期相对容易，期限越短，承包商承担的风险也会相应越低。如果的确需要 24 个月或更长的维护保养期（也许是出于大型苗木养护的需要），那么，如果能够依照合同管理员的指示在安排实际维护保养工作的同时也另外安排一些灵活度相对较高的项目（如割草和灌溉等），并提供部分临时性经费，则拿到相对较低的招标价格也有可能。当然，重要的是设计人员在准备投标文件时要谨慎估计这笔经费额度究竟需要多大，才足以支付可能发生的维护费用。这种提供临时性经费的做法有助于确保钱都花在刀刃上。夏天如果非常炎热，阳光非常充足，则割草的次数可以大幅度减少，每周安排一次既不必要，也很浪费；相反，夏季如果潮湿凉爽，则草地生长将非常茂盛，就需要每周都安排割草。临时性安排适合视具体情况灵活安排。同理，如果夏季潮湿凉爽，灌溉也便不再需要了，如果还对此作出机械、死板的规定，显然是浪费。对灌溉、割草、虫害防治、枯死植株更换等事项，采用临时性条款比较明智；但对于除草、修剪、除草剂施用、上漆、边界养护、环境清洁和垃圾清理等事项，采用规定性条款、对上门次数、频度等作出明确规定或许更为合适。如果维护保养工程的招标期是 2—5 年，承包商可能需要承担一定的风险，估算价格时不仅要考虑某些要素方面可能需要的投入，还需要考虑通货膨胀因素，因为这么长的合同极有可能导致公司日常事务开支增加。如果在这一方面出了差错，承包商很可能会因此付出惨重的代价：要么不会中标，要么赢了竞标却赚不到钱，再要么运行一年之后开始亏本。鉴于上述各方面原因，相对明智的做法是将保养维护分为两个阶段单独招标，一个是植被扎根立足前期阶段，一个是扎根稳定之后的长期维护保养阶段。单独招标也就需要制订单独的一套投标文件，每套文件都要确保有完整、详细的管理规划，涵盖景观方案的各个方面。

## 管理规划



管理规划也就是一份计划文件，内容涵盖维护工作的工地位置，其中还包括更详细的计划方案，以图表的形式对每一区域进行精细划分，列出各自所需的维护工作。这些维护保养作业内容在管理规划的文字部分也要有所体现，主体结构包括：引言——描述工程性质；管理目标与宗旨；年度常规性养护作业性质；最终一部分是非常规性养护作业、监管或应急作业（如果该管理规划同时也是投标文件中的一部分，则还需要包括序言、规格说明、临时性及经过测算的作业规划表。这部分包括年度常规安排及偶发事项安排。）如果是大型项目，管理规划就属于一份技术文件，旨在为受邀参与竞标的个承包商报价提供参考依据。如果是小型项目，包括住宅花园，管理规划则可以是一份措辞简单的文件，供业主自行维护花园时参照，而非业主的园丁。

但用于向维护保养承包商招标时，长期维护工作细则说明文件需更加全面，对原料材质、施工工艺等每处细节均予以明确规定。如果维护工作由客户（或者客户的园丁）接管，则这些细节的重要性也便相对不再那么重要，因为制订目的本身就不一样。毕竟承包商之间的竞争才是刺激某些人通过偷工减料来赢得竞争的潜在诱因，因此在这种可能性下，必须对每一处细节都不惜繁文缛节明确细化，以防某些利欲熏心的承包商钻空子，趁合同管理员不备之时篡改相关技术规范。

以下列举部分保养维护合同中常见的条款，不过，这些条款中的细节规范仅为提供一个参考示范，切不可将它视作维护养护合同的指南大全。事实上，这些条款主要适用于前 12—24 个月的维护保养工程，不完全适用于长期、详尽、不受限的维护保养工作工程。

## 维护保养合同条款样例——前 12—24 个月

一般而言，维护工作需于现场施工工程竣工后开始，于竣工结束 12—24 个月后（视具体情况确定）终止。承包商须负责制订现场走访计划，确保现场得到良好维护保养。承包商的报价需包括以下所有项目：材料、人工、植被、设备、杂项开支和利润；只有在征得合同管理员同意并得到相应指示之后，才可动用临时性款项。

**除草**——如有必要，尽可能手动清理杂草，确保植床无杂草，整齐整洁。切勿弄乱地膜和树皮保护层。清理出来的杂草需移离现场，运至合适的堆肥点或堆肥场。如果设计规划指定使用地膜，则每一生长季须进行三次巡查（6 月初、7 月末和 9 月初）；如果设计规划未指定使用地膜，则每一生长季需进行八次巡查（3 月至 10 月，含 3 月和 10 月）。生长季内须每月巡查一次。巡查间隔要均匀，每次巡查间隔不低于四周。

**定点施用除草剂**——顽固性多年生杂草应使用适当的除草剂清除，并按照厂家说明间隔施用，以确保杂草不会再次萌蘖。施用作业务必谨慎小心，以免伤及邻近的植物和草地，避免喷雾偏差。除草处理应符合 1986 年《农药管理条例》规定及最新版 CoSHH（健康公害性物质控制）法规、CoSHH 产品目录，除草剂类型选择须事先征得景观设计师认可。喷洒作业需由技术过关、操作熟练的人员操作，不得在有风的天气条件下进行。任何因操作不当、溢漏和喷流偏差造成的损失，均须由承包商采取措施予以弥补，并承担相应费用，包括更换受损植物所产生的费用。

如指定了使用地膜，则每个生长季需施用一次。如未指定使用地膜，则每一生长季需施用四次。巡查时间应大约每六星期进行一次，并选择合适的天气条件进行。

**灌溉**

**灌木与树**——如指定了使用地膜，则每一连续干热无雨（对干旱的定义详见下文）的时段内需浇水两次。如果未指定使用地膜，则需按照合同约定的时间分别为灌木、乔木浇水，维护保养合同期内浇水总次数不低于 10 次，强度以浇透土壤为宜（每棵树不低于 25L，每平方米不低于 20L）。灌溉是临时性项目，每次灌溉都要在得到授权之后方可进行，随后由合同管理员予以支付相应费用。

**草皮**——在维护期间，需依据合同约定的时间分别浇水，总次数为 10 次，灌溉强度以浇透土壤为宜，每平方米不低于 20L。

**常规灌溉**——干旱期（四周内降雨小于 30mm）须进行灌溉，承包商应负责确定干旱期，并与合同管理员联系，商定每次灌溉时间，获得授权之后开始执行。对于因缺水而枯死的植物或草坪，承包商应自费予以更换，事先未经合同管理员同意的灌溉作业，相应费用不予支付。

如逢干旱季用水受到限制，承包商需负责告知合同管理员哪里可以得到二等水，相应费用如何。

**灌木、树木、整理植床以及地膜层**——每次巡查时，需及时清除所有垃圾和杂物，保持现场干净整洁。植株如有松动，需予以加固扶正，如有枯死、占道或折断的枝条，应及时剪除，但不得伤及植物自然生长习性。如果涉及乔木修剪，则要由技术熟练、有资质的树木栽培师进行。需及时检查、调整树木支架和绑带，如有必要，可随时更换。修剪树篱，让其高度保持在规划的树篱线水平，以便促使它在种植后的第一个生长季内厚度增加程度达到两倍。5 月初和 9 月末，应使用经批准的液体饲料（N10：P15：P10）以 $60g/m^2$ 的用量对所有灌木和树木进行施肥。补充地膜厚度，保持其厚度不低于 50mm，确保所有松散、落在硬地表或草面的地膜全部耙回植床。用木钉钉住所有松散的地膜。

虫害及疾病控制——使用经批准的杀虫剂或杀菌剂进行喷洒作业，以控制虫害、真菌感染和其他疾病。虫害问题及防治方法应事先与到访视察的景观设计师商定。农药施用过程应符合 1986 年《农药管理条例》规定及最新版 CoSHH（健康公害性物质控制）法规、CoSHH 产品目录，除草剂类别选择须事先征得景观设计师认可。喷洒作业需由技术过关、操作熟练的人员进行，且不得在有风的天气条件下操作。

**割草**

割草是临时性项目：只有经合同管理员授权并得到相应指令之后进行的割草作业才会予以承认，随后才能由合同管理员予以支付。

对播种以后的区域（如前文播种条款所述）进行修剪，后续割草作业按如下要求进行，草坪区域割草作业操作要求同样如下：

运动场地——在整个生长季节期间，每隔 7 至 10 天修剪一次，保持草皮高度约 20mm，每年总共可进行 20 次修剪。每次修剪后要及时将碎草屑从现场清理运离。草坪边角须修剪齐整。4 月、6 月和 8 月需对草坪进行滚压。5 月和 9 月施用经过批准的草坪肥料、选择性除草剂和苔藓抑制剂。

一般休闲区——保持草皮高度约 25mm，在整个生长季节内，每隔 14 天修剪一次，年共修剪 14 次。从 5 月到 8 月将碎草屑从场地中移走。草坪边角需修剪齐整。在 4 月、6 月和 8 月须对草坪进行滚压。在 5 月和 9 月施用经过批准的草坪肥料、选择性除草剂和苔藓抑制剂。确保作业过程符合 1986 年《农药管理条例》规定及最新版 CoSHH（健康公害性物质控制）法规 CoSHH 产品目录。喷洒作业要由合格且技术熟练的人员进行操作。

野花区——夏花——修剪至 75mm 的高度，修剪作业一次安排在 8 月末，一次在 10 月中，另一次在次年 3 月中气候相对温和的冬季。每次修剪结束五天之后，需用耙子将修剪下来的碎草屑从现场清运出去。

野花区——春花——修剪到 50mm 的高度，修剪作业一次安排在 6 月底，一次在 8 月中，另一次在 10 月初。每次修剪结束五天之后，需用耙子将修剪下来的碎草屑从现场清运出去。

更换——更换是临时性项目：只有经合同管理员授权并得到相应指令之后进行的更换作业才会予以承认，随后才能由合同管理员予以支付。维护期结束之前，需将栽植后第一个生长季里长势不好或未长出完整新叶的植物（包括维护期间遭到损害的植物）一次性全部更换，但实际竣工之后因故意破坏、盗窃或其他类似原因导致且不属于承包商过错的情形，不应记在此列。在判定哪些植物为受损或不健康且需要更换的植物方面，合同管理员拥有最终裁决权。所替换的灌木及树木需与先前规定供应及核准的相同或类似。更换植物所产生的全部的费用均由承包商承担，其中还包括为确保更换工作正常进行而产生的其他一切费用，如移除和处理枯死植物的费用等。每个生长期结束时（约 9 月 30 日），承包商应在合同管理员在场下的情况下整理出一份完整的更换清单，内容包括所有准备工作、施工和苗木等。

告知书——承包商需将每次巡访情况告知合同管理员，并填写完整的维护保养出勤表，包括巡访时间、日期、所进行的作业、在场人员等。如事先未收到出勤表，则合同管理员将不予签发维护巡访证明。

# 第 17 章　平面图展示、绘图设备及平面规划图印制

涉及制图（图形）、设备及草图绘制等内容的问题极为复杂，而且还在随时变化，因此，如果想要详细学习了解，建议读者可以参考其他更加专业的著作。以下仅对这一领域略作简要介绍。事实上，目前大多设计工作都是通过计算机辅助设计软件（CAD）来完成的；这其实也就是一个最原始的草图，通常用手工绘制便可以取得很好的效果，只需借助普通铅笔、橡皮等简单工具，设计师就可以将基本设计思路、草图呈现出来。然而，鉴于实际操作中通常的做法是由资深设计师首先绘制出草图，确定设计的核心意向，然后再由团队中其他成员使用 CAD 将草图所体现的设计意向进一步付诸实施，因此，经验丰富的草图设计师需要懂得运用不同的铅笔色泽浓度（线条的粗细），以便他人能更好地理解草图意图，这点十分重要。而同样重要的是，CAD 专家需要了解不同粗细线条所表示的含义，并确保 CAD 技术将这种处理方法应用到最终的图纸中，以便客户能够更好地阅读和理解图纸中的信息。当然，也还有不少年长的从业者仍然习惯于使用传统的笔和绘画板，由于这一原因，也由于实际操作中有时使用手工绘制更省时，更富有表现力，在以下章节的介绍中，我仍会把这部分内容也包含进去。强烈建议学生认真阅读这些章节，以便对传统绘图技术的历史渊源、背景等有所了解，同时也可以理解如何借助 CAD 更好地表现这些传统技术，进而呈现出表达性更强、可读性更高的图纸。

## 绘图工具

以下工具曾经是设计工作中的常用工具，而且现在仍在使用，只不过使用频率降低了很多。介绍过程中所提到的品牌名字，只是为了更形象地说明设计所需要的材料类别及等级。我的目的不是为了详尽列举现有的所有工具、图形辅助工具和设备等等，而是为了提供一个实用指南，帮助大家了解如何去装备一个工具充沛、用途得当、性价比合适，而且能够适应绝大多数设计场景和用途的工作站，同时也解释一下在当今 CAD 环境下如何充分发挥它们的用途。

### 传统绘图笔

坦率地说，使用传统墨盒笔的时代已经一去不复返了，这是一件值得庆贺的事情。最

常用的传统绘图笔品牌通常是德国红环或辉柏佳，但它们需要不断保养，经常使用，才能保证用起来顺手，而且还常会在手指、工作台和绘图纸上留下墨痕。笔的宽度（笔尖直径的大小）十分重要，因为这种笔需要在给定纸张厚度的情况下画出清晰的线条。因为这种笔主要用于在描图纸上绘制，而且这种纸（称为底片）通常是通过重氮复印法印制的，所以黑度是一个关键因素。这类绘图笔、描图纸都早已过时，现在的美工笔笔尖在效果上完全可以与这些湿墨水笔相媲美，并且还不容易弄污图纸，更有利于保持画面干净、整洁。这里最关键的一点是线条粗细（深浅），常用绘笔型号为 0.18、0.25、0.4、0.6、0.8 和 1.2。我本人至今还有几套老式的墨水笔，效果和毛笔差不多，对草图设计依然很有帮助。在本章后续内容中，我们将介绍绘制不同景观元素时适合使用的画笔型号。所有初学者都应该特别留意，认真学习这些内容，因为，在如何让平面图、立体图表现得更生动形象，如何让不懂设计的非专业人士也能读懂图纸等问题上，这些知识都是永恒不变的真理。

## 绘图铅笔

“绘图铅笔”笔身为塑料材质，形状与钢笔相似，笔头处有一个卡扣，可以夹住石墨棒或“铅芯”。根据使用过程中铅芯的磨损程度，可以通过松开卡扣来调整铅芯的长度，这便省去了经常削铅笔的麻烦。在将普通铅笔绘制的“粗略”草图载入 CAD 软件进行下一步绘制之前，可以用这种铅笔对它修改润色。使用时，将 5cm 左右的铅芯从笔杆末端放入即可。铅笔型号主要有 0.25 和 0.5 两种，常用石墨铅芯硬度为 H（级）。

## 橡皮擦

说到铅笔橡皮擦和钢笔橡皮擦，德国红环确实是个不错的牌子。但是在使用橡皮时，往往不能精准擦除，会擦掉一些你本希望保留的内容。弄脏的橡皮在磨砂纸上反复蹭几下便可干净如初，旧磨砂纸是非常理想的清洁工具，对于不清楚如何清洁橡皮的人来说，你会惊奇地发现这个工具简直太实用了。

## 擦除墨痕：刀片和修正笔

刀片如今已经很少有人使用，因为它的主要优势在于擦除描图纸上不理想的内容（如果是第一次尝试这种方法，要格外小心）。使用时，务必用刀刃侧面轻刮图纸表面。刮掉墨线后，用橡皮和手指甲轻轻将图纸上的刮痕抚平。抚平刮痕的过程是必需的，否则再次画出的线条会比之前的线条粗的多，因为粗糙的表面会使墨水浸晕。当然了，如今更常见的做法是用毛笔直接在复印纸上进行绘制，因为复制图纸时通常都是拿复印机来复印图纸。因此，使用 Tippex 修正笔来擦除待修改的内容往往比使用刀片的效果更理想。这类工具的质量参差不齐，有的效果好些，有的差点。就个人而言，我觉得深蓝色、宽一点的笔常常比其他笔更好用。

## 坐标纸

目前，在小型私家园林设计中，坐标纸是进行现场勘察的得力助手。使用 1 : 100 或 1 : 50 的坐标比例，可在测量现场用铅笔直接将测量的数据绘制在图纸上，准确地绘制出大致轮廓图，这样作出来的图相对清楚。回到办公室后，不管是希望通过 CAD 还是通过手绘方式把它转换为基地设计图纸，使用坐标纸的优势都很明显。除非你还在使用描图纸，否则，一般情况下很少有人会用坐标纸来做常规图。建议使用 A1 大小、1mm 方格的公制坐标纸。如果是用描图纸制图，可将坐标纸粘在画板上，这样无论是绘制线条（尤其是水平线和垂直线），还是刻字，都可以比对坐标纸中的线条长度绘图。这些线条可确保所有架构字体水平对齐，并且字体大小正确。比例尺越大，呈现内容便越多，常用 1∶200 比例下（0.5cm$^2$ 相当于 1m$^2$）或 1∶100 比例下（1cm$^2$ 相当于 1m$^2$）的小方格。

## 胶带

胶带是手绘工作的实用性工具，可降低纸张滑落的风险。可使用 3cm 左右长的胶带固定纸张边缘，但如果纸张仍会滑落，可使用更宽更长的胶带进行固定。若将描图纸底片放置过夜，则可能需重新固定，因为它可能会因吸收水蒸气而膨胀。不过，如今只有少数人仍使用描图纸。

## 比例尺

无论何时，比例尺都是读懂、阐释规划以及绘制设计草图过程中必不可少的工具。虽然说 CAD 能够让数据更精确，也更有利于得到相对更准确的场地尺寸数据，但一旦平面规划图印制完成之后，刻度清晰的传统比例尺便又一次因其优势而派上了用场。比例尺规格应为 1∶100、1∶200、1∶50、1∶1250 和 1∶2500。此外，可能会用得到的比例尺规格还有 1∶50、1∶10、1∶5 和 1∶20（不过这些不是必需，因为您可以使用上述比例尺，或者只需简单用它除以 10）。在比例已知或能够明显看出来的平面规划图上，你可以用比例尺轻松量出、计算出其中的线条、长度和规格维度等。可使用干布擦拭标尺边缘，以保持标尺清洁。

## 三角板

可调式三角板曾经是，而且至今仍然是手绘过程的得力助手，不过，许多经验丰富的专业人士也会用滚动尺来代替它，因为在大多数情况下，手工绘制的设计草图主要用于设计初期阶段，并不需要准确的测量角度。三角板的主要用途是在画板上绘制平行线，确保绘出来的平行线均匀稳定，虽然现如今大多数草图设计不再是在标准绘图板上完成，而是在桌面完成，但不是所有情况都是如此，所以偶尔还是会用到三角板。可使用干布擦拭三角板边缘，以保持清洁。

## 绘图板

绘图板拥有可以平行移动（丁字尺）的功能，再搭配上 A0 尺寸的纸张，使用起来极为便捷，而且还用途多样，因此长期以来一直受到绘图人员的青睐。现在这东西可能偶尔才能看到一两个，但直到几年前，设计师几乎还是人手一件。可通过平行移动丁字尺画出水平线，再与三角板配合画出垂直线。可将一张描图纸固定在画板表面，并定期更换。每天使用前需要清洁画板。然而，就像其他许多行业的专业人士一样，你的经验越丰富，所需的工具就越少。如今虽然大多数草图设计在会议桌或普通桌子上便可完成，但绘图板仍然是一个很实用的工具，大家可以围坐或站在周围，一起看、检查和讨论图纸，非常方便——只不过现在大家讨论的往往都是 CAD 图纸。

## 圆形模板

圆形模板是草图设计中的常用工具，因为他能够使图纸更加清晰，加快绘图进程。绘图过程中常需要画各种各样的圆，因此你可能需要许多不同直径的圆形模板。要想绘制许多大小不一的规整圆形，没有比这更快的方法了。对于那些爱好复古式湿笔的人士来说，绘图过程中务必让墨水笔笔尖远离圆圈的外边缘，以防止墨水浸到模板下方。可用胶带做成小垫片放在下面，以提高表面，减少这种情况发生。而使用现代毛毡笔尖则不存在这种风险。

## 带有墨汁的圆规或弹簧弓

现在已经很少有人使用铅笔、毛笔或老式湿笔绘制直径较大的圆形，其使用频率可能比三角板还低。使用时，需确保笔尖与金属中心点高度相同。绘制过程务必保持流畅，如果使用的是铅笔，则铅笔芯变钝时需及时更换。

## 荧光笔选择

用于校对平面图、手动从规划图中“摘出”数字等。逐一检查设计元素时，借助荧光笔可降低出现遗漏现象的概率，因为这样做有利于你在平面图中有条不紊地将元素内容一一标记画出，确保平面图中的内容一项不漏地都检查到。荧光笔也可用来将平面图中某些有待复查或修改的内容标记出来，如某一个区域、地面、路线及界线等等。

## 着色设备

为客户设计图纸时，有时需要为其着色。根据不同的情况，可通过多种媒介为图纸上色。大多数着色工作可通过 CAD 软件包完成，例如使用 LandmARC 等专业景观绘制软件，也可用 Photoshop 软件完成。如果是手绘草图，则需要进行手工上色。有时，为了在会上向客户展示手绘草图，或者为了编制草图设计大纲（比方说，为了给申请规划设计项目提供支撑素材等），手绘草图也需要做些渲染。在绘制平面图时，彩色记号笔（酒精笔和水笔）可遮住纯色记号笔留下的痕迹。彩色铅笔可用于在平面图、透视图中进行更精细的着色工作，其中某些品牌（例如德温特）的彩色铅笔颜色还可以混合使用，以突显色度、色泽方面细微的变化。水彩颜料是透明度最佳的颜料，可用于为平面图和透视图着色，如使用技法得当，可营造出令人过目难忘、冲击力极强的效果。水彩笔易于支配，先是用干颜料着色，然后再在上面刷上水，将它湿化。

## 描图纸

A1 和 A0 尺寸描图纸重量为 120 克，主要用于绘制墨线。必须保持纸张干燥，一滴水都不能落在纸上，否则纸张就会被破坏。将描图纸卷起或平放在木箱中（若卷起存放，需保证卷幅直径足够大，以免产生折痕）。留下折痕是卷起存放平面图时不可避免的一个问题，将平面图展开后，它还会自己卷回去，不论你如何费力把它拉平，纸张的重量似乎远远不够抵消它卷回去的张力。卷得越紧，再次平铺打开时便越困难。如果出现了裂痕，务必及时用 Magic™ 牌胶带将其修复，以免裂痕进一步扩大。

## 工作日志文件夹及常用文具

这些都是确保工作有条不紊顺利开展的重要保障。将所有信件、计划书按日期归类整理，单独存在一个文件夹中；重要信件、证书、说明、简要通知和费用报价等均需贴上醒目的标签；客户与设计师、设计师与承包商之间所有口头沟通达成的共识，均须以书面形式记录下来并注明日期。

## 个人电脑或苹果 Macintosh 电脑

配备好用且版本最新的软件和优质打印机。

## 魔法胶带

这是一款透明胶带，可用于修补描图纸上绘制的平面图中的裂痕。

# 平面印刷

## 底片

“底片”指一切可以用作打印介质的物品。该词最常用于摄影领域，但同样可用来指绘图室准备出来的、绘在描图纸上的墨迹记录。这些底片可用于制作重氮印刷品。

## 重氮复印法

这是一种老旧、过时的平面图复制方法，现已不再使用。介绍它只是为了让读者对历史略作了解。所谓重氮复印法，就是先让光敏纸（未曝光状态下呈黄色）感光，然后用显影液（洗印药水）冲洗印制。将光敏纸置于底片（描图纸）下方,让两张纸一起通过印刷机，这时，光线将穿透底片，在光敏纸上留下印记。黑墨水线会遮住复印纸部分，显影时，这些部分将由黄变黑。留在这种纸上的图案终究会褪色，但只要不暴露在阳光下，就可以保存很多年。现在这种打印平面图的方法已不再使用，如今基本都用影印的方式。

## 影印仪、绘图仪及打印机

目前，最新、标准化的平面图复制过程用的都是 A0 打印机或复印机，最大可打印 A0 尺寸的纸张。只要将机器与您的服务器相连，打印机便可为你打印图纸，然后你还可以用这台机器复印图纸，想复印几张就复印几张。还有很多自成一体的绘图仪也仍在使用，它们也可连接到您的计算机或网络，您可以选择用它们来绘制平面图。这些机器既可能是黑白的，也可能是彩色、黑白兼而有之。平面图绘制出来以后，您可以用彩色复印机复印。视您预算的丰俭程度，基本上可以得到任何想要得到的东西。由于这些机器大多数都可以租到，所以，只要您的营业收入相对稳定，而且您有足够的信用额度，不需太多初始支出，就能够得到一些品质相当不错的东西。

## 节约时间

借助上述一系列复制、打印方法，设计人员可以节省大量时间，靠一张基础平面图，就可以将内容充实丰富，并得到充裕的备份，以可折叠、可寄送、可管理的各种格式，让参与制图设计的人人手一份。在准备植物种植时间表和手工绘图笔记时，通过电脑打印这些文本内容，再将文本直接粘贴到打印机打印出来的图纸中，这是更整洁、清晰和节省时间的方法，只要复印机的墨水质量较好并且速干，便不会产生污迹。而在准备用以区分不同用途的多种基础规划图时，务必要确保基础规划图中都包含了所有重复性内容，如，现场需要保留下来的基本特征，指北针、标准说明、现场平面图和特色及方案大纲等等。以此基础规划图为蓝本，您可以进一步做出平面图、种植图、施工图、放样图、服务设施图以及各种解释说明的图纸，如交通策略、植被策略和场地资源分布图等。所有这些计划，很可能都是你为各种规划项目申请许可时必不可少的支撑素材。

# 第 18 章　绘图原理

设计师在通过图纸这个媒介呈现其设计思想时，有一些基本原理是他必须遵循的。如果想成为一名成功的从业者，就必须透彻理解这些原理。在当今这个 CAD 的制图时代，这些基本原理的正确性依然不亚于以前百分百纯手工绘图时代，因为无论时代如何变化，制作图纸的本质都仍然是帮助目标读者清楚地读懂规划和设计的理念，其中还包括对这行并不熟悉的读者，比如客户便很可能在此之列。这些原理涉及我们会如何理解图纸上的线条、如何通过线条粗细来让图纸上的物体看上去显得高些或矮些。只要能巧妙控制好线条的粗细、处理好线条与线条之间的关系，就可以让平面图呈现出三维绘图的某些特性。

## 平面图造型及绘图基础

以下指南将帮助您了解哪种粗细的线条适合用来表示平面图的外部特征，不管这些线条是用机器绘制的还是手工绘制的。线条宽度、浓度选择是否合适，将决定您所画出来的东西看上去是一团完全杂乱无序的线条，还是一幅主题清晰、层次分明（效果堪比 3D 图）、各设计要素逻辑关系一目了然的优秀平面图纸。通过阴影、明暗浓淡、色调及色彩等的巧妙运用，还可进一步加强效果。

## 鸟瞰视角或“海鸥”原理

绘制线条的相对粗度可决定所画物体看上去的高度。粗线条会让画出来的物体看上去相对更高。换句话说，套用“海鸥”理论来解释的话，粗线条会让项目场地距离想象中刚好从头顶飞过的海鸥（当然，您也不妨把它想象为其他任何鸟类）显得近些，而细线条则会让距离显得相对较远（图 18.1）。因此，如果设计师希望画一个建筑物之类比较高耸的物体，则应选择尽可能粗的线条（粗度为 1.0 或类似的绘图笔），如希望物体显得低矮（距离海鸥很远），比方说路与草坪之间的接合处，则应选择尽可能细的线条，如使用粗度为 0.18 的绘图笔。

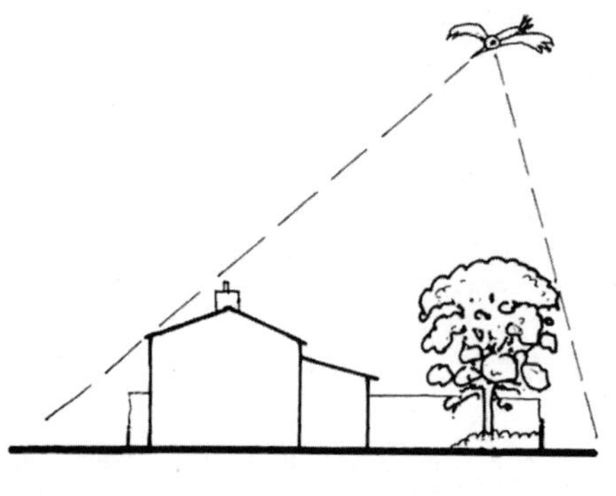

**剖面图** A-A 物体距想象中从头顶飞过的海鸥越近，在平面图中画该物体时所用线条就应该越粗。画树时例外。

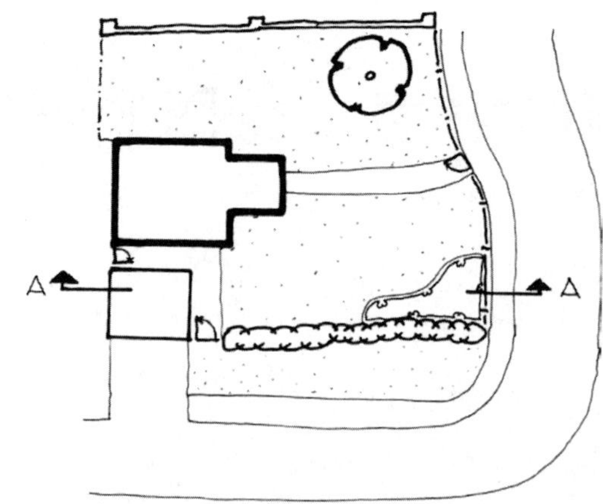


**平面图** 房子 1.2 笔；现有的树 0.7；车库 0.6；树篱及前栅栏 0.4；砖墙 0.4；灌木 0.25；道路 / 植床边缘 / 草地 0.18；后栅栏 0.25

**图 18.1** 海鸥理论

因此，绘制低矮树篱（灌木丛）时应选用中等粗度的线条，如 0.4 的绘图笔；而如果画 2m 高的木篱笆，则需选用 0.7 的绘图笔。不同版本的计算机辅助设计软件（例如欧特克公司的 AutoCAD、IntelliCAD、Vector Works 等）中都有各种不同"浓度"（线条粗度）的绘图笔可供选择。AutoCAD 软件在工程设计领域占据领导地位，只是该软件现在已不再有苹果 Mac 版。

两条线之间的距离越小，画出来的物体便显得越高。这是一种光学效应，可能会让"海鸥"原理听起来稍显复杂。例如，一面独立砖墙与一间车库的高度可能一样高，但如果画两者所使用的画笔规格相同，则相比车库来说，图纸中的墙会显得相对高耸巍峨。虽然这种现象只是我们"大脑"呈现出的一种光学错觉，但就图纸而言，其效果及视觉冲击却是实实在在的。要想弥补这一点，画墙壁（常规做法是用两条平行线来表示其厚度）时就需要用相对较细的线条（大概相当于粗度为 0.4 的绘笔），而绘制相对更大、更宽的车库时则需使用粗线（粗度为 0.8 的绘笔）。这条法则简单易学，而且非常靠谱，不过也有一些例外，例如，画树冠时的情形就有些不同。

如果是画一棵拟种植的树，因为其树冠只是假想性的或提示性的，因此树冠线通常会选用细线（约等于 0.2 的绘笔）。如果是已经存在的高大乔木，则通常选用较粗线条，但又不能粗到在逻辑上与树高相对更适合的程度，通常很可能需选用 0.6 的绘笔。之所以如此，是因为对于方案整体布局而言，树通常仅居于次要位置，而且还在随着树的增长不断变化，不应成为图中的主导因素。这有利于更好地看清树下所画的内容。总之，您希望画的物体的相对高度决定了所使用线条的相对粗度，但树及其他相对细、高的物体除外。

## "水平变化"原则

现实中有些情况无法靠"海鸥"理论直观地得到解释。例如，用来标识铺砌区域和池塘或水景之间连接处的线就无法使用这种理论。在这种情况下，可采用"水平变化原则"（图 18.2）。只有将"水平变化"原则与"海鸥"理论相结合，才能保证您画出来线条粗度看上去自然流畅。

"水平变化"原则其实是一个非常简单的准则，可用于解决一切海鸥理论不能解决的问题。根据这一原则，水平面上的任何一点变化，都需要通过一条相对粗点儿的线条来呈现。比方说，同一水平面上两种不同表面间的接合处。例如，与平直边角相比，画马路牙子时

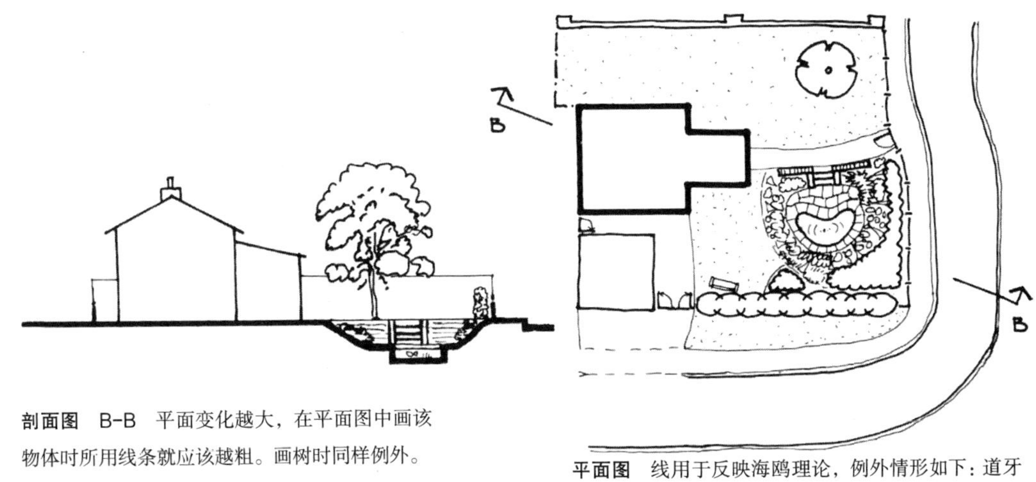


**剖面图** B-B 平面变化越大，在平面图中画该物体时所用线条就应该越粗。画树时同样例外。

**平面图** 线用于反映海鸥理论，例外情形如下：道牙0.35；台阶及挡土墙分别为0.35和0.4；池塘边缘0.35。

**图 18.2** 水平变化



就得用相对粗点儿的线。在标识上文提到的池塘边缘时，选用的线条需略粗于根据海鸥理论推断应有的粗度，因为池塘表面比铺路边缘距离头顶飞过的海鸥相对更近。这似乎意味着应该选用细线（0.18 的绘笔），但在铺砌表面接合处及图案的陪衬下，这条细线很可能根本看不出来。“水平变化”原则便可修正这一点，将线条粗度增加至 0.4，以便它能相对更清晰地显示出来。池塘旁边，用于标识池塘边缘与邻近草坪（几乎齐平）接合处的线可以用粗度仅 0.18 的绘笔绘制，与标识各单元连接处的线粗细程度等同。这是因为这些线距离头顶飞过的海鸥距离最远，而且水平方面没有任何变化。

## 实与虚中的视觉动态学

如果您在纸上画一条 10cm 长的垂直线，然后在距其 7.5cm 处画一条与之等长的平行线，在距第二条线 15cm 处再画一条等长平行线，最后，再在距第三条线 7.5cm 出画上第四条线，这时，您将发现一个非常奇怪的视觉效果。如果沿垂直线上、下两端各画一条水平线，将它们框起来形成一个方框，则这些垂直线看上去就仿佛在原垂直线上下两端各又延伸了 10cm。现在仔细观察这些线条，不妨将它们比作地面的规划平面图。接下来，不妨使劲猜猜您所看到的（图 18.3）。如果有人告诉您这些线条代表着（楼宇等）实体及（楼宇之间的庭院等）空地，那么，您会认为哪个代表着哪个呢？奇怪的是，大多数人会认为，距离最近的两条线之间的空隙代表着实体（或楼宇），而距离最远的两条线之间的空隙代表着空地（或庭院）。

这一点之所以有用，是因为它有助于解释为什么要用细线来画墙壁，并认识到线的粗细其实只是一个相对概念。也就是说，假如所规划的场地上有很多高度介于 500mm 到 1m 之间的墙和树篱，但除此以外没有任何更高的物体，那么，代表各不同元素的线的粗细度可能在 0.4—0.8 之间来回变化，以更好地呈现不同元素之间在高度方面的细微变化（但树篱可能用 0.8 的粗线，而较窄的墙壁则用相对细点儿的线，矮墙 0.4、高墙 0.6）。

下面的例子有助于说明线条粗细选择方面的相对性。对于一张包含建筑、树篱或其他小品等多个不同元素、高度从 500mm 到 10m 各不相同的平面规划图而言，高度介于 500mm 至 1.5m 之间的，可以用 0.4 的绘笔；高度在 2—3m 的，可使用 0.6 的绘笔；高度在 3—5m 的，可使用 0.7 的绘笔；高度在 5—7m 的，可使用 0.8 的绘笔；至于更高的，则使用 1.0 的绘笔。视物体具体宽度不同，这一根本指南或许需要略有调整，窄墙绝少使用 0.6 以

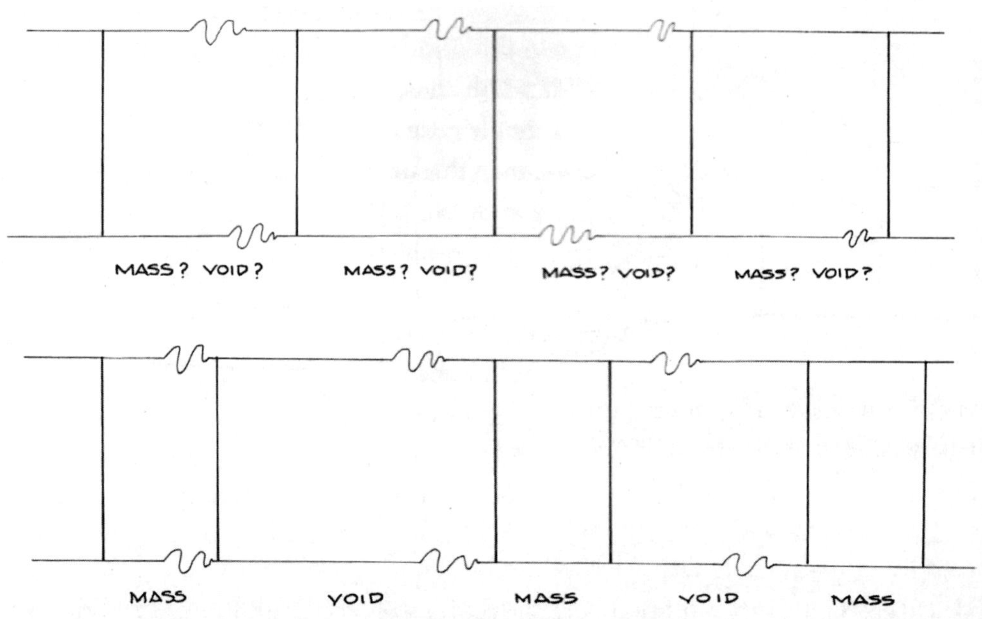


画出的两条线间的距离越近（相对于其他线而言），则看上去越趋向于观察者，两条线之间的空间看上去感觉相对较“实”，区别于线条之外的空间的“虚”。正因如此，即使把用来表示墙的两条线画得细到 0.35，看上去也不会感觉不妥，而如果严格按照“海鸥理论”和“水平变化理论”的话，这两条线粗度应该是 0.6 或 0.8（但真这么画的话，墙将会显得过于“厚重”）。

**图 18.3** 实与虚中的视觉动态学

上的绘笔（大多数用 0.4 的），相对宽点儿的车库通常用 0.8 的绘笔，但也存在高度不超过相邻（窄）墙的前提下使用 0.6 的绘笔的情况。

## 手绘图——规则直纹线 V. 徒手手绘线

规则直纹线线条清晰、精确，是所有手绘部分（工作）图纸的理想之选（虽然目前已经不再常用，但有时在现场为了方便解释对方案所做的改动，或为了说明新方案为什么可行，偶尔仍会用到）。不过，在手绘规划设计草图时，这类线条或许显得过于机械，过于冷冰冰的，不适合于那些可能不习惯阅读技术性图纸的客户。对于大多数给客户看的图纸而言，选择对用户更友好的徒手手绘线或许更合适。事实上，这一原则也同样适用于用计算机辅助设计软件生成的规划图。在给客户解释设计理念时常常需要用到手绘草图，因为往往没有时间去画规则的直纹线。不过，一旦就设计理念达成了共识，就可以对方案进行进一步细化，并添加细节性信息。对于大型设计项目而言，可以用 Google Sketch-up 等软件“跑”一遍，制作出电脑合成的三维图像。但对于初期的设计草图而言，传统手绘则相对更合适，有助于帮助用户理解，做起来速度也快。绘制透视效果图时，手工绘制也依然是最好的做法，有利于解释清楚初期的概念方案和总体规划。规则直纹线需要花时间设置，不过，它至少不要求您手必须稳、准。虽然可用法式曲线（柔性橡胶尺），甚至可以用它绘制出不规则曲线，但您首先要花时间把它精确地弯成所需的形状。说到底，通过不断练习练就一双能够又稳又准地操控画笔的手，让绘图过程变得省时高效，是一位合格景观或园林设计师的基本素养。即使在最糟糕的情况下，也可以通过大量的练习来训练平稳的手法。用法式曲线和徒手手绘曲线画图在速度方面的差异非常之大，因此建议学生一开始时务必“咬牙坚持”，能用手绘则尽量坚持用手绘。一旦熟练掌握了徒手手绘线技能，操作起来便更加自信、更加灵活，速度也更占优势。您就能够当着客户的面即席绘出草图，这是一个很大的优势，对于刚提出来的设计点子，客户反应往往比较温吞，这种情况下，这一优势显得尤为重要。您会发现，经常锻炼徒手绘制草图的能力，对于不断培养和提升您的绘图能力和风格益处多多，即使在当下这个计算机时代里，有时，为了给规划平面图临时添加一些注释，这一技能也非常有用。

想要练习徒手绘图技能，您不妨从尝试练习涂鸦开始，不过不是完全漫无目的的涂鸦。您可先从画简单的水平线、垂直线开始练习，然后尝试去画圆或其他自由曲线。毕竟，水平线、垂直线和曲线是大多数技术图纸和文字的核心构成要素。有一些小窍门可以帮助您绘线时集中注意力，使画出的线条保持平稳流畅。在徒手画圆圈时，假想您正从天花板往下看一个咖啡杯的顶部，然后伸出手指来，试着用指尖把杯沿的形状画出来。这个方法听起来有点怪，但确实有效。如果您发现它不适合，那么不妨再试试用圆形模板。画水平线时，假想一下波平如镜的海平面。画垂直线时，让手尽可能自然地沿着纸往下滑动，就好比在重力作用下自然垂落一般，保持手和手臂尽可能放松。归根结底，虽然这些心理方面的小窍门可能会有所帮助，但最重要的还是大量的练习，随时随地进行涂鸦、素描。与现实中很多情况下不是那么刻意进行的涂鸦一样，打电话、开会或看电视时随手涂两笔，会有明显效果。日积月累，经过大量的练习以后，效果自然会显露出来。



## 云线和底纹

云线和底纹用于区分平面图中的不同元素，例如可区分大面积规则性种植。云线可以用来突显规则性种植区域内低矮、观赏性相对高的植物，也可用于突显任何特定方案中的其他多种元素。

### 阴影（影线）图案填充

图案填充用于大型实体，如建筑物。主要有三种方法（或使用虚线）来为物体添加阴影。您可以用右斜线填充，然后为突出显示另一物体，可以用左斜线。如果在同一张平面图上同时使用两种类型，建议区分通过不同疏密程度予以区分。第三种方法是交叉图案填充，先用右斜线，再用左斜线，形成网格状图案。与前面两种方法相比，这种方法的线条看起来相对密集。一般来说，阴影中线条越密集，从视觉上来说物体越高，但有时图形效果会相反。

如果同一张平面图上有很多添加阴影的物体，那么与这些物体相比，没有添加阴影的物体会更突出，并且看起来更高。也就是说，虽然添加阴影后物体之间的区别会一目了然，但如果这类物体数量过多，而且比较相似，则对比效果就会减弱，物体也会因此趋于平淡。图案填充任何时间都务必使用细线条，如 0.18 或 0.2 的绘笔。可用等距线或密集平行线来表示砖、等分线和砌块，但必须使用细线绘制。传统而言，两条平行细线、一段空白，接着又是两条平行细线，如此循环往复的做法，代表了英国标准的分段砌筑规范。弯曲的指纹式阴影可用于表示木制品截面的木纹。

### 虚线阴影

若想要表示均匀统一的表面（草地、砾石或柏油路面等），图案阴影填充最好使用以圆点组成的虚线来表示。手绘规划平面图时，可以将圆点绘制得密集些，以突出显示边缘，越趋中，圆点密度渐次越疏。如果想突出表示不同材质的表面，如柏油路、砾石（不论是连接成块还是松散平铺）和草地等，可以通过改变圆点的大小、密度来区分。如果是草地，圆点应细密（如果是手工绘制，应使用 0.18 绘笔），但如果是砾石或柏油路面，圆点应相对粗疏。通过改变圆点的大小和间距，就可以将不同物体截然区分开来。为不断呈现此种填充效果，可以借助 CAD 的有关功能反复使用这种填充方式。有一点非常重要，那就是务必确保图例用的也是同样的方法，因为 CAD 制图中一个常见的问题就是图例和主规划平面图比例不同，致使几乎无法识别。

## 斑点和虚线平行线

在描绘柔软、原生的草地生境之类地区（如粗糙的草地，湿沼泽，原生草甸或野花草甸）时，可以使用极细线条的阴影图案，绘制为小斑点（绘制时可全部沿相同方向或不同方向）或虚线平行线，其中也可能夹杂着圆点。插入不同的灌木丛标记，以区别植物不同特征时，可以选用特征和密度各不相同的纹理。例如，区分装饰性种植区域和本地种植区域时。包括主要种植区域在内的封闭元素可以用图案填充来表示，以帮助区分不同区域。在概念图和邻接图中，经常使用虚线、虚点线、小矩形、圆形或正方形来表示行人和车辆路线。

## 颜色

如果规划图是准备给客户看的，或者是为了申请开发项目许可证给规划局官员看的，那么合适用色就显得非常必要。在这种情况下，为了顺利将设计方案推销出去，一张展示图必不可少。彩色平面规划图一目了然，可以清晰直观地将拟议开发项目的效果呈现出来，对于普通人或者不习惯看文字方案的人来说，这点尤其重要。阴影可以用深色的互补色调绘制，以产生引人注目的三维效果。可以使用 CAD 应用颜色，方法是使用 CAD 软件或专业的景观设计程序（如由 Landmarc Computer Services 公司开发的 Landmarc 软件），或将 CAD 参数导入图形包（如 Photoshop 或 Corel），从中生成 PDF 文件。

如果是为了增强手绘设计草图的呈现效果，蜡笔仍然是创建三维效果的最佳方法。通过混合色、互补色的巧妙运用，可以将特定区域的色调调暗，进而呈现出极好的效果。为树木上色时，可选择翠绿、中绿和深绿等不同色彩，以突显明、暗不同部分。使用笔触来增加纹理，保持笔触在一个方向上——就像光线从一个方向照射过来一样。“海鸥”理论也适用于此。离头顶飞过的海鸥距离较近的物体需加深纹理，离地面相对近的物体需减淡纹理。

## 绘图颜色选择

无论选择何种媒介，着色时都要记住以下几点。红、黄等暖色有拉近视线的效果，蓝、绿等冷色有将视线推远的效果。这一色彩理论对给透视效果图着色非常管用，因为如果用色得当，且明暗对比调整得恰到好处，便可以增加景深。明暗之间鲜明的对比可以拉近视线，而相对趋中（即明暗对比不强烈）的颜色则会推远视线。事实上，画水（透视渲染）时有一点很重要：岸边树木及其他物体在水中的倒影往往需要采用相对暗几分的色调，对比度需相对较低，图像需略显模糊。

在平面规划图或透视图中给表面着色时，采用相对较暗的色调来突显边界是一个很实用的技巧，这点与使用圆点和纹理是同样的道理。在为平面图上色时，可通过互补色（互补色是指物体所选颜色的“相反”颜色，如橙色与蓝色，绿色与红色）的巧妙运用来调暗靠近地面的物体及表面的色泽，从而增加景深。通过使用不易察觉的阴影和互补色，会淡化主色调，让物体呈现出往远处走的效果。这还可以产生双重效果，让周围相对较高的物体（如灌木、树木、建筑物和墙壁）上的其他颜色呈现出趋近效果。有关互补色的详细说明，请参阅下文。

颜色的选择应与平面图上显示的元素相对应。树木、灌木等应以有明显区别、色度不同的绿色来呈现。对于草地区域来说，橄榄绿是首选颜色，草皮应用浅黄褐色和绿色混合的色调上色。根据海鸥理论，绘制场地上相对平坦、距离海鸥飞行高度较远的区域时，用互补色在该区域上轻轻（轻到几乎看不出来的程度）、均匀地上色即可（对于绿色草地区域，可以用淡到几乎难以察觉的红色轻轻上点颜色）。这有助于让视线（或海鸥）中的颜色呈现出远离的效果，使画面看起来更加立体。对于硬质元素，有一系列颜色可供选择，从暖灰色、蓝灰或紫灰色、浅黄色、棕色、棕红色到赭色均可。例如，砾石表面须用浅黄褐色上色，砖墙需用亮红色，这样才能在平面图上将它们突显出来；砖或砖铺地面最好使用红棕色。石板和长椅用暖色调的灰色，而冷灰色、石板灰和深石板蓝则是给阴影区域着色的不二选择。一般来说，这些颜色的互补色有很多，如与橘色、黄褐色互补的紫色，与紫灰互补的橙色，与各种红互补的绿色等等。

为了让手绘平面图能够达到可与标准的彩印展示图相比拟的效果，最好的方法是先将平面图复制到普通描图纸上，然后在描图纸上给它上色。这是因为描图纸与白纸不同，不会反射光线，复印过程中不会让颜色失真。虽然在描图纸上着色比在白纸上着色难度大些，但效果却好得多，因此，这点额外的辛劳完全值得。

什么是某一种原色的互补色？解释起来其实很简单，只需将另外两种原色相混合即可。因此，对于红色来说，把黄色和蓝色（剩下的两种原色）混合，就可以形成绿色，所以红色的互补色是绿色（反之亦然）。对于黄色来说，把红色和蓝色混合在一起，就可形成紫色。所以黄色的互补色是紫色（反之亦然）。对于蓝色，其互补色是橙色，也就是黄色和红色的混合色。只需用互补色在原来的颜色上轻轻涂抹一下，原来颜色的色调（明度和暗度）就会变得相对黯淡，给人视线远离的感觉。参见以下关于阴影的介绍。

## 材料颜色的选择

实际施工时，建筑材料颜色的选择非常重要，重要程度不亚于绘制规划图的颜色选择。区分清楚颜色、色调这两个概念很重要。所谓色调，其实很简单，就是色彩的明与暗。对于偏视患者而言，通过对比物体明暗程度不同来确定方位是他们主要的定向手段，也是一种非常有效的定向方法。只用一种颜色就可以实现色调对比，而颜色、色调双重对比则有助于强调效果。有些颜色的色调相似。顾名思义，互补色，也就是刚好相反的颜色，自然容易让人理所当然地以为它们对弱视者有利。但实际上，由于这些颜色通常很浓很纯，比如说红色和绿色，而且色调非常相近，因此色调对比效果极差，对弱视者来说基本没什么用处。但在公共领域，设计师有义务把弱视群体考虑在内。无论是现代还是乡土、古典还是流行、宏伟或接地气的风格，特征对于决定一个空间的整体风格也很重要，而色彩则即可增强、也可削弱这一特征。

微气候环境也起着一定的作用。在阳光照射充足的空间里，浅色调的建筑材料会非常刺眼，所以使用色调相对黯淡的材料效果更好；而相对荫蔽的庭院里，则应选择浅色、亮色的铺装材料。品牌也可能决定颜色和色调。颜色有时几乎构成某一品牌、某一国国旗的同义词，能够带给人强烈的归属感或亲近感。每一所学校、每一栋楼房、每一个家庭或运动队，可能都有自己独特的配色方案，并通过其选择的材质、场地图案等予以体现。为很好地呈现这些颜色，您需要一套适合的图形软件或 CAD 软件包，而如果是手工画，则一套品质优良的蜡笔或毡笔工具必不可少。

## 彩色笔

彩色笔（特别是较粗的马克笔）的优点是可以快速给大块同色区域上色，并且也是绘制图表或示意图的极佳工具。不过，这种笔无法作为轻微点缀的绘图工具，在需要运用细腻的色泽、色调来营造真实效果时，或需要精致自然、色彩细腻的效果时，都绝不能算是理想的工具。用这种笔来添加些简单、平淡的颜色，可以让很多草图方案的视觉效果大大增强和提升。大部分渲染工作及平面图着色都需要通过 CAD 或专业绘图包（如 Google Sketch-up 软件）完成。事实上，如今计算机绘图软件越来越成熟多样，例如 Sketch-up 软件，该系统不仅成本较低，而且还能制作出相当复杂的图形效果。即使绘图能力相对差些，利用这些辅助软件系统也能画出高质量的图纸。手绘的大纲图可以用 Photoshop 进行扫描和处理，并在演示中按比例导入指示图标。树篱和树木也可以从一个储存库或图像库导入，效果十分逼真。

### 水彩

所有手绘媒介中，水彩是最清晰直观、微妙精细的，且色彩、色调类型最为丰富，不过，这也是使用难度最高、技术技巧要求最高的一种。色调运用对水彩画至关重要，具体来说，也就是颜料的相对明暗程度的运用。在用水彩绘制的过程中，为了达到突显某些元素的目的，与其说您需要画出这些元素的特征，不如说需要画好这些元素的阴影。通过仔细选择主色调的颜色，并用画笔刷仔细勾勒相对较暗的色调，完全可以画出效果惊人、景深深度理想的平面图。务必保持自信，尽量争取一笔成型，切忌反复涂抹，因为每多刷一次，都会让画面颜色变暗、变浑浊。有意加深阴影颜色，但要用相对干爽的笔刷保持画面明亮干净。如今，这些技巧通常可用于渲染图画的第一步，然后再扫描到计算机中，通过多种方法综合运用，制作出效果上乘的图纸。手绘的优势在于速度，而计算机优化的强项在于效果和冲击力。

## 阴影和色调

绘制的阴影应能够反映出投射该阴影的物体的形状，且整体规划图的投射方向应保持统一，均采用由西北至东北方向。根据平面图中主要物体的方位，来确定精确的角度。在绘制阴影时，最好与主要物体（如建筑物）形成一定角度，以便矩形建筑物两侧的阴影就可体现出来。投射在地面上的阴影从色系来看通常属于冷色调，即蓝色，因此建议使用深灰蓝色着色。投射在墙壁和垂直元素上的阴影通常属于暖色调，因此建议使用赭色或红色（这只适用于表现海拔高度）。蓝色阴影在视觉上太强烈，太突出，所以，可以在它上面再淡淡涂抹一层橙色，以使整体色调柔和下来。这样，一下子就可以拔高高大的元素、墙壁、建筑物和树木等，而画面其余部分则显得渐渐远离，进而呈现出一种非常理想的 3D 效果。

绘制阴影时，画笔的笔触应该沿着某个方向一笔绘成；也就是说，画笔或蜡笔的笔触必须始终与光源方向完全相反（光源与阴影方向相反）。有时树的阴影会显示为一个点，但由于树干本身高，也会投射阴影，因此这个点需要距离树的绿圈（在平面图中）稍微离开一点。

确定画面色调时（色调表述颜料的明暗度，与颜色无关，比方说，通过调整色调，可以让黄色的阴影变浅或变暗），重要的是首先要确定光源的方向，以确保阴影侧的色调相对较暗，而树木等物体面向阳光的一侧的色调相对较浅。物体阴影一侧务必保持一致的暗色调，以呈现相对可信、真实的效果。

## 图纸符号

### 规划平面图中的符号

为表示设计师希望在景观中运用的各种元素、结构或表面，设计师必不可少地需要用到一系列符号。这些符号应能够帮助他人明确区分和识别平面图中所有各种不同元素，一目了然。这些元素既包括附带设施（如座椅、灯柱、垃圾箱），独特的工艺品（鸟盆、鸽穴、日晷、雕塑等），也包括相对普遍的或结构性设施，如灌丛、草地或不同类型的铺路地面（图18.4，图 18.5）。

并非上述所有元素均须在图例中体现出来。有些符号用途非常广泛，添加图例也肯定有很大好处，但运用时需有所选择。如果平面规划图中某个元素只出现了一次，则显然没必要浪费时间再把它也添加到图例中。而如果某一元素多次出现或属于常见元素（如某种表面铺装材料），则肯定需要添加到图例中，这样既可避免大量重复使用标签，也可避免因箭头过多而使平面图显得凌乱。不过，图中单一、独特的元素可以直接采用标记的方式标

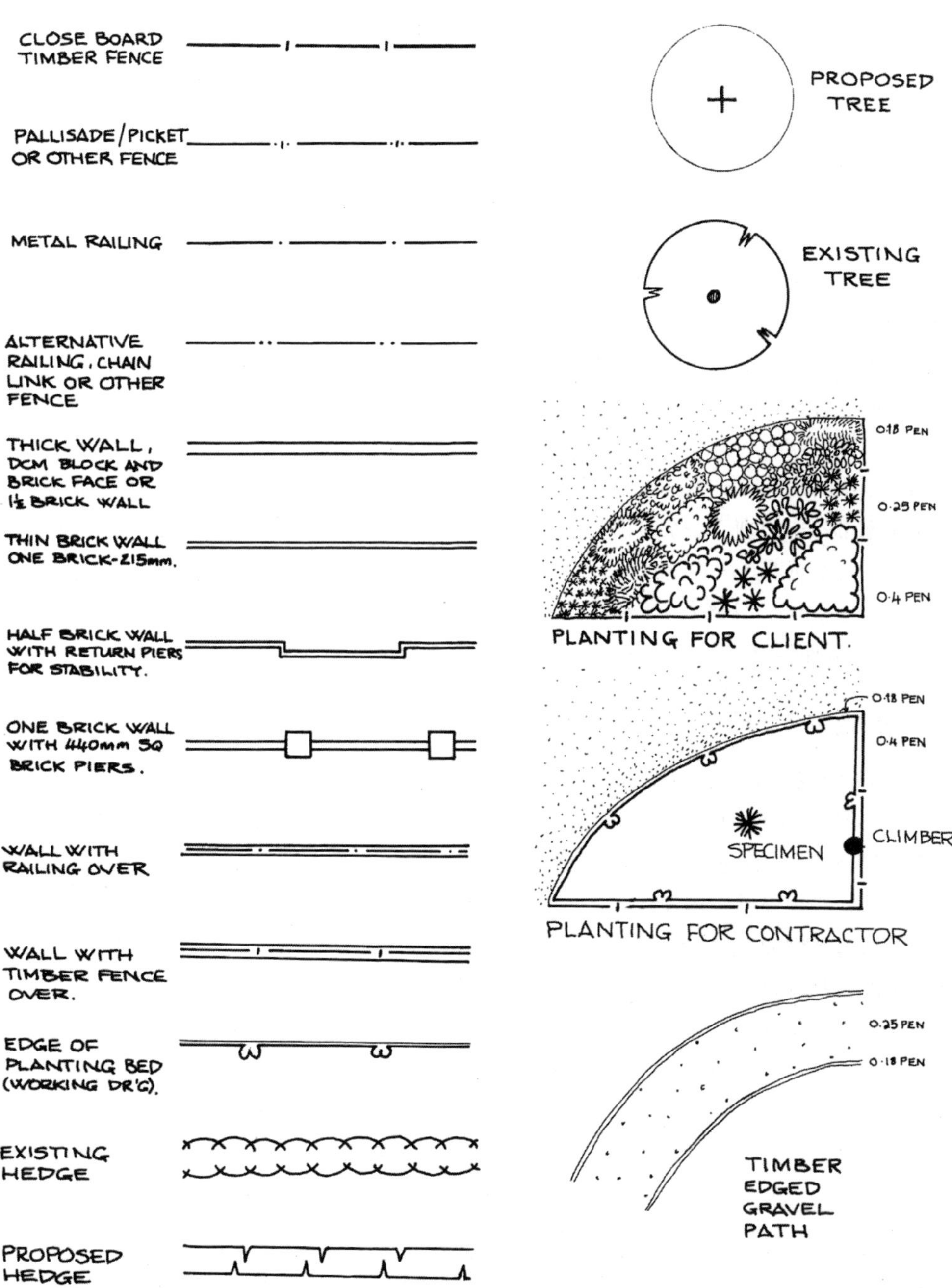


**图 18.4** 常见元素的推荐符号

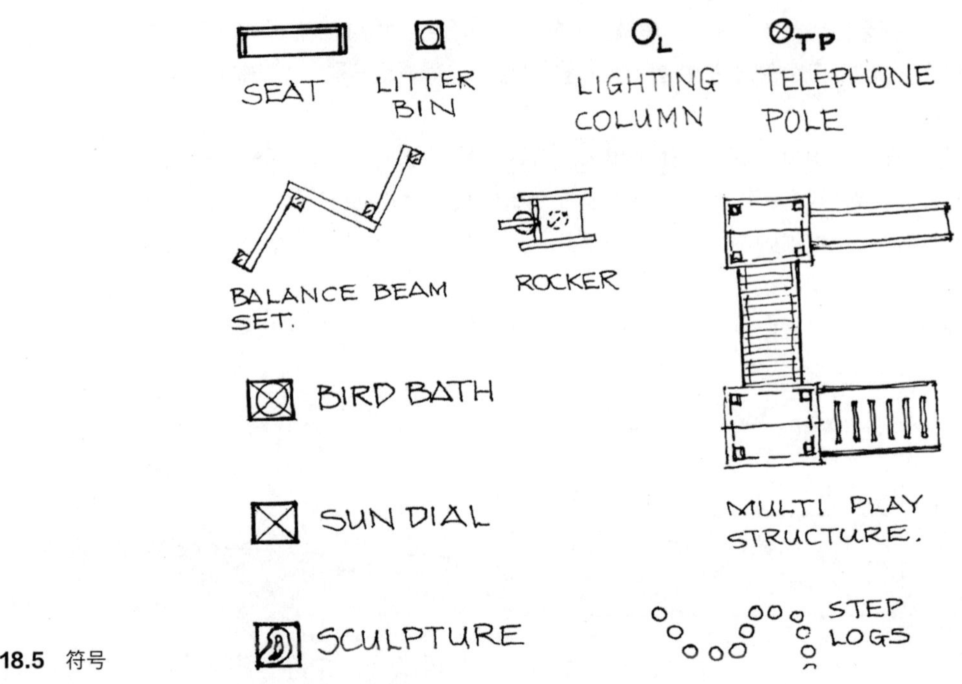


**图 18.5** 符号

注，通常做法是用 0.2 的绘笔直接用一条横线或竖线引到图纸画面外侧，（画对角线的方法不是首选，不过也算不上错误，因此，如果必要，尽管可以使用，但务必注意一点，即贯穿整个平面图中，角度选择务必保持一致，否则，过多不同角度会使平面图看起来杂乱无章，因而减弱设计整体效果）。指针尾巴最好用 1—2mm 的小圆球表示，应刚好指向所指物体，起点则应放在标签或解释性文本框的中点。标注文字内容最好用文本框框起来，且最好与规划图图面保持一定距离，既不要太近，也不要太远，以 2—3cm 为宜。绝大多数标注及文本框都不应出现于图纸画面之中；不过迫不得已出现了也不能算错，不过在很大程度上只能说是退而求其次的办法。如果符号是用计算机制作的，数量相对较少、线条流畅醒目、高度不低于 5mm，且整个平面图画面简单整洁，效果最好。上述诸多因素中任何一点做得不理想，都可能导致图纸在清晰度、呈现效果方面大打折扣。

## 客户图纸中的符号

所选符号必须能够区分现有元素和规划元素，包括灌木和树木。有时，用于设计图纸（给客户看的图纸）的某些符号可能于用于施工图（给承包商施工看的图纸）的符号有所不同。这类符号和图形应能够生动、鲜明地呈现设计主题，充分展现每位设计师独特的设计画风。设计及符号必须能够传达设计理念，传达设计赋予场地的本质特征；也就是说，设计师需要能够通过栩栩如生的图纸向客户推销自己的梦想，或者准确地说，在很多情况下，也是相对更加合理的情况下，是设计师所理解的客户的梦想。

在为客户准备图纸时，用于软质景观工程的符号旨在表明设计师设想的效果，不需要包含植物品种、类型等详细信息。图形应该显示植物的相对高度，多数划分为三档：低、中、高（前提是植床足够宽大）。符号还应能够体现纹理粗细程度，通常也分三类：细腻，中等和粗糙。也可按照预先约定的一系列符号，在图纸中酌情添加包括有关植物习性或一般特性等相应信息。植株高度和特征可以通过线条的粗细（0.2—0.6）变化、所绘符号的性质等分别予以体现。符号可以采用不同形状，以模拟植株的特征，例如尖的、球状的、带有棱角的、轮廓模糊的等等。可以采用细线条绘笔，描绘冬天树枝放射状分布、轻微旋涡状的样态，也可用树叶或不规则凹痕花冠等描绘夏天枝叶婆娑的样态，不过，不管具体如何，圆形轮廓仍然是一个必须遵守的整体法则。

街道设施虽然不易在平面图中表示，但必须尽可能以打动人心的方式呈现出来，比如说用线条来描绘其核心特征。比如传统公园长凳式座椅，应画出椅背、扶手，甚至还包括板条（使用更细的线条绘制）等特征。大多数街道设施，包括现代可回收塑料座椅（如低成本、创新型智能座椅），都可以用圆形、方形或矩形来表示，根据比例、阴影、交叉程度、是否有围护等因素酌情绘制。

## 用于承建商施工图纸的符号

用于施工图的符号必须简单、清晰、统一、连贯，以便现场施工人员能够准确理解设计内容。施工图必须符合惯例，使用的符号也应当是通用的。英国对此类符号有一套英国标准绘图符号(BS 1192:1984 第 4 部分)。然而在实践中有一套不成文的规范相对更为通用，只需大体遵循（而不是僵化死板地恪守）常规即可。

## 围护结构符号

围护结构包括木材、铁丝和金属围栏；栏杆；树篱；由石头、石块或砖块砌成的石墙；棚架工程；或高大灌木。某些围护结构也可以是台阶和路缘石等路面元素，或者是护柱或树木等非连续性元素。

所有这些元素都可以用单线、双线（其中一条为点画线或虚线）或单粗线表示，来体现路肩的宽度。当然，标准符号也不可避免有很多不同的变体，因此在选择时，清晰、直观才是最重要的考量因素。只要所选符号能够让人看懂所代表的是什么内容，不与常用于其他目的的符号相冲突，清晰明了，并且已在图例中明确说明，就完全可以接受。忽视约定俗成的惯用符号的麻烦在于图纸有时容易混淆，承包商仓促间或许会误解图纸意图，进而导致现场施工失误，最后将责任追溯到设计师，因为图纸含糊不清或解释不够明确。在不同平面规划图、不同方案，或者整个设计事务所内不同设计师之间（所内风格）保持连贯一致的符号，有助于确保承包商熟悉这些符号及其含义。可通过线宽的变化来体现景观中的重要结构；无论是手工绘制的还是用 CAD 做的线条，一般情况下会使用 0.6 的绘笔，不过表示墙壁的双线用 0.4 的绘笔相对更为适宜。

实用符号列举如下：

1. 栏杆：—·—或—··—，如同一规划图中另有第二类栏杆，则可两者兼用（如同一规划图包含更多类型的栏杆，也可采用其中某一类线条的变体）；线宽 0.6。
2. 墙壁：‖ ；线宽 0.4。
3. 围墙栅栏：|—·—| ；线宽 0.4。
4. 合板木栅栏：|—| ；线宽 0.6。
5. 帕利塞德木栅栏；| ·—|；线宽 0.6（常规值）。
6. 其他木质栅栏，例如尖木桩：‖—‖；线宽 0.6。
7. 立柱围栏与链网围栏：| · · · | 或类似符号；线宽 0.6。
8. 阶梯：0.4 的竖板线，中间添加 0.18 的上箭头；侧壁通常也用 0.4 粗的双线。
9. 路缘：前向边线宽 0.25；后向边线宽 0.18。
10. 护柱：用 0.4 的线画成小圆点、斑点或正方形表示；中间用 0.4 的线相连来表示横栏。

一般来说，所有短线的长度应在 2—2.5cm 左右。绘制墙壁时，线宽不超过 0.4 即可充分对其予以体现，而围栏和栏杆的线条需达 0.6、0.7，甚至 0.8，才足以清晰地将其表现出来，因为两者都是单线。由于两条平行线的存在感知效应（如上文所述），所以即使是 2m 高的墙壁，绘制时通常也不需要超过 0.4 的线。

在施工图中，灌木、树篱和树木等软质元素可“以局部指代整体”的方法表示，但在设计图（给客户看的）中则可以使用各种各样的不同云线和图形，具体取决于每个设计师各自的风格。树木可以用叶子符号或树枝来表示，通常用密集的图案来表示阴影一侧。灌木可使用各种各样的漩涡、星星、斑点和锯齿状螺纹来描绘，花境前部地面覆盖植物用 0.25 的绘笔；中部的中型灌木用 0.4 的绘笔，花境后侧的结构规划则使用 0.6 绘笔。

对于施工图（其中也包括种植计划图）来说，情况则完全是另外一回事。与前文所述类似，所有软质工程项目也都有约定俗成的通用符号，英国标准协会（BS 1192：1984 第 4 部分）及本书所列举的便是其中部分例子。事实上，位于米尔顿凯恩斯的 BSI（英国标准协会）编制的 SL41（设计规范）总共收录了 83 个可用于表示花园、园艺和景观设计的符号，可以免费查询、使用。

在施工图中，规划种植树篱的区域通常用双线表示（树篱的两边），线条每隔 2.5cm 便有一个窄体“V”间隔。已有树篱通常以一组连锁的浅凸半圆表示，每边长 1—2cm。已有树干以线宽 0.4 或 0.6 的圆形表示，并用 0.18 的绘笔填充。树冠形状由一组线宽 0.4 的弧线构成，中间穿插窄长体的“W”型凹痕。规划种植的树木通常以 0.6 粗度的简单“+”号表示（尽管按照冗杂繁复的英国标准要求，还应使用不同符号来区分种植树木的大小），“+”号外围为 0.18 粗、直径约 4m 的指示性树冠圆圈。

施工图中规划种植的灌木或草本植物以 0.4 的虚线（长为 15—20mm）表示，中间穿插小写字母“W”，有人将它亲切地称之为“小宝贝”。由于该符号代表的是实际种植边缘，所以位于种植线以外的植床边缘还需要另外标注，通常用距离种植符号 1mm 左右、用 0.18 绘笔绘制的直线表示。植床周围需有明确的栽植标记符号，以反映种植区域的范围。如果是种植规划图，还需将种植区域进一步分割成块（线条为 0.2），并分别予以标记。通常，每个区块都通过一个指示箭头（线条为 0.18）引出来，指向植床之外的某个空白处，并明确标出所用植物的数量和名称，例如 25 株“约翰逊蓝”天竺葵。为了确保规划图清晰，有时可以采用缩写，以免被其他长度相近的其他很多名字遮挡住。为确保可以清楚认出所需植物的品种和名称，不必额外查阅更多资料，采用缩写时需至少包含 3 个字母，例如：25 株 Ger Joh；如保留四个字母，则区分效果更好，例如：25 株 Berg Cord，这样就能有效避免将小檗属和岩白菜属相混淆。当然，反过来说，这样做确实会增加平面图上标签的长度。“块状种植”方法不仅仅只是一种方法，而且甚至可以说还是最便捷、使用也最为广泛的一种方法。

无论是在硬质景观工程布局规划图还是定位规划图中，施工图中通用的标准种植符号都可用来表示种植区域的位置，因为这两种图都不需要进一步细分。已有植物通常使用连续的叶状线来表示，就好比种植区域边缘一条用无数小写“m”连接起来的线。可以给栽种的树等植株编号，以便将来可以用于编制伐木、户外工程规划进度表。

## 图纸类型汇总

### 设计图纸

纹理填充—是

阴影—是

点图案—是

填充—是

符号—是

颜色填充（颜色图案）—是

是否常规—否

美观—是

注意：这类图纸的目标读者是客户。内容应简短，不需过于详细，但应尽可能使用描述性强、技术性低的语言，图纸用于公众咨询目的时尤其如此。

## 施工图

**平面图**

纹理填充—是

阴影—是

点图案—是

填充—是

符号—是

颜色填充—否

是否常规—是

美观—否

注意：这类图纸的目标读者是承包商。内容以简明扼要的指令性文字为主，说明工艺、用料的质量与数量，供承包商必遵照执行。在确保用语标准、符合常规、承包商能够理解的前提下，可以使用技术性强的语言。

**定位图**

纹理填充—否

阴影—否

点图案—否

填充—否

符号—否

颜色填充—否

是否常规—是

美观—否

注意：这类图纸的目标读者是承包商，内容应简洁明了。

**拆除方案（图）**

纹理填充—是

阴影—是

点图案—是

填充—是

符号—是

颜色填充—否

是否常规—是

美观—否

注意：这类图纸的目标读者是承包商，内容应简洁明了。

**施工细节**

纹理填充—有限

阴影—否

点图案—是

填充—是

符号—否

颜色填充—否

是否常规—是

美观—否

注意：这类图纸的目标读者是承包商，内容应包括施工所需的全部详细信息。





## 辅助沟通的其他绘图类型

### 透视效果图

景观设计中，透视效果图的主要目的是向客户展示设计理念。虽然当下这个时代是计算机三维图像的舞台，拥有漫游设备以及先进的照片剪辑和CGI（计算机生成图像）技术，能够呈现高度逼真效果。但在工程初期阶段，一幅绘制精美的透视图对准确传递项目特征和设计意图仍然大有帮助。比较而言，透视效果图更具“灵魂”，更有利于传达情感和个性；计算机图却相对机械、冰冷。这一点优势非常重要。因此，手绘透视图是传达一个地方的意图或灵魂、体现其设计理念和精神的绝佳途径。

开始绘制草图之前，确定视平线是必要的第一步骤。这是个专业术语，指的是观察者距离地面的高度。如果视平线较高，比方说观察者站在椅子、一楼阳台等视线相对有利的位置时，那么，他关注的重心将落在地面而不是天空；反之，如果视平线较低，关注重心便将移向天空。水彩画艺术家约翰·赛尔·科特曼在其部分画作中对视平线的作用予以了最大程度的发挥。画作中，地面占据全图约五分之一的空间，而天空则填满了其余五分之四的空间，成为画面焦点，辽阔平坦的沼泽地景观与高天上的云彩形成鲜明对应，产生了强烈的视觉对比效果。相反，在需要重点强调景观本身诸多细节的情况下，比如在表现繁忙的街道景观时，艺术家们则往往会选择将视平线放在一楼或二楼，天空仅占画幅五分之一的空间。对于景观设计透视效果图来说，这一视平线通常是比较理想的位置，足以完整呈现地表所有细节特征，避免周围结构过多地将视线遮挡住。

确定了合适的视平线之后，下一个必要的步骤就是选择“消失点”。消失点可能不止一个；也就是说，图中可能有多个视觉远景。所谓“消失点”，也就是地平线上天、地交融，视线无法看得更远的地方。如果这一点位于页面中心线的右侧或左侧，那么在另一侧的方向上，很可能还会有第二个视觉远景。单消失点图称单点透视。如果图上有两个消失点，则称为双点透视。

我们先看看单点透视图。让视线沿地平线（视平线）延伸，选择消失点的位置，以此来确定视角方向。如果消失点位于画面右侧，那么，风景也便将顺画面朝右侧展开。依此类推。

有一点需特别注意，除非地面平坦辽阔，否则，消失点不一定准确落在地平线上。如果将消失点放在高于地平线的位置，那么，画面将呈现一种往山坡上看的视觉效果。诚然，消失点不可能比地平线水平更低（除非您是在朝下往洞里看），但如果您让观景人的视线对准视平线以下的某一个点，便可以营造出视线向下看的感觉。这些线必须在某一个点再次回到水平线上，这个点也就是山坡开始趋向平坦的位置。

一旦确定了消失点位置，就可以在纸上均匀地画出些淡淡的暗线，一直画到纸的两侧边缘，以此作为引导线。这些线便是交汇线，图中所有从观景人身上发出来的线都将沿着这些交汇线移动。这意味着，随着从观景人位置发出的两条平行线（比如一条路）渐渐延伸，这两条平行线会越靠越近，直至最后交于一点。等大的物体在位于观景人远处时会变小，这就是透视图中“近大远小”法则。不过，离观景人相同距离处的所有线，都必须画在绝对同一水平线的位置。所有竖直线都必须保持垂直（除非是特别高的物体），因为视线延伸至空中时也会有消失点，比方说，摩天大楼的侧面看起来会交汇成一个点，因此不能把它画得完全笔直，从而让视角更加深远。

距离观景人位置越近的物体，越需要刻画更多的细节，而远处的物体，描出相对粗线条的大体轮廓即可，因为人眼可以对这一大体轮廓作出相应的解读，由此进而甄别到的细节并不亚于近景工笔细描的效果。通过调整线条色调（也就是物体的明暗程度），可以让线条看起来更密实、增加平面感，进而营造强烈的景深感。

双点透视需要包括两个消失点，分别位于画面两端。所有从观景人身上发出的线条，都会沿着这个或那个方向延伸，直至交汇于同一条线上。与其中一条交汇线垂直相交的线，继续延伸后也一定会与另一条交汇。

三点透视中还会另增加一个第三消失点，多数情况下，这个点都是垂直方向的。也就是说，从观景人处沿垂直方向发出并向上延伸的竖线，到达天空中的某一点也将交汇，因此楼房、树木、灯柱等建筑物的垂直线都会向第三个消失点倾斜，因此，这些物体在画面中的效果会随高度增加而逐渐变细。

## 轴测投影

某些情况下，为了全面展示设计全貌，当然也为了准确反映设计的规模、尺度、比例等等，一幅准确的三维效果图必不可少，这里说的不是站在行人角度，而是站在屋顶角度所看到的视觉效果图。如果使用透视效果图，则由于“近大远小”原理，必将导致设计中仅部分内容能够得到良好展示、其他内容被隐藏遮挡的结果。因此，在需要全面呈现整体设计图景的情况下，尤其是在客户（或参与或咨询过程中的用户）对所绘制的图纸不太熟悉的情况下，轴测投影便是一个必不可少的工具。

只需将正常的平面设计方案沿水平方向倾斜 45°，那么，方案中任何高度的物体就都可以用垂直线条、按照相同的比例刻度完整地表现出来。这样，物体顶部的宽度、深度就可以像平面图一样予以呈现。对于软质作品而言，可以通过给垂直线条添加纹理效果来模仿树叶的形状。如今，大部分的轴测图都是通过 Google Sketch-up 软件制作完成的。

## 等角投影

等角投影与轴测投影非常相似，但投影平面与水平面的夹角为 30° 而不是 45°，因为后者会产生略低的视点效果。

## 放大和缩小

景观设计师们常发现，为了满足客户的需求，往往需要不断地对平面图 / 图纸按比例进行放大或缩小。

## 手工（或网格）制图法

虽然这种方法已被 CAD（计算机辅助设计）和复印机所取代，但为了帮助大家了解其发展历史，在此仍有必要对其略作概述。按照图纸的测量比例，在平面图上画一个间隔 5m

的网格。另拿一张白纸，用铅笔按照放大或缩小了的比例画间隔为 5m（以新比例刻度为准）的网格线。在页面一侧边缘处用数字给每一个小格编上序号，在另一条轴上则用字母（a、b、c、d 等）顺序编上序号。在新网格上按照第一张网格状平面图的布局绘制线条，确保线条画在相应的小格中。待全部线条都已移至新图中相应位置后，在另一张空白描图纸的背面用墨水沿着铅笔线绘制网格轮廓，最后擦掉铅笔线，只留下墨水绘制的网格。这是一项非常精细的工作，耗时费力，因此，最好还是将它交给复印机、CAD 来做，效果相仿，但速度却可大幅提高。

## CAD（计算机辅助设计）与复印机（影印机）

大多数平面图都是用 CAD 制作完成的，因此，完全可以视需要将图纸打印成我们想要的任何比例、任何大小。对于手绘草图来说，现代复印技术也可以做到非常清晰、准确地呈现其效果的程度。您可以一次性将平面图放大或缩小至多 200%，并使用比例尺检查图形是否准确、是否有失真变形现象。不妨在原平面图上选择某一显著特征作为对比参照，经机器上放大（或缩小）后，按照新比例刻度将新图上的这一显著特征与原图、原比例刻度仔细对照检查。如有必要，可以调整其放大比率。每一次复印或多或少都会造成失真，不过我们可以通过调整平面图位置、增加复印数量等方法，尽可能将失真变形问题降至最低。如果复印件某一个方向出现了失真变形，可以将原图旋转 90° 后重新复印。务必整个复制过程中每一次缩放的比例相对均匀。

**影印尺寸表**

放大比例

1：500—1：100 = 1 × 200% + 1 × 125% + 1 × 200%

1：500—1：200 = 1 × 200% + 1 × 125%

1：500—1：250 = 1 × 200%

1：500—1：50= 1 × 200% + 1 × 125% + 1 × 200% + 1 × 200%

1：1250—1：500 = 1 × 200% + 1 × 125%

1：200—1：100 = 1 × 200%

1：200—1：50 = 1 × 200% + 1 × 200%

**缩小比例**

1：100—1：500 = 1 × 50% + 1 × 75% + 1 × 50%

1：200—1：500 = 1 × 75% + 1 × 50%

1：250—1：500 = 1 × 50%

1：50—1：500 = 1 × 50% + 1 × 75% + 1 × 50% + 1 × 50%

1：500—1：1250 = 1 × 50% + 1 × 80%

1：200—1：100 = 1 × 50%

1：50—1：200 = 1 × 50% + 1 × 50%

# 第 19 章　图纸版面布局

在绘图开始之前，无论是为客户绘制的设计图，还是为承包商绘制的施工图，以下几点不可或缺：提前认真考虑图纸周围附加的文字信息有多少；确定图纸合适的比例尺，以便所有内容都能清晰地呈现在图纸上；考虑如何在图纸上把所有信息安排得美观合理。如果花了好几个小时准备图纸，结果却发现有太多的信息需要包含，于是只好将内容使劲压缩，甚至压缩到无法阅读或杂乱无章的地步，那么，恐怕没有什么事情比这更令人糟心的了。因此，在图纸中多留些空间总比空间不足要好。通过将图纸上呈现的所有信息精心安排，就算页面显得有些空旷，留白较多，视觉效果也相对更容易让人接受。但如果将所有信息都堆在一个角落里，而将页面其余的大片空间空着，也同样显得很荒唐。除此以外，还必须考虑人们读取信息通常遵循的顺序。显然，对于不大熟悉图纸的人来说，拿到图纸后首先会去看标题栏，这样，即便图纸还未展开，也能了解这张图纸内容是关于什么的，涉及的是哪个项目场地等等相关信息。正因如此，才形成了一系列约定俗成的明确规范，指导人们在图纸中如何布局某些常用的元素（例如，标题栏通常都安排在图纸的右下角）。

## 比例尺及纸张尺寸

给图纸选择合适的纸张尺寸，对规划图整体美观度、相关信息呈现的明晰度都至关重要。如果图纸内容太紧凑或太分散，看起来都会很糟糕。然而，不论是何种类型的平面规划图，在选择比例尺时，首先必须确保图纸大小与纸张尺寸相匹配，并预留出足够空间，以便安排图例、标题栏、注释、指北针和位置规划等信息。如果平面图太大，无法放在标准尺寸的纸上，但为了规划图末端能硬挤进去，您只得调整图纸方向（让纸张正上方不指向正北，而是指向西北偏西方向），以至于整张图纸看起来就像是硬塞进去的一样，那么，就没有空间安排注释、标签、支持信息，甚至可能连标题栏和图例的位置都没有了。最后只能把这些内容挤在角落里，或者分成小块，缩小到几乎无法阅读的程度，就像租赁协议中印刷的小字一样。矫枉过正、走向另一个极端也是一个极为常见的错误，结果让纸面上留下大片空白，整个图纸显得非常空旷。如果是设计广告，这么做不失是个良策。但对于设计平面规划图来说，则实在是个败笔，因为它会让画面显得非常凌乱、不整洁。

所选纸张尺寸应为标准尺寸，如 A0、A1、A2、A3 和 A4。后两种尺寸的纸主要用于绘制施工细节图。标准纸张尺寸便于处理和打印，避免浪费，存储、打理起来也相对更加容易。

平面规划图上的注释可以只占很小一部分空间（如设计图纸中），也可以占很大一部分空间（如种植设计图和布局平面规划图等施工图中）。因此，上上之策是开始时宁可选择一张乍一看尺寸相对偏大的纸，总胜过开始时选择一张小纸，到最后才发现空间过于拥挤，根本无法把所需要的相关信息都放进去。对于现场的承包商来说，没有什么比在平面规划图后面用曲别针别一大堆 A4 纸附件更让人糟心，如果遇上刮风天气，一下子就会被吹得乱七八糟。

务必事先预估好注释中可能需要添加哪些信息，另外还需要添加些其他什么信息，进而计算出页面上除了平面规划图主体部分之外还剩多少富余空间可供使用。在这方面，场地定位至关重要。按照惯例，指北针应该始终指向纸的正上方，但实际上，这不一定总是行得通。相比而言，确保将所有内容都放置在一张标准尺寸的纸上远比在方位定向问题上墨守成规更重要。

如果事先预估好了注释、图例、指北针、标题栏等可能需要占用的空间面积，就可以根据各项内容的尺寸裁出相应大小的小纸条，并妥善地将它们安排在图纸周围的合理位置。在每张小纸条上写好相应的内容，然后按照尽可能美观可行的方式将它们摆放在图纸周围（标题栏应尽可能放在图纸右下角位置）。信息应尽量按符合逻辑顺序的方式排列，纸条大小尽可能与对应空间向适应。在所有图纸中，指北针应尽可能保持放在图纸正上方，以便读者轻松定位。大型项目通常可能包括多张不同平面规划图，以便所有详细信息都能予以清晰呈现，比如施工细节图。通常而言，大概可以用一张总平面规划图完整展示整个项目场地情况，所选比例尺应足以呈现项目整体概貌（比方说，如果是大型开发项目，比较恰当的比例应为 1∶500，如果是公园设计，比例尺可选 1∶250 或 1∶200）。至于规模实在庞大的项目，比如涉及整个山谷或城镇的规划项目，其总体规划图的比例尺或许需要达到 1∶5000、1∶2500、1∶1250 或 1∶1000。例如，一所学校的大型校址总体规划图通常需要按照 1∶1250 的比例绘制。施工图一般按 1∶250、1∶200 或 1∶100 比例绘制（具体视场地大小和待施工区域的复杂程度而定）。这意味着整个场地可能需进一步划分为多个不同施工亚区，各亚区之间需用线连起来，以表示各自与周围其他亚区的参照关系。每一个亚区都应该有相应的位置平面规划图，相应部分须以平行斜线填充的阴影区域表示。此外，还应添加一个图表框注，如 4-1，其中 4 表示图纸总张数，1 表示其序号。

## 各类常见图纸的合适比例

位置平面规划图：1∶500—1∶2500；如果项目实在过大，还可选择更大的比例尺。目标读者：客户和承包商。

概念图和总平面规划图：1∶1250—1∶500（小型场所为 1∶200）。目标读者：客户。

设计图（硬质和软质景观项目）：1∶500, 1∶200 or 1∶100，具体视场地大小而定。目标读者：客户。

轴测图：1∶200—1∶50。目标读者：客户。

透视图：1∶200—1∶100（通常手绘）。目标读者：客户。

平面布局规划图（硬质和软质景观项目）：1∶200—1∶100。目标读者：承包商。

定位图：1∶200—1∶100。目标读者：承包商。

拆迁设计图：1∶200—1∶100。目标读者：承包商。

种植设计图：1∶250—1∶50。目标读者：承包商。

详细平面布局规划图：1∶50。目标读者：承包商。

施工详图：1∶50—1∶5（通常使用 1∶10 或 1∶20）。目标读者：承包商。

## 图纸常见元素

### 标题栏

标题栏是一个直纹框，其中包括多个小格，供设计人员填写相应信息，以便用户了解图纸的内容和目的。索引栏几乎无一例外地要安排在图纸右下角，这样，即便将平面规划图折叠起来，也仍然能清楚地从外面看见该栏相关内容。这是基于前人实践经验总结出来的一个非常实用、合理的规范，便于人们从数量众多的相关图纸中快速找到自己所需的那一份。即使图纸已经归档收藏、已被遗忘很久之后，也依然可以轻松快捷地找到。标题栏应带有您自己（或公司）的标志，其下各小格内应填入以下信息，具体顺序与相应信息出现的顺序相同：

1. 客户姓名。
2. 场地名称。
3. 图纸标题。
4. 比例尺大小。
5. 日期。
6. 绘制人员姓名。
7. 检查核验人员姓名。
8. 图纸内容及编号，如有多个修改稿，则以 A，B，C 编号。此外，如为系列图纸，还需注明共 X 张，第 X 张。
9. 修订细节：修订日期、修改内容（具体、简洁的细节）及修改人员姓名。

### 图例

图例包括一系列小方框，按垂直顺序依次排列在“图例（或‘示例’）”之下，“图例（示例）”应用粗体字醒目地表示。小方框大小须足以清晰显示框内信息，具体以 $1.5 \times 2.5cm^2$ 为宜。如前所述，图例应仅包含多次重复出现的物体；某物体在图纸中若仅出现一次，则可以标签的形式标注。方框间需保持一定间距，以便清晰区分或添加必要的解释性内容。解释性内容应以标准字体书写，如果是手绘图纸，则通常以大写字母书写；如果是 CAD 生成的图纸，则可用小写字母书写。措辞应简洁、清楚、完整，便于读者准确无疑地判断图纸内容。从视觉角度来说，方框如果布局均匀，看上去相对更美观，但在施工图中，这点并非总能实现。所幸，这类图纸是否美观悦目并不重要，因为其目的不过是帮助建筑商将设计方案付诸实施而已。施工图规范惯例中涉及文本及措辞的内容相对较多，但涉及图形类别的则相对较少。首先是材料名称：如预制混凝土板（缩写为 PCC）；然后是尺寸规格：如 $400 \times 400 \times 50mm^3$；再后是颜色：如银灰色；再其后是砌合方式：如对缝砌法；再其后是所要求的铺设方式：如干铺；最后是品牌及厂家信息：如可填入“Appalachian，Aggregate Industries 公司有售”等字样；另外还可再加上联系方式：如电话号码等。

图纸上仅出现一次的所有材料或元素均应以标签形式标注，以免图例过杂过滥。此外，相比抛开图纸到图例中查找的办法而言，标签（只要数量不是太多）读起来也相对更加便捷。

### 注释

注释主要是供客户或承包商参考的信息。给客户看的注释需简明、清晰，富于描述性；

而给承包商看的注释需精准明确、详尽但不啰嗦，并尽可能以简洁具体的命令式风格表述，如："购买或自制 $38 \times 125mm^2$ 规格的木材边板，将全部砾石表面与草坪表面分隔，确保边板顶端与草坪土壤表面齐平，但比相邻砾石表面高出 30mm；施工完成后，木桩与草坪相邻的一侧应低于草坪表面，并使用 2 个 75mm 长的镀锌平头钉与木板固定。"上例中的注释的确非常详细，甚至还告诉了承包商需使用钉子的规格，但如果不给出详细的说明，则可能导致施工方决策不当，致使项目在保质责任期过了之后出现问题，进而就相应责任问题引发分歧和争端。

图纸中所有的注释本身与规划图之间均应保留一定的距离，以避免显得混乱杂沓；如果是施工图，最好将各类注释用数字编号，便于将注释与规划图中的内容便捷地联系起来；可使用带圈字符表示，注释旁及规划图或细节图中对应的地方均需标上数字。之所以使用带圈数字，主要是为了强调的目的，同时也为了醒目，以免与图中可能有的其他数字相混淆。您也可以使用类似的方法，来为平面布局图上的某些施工细节添加注释，比方说在图纸上相应位置写上带圈的数字和字母（如），然后用带箭头的连线将它与相应的注释连接起来。只需在平面布局图上简单提一下相应编号，例如，"按照第 D1 号详图的规定供应和建造混凝土板铺面"。实际施工详图上的 D1 可根据您自己的编号系统加上对应的工作编号和图纸编号。图例信息同样应清晰明了。通常而言，如果仅仅依靠带箭头的连线将图中的元素与图旁边相应的注释说明联系起来，这种做法多数情况下效果会显得相对凌乱，明晰度也相对较差。

至于给客户看的设计图纸，或用于规划目的的设计图纸，注释和文本框最好以用带箭头的连线来表示为宜。为保持图面整洁，这些连线应以水平或垂直方向绘制，如实在需要，采用斜线亦可，但务必保证斜线倾角相同。在设计图中过多使用倾斜角度各不相同的斜线将导致图面看起来极为凌乱无序。

在给施工图添加注释时，切忌信息啰嗦重复，一方面避免浪费时间，另一方面也避免混淆信息或使不同平面规划图之间出现不一致的情况。如果需要对平面规划图中某元素的施工细节加以详细说明，则没必要在平面规划图、施工细节图中重复添加。

在平面规划图中应显示标高（现有的和拟定的），拟定的标高需标注在方框中，以避免混淆。墙壁标高需在数字上方加一条横线来表示。检修孔、排水管道、服务管道、冲沟和落差的标高也应明确标记，低于地平线的标高需用括号表示。

## 指北针

对于景观设计师来说，确定场地不同区域的明暗程度和特定的微气候条件至关重要。指北针的形式以简约清晰为最佳，具体位置安排应避免遮挡画面，但同时也需非常醒目，比方说图纸右上角便是一个相对合适的位置。尽可能确保其定位准确，因为这对确保种植计划顺利实施至关重要。朝西的植床适合种植娇嫩的植物，但是夏天也会非常炎热，所以同时也必须是能够抵御高温的植物品种。朝东的植床适合种植能够抵御霜冻和酷热的植物，如"滨海山茱萸"（Griselinnia littoralis）或"阳光"（Sunshine）"墨西哥橘"（Choisya ternata）。如果你的指北针定位错了几度，便很可能导致种下的喜阴植物被暴露在午后的骄阳之下，这时段的太阳通常是一天中最热的，不一会儿就可能将植物烤死。

## 方位图

方位图任何时候都非常有必要，因为它有助于将项目现场放在相对更广阔的周边地区中，有利于分包顾问、承包商等更方便地找到现场。视项目规模大小，这类图基本都采用相对较大的比例（例如 1 : 500—1 : 2500）尺绘制，将主干道路、接入点和主要地标都明确标注出来。这些图上也有自己的指北针，以图纸正上方表示正北方向最佳。

### 图纸页面布局

按照约定俗成的规格和格式安排图纸页面非常重要：标题栏通常放在页面右下角，紧接着上面是图例，如版面允许，图例上方可以安排指北针。页面其余空间可以安排方位图、注释等信息，具体布局应尽可能合乎逻辑情理，要像报纸那样以尽可能便于阅读的方式由左至右分栏安排。指北针、图例和标题栏通常位于图纸右侧。注释、种植计划、文本框、草图细节和插图可以酌情安排在图纸中任意位置，但具体顺序、大小则以合乎逻辑情理、便于可读为基本原则。

## 计算机、计算机辅助设计及文字处理

了解计算机的巨大益处和一些可能存在的陷阱十分重要，但需要指出的一点是，计算机技术发展速度非常快，很可能等到这本书出版时，技术早已又进步了很多。

### 文字处理

可以说，文字处理仍然是计算机在景观规划和设计工作中使用最多、也最重要的功能。标准表格模板、信件、文本、报告、发票、工程量清单、成本概算、评估和评核文件、植物明细表、乔木明细表和合同管理表格等等，所有这些都需要用文字处理器、电子表格软件等制作完成并交付给相应的客户。回想一下以前用手写东西的日子，每一次你都要亲手写，然后交给秘书从头一个字一个字地录入。这样一对比你就会发现，用文字处理软件可以节省下来的时间简直是太多了。将旧文件复制一下就可生成新文件，这一功能也让文档管理、收藏和检索的整个过程发生了根本性改变。

可用于景观设计的软件种类繁多，其中就包括了某些功能非常齐全的计算机辅助设计包，利用这些软件包，设计师可以完成景观设计中的绝大部分工作，如种植设计方案、地面建模方案和施工细节。目前，软质和硬质景观设计软件包的价格也非常合理，其中成本最低、性价比最高的是由 LandmARC 计算机服务有限公司研发的 LandmARC 软件，不过，要用这个软件包，您首先需要安装欧特克（Autodesk）公司开发的完整版 AutoCAD 软件，因为它不是一个独立运行的软件包。但大多数正规的景观或园林设计公司肯定都已投资购买了 AutoCAD 软件，所以除个别只有一两个人的小公司之外，这通常都不是问题。然而，即便是这些小公司，投资购置这些软件也非常划算，因为其效率几乎可以翻番，不到一年的时间，购买 AutoCAD 和 Landscape 软件的成本就可以收回。与许多 CAD 软件包一样，LandmARC 软件可以将你做过的所有植物栽植方案都保存下来，帮您计算给定空间中需要用到的植物数量，还可以进行调度、成本估算，或完成其他各种烦琐的手动工作。另外还有一些非常实用的光盘，例如 RHS 开发的有毒植物汇编光盘等等。

### 计算机辅助设计（CAD）

近年来，计算机辅助设计（以下简称 CAD）的发展突飞猛进，越来越多的公司开始选择通过邮寄光碟，或用因特网传输等方式向客户提交设计方案，这远比通过邮包邮寄珍贵设计资料的传统方法便捷、安全得多。通过 CAD 技术将景观细节添加到平面布置图，比在描图纸负片上手绘要快得多，不过，许多人仍然偏好手绘的平面规划图，尤其是设计图纸。有一点我们不应忘记，人脑是最好的计算机，涉及选择植物、构思设计方案等时尤其如此。然而，对于大多数人来说，手工绘图基本到设计草图阶段也便结束了，或者，在少数情况下，设计项目初期给客户看的部分图纸可能也仍会采用手绘形式。

CAD 技术功能多样、高效省时，能够帮助设计人员实现经济效益最大化。由此可见，CAD 带给设计师的好处不容忽视。打开菜单，只需点击几下鼠标，就可以快速、准确地进行植物选择，不仅操作简单，还可使准备种植方案的速度提高 300%。只要编好了程序，计算机就可以帮你算出植床的面积，再乘以预先确定的植物间隔面积，并自动将植物名称和数量打印到平面规划图上，并以箭头形式指向所选植床。更实用的功能是，计算机可将这些信息转换生成种植计划表，并将完整的种植进度表整齐、准确地打印到图纸上。

在考虑投资购置 CAD 是否划算时，有必要将省时高效这一优势考虑在内。经验丰富的景观设计师可以在几秒钟内选好合适的植物，几秒钟内测量出地块面积，再多花上几秒钟便可算出间距与面积的乘积，并得出所需植物的数量，熟练的专业人员也能很快写出数量和植物名称。完成同样的任务，计算机所需要的时间约为人工用时的 30%—50%，但“即时”自动生成种植数量、种植计划，自动检查错误等功能却是计算机拥有的难以比拟的巨大优势，彻底改变了设计人员的工作方式。以前，这些艰苦繁杂的工作就连最熟练的专业人员也要花费数小时才能完成，而现在一眨眼的工夫便能完成。

计算机辅助设计彻底改变了施工图、细节图的绘制方式，至少对能够熟练操作使用 CAD 软件的人员来说如此。计算机辅助设计是未来的发展方向，但手绘设计永远占据一席之地，毕竟我们这个行业的本质涉及人想象力，关乎人们在休闲、审美以及功用等等方面的需求，人工图纸比机制图纸多了几分人情味，因而也更适合，至少对于设计图纸来说如此。不过，得益于近年来 Google Sketch-up 等程序的快速发展，熟悉软件应用的设计人员用软件也能做出品质相当不错的透视效果图来，速度非常快。

## 图纸字体

如前所述，在图纸上使用仿宋体书写文字可更加清晰、准确，便于任何专业承包商或相关方轻松阅读。因此，字体使用必须遵循约定俗成的标准规范，避免潦草、难以辨认的笔迹给读者带来困惑。话虽如此，可供选择的字体样式、风格多种多样，清晰易晓才是重中之重。事实上，这种情况现在已经非常少见了，因为通过文字处理器打印设计图纸，再将图纸粘贴到平面规划图中进行复制，或使用 Photoshop 或其他类似的软件包进行编辑，整个过程会更快、更整洁、更便利。对于施工图纸来说，大多数文本都可以用 CAD 添加到平面规划图上。

### 大小写

写字母是指使用大写字母书写的文字内容；而小写字母适用于字体较小的文字内容。平面规划图中大多数手写的注释内容都使用大写字母，这类注释称为工程字体。目前，大多数文字都用电脑编辑，使用小写字母反而效果更加清晰。不管是用文字处理器还是用 Photoshop 软件制作设计图，还是用计算机辅助设计软件包，制作施工图及其附带的文字时都是直接将内容加在图纸上的。

平面规划图中字体运用有一定的黄金法则可以遵循。字体分阶必不可少，具体而言，通过使用不同字号、区分大小写、酌情运用粗体等手段，可以达到强调和突显某些信息的目的；通常而言，应尽量避免使用下划线；标题可用较大字号的字体和粗体来突出显示；副标题可以采用标题常用的格式来表示，即：将每一个实意词首字母大写。

### 清晰度与格式

灵活运用多种不同风格有助于设计师个人及公司树立自己独特的品牌和特色，但确保字迹清晰、易于辨识是最根本的要求。例如，古英语字体过于潦草花哨，几乎难以辨认，从远处看时尤其如此。相比较而言，Book Antiqua、Goudy Bold、Arial 或 Times New Roman 等字体则要清晰易读很多，一目了然。所有这些字体中，Arial 字体现代特征最鲜明，也最容易辨识，后面这一特征也是设计工作中最值得考虑的核心要素。总之，字体必须足够清晰，字号需适中，内容要简明扼要，让人在一定距离内一眼便能识别。如果是为公共展览和咨询活动做设计规划，那么确保人们从远处能够清晰辨识图纸内容就显得尤为重要。如果希望读者站在一米开外的位置能够看清楚，则字体高度至少应不低于 5mm。

## 确保画面整洁、字体风格恰当的小诀窍

通常建议在两条平行的铅笔线之间书写文字，或者在描图纸下面垫一张坐标纸，以其方格作为辅助。横向拉长字母以增加整洁感，不过书写 A，M，W 和 Y 这几个字母时尤其要多加小心。字母 A 中的水平线应低于中线，而字母 O 和 Q 顶部、底部需略微超出基准参照线一点点，以免看上去比其他字母显小（这是视觉效果神奇之处的另一个例子，而了解视觉效果的特殊性则是设计师们的基本功）。

为呈现出整洁悦目的效果，在字母与字母之间保持合适的间距甚至比写好字母本身更重要。尽可能确保字与字之间的间距均衡匀称（书写字母 I 或并列书写侧边呈垂直形状的任何字母时，这一点要特别注意，比如，字母 A 和 L 并列出现时就尤其需要注意，因为这两个字母周围的空白间隙相对较大）。关键一点在于，要保持字母之间的间距均匀，而不是说字母本身所占的空间应均匀。

## 手绘、模板和计算机字体

使用文字模板进行编辑非常耗时。如果手法熟练，用模板写出来的文字会非常清晰、整齐、美观，但要想达到这一境界，少不了大量艰苦的练习。坦率地说，除非您正在做的是一个用于咨询宣传目的的巨型海报（这种情况下用模板的确是个不错的选择），否则我不会考虑用这种方法。对于大多数景观项目来说，使用模板从经济效益角度来看根本行不通。相比而言，手写文字则速度更快，而且如果设计师经验丰富，手写的效果几乎可与用模板做出来的效果一样整齐简洁。不过，较其他所有方法而言，计算机生成文字文本的速度最快，几乎已经淘汰了在图纸上添加文字的其他各种方法。手写字体虽然更有利于体现设计者的个人风格，但相比计算机生成字体速度快、清晰度高、准确性高的特点来说，这一优势只能占据次要位置。

使用计算机编辑文字还有另一个好处，那就是可以自动进行拼写检查。如果我现在跟您说本书的作者患有阅读困难症，您一定感觉十分惊讶。所以对于那些患有同样困扰的人来说，只要下定决心，很多棘手的问题都完全能够克服。当然，有些时候，单词虽然拼写正确，但时态或许用错了，或者并不是您在这里所需要用到的意思，这种情况下您还是需要自己留意，但除了这些特殊情况外，多数时候计算机的自动检查功能还是相当可靠的。在施工图中使用计算机生成的字体效果也非常理想，因为做这类图时，清晰度高、速度快才是最为关键的要素。

## 巧用不同字体、字号

列举信息时，巧妙地运用各种不同形式的字体、字号有助于达到突显重要信息的目的，能够直观地凸显标题、表头等关键内容。这种巧用不同字体字号突显信息层次的方式有助于读者了解您所呈现的内容的结构和逻辑。以下是这方面的几点常用方法：

1. 大写、粗体、较大字号
2. 大写、粗体、较小字号
3. 大写、不加粗
4. 标题体例、加粗
5. 标题体例
6. 正文—小写

加下划线的方法不大符合惯例；通常情况下，只要运用得当，不同字号、不同行距的运用就足以达到凸显重要信息的目的。

## 平面规划图中的文字体例

文字的高度视图纸具体用途不同而各有差别。通常而言，所有给公众和客户看的图纸均应使用大号字体（5mm 以上），施工图则使用小号字体（2—3mm）。所有标签（极少数简短标签除外）均需与规划图本身保持一定距离，建议用带箭头的连线指向对应内容。信息通常按照从左到右（在欧洲和美国）、由上至下的顺序排版。相比横向排列的大段文字而言，分栏布局更利于阅读，版面看起来也相对整洁。

# 第 20 章　不同用途的图纸

图纸具有两个主要功能：第一，向客户推销设计理念；第二，指导承包商将已与客户达成共识的设计理念付诸实践，变成实实在在的景观或建筑结构。

要想将一个点子或者一家景观设计公司成功地营销出去，直接或间接地取决于图纸绘得是否理想。敷衍潦草的设计及图纸不仅无助于您将自己的点子（无论您自认这些点子多么棒）兜售给潜在客户，更无益于为您自己或您老板的公司树立起一个专业、敬业、靠谱、胜任的形象。为能够向客户推销自己的设计作品，设计图纸必须精心绘制。不仅因为这些图纸是您最好的营销媒介，可以向客户充分展示您的想法和设计技巧，而且还因为这类图纸是您给客户看的第一份资料。第一印象至关重要，若能留下良好的第一印象，则可获得回头客或客户推荐，进而帮助您获得未来长期合作的客户；但若印象不好，也有可能会毁了您的前程。这第一张设计图纸也很可能是客户最容易理解的图纸，因为它不是技术性图纸，重点在于以生动形象的方式呈现拟打造的景观或花园的预期效果。

图纸的另一主要作用在于告知施工工人如何打造景观以及在哪里修建。为此，图纸必须精确、详尽，明确给出所有相关信息、细节，或引导施工工人参阅其他相关图纸。事实上，可能除了一些极端简单的花园方案外，几乎每一项施工工程都需要一系列各种各样不同的图纸，每张图纸都包含某一方面具体的信息，从总体布局安排，到每一个构成要素的放大详图，再到如何将各不同元素组成一个完整的整体，内容几乎无所不包。显然，给承包商用的图纸必须使用行内耳熟能详、符合常规惯例的绘图技法，并且风格清晰、简单、客观、针对性强，只包括施工过程中某个特定阶段所需的信息。

## 有的放矢、信息精准

根据各种不同目的绘制不同图纸，其核心宗旨在于帮助承包商在施工过程中的某个特定阶段快速得到当阶段所需要的相关信息，仅此而已，其他一切无关信息均不应出现。很明显，如果建造一个景观所需的所有信息都列在同一张图纸上，图纸势必会显得杂乱无章，读者也极易混淆图中内容，想要得到自己所需要的信息一定相当耗时费力，而且极易遗漏某些重要信息，从而导致资金浪费，造成不必要的争端和延误。

为同一项目绘制一组图纸时，切忌让同一信息在几张不同图纸中重复出现，否则很可能造成信息混乱，因为项目实施过程中难免出现方案反复修改的情况。每张图纸都应有自己特定的备注和说明。比方说，假如“结构详图”中已包含了某一堵砖墙的所有相关施工要求，那么“硬质要素布局图”中就不需要再赘述上述细节信息。话虽如此，各个不同图纸之间也必须相互形成合理参照，以便能够轻松查找所需要的信息。备注、注释和图例中需清楚标出可供参照的其他图纸，规划图中如有需参照“结构详图”中的内容，需以 Dl、D2 等编号明确标注出来。这些参照提示应用带圈符号表示（线宽为 0.18），并以箭头线指向相关元素。在箭头线末端画一个小圆点，从而准确无误地表示箭头所指向的具体要素。箭头线需用细线绘制，以免过于显眼、喧宾夺主，以防将看图人的注意力从关键要素上分散开来。

设计图纸中则不应包含施工、结构等信息，不过可以提供些备选建议方案，也可就某小品要素的位置、材质选择等予以简要说明。而给承包商的施工图中的注释完全不同，基本上由一系列简明扼要的施工命令构成，没有解释、没有选择余地，只是准确无误地提供施工过程中所需要的基本信息。这类图纸中所使用的术语就好比部队里速记时所常用的风格，简单、干练、直接。例如：“供建造预制混凝土边缘，$600 \times 150 \times 50mm^3$，垂直铺设，与相邻路面齐平，纵向倾斜。PCC 边缘，$250 \times 250mm^2$，强度 C20、抗渗等级 P 的混合混凝土带地基，含梁腋。相邻草地表土与边缘齐平。”

## 剖面图和立面图——供客户使用

给客户看的剖面图通常是展示性图纸，目的是说明以侧面（或端部）的角度来看，项目场地将可能呈现出什么样子，不过，这种图纸的绘制基础是假想可以从场地中切下来一块，很可能还包括地面以下的部分，切割线所过之处的一切物体，统统都可以一切两半。这类剖面图的比例通常介于 1∶500 至 1∶20 之间，不过最常见的为 1∶50 和 1∶20。它们所呈现的是场地的轮廓概况，从中可以看出墙壁、路肩、河岸等各要素的水平变化。绘制剖面图的首要作用就是为了解释和说明设计师间如何处理水平面上高低起伏的变化。

剖面线上的物体（包括拟建的或既存的）均应采用粗实线绘制，以表示空间的闭合度及规模。远处的物体使用细线绘制，从而形成类似于背景向远处推移的效果。后面这种细节处理技法非常重要，因为它有助于忠实反映剖面特征、呈现所设计景观的真实样貌。道路 / 路径或路面基层可以写意式风格表现，以与软工程区域( 用阴影表示 )区域形成鲜明对比。不论景观表面如何处理，一幅成功的剖面图中的一个核心要素需包括一条鲜明、醒目的剖面线，这条线的粗度至少应达到 1.2 水笔的粗度，如果能再粗一点则更好。事实上，在主线之下由深到浅灰逐渐添加不同颜色的线，可以营造出非常醒目的对比效果。

供客户看的立面图其实就是站在项目场地一侧或一端所看到的实际景象，不涉及把物体切割成剖面的情况。例如，一张建筑物立面图上所呈现的内容可能就是房子一面或一端的墙，另外还包括窗户、攀缘植物，以及位于观察点与屋墙之间的各种物体。截面图是实实在在将建筑物一切两半，把楼层的内部结构呈现出来（图 20.3）。

无论是剖面图还是立面图，都无法体现“透视节略效应”。所谓“透视节略效应”，也就是远处天际线与地平线合而为一的现象，这种效应通常在三维透视图中能体现出来。

## 剖面图和立面图——供承包商使用

供承包商使用的剖面图和立面图所需遵循的原则同上，但也有一些重要的不同。首先，两类剖面图的用途不同。供承包商用的剖面图旨在告知如何将各构成要素组合成为一个完整整体。为此，这里剖面图的比例通常要大一些，一般介于 1∶50 到 1∶10 之间，最常用的为 1∶20 到 1∶10。比例必须足够大，比方说，大到足以清楚显示每个铺装单元之间、铺装单元与边界或其他相邻要素之间是如何接合的。这类剖面图不需要过于雕琢修饰，通常只显示一些必不可少的背景物体。

切割线沿路经过的物体，其轮廓线通常要比紧邻切割线后面的物体略粗。然而，也并不是所有物体都需要十分醒目地画出来。景观单元轮廓线最粗（线宽为 0.4 或 0.5），而地基、梁腋、垫层和基层材料相对更细（如 0.25 线宽）。立面图很少单独使用，更常见的是剖立面图，尤其是连续性剖面图，在这种情况下，切割线会横切通过多个不同表面及边缘，以说明它们之间是如何相结合的。

## 供客户使用的图纸

### 方位图

位置图与其说是一个平面图，不如说是其他平面图的一部分。通常情况下，位置图可通过从当地地图中摘取复制出相关的一部分而生成，不过，不按比例简单绘制一幅草图的情形有时也存在（图 20.1）。一般来说，通过复制地图制作的位置图相对更可取，尽管有时需要在图中额外在添加一些标签，以突出显示某些地标和主路，帮助更容易定位相关项目场地。如果图是按比例绘制的，则必须提供相应比例尺和指北针。位置图并非仅仅供客户使用的图纸，不过，与施工图对应的位置图往往需要按比例绘制，如包括多张图，则需说明哪张图对应于整体项目中的哪个部分。

### 概念图

绘制概念图时需要用到现场勘查中所获得的资料，根据勘查结果首先绘制一幅基础图，注明待保留的各元素。这一基础图可多次复印，也许需要缩印，并用于分析现场概况。在这些区域平面图中，可以用图表的形式将现场评估所获全部信息予以描述。例如，通过不同颜色或阴影的使用，来标明某一区域属于潮湿区还是干燥区、暴露区还是遮蔽区，位于阳面还是阴面、私密性高还是可以一览无余等等（图 20.2）。

各不同区域的平面图准备就绪后，就可以着手绘制下一步的整体布局平面图，从而确定空间宏观布局，确保各要素和谐分布，同时充分考虑各种可能存在的制约因素。例如，如果是一个相对幽静、朝阳、树荫浓郁的区域，则不妨考虑在这里安排一个阳光露台。有时，行内人亲切地将这些在项目早期画的草图称之为“香烟包装纸图”、“信封背面图”，用句更时髦的非行业术语，也称作“近邻图”，可以基本完整地体现项目空间的周边概况、规模、布局及功能等等。在这个早期草图（形式、概念都仍处于相对模糊的阶段）的基础上，第一张完整的设计草案也就基本成型了，不同空间之间的互动、各空间的用途及功能，可用于围合或连接不同空间的各种软、硬景观元素等等，基本在这一张图上就有了比较成熟的反映。至此，着手准备一些透视图、照片、细节草图、示例等，将有助于设计师以一种相对用户友好的方式来阐释自己的设计理念、预期的景观特征等等。如果需要向客户推销您的设计点子，或在与当地规划主管部门开会时，能够做到这一点将尤其重要。

### 终版布局设计图

终版布局设计图比例尺比设计草图相对更大。在此基础上略加修饰润色，便可作出精美的演示图，向客户、规划主管部门和公众推销自己的设计理念。生动的图案应使用不同纹理和笔法，通过填充和阴影等不同手法的应用来营造三维效果。布局图应精准、精确。

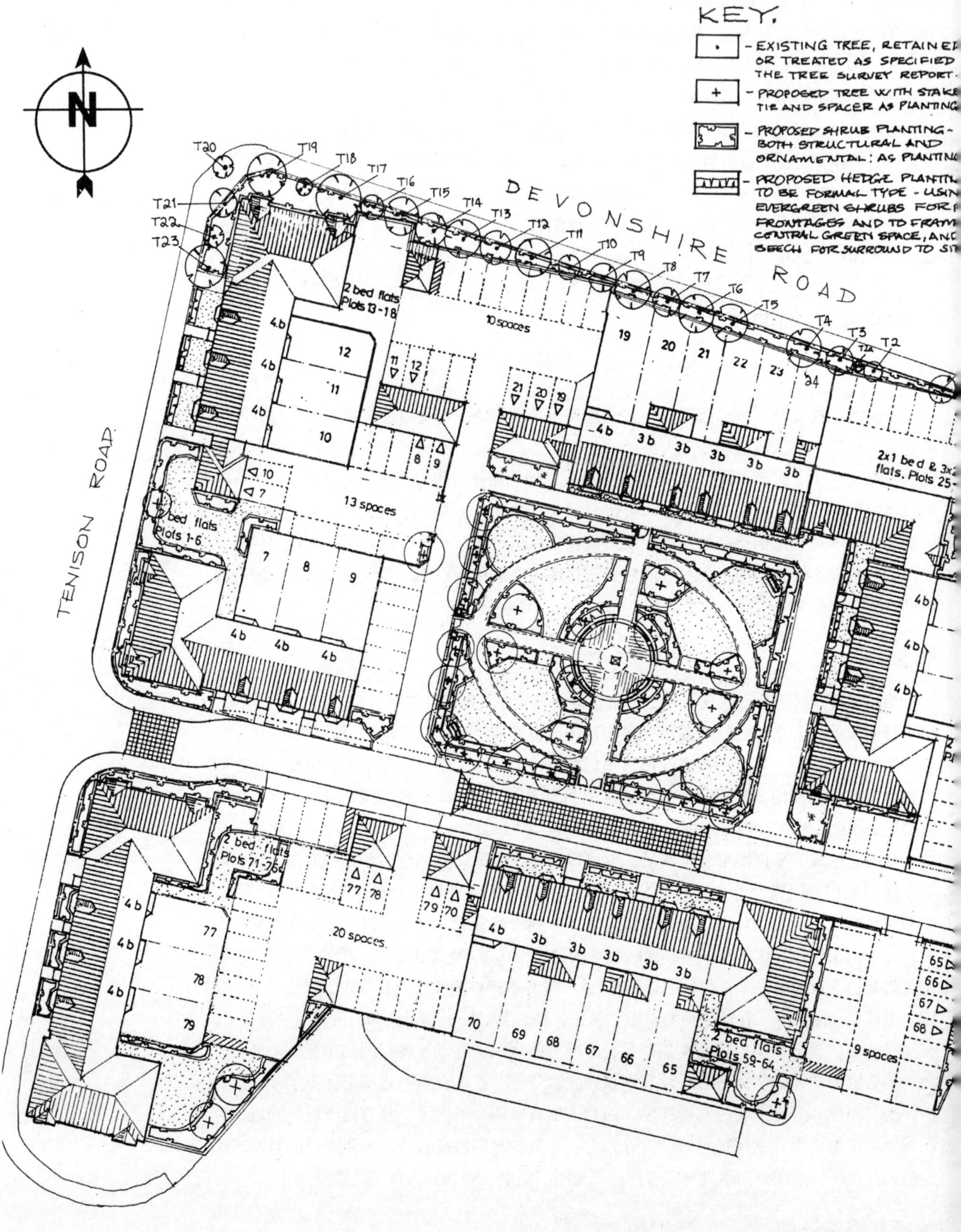
KEY.
- EXISTING TREE, RETAINE
OR TREATED AS SPECIFIED
THE TREE SURVEY REPORT.
- PROPOSED TREE WITH STAKE
TIE AND SPACER AS PLANTING
- PROPOSED SHRUB PLANTING -
BOTH STRUCTURAL AND
ORNAMENTAL: AS PLANTING
- PROPOSED HEDGE PLANTIN
TO BE FORMAL TYPE - USIN
EVERGREEN SHRUBS FOR
FRONTAGES AND TO FRAM
CENTRAL GREEN SPACE, AND
BEECH FOR SURROUND TO SI
N
DEVONSHIRE ROAD
TENISON ROAD
T20
T19
T18
T17
T16
T15
T14
T13
T12
T11
T10
T9
T8
T7
T6
T5
T4
T3
T2
T21
T22
T23
2 bed flats
Plots 13-18
10 spaces
13 spaces
2 bed flats
Plots 1-6
2x1 bed & 3x
flats. Plots 25-
2 bed flats
Plots 71-76
20 spaces
2 bed flats
Plots 59-64
9 spaces

图 20.1 位置图

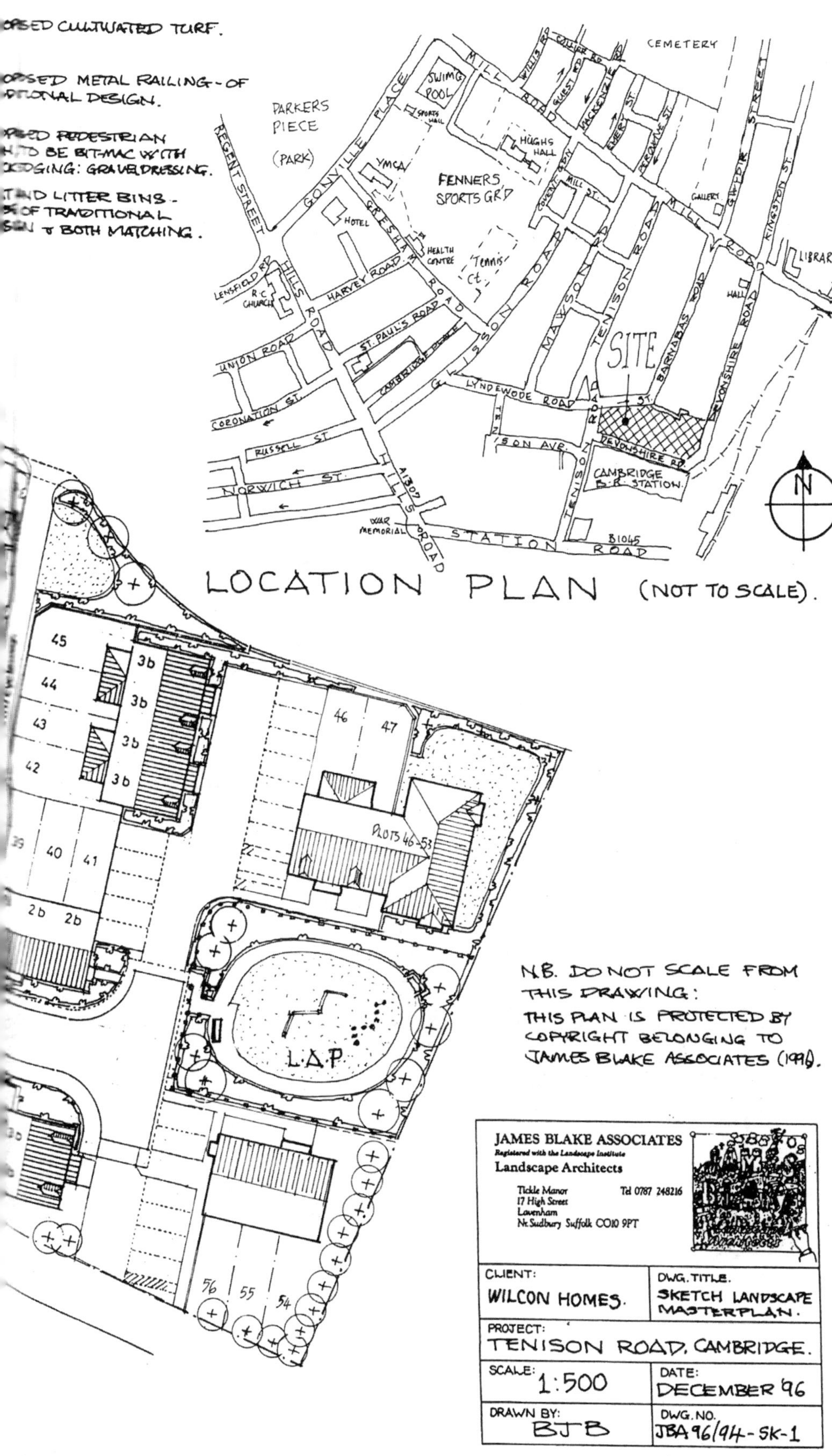
LOCATION PLAN (NOT TO SCALE).
PARKERS PIECE
(PARK)
FENNERS SPORTS GR'D
CEMETERY
SITE
CAMBRIDGE B.R. STATION
LIBRARY
REGENT STREET
GONVILLE PLACE
HILLS ROAD
MILL ROAD
TENISON ROAD
DEVONSHIRE ROAD
STATION ROAD
LYNDEWODE ROAD
HARVEY ROAD
ST. PAUL'S ROAD
UNION ROAD
CORONATION ST.
RUSSELL ST.
NORWICH ST.
YMCA
HOTEL
SWIMG POOL
HUGHS HALL
N
PLOTS 46-53
L.A.P.
N.B. DO NOT SCALE FROM THIS DRAWING:
THIS PLAN IS PROTECTED BY COPYRIGHT BELONGING TO JAMES BLAKE ASSOCIATES (1996).
JAMES BLAKE ASSOCIATES
Landscape Architects
Tickle Manor
17 High Street
Lavenham
Nr. Sudbury Suffolk CO10 9PT
Tel 0787 248216
CLIENT: WILCON HOMES.
DWG. TITLE. SKETCH LANDSCAPE MASTERPLAN.
PROJECT: TENISON ROAD, CAMBRIDGE.
SCALE: 1:500
DATE: DECEMBER '96
DRAWN BY: BJB
DWG. NO. JBA 96/94-SK-1

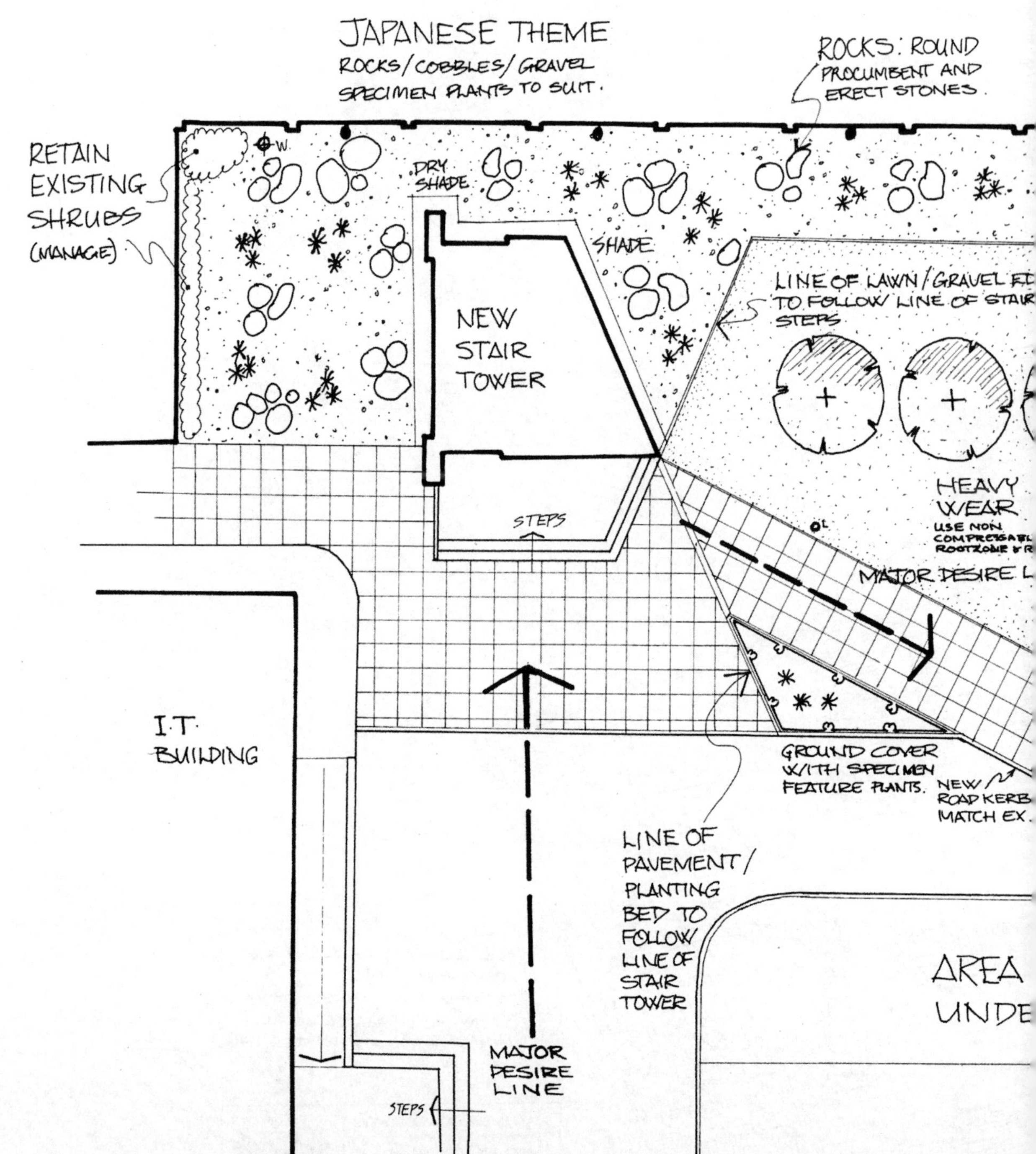
JAPANESE THEME
ROCKS/COBBLES/GRAVEL
SPECIMEN PLANTS TO SUIT.
ROCKS: ROUND
PROCUMBENT AND
ERECT STONES.
RETAIN
EXISTING
SHRUBS
(MANAGE)
DRY
SHADE
SHADE
NEW
STAIR
TOWER
STEPS
HEAVY
WEAR
USE NON
MAJOR DESIRE L
I.T.
BUILDING
GROUND COVER
WITH SPECIMEN
FEATURE PLANTS.
LINE OF
PAVEMENT/
PLANTING
BED TO
FOLLOW
LINE OF
STAIR
TOWER
MAJOR
DESIRE
LINE
STEPS
AREA
UNDE

图 20.2 概念图

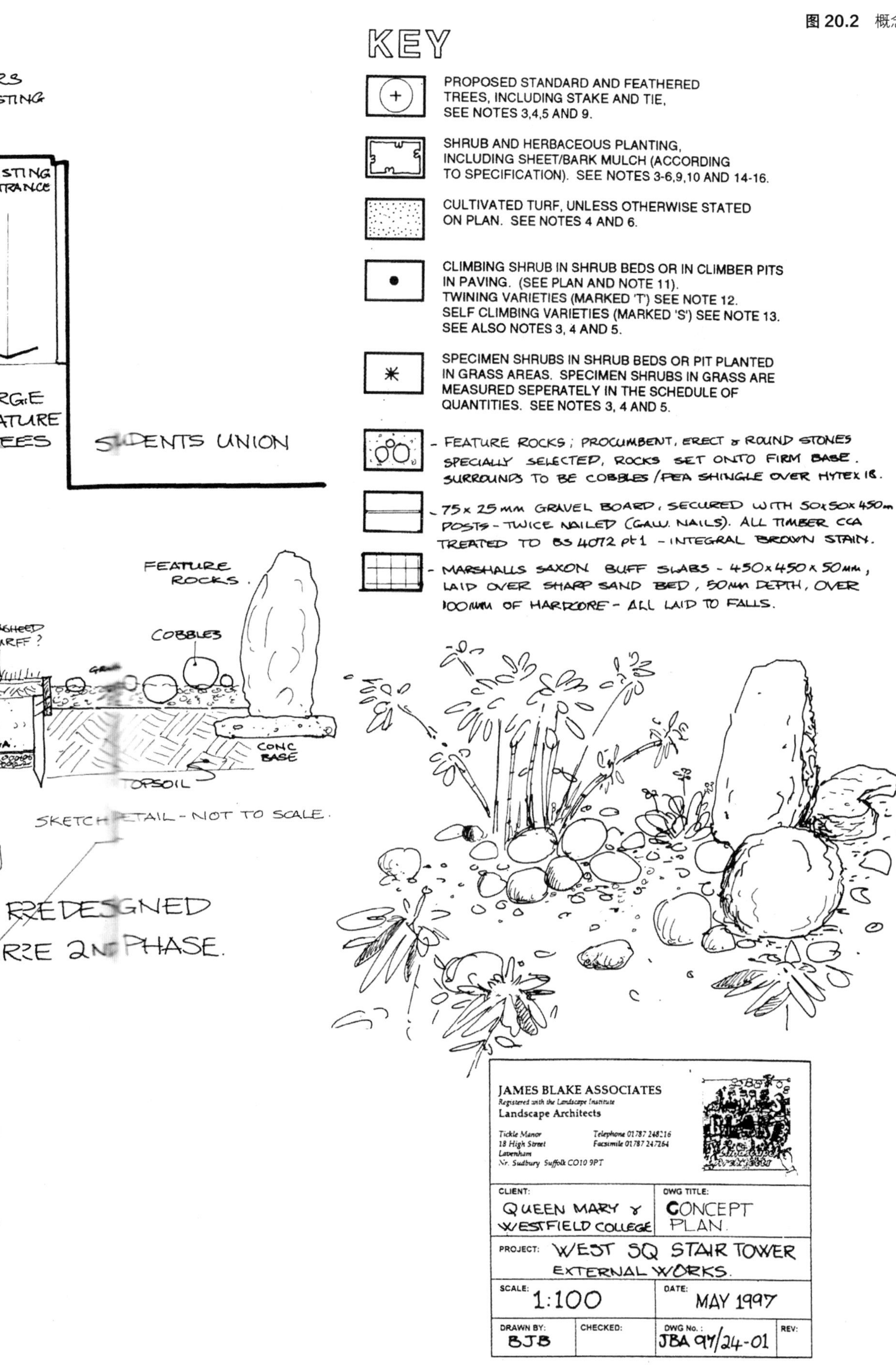
KEY
PROPOSED STANDARD AND FEATHERED TREES, INCLUDING STAKE AND TIE, SEE NOTES 3,4,5 AND 9.
SHRUB AND HERBACEOUS PLANTING, INCLUDING SHEET/BARK MULCH (ACCORDING TO SPECIFICATION). SEE NOTES 3-6,9,10 AND 14-16.
CULTIVATED TURF, UNLESS OTHERWISE STATED ON PLAN. SEE NOTES 4 AND 6.
CLIMBING SHRUB IN SHRUB BEDS OR IN CLIMBER PITS IN PAVING. (SEE PLAN AND NOTE 11). TWINING VARIETIES (MARKED 'T') SEE NOTE 12. SELF CLIMBING VARIETIES (MARKED 'S') SEE NOTE 13. SEE ALSO NOTES 3, 4 AND 5.
SPECIMEN SHRUBS IN SHRUB BEDS OR PIT PLANTED IN GRASS AREAS. SPECIMEN SHRUBS IN GRASS ARE MEASURED SEPERATELY IN THE SCHEDULE OF QUANTITIES. SEE NOTES 3, 4 AND 5.
- FEATURE ROCKS; PROCUMBENT, ERECT & ROUND STONES SPECIALLY SELECTED, ROCKS SET ONTO FIRM BASE. SURROUNDS TO BE COBBLES/PEA SHINGLE OVER HYTEX 18.
- 75x25mm GRAVEL BOARD, SECURED WITH 50x50x450mm POSTS - TWICE NAILED (GALV. NAILS). ALL TIMBER CCA TREATED TO BS 4072 pt 1 - INTEGRAL BROWN STAIN.
- MARSHALLS SAXON BUFF SLABS - 450x450x50mm, LAID OVER SHARP SAND BED, 50mm DEPTH, OVER 100mm OF HARDCORE - ALL LAID TO FALLS.
ISTING TRANCE
RGE ATURE EES
STUDENTS UNION
FEATURE ROCKS
COBBLES
CONC BASE
TOPSOIL
SKETCH DETAIL - NOT TO SCALE.
REDESIGNED
2ND PHASE.
JAMES BLAKE ASSOCIATES
Registered with the Landscape Institute
Landscape Architects
Tickle Manor
18 High Street
Lavenham
Nr. Sudbury Suffolk CO10 9PT
Telephone 01787 248216
Facsimile 01787 247264
CLIENT: QUEEN MARY & WESTFIELD COLLEGE
DWG TITLE: CONCEPT PLAN
PROJECT: WEST SQ STAIR TOWER EXTERNAL WORKS.
SCALE: 1:100
DATE: MAY 1997
DRAWN BY: BJB
CHECKED:
DWG No.: JBA 97/24-01
REV:

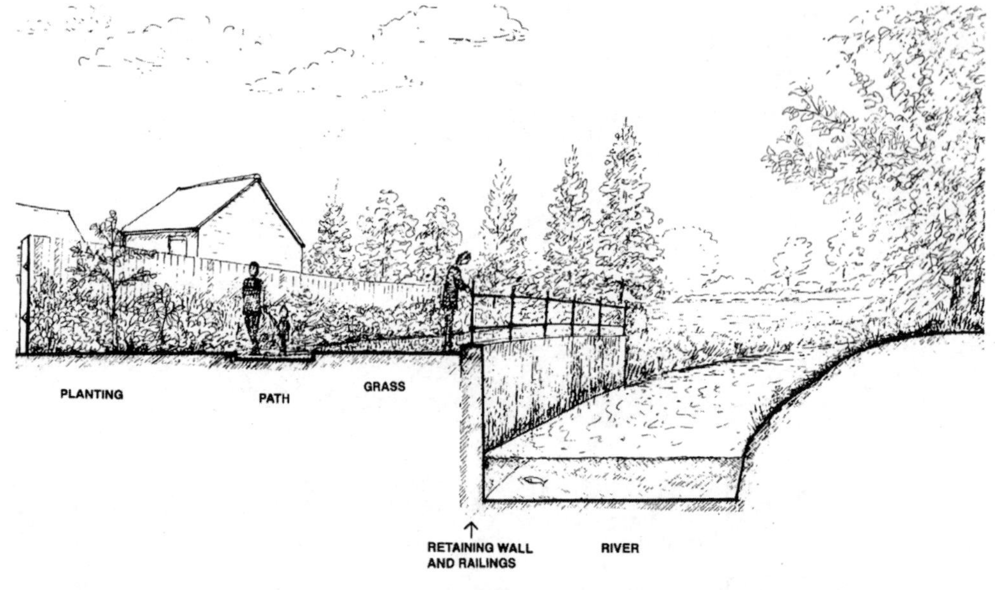


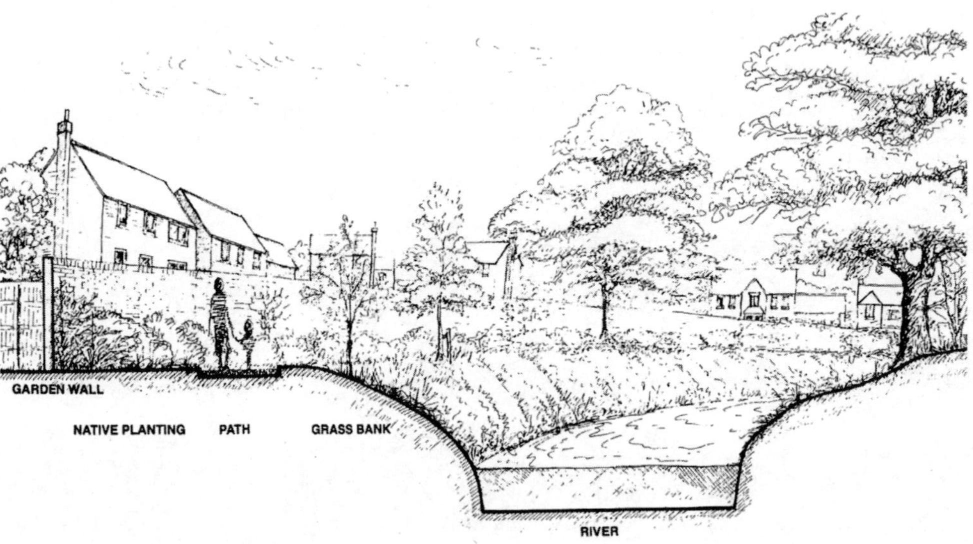


**图 20.3** 河边人行道——立面图

**图 20.3** 最后一部分

为突出强调和展示设计师的理念及特色，可充分运用个性化的绘图风格。在符号使用方面，应尽可能使用相对直观、让人一眼就能判断出所代表对象的符号，避免使用地图、施工图中常见的指示性符号。

尽可能使用多种不同宽度的线条来绘制植物，以区别拟种植植物的高度。通过不同纹理、模式的运用，可达到你想要创建的各种不同树叶效果。树木图案需包括枝叶等元素，外轮廓需用细线绘制，不过，位于北侧（阴影处）的线可以略粗，以帮助呈现三维效果。影像法至关重要。阴影应以 30° 或 45° 的角度向北或西北方向投射，同时，物体上背阳的一面及地面均应体现出阴影效果。图纸上应能够明显看出地面的纹理，但切忌过于显眼，细腻的纹理胜于粗粝的纹理。

开展公众咨询、公众需求调查以及向潜在客户推销你所在的设计公司等活动时，终版布局设计图尤其有用。将这些图纸装裱起来挂在公司办公室里效果会非常好，而且客户们很可能也非常乐意将它们挂在自己的大厅或办公室中。

如果能辅以质量上乘透视图（不妨用彩图），或辅以轴测平面图、三维草图和剖面图等等，那么，终版布局设计图将具备超强表现力及感染力，有利于清晰、准确地阐释你的设计理念。事实上，水彩画由于自身固有的特点和半透明性，非常适合表现景观设计内容。如今，多数情况下，计算机生成图（CGIs）已取代了手绘图，因为前者有利于创建动态画面，且具有模拟测试功能。这种透视图可直接导入布局设计图。设计公示期间，在等待和接受公众评审的过程中，这一绘图软件包尤为有用。比如说，在规划及征求公众意见阶段，某些有争议的拟开发项目就尤其需要用到这类软件。事实上，对于共有领域的设计项目，比如在学校、大学、市中心、公园及游乐场等项目建设过程中，征求公众意见就是个必不可少的环节。

## 供承包商使用的平面图

施工图专指承包商在建设过程中必须严格遵照执行的规划图纸。施工图必须绝对清晰，完全精确，少有花哨的装饰，大量使用易于一眼识别的常规符号及标识。一般来说，只要满足了上述标准，那么，这些图纸就将能够在极大程度上帮助你将自己的设计点子按照预期的方式付诸实践，不必违心地作出妥协，除非是因为您设定的成本预算过低，随后造价工程师为了将成本控制在客户预算之内提出了新的要求。不过，那就是另外一回事了。

与通用图纸绘制类似，这类图纸中符号的运用一般也遵循 KISS 原则（即 Keep It Simple Stupid，“从简从笨”原则）。所有符号均必须清晰、符合惯例（在实际情况许可的范围内尽可能如此）、独特（也就是说，符号与符号之间必须有截然不同的区别）。应酌情选择粗细宜当的线条，因为无法借助纹理、图形等手段来区分不同表面间的差异。

图纸中每一个项目均应清晰、完整呈现。比例尺选择务必合适，需足以让你恰当表现出景观的边缘，比如用不止一条线来表示 38mm 宽的木质边缘。理想情况下，所有边缘都应绘制为双线，以示某一边缘的厚度明显不同于其他边缘。马路牙子通常用单线表示，一般为粗虚线或点虚线。绘制明细施工图时，明确区分不同类型的边缘非常重要，对承包商而言则可谓成败攸关，因为否则的话他们就没法准确判断哪种路面情况下该用哪种边缘。比方说，假如您设计了一种地面铺装方式，这种铺装方式要求在边缘处加设边缘材料，但您在图中却没有把这一点明确标注出来，那么，极有可能，在编制工程规格或制订工程量清单时，就会把它遗漏或忘记算进去，以致造价时没将它考虑进去，到最后只能把它当成额外追加的费用（这对客户来说意味着额外的开支，恐怕没几个客户愿意心甘情愿接受这点）。

## 位置平面图

位置图与设计平面图中的对应部分大致相同，不过，位置平面图中的现场场地轮廓和编号通常会用阴影标出，体现项目在整个场地中的相对位置。因为施工图通常需要放大比例以便更清晰，所以平面图看上去在整个场地中只占一小部分。可以采用参照索引，提示某图与场地上其他不同区域之间的参照位置及状况，如，用虚线勾画出只带有相应图纸编号的平面轮廓。

## 硬工程布局规划图

这种规划图通常简称为“布局规划图”，因为它几乎涵盖了除植物分布之外所有的硬工程信息。图中仍可使用遵循英国标准的灌木种植符号，以表示种植区域位置，但不会详细标记植床划分情况，也不会具体注明植物名称。

这种图纸主要用于体现设计方案所涉及的各种硬景观要素及所有材料，平面及平面变化、检修孔（和低于地面的平面）、沟渠、格栅、排水系统及其他服务通道、路缘石、坡道、台阶、边缘、铺砌类型、墙、栅栏、栏杆、大门、照明和街道设施等，在图中都需要有清晰的标注或图例说明。

假如针对某一特定元素的解释信息过于冗长复杂，无法在图例中完整显示，则可在该元素旁以 D1、D2、D3 等带圈数字编制参照索引编号，该编号与另一个图文框相对应（通常称“施工详则”）。而后，图例中只需简略概括即可，例如：“采购、平铺砖面，人字形，参见施工详则①”。这就表明，施工详则①对应于人字形砖面，不可与相邻位置的篮状编织铺面区混淆，所有相关材质、施工信息在对应的施工详则中均可找到。

如果您需要在图纸中体现出不同细节之间的实际连接和组合的方法，有时需要添加一个该场地的展开剖面图。除非主平面布置图中仍有大量空余空间，否则该剖面图通常须用另一张图纸单独绘制，并标注单独的图纸编号。在主平面布置图中会清楚标明剖面线的位置，以精确显示其位置、视图方向和范围。剖面线的线条略粗，介于 0.6—0.8 之间，在平面图中十分突出。剖面线通常不会横贯整个平面图（否则很可能喧宾夺主，淡化图纸中某些重要元素），但需注明线的起点和终点，长度通常为 2.5cm，然后沿截面的方向折返大约 1cm。在折返线的末尾绘制一个箭头，以清楚显示该剖面图的剖切方向，其剖面线的折返点应在剖面的外部。在折返线两端的箭头旁都需要写一个粗体的大写字母，通常是“A”或“B”。这就表明，该部分与详细剖面图中编码为“A-A”、“B-B”等的图纸相对应。需特别注意，切不可将它与常用注释 A-A1、B-B1 等混淆，后者用于表示线的长度（用于描绘栅栏、墙、树篱等）。

## 种植平面图

种植平面图主要体现拟设的软质景观元素（如树木、灌木、草地等），不需要绘制任何铺路图案或纹理。可将细节描述、标签以及其他各种对平面图整洁度不利的内容清除（CAD 软件可清除这些内容），以便留出较大的空白添加植物名称，并用箭头指向相应位置。可对拟设的植床进行划分，以便设计师做出详细的植物选择方案。实现这一目的有几种不同方法可选择，其中，“画圈法”是解决植物间距、分组最简便的一种。具体来说，就是首先画出一系列圆圈，以体现所选的某一植株要求的间距，在每个圆圈中心画一个点，以表示树干所在位置。然后用 0.18 的线将所有这些点连起来，表示它们为同一树种。再然后，用一条箭头线引向图纸或植床边缘，标上“4 株墨西哥菊”等字样。切记：先写数量，后写植物拉丁语名称，例如，根据绘图惯例（在所有建筑规范中），植株数量需写为“4 株”，避免只写一个数字“4”，以免与目录参考号、名称、品牌等相混淆。

“画圈法”的主要缺点在于它只适用于较小的范围（绘制比例为 1∶50），一是因为画图比较耗费时间，二是因为用这种方法绘出来的平面图十分复杂。不过，这种方法对了解植株大小、冠幅等大有帮助。CAD 制图和手绘制图都可使用这种方法，只不过速度相对较慢，对商用设计场合以及经验丰富的种植设计师而言未必适合。

速度最快、也是最常用的办法是将灌木植床简单划分为一系列彼此相连的小格子，预算出某区域内所需植物的种类和数量。暂时不必考虑具体的植物品种（这点可以等到后期再考虑）。这种划分方法有助于确保有足够的空间来容纳特定的盆栽尺寸，适用于种植地被植物、中等高度的灌木或大型乔木。植床划分完成后，就可以开始考虑选择种植植物了。用箭头线引向平面图或植床边缘（与其交叠至少 1cm，然后按照常规方法选择植物的数量和种类）。测一下每个小格子的面积，再乘以所选植物品种所需的合适间距，就可以计算出所需植物的数量。LandmARC（由 LandmARC 计算机服务有限公司研发—www.lanmarcdirect.com）等 CAD 软件包不仅可以帮你算出所需植物的数量，还提供一系列下拉式菜单，根据你在划分植床时设定的不同高度段提示你有哪些植物类型可供选择。

## 放样图

放样图的比例有时与硬工程平面图相同，有时比例会更大一些。依照其字面意思，放样图便是将布局规划图中涉及所有物体都在地上摆放出来。虽然它只是简单地表现出每个元素的轮廓，细节只需能区分出不同线上的各元素即可，但由于它是经过润色美化的图，因此可呈现出多维特征，非常醒目。这种图主要提供测量数据，比如不同元素之间、各元素距现场某些已知固定点的距离等（当然也可能包含水平面高度值，不过这些通常仅仅出现在硬工程平面图中）。图纸应尽可能清晰、整洁。但如果不能很好地区分一系列非常复杂的、各种不同类型的表面，就很容易引起混淆，最终导致代价极为高昂的错误（图 20.4，图 20.5）。

物体两边之间的距离，比如说道路两边之间的距离，通常最好用尺度线（线宽 0.18）来表示；画这种线时，线条应超出道路边缘约 20mm，线与道路边缘相交的点应用对角线标记，角度为 45°，长度 3—4mm（线宽为 0.4 或 0.6）。具体的数字（例如 3.6m）应标注在横线上方中间位置。数字单位需整体统一，一般以米或毫米表示，如 3.6m 或 3600mm，通常不用厘米。

若想要确定场地点和线的顺序，有必要先选择一个现有固定点（如场地中现有建筑物的一个拐角），然后围绕该固定点在整个场地范围内连续测量。可另外绘制一条贯穿整个场地的线条（线宽为 0.18），将穿过或接近该线的所有规划元素、方向变化等类似信息，都标记在线上。与此动态测量线相交的元素可以用箭头进行标记（线宽为 0.4 或 0.6）。在动态线的每一侧画一条 10mm 长的垂直线（使其 90° 交叉为十字）来表示动态线周围的特征，使用箭头（线宽为 0.4 或 0.6）标记该交叉点并指向其起点位置。每一个交叉点处都写一个测量数值，其位置通常与平面图形成直角或垂直于动态测量线。这些测量数值为累加数字，例如，以房子为起点，穿过前花园的距离可能依次是 2m（通道）；4m（植床宽 2m）；10m（草坪宽 6m）；12m（植床宽 2m），最后到达边界围栏。

如果（规划元素中的）一点或线没有紧邻此动态测量线，但距离并不算远，可以纳入测量线范围，那么可以通过偏移动态测量线（或确定不属于场地边界轮廓的固定点）来设置这些点。动态测量线或边界线标记在与元素相对的一侧，并且穿过偏移线的元素及物体与线形成 90°（沿着偏移线的其他元素可能会与其相交）。如上文所述，在交叉点处绘制一个箭头，但元素本身边上也要另画一个箭头，箭头边上写上距动态线的距离。可以使用偏移法设定任何不规则形状，方法是沿着其长度（例如间隔 2m）选取规则的测量点。

规则曲线应使用半径点来绘制，并用十字表示。自十字中心（圆心）位置到圆的边缘画一条带箭头的线（线宽为 0.18），箭头与圆周上一点相交。连接圆心与圆周上任一点的这条线就是半径，具体数值可均应分布写在线旁。例如，如果半径为 2.5m，就可以写上“R=2.5m”。确定半径点时，必须在二维视图中从边界或其他固定点来确定。这样，承包商便能够轻松地找到该点，借助钉子、绳和画场地标线用的油漆罐，就可以在地面上划出精确和光滑的曲线。有时，可以沿圆周线在 300—500mm 中心处用钉子进一步标记半径点。

## 拆除方案图

这类图纸旨在说明场地中哪些区域有待拆除、挖掘和清运出去，哪些区域有待保留并予以妥善保护，哪些区域有待保留并略加修缮。各区域分别以阴影和交叉阴影显示。阴影部分需用粗笔来画，因为这种图纸的目的在于向现场施工工人说明需要在什么具体位置进行挖掘，挖掘深度如何，哪些位置需要进行拆除等等。对于待保留或清除的表面、结构、道牙和边缘，图纸中会大量使用点线、虚线和实线等予以标注。

拆除方案图是另一种需要按照与布局图相匹配的比例尺绘制的图纸，一般比例通常是 1∶100、1∶200，偶尔也会是 1∶250。拆除方案图内容主要包括两方面：

1. 所有需要拆除、爆破、挖掘或挖除 / 砍伐的区域均用纹理或阴影效果突出显示，以明确标明需要施工的各个区域范围。图纸中应详尽写出工程进度、工程量等信息。
2. 所有待保留但需要改善或修复的项目均应单独另行记录和安排。这些修复工程统称为“破损修复工程”。

## 细节平面图

视场地规模不同，在某些情况下，大多数场地都完全可以按 1∶100 或 1∶200 的比例画出令人满意的图纸，向造价承包商、施工承包商等各方提供清晰明确的布局图。然而，对于一些面积偏小、设计繁杂、细节极为丰富的场地来说，上述比例恐怕很难满足需要。比如说，工程可能涉及多种不同的路面铺装方式，众多不同的水平面、落差、排水渠、路缘石和边缘石等等，而且这些任务的完成情况对整体方案成败及日后正常使用具有极为关键的作用，在此情况下，就需要按照 1: 50 的比例来绘制相对更为详细的平面布局图，以便清楚地显示边缘、表面等所有各种元素的构成及其相互之间的关联。

这些图纸实际上相当于是硬工程平面布局主图中某些局部的放大图，所以两者之间必须能够相互参照。在硬工程平面布局主图中，这些区域通常会用边界线（通常是用实线或黑虚线）圈出或框出来，并编上相应编码，与对应的细节图相互构成参照。

对于软工程平面布局图，同样也可以绘制这种详细的平面布置图。如果工程涉及观赏植物、草本植物等繁杂的种植方案，那么将这部分放大细化则尤为重要，因为这些种植方案对精确度的要求较高，而且还要将许多种不同类型的植物品种密集地拼叠在一起。与上文类似，这里也需要用 1∶50 的比例。

## 结构详图

结构详图是将景观中某一特定元素（通常指硬质元素）按比例放大、并予以进一步详细解释说明的图纸。详图旨在展示各构成要素之间的相互关联，因此剖面图、立面图和平面图等各类图纸均有所涉及。比方说，对一段用预制混凝土（通常简称 PCC）板材铺装的路面来说，就需要用到剖面图，以显示板材、砂床和硬质底座等各组成部分的细节，以及

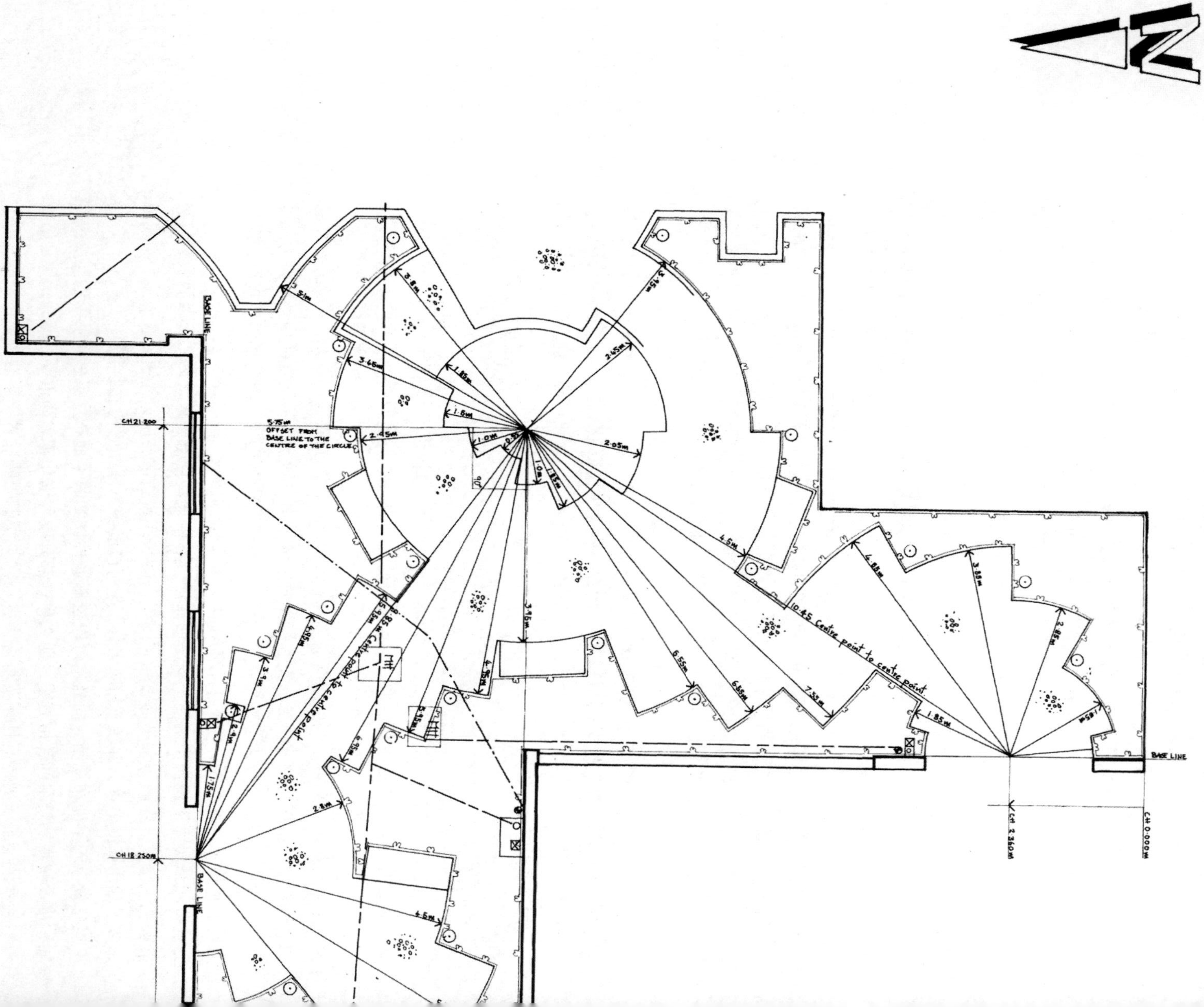

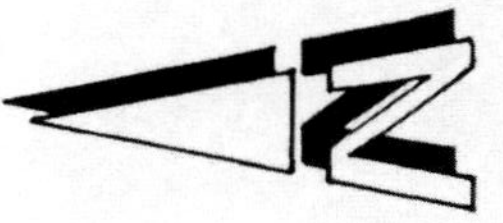

图 20.4 放样图

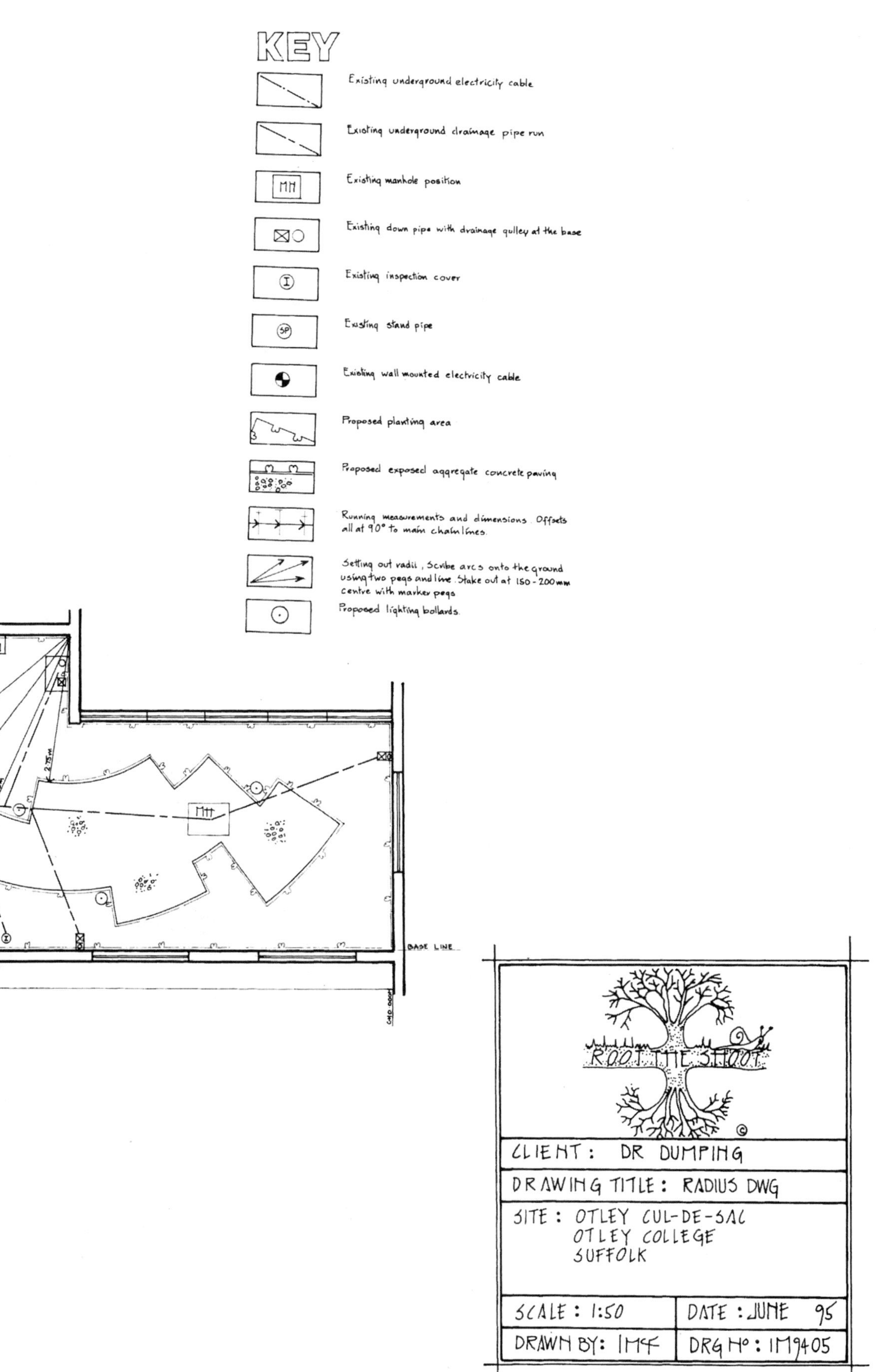
KEY
Existing underground electricity cable
Existing underground drainage pipe run
Existing manhole position
Existing down pipe with drainage gulley at the base
Existing inspection cover
Existing stand pipe
Existing wall mounted electricity cable
Proposed planting area
Proposed exposed aggregate concrete paving
Running measurements and dimensions. Offsets all at 90° to main chainlines.
Setting out radii, Scribe arcs onto the ground using two pegs and line. Stake out at 150-200mm centre with marker pegs
Proposed lighting bollards
BASE LINE
ROOT THE SHOOT
CLIENT: DR DUMPING
DRAWING TITLE: RADIUS DWG
SITE: OTLEY CUL-DE-SAC
OTLEY COLLEGE
SUFFOLK
SCALE: 1:50
DATE: JUNE 95
DRAWN BY: IMcF
DRG No: IM9405

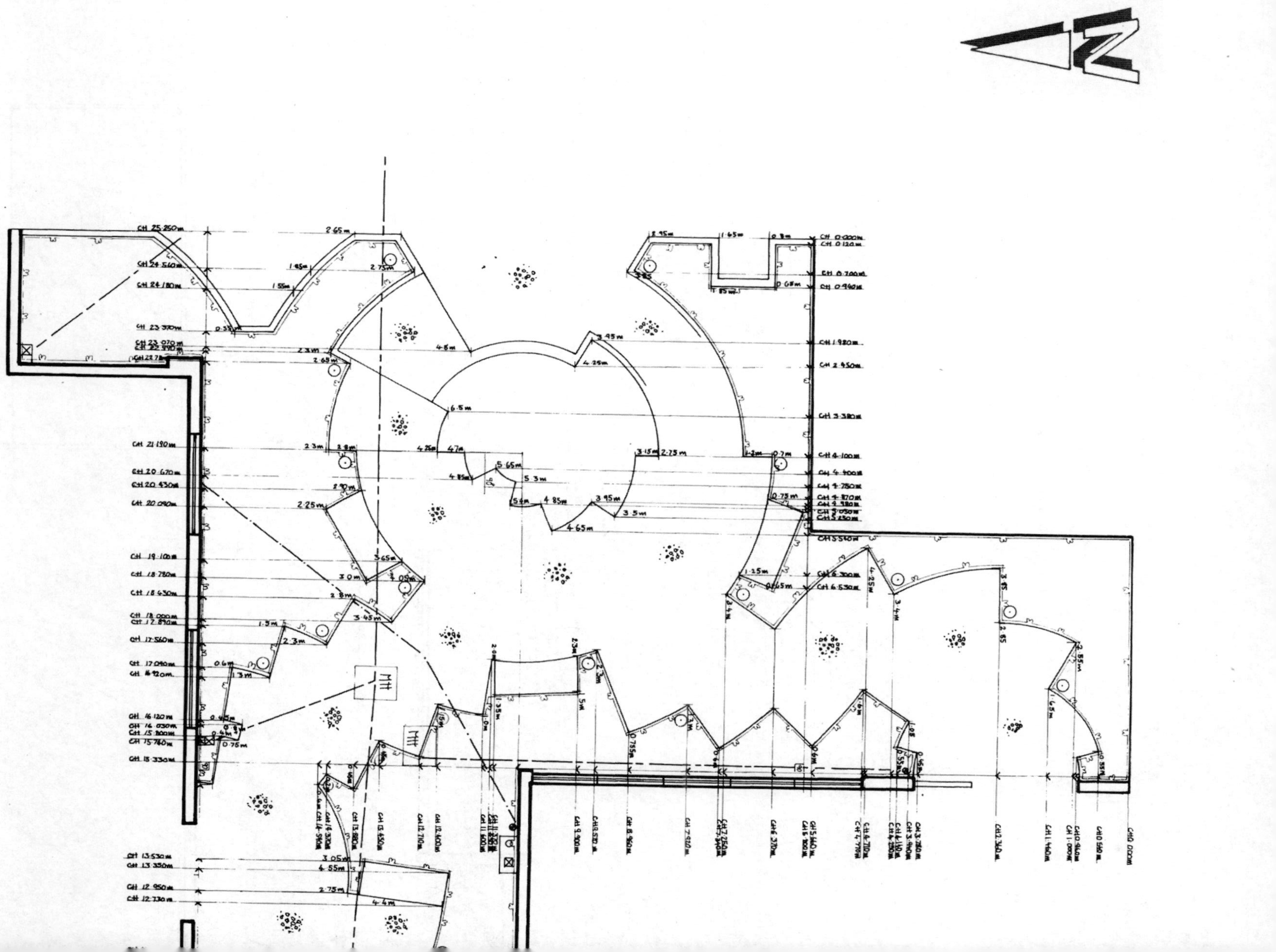

图 20.5 放样图：尺寸及动态测量

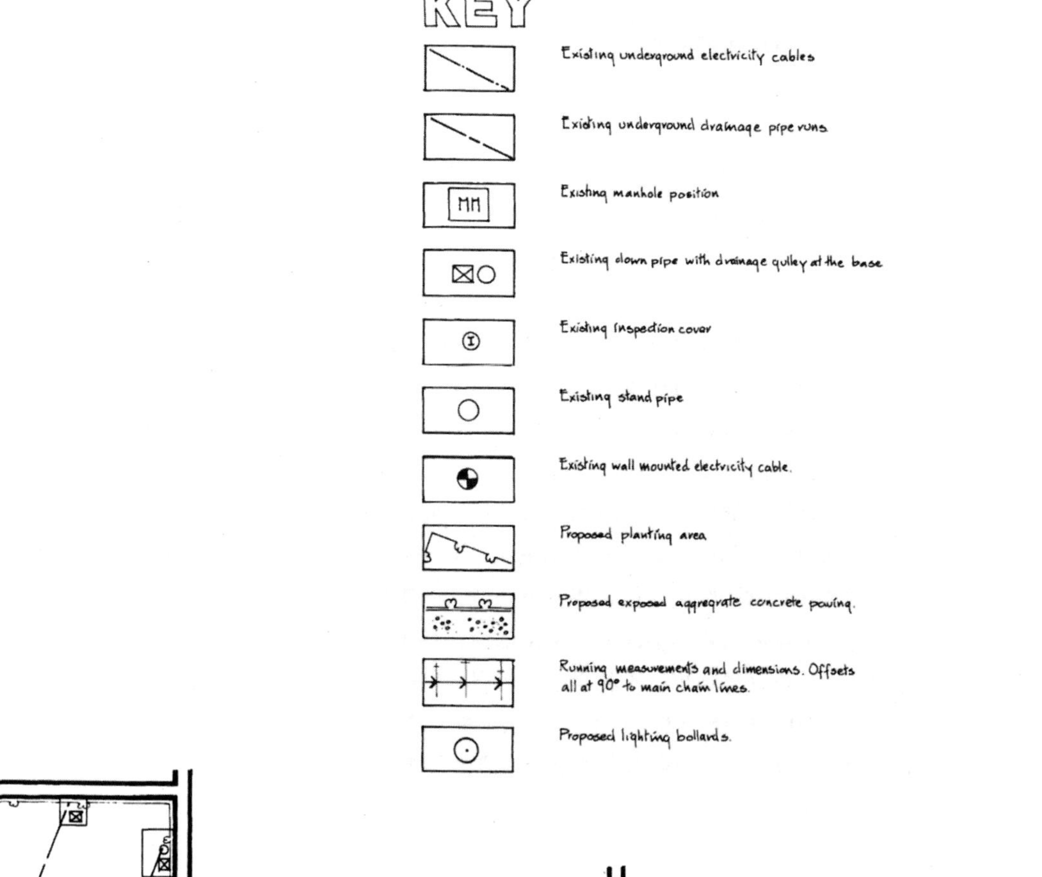


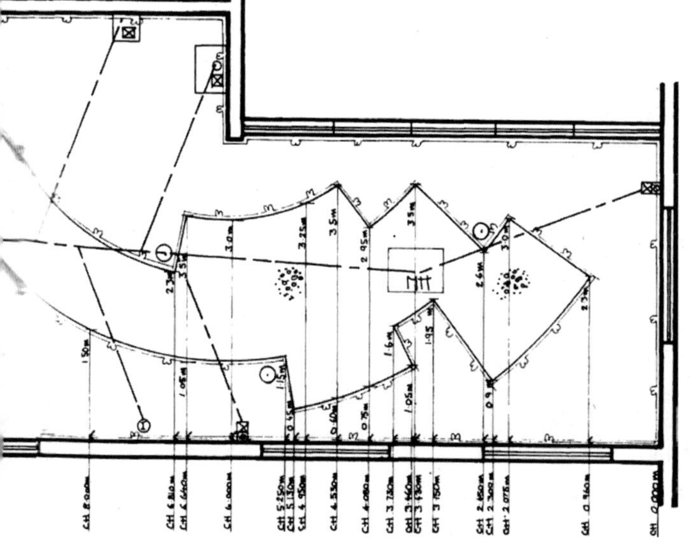

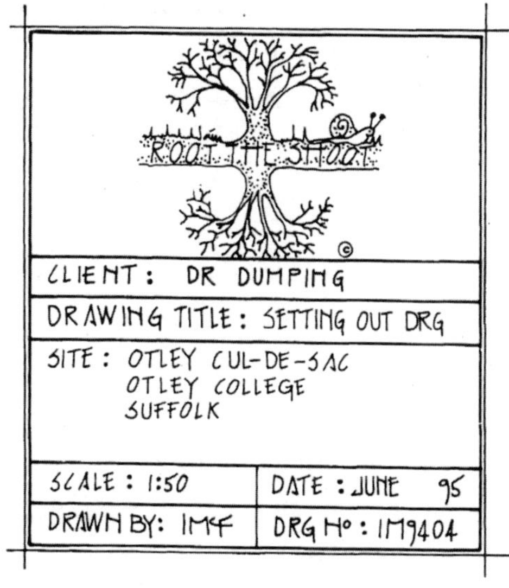

所有这些是如何铺设在压实的路基（或现有底土的坚实基层）上的。剖面图还可反映边缘处的处理方法，比方说，在以水泥砂浆为底的现浇混凝土基础上沿层砌筑边缘砖，路面高度、表土高度、边缘高度三者之间的相对关系等等。

至于铺砌方式，平面图上会显示出铺设图案，同样的内容在相应的剖面图中也会有所体现，后者还会显示表面、基层和底基层等信息。PPC 板（预制预应力混凝土板）也有多种不同铺设方式，因此，为避免听任承包商随意自行决断，必须在图纸上明确画出您希望要的铺设方式，而且还必须充分考虑画的方向，否则，很可能他给您作出了画面上的样子，但实际铺设过程却并不符合要求，进而造成更大浪费。这是 CAD 绘图中一个很常见的问题。阴影一般用于表示表面和粘合处，但其前提是假定承包商会按常识情理行事。然而，这种假定风险极大，很有可能您怎么画，承包商就怎么机械地执行。

虽然平面图一般多用 0.18—0.2 的线条来表示路面铺设模式，但挡土墙的平面图却要用 0.4 的线来表示水平面变化。剖面图通常也用细线绘制，线宽多介于 0.18—0.25，但所有单元材料（如砖和板）通常以 0.4 的线来绘制。

表示景观构件的大小、垫层和基层的厚度时，需要用到尺度线。尽管结构细节图本身也是按比例画的，但这么做依然很有必要。这是因为应该给承包商提供直接的尺寸数据，而不能指望让他拿图纸按比例计算——毕竟，图纸很可能经过了反复修改，大小尺寸也发生了改变，但厚度通常不会改变。不论如何，具体尺寸是一种精确的表述方式，而按比例推算即使做得再好恐怕也很难称得上一种科学精准的做法。正是因为这个原因，大多数图纸上都会明确标注："请勿根据本图纸比例推算尺寸。" 按比例量图本身就可能出错误，再或，平面图在复制过程中也难免出现被放大的情况。

详图中另一个常见注释是："所有尺寸单位均为毫米"，这样便可省去在每个数字后面都写"毫米"的麻烦。尺寸单位保持一致至关重要，视具体比例不同，建议酌情全部以米或毫米为单位。按照惯例，结构详图中表示构件大小时，罕有以厘米为单位的情形。

绘制结构详图时，使用立面图的情况相对较少，因为立面图只能反映地表以上的特征（墙、栅栏等）。结构详图的主要目的是说明各构件是如何组合成一体的，大多数硬工程项目涉及地面以下的工程，包括基础和基脚（必须绘制），对于这些工程而言，剖面图必不可少。立面图主要用于设计图纸，以反映某一景观的外观，而不反映其内部构造。话虽如此，对于围栏而言，底部剖面图固然也就基本能够体现其地基构造，但如果要体现栏杆、木板是如何连接成一体，进而形成围栏表面的立面图就必不可少。墙壁、网格栅栏等也同样如此。对于围栏，平面图有时也很有必要，以反映栏杆与柱子连接处的情况。

大多数（99%）结构详图的比例为 1∶20 或 1∶10，不过这一比例有时也可能扩大到 1∶20—1∶5，因为，虽然只是偶尔，但有时的确会出现需要全尺寸图纸的情况，比方说，绘制某些特殊的金属支架结构图时，就会出现这种情况。

# 第 21 章　设计公司管理通用惯例

专业景观设计公司运营管理过程中需要考虑的主要因素与大多数设计公司管理运营过程中需考虑的因素大致相同，可简要概括如下：

- **办公地点**　如果可以在家里或外源场所办公，那将是一种十分划算的安排。您将有机会用办公经费冲抵日常家用的部分支出。但如果您需要雇佣员工，就必须把这一因素也考虑进去，因为他们也需要到您家里，或者离您家很近。这就牵涉到隐私问题，也难免导致公私不分的尴尬。这些问题可以得到很好处理，但对其中的隐患你必须心中有数，并且制订出明确的规章制度来区分公、私两方面的事务并严格遵守，让团队每一个成员都明确了解您的底线。如果企业规模不断扩大，雇员数量增多到了一定规模，那么，考虑到空间、停车位或家庭隐私等问题，继续在家里办公恐怕也就行不通了。无论如何，降低管理费用、节约开支始终都是一个非常重要的议题。如果决定租用办公场所，务必要在合同中保留一条中止条款，这样的话，当公司因业务发展得很快，或者因经营不景气而不得不搬迁时，您还可以有一些灵活回旋的余地。
- **筹建办公设施**　这需要一笔启动资金，用于购置合适的计算机（适合 Photoshop、CAD 和 LandmARC 等景观软件包运行的硬件设备，其中包括便携式笔记本电脑、台式电脑和服务器等）、制图工具、带公司徽标和抬头的公文纸、公务便签、文具、办公家具（出于省钱的考虑，最好用二手家具）、A4 一体式黑白 / 彩色打印机 / 传真机 / 扫描仪 / 复印机（如 HP Officejet 多功能一体打印机）等办公用品。另外，还需要一笔日常运行资金，供设备日常维护保养、更新换代等开支需要。
- **您的愿景、使命及文化宣言**　制订明确的愿景是开公司必不可少的一个环节。所以，开公司之前您需要首先考虑以下问题：您希望得到什么样的最终结果？您的目标或最终梦想是什么？愿景表述必须提纲挈领、简明扼要、催人奋进，如："打造能上专业园艺杂志封面、能让客户成为朋友、让团队成员引以为豪的景观设计方案。"下一步是明确公司使命，阐明公司的具体业务内容有哪些、存在的意义是什么、目标客户都是哪些人、客户选择自己的理由是什么、公司五年后的发展目标是什么等内容。再其后，起草公司的企业文化宣言，围绕团队成员在行为举止、相互尊重、沟通交流、对待客户的态度和方式等方面该如何做等议题，制订出明确的说明。这一宣言必须在团队成员共同协商的基础上由全体成员共同完成。

· **角色分工与责任** 下一步，公司需要设定明确的职能部门。概括来说，一家公司需要具备以下基本部门：市场营销、销售、生产和交付、行政和财务，人力资源等，其中，最后一个部门的职责范围包括合同、岗位描述、培训、指导、激励员工并带动其积极性、反馈系统、管理程序、纪律程序、健康和安全政策、风险评估等。每一项业务职能部门均需指定一名核心负责人，负责打理其业务中的方方面面。最好在公司的组织构架中明确列出这些部门，以便让职责划分更加直观清晰。您甚至可以在组织框架图内把团队成员的名字姓氏缩写都包括进去，虽然在公司刚刚起步，销售、设计等事事都需要您亲力亲为的阶段所有这些名字很可能都是您自己的。然后为公司 5 年后的发展做一个组织框架——但愿到那时，您的姓氏缩写将会只出现在其中一、两个框中。公司组织构架图中设定的每个岗位都要附上一条书面的职责详解，对相应岗位员工的责任范围予以明确界定，并提出相应的任职资格要求。这些职责详解构成团队每位成员岗位描述的基础，您将以此为据招募成员，填补每一个职位，并逐一将责任落实到位。

· **市场营销** 市场营销的主要职能是将公司的设计服务推销出去。首先要设定一个目标，建立一个客户基础和稳定的工作流程。市场营销这个话题本身涉及面就极广，足够独立成书，不过归根结底，最关键的一点就是要首先找到一个切入点，通过尽可能多的方法挖掘潜在客户，例如通过车身图案、网络、广告、电话推销、开放日、演示、直邮等。创建一个好比香肠机工作原理一样的工作流程。以找到的切入点为开始，将它送进香肠机的喂料口。下一步便是向客户寄送宣传资料。公司徽标、文具图形一定要设计精巧，才能够引人注目。您必须知道公司的独家卖点（USPS）是什么，并在营销资料中强调这些卖点，其中应包括传单、附信和小册子。图片要多，文字要少，每一个字都要有意义。发送资料时附送一个小礼物（不用太昂贵），让客户能够记住您就好。几周后再给客户打电话，询问他们是否记得收到过您的信（还有那个礼物）。概括介绍一下公司的 USP，但切忌华而不实。每次通话内容都要以条目形式简要记录下来。跟客户预约一个见面时间,因为这是您真正开始建立客户关系的契机。在营销日志上记录下每次与客户通话的反馈，同时为自己设定一个成功拨通电话数量的目标，并记录拨打成功的电话数量。您需要不断调整策略，以更好满足客户的需求。要善于向客户提问，了解他是长期客户还是一次性客户，了解他希望对自己所在的场地做些什么改变，又希望景观顾问提供什么样的服务。认真倾听，并记录他们的需求。要做好准备，不轻言放弃，随时联系，不断跟进，才有望拿到订单。不要在没有经济实力，或近期刚刚从别处购买过同类服务的客户身上浪费时间。第一笔业务谈成后，务必确保按照约定的时间将质量上乘、堪称典范的设计方案交付给客户，及时随访了解反馈,并保持联系,寻找下次合作的机会。营销可能是个时断时续、并不连贯的过程，但建议最好每周保持定时联络。最重要的是,要多读市场营销方面的书籍,不断学习。

· **生产和交付** 为了满足客户的要求，保证在最后期限前完成工作，景观设计的生产管理环节需要制订一套合理的流程和协议，确保接受任务、编制项目文件、咨询客户、制订并打印总体工作计划等环节均顺利落实。在上述基础上形成一份项目概要说明并征得相关各方同意。项目概要形成后，下一步便是作价、报价，并就价格达成协议。价格商定之后，紧接着就要开始现场勘察、利益相关者（如规划官员、服务公司、其他咨询机构等）会谈等必要的工作，所有这些都需要按要求逐步落实。工作计划本身需要以客户要求的最终交付日期来确定，为每一阶段的工作留出充分的时间。设计工作完成后,需要认真检查、修改并发给客户征求意见。收到客户反馈意见后，要对方案酌情修改，并在更广泛的范围内征集意见。整个过程需要制定一个流程图。

这一过程中的每个环节都可以通过 Pillar 软件公司生产的 Profess 等“工作管理和成本核算”软件追踪管理。

· **时间管理** 加强工作流程管理，避免延迟交付，从而维持稳定的现金流，这是企业的命脉所在。打破工作流程中的瓶颈对于公司的运营至关重要，其中，最困难的部分是如何做到严格遵守计划的内容和要求。公司运营二、三年之后，这一点会变得尤为艰难，因为到这个时候，您经常会接到大量来自前客户的后续电话，要求进行一些小改动，或查询一些相关问题，这些叠加起来会严重分散您的精力，对集中精力完成核心工作产生重大不利影响。时间管理是一门需要认真学习的科学。关于这个主题，市场上很多非常不错的书，比如《吃掉那只青蛙！》就是很好的一本。不妨每周制订一份常规日程安排（横向列出日期，纵向列出待完成的任务）。留出大部分时间打理您的重要事务（用各种不同颜色突出显示），只留少量时间来应对咨询、会面及其他冗务。日程一旦做好，就必须几近严苛地遵守。假如客户在您原本应该打理重要事务的某一天提出了要求，需要特别对待，不妨灵活处理，但仅限于当周。随后，务必立即回到正轨。制定周计划，把每天需要做的事情列在单子上，再按优先顺序从字母 A 到 E 顺序排列。“A”代表当天必须完成、也完全可以完成的任务。但毕竟一天只有 24 个小时，如果一件事排在其他任务之后，当天无法完成，那便归入“B”（不论它多重要，都不可列入“A”），也就是说，所有虽重要但必须推迟到明天完成的任务都归入 B 类；“C”通常指紧急但不重要的事情（不过也可以是不紧急、不重要，但却利益攸关、您也感兴趣做的事情）；“D”指可以委派他人代办的事务（主要是行政事务，可以安排秘书来解决）；“E”指分散精力的琐事冗务，比如，行业专业杂志上您感兴趣的对话，或者是请您参加当地、非正式社交活动的邀请等等。“E”，也就代表“舍弃”（英文 Eliminate 便以这个字母开头）！每周务必预留出至少四个小时来“务虚”（区别于“务实”），如：公司业务拓展、组织及系统改进等虽然重要但并不迫切，因而往往容易被一周拖一周无限推迟的事务。

· **团队成员聘用与管理** 招聘数量合适、素质符合要求的员工队伍，管理好员工队伍并制订恰当薪酬体系，这些都是开公司、做生意中最艰难的挑战。为此，必须建立一套完善健全的招聘战略和体系。招到合适的团队成员之后，下一步就是制定并记录一个完整的入职培训流程。管理也是一门科学，对许多人来说，管理能力不是天生就有，但可以通过后期学习来获得。我强烈建议从业者阅读《一分钟经理人》系列书籍，要反反复复地读，并围绕书中所介绍内容建立您自己的人员管理流程。切记，在与团队成员打交道时，要遵循“坚定第一，公平第二，友好第三”的原则。合同、岗位职责描述文件必须随时更新，工资福利标准与考评系统也必须完善、明确。确保员工的薪水和福利在您可承受的范围之内，即使公司业绩下滑期也要做到这一点。要确保团队每个成员（这里指的是从事创收的业务人员，不是管理人员）为公司带来的创收收益比他们从您这里拿到的薪酬和福利高出三至四倍以上的收益，并且每月都要如此，否则，他们赚到的钱将不足以抵消您的管理开支。这是您花时间从事管理工作、而不是从事生产工作的机会成本。因此，管理好团队、确保工作按时完成，这是您的职责所在。每一位创收员工都必须做到，工作时间中至少 70% 的时间能够为公司带来收益。

· **信息与财务管理** 有效管理业务记录、档案和账目，确保制定的最佳做法和惯例符合相关法律规章，符合业务和财务管理方面的需求，这些都是企业赖以成功的基础。因此，对于任何一家企业来说，每月定期亲自编制，或命人编制完整、精确的管理信息必不可少。关键绩效指标（KPIs）包括：现金流量预测（定期更新、审查）、损益表和资产负债表。在列出这些数据时，应该将实际数据与预算数据进行比较。您必须知道这些数据是什么，它们是如何相互作用的，如何解释它们，以及需要根据这些数据结果做出怎样的应对措施。再强调一遍，这可以通过学习相关书籍来掌握。因此，作为一个企业所有者，阅读合适的书籍是最重要的事情。正所谓“知识就是资本”。要勇于拥抱生意中的数字，不要被它们吓倒。要是得知飞行员连仪表盘都看不懂，您还敢上他的飞机吗？您必须让团队成员知道，您拥有读懂业务仪表盘的能力，并且能够根据读到的信息做出正确的决策。必须随时关注您的利润底线。除非绝对必须，不可随意开销；除非绝对确定投资能够很快收回，否则绝不投资新的项目。

· **坚持专业发展及实务发展** 不断发展“核心竞争力”，打造现代型公司，并向公司所有成员传播这种新方法，才能保持公司创新性和新鲜感。鼓励团队成员参与开发新业务流程、系统和管理方法，以获得他们的认可、支持。虽然参与是好事，但请谨记：最终决定权在您自己手里，因为您需要让一切都朝公司愿景中确定的方向发展，并时刻跟上您从商业管理类书籍中所学到的关键内容东西。培训很重要，挖掘团队成员潜力不断前进也很重要。有些人喜欢长期待在同一个岗位，这没关系，但随着公司业务量的增长，有些人需要舍弃不再需要的岗位，加入您新设立的岗位。或者，您也可以干脆另聘新人。一般来讲，从现有团队中选拔人才担任重要部门的新职位，而底层员工从外面新聘，这对老板来说更为有利。这不仅可以降低成本，还有助于鼓舞团队士气（当然，前提是他们能够胜任新的职责）。

· **业务一致性** 坚持最高从业标准，执行最严苛的质量控制措施，以提高公司声誉，避免因遭客户诉讼而付出昂贵的代价。归根结底，一以贯之地坚持业务标准是保证持续稳定的营业收入的根本。

## 质量保证

专业景观公司的管理是否有效，对决定员工是否能履行其职责、客户是否满意至关重要。如果说“精确”是专业精神的核心内涵，那么，对公司所收到的每一分佣金的有效控制、对业务流程效率的及时把握便是赢得客户认可的有力砝码。力求客户满意应是任何一家企业的首要目标，这样才有望从该客户手上拿到更多的委托订单，让他为您推荐更多新客户。尽管大多数客户很在意报价是否有竞争力这个问题，但设计的准确性、员工的敬业程度无疑更为重要。按时交付、有条不紊地对相关资料进行记录和归档、对客户的需求有求必应并最大程度避免给客户带来不便，这些都是成功业务的关键要素，尤其适用于景观设计公司。为实现这些目标，企业可以有多种不同管理方式，但久经考验、行之有效的高效的企业组织预案的的确确存在，相关图书中随手便可以找到很好的例子，因为它涉及企业管理的各个方面。例如布拉德·舒格（Brad Sugar）的商务管理系列作品就非常值得一读。

对于老板及其团队成员来说，实现成功的商业运作是一个重要的目标。帮助企业取得成功的一种有效方法就寻找一种理想的经营管理模式或蓝图，或者聘用有经验的帮扶顾问，对经营管理过程中的每一个环节分析比对，改进管理体系中不足，适时寻求突破，查缺补漏。这一做法可使公司业绩显著提高，公司所在地的发展促进部门可能也可以为此提供经费补助。帮扶顾问适用于公司的各个部门，无论是生产、营销、销售、行政、财务还是人力资源都可以从中受益。衡量公司运营情况和绩效的参照模板统称为质量管理系统，其中包括了日常办公、管理中的一系列标准，可以作为衡量企业业绩的准绳。

国际质量体系“BS EN ISO 9001：2008”适用于所有行业，其优势在于：

· 提高生产力和效率，节省成本；

· 提高服务 / 产品性能的一致性，从而提高客户满意度；
· 增加客户对公司形象、企业文化和公司业绩的认知度；
· 增进公司与业内同行的沟通交流，鼓舞员工士气，提高工作满意度和业绩；
· 提高竞争优势，增加市场机会。

质量体系要求公司的业务质量需满足一定的标准。管理层需要撰写质量保证政策声明，阐明公司目标及对质量体系的承诺。为确保最大限度地满足客户需求，需要对客户需求进行全面的调查,这一做法称之为"契约评估"。为满足新客户要求而进行资源配置的方法称之为"设计控制"，其中的服务专指售后服务。这些程序还包括业务运营过程中的其他领域，如：

· 采购；
· 处理来自客户方的产品、人员和财产；
· 过程管理（生产）；
· 仓储及包装；
· 产品识别与追踪；
· 培训；
· 检验与测试；
· 管理设备的检查、测量与测试；
· 检验和测试状态；
· 统计技术；
· 不合格品的管理——次品管理；
· 文件和数据管理；
· 质量记录管理；
· 责任和审查管理；
· 纠正及预防措施；
· 内部质量审核。

据某些采纳了"BS EN ISO 9001"质量体系标准的公司反映，他们在执行过程中遇到了时间、费用增加、官僚主义作风蔓延等问题，但营业额收入却无明显增长，因而影响了公司的利润。对于那些主要靠良好声誉、而不靠大量投放广告赢得业务的公司来说，严格遵守质量管理体系在市场营销方面所能带来的好处相对没那么明显。

大多数国家和地方政府机构规定，所有承包商必须首先通过完整的"BS EN ISO 9001"质量体系认证，才有资格参与和加入到政府的承包商网络中。因此，业务主要来自政府及公共部门的公司别无选择，只能按要求加入这一认证体系。不过，私人企业对这类监管要求并不看重，他们更关心效率和最终结果，而不是实现结果的过程和方法。因此，对于客户以私营部门为主体的公司，管理者必须做出理性、审慎的商业判断，考虑清楚采纳质量管理体系究竟是将提高公司的运营水平、营业额和盈利能力，还是只会占用大量的人力和时间、陷入繁文缛节的管理程序中去。毫无疑问，的确有一些效率非常低下的企业，也还有很多公司的业务运营有待改进，对于这些企业来说，假如质量管理体系很可能对他们有所裨益。但是，有一点是肯定的，就好比再优秀的体育运动员也需要优秀的教练一样，再优秀的企业也需要拥有优秀的管理顾问和导师。最好的建议就是要积极寻找，参加各种免费的咨询建议、研讨会，参与贸促会（CPD）举办的各类（持续专业发展）推广活动，如饥似渴地阅读、学习，不仅要读您所在行业的专业书籍，也要读商务管理方面的书籍。

# 第 22 章　成本效益优先的总体原则及其他实用参考信息

最后，通过本书提纲挈领、走马观花式的风景园林学之旅，我衷心希望大家对风景园林中所涵盖的方方面面都有了一个基本清晰的认识，知道了各不同部分之间的关系，并初步掌握了其中的主要原理及其对实践的指导意义。我也希望读者朋友们能够在此基础上获得启迪，有能力去探寻卓越、创新、充满挑战的设计方案，带着满满的自信，去管理好承包商及施工过程的各个环节，确保自己的设计方案得以落地实施，恰如其分地展示出自己在设计过程中倾注的时间、心血及创意。

我也希望，读者能够通过本书了解本学科一条根本逻辑理念的基本意识，凭借这一根本逻辑，读者将有能力不断萃取、吸收日后整个职业生涯中注定要不断接触到的大量新知识、新信息。树立起关于这门学科的根本指导理念，其重要性不可低估。了解了本学科诸多方面中任何一点与其他各方面之间的关系，也就意味着你随时可以自如地检索、调用这一信息，并将之应用于设计实践过程。如果说景观设计师是理想主义者，那他就是实用主义的理想主义者；如果说景观设计师是哲学家，那他就是实用主义的哲学家。正如伯特兰·罗素（Bertrand Russell）曾说“对生活而言，没有任何东西比好的哲学更实用。”风景园林师不光能谈点子、谈创意，还能将其点子和创意画出来，把它们至为详尽地描述出来，并付诸实践。

## 行业及专业团体的宗旨和作用

所有这些机构及团体均有责任规范各自所属的行业或职业，为其会员提供资讯、建议，组织专业技术培训，并向政府、业界以及公众推广该行业的价值。此外，各机构还需履行以下职责：

· 为会员提供咨询建议，帮助后者了解行业最新发展动态，并就争议问题予以仲裁；
· 备存会员名册、建立工作成果数据库，以便向潜在客户推荐和介绍合适的会员为他们提供所需服务；
· 制订行业优质服务规范，出台奖励机制，激励行业高标准。

某些行业协会推出优秀设计实践方面的政策声明，比如，“儿童游憩场地托管协会”（Fields in Trust）围绕开放空间、运动场和游戏区提供规范制订了相应政策，为游戏区的设计提供指南，按照不同年龄进行分级，并根据住宅区域或社区规模大小规定了相应的场地规模标准：供1—4岁幼儿使用的“家门口游憩场地”（LAPS）、供4—8岁儿童使用的“家门口具备设施游憩场地”（LEPS），以及供4—8岁和9—12岁儿童使用的“社区具备设施游憩场地”（NEAP）。《游憩场地设计指南》是一份独立咨询建议，多地政府都已采纳了这一建议，将它纳入了《规划指南补充文件》之列，而在此之前，这方面尚没有一份全国性指导意见。2008年1月起，情况开始有所转变，政府出台了新的全国性指导意见，由“英国儿童、学校、家庭及游憩场地署”编辑出版了《游憩场地设计》一书。

在提供专业咨询和培训方面，行业协会（团体）的作用尤为显著。比如，“景观协会”就编制有详细会员信息的名录，其设计公司数据库偶尔会向会员推荐业务。以下详录部分对景观设计师可能有用的行业协会（团体）资料：

**景观协会**

风景园林师、科学家和管理者的专业团体。

地址：英国伦敦罗杰街12号查尔斯·达尔文大厦 WC1N 2JU

电话：020 7685 2640

网址：www.landscapeinstitute.org

**树木培植协会**

树木培植学者专业协会

地址：格洛斯特郡斯特罗德格林，斯坦迪什，Stroud Green 区，马尔萨斯酒店，GL10 3DL

电话：01242 522152；传真：01242 577766

电子邮件：admin@trees.org.uk；网址：www.trees.org.uk

**英国景观企业协会**

承包商行业协会

地址：沃里克郡，斯通利公园，景观院，CV8 2LG

电话：024 7669 0333；传真：024 7669 0077

电子邮件：comact@bali.org.uk

**英国标准协会**

地址：伦敦，奇西克大道389号 W4 4AL

电话：0208996 9001；传真：020 8996 7001

电子邮件：cservices@bsigroup.com

网址：www.bsigroup.com/en/standards-and-publications/

**混凝土协会咨询服务中心**

地址：格拉摩根 帕地克伦，Greenmeadow7号 CF72 8JH

电话：01443237210

网址：www.concrete.org.uk

**英国园艺贸易协会**

园艺企业贸易协会

地址：西伯克郡，雷丁，锡尔，十九大道，园艺院 RG7 5AH

电话：01189303132；传真：0118 932 3453

网址：www.the-hta.org.uk

**地面技术研究所**

从事公园及运动场场地专业研究

地址：白金汉郡，东米尔顿凯恩斯，米尔，沃尔弗顿，沃克尔大街，斯特拉福办公区28 号 MK12 5TW

电话：01908312511；传真：01908311140

电子邮件：iog@iog.org；网址：www.iog.org

**园艺研究所**

园艺师专业机构

地址：米德尔塞克斯，恩菲尔德，伊斯莫尔巷卡佩尔庄园学院 EN 1 4RQ

电话：01992707025

电子邮件：ioh@horticulture.org.uk；网址：www.horriculrure.org.uk

**休闲区及市容管理协会**

为休闲及运动场地提供专业管理的贸易协会

地址：伯克郡雷丁，雷丁路伊拉姆大厦 RG8 9NE

电话：01491 874800；传真：01491 874801

**儿童游憩场地托管协会**

地址：伦敦克雷南街 15 号三楼 Nl 9SQ

电话：0207 4272110

电子邮件：info@fieldsintrust.org；网址：www.fieldsintrust.org

**运动场草坪研究所**

地址：西约克郡，彬格莱，圣艾夫斯庄园 BD16 lAU

电话：01274565131；传真：01274 561891

电子邮件：info@stri.co.uk；网址：www.stri.co.uk

# 第 23 章　拓展阅读

N.R. Bannister（2003），*Sussex HLC Draft Methodology*（《萨塞克斯高等教育委员会方法论草案》，2004 年 1 月股东大会文字实录。）

N.R. Bannister, and P.M. Wills（2001），*Surrey Historic Landscape Characterisation*, 2volumes（《萨里历史景观特色》两卷）. Surrey County Council, English Heritage and The Countryside Agency.

Ken Blanchardand Spencer Johnson（1983/2011），*The One Minute Manager*（《一分钟学会管理》）. London：Haper Collins（and other books in the same series）.

Hugh Clamp（1999），*Landscape Professional Practice*（《景观园林专业实践》）. Aldershot：Ashgate Publishing.

J. Clark, J. Darlington, and G. Fairclough（2004），*Using Historic Landscape Characterisation*（《历史景观特征的应用》）. London：English Heritage.

Brain Davis（1987），*The Gardener's Illustrated Encyclopaedia of Trees and Shrubs: A Guide to More Than 2000 Varieties*（《园艺家的图文百科全书——树木和灌木篇：2000 余种植物的栽培指南》）. London：Viking.

English Heritage Conservation Bulletin, Issue 47（Winter2004-5）：'Characterisation'. [英格兰遗产保护公报，第 47 期（冬季 2004-5）：详见"特征"一文。]

G. Fairclough, G. Lambrick and A. McNab（1999），*Yesterday's World, Tomorrow's Landscape The English Heritage Landscape Project 1992-1994*（《昨日的世界，明日的景观》，英格兰遗产景观项目报告 1992-1994）. London：English Heritage.

C. A. Fortlage and E.T. Phillips（1992）*Landscape Construction. Vol. 1: Walls, Fences and Railings*；（1996）*Vol. 2: Roads, Paving and Drainage*（《景观建设》第一卷："墙壁、篱笆和围栏"；1996 第二卷："公路、铺砌面路和排水系统"）. Aldershot：Ashgate Publishing.

*Guidelines for Landscape and Visual Impact Assessment*（Second Edition）[《景观及视觉影响评价指南》（第二版）]（2002）. The Landscape Institute and Institute of Environmental Management and Assessment, Scottish Natural Heritage, The Countryside Agency, Environment Agency, National Grid.

Sir Geoffrey and Susan Jellicoe（1995），*The Landscapes of Man*（《人类的景观》）. London：

Thames and Hudson.

*Landscape: Beyond the View*（2012）(《景观：视野之外》). Natural England.

*Landscape Character Assessment- Guidance for England and Scotland*（2002）(《英格兰和苏格兰景观特色评价导则介述》). Scottish Natural Heritage and The Countryside Agency.

*Landscape Character Assessment Guidance*（2012）(《景观特色评价导则》). Natural England.

Adrian Lisney and Ken Fieldhouse（1990）, *Landscape Design Guides. Vol. 1: Soft Landscape; Vol. 2: Hard Landscape*（《景观设计指南第一卷：软质景观》;《景观设计指南第二卷：硬质景观》）. Aldershot：Gower.

*The Natural Choice: Securing the Value of Nature*（2011）, HM Government, Natural Environment White Paper.(《自然选择：保护自然的价值》,2011 年英国政府自然环境白皮书。)

John Parker and Peter Bryan（1989）, *Landscape Management and Maintenance: A Guide to Its Costing and Organization*（《景观管理和维护：成本及组织指南》）. Aldershot：Ashgate Publishing.

Ronald FraserReekie（1995）, *Reekie Architectural Drawings*（Fourth Revision）[《Reekie 建筑图纸辑录》（第四版）]. Sevenoaks：Edward Arnold.

Nick Robinson（1992）, *Planting Design Handbook*（《种植设计手册》）. Aldershot：Ashgate Publishing.

Bradley Sugars（2006）, *Instant Sales*（《即时销售》,《一举成功》系列书籍）. New York：McGraw Hill（and other books in the Instant Success series）.

Brian Tracy（2004）, *Eat that Frog! Get More of the Important Things Done, Today!*（《吃掉那只青蛙！今日要事今日毕！》）. London：Hodder and Stoughton.

## 获取拓展阅读资料的机构

The Countryside Agency（英国乡村署）

The Department for Children, Schools and Families（英国儿童、学校和家庭事务部）

The Department for Education and Skills（英国教育与技能部）

English Heritage（英格兰遗产委员会）

The Environment Agency（英国环境署）

The Institute of Environmental Management and Assessment（英国环境管理与评估研究所）

The Landscape Institute（英国景观协会）

The National Grid（英国国家电网）

Play England（玩乐英格兰）

Scottish Natural Heritage（苏格兰自然遗产委员会）

Sport England（英格兰体育委员会）

## 上述机构出版的作品

*Building Bulletin 98: Briefing Framework for Secondary School Projects.*（《建筑公报 98：中学建设项目简要标准》）

*Design for Play.*（《游憩场地设计》）

*Engaging a Landscape Consultant: Guidance for Clients on Fees: September 2002.*（《聘用

景观顾问：客户收费指南》，2002 年 9 月版）

*Guidelines for Landscape and Visual Impact Assessment (Second Edition)*. [《景观及视觉影响评价指南》(第二版)]

*Landscape Character Assessment - Guidance for England and Scotland.* (《英格兰和苏格兰景观特色评价指南》)

# 附录 A　施工细节

表 A.1 是新开发项目关于表土处理的最低要求。通常，底土往往容易被压实板结，为了防止涝渍，需要将板结的土块打碎。表土厚度以 450mm 为最佳，最少不得少于 300mm。表土应进行翻耕，形成一定的坡度，保证完工后的地面高度与相邻的铺装地面保持水平，以方便草坪草地播种，如果是种植区，则一般来说表土应比相邻的铺装地面或草坪低 65mm 左右，以方便铺设织物、树皮和木屑等地面覆盖物。如果覆盖物材质未确定，则表土表面高度应降低到 90mm，以便可以将树皮或木屑的厚度增加到 75mm 厚，从而更加有效地抑制杂草生长。覆盖物通常用聚丙烯制成，类型多种多样，叫法也各不相同，有的叫农用膜（一般铺在地面之上），有的叫土工布（一般铺在地面之下）。虽然作为底层覆盖物两者之间的界线比较模糊，但严格来讲，它们都属于农用膜的一种。覆盖物的牌子也五花八门，有 Mypex、Plantex、Weedex、Covertex 等（笔者认为，后者是所有塑料材料中性价比最高的一种）。目前新上市了一种可生物降解的薄膜，质地轻软、使用方便，性能与塑料覆膜非常相似，但优势在于使用一年后可自行分解。而在此之前，大多数可生物降解的覆盖物都用羊毛和黄麻制成，又厚又重，好比地毯一般，运输和铺设成本都很高，不适合大面积铺设。而新面市的轻薄可生物降解薄膜名称叫 Weedstop Biofabric，是一种天然纤维，虽然比塑料贵很多，但由于膜很薄，携带方便，因此铺设的成本相对较低。密织的工艺能够很好地抑制杂草生长，但一年后，植物的根系、吸盘将不受限制地快速扩张。

在铺设覆盖物之前，务必确保底土已翻耕松软，表土高度已经按照上述要求调整好，植床边缘预留出了合适的空间，否则覆盖物将很难起到预期的作用。此外，在坡度大于 1∶4，且未放置砾石板固定树皮、木屑的情况下，应尽量避免铺设覆盖物。倘若土壤密度较大、黏度较高，铺设覆盖物将不能很好发挥其效果，因为塑料会阻挡水分蒸发，让潮湿、渍水的土壤变成一堆厌氧堆积物。通常来说，对大多数植床而言，Weedstop 的产品要比其他塑料薄膜效果好，因为前者更有利于空气流动，在土壤潮湿的情况下更是如此。每隔 500mm 用钉子固定覆盖物，如有必要，或者在植床边缘位置处，可酌情缩短钉子间的距离。尽量使用质地比较粗糙的木屑，以免它很快分解掉，让覆盖物过早暴露出来。在覆盖膜上使用有等级的覆盖物比无等级的覆盖物效果更好，因为前者的分解速度远慢于后者，而且后者中包含有极易腐烂的纤细微粒。

插图细节 1：铺有“可生物降解”防草覆膜（weedstop）与木屑覆盖物的植床，（防草覆膜 Weedstop 是一种可生物降解的覆膜，这是非常重要的一个设计标准）。

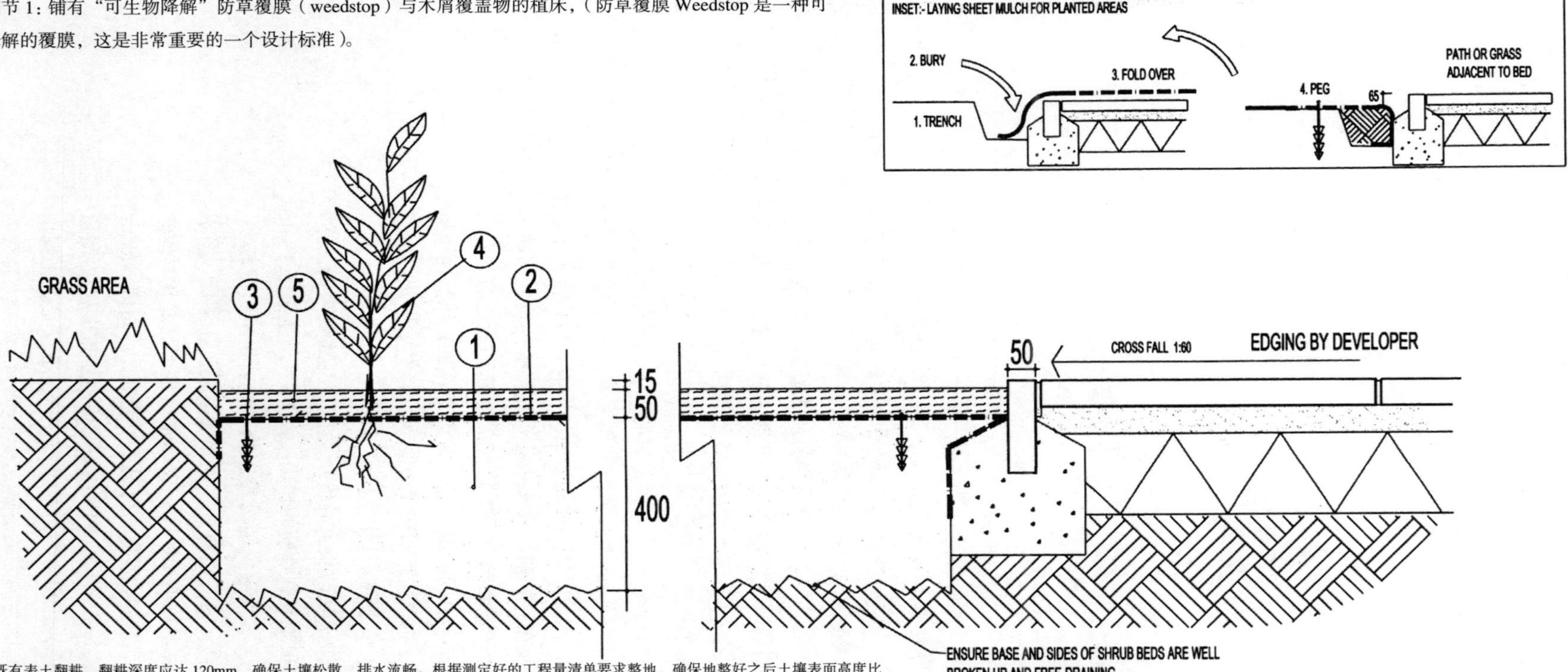


注：

①对既有表土翻耕，翻耕深度应达 120mm，确保土壤松散，排水流畅。根据测定好的工程量清单要求整地，确保地整好之后土壤表面高度比相邻的铺装路面或草地低 65mm。如果土壤比较干燥，那么，在铺装覆盖膜之前要大量浇水。

②“Weedstop biofabric”是一种用天然纤维编织、可生物降解的织物，Weedstop 公司有售。联系信息如下：电话：(01787)246001，地址：萨福克郡 CO10 3AA，10198 邮箱。展开覆膜，分排重叠摆放（重叠部分不低于 50mm）。铺装时，在灌木植床紧边缘处开挖壕沟，将覆膜边缘 200mm 宽的部分埋入壕沟，沿植床将覆膜展开铺平（具体请参阅 weedstop 薄膜使用和铺装说明）。在植床的另一端，将覆膜压好，在尽可能靠近覆膜的位置用塑料钉子固定覆膜。

③用 Weedstop 塑料钉固定覆膜，钉子中心间距 500mm。钉子可向 Weedstop 公司购买（见上）。在边缘位置，钉子的中心间距可减少至 300mm，以确保覆膜边缘固定牢靠。

④在覆膜上开穴栽植灌木。具体做法参照地膜覆盖穴植技术规范。

⑤可随时间推移（不低于 3—6 个月）而老化变黑的“粗质木屑覆盖物”在布兰登的爱德华公司有售，电话：(01842)814555。栽植过程完工后，在可生物降解覆膜上加盖一层覆盖物，覆盖厚度不低于 50mm。确保最终完工后植床表面高度较相邻的草坪、硬化道路低 15mm。

注释 B：

(A) 在坡度大于 1：3 的坡地上，除非顺地势、按照 1—1.5m 的中心间距铺装了砾石板固定树皮覆盖物，否则不可使用可生物降解薄膜。

(B) 对于砾石 / 砾石瓦区域，建议使用非生物降解的聚丙烯编织织物，例如英国 Hy-Tex 有限公司生产的 covertex 膜，详情请致电：(01233)720097。在覆膜上面另铺一层 20mm 规格、奶油色 / 浅黄色的清洁砾石，厚度一般为 40mm。如另有特别说明，则按说明书进行。

**地膜覆盖穴植技术规范**

A. 将植物置于指定位置

B. 用剪刀或其他锋利的刀片，在预定栽植位置剪开一个十字形的口。开口的大小在 300—500mm 之间，具体视植株大小而定。

C. 用石头等压住固定覆膜，挖掘大小合适的树坑，例如：

- 如果指定的植株规格为 10L 盆苗，则树坑规模需深 350mm，半径 300mm。
- 如果指定的植株规格为 3L 盆苗或更小，则树坑规模需深高 300mm，半径 250mm。

D. 确保坑边 / 坑底土壤松软无结块。

E. 坑栽植物，确保苗圃标记的埋土位置与地面齐平

F. 用运来的或现场既有的表土回填，每平方米加入 25g 的“Neutricole（中和剂）180”肥和 25L 非泥炭堆肥。

G. 将植株根部周围的地膜整好并固定，动作要尽量轻柔，确保地膜上没有泥土。如有必要，可用钉子加固。

H. 用细喷淋软管给植物浇水。10L 苗浇水量为 20L，3L 及以下苗浇水量为 10L。

I. 在上面另铺一层粗质木屑覆盖物，厚度 50mm。确保最终完工后植床表面高度较相邻的草坪、硬化道路低 15mm。

**图 A.1** 施工细节：植床上的薄膜覆盖物和树皮覆盖物

# 附录 B　选择植物工具

**我怎么知道什么植物应该栽在哪里？我选的植物需要精心护理、频繁养护吗？这么选合适吗？**

很多景园设计师一开始时对植物的了解并不深入，因此很难做到用得其所、达到可持续的结果。

必须在合适的位置栽植合适的植物，这不必多说。但是，可供选择的植物种类那么多，而且，来自专家、朋友们的建议又往往彼此矛盾，以致整个问题变得让人无所适从。有的人索性拿早已用滥了的借口给自己开脱，比方说："我又不是要成为什么专家；我只是个爱好广泛的人；我只负责设计宏观全局，细节部分自有其他人负责"等等。但事实是，假如你真正了解了你的设计素材，也即是说真正了解了你的设计实际做出来会是什么样子，那么，就一定能创作出优秀的设计、效果也一定更好。

要回答"种什么""种在哪"这两个问题，你需要有一份很好的植物清单（倒不必要无所不包以至于选起来无从下手）。你所需要的清单，只需能够告诉你一些最保险、最万无一失的"万能植物"，不管把它栽在什么样的土里，一旦栽下去，几乎什么也不用再管，也仍然可以取得令人惊艳的完美效果。

当然，你还需要一个很好的菜单系统，以确保选择植物时你用的清单合适。你所需要的是"诀窍"！"诀窍"才是专业设计师手中的王牌，才能确保每次拿出来的植物配搭方案都完美无憾。而且……不用非是什么专家，你也可以用好这个系统。

## 设计花园的诀窍

植物的高度各不相同，所以在大多数情况下，植物布局应当安排形成不同的高度带或层次，从前到后依次排列，前面是相对低矮的植物，后面是高大植物。高度一般以米为单位来表示，与之相关术语包括如下：高大（Tall）植物，通常 2m 以上；中型植物（Medium），一般 1—2m；低矮（Small）植物，一般 0.5—1m；地被植物（Ground cover），一般在 0.5m 以下。同一植床中的植物应按照不同高度带选择，具体请参见下文中的植物选择菜单。

所有植床都需要有一个固定的结构。所谓结构性植物，也就是那些一年四季常在、用于定义植床空间的植物，这些植物同时还有助于定义植床与植床之间的空间的边际。结构性植物大多是高大或中等高度的灌木，仿佛是植床边缘搭建起来的厚重“幕布”。与这些“幕布”相呼应，接下来您可以继续栽植其他观赏性植物。结构性植物是植床的脊梁骨，如果是单向植床，例如背倚花园边界，则大多数情况下栽植在植床最后边；而如果是双向植床（即不背靠花园边界），则栽植在植床中间位置。

植床中同样离不开色彩变化的视觉冲击，植物四时不同的色彩，可以为植床增添不同季节的不同情趣。这就需要在结构性植物前面安排各类开花的、观赏性强的植物。

植床中的各种植物要么属于“焦点植物”，要么属于“陪衬植物”。一般来说，在同一高度带内，焦点植物与陪衬植物二者应当交替出现。这是因为，绝美的植物配搭的关键就在于……

## 对比

无论选择哪种植物，一定要确保它与相邻的植物之间能够形成强烈的对比（同一高度带内）。所谓的对比，一般包括色彩、性状和纹理三个方面。

- **色彩** 指的是叶子的颜色，不是花的颜色。这是因为叶子的生长期长，可达数月，而花的存在时间则相对要短，通常只有数周。主要的颜色有五种，就好比人的五指有长短之分，不同颜色叶子的种类也有多有少。其中四种主色（相等于拇指之外的其他四根手指）是金色、绿色、红色和银色，对应的清单参差有别（绿色的最长）。对应于“拇指”的是蓝色，只有很少几种。
- **性状** 指的是植物的形态和习性。有的植物呈“簇状”，远远看去就好似一个斑点；有的植物呈挺拔“直立”状，有的植物的枝干或叶子呈“下垂”状，还有一些则呈“水平生长”状。这些都是日常生活中常用的词，不同于园艺书籍里常见的专业词汇（如“悬垂”、“侧横”、“汇聚”等等）。
- **纹理** 指叶子的相对大小。植物的纹理有粗糙、中等和细腻之分，分别代表叶子大、中、小。

选择相邻的植物时，上述各因素之间务必形成鲜明对比。你唯一需要做的，就是从菜单系统中进行选择，因为植物的性状特征系统中都已经给列了出来。

假如你选择的植物位于属于同一高度带的菜单中，务必选择颜色、纹理和性状都不一样的一种，这样效果才会好。不过，你也可能需要选择一大簇单株植物，才能最好地凸显其特色。比如说，在五株金色山茱萸（Cornus alba 'Spaethii'）的旁边，可以配上四株墨西哥橘（Choisya ternata），因为这两种植物在纹理、色彩和性状三方面都构成强烈对比。另外一种绝佳的搭配是在金丝桃（Hypericum patulum ‘Hidcote’）（或许要两到三株）旁边配上洒金桃叶珊瑚（Aucuba japonica 'Variegata’）（大概三到四株），这一种组合适合于宽度超过一米、相对荫蔽的植床。每一组中同类植物的数量取决于空间大小，你希望多久见效，也取决于预算的多寡。

位于同一排、同一高度带的每种不同植物，与相邻的植物至少需要在两个方面的特征上形成对比。焦点植物之间切记要配上一株陪衬植物。总体来说，忌将两种不同颜色的焦点植物并列摆放，比如说，金色植物旁万万不可搭配银色植物。这二者搭配起来十分违和！

以下介绍的选择程序可以帮助你选出合适的植物。首先，确定所需植物的类别。选择程序会问你是否需要选择 12 个大类中的某一类，如果您选了“是（Y-YES）”，则系统将带你到相应的菜单，每个高度带对应一个不同菜单，于是你就可以从前往后依次挑选了。菜单中包含了你所需要的所有信息。带星号的项目即是你需要重点关注的项目，以便选出与同一高度带内已选植物对比效果最佳的一种植物。

利用这一选择系统程序，你既可以只为某一既有植床选择一种植物，也可以完整地规划布置一个新植床。如果是要规划整个新植床，建议最好写下所需植物的名称和你希望给它摆放的位置。写植物名称时可以用缩写，但至少保留三个字母，以便缩写后的名称听起来像个植物名。例如，Choisya ternata 'Sundance'（“光舞”墨西哥橘）可以缩写为 Cho Sun；Bergenia cordifolia 'Purpureum'（“紫色”心叶岩白菜）可以缩写为 Ber Pur。使用缩写，一来可以节省时间，二来也可以节省页面空间。

菜单中还有一些其他缩写你也有必要了解。之所以用缩写，是为了节省菜单中的空间。一般来说，植物的间距安排取决于它们的生长速度、种植器皿的体积、所带来的视觉冲击程度，还取决于植物的成本。如何规划间距？最简单的办法就是在脑海里想象一片 1 平方米见方（1m × 1m 或 0.5m × 2m）的地块，然后再想想上面所能栽植的植物数量。

基于上述标准，程序会大致给你提供一个最佳间距，不过，你也可以根据自己的期望和预算酌情增减。菜单中，米统一缩写为“m”，平方米缩写为“$m^2$”。



## 植物选择程序

**问题 1 是否需要选结构性植物？** Y/N。如果 Y- 请参见菜单 1；如果 N- 参见问题 2。

菜单 1 是否需要选高大灌木？ 2m 以上 - 参见菜单 1a

是否需要选中等高度的灌木？ 1—2m- 参见菜单 1b

**问题 2 是否需要选观赏性植物（焦点植物或陪衬植物）？** Y/N。如果 Y- 参见菜单 2；如果 N- 参见问题 3。

菜单 2 是否需要选中等高度的灌木？ 1—2m- 参见菜单 2a

是否需要选小型灌木？ 0.5—1m 以上 - 参见菜单 2b

是否需要选地被灌木？ 0.1—0.5m 以上 - 参见菜单 2c

**问题 3 是否需要选观赏性草、竹？** Y/N。如果 Y- 参见菜单 3；如果 N- 参见问题 4。

菜单 3 是否需要选高大草种？ 1—2m- 参见菜单 3a

是否需要选中等高度草种？ 0.5—1m- 参见菜单 3b

是否需要选低矮草种？ 0.2—0.5m- 参见菜单 3c

**问题 4 是否需要选植物样本？** Y/N。如果 Y- 参见菜单 4；如果 N- 参见问题 5。

菜单 4 是否需要选高大植物样本？ 2m 以上 - 参见菜单 4a

是否需要选中等高度的植物样本？ 1—2m- 参见菜单 4b

**问题 5 是否需要栽植树篱？** Y/N。如果 Y- 参见菜单 5；如果 N- 参见问题 6。

菜单 5 是否需要选高大树篱？ 2m 以上 - 参见菜单 5a

是否需要选中等高度树篱？ 1—2m- 参见菜单 5b

是否需要选矮小树篱？ 0.5—1m 以上 - 参见菜单 5c

**问题 6 是否需要选攀缘植物？** Y/N。如果 Y- 参见菜单 6；如果 N- 返回问题 1。

菜单 6 是否需要选藤蔓类攀缘植物（棚架 / 花架）？ - 参见菜单 6a

是否需要选自吸附类攀缘植物 - 参见菜单 6b

# 清单

1a—结构性灌木 一高大植物(在不加修剪的情况下，可达 2m 或更高)。* 需要对比的项目。

| 灌木名称—拉丁名及英文名(如有)。养护需求：H= 高，每年修剪一次；M= 中，二至三年剪枝一次；L= 低，很少需要剪枝 | 对植株定位及对比性评价有重要意义的特征和品质。* 代表选择相邻植株时的关键对比性因素。 | | | | | | | | |
|---|---|---|---|---|---|---|---|---|---|
| | 常绿（是 / 否） | 叶色 * | 质地 * | 形态特征 * | 喜光 / 喜阴 | 焦点 / 陪衬 * | 土壤类型 | 生命力 | 生长速度 / 高度 | 间距：影响 vs 成本 + 最佳植株规格 |
| 花叶青木（洒金桃叶珊瑚）<br>Aucuba japonica ‘Variegata’（Spotted Laurel）（L） | 是 | 金色 | 粗糙 | 簇状 | 喜阴 | 焦点 | 大多数（非沼泽） | 强 | 慢—高度可达 2m | 3 株 /m² 3 升盆 |
| 球花醉鱼草（醉鱼草）<br>Buddleja globosa（Butterfly Bush）(M) | 是 | 深绿色 | 粗糙 | 簇状—叶片下垂 | 喜光 | 陪衬 | 大多数（非沼泽） | 强 | 快—高度可达 3m | 1 株 /m² 3 升盆 |
| 墨西哥橘（墨西哥橙花）<br>Choisya ternata（Mexican Orange Blossom）(M) | 是 | 嫩绿色 | 中 | 簇状—叶片下垂 | 喜光或喜阴 | 陪衬 | 大多数（非沼泽） | 警惕严重霜冻 | 中—高度可达 2 m | 3 株 /m² 3 升盆 |
| 矢车菊<br>Cotoneaster cornubia（M） | 半常绿 | 浅绿色 | 粗糙 | 直立—叶片下垂 | 喜光或喜阴 | 陪衬 | 大多数（非沼泽） | 强 | 快—高度可达 4m | 1 株 /m² 3 升盆 |
| 柳叶栒子<br>Cotoneaster salisifolius ‘Floccosus’（M） | 是 | 深绿色 | 中 | 簇状—叶片下垂 | 喜光且喜阴 | 陪衬 | 大多数（非沼泽） | 强 | 中—高度可达 2 m | 3 株 /m² 3 升盆 |
| ‘罗斯奇丁’栒子<br>Cotoneaster salisifolius ‘Rothschildianus,（M） | 是 | 浅绿色 | 中 | 簇状 | 喜光且喜阴 | 陪衬 | 大多数（非沼泽） | 强 | 前期适中，后期快速生长—高度可达 3m | 2 株 /m² 3 升盆 |
| 西南栒子（佛氏栒子）<br>Cotoneaster franchetii（M） | 是 | 银色 | 中 | 簇状 | 喜光且喜阴 | 陪衬 | 大多数（非沼泽） | 强 | 中—高度可达 2 m | 3 株 /m² 3 升盆 |
| 乳白花栒子（M；若作树篱或起空间界定作用，则为 H）<br>Cotoneaster lacteus（M）;<br>（H if used as a hedge or space tight） | 是 | 银色 / 蓝色 | 中 | 簇状 | 喜光且喜阴 | 陪衬 | 大多数（非沼泽） | 强 | 前期适中，后期快速生长—高度可达 3m | 3 株 /m² 3 升盆 |
| 埃比胡颓子<br>Elaeagnus x ebbingei（M） | 是 | 银色 | 中 | 簇状 | 喜光且喜阴 | 焦点 | 大多数（非沼泽） | 强 | 前期适中，后期快速生长—高度可达 3m | 2 株 /m² 3 升盆 |
| 金心速生胡颓子<br>Elaeagnus x ebbingei ‘Limelight’（M） | 是 | 金色 | 中 | 簇状 | 喜光且喜阴 | 焦点 | 大多数（非沼泽） | 强 | 中—高度可达 2 m | 3 株 /m² 3 升盆 |
| “苹果花”南美鼠刺<br>Escallonia ‘Apple Blossom’（M） | 是 | 绿色 | 细腻 | 簇状 | 喜光且喜阴 | 陪衬 | 大多数（非沼泽） | 中 | 中—高度可达 2 m | 3 株 /m² 3 升盆 |
| 大叶黄杨<br>Euonymus japonica（M） | 是 | 绿色 | 中 | 直立 | 喜光且喜阴 | 陪衬 | 大多数（非沼泽） | 强（海边） | 中—高度可达 2 m | 3 株 /m² 3 升盆 |

续表

| 灌木名称—拉丁名及英文名(如有)。养护需求：H= 高，每年修剪一次；M= 中，二至三年剪枝一次；L= 低，很少需要剪枝 | 对植株定位及对比性评价有重要意义的特征和品质。* 代表选择相邻植株时的关键对比性因素。 | | | | | | | | | |
|---|---|---|---|---|---|---|---|---|---|---|
| | 常绿（是 / 否） | 叶色 * | 质地 * | 形态特征 * | 喜光 / 喜阴 | 焦点 / 陪衬 * | 土壤类型 | 生命力 | 生长速度 / 高度 | 间距：影响 vs 成本 + 最佳植株规格 |
| 滨海山茱萸（M；若作为树篱则为 H）<br>Griselinia littoralis（M）；（H if used as a hedge） | 是 | 金色 | 粗糙 | 直立 | 内陆：半喜阴<br>沿海：喜光 | 焦点 | 大多数（非沼泽） | 强（海边）易太阳灼伤（内陆） | 中—高度可达 3m+ | 2 株 /m$^2$<br>3 升盆 |
| “希德寇特”金丝梅（圣约翰草）Hypericum patulum ‘Hidcote’（St. John’ s Wort）（M） | 否 | 绿色 | 中 | 簇状 | 喜光或喜阴 | 陪衬 | 大多数（非沼泽） | 强 | 快—高度可达 2m | 3 株 /m$^2$<br>3 升盆 |
| 金叶女贞（金女贞）<br>Ligustrum ovalifolium ‘Aurea’（Golden Privet）（M） | 是 | 金色 | 中 | 簇状 | 喜光或喜阴 | 焦点 | 大多数（非沼泽） | 强 | 中—高度可达 2.5 m | 2 株 /m$^2$<br>3 升盆 |
| 大花木樨<br>Osmanthus x burkwoodii（M） | 是 | 绿色 | 中 | 簇状 | 喜光或喜阴 | 陪衬 | 大多数（非沼泽） | 强 | 中—高度可达 2 m | 3 株 /m$^2$<br>3 升盆 |
| 红叶石楠<br>Photinia x fraseri ‘Red Robin’（M） | 是 | 红色和绿色 | 粗糙 | 簇状 | 喜光或喜阴 | 焦点 | 大多数（非沼泽） | 强（如硬化） | 快—高度可达 3m | 2 株 /m$^2$<br>3 升盆 |
| 葡萄牙桂樱（葡萄牙月桂树）<br>Prunus lusitanica（Portugese Laurel）（H） | 是 | 绿色 | 粗糙 | 簇状 | 喜光或喜阴 | 陪衬 | 大多数（非沼泽） | 强 | 快—高度可达 4m | 1 株 /m$^2$<br>3 升盆 |
| 俏桔红火棘 / 黄果火棘<br>Pyracantha ‘Orange Charmer’ Firethorn（M） | 是 | 绿色 | 中 | 簇状 | 喜光或喜阴 | 陪衬 | 大多数（非沼泽） | 强 | 中—高度可达 3m | 3 株 /m$^2$<br>3 升盆 |
| 杜鹃“蓝彼得”<br>Rhoderdendron 'Blue ‘Peter’（M） | 是 | 绿色 | 粗糙 | 簇状 | 喜光或喜阴 | 陪衬 | 大多数（非沼泽） | 强 | 慢—高度可达 3m | 1 株 /m$^2$<br>5 升盆 |
| 布克荚蒾<br>Viburnum x burkwoodii（M） | 是 | 绿色 | 中 | 簇状 | 喜光或喜阴 | 陪衬 | 大多数（非沼泽） | 强 | 中—高度可达 2 m | 2 株 /m$^2$<br>3 升盆 |
| 皱叶荚蒾（阔叶）<br>Viburnum rytidophyllum（Leatherleaf）（M） | 是 | 绿色 | 中 | 簇状 | 喜光或喜阴 | 陪衬 | 大多数（非沼泽） | 强 | 中—高度可达 3 m | 2 株 /m$^2$<br>3 升盆 |
| 地中海荚蒾“伊夫普莱斯”<br>Viburnum tinus ‘Eve Price’（Laurustinus）（M） | 是 | 绿色 | 中 | 簇状 | 喜光或喜阴 | 陪衬 | 大多数（非沼泽） | 强 | 前期缓慢，后期速度适中—高度可达 3m | 3 株 /m$^2$<br>3 升盆 |

**清单** 1b—结构性灌木—中型植物(1—2m,若很少修剪)。* 需要对比的项目。

| 灌木名称—拉丁名及英文名(如有)。养护需求:H= 高,每年修剪一次;M= 中,二至三年剪枝一次;L= 低,很少需要剪枝 | 对植株定位及对比性评价有重要意义的特征和品质。* 代表选择相邻植株时的关键对比性因素。 | | | | | | | | | |
|---|---|---|---|---|---|---|---|---|---|---|
| | 常绿(是/否) | 叶色 * | 质地 * | 形态特征 * | 喜阳/喜阴 | 焦点/陪衬 * | 土壤类型 | 生命力 | 生长速度/高度 | 间距:影响 vs 成本 + 最佳植株规格 |
| 大花糯米条 Abelia grandiflora(M) | 是 | 深绿色 | 细腻 | 簇状 | 喜光或喜阴 | 陪衬 | 大多数(非沼泽) | 强 | 慢—高度可达 2m | 3 株 /$m^2$ 3 升盆 |
| “光舞”墨西哥橘(金色墨西哥橙花) Choisya ternata ‘Sundance’(Golden Mexican Orange Blossom)(L) | 是 | 金色 | 中 | 簇状—叶片下垂 | 半喜阴或喜阴 | 焦点 | 大多数(非沼泽) | 警惕霜冻 | 中—高度可达 1.2m | 3 株 /$m^2$ 3 升盆 |
| “阿兹台克珍珠”墨西哥橘(墨西哥橙花) Choisya ternata ‘Aztec Pearl’(Mexican Orange Blossom)(L) | 是 | 绿色 | 细腻 | 簇状—叶片齐整下垂 | 喜光—半喜阴或喜阴 | 陪衬 | 大多数(非沼泽) | 警惕霜冻 | 中—高度可达 1.2m | 3 株 /$m^2$ 3 升盆 |
| 匍枝美洲茶“瑞滨” Ceanothus thysiflorus ‘Repens’(L) | 是 | 深绿色 | 细腻 | 水平 | 喜光或半喜阴 | 陪衬 | 大多数(非沼泽) | 强 | 中—高度可达 1.2m | 3 株 /$m^2$ 3 升盆 |
| 平枝栒子 Cotoneaster horizontalis(L) | 否(充其量为半常绿植物) | 嫩绿色 - 秋季为红色 | 中 | 水平—鱼骨状排列 | 喜光且喜阴 | 陪衬 | 大多数(非沼泽) | 强 | 中—高度可达 1m 且附墙壁可达 2m | 3 株 /$m^2$ 3 升盆 |
| 平枝栒子“罗布斯塔” Cotoneaster horizontalis ‘Robusta’(L) | 否(充其量为半常绿植物) | 嫩绿色 - 秋季为红色 | 中 | 水平—鱼骨状排列 | 喜光且喜阴 | 陪衬 | 大多数(非沼泽) | 强 | 中—高度可达 1.5m 且附墙壁可达 2m | 3 株 /$m^2$ 3 升盆 |
| 金心大叶黄杨 Euonymus japonica ‘Ovatus Aureus’(L) | 是 | 金色 | 中 | 直立 | 喜光且喜阴 | 焦点 | 大多数(非沼泽) | 强 + 沿海 | 中—高度可达 2m | 3 株 /$m^2$ 3 升盆 |
| 长阶花“仲夏美人” Hebe ‘Midsummer Beauty’(M) | 是 | 绿色 | 中 | 簇状 | 喜光 | 陪衬 | 大多数(非沼泽) | 总体较强 + 沿海 | 中—高度可达 1.5m | 3 株 /$m^2$ 3 升盆 |
| 柳叶长阶花 Hebe salisifolius(L) | 是 | 绿色 | 中 | 簇状 | 喜光 | 陪衬 | 大多数(非沼泽) | 总体较强 + 沿海 | 中—高度可达 1.2m | 3 株 /$m^2$ 3 升盆 |
| 俄勒冈葡萄 Mahonia aquifolium ‘Pinnata’(L) | 是 | 深绿色 | 中 | 簇状 | 喜光或喜阴 | 陪衬 | 大多数(非沼泽) | 强 | 慢—高度可达 1.2m | 3 株 /$m^2$ 3 升盆 |
| 光亮忍冬木 Lonicera nitida(M) | 是 | 深绿色 | 细腻 | 簇状 | 喜光或喜阴 | 陪衬 | 大多数(非沼泽) | 强 | 中—高度可达 1.8m | 3 株 /$m^2$ 3 升盆 |
| 金叶亮绿忍冬 Lonicera nitida ‘Bagasen’s Gold’(M) | 是 | 金色 | 细腻 | 簇状 | 喜光或喜阴 | 焦点 | 大多数(非沼泽) | 强 | 中—高度可达 1.8m | 3 株 /$m^2$ 3 升盆 |
| 桂花 Osmanthus delavyii(L) | 是 | 深绿色 | 细腻 | 簇状 | 喜光或喜阴 | 陪衬 | 大多数(非沼泽) | 强 | 慢—高度可达 1.2m | 3/$m^2$ 3 升盆 |
| 刺桂 Osmanthus x heterophyllus(L) | 是 | 深绿色 | 中 | 直立 | 半喜阴或喜阴 | 陪衬 | 大多数(非沼泽) | 强 | 中—高度可达 1.5m | 3 株 /$m^2$ 3 升盆 |

| 灌木名称—拉丁名及英文名(如有)。养护需求：H= 高，每年修剪一次；M= 中，二至三年剪枝一次；L= 低，很少需要剪枝 | 对植株定位及对比性评价有重要意义的特征和品质。* 代表选择相邻植株时的关键对比性因素。 | | | | | | | | |
|---|---|---|---|---|---|---|---|---|---|
| | 常绿（是 / 否） | 叶色 * | 质地 * | 形态特征 * | 喜阳 / 喜阴 | 焦点 / 陪衬 * | 土壤类型 | 生命力 | 生长速度 / 高度 | 间距：影响 vs 成本 + 最佳植株规格 |
| 月桂李（月桂树）<br>Prunuslaurocerasus ‘Otto Lukyen’（Laurel）(L) | 是 | 深绿色 | 中 | 叶片直立 | 喜光或喜阴 | 陪衬 | 大多数（非沼泽） | 强 | 中—高度可达 1.6m | 3 株 /$m^2$<br>3 升盆 |
| 札拜氏桂樱（月桂树）<br>Prunus laurocerasus ‘Zabeliana’（Laurel）(M) | 是 | 嫩绿色 | 中 | 水平生长 | 喜光或喜阴 | 陪衬 | 大多数（非沼泽） | 强 | 中—高度可达 1.8m | 3 株 /$m^2$<br>3 升盆 |
| 红果沙棘<br>Pyracantha ‘Red Cushion’ Firethorn（M） | 是 | 深绿色 | 细腻 | 簇状—小心细刺 | 喜光或喜阴 | 陪衬 | 大多数（非沼泽） | 强 | 中—高度可达 1m | 3 株 /$m^2$<br>3 升盆 |
| 杜鹃<br>Rhoderdendron ‘Luteus’（L） | 是 | 绿色 | 粗糙 | 簇状 | 喜光或喜阴 | 陪衬 | 大多数（非沼泽） | 强 | 慢—高度可达 2m | 3 株 /$m^2$<br>5 升盆 |
| 雅库杜鹃<br>Rhoderdendron ‘Yakushi- manum’（L） | 是 | 深绿色 | 中 | 簇状 | 喜光或喜阴 | 陪衬 | 大多数（非沼泽） | 强 | 慢—高度可达 1m | 3 株 /$m^2$<br>3 升盆 |

**清单** 2a—观赏性植物—中型植物(若不加修剪，株高可达 l—2m 或更高)。*需要对比的项目。

| 灌木名称—拉丁名及英文名(如有)。养护需求：H= 高，每年修剪一次；M= 中，二至三年修剪一次；L= 低，很少需要修剪 | 对植株定位及对比性评价有重要意义的特征和品质。* 代表选择相邻植株时的关键对比性因素。 | | | | | | | | | |
|---|---|---|---|---|---|---|---|---|---|---|
| | 常绿（是 / 否） | 叶色 * | 质地 * | 形态特征 * | 喜阳 / 喜阴 | 焦点 / 陪衬 * | 土壤类型 | 生命力 | 生长速度 / 高度 | 间距：影响 vs 成本 + 最佳植株规格 |
| “伏地”大花六道木 Abelia x grandiflora ‘Prostrata’(L) | 是 | 深绿色 | 细腻 | 辐射状 | 喜光 / 半喜阴 | 陪衬 | 大多数（非沼泽） | 强 | 慢—高度可达 1.1m | 3 株 /m² 3 升盆 |
| 金叶大花六道木 Abelia x grandiflora ‘Frances Mason’(L) | 是 | 金色 | 细腻 | 簇状 | 喜光 / 半喜阴 | 焦点 | 大多数（非沼泽） | 强 | 中—高度可达 1.2m | 3 株 /m² 3 升盆 |
| 荷兰紫菀（Micklemas 雏菊）Aster ‘Lye End Beauty’(Micklemas daisy)(H) | 否（冬日无景） | 绿色 | 中 | 直立 | 喜光 | 季末、焦点 | 大多数（非沼泽） | 强 | 快—高度可达 1.5m | 5 株 /m² 1 升盆 |
| 紫菀 Gayborder Royal Aster ‘Gayborder Royal’(H) | 否（冬日无景） | 绿色 | 中 | 直立 | 喜光 | 季末、焦点 | 大多数（非沼泽） | 强 | 快—高度可达 1.5m | 5 株 /m² 1 升盆 |
| 常春菊“阳光” Brachyglottis Dunedin ‘Sunshine’(M) | 是 | 银色 | 中 | 簇状 | 喜光或轻微喜阴 | 焦点 | 大多数（非沼泽） | 强 | 中—高度可达 1.5m | 3 株 /m² 3 升盆 |
| 山茶花 Camelia japonica(L) | 是 | 深绿色 | 粗糙 | 直立簇状 | 喜阴 | 陪衬 | 酸性 / 中性和潮湿 | 强 | 快—高度可达 2m | 3 株 /m² 3 升盆 |
| 隆冬之火红瑞木（山茱萸）Cornus alba ‘Midwinter Fire’(Dog Wood)(M) | 否 | 绿色 | 粗糙 | 枝干挺拔—橙黄 | 喜光且半喜阴 | 陪衬 | 大多数 | 强 | 中—高度可达 2m | 3 株 /m² 3 升盆 |
| 银边红端木（山茱萸）Cornus alba ‘Elegantissima’(Dog Wood)(M) | 否 | 白色杂色 | 粗糙 | 枝干挺拔 | 喜光且半喜阴 | 焦点 | 大多数 | 强 | 中—高度可达 2m | 3 株 /m² 3 升盆 |
| 金边红瑞木（山茱萸）Cornus alba ‘Spaethii’(Dog Wood)(M) | 否 | 金色杂色 | 粗糙 | 枝干挺拔 | 喜光且半喜阴 | 焦点 | 大多数 | 强 | 中—高度可达 2m | 3 株 /m² 3 升盆 |
| 紫叶红栌（黄栌）Cotinus(M)obovatus(Smoke Bush) | 否 | 绿色 - 秋季为红色 | 中 | 簇状 | 喜光且半喜阴 | 陪衬 | 大多数（非沼泽） | 强 | 慢—高度可达 2m | 2 或 3 株 /m² 3 升盆 |
| 深紫美国红栌（黄栌）Cotinus coggygria ‘Royal Purple’(Smoke Bush)(L) | 否 | 紫色 - 秋季为红色 | 中 | 簇状 | 喜光且半喜阴 | 陪衬 | 大多数（非沼泽） | 强 | 慢—高度可达 2m | 2 或 3 株 /m² 3 升盆 |
| 紫色幽灵黄栌（黄栌）Cotinus coggygria ‘Golden Spirit’(Smoke Bush)(L) | 否 | 金色 - 秋季为红色 | 中 | 簇状 | 喜光且半喜阴 | 陪衬 | 大多数（非沼泽） | 强 | 慢—高度可达 2m | 2 或 3 株 /m² 3 升盆 |
| 洋蓟（球洋蓟）Cynara cardunculus(Globe Artichoke)(H) | 否（冬日无景） | 银色 / 灰色 | 粗糙 | 簇状 | 喜光且半喜阴 | 焦点 | 大多数（非沼泽） | 强 | 中—高度可达 1.5m | 3 株 /m² 3 升盆 |
| 黄花金雀儿（金雀花）Cytissus x praecox ‘All Gold’(Broom)(L) | 是 | 绿色 | 细腻 | 簇状 | 喜光且半喜阴 | 陪衬 | 大多数（非沼泽） | 强 * | 前期中，后期快速生长—高度可达 1.2m | 3 株 /m² 3 升盆 |

| 灌木名称—拉丁名及英文名(如有)。养护需求：H= 高，每年修剪一次；M= 中，二至三年修剪一次；L= 低，很少需要修剪 | 对植株定位及对比性评价有重要意义的特征和品质。* 代表选择相邻植株时的关键对比性因素。 | | | | | | | | | |
|---|---|---|---|---|---|---|---|---|---|---|
| | 常绿（是 / 否） | 叶色 * | 质地 * | 形态特征 * | 喜阳 / 喜阴 | 焦点 / 陪衬 * | 土壤类型 | 生命力 | 生长速度 / 高度 | 间距：影响 vs 成本 + 最佳植株规格 |
| 小蓝刺头属 “薇姿蓝”<br>Echninops rtro ‘Veitch’s Blue’（H） | 否 | 银灰色<br>绿色 | 粗糙 | 簇状 | 喜光且半喜阴 | 陪衬 | 大多数<br>（非沼泽） | 强 | 前期中，后期快速生长—高度可达 1.2m | 3 株 /$m^2$<br>1 升盆 |
| “约翰汤姆森” 常绿大戟（大戟属植物）<br>Euphorbia characias ‘Wulfenii’（Spurge）(M) | 是 | 蓝色 | 中 | 直立 | 喜光且半喜阴 | 焦点 | 大多数<br>（非沼泽） | 强—汁液具腐蚀性 | 中—高度可达<br>1.2m | 3 株 /$m^2$<br>3 升盆 |
| 短筒倒挂金钟<br>Fuschia magellanica（M） | 否 | 绿色 | 细腻 | 簇状 | 喜光且半喜阴 | 陪衬 | 大多数<br>（非沼泽） | 中 | 中—高度可达<br>1.8m | 3 株 /$m^2$<br>3 升盆 |
| 雪后绣球花<br>Hydrangea quercifolia（Snow Queen）(L) | 是 | 绿色 | 粗糙 | 直立 | 喜阴 | 陪衬 | 大多数<br>（非沼泽） | 强 | 中—高度可达<br>2m | 3 株 /$m^2$<br>3 升盆 |
| 柔毛绣球（绣球花）<br>Hydrangea villosa（Hydrangea）(L) | 是 | 绿色 | 粗糙 | 水平 | 喜阴 | 陪衬 | 大多数<br>（非沼泽） | 中 | 中—高度可达<br>1.8m | 3 株 /$m^2$<br>3 升盆 |
| 欧洲刺柏 “Repanda”<br>Juniperus communis ‘Repanda’（L） | 否 | 灰绿色 | 细腻 | 簇状 | 喜光或喜阴 | 陪衬 | 大多数<br>（非沼泽） | 强 | 慢—高度可达<br>0.6 m | 3 株 /$m^2$<br>3 升盆 |
| 重瓣棣棠花（矢车菊）<br>Kerria japonica ‘Pleniflora’<br>（Bachelor’s Button）(M) | 否 | 绿色 | 中 | 直立 | 喜光或半喜阴 | 陪衬 | 大多数<br>（非沼泽） | 强 | 中—高度可达<br>1.5 m | 3 株 /$m^2$<br>3 升盆 |
| 糙苏<br>Phlomis fruiticosa（M） | 是 | 银色 | 粗糙 | 簇状 | 喜光 | 焦点 | 大多数<br>（非沼泽） | 中 + 沿海 | 中—高度可达<br>1.2m | 3 株 /$m^2$<br>3 升盆 |
| 金露梅 “伊丽莎白”<br>Potentilla fruiticosa ‘Elizabeth’（L） | 否 | 绿色 | 细腻 | 簇状 | 喜光或半喜阴 | 陪衬 | 大多数<br>（非沼泽） | 强 | 中—高度可达<br>1.8m | 3 株 /$m^2$<br>3 升盆 |
| 大花金露梅<br>Potentilla fruiticosa ‘Katherine Dykes’（L） | 否 | 绿色 | 细腻 | 簇状 | 喜光或半喜阴 | 陪衬 | 大多数<br>（非沼泽） | 强 | 中—高度可达<br>1.8m | 3 株 /$m^2$<br>3 升盆 |
| 紫花悬钩子<br>Rubus oderatus（M） | 否 | 绿色 | 粗糙 | 直立 | 半喜阴 / 喜阴 | 陪衬 | 酸性<br>（非沼泽） | 强 | 快—高度可达<br>1.6m | 3 株 /$m^2$<br>3 升盆 |
| 绣线菊 “无髯猕猴桃”（笑靥花）<br>Spirea ‘Arguta’（Bridal Wreath）(M) | 否 | 绿色 | 细腻 | 簇状 | 喜光或喜阴 | 陪衬 | 酸性<br>（非沼泽） | 强 | 中—高度可达<br>1.6m | 3 株 /$m^2$<br>3 升盆 |
| 绿玉铁线莲<br>Ulex europeus ‘Flore Plena’（M） | 是 | 绿色 | 细腻 | 簇状 | 喜光 | 陪衬 | 大多数<br>（非沼泽） | 强 | 中—高度可达<br>1.8 m | 3 株 /$m^2$<br>3 升盆 |
| 川西荚蒾<br>Viburnum davidii（L） | 是 | 绿色 | 粗糙 | 簇状 | 喜光或喜阴 | 陪衬 | 大多数<br>（非沼泽） | 强 | 中—高度可达<br>1.5m | 3 株 /$m^2$<br>3 升盆 |

**清单** 2b—观赏性植物—小型植物(株高 0.5–1m，若很少修剪)。* 需要对比的项目。

| 灌木名称—拉丁名及英文名(如有)。养护需求：H= 高，每年剪枝一次；M= 中，二至三年剪枝一次；L= 低，很少需要剪枝 | 对植株定位及对比性评价有重要意义的特征和品质。* 代表选择相邻植株时的关键对比性因素。 | | | | | | | | |
|---|---|---|---|---|---|---|---|---|---|
| | 常绿（是 / 否） | 叶色 * | 质地 * | 形态特征 * | 喜阳 / 喜阴 | 焦点 / 陪衬 * | 土壤类型 | 生命力 | 生长速度 / 高度 | 间距：影响 vs 成本 + 最佳植株规格 |
| 荷兰菊“奥黛丽”（紫菀）Aster novi belgii ‘Audrey’（Micklemus Daisy）(H) | 否（冬日无景） | 绿色 | 细腻 | 直立 | 喜光或半喜阴 | 陪衬 | 大多数（非沼泽） | 强 | 中—达 0.6m | 5 株 /m$^2$ 1 升盆 |
| 荷兰菊“玫瑰蕾”（紫菀）Asier novi belgii ‘Rosebud’（Micklemus Daisy）(H) | 否（冬日无景） | 绿色 | 细腻 | 直立 | 喜光或半喜阴 | 陪衬 | 大多数（非沼泽） | 强 | 中—达 0.6m | 5 株 /m$^2$ 1 升盆 |
| 金叶小檗 Berberis thunbergii ‘Aurea Nana’(L) | 否 | 金色 | 细腻 | 簇状 | 喜光或半喜阴 | 陪衬 | 大多数（非沼泽） | 强 | 慢—达 0.5m | 5 株 /m$^2$ 1 升盆 |
| 矮紫小檗 Berberis thunbergii ‘Atropurpurea Nana’(L) | 否 | 深红色 | 细腻 | 簇状 | 喜光或半喜阴 | 陪衬 | 大多数（非沼泽） | 强 | 慢—达 0.5m | 5 株 /m$^2$ 1 升盆 |
| 岩蔷薇 Cistus creticus (Rock Rose)(L) | 是 | 银色、灰色 | 中 | 簇状 | 喜光或半喜阴 | 焦点 | 大多数（非沼泽） | 强 | 中—达 1.2m | 3 株 /m$^2$ 3 升盆 |
| 杂种岩蔷薇 Cistus corbariensis (Rock Rose)(L) | 是 | 绿色 | 中 | 簇状 | 喜光或半喜阴 | 陪衬 | 大多数（非沼泽） | 强 | 中—达 1.2m | 3 株 /m$^2$ 3 升盆 |
| 岩蔷薇 Ciscus x skanbergii (Rock Rose)(L) | 是 | 灰色 | 中 | 簇状 | 喜光或半喜阴 | 焦点 | 大多数（非沼泽） | 强 | 中—达 1.2m | 3 株 /m$^2$ 3 升盆 |
| “朱丽叶”栒子 Cotoneaster suesicus ‘Juliette’(M) | 是 | 绿、白、杂色 | 中 | 拱形 / 下垂 | 喜光或喜阴 | 焦点 | 大多数（非沼泽） | 强 | 中—达 1m | 3 株 /m$^2$ 3 升盆 |
| 银旋花 Convolvulus cneorum (L) | 是 | 银色 | 细腻 | 簇状 | 喜光 | 焦点 | 非湿土 | 中 | 中—达 0.5m | 4 株 /m$^2$ 3 升盆 |
| 金雀花 Cytissus x kewensis (Broom)(L) | 否 | 绿色 | 中 | 簇状 | 喜光 | 陪衬 | 大多数（非沼泽） | 极强 + 临海 | 中—达 0.5m | 5 株 /m$^2$ 1 升盆 |
| 桂叶芫花 Daphne laureola (L) | 是 | 绿色 | 中 | 簇状 | 喜光或半喜阴 | 陪衬 | 非湿土 | 中 | 中—达 0.5m | 4 株 /m$^2$ 3 升盆 |
| 夏瑞香 Daphne x burkwoodii ‘Somerset’(L) | 是 | 绿色 | 细腻 | 簇状 | 喜光或半喜阴 | 陪衬 | 非湿土 | 中 | 中—达 1.5m | 3 株 /m$^2$ 3 升盆 |
| 扶芳藤 Euonymus fortune ‘PresidentGaultier’(L) | 是 | 白绿双色 | 中 | 辐射状 | 喜光或喜阴 | 焦点 | 大多数（非沼泽） | 强 | 中—达 0.8m | 3 株 /m$^2$ 3 升盆 |
| 马提尼大戟（大戟）Euphorbia characias ‘Martinii’(Spurge)(H) | 是 | 绿色、酒红色 | 中 | 簇状 | 半喜阴 | 陪衬 | 大多数（非潮湿土壤 / 沼泽） | 中—汁液具腐蚀性 | 中—达 0.5m | 4 株 /m$^2$ 3 升盆 |
| 长阶花 Hebe armstrongii (L) | 是 | 银绿色 | 细腻 | 簇状 | 喜光或喜阴 | 陪衬 | 大多数（非沼泽） | 强 | 慢—达 0.5m | 4 株 /m$^2$ 3 升盆 |

| 灌木名称—拉丁名及英文名（如有）。养护需求：H= 高，每年剪枝一次；M= 中，二至三年剪枝一次；L= 低，很少需要剪枝 | 对植株定位及对比性评价有重要意义的特征和品质。* 代表选择相邻植株时的关键对比性因素。 | | | | | | | | | |
|---|---|---|---|---|---|---|---|---|---|---|
| | 常绿（是 / 否） | 叶色 * | 质地 * | 形态特征 * | 喜阳 / 喜阴 | 焦点 / 陪衬 * | 土壤类型 | 生命力 | 生长速度 / 高度 | 间距：影响 vs 成本 + 最佳植株规格 |
| 玉簪“秀丽”<br>Hosta siebaldiana ‘Elegans’（L） | 否（冬日无景） | 蓝色、灰色 | 粗糙 | 辐射状 | 喜阴 / 半喜阴 | 焦点 | 大多数（非特别干燥土壤） | 强 | 慢—达 0.5m | 3 株 /$m^2$<br>3 升盆 |
| 欧洲冬青<br>Hosta fortune ‘Aureo Marginata’（L） | 否（冬日无景） | 白色、奶白色 | 粗糙 | 辐射状 | 喜阴 / 半喜阴 | 焦点 | 大多数（非极其干燥土壤） | 强 | 慢—达 0.5m | 3 株 /$m^2$<br>3 升盆 |
| 温德夫人长阶花<br>Hebe ‘Mrs Winder’（L） | 是 | 绿色 | 细腻 | 簇状 | 喜光或喜阴 | 陪衬 | 大多数（非沼泽） | 强 | 慢—达 0.5m | 4 株 /$m^2$<br>3 升盆 |
| 红边长阶花<br>Hebe ‘Red Edge’（L） | 是 | 银灰色—叶便红边 | 细腻 | 簇状 | 喜光或喜阴 | 陪衬 | 大多数（非沼泽） | 强 | 慢—达 1m | 3 株 /$m^2$<br>3 升盆 |
| 奥林匹克金丝桃（圣约翰草）<br>Hypericum olypicum（St. John’ s Wort）（L） | 否 | 绿色 | 细腻 | 辐射状—枝干挺拔 | 喜光或喜阴 | 陪衬 | 大多数（非沼泽） | 强 | 慢—达 0.5m | 3 株 /$m^2$<br>3 升盆 |
| 香根鸢尾<br>Iris pallida ‘Allegiance’（L） | 否（冬日无景） | 白色、奶白色 | 粗糙 | 叶片直立 | 喜光或半喜阴 | 陪衬 | 大多数 | 强 | 中—达 0.5m | 5 株 /$m^2$<br>2 升盆 |
| “维尔多尼”平铺圆柏<br>Juniperus horizontalis ‘Wiltonii’（L） | 是 | 灰绿色 | 细腻 | 水平 | 喜光或半喜阴 | 陪衬 | 大多数（非沼泽） | 强 | 慢—达 0.5m | 3 株 /$m^2$<br>3 升盆 |
| 火炬花<br>Kniphofia uvaria ‘H.C.MiIls’<br>（Red Hot Poker）（M） | 是 | 灰绿色 | 粗糙 | 直立 | 喜光或半喜阴 | 陪衬 | 大多数（非沼泽） | 强 | 中—达 0.8m | 3 株 /$m^2$<br>3 升盆 |
| “高贵骑士”火炬花（火炬花）<br>Kniphofia uvaria ‘Nobilis’（Red Hot Poker）（M） | 是 | 灰绿色 | 粗糙 | 直立 | 喜光或半喜阴 | 陪衬 | 大多数（非沼泽） | 强 | 中—达 0.8m | 4 株 /$m^2$<br>2 升盆 |
| 蝴蝶薰衣草（法国薰衣草）<br>Lavendula stoechas ‘Butterfly’<br>（French Lavender）（M） | 是 | 灰绿色 | 细腻 | 直立 | 喜光或半喜阴 | 陪衬 | 如果土壤干燥则大多数（非沼泽） | 强 | 中—达 0.5m | 4 株 /$m^2$<br>2 升盆 |
| 希德寇特薰衣草<br>Lavendula spica ‘Hidcote’（M） | 是 | 银色、灰色 | 细腻 | 直立 | 喜光或半喜阴 | 焦点 | 大多数干燥土壤 | 强 | 中—达 0.5m | 4 株 /$m^2$<br>3 升盆 |
| 花叶木藜芦<br>Leucthoe fontanesiana ‘Rainbow’（L） | 是 | 绿 / 白双色 | 粗糙 | 簇状 | 喜光或喜阴 | 陪衬 | 中和酸性（非沼泽） | 强 | 慢—达 1.5m | 4 株 /$m^2$<br>3 升盆 |
| 六巨山荆芥<br>Nepeta ‘Six Hills Gian’（M） | 是 | 银灰色 | 中 | 辐射状 | 喜光 | 陪衬 | 大多数（非沼泽） | 强 | 中—达 0.6m | 5 株 /$m^2$<br>1 升盆 |
| “阿博茨伍德”金露梅<br>Potentilla fruiticosa ‘Abbotswood’（L） | 否 | Mid 浅绿色 | 细腻 | 簇状 | 喜光或半喜阴 | 陪衬 | 大多数（非沼泽） | 强 | 中—达 1m | 3 株 /$m^2$<br>3 升盆 |
| “红爱斯”金露梅<br>Potentilla fruiticosa ‘Red Ace’（L） | 否 | Mid 浅绿色 | 细腻 | 簇状 | 喜光或半喜阴 | 陪衬 | 大多数（非沼泽） | 强 | 中—达 0.6m | 4 株 /$m^2$<br>3 升盆 |

**清单** 2b—总结

| 灌木名称—拉丁名及英文名(如有)。养护需求：H= 高，每年剪枝一次；M= 中，二至三年剪枝一次；L= 低，很少需要剪枝。 | 对植株定位及对比性评价有重要意义的特征和品质。* 代表选择相邻植株时的关键对比性因素。 | | | | | | | | |
|---|---|---|---|---|---|---|---|---|---|
| | 常绿（是 / 否） | 叶色 * | 质地 * | 形态特征 * | 喜阳 / 喜阴 | 焦点 / 陪衬 * | 土壤类型 | 生命力 | 生长速度 / 高度 | 间距：影响 vs 成本 + 最佳植株规格 |
| 七叶鬼灯檠 Rogersia aesculifolium(H) | 否（冬日无景） | 浅绿色 | 粗糙 | 辐射状—水平 | 半喜阴或喜阴 | 陪衬 | 大多数（非特别干旱） | 强 | 中—达 0.5m | 3 株 /m² 3 升盆 |
| 羽叶鬼灯檠 Rogersia pinnata 'Superba'(H) | 否（冬日无景） | 深绿色 | 粗糙 | 辐射状—水平 | 半喜阴或喜阴 | 陪衬 | 大多数（非特别干旱） | 强 | 中—达 0.5m | 3 株 /m² 3 升盆 |
| 约瑟普小姐迷迭香（罗斯玛丽）Rosmarinus officionalis 'Miss Jessops Variety'(Rosemary)(M) | 是 | 灰绿色 | 细腻 | 非常直立 | 喜光或半喜阴 | 陪衬 | 大多数（非湿土） | 强 | 快—达 1.5m | 4 株 /m² 2 升盆 |
| 迷迭香（罗斯玛丽）Rosmarinus officionalis(Rosemary)(M) | 是 | 灰绿色 | 细腻 | 直立 | 喜光或半喜阴 | 陪衬 | 大多数（非湿土） | 强 | 快—达 1m | 4 株 /m² 2 升盆 |
| 金色风暴金缘叶金光菊 Rudbeckia fulgida 'Goldstrum'(M) | 否（冬日无景） | 浅绿色 | 中 | 辐射状 | 喜光或半喜阴 | 陪衬 | 酸性（非沼泽） | 强 | 中—达 0.5m | 5 株 /m² 2 升盆 |
| 鼠尾草"红枫"（鼠尾草）Salvia officionalis 'Atropurpureum'(Sage)(M) | 是 | 紫色 | 中 | 簇状—水平叶 | 喜光 | 陪衬 | 大多数（非湿土） | 中 | 中—达 0.5m | 4 株 /m² 2 升盆 |
| 黄斑鼠尾草（鼠尾草）Salvia officionalis 'Icterina'(Sage)(M) | 是 | 金色 | 中 | 簇状—水平叶 | 喜光 | 焦点 | 大多数（非湿土） | 中 | 中—达 0.5m | 4 株 /m² 2 升盆 |
| 鼠尾草 Salvia officionalis(Sage)(M) | 是 | 灰绿色 | 中 | 簇状—水平叶 | 喜光 | 焦点 | 大多数（非湿土） | 中 | 中—达 0.5m | 3 株 /m² 3 升盆 |
| 美丽鼠尾草（鼠尾草）Salvia x superba(Sage)(M) | 是 | 绿色 | 中 | 直立 | 喜光 | 陪衬 | 大多数（非湿土） | 中 | 中—达 0.6m | 4 株 /m² 2 升盆 |
| 北极柳 Salix lanata(L) | 否 | 灰绿色 | 中 | 簇状 | 喜光或半喜阴 | 陪衬 | 大多数（非干燥土壤） | 强 | 非常慢—达 1m | 4 株 /m² 3 升盆 |
| 银灰菊 Santolina chamae-cyparisus(L) | 是 | 银色 | 细腻 | 簇状 | 喜光或半喜阴 | 焦点 | 大多数（非湿土） | 强 | 中—达 0.5m | 4 株 /m² 3 升盆 |
| 香叶棉衫菊"樱草宝石" Santolina rosmarinifolia 'Primrose Gem'(L) | 是 | 绿色 | 细腻 | 簇状 | 喜光或半喜阴 | 焦点 | 大多数（非湿土） | 强 | 中—达 0.5m | 4 株 /m² 3 升盆 |
| 银灰菊 Santolina neapolitana 'Sulphurea'(L) | 是 | 银色 | 细腻 | 簇状 | 喜光或半喜阴 | 焦点 | 大多数（非湿土） | 强 | 中—达 0.5m | 4 株 /m² 3 升盆 |
| 野扇花 Sarcococca confuse(L) | 是 | 绿色 | 中 | 簇状 | 喜阴或半喜阴 | 陪衬 | 大多数（非沼泽） | 强 | 慢—达 1m | 3 株 /m² 3 升盆 |
| 双蕊时野扇花 Sarcococca hookeriana 'Digyna'(L) | 是 | 绿色 | 中 | 簇状 | 喜阴或半喜阴 | 陪衬 | 大多数（非沼泽） | 强 | 慢—达 1m | 3 株 /m² 3 升盆 |

续表

| 灌木名称—拉丁名及英文名(如有)。养护需求：H=高，每年剪枝一次；M=中，二至三年剪枝一次；L=低，很少需要剪枝。 | 对植株定位及对比性评价有重要意义的特征和品质。*代表选择相邻植株时的关键对比性因素。 | | | | | | | | | |
|---|---|---|---|---|---|---|---|---|---|---|
| | 常绿（是/否） | 叶色* | 质地* | 形态特征* | 喜阳/喜阴 | 焦点/陪衬* | 土壤类型 | 生命力 | 生长速度/高度 | 间距：影响 vs 成本+最佳植株规格 |
| 小野扇花<br>Sarcococca humulis（L） | 是 | 绿色 | 细腻 | 簇状 | 喜阴或半喜阴 | 陪衬 | 大多数（非沼泽） | 强 | 慢—达 1m | 3 株/$m^2$<br>3 升盆 |
| “秋之喜悦”景天<br>Sedum spectabile ‘Autumn Joy’（L） | 否（冬日无景） | 灰绿色 | 细腻 | 直立 | 喜光或半喜阴 | 陪衬 | 大多数（非湿土） | 强 | 中—达 0.5m | 5 株/$m^2$<br>2 升盆 |
| 智利豚鼻花“昂特美”<br>Sisyrinchium striatum ‘Aunt May’（L） | 是 | 灰绿色 | 中 | 直立 | 喜光或半喜阴 | 焦点 | 大多数（非湿土） | 强 | 中—达 0.3m | 5 株/$m^2$<br>2 升盆 |
| 日本茵芋<br>Sklmmia japonica ‘Formanii’（L） | 是 | 绿色 | 中 | 簇状 | 喜光或喜阴 | 陪衬 | 酸性/中性 | 强 | 慢—达 0.5m | 4 株/$m^2$<br>3 升盆 |
| 金红茵芋<br>Skimmia japonica ‘Rubella’（L） | 是 | 绿色 | 中 | 簇状 | 喜光或喜阴 | 陪衬 | 酸性/中性 | 强 | 慢—达 0.5m | 4 株/$m^2$<br>3 升盆 |
| 金焰绣线菊<br>Spirea xbumalda ‘Gold Flame’（L） | 是 | 金色 | 中 | 簇状 | 喜光或半喜阴 | 焦点 | 大多数（非沼泽） | 强 | 中—达 0.6m | 3 株/$m^2$<br>3 升盆 |

**清单** 2c—观赏性植物—地被植物(株高 0.5m，若很少修剪)。* 需要对比的项目。

| 灌木名称—拉丁名及英文名(如有)。养护需求：H= 高，每年剪枝一次；M= 中，二至三年剪枝一次；L= 低，很少需要剪枝 | 对植株定位及对比性评价有重要意义的特征和品质。* 代表选择相邻植株时的关键对比性因素。 | | | | | | | | | |
|---|---|---|---|---|---|---|---|---|---|---|
| | 常绿（是 / 否） | 叶色 * | 质地 * | 形态特征 * | 喜阳 / 喜阴 | 焦点 / 陪衬 * | 土壤类型 | 生命力 | 生长速度 / 高度 | 间距：影响 vs 成本 + 最佳植株规格 |
| 虾膜花<br>Acanthus mollis（M） | 是 | 深绿色 | 粗糙 | 辐射状 | 半喜阴或喜阴 | 陪衬 | 大多数（非沼泽） | 强 | 慢—达 0.5m | 3 株 /m$^2$<br>3 升盆 |
| 柔毛羽衣草（H—因每年都需要清除花序）<br>Alchemilla mollis（H - due to need to remove flower heads yearly） | 否（冬日少景） | 灰绿色 | 粗糙 | 簇状 | 喜光或半喜阴 | 焦点 | 大多数土壤 | 强 | 中—达 0.3m | 5 株 /m$^2$<br>1 升盆 |
| 匍匐筋骨草<br>Ajuga reptans ‘Catlins Giant’（L） | 是 | 深红色 | 粗糙 | 水平 | 喜光或半喜阴 | 陪衬 | 大多数（非沼泽） | 强 | 中—达 0.2m | 5 株 /m$^2$<br>1 升盆 |
| 日本银莲花<br>Anemone japonica（L） | 否（冬日少景） | 浅绿色 | 粗糙 | 水平 | 喜光、半喜阴 | 陪衬 | 大多数（非沼泽） | 强 | 中—达 0.3m | 5 株 /m$^2$<br>1 升盆 |
| 日本银莲花“九月魅力”<br>Anemone japonica ‘September Charm’（L） | 否（冬日少景） | 浅绿色 | 粗糙 | 水平 | 喜光、喜阴 | 陪衬 | 大多数（非沼泽） | 强 | 中—达 0.3m | 5 株 /m$^2$<br>1 升盆 |
| 阿兰茨落新妇“烽火”（H—因每年都需要清除花序）<br>Astilbe fanal（H - due to need to remove flower heads yearly） | 否（冬日少景） | 浅绿色 | 细腻 | 直立 - 水平叶形 | 半喜阴、喜阴 | 陪衬 | 仅潮湿土壤 | 强 | 中—达 0.5m | 5 株 /m$^2$<br>1 升盆 |
| 落新妇（H—因每年都需要清除花序）<br>Astilbe ‘Bressingham Beauty’（H - due to need to remove flower heads yearly） | 否（冬日少景） | 浅绿色 | 细腻 | 直立 - 水平叶形 | 半喜阴、喜阴 | 陪衬 | 仅潮湿土壤 | 强 | 中—达 0.5m | 5 株 /m$^2$<br>3 升盆 |
| 厚叶岩白菜<br>Bergenia cordifolia（L） | 是 | 浅绿色 | 粗糙 | 辐射状 | 喜光或喜阴，遮荫为宜 | 陪衬 | 大多数（非沼泽） | 强 | 中—达 0.3m | 3 株 /m$^2$<br>1 升盆 |
| 岩白菜“冬盛”<br>Bergenia ‘Winter Glut’（L） | 是 | 浅绿色 | 粗糙 | 辐射状 | 喜光或喜阴，遮荫为宜 | 陪衬 | 大多数（非沼泽） | 强 | 中 —达 0.3m | 3 株 /m$^2$<br>1 升盆 |
| “紫色”岩白菜<br>Bergenia cordifolia ‘Purpurea’（L） | 是 | 深绿色—冬天红色 | 粗糙 | 辐射状 | 喜光或喜阴，遮荫为宜 | 陪衬 | 大多数（非沼泽） | 强 | 中 —达 0.3m | 3 株 /m$^2$<br>3 升盆 |
| 心叶牛舌草<br>Brunnera macrophylla（L） | 否（冬日少景） | 绿色 | 粗糙 | 辐射状 | 半喜阴或喜阴 | 陪衬 | 大多数（非特别干燥土壤） | 强 | 中 —达 0.2m | 5 株 /m$^2$<br>1 升盆 |
| 夏雪草<br>Cerastium tomentosum ‘Columnnae’（H） | 半常绿 | 银色 | 细腻 | 辐射状 | 喜光 | 焦点 | 大多数（非湿土） | 强 | 中 —达 0.2m | 5 株 /m$^2$<br>1 升盆 |
| “月光”轮叶金鸡菊<br>Coreopsis verticillate ‘Moonbeam’（H） | 否（冬日无景） | 绿色 | 细腻 | 辐射状 | 喜光 | 陪衬 | 大多数（非沼泽） | 强 | 中 —达 0.5m | 5 株 /m$^2$<br>1 升盆 |
| 矮生栒子<br>Cotoneaster dammeri ‘Major’（M） | 是 | 深绿色 | 细腻 | 辐射状 | 喜光或喜阴 | 陪衬 | 大多数（非沼泽） | 强 | 中 —达 0.5m | 3 株 /m$^2$<br>3 升盆 |

| 灌木名称—拉丁名及英文名（如有）。养护需求：H= 高，每年剪枝一次；M= 中，二至三年剪枝一次；L= 低，很少需要剪枝 | 对植株定位及对比性评价有重要意义的特征和品质。* 代表选择相邻植株时的关键对比性因素。 | | | | | | | | |
|---|---|---|---|---|---|---|---|---|---|
| | 常绿（是 / 否） | 叶色 * | 质地 * | 形态特征 * | 喜阳 / 喜阴 | 焦点 / 陪衬 * | 土壤类型 | 生命力 | 生长速度 / 高度 | 间距：影响 vs 成本 + 最佳植株规格 |
| 匍匐柳叶栒子<br>Cotoneaster salisifolius ‘Repens’（M） | 是 | 浅绿色 | 中 | 辐射状—水平 | 喜光或喜阴 | 陪衬 | 大多数（非沼泽） | 强 | 中—达 0.5m | 3 株 /m²<br>3 升盆 |
| “艾米丽·麦肯齐”雄黄兰<br>Crocosmia ‘Emily McKensie’（L） | 否（冬日少景） | 浅绿色 | 中 | 直立 | 喜光或半喜阴 | 陪衬 | 大多数（非沼泽） | 强 | 中—达 0.5m | 5 株 /m²<br>1 升盆 |
| “可爱天使”雄黄兰<br>Crocosmia ‘Honey Angels’（L） | 否（冬日少景） | 浅绿色 | 中 | 直立 | 喜光或半喜阴 | 陪衬 | 大多数（非沼泽） | 强 | 中—达 0.5m | 5 株 /m²<br>1 升盆 |
| 石竹<br>Dianthus ‘Inchmery’（L） | 是 | 银色 | 细腻 | 辐射状 | 喜光或半喜阴 | 焦点 | 大多数（非沼泽） | 强 | 中—达 0.2m | 6 株 /m²<br>1 升盆 |
| 双色淫羊藿<br>Epimedium versicolor ‘Sulphureum’（L） | 否（冬日少景） | 金绿色 | 中 | 辐射状 | 喜阴 | 陪衬 | 大多数（非干燥土壤或沼泽） | 强 | 非常慢—达 0.15m | 6 株 /m²<br>1 升盆 |
| 欧洲柔毛淫羊藿<br>Epimedium pubigerum（L） | 否（冬日少景） | 浅绿色—秋天红色 | 中 | 辐射状 | 喜阴 | 陪衬 | 大多数（非干燥土壤或沼泽） | 强 | 非常慢—达 0.15m | 6 株 /m²<br>1 升盆 |
| “春林白”欧石楠<br>Erica carnea ‘Springwood White’（L） | 是 | 深绿色 | 细腻 | 辐射状 | 喜光或半喜阴 | 陪衬 | 大多数（非沼泽） | 强 | 慢—达 0.4m | 5 株 /m²<br>1 升盆 |
| “腊月红”欧石楠<br>Erica carnea ‘December Red’（L） | 是 | 深绿色 | 细腻 | 辐射状 | 喜光或半喜阴 | 陪衬 | 大多数（非沼泽） | 强 | 慢—达 0.4m | 5 株 /m²<br>1 升盆 |
| 扶芳藤“变色扶芳藤”<br>Euonymus fortunei ‘Coloratus’（M） | 是 | 浅绿色 | 细腻 | 辐射状 | 喜光或喜阴 | 陪衬 | 大多数（非沼泽） | 强 | 快—顶端可达 0.5m | 3 株 /m²<br>3 升盆 |
| 扶芳藤“银边扶芳藤”<br>Euonymus fortunei ‘Emerald Gaiety’（L） | 是 | 白绿双色 | 细腻 | 辐射状 | 喜光或喜阴 | 焦点 | 大多数（非沼泽） | 强 | 中—顶端可达 0.5m | 3 株 /m²<br>3 升盆 |
| 扶芳藤“金边扶芳藤”<br>Euonymus fortunei ‘Emerald ‘n’ Gold（L） | 是 | 金色 | 细腻 | 辐射状 | 喜光或喜阴 | 焦点 | 大多数（非沼泽） | 强 | 中—顶端可达 0.5m | 3 株 /m²<br>3 升盆 |
| 地衣大戟<br>Euphorbia myrsinites（L） | 是 | 灰绿色 | 细腻 | 辐射状 | 喜光 | 陪衬 | 大多数（非湿土） | 强 | 非常慢—达 0.1m | 6 株 /m²<br>1 升盆 |
| 西班牙染料木<br>Genista x hispanica（L） | 否 | 绿色 | 细腻 | 簇状 | 喜光 | 陪衬 | 大多数（非干燥土壤） | 强 | 慢—达 0.5m | 5 株 /m²<br>3 升盆 |
| 巨根老鹳草<br>Geranium macrorrhizum ‘Ingwersen’s Variety’（L） | 否（冬日少景） | 浅绿色 | 粗糙 | 水平 | 喜光或喜阴 | 陪衬 | 大多数（非沼泽） | 强 | 中—达 0.3m | 5 株 /m²<br>2 升盆 |
| “约翰逊蓝”草地老鹳草<br>Geranium pratensis ‘Johnson’s Blue’（L） | 否（冬日少景） | 浅绿色 | 粗糙 | 簇状 - 水平 | 喜光或喜阴 | 陪衬 | 大多数（非沼泽） | 强 | 中—达 0.3m | 5 株 /m²<br>2 升盆 |
| 野老鹳草<br>Geranium oxonianum ‘Wargrave Pink’（L） | 半常绿 | 浅绿色 | 粗糙 | 辐射状 | 喜光或喜阴 | 陪衬 | 大多数（非沼泽） | 强 | 中—达 0.3m | 5 株 /m²<br>2 升盆 |

**清单** 2c—总结

| 灌木名称—拉丁名及英文名(如有)。养护需求：H=高，每年剪枝一次；M=中，二至三年剪枝一次；L=低，很少需要剪枝 | 对植株定位及对比性评价有重要意义的特征和品质。*代表选择相邻植株时的关键对比性因素。 | | | | | | | | | |
|---|---|---|---|---|---|---|---|---|---|---|
| | 常绿（是/否） | 叶色* | 质地* | 形态特征* | 喜阳/喜阴 | 焦点/陪衬* | 土壤类型 | 生命力 | 生长速度/高度 | 间距：影响vs成本+最佳植株规格 |
| 山地路边青<br>Geum ‘Mrs J Bradshaw’（L） | 是 | 浅绿色 | 中 | 辐射状 | 喜光或半喜阴 | 陪衬 | 大多数（非沼泽） | 强 | 中—达0.2m | 6株/m$^2$<br>1升盆 |
| 亚高山长阶花<br>Hebe rakiensis（L） | 是 | 浅绿色 | 细腻 | 簇状 | 喜光或喜阴 | 陪衬 | 大多数（非沼泽） | 强 | 中—达0.5m | 4株/m$^2$<br>3升盆 |
| Hebe topiara（L） | 是 | 浅绿色 | 细腻 | 簇状 | 喜光或喜阴 | 陪衬 | 大多数（非沼泽） | 强 | 中—达0.5m | 4株/m$^2$<br>3升盆 |
| 银边常春藤<br>Hedera helix ‘Glacier’（L） | 是 | 绿、白双色 | 中 | 辐射状 | 喜光或喜阴 | 陪衬 | 大多数（非沼泽） | 强 | 慢—达0.5m | 3株/m$^2$<br>3升盆 |
| 大西洋常春藤<br>Hetdera helix ‘Hibernica’（M） | 是 | 深绿色 | 中 | 辐射状 | 喜光或喜阴 | 陪衬 | 大多数（非沼泽） | 强 | 中—顶端可达0.6m | 3株/m$^2$<br>3升盆 |
| 亚平宁半日花<br>Helianthemum apenninum（L） | 是 | 深绿色 | 细腻 | 辐射状 | 喜光或半喜阴 | 陪衬 | 大多数（如果排水良好） | 强 | 慢—达0.2m | 6株/m$^2$<br>1升盆 |
| “红女王”西洋蓍草<br>Helianthemum nummularium ‘Cerise Queen’（L） | 是 | 深绿色 | 细腻 | 辐射状 | 喜光或半喜阴 | 陪衬 | 大多数（如果排水良好） | 强 | 慢—达0.2m | 6株/m$^2$<br>1升盆 |
| 科西嘉铁筷子<br>Helleborus corsicus（M） | 是 | 银色/灰绿色 | 粗糙 | 辐射状 | 喜光或喜阴 | 焦点 | 大多数（非沼泽） | 强 | 中—达0.4m | 3株/m$^2$<br>3升盆 |
| 黑铁筷子<br>Helleborus nigra（L） | 是 | 深绿色 | 粗糙 | 辐射状 | 喜光或喜阴 | 陪衬 | 大多数（非沼泽） | 强 | 慢—达0.4m | 3株/m$^2$<br>3升盆 |
| 金娃娃萱草<br>Hemerocallis ‘Stella D’ Oro’（L） | 否（冬日少景） | 浅绿色 | 细腻 | 直立 | 喜光或喜阴 | 陪衬 | 大多数沼泽 | 强 | 中—达0.3m | 5株/m$^2$<br>3升盆 |
| “金色果园”萱草<br>Hemerocallis ‘Golden Orchard’（L） | 否（冬日少景） | 浅绿色 | 细腻 | 直立 | 喜光或喜阴 | 陪衬 | 大多数沼泽 | 强 | 中—达0.3m | 5株/m$^2$<br>3升盆 |
| 矾根“紫色宫殿”<br>Heuchera ‘Palace Purple’（L） | 是—半常绿 | 红色 | 粗糙 | 水平叶 | 半喜阴/喜阴 | 陪衬 | 大多数（非沼泽） | 强 | 中—达0.3m | 5株/m$^2$<br>3升盆 |
| 矾根“青柠派”<br>Heuchera ‘Key Lime Pie’（L） | 半常绿 | 金色 | 粗糙 | 水平叶 | 半喜阴/喜阴 | 焦点 | 大多数（非沼泽） | 强 | 中—达0.3m | 5株/m$^2$<br>3升盆 |
| 花叶鱼腥草“变色龙”<br>Houttuynia cordata ‘Chameleon’（L） | 否（冬日少景） | 红、奶白双色 | 粗糙 | 辐射状 | 喜光或半喜阴 | 焦点 | 大多数为沼泽 | 强 | 中—达0.2m | 6株/m$^2$<br>1升盆 |
| 长青屈曲花“雪花”<br>Iberis sempervirens ‘Snow Flake’（L） | 是—半常绿 | 深绿色 | 细腻 | 簇状 | 喜光 | 陪衬 | 大多数（如果排水良好） | 强 | 中—达0.3m | 6株/m$^2$<br>1升盆 |
| 火炬花<br>Kniphofia galapini（L） | 是 | 绿色 | 细腻 | 直立 | 喜光/半喜阴 | 陪衬 | 大多数（非沼泽） | 强 | 中—达0.3m | 5株/m$^2$<br>3升盆 |
| 紫花野芝麻（斑叶川旦）<br>Lamium maculatum ‘Aureum’（L） | 是 | 金色 | 中 | 辐射状 | 半喜阴/喜阴 | 焦点 | 大多数潮湿土壤 | 强 | 中—达0.2m | 6株/m$^2$<br>1升盆 |

| 灌木名称—拉丁名及英文名(如有)。养护需求：H=高，每年剪枝一次；M=中，二至三年剪枝一次；L=低，很少需要剪枝 | 对植株定位及对比性评价有重要意义的特征和品质。* 代表选择相邻植株时的关键对比性因素。 | | | | | | | | | |
|---|---|---|---|---|---|---|---|---|---|---|
| | 常绿（是 / 否） | 叶色 * | 质地 * | 形态特征 * | 喜阳 / 喜阴 | 焦点 / 陪衬 * | 土壤类型 | 生命力 | 生长速度 / 高度 | 间距：影响 vs 成本 + 最佳植株规格 |
| 紫花野芝麻<br>Lamium maculatum（L） | 是 | 金色 | 中 | 辐射状 | 半喜阴 / 喜阴 | 焦点 | 大多数潮湿土壤 | 强 | 中—达 0.2m | 6 株 /$m^2$<br>1 升盆 |
| 花叶野芝麻<br>Lamium galeobdolon ‘Vareigata’（L） | 是 | 银花斑色 | 中 | 辐射状 | 半喜阴 / 喜阴 | 陪衬 | 大多数潮湿土壤 | 强 | 快—顶端可达 0.2m | 3 株 /$m^2$<br>2 升盆 |
| 花叶顶花板凳果<br>Pachysandra terminalis ‘Variegata’（L） | 是 | 白花斑色 | 粗糙 | 辐射状 | 半喜阴 / 喜阴 | 焦点 | 酸性到中性土壤 | 强 | 慢—达 0.2m | 5 株 /$m^2$<br>2 升盆 |
| 顶花板凳果 “绿地毯”<br>Pachysandra terminalis ‘Green Carpet’（L） | 是 | 绿色 | 粗糙 | 辐射状 | 半喜阴 / 喜阴 | 陪衬 | 酸性到中性土壤 | 强 | 慢—达 0.2m | 5 株 /$m^2$<br>2 升盆 |
| 钓钟柳<br>Penstemon spp（L） | 是 | 绿色 | 细腻 | 直立 / 簇状 | 喜光 / 半喜阴 | 陪衬 | 大多数（非沼泽） | 强 | 中—达 0.5m | 5 株 /$m^2$<br>1 升盆 |
| 春蓼<br>Persicara affine ‘Donald Lowndes’（L） | 是 | 绿色 | 中 | 辐射状 | 喜光或喜阴 | 陪衬 | 大多数 | 强 | 中—达 0.1m | 5 株 /$m^2$<br>2 升盆 |
| 狭叶肺草<br>Pulmonaria angustifolia（L） | 是 | 绿色—银斑 | 粗糙 | 辐射状 | 半喜阴 / 喜阴 | 焦点 | 大多数（非干燥土壤） | 强 | 中—达 0.2m | 5 株 /$m^2$<br>2 升盆 |
| “金丝雀” 多花月季<br>Rosa ‘Grouse’（M） | 否 | 绿色 | 细腻 | 辐射状 | 喜光或半喜阴 | 陪衬 | 大多数（非沼泽） | 强 | 中—顶端可达 0.5m | 3 株 /$m^2$<br>2 升盆 |
| “怡悦” 多花月季<br>Rosa ‘Pleasant’（M） | 否 | 绿色 | 中 | 辐射状 | 喜光或半喜阴 | 陪衬 | 大多数（非沼泽） | 强 | 中—顶端可达 0.5m | 3 株 /$m^2$<br>2 升盆 |
| 三色莓<br>Rubus tricolor（L） | 是 | 深绿色 | 粗糙 | 辐射状 | 喜光或喜阴 | 陪衬 | 大多数（非沼泽） | 强 | 中—顶端可达 0.5m | 3 株 /$m^2$<br>2 升盆 |
| 阴地虎耳草<br>Saxafraga x urbium ‘London Pride’（L） | 是 | 深绿色 | 中 | 辐射状 | 喜光或喜阴 | 陪衬 | 大多数（非沼泽） | 强 | 慢—达 0.1m | 6 株 /$m^2$<br>1 升盆 |
| 大花水苏<br>Stachys macrantha（L） | 是 | 浅绿色 | 粗糙 | 辐射状 | 喜光或半喜阴 | 陪衬 | 大多数（非沼泽） | 强 | 慢—达 0.15m | 6 株 /$m^2$<br>1 升盆 |
| 绵毛水苏 “银色地毯”<br>Stachys lanata ‘Silver Carpet’（L） | 是 | 银色 | 粗糙 | 辐射状 | 喜光或半喜阴 | 焦点 | 大多数（非沼泽） | 强 | 慢—达 0.1m | 6 株 /$m^2$<br>1 升盆 |
| 蔓长春花<br>Vinca Major（M） | 是 | 深绿色 | 粗糙 | 辐射状 | 半喜阴 / 喜阴 | 陪衬 | 大多数（非沼泽） | 强 | 慢—达 0.15m | 3 株 /$m^2$<br>2 升盆 |
| 花叶蔓长春花<br>Vinca major ‘Variegata’（M） | 是 | 银色 | 粗糙 | 辐射状 | 半喜阴 / 喜阴 | 焦点 | 大多数（非沼泽） | 强 | 慢—顶端可达 0.3m | 3 株 /$m^2$<br>2 升盆 |
| 小蔓长春花<br>Vinca minor（L） | 是 | 深绿色 | 细腻 | 辐射状 | 半喜阴 / 喜阴 | 陪衬 | 大多数（非沼泽） | 强 | 慢—顶端可达 0.15m | 5 株 /$m^2$<br>2 升盆 |
| 花叶小蔓长春<br>Vinca minor ‘Variegata’（L） | 是 | 绿白双色 | 细腻 | 辐射状 | 半喜阴 / 喜阴 | 焦点 | 大多数（非沼泽） | 强 | 慢—顶端可达 0.15m | 5 株 /$m^2$<br>2 升盆 |

**清单** 3a—草本科植物和竹子— 高大(株高 1-2m+)。* 需要对比的项目。

| 灌木名称—拉丁名及英文名(如有)。养护需求：H= 高，每年剪枝一次；M= 中，二至三年剪枝一次；L= 低，很少需要剪枝。 | 对植株定位及对比性评价有重要意义的特征和品质。* 代表选择相邻植株时的关键对比性因素。 | | | | | | | | | |
|---|---|---|---|---|---|---|---|---|---|---|
| | 常绿(是/否) | 叶色 * | 质地 * | 形态特征 * | 喜阳/喜阴 | 焦点/陪衬 * | 土壤类型 | 生命力 | 生长速度/高度 | 间距：影响 vs 成本 + 最佳植株规格 |
| 矮竹<br>Bambusa nana Dwarf Bamboo(L) | 是 | 绿色 | 粗糙 | 直立 | 喜光或半喜阴 | 陪衬 | 大多数潮湿土壤 | 强 | 中—达 1.2m | 3 株 /$m^2$<br>5 升盆 |
| 黑蒲苇<br>Cortadera selona(M) | 是 | 绿色 | 细腻 | 直立 | 喜光或半喜阴 | 陪衬 | 大多数 | 强 | 中—达 2m | 5 株 /$m^2$<br>2 升盆 |
| “金带”黑蒲苇<br>Cortadera selona ‘Gold Band’(M) | 是 | 金斑色 | 细腻 | 直立 | 喜光或半喜阴 | 陪衬 | 大多数 | 强 | 中—达 1.6m | 5 株 /$m^2$<br>2 升盆 |
| 尖蒲苇(英国皇家园艺学会功勋奖)<br>Cortadera ricardii AGM(M) | 是 | 绿色 | 细腻 | 直立 | 喜光或半喜阴 | 陪衬 | 大多数 | 强 | 中—达 2.5m | 5 株 /$m^2$<br>2 升盆 |
| 华西箭竹“长城”(竹子)<br>Fargesia nitida ‘Great Wall’(Bamboo)(M) | 是 | 浅绿色 | 细腻 | 直立 | 喜光或半喜阴 | 陪衬 | 大多数(非沼泽) | 强 | 中—达 3m | 1 株 /$m^2$<br>10 升盆 |
| 油竹子(竹子)<br>Fargesia angustissima(Bamboo)(M) | 是 | 浅绿色 | 细腻 | 直立 | 半喜阴或全阴 | 陪衬 | 大多数(非沼泽) | 强 | 中—达 6m | 1 株 /$m^2$<br>10 升盆 |
| 拐棍竹“坎贝尔”(竹子)<br>Fargesia robusta ‘Campbell’(Bamboo)(M) | 是 | 浅绿色 | 细腻 | 直立 | 半喜阴或全阴 | 陪衬 | 大多数(非沼泽) | 强 | 中—达 4m | 1 株 /$m^2$<br>10 升盆 |
| 青川箭竹(竹子)<br>Fargesia rufa(Bamboo)(M) | 是 | 浅绿色 | 细腻 | 直立 | 半喜阴或全阴 | 陪衬 | 大多数(非沼泽) | 强 | 中—达 2.5m | 1 株 /$m^2$<br>10 升盆 |
| 欧洲异燕麦“蓝宝石”(蓝燕麦草)<br>Helictotrichon sempervirens ‘Saphirsprudel’(Blue Oat Grass)(H) | 是 | 银灰蓝 | 细腻 | 直立 | 喜光或半喜阴 | 陪衬 | 大多数(非沼泽) | 强 | 中—达 2m | 3 株 /$m^2$<br>1.5 升盆 |
| 白纹阴阳竹(竹子)<br>Hibanobambusa tranquillans ‘Shiroshima’(Bamboo)(M) | 是 | 绿白双色 | 粗糙 | 直立 | 喜光或半喜阴 | 陪衬 | 大多数(非沼泽) | 强 | 中—达 4m | 1 株 /$m^2$<br>5 升盆 |
| 红叶白茅<br>Imperta cylindrical ‘Red Baron’(M) | 否 | 叶红色，基部绿色 | 中 | 直立 | 仅喜光 | 陪衬 | 大多数非沼泽 | 强 | 中—达 1.2m | 2 株 /$m^2$<br>3 升盆 |
| 苍白灯心草<br>Juncus pallida(L) | 是 | 浅绿色 | 细腻 | 直立 | 喜光或半喜阴 | 陪衬 | 大多数(非沼泽) | 强 | 中—达 1.5m | 3 株 /$m^2$<br>1 升盆 |
| 芒<br>Miscanthus sinensis ‘Klein Fontane’(H) | 否 | 浅绿色 | 细腻 | 直立 | 喜光或半喜阴 | 陪衬 | 大多数(非沼泽) | 强 | 快—达 1.5m | 2 株 /$m^2$<br>1.5 升盆 |
| 晨光芒<br>Miscanthus sinensis ‘Morning Light’(H) | 否 | 浅绿色 | 细腻 | 直立 | 喜光或半喜阴 | 陪衬 | 大多数(非沼泽) | 强 | 快—达 1.5m | 2 株 /$m^2$<br>1.5 升盆 |
| 红银芒<br>Miscanthus sinensis ‘Rotsilber’(H) | 否 | 浅绿色 | 细腻 | 直立 | 喜光或半喜阴 | 陪衬 | 大多数(非沼泽) | 强 | 快—达 1.5m | 2 株 /$m^2$<br>1.5 升盆 |

续表

| 灌木名称—拉丁名及英文名(如有)。养护需求：H=高，每年剪枝一次；M=中，二至三年剪枝一次；L=低，很少需要剪枝。 | 对植株定位及对比性评价有重要意义的特征和品质。*代表选择相邻植株时的关键对比性因素。 | | | | | | | | | |
|---|---|---|---|---|---|---|---|---|---|---|
| | 常绿（是/否） | 叶色* | 质地* | 形态特征* | 喜阳/喜阴 | 焦点/陪衬* | 土壤类型 | 生命力 | 生长速度/高度 | 间距：影响 vs 成本+最佳植株规格 |
| 雅库希玛矮人芒<br>Miscanthus sinensis ‘Yakushima Dwarf’（H） | 否 | 浅绿色 | 细腻 | 直立 | 喜光或半喜阴 | 陪衬 | 大多数（非沼泽） | 强 | 快—达 1.2m | 3 株 /m$^2$<br>1.5 升盆 |
| 花叶荷花木兰（英国皇家园艺学会功勋奖）<br>Molina Caerulea ‘Variegata’（AGM）（H） | 否 | 横向、斑纹 | 细腻 | 直立 | 喜光或半喜阴 | 陪衬 | 大多数（非沼泽） | 强 | 快—达 1.5m | 2 株 /m$^2$<br>1.5 升盆 |
| 斑叶芒（竹子）<br>Miscanthus sinensis ‘Zebrinus’（Bamboo）（H） | 否 | 黄白色环状斑 | 细腻 | 直立 | 喜光或半喜阴 | 陪衬 | 大多数（非沼泽） | 强 | 快—达 2m | 2 株 /m$^2$<br>1 升盆 |
| 罗汉竹（竹子）<br>Phyllostachys aurea（Bamboo）（M） | 是 | 浅绿色 | 粗糙 | 直立 | 喜光或半喜阴 | 陪衬 | 大多数（非沼泽） | 强 | 中—达 5m | 1 株 /m$^2$<br>10 升盆 |
| 蓉城竹（竹子）<br>Phyllostachys bissettii（Bamboo）（H） | 是 | 深绿色 | 细腻 | 直立 | 喜光或半喜阴 | 陪衬 | 大多数（非沼泽） | 强 | 中—达 5m | 1 株 /m$^2$<br>10 升盆 |
| 紫竹（竹子）<br>Phyllostachys nigra（Bamboo）（H） | 否 | 灰绿色 | 细腻 | 直立 | 喜光或半喜阴 | 陪衬 | 大多数（非沼泽） | 强 | 中—达 5m | 1 株 /m$^2$<br>10 升盆 |
| 矢竹（箭竹）<br>Pseudosasa japonica（H）（Arrow Bamboo） | 是 | 深绿色 | 细腻 | 直立 | 喜光或半喜阴 | 陪衬 | 大多数（非沼泽） | 强 | 中—达 6m | 1 株 /m$^2$<br>10 升盆 |
| 针茅草<br>Stipa calmagrostis（M） | 是 | 绿色 | 细腻 | 直立 | 喜光或半喜阴 | 陪衬 | 大多数（非沼泽） | 强 | 中—达 1.2m | 2 株 /m$^2$<br>1 升盆 |

**清单** 3b—草本科植物和竹子—中型(株高 0.5-1m),* 需要对比的项目。

| 灌木名称—拉丁名及英文名(如有)。养护需求:H= 高,每年剪枝一次;M= 中,二至三年剪枝一次;L= 低,很少需要剪枝。 | 对植株定位及对比性评价有重要意义的特征和品质。* 代表选择相邻植株时的关键对比性因素。 | | | | | | | | | |
|---|---|---|---|---|---|---|---|---|---|---|
| | 常绿(是 / 否) | 叶色 * | 质地 * | 形态特征 * | 喜阳 / 喜阴 | 焦点 / 陪衬 * | 土壤类型 | 生命力 | 生长速度 / 高度 | 间距:影响 vs 成本 + 最佳植株规格 |
| 金钱蒲“花叶金钱蒲”<br>Acorus gramineus ‘Variegatus’(L) | 是 | 青绿色 | 细腻 | 直立 | 喜光或半喜阴 | 陪衬 | 潮湿土壤或沼泽 | 强 | 中—达 0.5m | 2 株 /m$^2$<br>2 升盆 |
| 格兰马草<br>Bouteloua gracilis(M) | 是 | 绿色 | 细腻 | 直立 | 喜光或半喜阴 | 陪衬 | 干燥土壤 | 强 | 中—达 0.6m | 3 株 /m$^2$<br>1 升盆 |
| 金碗苔草<br>Carex elata ‘Aurea’(L) | 是 | 金色 | 细腻 | 直立 | 喜光或半喜阴 | 焦点 | 大多数(非沼泽) | 强 | 中—达 0.7m | 4 株 /m$^2$<br>1 升盆 |
| 曲芒发草“Tetra Gold”<br>Deschampsia flexuosa ‘Tetra Gold’(M) | 是 | 金绿色 | 细腻 | 直立 | 喜光或半喜阴 | 陪衬 | 酸性 / 中性(非沼泽) | 强 | 中—达 0.6m | 5 株 /m$^2$<br>1 升盆 |
| 曲芒发草“Golden Showers”<br>Deschampsia flexuosa ‘Golden Showers’(M) | 是 | 金绿色 | 细腻 | 直立 | 喜光或半喜阴 | 陪衬 | 酸性 / 中性(非沼泽) | 强 | 中—达 0.9m | 5 株 /m$^2$<br>1 升盆 |
| 灯心草“独角兽”<br>Juncus effusus ‘Unicorn’(L) | 否 | 绿色 | 细腻 | 直立 | 喜光或半喜阴 | 陪衬 | 大多数(非沼泽) | 强 | 中—达 0.75m | 3 株 /m$^2$<br>1 升盆 |
| 金色粟草<br>Milium effusum ‘Aureum’(M) | 否 | 金色 | 细腻 | 直立 | 仅喜光 | 陪衬 | 大多数(非沼泽) | 强 | 中—达 0.8m | 3 株 /m$^2$<br>1 升盆 |
| 蓝披碱草“蓝剑”<br>Elymus magellicaus ‘Blue Sword’(M) | 是 | 蓝色 | 细腻 | 直立 | 喜光或半喜阴 | 焦点 | 酸性 / 中性(非沼泽) | 强 | 中—达 0.8m | 4 株 /m$^2$<br>1 升盆 |
| 变色玉带草<br>Phalaris arundinacea ‘Feecey’(M) | 否 | 绿 / 白混色 | 中 | 直立 | 喜光或半遮光 | 陪衬 | 大多数(非沼泽) | 强 | 中—达 0.8m | 4 株 /m$^2$<br>1 升盆 |
| “海默”狼尾草<br>Pennisetum alpopecuroides ‘Hameln’(M) | 否 | 绿色 | 细腻 | 直立 | 喜光或半喜阴 | 陪衬 | 大多数(非沼泽) | 强 | 中—达 0.8m | 3 株 /m$^2$<br>1 升盆 |
| 狼尾草<br>Pennisetum alpopecuroides ‘Compressum’(M) | 否 | 绿色 | 细腻 | 直立 | 喜光或半喜阴 | 陪衬 | 大多数(非沼泽) | 强 | 中—达 0.8m | 3 株 /m$^2$<br>1 升盆 |
| 菲白竹(矮白条纹竹子)<br>Pleioblastus variegatus(Dwarf white striped bamboo)(L) | 否 | 绿 / 白、杂色 | 细腻 | 直立 | 半遮光 / 喜阴 | 陪衬 | 大多数(非沼泽) | 强 | 中—达 0.8m | 3 株 /m$^2$<br>7.5 升盆 |
| 山白竹 / 赤竹(竹子)<br>Sasa veitchii(Bamboo)(M) | 是 | 绿色 | 细腻 | 直立 | 喜光或半喜阴 | 陪衬 | 大多数(非沼泽) | 强 | 中—达 0.9m | 3 株 /m$^2$<br>5 升盆 |
| 大针茅<br>Stipa gigantea(M) | 是 | 绿色 | 细腻 | 直立 | 喜光或半喜阴 | 陪衬 | 大多数(非沼泽) | 强 | 中—达 0.9m | 3 株 /m$^2$<br>1 升盆 |

**清单** 3c—草本科植物和竹类—低矮（0.2–0.5 米）。* 需要对比的项目。

| 灌木名称—拉丁名及英文名(如有)。养护需求：H= 高，每年剪枝一次；M= 中，二至三年剪枝一次；L= 低，很少需要剪枝。 | 对植株定位及对比性评价有重要意义的特征和品质。* 代表选择相邻植株时的关键对比性因素。 | | | | | | | | | |
|---|---|---|---|---|---|---|---|---|---|---|
| | 常绿（是 / 否） | 叶色 * | 质地 * | 形态特征 * | 喜阳 / 喜阴 | 焦点 / 陪衬 * | 土壤类型 | 生命力 | 生长速度 / 高度 | 间距：影响 vs 成本 + 最佳植株规格 |
| 棕色苔草（英国皇家园艺学会功勋奖）Carex buchmanii（AGM）（L） | 是 | 古铜色 | 细腻 | 直立 | 仅喜光 | 陪衬 | 大多数干燥土壤 | 强 | 中—达 0.35m | 4 株 /m$^2$ 1 升盆 |
| “曲霜”缨穗苔草 Carex comans ‘Frosted Curies’（L） | 是 | 银、绿色 | 细腻 | 直立 | 仅喜光 | 陪衬 | 大多数干燥土壤 | 中 | 中—达 0.4m | 4 株 /m$^2$ 1 升盆 |
| 橘红苔草 Carex testacea（L） | 是 | 绿色 | 细腻 | 直立 | 喜光或半喜阴 | 陪衬 | 大多数（非沼泽） | 强 | 中—达 0.5m | 4 株 /m$^2$ 1 升盆 |
| 金丝苔草 Carex oshimensis ‘Evergold’（L） | 是 | 金斑色 | 中 | 直立 | 喜光或半喜阴 | 焦点 | 大多数（非沼泽） | 强 | 慢—达 0.3m | 4 株 /m$^2$ 1 升盆 |
| 羊茅“蓝狐” Festuca ovina ‘Blue Fox’（L） | 否 | 蓝灰色 | 细腻 | 直立 | 喜光或半喜阴 | 陪衬 | 大多数（非沼泽） | 强 | 慢—达 0.2m | 6 株 /m$^2$ 1 升盆 |
| 粉狐茅 Festuca ovina ‘Glauca’（L） | 否 | 蓝灰色 | 细腻 | 直立 | 喜光或半喜阴 | 陪衬 | 大多数（非沼泽） | 强 | 慢—达 0.2m | 6 株 /m$^2$ 1 升盆 |
| 雉尾草 Stipa arundinacea（L） | 否 | 绿色 | 细腻 | 直立 | 喜光或半喜阴 | 陪衬 | 大多数（非沼泽） | 强 | 中—达 0.4m | 4 株 /m$^2$ 1 升盆 |
| 细茎针茅 Stipa tenuissima（L） | 否 | 绿色 | 细腻 | 直立 | 喜光或半喜阴 | 陪衬 | 大多数（非沼泽） | 强 | 中—达 0.4m | 4 株 /m$^2$ 1 升盆 |

**清单** 4a—样本—高大(2m+，若很少修剪)。*需要对比的项目。

| 灌木名称—拉丁名及英文名(如有)。养护需求：H=高，每年剪枝一次；M=中，二至三年剪枝一次；L=低，很少需要剪枝 | 对植株定位及对比性评价有重要意义的特征和品质。*代表选择相邻植株时的关键对比因素。 | | | | | | | | | |
|---|---|---|---|---|---|---|---|---|---|---|
| | 常绿(是/否) | 叶色* | 质地* | 形态特征* | 喜光/喜阴 | 样本优势* | 土壤类型 | 生命力 | 生长速度/高度 | 间距：影响 vs 成本+最佳植株规格 |
| 辽东楤木(英国皇家园艺学会功勋奖)<br>Arailia elata(AGM)(L) | 否 | 绿色 | 粗糙 | 直立 | 喜光或半喜阴性 | 形、叶、花 | 大多数(非沼泽) | 强 | 适度—高可达1m | 1株/$m^2$；7升盆或0升盆 |
| 球花醉鱼草(醉鱼草)<br>Budleja globosa(Butterfly Bush)(M) | 是(半常绿) | 绿色 | 粗糙 | 簇状 | 喜光或半喜阴 | 夏季，观叶、花 | 大多数(非沼泽) | 强 | 较快—高可达10m | 1株/$m^2$；5升盆 |
| 紫花醉鱼草(醉鱼草)<br>Budleja x Lochinch(Butterfly Bush)(M) | 否 | 银色 | 粗糙 | 簇状 | 喜光或半喜阴 | 夏季，观叶、花 | 大多数(非沼泽) | 强 | 较快—高可达2.5m | 1株/$m^2$；5升盆 |
| 聚花美洲茶<br>Ceanothus thysiflorus ‘A T Johnson’(M) | 是 | 深绿 | 细腻 | 簇状 | 喜光或半喜阴 | 春季，用于搭凉亭 | 大多数(非沼泽) | 适中 | 适中—高可达2m | 1株/$m^2$；5升盆 |
| 紫叶榛(榛子)<br>Corylus maxima ‘Purpurea’(Hazel)(L) | 否 | 紫色/红色 | 粗糙 | 伞状 | 喜光或半喜阴 | 夏季，观叶、色 | 适应大多土壤(不含沼泽) | 强 | 适中—高可达1.2m | 1株/$m^2$；5升盆 |
| “优雅”红瑞木(银山茱萸)<br>Cornus alba ‘Elegantissima,(Silver Dog Wood)(M) | 否 | 绿色和白色花斑 | 粗糙 | 直立 | 喜光或半喜阴 | 夏季，观叶、色 | 大多数(非沼泽) | 强 | 适中—高可达2.5m | 1株/$m^2$；10升盆 |
| 金边红瑞木(金山茱萸)<br>Cornus alba ‘Spaethii'(Golden DogWood)(M) | 否 | 绿色和黄色花斑 | 粗糙 | 直立 | 喜光或半喜阴 | 夏季，观叶、色 | 适应大多土壤(非沼泽) | 强 | 适中—高可达2.5m | 1株/$m^2$；10升盆 |
| 四照花<br>Cornus kousa(M) | 否 | 绿色-夏季长出白色苞片<br>绿色-夏季有白色苞片 | 粗糙 | 直立-叶悬垂 | 喜阴 | 夏季，观叶、色 | 大多数(非沼泽) | 强 | 较慢—高可达6m | 1株/$m^2$；10升盆 |
| 深紫美国红栌(黄栌)<br>Cotinus coggygria ‘Royal Purple’,(Smoke Bush)(L) | 否 | 紫色-秋天呈红色 | 中 | 簇状 | 喜光或半喜阴 | 夏季，观叶、色 | 大多数(非沼泽) | 强 | 较慢—高可达2m | 1株/$m^2$；5升盆 |
| 紫色幽灵黄栌(黄栌)<br>Cotinus coggygria ‘Golden Spirit ’(Smoke Bush)(L) | 否 | 金色-秋天变红 | 中 | 簇状 | 喜光或半喜阴 | 夏季，观叶、色 | 大多数(非沼泽) | 强 | 较慢—高可达2m | 1株/$m^2$；5升盆 |
| 菠萝树(通常长在墙上)<br>Cytisus battandieri(Pineapple Tree)often grown on wall(M) | 否 | 银绿 | 中 | 直立，后很快长成小树 | 喜光或半喜阴 | 夏季，观叶、色 | 大多数(非沼泽) | 强 | 较慢—高可达4m | 1株/$m^2$；5升盆 |
| 灰岩密藏花<br>Eucryphia x nymanensis ‘Nymansii’(L) | 是 | 深绿 | 中 | 先簇状，后树状 | 喜光或半喜阴 | 夏季，花朵尤有特色 | 酸性/中性(非潮湿土壤) | 适中 | 较慢—高可达10m | 1株/$m^2$；10升盆 |
| 大花白鹃梅<br>Exocorda macrantha(M) | 否 | 嫩绿 | 中 | 直立/枝丫分散 | 喜光或半喜阴 | 春季，花朵尤有特色 | 酸性/中性(非潮湿土壤) | 强 | 适中—高可达2m | 1株/$m^2$；3升盆 |

| 灌木名称—拉丁名及英文名(如有)。养护需求：H=高，每年剪枝一次；M=中，二至三年剪枝一次；L=低，很少需要剪枝 | 对植株定位及对比性评价有重要意义的特征和品质。* 代表选择相邻植株时的关键对比因素。 | | | | | | | | | |
|---|---|---|---|---|---|---|---|---|---|---|
| | 常绿（是 / 否） | 叶色 * | 质地 * | 形态特征 * | 喜光 / 喜阴 | 样本优势 * | 土壤类型 | 生命力 | 生长速度 / 高度 | 间距：影响 vs 成本 + 最佳植株规格 |
| 八角金盘<br>Fatsia japonica（JL） | 是 | 深绿 | 粗糙 | 初呈簇状，后树状 | 喜光或半喜阴 | 掌形大叶 | 大多数（非沼泽） | 强 | 适中—高可达 3m | 1 株 /m²；5 升盆 |
| 金钟连翘<br>Forsythia x intermedia（H） | 否 | 嫩绿 | 中 | 初呈簇状，后呈羽毛球状 | 喜光或半喜阴 | 早春，花朵尤有特色 | 大多数（非沼泽） | 强 | 适中—高可达 3m | 1 株 /m²；3 升盆 |
| “林伍德”连翘<br>Forsychia x intermedia ‘Lynwood’（H） | 否 | 嫩绿 | 中 | 初呈簇状，后呈羽毛球状 | 喜光或半喜阴 | 早春，花朵尤有特色 | 大多数（非沼泽） | 强 | 适中—高可达 3m | 1 株 /m²；3 升盆 |
| 加州连翘（警示：叶子下的棕色粉末对某些人可能引起过敏）<br>Fremontedendron californicum（M）Warning!! Brown powder under leaves is an irritant and allergen to some | 是 | 棕绿 | 中 | 初呈簇状，后树状 | 喜光或半喜阴 | 夏季，花朵尤有特色 | 大多数（非沼泽） | 适中 | 适中—高可达 10m | 1 株 /m²；10 升盆 |
| 银穗树（M，注：务必选择雄株）<br>Garrya elliptica（M）N.B, Has to be a male plant | 是 | 灰绿 | 中 | 簇状 | 喜光或喜阴 | 春季，花序 | 大多数（非沼泽） | 强 | 较快—高可达 2.5m | 1 株 /m²；3 升盆 |
| “蓝鸟”木槿<br>Hibiscus syriacus ‘Blue Bird’（M） | 是 | 绿色 | 粗糙 | 直立 | 喜光或半喜阴 | 夏季，观花 | 大多数（非沼泽） | 强 | 适中—高可达 3m | 1 株 /m²；3 升盆 |
| 乔木绣球“安娜贝拉”<br>Hydrangea arborescens ‘Annabelle’（L） | 是 | 绿色 | 粗糙 | 直立 | 喜阴 | 夏季，观花 | 大多数（非沼泽） | 强 | 适中—高可达 3m | 1 株 /m²；3 升盆 |
| 大花圆锥绣球<br>Hydrangea paniculata ‘Grandiflora’（L） | 是 | 绿色 | 粗糙 | 簇状，叶子水平 | 喜阴 | 夏季，观花 | 大多数（非沼泽） | 适中 | 适中—高可达 2.5m | 1 株 /m²；3 升盆 |
| 栎叶绣球“冰雪女王”<br>Hydrangea quercifolia ‘Snow Queen’（L） | 是 | 绿色 | 粗糙 | 直立 | 喜阴 | 观叶、夏花 | 大多数（非沼泽） | 强 | 适中—高可达 2m | 1 株 /m²；3 升盆 |
| 柔毛绣球<br>Hydrangea villosa（L） | 是 | 绿色 | 粗糙 | 水平 | 喜阴 | 观叶、夏花 | 大多数（非沼泽） | 适中 | 适中—高可达 1.8m | 1 株 /m²；3 升盆 |
| “粉云”猬实<br>Kolkwitzia amabilis ‘Pink Cloud’（M） | 否 | 嫩绿 | 中 | 初呈簇状，后呈伞状 | 喜光或半喜阴 | 晚春，观花 | 大多数（非沼泽） | 强 | 适中—高可达 2.5m | 1 株 /m²；3 升盆 |
| 巴恩宝贝花葵<br>Lavatera olbea ‘Barnsley’（M） | 否 | 银绿 | 中 | 初呈簇状，后呈伞状 | 喜光或半喜阴 | 夏季，观花 | 大多数（非沼泽） | 强 | 较快—高可达 2m | 1 株 /m²；3 升盆 |
| 郁香忍冬<br>Lonicera fragrantissima（M） | 否 | 嫩绿 | 中 | 初呈簇状，后呈伞状 | 喜光或半喜阴 | 冬季，观花、闻香 | 大多数（非沼泽） | 强 | 较快—高可达 2m | 1 株 /m²；3 升盆 |
| 杂交忍冬“冬美人”<br>Lonicera x purpusei ‘Winter Beauty’（M） | 否 | 嫩绿 | 中 | 初呈簇状，后呈伞状 | 喜光或半喜阴 | 冬季，观花、闻香 | 大多数（非沼泽） | 强 | 较快—高可达 2m | 1 株 /m²；3 升盆 |
| 红花岩生忍冬<br>Lonicera syringantha（M） | 否 | 嫩绿 | 中 | 初呈伞状，后长成灌木 | 喜光或半喜阴 | 春季，观花 | 大多数（非沼泽） | 强 | 较快—高可达 4m | 1 株 /m²；3 升盆 |
| 台湾十大功劳<br>Mahonia japonica（L） | 是 | 嫩绿 | 粗糙 | 直立 | 喜光或喜阴 | 春季，观花、形 | 大多数（非沼泽） | 强 | 较快—高可达 2.5m | 1 株 /m²；3 升盆 |

**清单 4a—结论**

| 灌木名称—拉丁名及英文名(如有)。养护需求：H=高，每年剪枝一次；M=中，二至三年剪枝一次；L=低，很少需要剪枝 | 对植株定位及对比性评价有重要意义的特征和品质。* 代表选择相邻植株时的关键对比因素。 | | | | | | | | |
|---|---|---|---|---|---|---|---|---|---|
| | 常绿（是/否） | 叶色 * | 质地 * | 形态特征 * | 喜光/喜阴 | 样本优势 * | 土壤类型 | 生命力 | 生长速度/高度 | 间距：影响 vs 成本 + 最佳植株规格 |
| 十大功劳“慈善” Mahonia x media ‘Charity’（L） | 是 | 金黄色 | 粗糙 | 直立 | 喜光或喜阴 | 春季，观花、形 | 大多数（非沼泽） | 强 | 较快—高可达 2.5m | 1 株 /$m^2$；3 升盆 |
| 金叶山梅花 Philadelphus coronarius ‘Aureus’（M） | 是 | 银灰绿 | 粗糙 | 簇状 | 喜光或半喜阴 | 金黄色叶子 | 大多数（非沼泽） | 强 | 较快—高可达 3m | 1 株 /$m^2$；3-5 升盆 |
| 新西兰麻（亚麻） Phormium tenax（Flax）（M） | 是 | 灰绿 | 粗糙 | 倒锥筒状 | 喜光或半喜阴 | 叶呈带状 | 大多土壤（非沼泽） | 强 | 较快—高可达 2m | 1 株 /$m^2$；5-10 升盆 |
| 细叶海桐 Pittosporum tenuifolium（M） | 是 | 灰绿/白色、杂色 | 中 | 水平簇生 | 喜光或半喜阴 | 叶光滑 | 大多土壤（非沼泽） | 强 | 适中—高可达 4m | 1 株 /$m^2$；3-5 升盆 |
| 斑纹小叶海桐 Pittosporum tenuifolium ‘Variegatum’（M） | 是 | 鲜红嫩叶-深绿 | 中 | 水平簇生 | 喜光或半喜阴 | 叶面光滑，有花斑 | 大多数（非沼泽） | 强 | 适中—高可达 3m | 1 株 /$m^2$；3-5 升盆 |
| 红叶石楠 Photinia x fraseri ‘Red Robin’（M） | 是 | 深绿 | 中 | 初呈簇状，后呈伞状 | 喜光或半喜阴 | 鲜红嫩叶 | 大多数（非沼泽和干性土壤） | 强 | 较快—高可达 4m | 1 株 /$m^2$；3 升盆 |
| “蓝彼得”杜鹃 Rhododendron ‘Blue Peter’（M） | 是 | 嫩绿 | 粗糙 | 簇状 | 喜阴或喜光 | 春季，观花 | 酸性（非沼泽） | 强 | 较快—高可达 2.5m | 1 株 /$m^2$；5 升盆 |
| 腋花杜鹃 Rhododendron racemosum（M） | 是 | 嫩绿 | 粗糙 | 簇状 | 喜阴或喜光 | 春季，观花 | 酸性/中性（非沼泽） | 强 | 较快—高可达 2.5m | 1 株 /$m^2$；5 升盆 |
| 迷迭香型垂柳 Salix elaeagnos（M） | 否 | 嫩绿 | 粗糙 | 簇状 | 喜阴或喜光 | 春季，观花 | 大多数（非干性） | 强 | 较快—高可达 3m | 1 株 /$m^2$；5 升盆 |
| 黄线柳 Salix exigua（M） | 否 | 银色 | 中 | 伞状 | 喜阴或喜光 | 柳叶细长 | 大多数（非干性） | 强 | 较快—高可达 3m | 1 株 /$m^2$；5 升盆 |
| 金叶接骨木 Sambucus nigra ‘Aurea’（H） | 否 | 金黄色 | 中 | 初呈簇状，后呈伞状 | 喜光或半喜阴 | 柳叶细长 | 大多数（非干性） | 强 | 较快—高可达 3m | 1 株 /$m^2$；5 升盆 |
| 金叶裂叶接骨木 Sambucus racemosa ‘Plumosa Aurea’（H） | 否 | 金黄色 | 粗糙 | 初呈簇状，后呈伞状 | 喜光或半喜阴 | 金黄色叶子 | 大多数（非干性） | 强 | 较快—高可达 3m | 1 株 /$m^2$；5 升盆 |
| 艾氏珍珠梅 Sorbaria x aitchisonii（H） | 否 | 绿色 | 粗糙 | 伞状 | 喜光或半喜阴 | 金黄色齐整叶子 | 大多数（非沼泽） | 强 | 较快—高可达 3.5m | 1 株 /$m^2$；5 升盆 |
| 珍珠梅 Sorbaria x sorbifolia（H） | 否 | 绿色 | 粗糙 | 伞状 | 喜光或半喜阴 | 春季，观花，棉花糖状 | 大多数（非沼泽） | 强 | 较快—高可达 2.5m | 1 株 /$m^2$；5 升盆 |
| 蓝风信子 Syringa x hyancinthiflora ‘Blue Hyacinth’（H） | 否 | 绿色 | 粗糙 | 初呈伞状，后长成小树 | 喜光或半喜阴 | 春季，观花 | 大多数（非含沼泽） | 强 | 较快—高可达 4m | 1 株 /$m^2$；5 升盆 |
| 红蕾荚蒾‘查理斯’ Viburnum x carlesii ‘Charis’（H） | 否 | 绿色 | 粗糙 | 初呈伞状，后长成小 | 喜光或半喜阴 | 春季，观花 | 大多数（非沼泽） | 强 | 较快—高可达 3m | 1 株 /$m^2$；5 升盆 |
| “满山红”粉团 Viburnum x plicatum ‘Mariesii’（H） | 否 | 绿色 | 粗糙 | 水平 | 喜光或半喜阴 | 春季，观花、叶 | 大多数（非沼泽） | 强 | 适中—高可达 2.5m | 1 株 /$m^2$；5 升盆 |
| 紫旋花 Wygela florida ‘Folius Purpureus’（H） | 否 | 紫红色 | 中 | 初呈簇状，后呈伞状 | 喜光或半喜阴 | 春季，观花、叶 | 大多数（非沼泽） | 强 | 适中—高可达 2.5m | 1 株 /$m^2$；5 升盆 |

**清单** 4b 一样本 一中型（株高 1-2m，若很少修剪）。* 需要对比的项目。

| 灌木名称—拉丁名及英文名（如有）。养护需求：H= 高，每年剪枝一次；M= 中，二至三年剪枝一次；L= 低，很少需要剪枝 | 对植株定位及对比性评价有重要意义的特征和品质。* 代表选择相邻植株时的关键对比因素。 | | | | | | | | | |
|---|---|---|---|---|---|---|---|---|---|---|
| | 常绿（是 / 否） | 叶色 * | 质地 * | 形态特征 * | 喜光 / 喜阴 | 样本优势 * | 土壤类型 | 生命力 | 生长速度 / 高度 | 间距：影响 vs 成本 + 最佳植株规格 |
| 树银莲花 Carpenteria californicum（M） | 是 | 深绿 | 中 | 簇状 | 只喜光 | 夏季花形尤美 | 大多数（非沼泽） | 适中 | 适中—高可达 1.5m | 3 株 /m$^2$；3 升盆 |
| “光舞”墨西哥橘（金色墨西哥橙花）Choisya ternata ‘Sundance’（Golden Mexican Orange Blossom）（L） | 是 | 金色 | 中 | 簇状 - 叶悬垂 | 喜光或半喜阴 | 焦点 | 大多数（非沼泽） | 不耐霜 | 适中—高可达 1.2m | 3 株 /m$^2$；3 升盆 |
| “阿兹台克珍珠”墨西哥橘（墨西哥橙花）Choisya ternata ‘Aztec Pearl’（Mexican Orange Blossom）（L） | 是 | 绿色 | 细腻 | 簇状 - 叶子齐整呈下垂状 | 喜光或半喜阴 | 陪衬 | 大多数（非沼泽） | 不耐霜 | 适中—高可达 1.2m | 3 株 /m$^2$；3 升盆 |
| 洋蓟（球洋蓟）Cynara cardunculus（Globe Artichoke）（H） | 否 | 银色 / 灰色 | 粗糙 | 簇状 | 喜光或半喜阴 | 焦点 | 大多数（非沼泽） | 强 | 适中—高可达 1.5m | 3 株 /m$^2$；3 升盆 |
| 大叶醉鱼草 “Nanhoe Blue”（醉鱼草）Budleja davidii ‘Nanhoe Blue’（Butterfly Bush）（M） | 否 | 银色 | 粗糙 | 簇状 | 喜光或半喜阴 | 夏季，银色，观叶、花 | 大多数 | 强 | 较快—高可达 1.5m | 1 株 /m$^2$；5 升盆 |
| 球花醉鱼草（醉鱼草）Budleja globosa（Butterfly Bush）（M） | 是（半常绿） | 绿色 | 粗糙 | 簇状 | 喜光或半喜阴 | 夏季，观叶、花 | 大多数 | 强 | 较快—高可达 3m | 1 株 /m$^2$；5 升盆 |
| 大头矢车菊 Centaura macrocephala（H） | 否 | 绿色 | 粗糙 | 直立 | 喜光或半喜阴 | 夏季花形尤美 | 大多数 | 强 | 适中—高可达 1.5m | 3 株 /m$^2$；3 升盆 |
| 山月桂溲疏 Deutzia x kalmiiflora（M） | 否 | 嫩绿 | 中 | 开放式簇状 | 喜光或半喜阴 | 初夏，观花 | 大多数（非沼泽） | 强 | 适中—高可达 1.5m | 1 株 /m$^2$；5 升盆 |
| 新西兰麻 “紫色”（亚麻）Phormium tenax ‘Purpureum’（Flax）（M） | 是 | 棕红 | 粗糙 | 倒锥桶状 | 喜光或半喜阴 | 带状叶 | 大多数（非沼泽） | 强 | 较快—高可达 1.8m | 1 株 /m$^2$；5-10 升盆 |
| 新西兰麻 “小丑”（亚麻）Phormium tenax ‘Jester’（Flax）（M） | 是 | 红色、绿色、杂色 | 粗糙 | 倒锥桶状 | 喜光或半喜阴 | 带状叶 | 大多数（非沼泽） | 强 | 较快—高可达 1.5m | 1 株 /m$^2$；5-10 升盆 |
| 金丝雀月季 Rosa xanthina ‘Canary Bird’（H） | 否 | 嫩绿 | 中 | 伞状 | 喜光或半喜阴 | 春季，黄花 | 大多数（非沼泽） | 强 | 较快—高可达 1.5m | 1 株 /m$^2$；5 升盆 |
| 冰山月季 Rosa ‘Iceberg’（H） | 否 | 嫩绿 | 中 | 伞状 | 喜光或半喜阴 | 夏季，白花 | 大多数（非沼泽） | 强 | 较快—高可达 1.5m | 1 株 /m$^2$；5 升盆 |
| 红叶月季 Rosa ‘Rubrifolium’（H） | 否 | 紫色、灰色、绿色 | 中 | 伞状 | 喜光或半喜阴 | 夏季，白花 | 大多数（非沼泽） | 强 | 较快—高可达 1.5m | 1 株 /m$^2$；5 升盆 |
| 黄叶血红茶藨子 Ribes sanguineum ‘Brocklebankii’（H） | 否 | 嫩绿 | 中 | 伞状 | 喜光或半喜阴 | 春季，红花，芳香四溢 | 大多数（非沼泽） | 强 | 较快—高可达 2m | 1 株 /m$^2$；5 升盆 |
| “贝内登”悬钩子 Rubus tridel ‘Benenden’（H） | 否 | 嫩绿 | 中 | 伞状 | 喜光或半喜阴 | 夏季，白花 | 大多数（非沼泽） | 强 | 较快—高可达 1.8m | 1 株 /m$^2$；5 升盆 |
| 重瓣红花 Rubus tridel ‘Margaret Gordon’（H） | 否 | 嫩绿 | 中 | 伞状 | 喜光或半喜阴 | 夏季，白花 | 大多数（非沼泽） | 强 | 较快—高可达 1.8m | 1 株 /m$^2$；5 升盆 |

**清单** 5a—树篱 —高大树篱(株高 2 m+，若不人为剪低)。* 需与前排植物对比。

| 灌木名称—拉丁名及英文名(如有)。养护需求：H= 高，每年剪枝一次；M= 中，二至三年剪枝一次；L= 低，很少需要剪枝 | 对植株定位及对比性评价有重要意义的特征和品质。* 代表选择相邻植株时的关键对比因素。 | | | | | | | | | |
|---|---|---|---|---|---|---|---|---|---|---|
| | 常绿(是/否) | 叶色 * | 质地 * | 形态特征 * | 喜光/喜阴 | 树篱优势 * | 土壤类型 | 生命力 | 生长速度/高度 | 间距：影响 vs 成本 + 最佳植株规格 |
| 欧洲鹅耳枥(鹅耳枥)<br>Carpinus betulus(Hornbeam)(M) | 否 | 嫩绿 | 中 | 直立 | 喜阴或喜光 | 观叶，部分叶子冬季变棕色 | 大多数(非沼泽) | 强 | 适中—高可达 5m 以上 | 6 株 /m；错行种植；开阔地面 |
| 墨西哥橘(墨西哥橙花)<br>Choisya ternata(Mexican Orange Blossom)(L) | 是 | 绿色 | 中 | 簇状—叶子齐整呈下垂状 | 喜阴或喜光 | 陪衬 | 大多数(非沼泽) | 不耐霜 | 适中—高可达 2m | 3 株 /m；3 升盆 |
| 乳白花栒子<br>Cotoneaster lacteus(H) | 是 | 蓝 - 灰绿 | 中 | 簇状 - 基生 | 喜阴或喜光 | 叶子，秋果 | 大多数(非沼泽和黏土) | 强 | 较快—高可达 3m | 3 株 /m；3 升盆；单行种植 |
| 大叶黄杨<br>Euonymus x japonica(M) | 是 | 深绿 | 中 | 簇状 - 基生 | 喜阴或喜光 | 繁茂、光滑绿叶 | 大多数(非沼泽和黏土) | 强 | 适中—高可达 3m | 3 株 /m；3 升盆；单行种植 |
| 欧洲山毛榉和紫叶欧洲山毛榉(山毛榉和桐山毛榉)<br>Fagus sylvatica and F.sylvatica purpurea.(Beech and Copper Beech)(M) | 否 | 嫩绿，棕色或紫色 | 中 | 直立 | 喜阴或喜光 | 观叶，叶子冬季变棕色 | 大多数(非沼泽和干性土壤) | 强 | 适中—高可达 5m 以上 | 6 株 /m；错行种植；开阔地面 |
| 大花木樨<br>Osmanthus x burkwoodii(M) | 是 | 深绿 | 中 | 簇状 - 基生 | 喜阴或喜光 | 繁茂、春季白花 | 大多数(非湿黏和沼泽) | 强 | 适中—高可达 3m | 3 株 /m；3 升盆；单行种植 |
| 刺桂<br>Osmanthus x heterophyllus(M) | 是 | 深绿 | 中 | 簇状 - 基生 | 喜光或喜半阴 | 繁茂、春季白花 | 大多数(非湿黏和沼泽) | 强 | 较慢—高可达 2m | 3 株 /m；3 升盆；单行种植 |
| 花叶女贞(金叶女贞)<br>Ligustrum ovalifolia ‘Aureum’(Golden Privet)(M) | 是(半常绿) | 金色 / 绿色花斑 | 中 | 簇状 - 基生 | 喜光或喜中阴 | 繁茂、春季白花 | 大多数(非沼泽) | 强 | 适中—高可达 3m | 3 株 /m；3 升盆；单行种植 |
| 椭圆叶女贞(女贞)<br>Ligustrum ovalifolia(Privet)(M) | 是(半常绿) | 绿色 | 中 | 簇状 - 基生 | 喜光或喜中阴 | 繁茂、春季白花 | 大多数(非沼泽) | 强 | 适中—高可达 3m | 3 株 /m；3 升盆；单行种植 |
| 欧紫杉(紫杉)<br>Taxus bacata(Yew)(M) | 是 | 深绿 | 细腻 | 簇状 - 基生 | 喜光或喜阴 | 繁茂 | 大多数(非沼泽) | 强 | 适中—高可达 5m 以上 | 3 株 /m；3 升盆；单行种植 |
| 地中海荚蒾“伊夫普莱斯”<br>Viburnum tinus ‘Eve Price’(M) | 是 | 深绿 | 中 | 簇状 - 基生 | 喜光或喜阴 | 繁茂、春季白花 | 大多数(非沼泽) | 强 | 适中—高可达 3m | 3 株 /m；3 升盆；单行种植 |

**清单** 5b —树篱 —中型树篱（株高 1-2 米，若不人为剪低）。* 需与前排植物对比。

| 灌木名称—拉丁名及英文名（如有）。养护需求：H= 高，每年剪枝一次；M= 中，二至三年剪枝一次；L= 低，很少需要剪枝 | 对植株定位及对比性评价有重要意义的特征和品质。* 代表选择相邻植株时的关键对比因素。 | | | | | | | | |
|---|---|---|---|---|---|---|---|---|---|
| | 常绿（是 / 否） | 叶色 * | 质地 * | 形态特征 * | 喜光 / 喜阴 | 树篱优势 * | 土壤类型 | 生命力 | 生长速度 / 高度 | 间距：影响 vs 成本 + 最佳植株规格 |
| “希德寇特”金丝梅（圣约翰草）Hypericum patulum ‘Hidcote’（St. Johns Wore）（M） | 否 | 深绿 | 中 | 簇状 - 基生 | 喜光或喜阴 | 浓密，夏季开花 | 大多数（非沼泽） | 强 | 适中—高可达 1.8m | 3 株 /m；3 升盆；单行种植 |
| “苹果花”葱（M，注：夏花对蜜蜂很有吸引力）Escalonia ‘Apple Blossum’（M）N.B. Summer flowers are attractive to bees | 是 | 深绿 | 细腻 | 簇状 - 基生 | 喜光或半喜阴 | 浓密，叶面光滑，夏季开花 | 大多数（非沼泽） | 强 | 适中—高可达 1.6m | 3 株 /m；3 升盆；单行种植 |
| 金心黄杨 Euonymus x japonica ‘Aureopictus’（L-M） | 是 | 金色 / 绿色 | 中 | 直立 - 基生 | 喜光或喜阴 | 浓密，叶呈金色或紫色，叶面光滑 | 大多数（非湿黏土或沼泽） | 强 | 适中—高可达 1.8m | 3 株 /m；3 升盆；单行种植 |
| 杂种岩蔷薇 Cistus corbariensis（M） | 是 | 嫩绿 | 中 | 簇状 - 基生 | 喜光或半喜阴 | 浓密，春季开白花 | 大多数（非湿黏土和沼泽） | 强 | 适中—高可达 1.5m | 3 株 /m；3 升盆；单行种植 |
| 岩胶蔷薇 Cistus creticus（M） | 是 | 银色 | 中 | 簇状 - 基生 | 喜光或半喜 | 浓密，春季开红褐色花 | 大多数（非湿黏土和沼泽） | 强 | 适中—高可达 1m | 3 株 /m；3 升盆；单行种植 |
| 山桂花 Osmanthus delavyii（L-M） | 是 | 深绿 | 细腻 | 簇状 - 基生 | 喜阴或喜光 | 浓密，春季开白花 | 大多数（非湿黏土和沼泽） | 强 | 较慢—高可达 2m | 3 株 /m；3 升盆；单行种植 |

**清单** 5c—树篱 —低矮树篱(株高达1米，若不人为剪低)。* 需与前排植物对比。

| 灌木名称—拉丁名及英文名(如有)。养护需求：H= 高，每年剪枝一次；M= 中，二至三年剪枝一次；L= 低，很少需要剪枝 | 对植株定位及对比性评价有重要意义的特征和品质。* 代表选择相邻植株时的关键对比因素。 | | | | | | | | |
|---|---|---|---|---|---|---|---|---|---|
| | 常绿（是/否） | 叶色 * | 质地 * | 形态特征 * | 喜光/喜阴 | 树篱 * | 土壤类型 | 生命力 | 生长速度/高度 | 间距：影响 vs 成本 + 最佳植株规格 |
| 锦熟黄杨<br>Buxus sempervirens(L-M) | 是 | 深绿 | 细腻 | 簇状 - 基生 | 喜光或喜阴 | 浓密 | 大多数（非沼泽） | 强 | 适中—高可达 0.9m | 3 株 /m；3 升盆；单行种植 |
| 长阶花“红边”<br>Hebe ‘Red Edge’（L） | 是 | 银灰 | 细腻 | 簇状 - 基生 | 喜光或喜阴 | 浓密 | 大多数（非沼泽） | 强 | 适中—高可达 0.6m | 4 株 /m；3 升盆；单行种植 |
| 长阶花“维力魅力”<br>Hebe ‘Wiri Charm’（L） | 是 | 灰绿 | 细腻 | 簇状 - 基生 | 喜光或喜阴 | 浓密 | 大多数（非沼泽） | 强 | 适中—高可达 0.5m | 4 株 /m；3 升盆；单行种植 |
| 长阶花“Topiara”<br>Hebe ‘Topiara’（L） | 是 | 嫩绿 | 细腻 | 簇状 - 基生 | 喜光性或喜阴性 | 浓密 | 大多数（非沼泽） | 强 | 适中—高可达 0.4m | 4 株 /m；3 升盆；单行种植 |
| 长阶花“Rakiensis”<br>Hebe ‘Rakiensis’（L） | 是 | 橄榄绿 | 细腻 | 簇状 - 基生 | 喜光性或喜阴性 | 浓密 | 大多数（非沼泽） | 强 | 适中—高可达 0.5m | 3 株 /m；3 升盆；单行种植 |
| 金叶黄杨<br>Euonymus x japonica ‘President Gaultier’（L-M） | 是 | 白/绿色花斑 | 中 | 簇状 - 基生 | 喜光性或喜阴性 | 浓密，叶面光滑 | 大多数（非沼泽） | 强 | 适中—高可达 0.8m | 3 株 /m；3 升盆；单行种植 |
| 穗状（史博克）薰衣草“希德寇特”<br>Lavendula spica ‘Hidcote’（M） | 是 | 银色 | 细腻 | 簇状 - 基生 | 喜光或半喜阴 | 浓密，夏季开花 | 大多数（非沼泽） | 强 | 适中—高可达 0.6m | 3 株 /m；3 升盆；单行种植 |
| 金银木<br>Lonicera nitida(M) | 是 | 深绿 | 细腻 | 簇状 - 基生 | 喜光或喜阴 | 浓密 | 大多数（非沼泽） | 强 | 较慢—高可达 0.8m | 3 株 /m；3 升盆；单行种植 |
| 金叶亮绿忍冬<br>Lonicera nitida ‘Baggesen’s Gold’（M） | 是 | 金色 | 细腻 | 簇状 - 基生 | 喜光或喜阴 | 浓密 | 大多数（非沼泽） | 强 | 较慢—高可达 0.8m | 3 株 /m；3 升盆；单行种植 |
| 蕊帽忍冬“五月绿”<br>Lonicera pileata ‘May Green’（M） | 是 | 深绿 | 细腻 | 簇状 - 基生 | 喜光或喜阴 | 浓密 | 大多数（非沼泽） | 强 | 较慢—高可达 0.8m | 3 株 /m；3 升盆；单行种植 |

**清单** 6a 一攀缘植物一 藤蔓植物（需要花架、花棚）。* 需与前排植物对比。

| 灌木名称—拉丁名及英文名(如有)。养护需求：H= 高，每年剪枝一次；M= 中，二至三年剪枝一次；L= 低，很少需要剪枝 | 对植株定位及对比性评价有重要意义的特征和品质。* 代表选择相邻植株时的关键对比因素。 | | | | | | | | |
|---|---|---|---|---|---|---|---|---|---|
| | 常绿（是 / 否） | 叶色 * | 质地 * | 形态特征 * | 喜光 / 喜阴 | 主要优势 * | 土壤类型 | 生命力 | 生长速度 / 高度 | 间距：影响 vs 成本 + 最佳植株规格 |
| 蛇葡萄“优雅” Ampelopsis brevipedunculata ‘Elegans’（M） | 否 | 绿色中混杂白色和粉色花斑 | 粗糙 | 基生 | 喜光或半喜阴 | 叶色 | 大多数（非沼泽） | 强 | 较慢—高可达 5m | 每株中心间隔 3 米；3 升盆 |
| 凌霄花 Campsis radicans ‘Flameoco’（Trumpet Vine）（M） | 否 | 嫩绿 | 中 | 基生；繁茂 | 喜光或朝南的墙边 | 红色，喇叭状 | 大多数（非沼泽） | 适中 | 较快—高可达 10m | 每株中心间隔 3 米；3 升盆 |
| 铁线莲“雪舞” Clematis armandii ‘Snowdrift’（L） | 是 | 叶呈深绿，叶脉较深 | 粗糙 | 叶子低垂 | 喜光或半喜阴 | 大叶 | 大多数（非沼泽） | 强 | 适中—高可达 6m | 每株中心间隔 3 米；3 升盆 |
| 蒙大拿铁线莲“伊丽莎白” Clematis montana ‘Elizabeth’（M） | 否 | 茎红色，叶呈深绿 | 中 | 基生；繁茂 | 喜光或半喜阴 | 春季，粉色花，繁茂 | 大多数（非沼泽） | 强 | 适中—高可达 6m | 每株中心间隔 3 米；3 升盆 |
| 大花绣球藤 Clematis montana ‘Grandiflora’（M） | 否 | 嫩绿色叶子 | 中 | 基生；繁茂 | 喜光或半喜阴 | 春季，白花 | 大多数（非沼泽） | 强 | 适中—高可达 6m | 每株中心间隔 3 米；3 升盆 |
| 铁线莲“杰克曼尼” Clematis 'jackmanii,（M） | 否 | 嫩绿色叶子 | 粗糙 | 基生；繁茂 | 喜光或半喜阴 | 春季开花，蓝紫色，繁茂 | 大多数（非沼泽） | 性强 | 较慢—高可达 3m | 每株中心间隔 3 米；3 升盆 |
| 铁线莲“繁星” Clematis ‘Nelly Moser’（M） | 否 | 嫩绿色叶子 | 粗糙 | 基生；繁茂 | 喜光或半喜阴 | 夏季开红白双色大 | 大多数（非沼泽） | 强 | 适中—高可达 3m | 每株中心间隔 3 米；3 升盆 |
| 甘青铁线莲 Clematis ‘tangutica’（H） | 否 | 浅绿色叶子 | 细腻 | 基生；繁茂 | 喜光或半喜阴 | 浓密黄花、果荚 | 大多数（非沼泽） | 强 | 较快—高可达 5m | 每株中心间隔 3 米；3 升盆 |
| 铁线莲“皇家丝绒” Clematis videeila ‘Royal Velours’（M） | 否 | 嫩绿色叶子 | 粗糙 | 基生；繁茂 | 喜光或半喜阴 | 浓密，紫色 - 春季呈红色 | 大多数（非沼泽） | 强 | 适中—高可达 4m | 每株中心间隔 3 米；3 升盆 |
| 素馨花 jasminum officionale ‘Grandiflorum’（M） | 否 | 嫩绿 | 细腻 | 基生；繁茂 | 喜光或半喜阴 | 夏季，白花，有香味 | 大多数（非沼泽） | 强 | 较快—高可达 5m | 每株中心间隔 3 米；3 升盆 |
| 迎春花 Jasminum nudiflorum（M） | 否 | 嫩绿 | 细腻 | 绿色枝干上有零星的叶子 | 喜光或半喜阴 | 冬季，黄色星状花 | 大多数土壤（非沼泽） | 强 | 适中—高可达 4m | 每株中心间隔 2 米；3 升盆 |
| 猩红布朗忍冬 Lonicera brownie ‘Dropmore Scarlet’（M） | 否 | 嫩绿 | 中 | 基生；繁茂 | 喜光和喜阴 | 夏季开花，有香味 | 大多数土壤（非沼泽） | 强 | 适中—高可达 5m | 3 株 / 米；3 升盆；单行种植 |
| “白”金银花 Lonicera japonica ‘Halliana’（M） | 是 | 深绿 | 中 | 基生；繁茂 | 喜光和喜阴 | 四季观叶，夏季开花 | 大多数土壤（非湿黏土和沼泽） | 强 | 较快—高可达 6m | 3 株 / 米；3 升盆；单行种植 |

续表

| 灌木名称—拉丁名及英文名(如有)。养护需求:H=高，每年剪枝一次;M=中，二至三年剪枝一次;L=低，很少需要剪枝 | 对植株定位及对比性评价有重要意义的特征和品质。*代表选择相邻植株时的关键对比因素。 | | | | | | | | |
|---|---|---|---|---|---|---|---|---|---|
| | 常绿(是/否) | 叶色* | 质地* | 形态特征* | 喜光/喜阴 | 主要优势* | 土壤类型 | 生命力 | 生长速度/高度 | 间距:影响vs成本+最佳植株规格 |
| 亨氏忍冬<br>Lonicera henryii(M) | 是 | 深绿 | 细腻 | 基生;繁茂 | 喜光和喜阴 | 四季观叶，夏季开花 | 大多数(非沼泽) | 强 | 较快—高可达6m | 3株/米;3升盆;单行种植 |
| 月季“艾伯丁”<br>Rosa ‘Albertine’(M) | 否 | 浅绿 | 中 | 直立 | 喜光或半喜阴 | 夏季开花 | 大多数(非沼泽) | 强 | 较快—高可达4m | 2株/米;2升盆;单行种植 |
| 藤蔓月季“娱乐场”<br>Rosa ‘Casino’(M) | 否 | 浅绿 | 中 | 直立 | 喜光或半喜阴 | 夏季开花 | 大多数(非湿黏土和沼泽) | 强 | 较快—高可达4m | 2株/米;2升盆;单行种植 |
| 藤蔓月季“第戎的荣耀”<br>Rosa ‘Gloire de Dijon’(M) | 否 | 浅绿 | 中 | 直立 | 喜光或半喜阴 | 夏季开花 | 大多数(非湿黏土和沼泽) | 强 | 较快—高可达4m | 2株/米;2升盆;单行种植 |
| 藤蔓月季“西班牙美女”<br>Rosa 'Mqadam Gregoire de Staechelin'(M) | 否 | 浅绿 | 中 | 直立 | 喜光或半喜阴 | 夏季开花 | 大多数(非湿黏土和沼泽) | 强 | 较快—高可达4m | 2株/米;2升盆;单行种植 |
| 藤蔓月季“同情”<br>Rosa ‘Sympathie’(M) | 否 | 浅绿 | 中 | 直立;繁茂 | 喜光或半喜阴 | 夏季开花 | 大多数(非湿黏土和沼泽) | 强 | 较快—高可达3m | 2株/米;2升盆;单行种植 |
| 白色星花茄<br>Solanum crispum ‘Album’(M) | 否 | 浅绿 | 细腻 | 基生;繁茂 | 喜光或半喜阴 | 夏季，白色花 | 大多数(非沼泽) | 强 | 较快—高可达6m | 2株/米;3升盆;单行种植 |
| 星花茄“格拉斯奈文”<br>Solanum crispum ‘Glasnevin’(M) | 否 | 浅绿 | 细腻 | 基生;繁茂 | 喜光或半喜阴 | 夏季，紫色花 | 大多数(非沼泽) | 强 | 较快—高可达6m | 2株/米;3升盆;单行种植 |
| 山葡萄<br>Vitis amurenis Amur Grape(M) | 否 | 浅绿 | 粗糙 | 呈辐射状，攀缘，繁茂 | 喜光或半喜阴 | 夏季观叶、果实 | 大多数(非沼泽) | 强 | 较快—高可达8m | 1株/米;3升盆;单行种植 |
| 葡萄<br>Vitis cogniti(M) | 否 | 浅绿 | 粗糙 | 呈辐射状，攀缘，繁茂 | 喜光或半喜阴 | 夏季观叶 | 大多数(非沼泽) | 强 | 较快—高可达10m | 1株/米;3升盆;单行种植 |
| 日本紫藤<br>Wysceria floribunda(Japanese Wysteria)(M) | 否 | 浅绿 | 中 | 呈辐射状，攀缘，繁茂 | 喜光或半喜阴 | 春季开花，花期比中国品种长 | 大多数(非沼泽) | 强 | 较快—高可达30m | 1株/米;3升盆;单行种植 |
| 中国紫藤<br>Wysteria sinensis(Chinese Wysteria)(M) | 否 | 浅绿 | 中 | 呈辐射状，攀缘，繁茂 | 喜光或半喜阴 | 春季开花 | 大多数(非沼泽) | 强 | 较快—高可达25m | 1株/米;3升盆;单行种植 |

**清单** 6b —攀缘植物 —自攀缘植物。* 需与前排植物对比。

| 灌木名称—拉丁名及英文名(如有)。养护需求：H= 高，每年剪枝一次；M= 中，二至三年剪枝一次；L= 低，很少需要剪枝 | 对植株定位及对比性评价有重要意义的特征和品质。* 代表选择相邻植株时的关键对比因素。 | | | | | | | | | |
|---|---|---|---|---|---|---|---|---|---|---|
| | 常绿(是/否) | 叶色 * | 质地 * | 形态特征 * | 喜光/喜阴 | 主要优势 * | 土壤类型 | 生命力 | 生长速度/高度 | 间距：影响 vs 成本 + 最佳植株规格 |
| "马伦哥荣耀"常春藤 Hedera canariensis 'Gloire de Marengo'(M) | 是 | 深绿、白色、杂色 | 粗糙 | 基生；繁茂 | 半喜阴和喜阴 | 四季观叶 | 大多数(非湿黏土和沼泽) | 强 | 较快—高可达 10m 以上 | 1 株/米；3 升盆；单行种植 |
| 绿叶黄边常春藤 Hedera colchica 'Dentata Variegata'(M) | 是 | 深绿、黄色、杂色 | 粗糙 | 基生；繁茂 | 半喜阴和喜阴 | 四季观叶 | 大多数土壤(非湿黏土/沼泽) | 强 | 较快—高可达 10m 以上 | 1 株/米；3 升盆；单行种植 |
| 藤绣球 Hydrangea petiolaris(Hydrangea)(M) | 否 | 浅绿 | 粗糙 | 基生；繁茂 | 半喜阴和喜阴 | 春季开花 | 大多数土壤(非沼泽) | 强 | 较快—高可达 6m | 1 株/米；3 升盆；单行种植 |
| 花叶地锦 Parthenocissus henryi(Virginia Creeper)(M) | 否 | 深绿、中部偏白 | 粗糙 | 牢固附着、辐射状 | 喜光或半喜阴 | 夏叶、秋色 | 大多数土壤(非湿黏土/沼泽) | 强 | 较快—高可达 10m 以上 | 1 株/米；2 升盆；单行种植 |
| 五叶地锦 Parthenocissus quinquifolia(Virginia Creeper)(M) | 否 | 浅绿—秋季呈红色 | 粗糙 | 半附着、辐射状 | 喜光或半喜阴 | 夏叶、秋色 | 大多数(非湿黏土/沼泽) | 强 | 较快—高可达 10m 以上 | 1 株/米；2 升盆；单行种植 |
| 三叶地锦 Parthenocissus tricuspidata 'Veitchii'(Virginia Creeper)(L) | 否 | 浅绿—秋季呈红色 | 粗糙 | 攀缘，附着于墙、栅栏上 | 喜光或半喜阴 | 夏叶、秋色 | 大多数(非湿黏土/沼泽) | 强 | 较快—高可达 10m 以上 | 1 株/米；2 升盆；单行种植 |